Applications of Electrochemical Engineering

電化學工程應用

吳永富 著

五南圖書出版公司 印行

自序

由於本書的主題——電化學工程牽涉電磁學、化學、材料科學、古典力學與量子力學，具備跨領域（inter-disciplinary）之特質，故已廣泛應用於化工、材料、機械、電子、環工與生醫等領域。且自 1990 年代起，美國開始推行科學（Science）、技術（Technology）、工程（Engineering）和數學（Mathematics）的整合教育，可簡稱為 STEM 教育，期望透過跨領域的學習，提升國民的科學素養，也培育出更有科技競爭力的人才。此理念吸引全球教育界群起發展跨領域學習，盼能將只重視單一專業的傳統 I 型人才，逐步進化成熟稔雙重專業的 π 型人才，但從 I 型人才進展到 π 型人才的路途中，還可以先延伸原本的專業，並吸收不同領域的新知，形成 T 型人才，之後再等待擴充時機。因此，本書循此理念，可扮演良好的 T 型人才訓練教材，協助增長橫向的串聯能力，作為 π 型人才的基石。

新時代的產業鮮少可以歸類至單一領域，通常在產業的專有名稱出現之前，都曾經歷跨領域的整合，因此讀者可採逆向思考來迎接未來挑戰，亦即登上職場舞台發揮之前，需先學習第二專長，但在兼具雙重專長之前，仍要精通第一專長，而在熟稔第一專長的過程中更要站穩腳步。因此，筆者極力推薦化工背景的讀者可先參考本叢書的第一部——《電化學工程原理》，從閱讀中建立穩固的地基。對於電子或機械等其他工程背景的讀者，則可選擇《電化學工程應用》作為第二專長，進而開闢增加自身附加價值的通路。

發生在 16 世紀的科學革命是科學與工程進展中最重大的突破，其中的奠基者包括現代科學之父——伽利略，他透過能力有限的工具「以管窺天」，首先觀察了月球的表面與木星的衛星，並且在研究後引出物理現象的數學模型，終而構成現代科學的發展基礎。古希臘時代的埃拉托斯特尼（Eratosthenes）也曾有類似的貢獻，他僅藉由平面幾何的構想就能推估地球的半徑；高斯（Gauss）也只用三角測量的技術就能計算地表的曲率，他們都沒有離開地面，卻能洞悉天上與地下的訊息，僅憑既有知識，創造全新價值。再如英年早逝的伽羅瓦（Galois），為了證明五次方程式沒有公式解，因而提出「群」的概念，但卻在他辭世之後大約百年，意外地點燃相對論與粒子物理學的火種，因為他承襲自伽利略的思維，用具體問題抽象化的方法來紮實理論基礎，後人自然會站在他們的肩膀上適時開天闢地。

基於此理念，本書除了從第二章至第九章分別介紹電化學應用於金屬冶煉、化學品製造、物件表面加工、金屬防蝕、能源轉換與儲存、電子元件製作、環境保護與生醫感測等技術，也格外強調可以轉移的基礎概念，因而在第一章簡陳了電化學原理，說明現象本質之捕捉和物理模型之建立。雖然書中篇幅有限，無法全面論述各種領域的完整原理，但卻可揣摩「以管窺豹」或「坐井觀天」的情懷，效法格物致知的精神，單從電化學的角度切入，藉由概念的轉移，連結不同的範疇，並由此踏入相關領域後，引導讀者發展成π型人才，創造新價值。

本書的完成必須感謝顏溪成教授與蔡子萱教授，一位是引領我入門的良師，一位是激勵我深究的益友。我還必須感謝電化學領域中的三位泰斗，分別是著有《Electrochemical Methods》的 Allen J. Bard 教授、著有《Electrochemical Systems》的 John Newman 教授，以及著有《Industrial Electrochemistry》的 Derek Pletcher 教授，本書的經緯雖然參酌了海內外諸多相關書籍，但仍承襲上述三本巨著的思路。由於電化學領域發展的人士皆可謂麥克・法拉第（Michael Faraday）之學徒，所以筆者亦受先賢引領，不僅仿效了業餘科學愛好者——法拉第積極參與無機化學之父——戴維（Humphry Davy）演講之學習態度，亦臨摹了書店裝訂工——法拉第將其演說內容製成筆記並裝訂成冊的職業精神，謹以編撰此書來致敬上述師友和法拉第大師。此外，電化學工程不斷隨著時代演進，跨領域特質愈形濃厚，筆者也殷盼各界專家與菁英不吝賜予指教，協助修訂本書內容，謹此致謝。

著者　吳永富

2019 年 3 月 1 日

目　錄（Contents）

第一章
電化學工程原理

電化學工程（electrochemical engineering）涉及電能與化學能之間的轉換，是一門結合了電學與化學的學問與技術。在已記載的科學史中，電化學的起源可追溯至 1780 年代。當時的義大利科學家 Luigi Galvani 在解剖青蛙後，偶然發現到蛙腿的肌肉收縮，促使他於 1791 年發表生物體內存在神經電流物質（nerveo-electrical substance）的理論，由此架起電學與化學之間的橋梁，並引燃學術界對電化學的研究興趣。但在同一時期，Alessandro Volta 卻不贊成 Galvani 的構想，他轉從金屬材料的角度切入研究，隨後使用了銅（Cu）和鋅（Zn）製作出伏打電堆（Voltaic pile），構成史上第一個連續產生電流的裝置，同時也解釋了 Galvani 的蛙腿收縮實驗僅爲托盤和刀片兩種不同金屬的偶然連接所致。在 Volta 之後，科學家開始利用電池探討電流對物質的作用，例如 William Nicholson 和 Anthony Carlisle 使用電堆來電解水，發現在兩個電極上不但會產生酸和鹼，還出現了氣體，後來才知道是氫氣（H_2）和氧氣（O_2）。在 1807 年，Humphry Davy 成功地使用電解法製備出鉀（K）和鈉（Na），後續還分離出鋇（Ba）、鍶（Sr）、鈣（Ca）、硼（B）等元素，是史上發現最多元素的化學家。

在 19 世紀中，雖然電化學的基礎理論尚未明朗，但其實務應用已經引發許多科學家的興趣，他們在運用電能時，發現伏打電池存在許多問題，例如電極腐蝕、輸出電壓不穩定，以及電流輸出時間不持久，致使電能的應用還無法普及於大衆。之後，英國化學家 John Daniell 在 1836 年嘗試使用素陶隔板分開兩個電極，並在隔開的兩區內分別加入兩種電解液，暫時解決了電池的特性衰減問題，後人稱此裝置爲 Daniell 電池；同期間，英國物理學家 William Grove 則發明了可產生大電流的硝酸電池，以提供當時的電報業使用，但因操作時會產生危險氣體而無法續用；此外 Grove 還在 1839 年發明了氣體電池，是目前磷酸燃料電池的先驅。後於 1886 年，法國科學家 Georges Leclanché 發明了鋅錳電池，在素陶容器中塡入碳粉（C）和二氧化錳粉（MnO_2），並插入碳棒作爲正極；容器外注入氯化銨（NH_4Cl）溶液，並置入鋅棒（Zn）當作負極。雖然 Leclanché 發明的電池爲溼式，但所使用的材料已成爲乾電池（dry cell）的基礎，之後德國科學家 Carl Gassner 改成在 Zn 罐中裝塡 MnO_2 粉，再插入碳棒，最後再用柏油密封，製成乾電池，促使電能深入民生。

透過電解反應除了能發現新元素，還可以提煉出高純度的金屬。在 19 世紀初期，只能用化學法提煉鋁（Al），使具有白金光澤的純 Al 被歸類爲貴金屬，其價格甚至超過黃金（Au）。但至 1886 年，法國的 Paul Héroult 和美國的 Charles Hall 各自研究了電解製備純 Al 的方法，被後世稱為 Hall-Héroult 法。之後，Hall 成立美國鋁業公司（Aluminum Company of America，簡稱 Alcoa），大量生產純 Al，在五十年內使 Al 的價格幾乎下降至百分之一，而且直至今日，Alcoa 仍為美國舉足輕重的企業之一，這是電化學工業中最成功的案例。另在 1898 年，德國化學家 Fritz Haber 發現電解槽的陰極電位經過調整後，可以改變還原產物的化學組成。之後他還研究了硝基苯電解還原成苯胺的過程，由於苯胺可用於製造染料、藥物、樹脂或橡膠硫化促進劑等，代表電化學工業已能應用於化工原料的製造。

在 1851 年，英國的 Charles Watt 首先提出電解食鹽水的專利，可用於製造氯氣（Cl_2）與氫氧化鈉（NaOH），但生成的 Cl_2 會被反應槽中的其他成分消耗，所以無法工業化。直到 1892 年，美國的 Hamilton Castner 和奧地利的 Karl Kellner 各自提出使用水銀電解食鹽水的專利，解決了 Cl_2 被消耗的問題，促使歐美各國開始興建鹼氯工廠。進入 20 世紀後，隨著無機工業與石油工業的興起，Cl_2 和 NaOH 的需求量遽增，致使鹼氯工業的規模持續擴大，其電能消耗量至今已超過全球發電量的 1%，也成為電化學工業中的成功案例。

截至今日，電化學工程已衍生出許多分支，除了前述的冶金工業和化學工業以外，其應用面還遍及表面工程、防蝕工程、能源科技、電子工業、環境工程和生醫工程等領域（如圖 1-1），其應用實例如下所述：

1. 冶金工業：提煉金屬，以提供後續的器具製作。目前可藉由水溶液電解或熔融鹽電解而提煉的金屬包括 Al、Cu、Zn 等。（請見第二章）
2. 化學工業：無機物與有機物之電解合成，例如 Cl_2 或 $(CH_2)_4(CN)_2$（己二腈），前者常用在其他化學品的製造，後者則常用於生產人造聚合物。（請見第三章）
3. 表面工程：透過電化學技術，可進行金屬物件的表面處理、成形、切削或鑽孔等作業，以製成高精度的產品。（請見第四章）
4. 防蝕工程：金屬物品的電化學防蝕技術可延長材料的使用壽命，降低危害性，並增進環境保護。（請見第五章）
5. 能源科技：電化學技術可作為能源轉換與能源儲存的媒介，常見的應用案例包括化學電池、液流電池、燃料電池與電化學電容。此外，半導體材料的光電化學反應可將太陽能轉換成電能或化學能，已成為發展再生能源技術中不可或缺的一環。（請見第六章）
6. 電子工業：電路板、積體電路與電子構裝中的蝕刻、鍍膜、填孔或化學機械研磨製程，皆可採用電化學技術來實行，例如在 1997 年，IBM 公司宣布 Cu 製程技術開發成功，所運用的方法即包含了 Cu 的電鍍和化學機械研磨。（請見第七章）

7. 環境工程：由於電化學方法具有純化或分離的作用，所以至今已發展出電透析、電凝聚、電浮除等技術，可用於廢水處理、土壤處理或金屬回收。（請見第八章）
8. 生醫工程：由於生物體內的許多現象都與電化學反應相關，因此結合電化學與生醫技術後，可以協助診斷或治療，也可以製造多種具有感測功能的生醫晶片。（請見第九章）

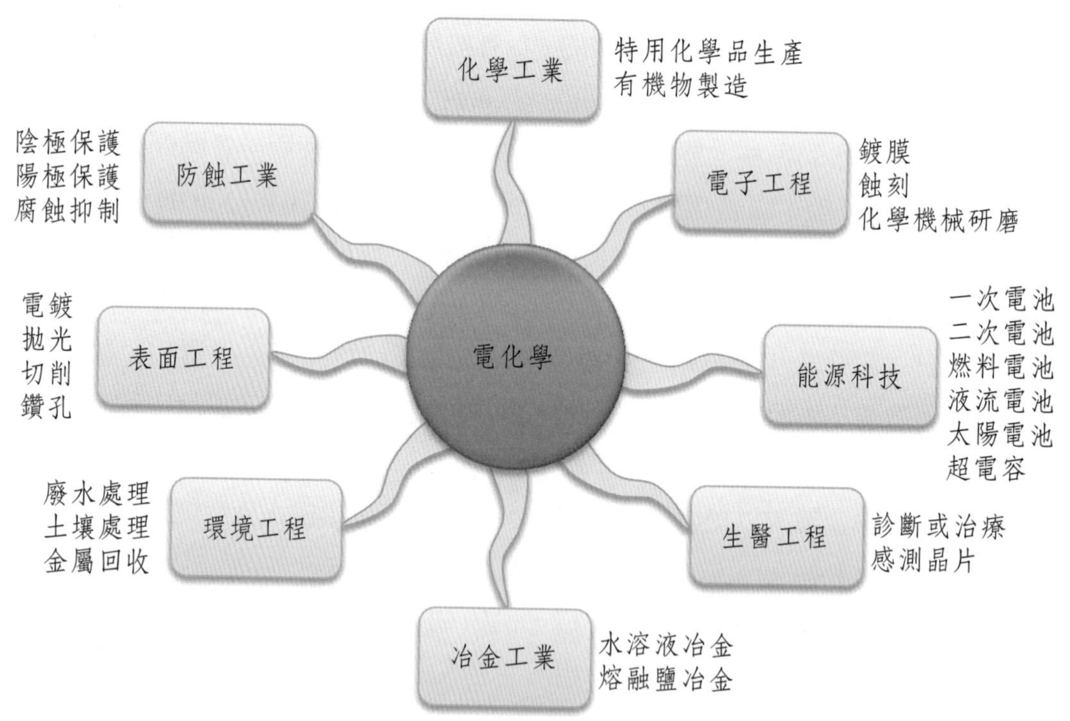

圖 1-1　電化學在各類工程中的應用

在闡述電化學工程的各種應用之前，必須先理解對應的基礎原理，因此本章將先敘述電化學反應器的組成結構與產量評估，再透過熱力學與動力學來說明電子轉移程序，輔以介紹反應物和產物的輸送現象，最後再以程序設計作為總結，期待能透過通用性的原理來奠定電化學應用之基礎。

§1-1　電化學池

§1-1-1 電極程序

電化學程序的主體在於電極（electrode）和電解液（electrolyte）的界面反應，而電極中的電子輸送與電解液中的離子輸送則扮演關鍵的客體。當電極連接電源後，電極的電位可被控制，因而能驅動電子跨越電極和電解液的界面，若溶液側正好存在反應物，則反應物可接收電極側的電子而形成產物，也可能釋放自身的電子，使其跨越界面進入電極側，終而留下產物。反應物接收電子者，進行還原反應（reduction），例如：

$$Fe^{3+} + e^- \rightarrow Fe^{2+} \tag{1.1}$$

反應物釋放電子者，進行氧化反應（oxidation），例如：

$$Fe^{2+} \rightarrow Fe^{3+} + e^- \tag{1.2}$$

氧化或還原皆包含了電子轉移程序（electron transfer），爲了便於描述其理論，可將氧化視爲還原態成分 R 轉變成氧化態成分 O 的反應，而還原則視爲氧化態成分 O 轉變成還原態成分 R 的反應，兩者互爲正逆反應：

$$R \rightleftharpoons O + ne^- \tag{1.3}$$

其中的 n 代表轉移的電子數，符合（1.3）式的兩種成分可稱爲氧化還原對（redox couple），在常見的電化學反應中，O 與 R 至少有一個是離子。然需注意，無論進行氧化或還原反應，反應物必須緊臨著電極表面，才有可能發生反應，這是電化學程序的基本限制。爲了符合這項需求，電化學程序必須包含幾種界面反應以外的步驟，圖 1-2 呈現了氧化還原對 O 和 R 之間的變化。

以 O 反應成 R 爲例，首先溶解狀態的 O_{aq} 會從溶液的主體區（bulk）質傳進入電極界面附近，已知反應後 O 被消耗，故在電極界面的溶液側會出現一層 O_{aq} 的低濃度區域，此區域可稱爲擴散邊界層（diffusion layer）。若 O 要還原成 R，則需接收來自電極的電子，所以 O_{aq} 要藉由吸附程序（adsorption）才能極度靠近電極表面。形成吸附物 O_{ad} 後，通常會先反應成中間物 I（intermediate），再經由後續步驟才能轉換成吸附產物 R_{ad}，而此產物可能傾向留在電極表面上，例如形成固態產物 R_s，也可能傾向離開表面，例如轉成氣態產物 R_g 或可溶產物 R_{aq}，因此會發生相形成（phase formation）、相轉變（phase transition）或脫附（desorption）等過程，離開表面的產物還需透過質傳機制以進入溶液的主體區。整體程序中所牽涉的電子轉移，可能只涉及單一電子，也可能牽涉多個電子，但多電子的反應需要串聯多個單電子反應。在一連串的步驟中，往往存在一個速率較慢者，使整體程序的進行受制於該步驟，因此稱其爲速率決定步驟（rate-determining step），此步驟有時出現在界面反應，有時會出現在質量傳送，依系統而有別，甚至隨時間而變。

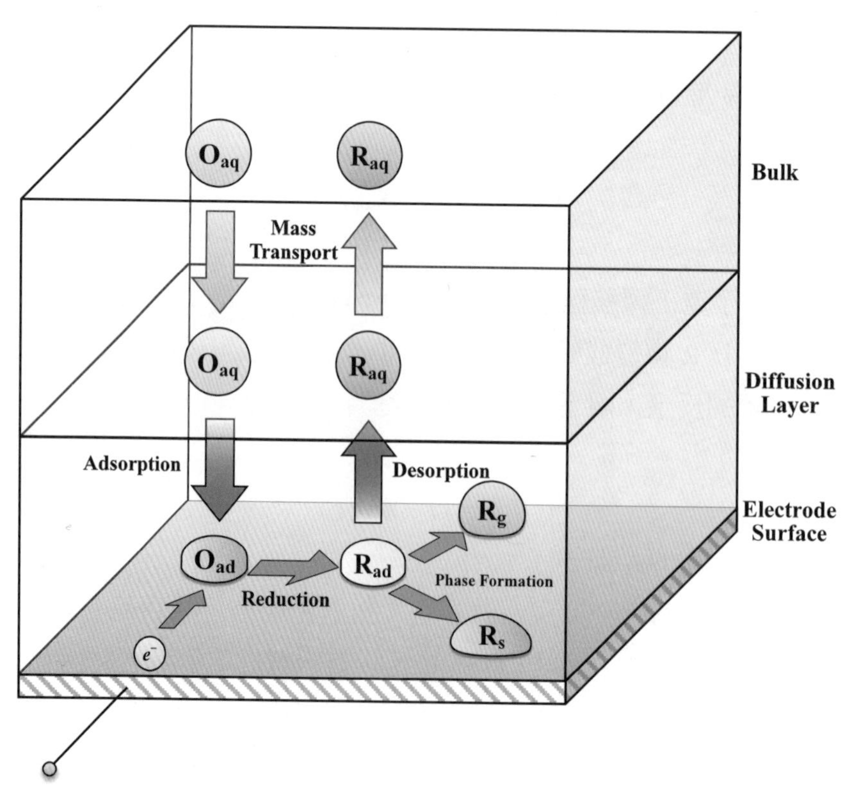

圖 1-2　氧化態 O 反應成還原態 R 之流程

若有兩組電極與電解液之界面相連後，再透過外部導線將兩電極接到電源或負載上，即可構成完整的電路，此電路除了外加的導線和負載之外，剩餘部分稱爲電化學池（electrochemical cell），亦作電化學槽。鹼性電池即爲常見的電化學池，若從正負兩極以電線連接到燈泡，燈泡將會發亮，表示有電流在迴路中流通，也意味電池內正在進行電化學程序。依據發生氧化的位置，定義該電極爲陽極（anode），反應物將釋放電子到外部電路；而發生還原的電極爲陰極（cathode），反應物將接受來自外部導線的電子。然而，從電工學的角度，則需定義電池中擁有高電位之電極爲正極（positive pole），低電位者爲負極（negative pole），電池輸出的電子將從負極離開，沿著外部導線流向正極。因此，對放電中的電池而言，負極之處即爲陽極，正極之處即爲陰極，電池內的化學能將逐步轉換成電能而輸出，這類電化學池被稱爲原電池（primary cell）或伽凡尼電池（Galvanic cell）。

此外，另有一種電化學池必須藉由外部電源所提供的電能來驅動，強制系統發生反應，因此外部電能將逐步轉換成內部化學能，常見的例子是電解水或二次電池的充電，這類電化學池常稱爲電解槽（electrolytic cell）。如圖 1-3 所示，電解槽操作時，外部電子輸入到陰極，以提供反應物進行還原，所以電解槽的陰極必須連接外部電源中輸出電子的負極；相似地，電解槽的陽極反應後，將釋放電子到外部電路，再由外部電源的正極接收電子，所以電解槽的陽極必須與外部電源的正極相連。因此，一般稱電解槽的陽極即爲正極且陰極即爲負極的說法並不合適，正負極只適合用於說明電源的出入端，所以不會輸出電能的電解槽不宜採用此名稱。

在電化學池中，氧化與還原反應會被空間隔離，兩者將合成一個完整的化學反應，因此氧化與還原被稱爲半反應。這兩個半反應有時會發生在兩個不同的電極材料上，但有時會在同一個電極材料的不同位置上進行。連接這些電極的導電路徑除了電化學池的外部線路外，還有電解液，前者屬於電子導通的媒介，後者則是離子流動的媒介。因此，電化學池可視爲兩個電子導體（電極材料）夾住至少一種離子導體（電解質）的堆疊系統。若電化學池設計適當，兩個半反應的產物可以在不同處分別收集，因此具有分離成分的效果。

對於電解槽或原電池，雖然不斷有電子輸出，但也會有電子來補充，所以在任何時刻，整個電化學池的內部幾乎呈現電中性。電極表面發生化學反應時，陰極與陽極的電位差將形成電場，致使陰離子朝向陽極移動，陽離子朝向陰極移動。除了電場的作用外，重力場或外部機械也可能作功驅使電解液流動，所以還存在對流現象。在通

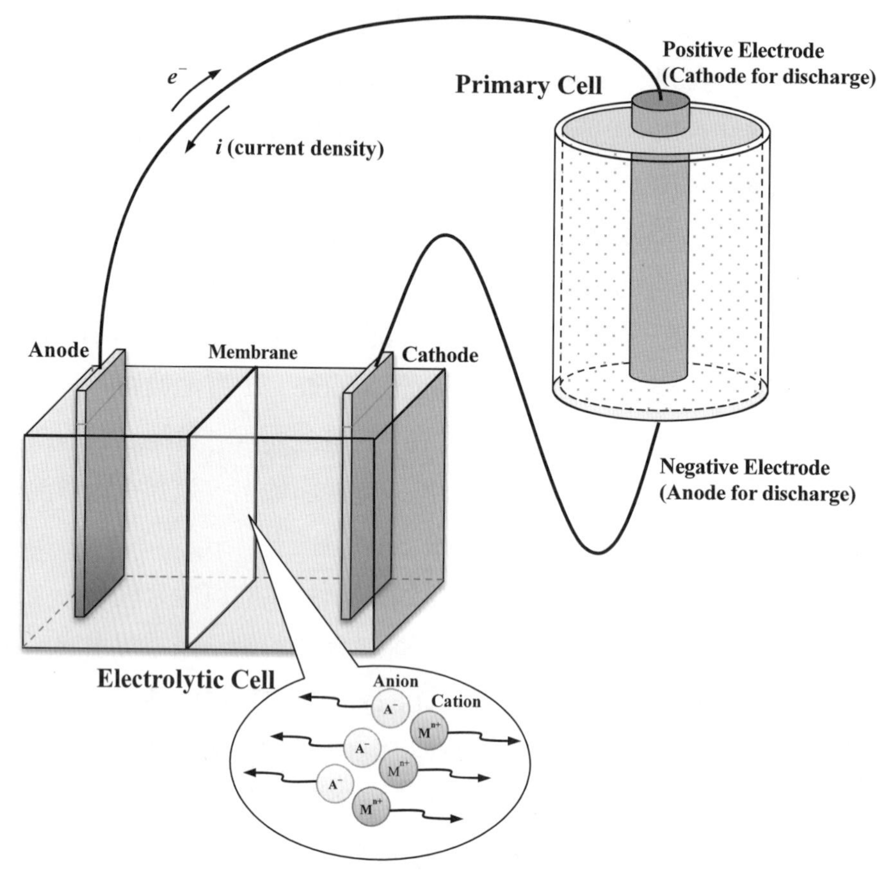

圖 1-3　原電池與電解槽

電過程中，物質的濃度因反應而改變，所以還將發生擴散現象。

Faraday 研究電解反應時，發現反應物的消耗或產物的生成正比於通過電極的電量 Q，因而提出了 Faraday 電解定律：

$$\frac{W}{M}=\frac{Q}{nF} \tag{1.4}$$

其中 W 爲反應物或產物的質量變化，M 爲該物的分子量，n 爲每 1 mol 該物質進行的半反應中所參與的電子數，F 爲 96485 C/mol，稱作 Faraday 常數，是指每 1 mol 電子所攜帶的電量。然而，Faraday 電解定律只是化學計量或質量均衡的另一種型式，而且一般的電化學反應進行時皆存在競爭反應，這些競爭反應也會消耗或釋放電子，例如在電鍍程序中常伴隨水的電解而產生氣泡。基於此原因，可再定義輸入電量用於目標反應的比例爲系統的電量效率或庫倫效率。但在短暫的時間內，假設各反應所需電量皆正比於電流，所以電量效率也可轉換成電流效率 μ_{CE}（current efficiency），藉此可列出更接近實際情形的 Faraday 電解定律：

$$\frac{W}{M}=\frac{\mu_{CE}Q}{nF} \tag{1.5}$$

在反應過程中，若能記錄下電流 I 隨時間 t 的變化，則可將 Faraday 電解定律改寫成積分形式：

$$\frac{W}{M}=\frac{\mu_{CE}}{nF}\int_0^t Idt \tag{1.6}$$

或表示成微分形式：

$$\frac{dW}{dt}=\frac{\mu_{CE}M}{nF}I \tag{1.7}$$

（1.7）式左側代表了反應速率，而右側的電流 I 可表示爲電流密度 i（current density）和電極面積 A 的乘積。因此在電化學系統中，若去除了電極尺寸的差異後，只要測量出電流密度，就可以快速地關聯到反應速率，這是電化學分析的優勢之一。

事實上，當電化學池沒有連接外部線路時，兩電極間仍存在電位差，此時用伏特計測量電位差即可得到電化學池的平衡電壓。由於電極處於平衡狀態，此時單電極的電位稱爲平衡電位（equilibrium potential），在 1-2 節中將會詳述其定義。因爲這時的電路是斷開的，沒有電流通過，故又稱爲停止電位（rest potential）、零電位（null potential）或開環電位（open-circuit potential）。當有外部電源或負載相連時，則會有電流通過電化學池，此時用伏特計測到的兩極電位差稱爲槽電壓（cell voltage）。對於原電池，此電位差將驅使電流從高電位電極，沿著外部線路流到低電位電極，故又稱爲電動勢（electromotive force，簡稱 emf）。然而，槽電壓並不等於平衡電壓。對於電解槽，通常外加電壓必須高於平衡電壓，才能驅動電解反應，其中的差額稱爲過電壓（overvoltage）。過電壓的來源可分爲三類，分別是單一電極上的表面過電位（surface overpotential）、單一電極附近的濃度過電位（concentration overpotential）與歐姆過電壓（Ohmic overvoltage）。表面過電位又稱爲活化過電位（activation overpotential），是指系統的外加能量必須先超越反應活化能，才能驅使反應發生。濃度過電位則出現在電極表面附近，其原因在於局部濃度和溶液的主體濃度（bulk concentration）不同，因而導致額外的電位差。歐姆過電壓主要來自於陰陽兩極間的電解液，當電流通過時會出現電位差；其次是電極表面常因反應而生成鈍化膜，其電阻高於金屬材料，故會導致額外的電位差；最終是電極材料本身的電阻，若使用導電良好的金屬，其電位差常可忽略，若使用半導體，則必須考慮此電位差。此外，電化學池中如有使用高分子隔離膜，隔離膜的主體通常不允許電子導通，但其孔洞可讓離子穿越，雖然隔離膜的厚度不大，但由其引起的電位差有可能達到 1.0 V，所以也是歐姆過電壓的來源。總結以上，一個電解槽的施加電壓ΔE_{app} 可表示爲：

$$\Delta E_{app} = \Phi_A - \Phi_C = \Delta E_{eq} + \eta_{S,A} + \eta_{C,A} - \eta_{S,C} - \eta_{C,C} + \Delta\Phi_{ohm} \tag{1.8}$$

其中的 Φ_A 與 Φ_C 分別爲陽極和陰極的電位，ΔE_{eq} 爲平衡電壓，$\eta_{S,A}$ 和 $\eta_{S,C}$ 爲陽極與陰極的表面過電位，$\eta_{C,A}$ 和 $\eta_{C,C}$ 爲陽極與陰極的濃度過電位，而$\Delta\Phi_{ohm}$ 爲各類歐姆過電壓的總和。對於電解槽，陽極連接外部電源的正極，故電位較高，陰極連接負極，電位較低，整個電解槽的電位分布如圖 1-4 所示，因此電解槽所需的電位差是由陽極電位減陰極電位而得。但對於原電池，陽極輸出電子，故電位較低，因此計算電池的工作電壓時，必須由陰極電位減陽極電位。

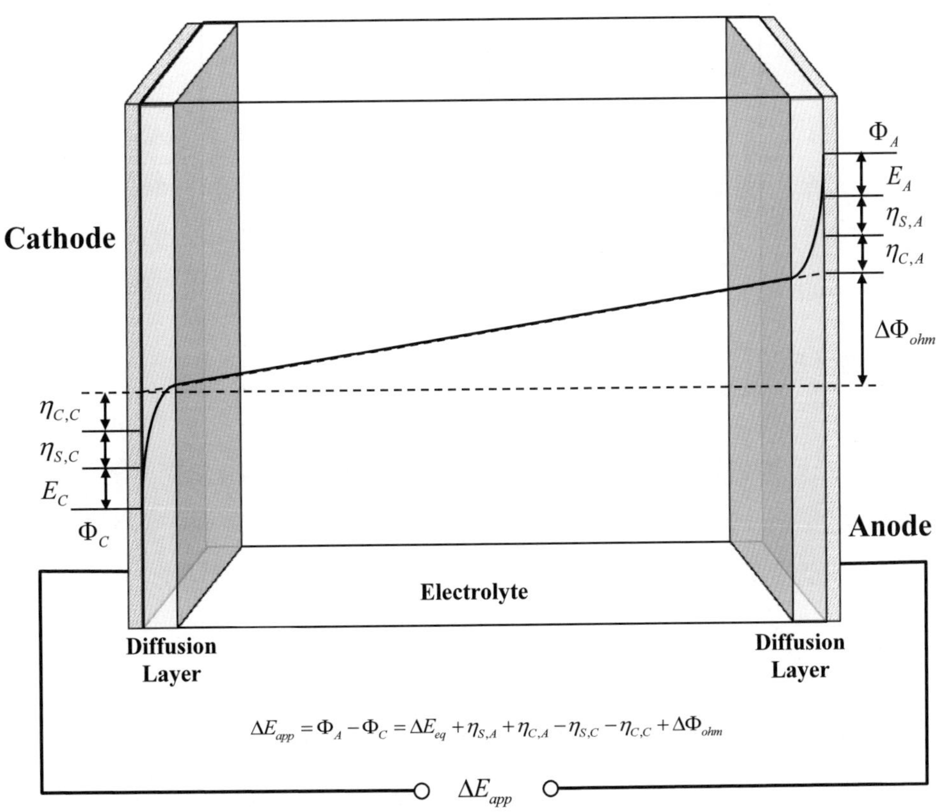

圖 1-4　電解槽內的電位分布圖

§1-1-2 電化學反應器

電化學池的特性主要取決於兩方面的理論，其一是微觀動力學模型（micro-kinetic model），另一爲巨觀動力學模型（macro-kinetic model）。前者爲 1-3 節將討論之電化學反應動力學，主要探討反應活化能與質傳現象對反應速率的影響；後者則是從整體反應槽來闡述電流或電位分布對反應產率的關聯，將在本節中說明。

如前所述，已知反應速率正比於電流密度，且電流密度 i 與過電位 η 相關，此時稱爲反應控制狀態；但當過電位 η 夠大時，反應速率會明顯大於質傳速率，使電流密度達到極限值 $i_{\lim}$，此時則進入質傳控制狀態；另從反應控制過渡到質傳控制之間，還存在混合控制狀態。討論巨觀動力學時，必須從電化學池的質量均衡開始，再搭配電極表面上的電流－電位關係，以及電解液中的濃度與質傳速率，方可建立出巨觀模型。尤其當質傳控制的條件成立時，溶液的流速分布也將影響反應。以下將視電化學池爲一種反應器，再藉由反應工程之理論來說明電化學池的巨觀特性。

電化學反應器與其他化學反應器雖然存有差異，但在總體型態上大致類似。一般的理想反應器可大略分爲三類，分別爲批次反應器（batch reactor，以下簡稱爲BR）、塞流反應器（plug flow reactor，以下簡稱爲PFR）與連續攪拌槽反應器（continuous stirred-tank reactor，以下簡稱爲CSTR）。這三類反應器的巨觀特性如下所述。

1. 批次反應器（BR）

在操作此類反應器之前，必須先在容器內加入含有反應物的溶液，並給予一段時間進行反應，完成後再排出含有產物的溶液，接著從中分離出產物。隨著操作時間的進行，反應物的濃度將逐漸減低，產物的濃度則逐漸增高。在充足的攪拌作用下，可假定容器內各處的濃度一致，因此這類反應器主要是由反應時間來控制程序。如圖1-5所示，考慮一個具有攪拌功能的電化學反應槽，其體積爲 V，槽內溶液含有初始濃度爲 c_{A0} 的反應物A，當反應進行到時刻 t，反應物A的濃度降低爲 $c_A(t)$，瞬時的反應速率爲 $r_A(t)$，但因A不斷被消耗，故定義 $r_A(t) < 0$。若針對反應物A進行質量均衡，可得到濃度的變化爲：

$$\frac{dc_A}{dt} = r_A \tag{1.9}$$

反應速率 $r_A(t)$ 可依據反應型態而表示成速率定律，例如一級反應爲：

$$r_A(t) = -k_A c_A(t) \tag{1.10}$$

其中 k_A 爲速率常數，會受到溫度或電極電位的影響。透過Faraday定律，反應速率 $r_A(t)$ 還可以換算爲電流密度 $i(t)$ 或電流 $I(t)$，使質量均衡方程式成爲：

$$\frac{dc_A}{dt} = -\frac{I(t)}{nFV} = -\frac{i(t)A}{nFV} \tag{1.11}$$

其中 n 爲參與反應的電子數，A 爲電極的面積。但當電化學程序操作在質傳控制狀態時，電流將達到飽和，且此極限電流 $I_{\lim}(t)$ 會正比於濃度 $c_A(t)$，可表示爲：

$$I_{\lim}(t) = nFAk_m c_A(t) \tag{1.12}$$

其中 k_m 爲質傳係數。接著將（1.12）式代入（1.11）式，可發現此狀態下的電化學程序類似一級反應：

$$\frac{dc_A}{dt} = -\frac{k_m A c_A(t)}{V} \tag{1.13}$$

已知 $t = 0$ 時，$c_A = c_{A0}$，所以（1.13）式經過積分後，可得到成分 A 之濃度隨時間衰減的情形，亦即：

$$c_A = c_{A0}\exp\left(-\frac{k_m A}{V}t\right) \tag{1.14}$$

由此可知，提升質傳能力、增大電極面積或縮小反應槽體積時，濃度遞減的速率將加快。若此程序的轉化率 X 已被設定，則最終剩餘濃度 $c_{Af} = c_{A0}(1-X)$，而且反應所需時間 t_f 將成爲：

$$t_f = \frac{V}{k_m A}\ln\frac{c_{A0}}{c_{Af}} = \frac{V}{k_m A}\ln\left(\frac{1}{1-X}\right) \tag{1.15}$$

當電化學程序並非操作在質傳控制狀態下，電流 $I(t)$ 小於極限值 $I_{\lim}(t)$，可表示爲：

$$I(t) = nFAk_m(c_A - c_{A0}) = nFAk_m\beta c_A \tag{1.16}$$

其中的 $\beta = (c_A - c_{A0})/c_A$，是一個無因次的濃度，所以在反應與質傳混合控制下，欲計算反應所需時間，需先尋得過電位 η、電流 I 與無因次濃度 β 間的關係，而此關係隱含於（1.8）式中，最後再透過積分即可得到反應時間 t_f。

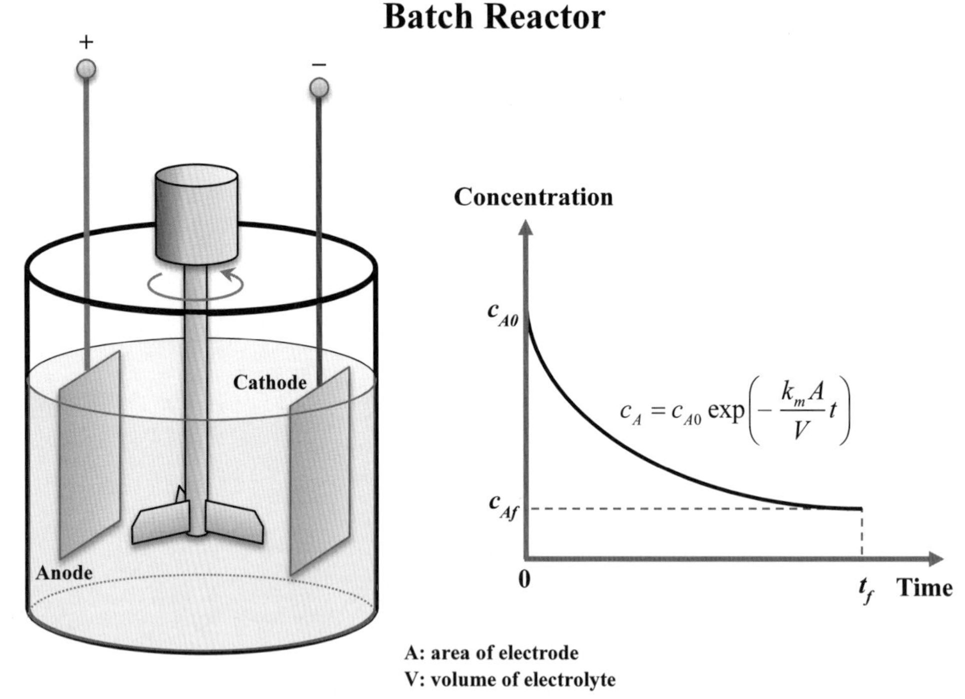

圖 1-5　批次反應器

2. 塞流反應器（PFR）

此類反應器的外型爲管狀，含有反應物的流體會從一端持續輸入，在管內的反應物不僅隨著時間往前推進，也會逐漸透過化學反應而轉變爲產物，並從另一端離開反應器。在理想的操作情形中，程序會達到穩定態，流體的速度將會影響反應器內的軸向濃度分布，因此這類反應器主要是由流速來控制程序。

考慮某種反應物 A 隨著溶液流入 PFR，在流動過程中會逐漸轉變成產物 B，直至出口爲止。已知溶液的體積流率爲 Q，反應物 A 在入口處的濃度爲 c_{Ai}，在出口處的濃度爲 c_{Ao}。由於程序操作在穩定態下，反應物 A 在流動過程中的濃度將不再隨時間而變，只會有空間的分布，所以可使用 Faraday 定律來連結反應物 A 的濃度變化與總電流：

$$c_{Ai}Q - c_{Ao}Q = \frac{I}{nF} \tag{1.17}$$

但已知反應物 A 會隨著位置而變，使電極各處的電流密度不均勻，所以必須對局部電流密度 i 積分後，才能得到總電流 I。如圖 1-6 所示。若溶液沿著 x 方向前進，且定義入口處爲 $x = 0$，則反應物 A 的濃度 c_A 和局部電流密度 i 皆會隨著軸向距離 x 而變。

當程序操作在質傳控制時，局部電流密度 $i = i_{\lim}(x)$，且可表示爲：

$$i_{\lim}(x) = nFk_m c_A(x) \tag{1.18}$$

再經由積分，可得到總極限電流 $I_{\lim}$：

$$I_{\lim} = \int_0^x i_{\lim}(x) w dx = \int_0^x nFk_m c_A(x) w dx \tag{1.19}$$

其中 w 是電極的寬度，亦可視爲單位長度的電極面積。通常在流速夠快下，可假設側向擴散的效應遠低於軸向對流的效應，因此主要的濃度梯度會出現在軸向上。接著從（1.17）式和（1.19）式，可發現沿著軸向的濃度變化爲：

$$\frac{dc_A}{dx} = -\frac{1}{nFQ}\frac{dI_{\lim}}{dx} = -\frac{k_m w}{Q} c_A \tag{1.20}$$

定義 PFR 內的滯留時間 $\tau = \dfrac{wx}{aQ}$，其中 a 爲比電極面積，代表單位反應器體積內擁有的電極面積。對於平行板電極，若兩極間距爲 d，則 $a = 1/d$。使用滯留時間和比電極面積後，（1.20）式將改寫爲：

$$\frac{dc_A}{d\tau} = -ak_m c_A \tag{1.21}$$

若從入口積分至出口，即可求得出入口的濃度關係：

$$c_{Ao} = c_{Ai}\exp(-ak_m\tau) = c_{Ai}\exp\left(-\frac{k_m A}{Q}\right) \tag{1.22}$$

其中 A 爲總電極面積。轉化率 X_A 可從（1.22）式求出：

$$X_A = 1 - \frac{c_{Ao}}{c_{Ai}} = 1 - \exp\left(-ak_m\tau\right) = 1 - \exp\left(-\frac{k_m A}{Q}\right) \tag{1.23}$$

總極限電流 $I_{\lim}$ 也可表示爲入口濃度的關係式：

$$I_{\lim} = nFQc_{Ai}X_A = nFQc_{Ai}\left[1 - \exp\left(-\frac{k_m A}{Q}\right)\right] \tag{1.24}$$

但當反應較慢時，雖然過電位會隨著流動方向而變，但可假設濃度的變化不大，致使溶液的導電度沒有明顯差異。此時可先求解溶液的電流分布，並從中得到溶液的平均歐姆過電壓 $\Delta\Phi_{ohm}$，最後再藉由陰陽極反應的動力學行爲，以（1.8）式求得總電流 I。

Plug Flow Reactor

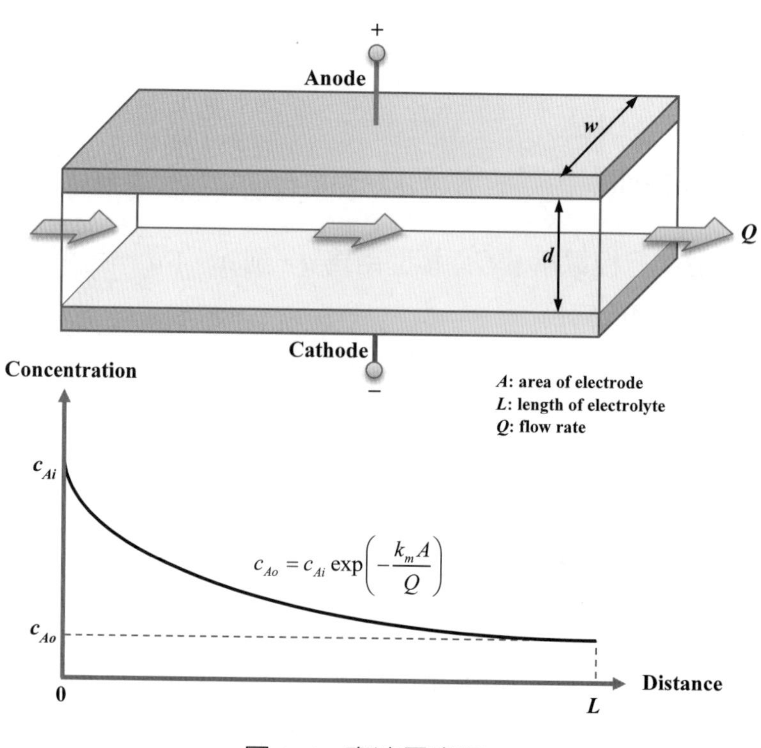

圖 1-6　塞流反應器

3. 連續攪拌槽反應器（CSTR）

CSTR 也屬於槽式容器（如圖 1-7），包含反應物的溶液會連續流入，含有產物的溶液則會從出口持續流出。相同於 BR，在充足的攪拌作用下，可假設容器內各處的濃度一致，且流出溶液的濃度也等於容器內各處的濃度。

雖然 CSTR 和 PFR 都屬於連續式操作，但 CSTR 基於攪拌均勻的假設，使出口濃度 c_{Ao} 與反應槽內各處的濃度相同，有別於 PFR。此外，在 CSTR 中，可視電極上的局部電流密度皆相同，使總極限電流 $I_{\lim}$ 可以直接關連到出口濃度 c_{Ao}：

$$I_{\lim} = nFAk_m c_{Ao} \tag{1.25}$$

再藉由質量均衡，還可得到出口濃度 c_{Ao} 與入口濃度 c_{Ai} 間的關係：

$$c_{Ai} - c_{Ao} = \frac{I_{\lim}}{nFQ} = \frac{k_m A}{Q} c_{Ao} \tag{1.26}$$

或表示成：

$$c_{Ao} = \frac{c_{Ai}}{1 + \dfrac{k_m A}{Q}} \tag{1.27}$$

接著可計算出轉化率 X_A：

$$X_A = 1 - \frac{c_{Ao}}{c_{Ai}} = \frac{k_m A}{Q + k_m A} \tag{1.28}$$

使總極限電流 $I_{\lim}$ 成爲：

$$I_{\lim} = nFQc_{Ai} X_A = nFQc_{Ai} \frac{k_m A}{Q + k_m A} \tag{1.29}$$

若 CSTR 沒有操作在質傳控制的條件下，則代表總電流未達飽和，將使出口的濃度 c'_{Ao} 大於質傳控制下的 c_{Ao}。藉由 Faraday 定律和質量均衡可求得：

$$c_{Ai}Q - c'_{Ao}Q = \frac{I}{nF} = \beta k_m A c_{Ao} \tag{1.30}$$

其中的 β 為無因次的濃度，其值小於 1，定義如下：

$$\beta = \frac{c_{Ai} - c'_{Ao}}{c_{Ai} - c_{Ao}} < 1 \tag{1.31}$$

所以，為了達到預定的產量，在此條件下操作的 CSTR 必須增大電極面積為 A'，使 $A' = A\beta$。

假設在 CSTR 中的陰極與陽極反應分別是 $A + ne^- \rightarrow B$ 與 $C \rightarrow D + ne^-$，陰極和陽極的電流密度則可分別表示為 i_c 和 i_a，再定義陰極與陽極的轉化率分別為：

$$X_c = 1 - \frac{c_{Ao}}{c_{Ai}} \tag{1.32}$$

$$X_a = 1 - \frac{c_{Co}}{c_{Ci}} \tag{1.33}$$

其中下標 i 和 o 分別表示入口與出口，則 i_c 和 i_a 都可使用 X_c 和 X_a 來表示。由於進出兩極的總電流 I 相等，所以 $I = i_c A_c = i_a A_a$，其中 A_c 和 A_a 分別為陰極和陽極的面積。從陰極反應的質量均衡可得到：

$$c_{Ai} - c_{Ao} = \frac{I}{nFQ} = \frac{i_c A_c}{nFQ} \tag{1.34}$$

接著，可計算出陰極反應的轉化率：

$$X_c = \frac{i_c A_c}{nFQc_{Ai}} \tag{1.35}$$

對於陽極，也可將轉化率 X_a 表示爲：

$$X_a = \frac{i_a A_a}{nFQc_{Ci}} \tag{1.36}$$

接著可從動力學關係得到兩極的過電位，最後再透過（1.8）式，即可得到施加電位 ΔE_{app} 對總電流 I 的關係。

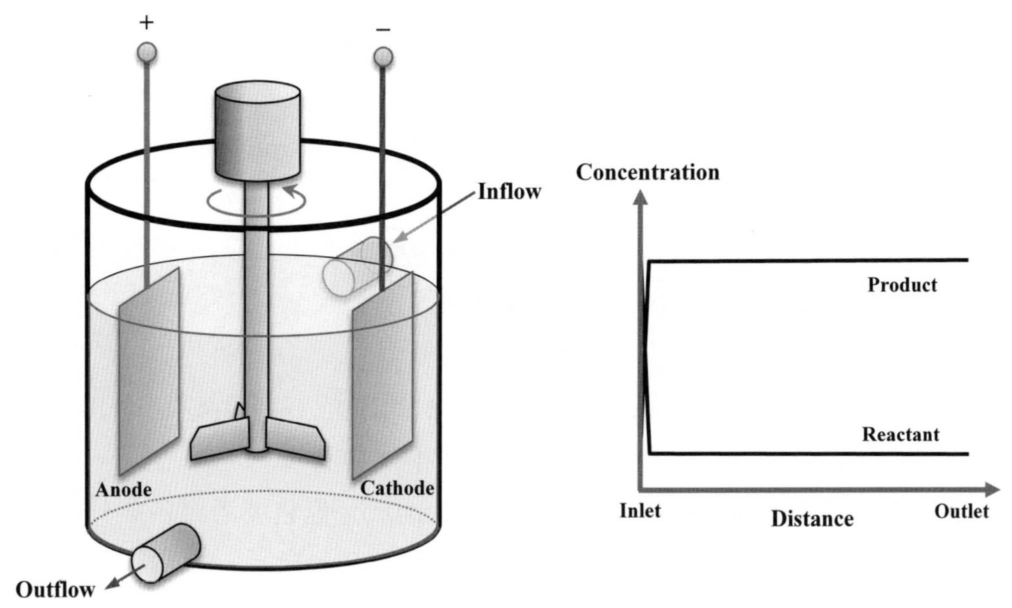

圖 1-7　連續攪拌槽反應器

總結以上，對連續式操作而言，反應器經過長期使用後將會到達穩定狀態，所以常用於大型程序，例如鹼氯工廠、電解水工廠或電解冶金工廠。然而，對於貴金屬的電解精煉或高價值的有機物電解合成，則適用批次操作的小型程序。此外，Hall-Héroult 煉鋁程序則屬於週期性的半批次操作，因爲操作中會等待前批反應物消耗到某一程度時，才再加入反應物。

除了控制反應物與產物的輸入與輸出之外，反應器的電控模式也會影響反應的結果。在實驗室中的小型反應槽，可針對工作電極進行電位控制，例如定電位操作（potentiostat operation）或動態電位操作（potentiodynamic operation）。然而，對於大規模的量產反應槽，則常使用電流控制的操作模式，因爲控制電流的難度低於控制電位。但需注意，大型電化學反應槽中的電流分布通常難以均匀，也同時伴隨不一致的電位分布。電位或電流的大小將影響電解程序是否操作在質傳控制條件下，或操作在反應控制條件下，這兩種情形分別會導致不同的反應產率。

§1-2 熱力學

熱力學的理論可用來描述平衡狀態下的電化學池，但必須在既有的方法中加入電學特性。對於溫度爲 T、壓力爲 P 且體積爲 V 的系統，常用的熱力學參數包括 Gibbs 自由能 G（Gibbs free energy）、焓 H（enthalpy）與熵 S（entropy），其關係爲：

$$H = U + pV \qquad (1.37)$$

$$G = H - TS = U + pV - TS \qquad (1.38)$$

若系統沒有受到外界影響而可以自發性地變化，自由能 G 將會減小，亦即 $\Delta G < 0$；若系統在變化後趨於平衡，自由能 G 將到達極小値，亦即 $dG = 0$。對於一個混合物系統，總自由能 G 可由各成分的莫耳自由能 G_i 加成，但也要考慮各成分的莫耳數 n_i。若系統的變化極其微小時，可發現：

$$dG = \sum_i \left(\frac{\partial G_i}{\partial n_i} \right)_{n_{j \neq i}} dn_i = \sum_i \mu_i dn_i \qquad (1.39)$$

其中的 μ_i 被定義爲成分 i 的化學位能。由於任何系統都有從高化學位能變化到低化學位能的趨向，因此化學位能之差額可以視爲物理化學程序的驅動力。以下將特別討論電解液系統，並引入電化學位能的概念，從熱力學的角度探索電極電位。

§1-2-1 溶液熱力學

在電解液中，若溶質與溶劑混合前後無體積變化，也沒有吸熱或放熱，所形成的系統稱爲理想溶液，但此情形極爲罕見。若只在溶劑中加入非常微量的溶質後，所形成的極稀薄溶液可以近似理想溶液，因爲溶質分子間的距離足夠大，其相互作用可以忽略。假設微量成分 i 被加進無限大的溶液中，使系統的組成幾乎沒有改變，則成分 i 的化學位能可表示爲：

$$\mu_i = \mu_i^0 + RT\ln x_i \tag{1.40}$$

其中的 x_i 爲成分 i 的莫耳分率，在 $x_i = 1$ 時，定義爲標準狀態，因此 μ_i^0 爲標準化學位能。此 $x_i = 1$ 的狀態代表系統爲純溶質，但純溶質常爲固態，溶解後卻會被溶劑化（solvated），故此 μ_i^0 不能視爲純溶質的化學位能，只能當成一種假想狀態導致的常數。在理想系統中，可使用濃度或莫耳分率來描述熱力學性質，但在眞實系統中，濃度與化學位能之間沒有簡明的關係式，通常要先藉由實驗尋找出 μ_i 對 x_i 的關係，才能使用濃度或莫耳分率來描述眞實溶液的行爲。因此，爲了比擬理想系統，G. N. Lewis 建議使用熱力學活性 a_i（activity）來定義眞實系統中的化學位能：

$$\mu_i = \mu_i^0 + RT\ln a_i \tag{1.41}$$

接著再定義活性與莫耳分率的比值爲活性係數 f_i（activity coefficient）：

$$f_i = \frac{a_i}{x_i} \tag{1.42}$$

在理想系統中，活性係數爲 1，所以偏離 1 的情形可代表眞實系統對理想系統的差距程度。由於溶液中的溶質含量也可以使用重量莫耳濃度 m_i 或體積莫耳濃度 c_i 來表達，所以也常使用另外兩種活性係數：

$$\gamma_i = \frac{a_i}{m_i / m^{\circ}} \tag{1.43}$$

$$y_i = \frac{a_i}{c_i / c^{\circ}} \tag{1.44}$$

其中的 m° 和 c° 皆爲標準濃度，可分別選擇 1 mol/kg 和 1mol/L。

當成分 i 的活性爲 1 時（$a_i = 1$），定爲標準狀態，此時的化學位能爲 μ_i^0。若成分爲氣態，且可視爲理想氣體時，其活性將正比於分壓，使化學位能成爲：

$$\mu_i = \mu_i^0 + RT\ln\frac{p_i}{p^{\circ}} \tag{1.45}$$

其中的標準壓力 p° 常定爲 1 atm。若成分爲液態或固態時，標準狀態即爲純物質狀態，例如純水或純金屬，因爲此時的活性爲 1。若成分爲溶質，且含量極爲稀薄時，活性係數趨近於 1，使化學位能隨著濃度 c_i 而變：

$$\mu_i = \mu_i^0 + RT\ln\frac{c_i}{c^{\circ}} \tag{1.46}$$

其中的 c° 常選爲 1 mol/L。另需注意，μ_i^0 爲標準狀態下的化學位能，此標準狀態並非溶液極稀薄的狀態，而是 $a_i = 1$ 之時，故其活性係數 γ_i 應該明顯地偏離 1。

對於電化學池中常需使用的電解液，其熱力學性質與非電解液有明顯差距，例如同濃度時，電解液偏離理想狀態的程度較大；出現相同偏離程度時，電解液的濃度較低。此外，電解液還受限於電中性條件，不可能只改變單種離子的濃度而固定其他成分的含量，因此只能測量整體電解質的平均化學位能 μ。以二元電解質 $\mathrm{M}_{\nu_+}\mathrm{X}_{\nu_-}$ 爲例，可發生以下的解離反應：

$$\mathrm{M}_{\nu_+}\mathrm{X}_{\nu_-} \rightleftharpoons \nu_+\mathrm{M}^{z_+} + \nu_-\mathrm{X}^{z_-} \tag{1.47}$$

其中 ν_- 和 ν_+ 分別是陰陽離子的計量係數（stoichiometric coefficient），而 $\mathrm{M}_{\nu_+}\mathrm{X}_{\nu_-}$ 的平均化學位能 μ 等同於解離後兩離子化學位能 μ_- 和 μ_+ 的線性組合：

$$\mu = \nu_+\mu_+ + \nu_-\mu_- \tag{1.48}$$

由於陰陽離子之化學位能皆可使用（1.41）式表示，使電解質的平均化學位能μ成爲：

$$\mu = \mu^\circ + RT\ln(a_+^{\nu_+}a_-^{\nu_-}) \tag{1.49}$$

其中的 $\mu^\circ = \nu_+\mu_+^\circ + \nu_-\mu_-^\circ$，而 a_+ 和 a_- 分別是陽離子和陰離子的活性。依此可再定義電解質的幾何平均活性、幾何平均活性係數和幾何平均濃度：

$$a_\pm = (a_+^{\nu_+}a_-^{\nu_-})^{1/(\nu_++\nu_-)} \tag{1.50}$$

$$\gamma_\pm = (\gamma_+^{\nu_+}\gamma_-^{\nu_-})^{1/(\nu_++\nu_-)} \tag{1.51}$$

$$m_\pm = (m_+^{\nu_+}m_-^{\nu_-})^{1/(\nu_++\nu_-)} = m(\nu_+^{\nu_+}\nu_-^{\nu_-})^{1/(\nu_++\nu_-)} \tag{1.52}$$

經過整理後，可再得到：

$$a_\pm = \gamma_\pm \frac{m_\pm}{m^\circ} = \nu_\pm \gamma_\pm \frac{m}{m^\circ} \tag{1.53}$$

其中m°是離子化合物的標準濃度，$\nu_\pm = (\nu_+^{\nu_+}\nu_-^{\nu_-})^{1/(\nu_++\nu_-)}$。以$CaCl_2$爲例，$\nu_+ = 1$且$\nu_- = 2$，故可算出 $\nu_\pm = 1.587$。若平均濃度 m 爲已知，且 $\gamma_\pm$ 可估計，則 $a_\pm$ 和 μ 即可求得。

對於飽和的電解質溶液，溶解之溶質與未溶解的固相達成平衡，從離子平均活性 $a_\pm$ 所計算出的平均化學位能 μ 將會等於固相之化學位能，所以代表離子平均活性 $a_\pm$ 爲常數，可從溶度積常數 Ksp 計算。對於可解離出 H^+ 和 OH^-的電解質溶液，由於水的平均活性也趨近於定值，故可從水的解離常數 K_W 計算離子平均活性 $a_\pm$。對於很稀薄的電解液，若考慮溶質間的相互作用後，Peter Debye 和 Erich Hückel 發現平均活性係數 $\gamma_\pm$ 與濃度有相依關係，最終歸納出適用於稀薄溶液的離子活性定律：

$$\ln\gamma_\pm = -A|z_+z_-|\sqrt{I} \tag{1.54}$$

其中離子強度 $I = \frac{1}{2}\sum_i m_i z_i^2$，$A$ 爲一常數。由（1.54）式可發現，儘管電解質的種類

相異，只要離子強度相等，且電解質解離後的離子價數相似時，平均離子活性係數將會相同。（1.54）式的另一特點在於描述含有多價離子的電解質，因爲透過離子強度 I 可以反映出它們解離後產生的強靜電作用。然而，Debye-Hückel 定律僅適用於低濃度溶液，且離子強度 I 不能超過 0.01，常見的電解質溶液大都不在此範圍內，所以應用性有限。因爲電解液的溶質濃度增大後，離子間的相互作用更強，所以偏離理想溶液的程度更大，尤其對於含有多價離子的溶液更爲明顯，例如 NaCl 溶液在濃度爲 0.001 mol/kg 時的 $\gamma_\pm = 0.966$，接近理想狀態，但濃度爲 1 mol/kg 時的 $\gamma_\pm = 0.660$，明顯偏離了理想狀態；而 H_2SO_4 溶液在濃度爲 0.001 mol/kg 時的 $\gamma_\pm = 0.830$，因爲溶液中含有較高價的 SO_4^{2-}，故其 $\gamma_\pm$ 低於同濃度的 NaCl 溶液。當 H_2SO_4 溶液的濃度增加到 1 mol/kg 時，$\gamma_\pm = 0.130$，將更顯著地偏離理想狀態。

§1-2-2 電極電位

如前所述，已知離子間的相互作用會影響溶液的整體能量，所以電化學系統的熱力學行爲將取決於溶液中的離子。由於離子 i 的能量不僅與化學作用有關，也受到電場的影響，因此爲了突顯電作用，通常稱離子擁有電化學位能 $\overline{\mu}_i$：

$$\overline{\mu}_i = \mu_i + z_i F\phi \tag{1.55}$$

其中 μ_i 和 z_i 分別是離子 i 的化學位能和所帶電荷數，F 爲法拉第常數，ϕ 爲包含離子 i 之溶液相具有的內電位。對於電化學位能，通常會假定離子濃度的變化只影響 μ_i，溶液相的電位變化僅影響 ϕ。事實上，電位改變時仍會影響溶液側的離子分布，代表濃度也將隨之而變，因此 μ_i 和 ϕ 並非兩個獨立的物理量。然而，在非常稀薄的溶液中，少許的電位變化難以改變濃度分布，此時可以合理假定兩者相互獨立。

已知系統的總自由能是由各離子成分的電化學位能加總而成，且可假設電解液中保持電中性條件：

$$\sum_i n_i z_i = 0 \tag{1.56}$$

因此透過（1.55）式可推得：

$$G = \sum_i n_i \overline{\mu}_i = \sum_i n_i \mu_i \qquad (1.57)$$

所以 Gibbs 自由能不會隨電位而變。

在電解液系統中，由於離子 i 之電化學位能 $\overline{\mu}_i$ 受到系統內其他離子的影響，故在測量過程中無法被獨立控制，因而透過實驗僅能測得離子化合物之平均電化學位能，並非個別離子的特性。相似地，在金屬中，電子之電化學位能也無法被測量出。因此，欲理解電化學系統的熱力學變化，必須從理論面著手。首先將電化學半反應定義爲：

$$\sum_i \nu_i \mathrm{X}_i = 0 \qquad (1.58)$$

其中 X_i 是參與反應的成分，也包含電子，而 v_i 則是對應的計量係數。當 $v_i > 0$ 時，成分 X_i 是生成物；當 $v_i < 0$ 時，成分 X_i 是反應物。因此，一個系統在反應前後的自由能變化 ΔG 可表示爲生成物與反應物的電化學位能之差額：

$$\Delta G = \sum_i \nu_i \overline{\mu}_i \qquad (1.59)$$

此概念應用於還原半反應：$\nu_R \mathrm{R} \rightarrow \nu_O \mathrm{O} + ne^-$ 時，其自由能變化 ΔG_{red} 可表示爲：

$$\Delta G_{red} = \nu_R \overline{\mu}_R - \nu_O \overline{\mu}_O - n\overline{\mu}_e \qquad (1.60)$$

應用於氧化半反應：$\nu_R \mathrm{R} \rightarrow \nu_O \mathrm{O} + ne^-$ 時，其自由能變化 ΔG_{ox} 則可表示爲：

$$\Delta G_{ox} = \nu_O \overline{\mu}_O - \nu_R \overline{\mu}_R + n\overline{\mu}_e \qquad (1.61)$$

當反應的 $\Delta G < 0$ 時，代表反應自發性地進行，所以負向的自由能變化象徵反應的驅動力；隨著反應持續進行，負向的 ΔG 逐漸縮小，直至 $\Delta G = 0$ 時，即進入平衡狀態；若開始時，ΔG 已經爲正，則反應無法自然發生。

考慮 Cu 金屬與 $CuSO_4$ 接觸的系統，其中的 Cu^{2+} 可能發生還原反應：

$$Cu^{2+} + 2e^- \rightleftharpoons Cu \tag{1.62}$$

已知在金屬相中，Cu 並不帶電，所以 $\overline{\mu}_{Cu} = \mu_{Cu}$；電子帶有單價負電，所以 $\overline{\mu}_e = \mu_e - F\phi_M$，其中 ϕ_M 代表金屬相的內電位；溶液相中的 Cu^{2+} 帶有二價正電，所以 $\overline{\mu}_{Cu^{2+}} = \mu_{Cu^{2+}} + 2F\phi_S$，其中 ϕ_S 代表溶液相的內電位。當兩相達成平衡時，$\Delta G = 0$，再根據（1.59）式可得到：

$$\overline{\mu}_{Cu} - \overline{\mu}_{Cu^{2+}} - 2\overline{\mu}_e = 0 \tag{1.63}$$

整理式中的三項電化學位能之後，可以得到金屬側與溶液側的電位差 $\phi_{Cu} - \phi_S$：

$$\phi_{Cu} - \phi_S = \frac{\mu_{Cu^{2+}} - \mu_{Cu}}{2F} + \frac{\mu_e}{F} \tag{1.64}$$

由此例可發現，對任意電化學半反應，其電極與溶液界面電位差皆可表示爲：

$$\phi_M - \phi_S = -\frac{1}{nF}\sum_i \nu_i \mu_i = -\frac{1}{nF}\sum_{j \neq e} \nu_j \mu_j + \frac{\mu_e}{F} \tag{1.65}$$

如圖 1-8 所示，若在上述的 Cu 與 $CuSO_4$ 系統中加入一個標準氫電極（standard hydrogen electrode，簡稱 SHE），則另有一個反應必須考慮：

$$2H^+ + 2e^- \rightleftharpoons H_2 \tag{1.66}$$

已知在 SHE 中，Pt 電極上吸附 H_2 的活性和溶液中 H^+ 的活性皆爲 1，且反應所需的電子來自 Pt 電極。當 SHE 達到平衡時，界面兩側的電位差可表示爲：

$$\phi_{Pt} - \phi_S = \frac{2\mu_{H^+} - \mu_{H_2}}{2F} + \frac{\mu_{e(Pt)}}{F} \tag{1.67}$$

而在 Cu 電極這一側可以重新註明爲：

$$\phi_{Cu} - \phi_S = \frac{\mu_{Cu^{2+}} - \mu_{Cu}}{2F} + \frac{\mu_{e(Cu)}}{F} \tag{1.68}$$

將 Pt 電極與 Cu 導線連接後，電池兩端的電位差即可推測。電子在 Pt 電極與 Cu 導線之間達成平衡後，兩相的電化學位能將會相等：

$$\bar{\mu}_{e(Cu)} = \bar{\mu}_{e(Pt)} \tag{1.69}$$

由此可推導出 Pt 電極與 Cu 導線之間的電位差：

$$\phi_{Pt} - \phi_{Cu} = \frac{\mu_{e(Pt)} - \mu_{e(Cu)}}{F} \tag{1.70}$$

由於這個電化學池的兩電極分別為 Cu 和 Pt，所以開環電壓 $\mathcal{E}$ 可表示為兩個單電極平衡時的電極電位之差：

$$\mathcal{E} = (\phi_{Cu} - \phi_S) + (\phi_S - \phi_{Pt}) + (\phi_{Pt} - \phi_{Cu}) \tag{1.71}$$

組合上述方程式後，再使用活性來描述化學位能，可進一步得到：

$$\mathcal{E} = \frac{\mu^{\circ}_{Cu^{2+}} + RT\ln a_{Cu^{2+}} - \mu^{\circ}_{Cu}}{2F} - \frac{2\mu^{\circ}_{H^+} + 2RT\ln a_{H^+} - \mu^{\circ}_{H_2} - RT\ln a_{H_2}}{2F} \tag{1.72}$$

其中已考慮了 Cu 金屬的活性 $a_{Cu} = 1$。若再考慮標準氫電極中的 $a_{H^+} = a_{H_2} = 1$，並且定義 $\mu^{\circ}_{H^+} = \mu^{\circ}_{H_2} = 0$ 作為化學位能的基準，則（1.72）式可化簡為：

$$\mathcal{E} = \left(\frac{\mu^{\circ}_{Cu^{2+}} - \mu^{\circ}_{Cu}}{2F}\right) + \frac{RT}{2F}\ln a_{Cu^{2+}} \tag{1.73}$$

由於標準氫電極的電極電位 $E^\circ_{H^+/H_2}$ 已被定爲 0，再將（1.73）式右側第一項定義爲 Cu^{2+}/Cu 電極的標準電位 $E^\circ_{Cu^{2+}/Cu}$，則此時的開環電壓 $\mathcal{E}=E_{Cu^{2+}/Cu}-E^\circ_{H^+/H_2}$，所以可得到：

$$E_{Cu^{2+}/Cu}=E^\circ_{Cu^{2+}/Cu}+\frac{RT}{2F}\ln a_{Cu^{2+}} \tag{1.74}$$

若能控制 $a_{Cu^{2+}}=1$，則所測得的開環電壓 $\mathcal{E}$ 即爲 $E^\circ_{Cu^{2+}/Cu}$，數值約爲 0.337 V。

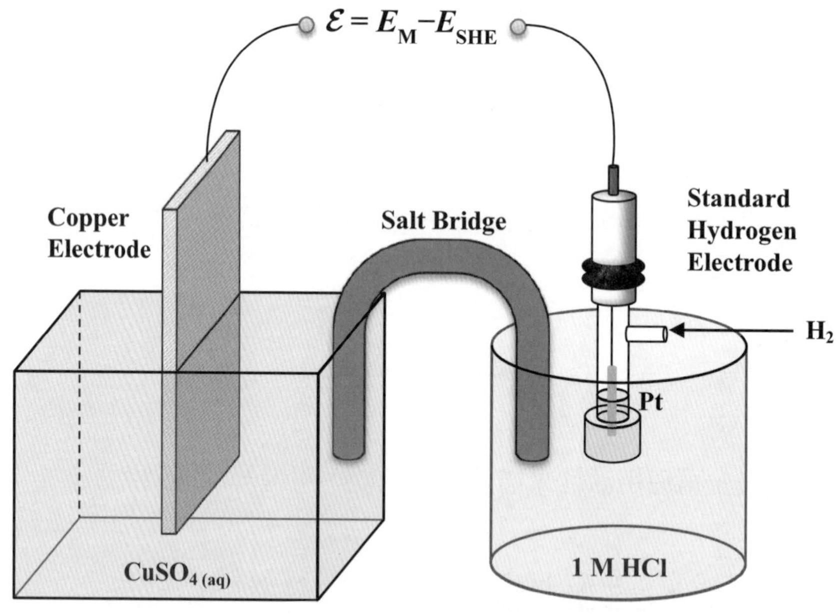

圖 1-8　待測電極與標準氫電極間的開環電壓

此結果可以推廣到其他的單電極，所以在平衡時，任一單電極的電位皆可表示爲：

$$E=\frac{1}{nF}\sum_{j\neq e}\nu_j(\overline{\mu}_j+RT\ln a_j) \tag{1.75}$$

接著定義此電極的標準電位（standard potential）爲：

$$E^{\circ} = \frac{1}{nF} \sum_{j \neq e} \nu_j \bar{\mu}_j \tag{1.76}$$

則（1.75）式可化簡為：

$$E = E^{\circ} + \frac{RT}{nF} \sum_{j \neq e} \nu_j \ln a_j \tag{1.77}$$

此方程式是由 Walther Nernst 於 1869 年首先提出，後於 1898 年再由 Franz C. A. Peters 補充，但現今皆通稱描述平衡電位者為 Nernst 方程式。

若 Nernst 方程式應用於還原半反應：$\nu_O \mathrm{O} + ne^- \rightarrow \nu_R \mathrm{R}$ ，則其電極電位 E 可表示為：

$$E = E^{\circ} + \frac{RT}{nF} (\nu_O \ln a_O - \nu_R \ln a_R) \tag{1.78}$$

其中 E° 為該電極反應的標準電位，當 $a_O = a_R = 1$ 時，$E = E^{\circ}$。在常溫 25°C 下，RT/F 的值為 0.0257 V，而且轉換成以 10 為底的對數（log）時，前端的倍數將成為 0.0591 V，所以 25°C 的電極電位常被表示成：

$$E = E^{\circ} + \frac{0.0591}{n} (\nu_O \log a_O - \nu_R \log a_R) \tag{1.79}$$

從（1.79）式可觀察到，當氧化態 O 的濃度提升時，電極電位會往正向偏移；當還原態 R 的濃度增加時，電極電位會往負向偏移。

對於常見的金屬電鍍反應：$\mathrm{M}^{n+} + ne^- \rightarrow \mathrm{M}$ ，Walther Nernst 認為其電極電位可表示為：

$$E = E^{\circ} + \frac{RT}{nF} \ln \frac{c_{M^{n+}}}{c^{\circ}} \tag{1.80}$$

其中 $c_{M^{n+}}$ 是金屬陽離子的濃度，c° 是標準濃度，常為 1 mol/L 或 1 mol/kg。對於含有兩種活性離子的溶液，例如 $Fe^{3+} + e^{-} \rightarrow Fe^{2+}$ ，Franz C. A. Peters 認為其電極電位應表示為：

$$E = E^{\circ} + \frac{RT}{F} \ln \frac{c_{Fe^{3+}}}{c_{Fe^{2+}}} \tag{1.81}$$

然而，在非理想系統中不能直接使用（1.80）式或（1.81）式，除非系統是極稀薄的溶液。因此在實務計算中，使用離子化合物的平均活性 $a_{\pm}$ 是比較方便的方法。然而，測量平均活性 $a_{\pm}$ 時，其他離子或界面電位所帶來的干擾則難以避免，使 Nernst 方程式僅能提供約略的電位估計。若 Nernst 方程式中改採濃度與活性係數後，可表示為：

$$E = E^{\circ} + \frac{RT}{nF}[\nu_O \ln(\gamma_O \frac{c_O}{c^{\circ}}) - \nu_R \ln(\gamma_R \frac{c_R}{c^{\circ}})] \tag{1.82}$$

再將標準電位與活性係數相關的項目合併成 E_f°：

$$E_f^{\circ} = E^{\circ} + \frac{RT}{nF}(\nu_O \ln \gamma_O - \nu_R \ln \gamma_R) \tag{1.83}$$

此 E_f° 稱為形式電位（formal potential），其值與標準電位 E° 不同。因此，Nernst 方程式將成為：

$$E = E_f^{\circ} + \frac{RT}{nF}(\nu_O \ln \frac{c_O}{c^{\circ}} - \nu_R \ln \frac{c_R}{c^{\circ}}) \tag{1.84}$$

在形式電位 E_f° 已知的情形下，電極電位將直接關聯到離子濃度，對於含有氣體成分的系統也類似，但必須注意的是形式電位 E_f° 並非定值。一般而言，濃度小於 0.01 mol/L 的溶液可用 Debye-Hückel 方程式來估計活性係數，再透過（1.83）式即能算出形式電位；對於濃度更高的溶液，則需藉由實驗數據來求出活性係數與形式電位。但對於含有低濃度 Fe^{3+} 和 Fe^{2+} 的溶液，若又加入高濃度的惰性電解質後，將可拉近 Fe^{3+} 和 Fe^{2+} 的活性係數，所以形式電位與標準電位將會十分接近，此時使用濃度計算電極電位並不會偏離實際值。

另需注意，當其他的參考電極被使用時，所測得的電位數值將會平移。常用的參考電極包括 Ag/AgCl 電極和甘汞電極（calomel electrode），反而不是 IUPAC 制定的標準氫電極。但是從實驗數據的角度，使用標準氫電極則較爲方便。因爲 H_2 和 H^+ 的活性皆爲 1 時，氫電極的電位被定爲 0，所以較適合作爲其他電極電位的基準點。然而，在實務中，氫電極的使用狀況常常不理想，例如壓力的控制或濃度的變異，皆使標準氫電極難以實用。

Ag/AgCl 參考電極是由一根裝置在玻璃管中的 Ag 線組成，在玻璃管的內側會塡入 KCl 溶液，使 Ag 線的表面生成 AgCl。在 25°C 下，使用飽和 KCl 溶液時，其參考電位爲 0.197 V（vs. SHE），而且此數值隨溫度的變化並不大。

而甘汞電極則是由金屬 Hg、Hg_2Cl_2 與 KCl 溶液所組成，其中的 Hg_2Cl_2 常被稱爲甘汞，所以有此命名。其反應爲：

$$Hg_2Cl_{2(s)} + 2e^- \rightleftharpoons 2Hg_{(l)} + 2Cl^-_{(aq)} \tag{1.85}$$

相似地，使用飽和 KCl 溶液時，可構成飽和甘汞電極（saturated calomel electrode，簡稱 SCE）。當 SHE 與 SCE 連接成電化學池後，可測得 SCE 相對於 SHE 的電位差爲 +0.2412 V，故其參考電位爲 0.2412 V（vs. SHE），此值不會隨著溫度而產生明顯的變化。因此，只要甘汞電極在實用中能維持此電位，即可用作參考電極。例如在 25°C 下，同濃度的 $Fe(CN)_6^{3-}$ 和 $Fe(CN)_6^{4-}$ 在 Pt 線上的達成平衡時，再使用 SCE 與其組成電化學池，即可測得電位差爲 +0.118 V（vs. SCE），因此以標準氫電極電位爲基準的 $Fe(CN)_6^{3-}/Fe(CN)_6^{4-}$ 的電位即爲 +0.360 V（vs. SHE）。

除了甘汞電極之外，常用的參考電極還包括汞－氧化汞電極（mercury-mercuric oxide electrode）和汞－硫酸亞汞電極（mercury-mercurous sulfate electrode）。在 25°C 下，前者使用 0.1 M NaOH 溶液時，其參考電位爲 0.926 V（vs. SHE）；後者使用飽和 K_2SO_4 溶液時，其參考電位爲 0.64 V（vs. SHE）。兩種參考電極的主反應分別爲：

$$HgO_{(s)} + H_2O + 2e^- \rightleftharpoons Hg_{(l)} + 2OH^-_{(aq)} \tag{1.86}$$

$$Hg_2SO_{4(s)} + 2e^- \rightleftharpoons 2Hg_{(l)} + SO^{2-}_{4(aq)} \tag{1.87}$$

汞－氧化汞電極和甘汞電極的主要差別有兩點，其一是汞－氧化汞電極適用於鹼性溶液，而甘汞電極適用於酸性溶液；其二是汞－氧化汞電極適用於不含 Cl^-的溶液，而汞－硫酸亞汞電極也適用於不含 Cl^-的溶液，但甘汞電極則不適用於含有 Cl^-的溶液，主要的考量在於待測溶液不能和參考電極交互干擾。

使用 Ag/AgCl 參考電極時，玻璃管的外側會接觸待測電極的電解液。假設此電解液中除了含有 $Fe(CN)_6^{3-}$ 和 $Fe(CN)_6^{4-}$ 以外，也包含 HCl，則玻璃管底部的多孔膜將會形成兩種溶液的接面（junction），如圖 1-9 所示。對 H^+、K^+ 與 Cl^-三種離子，在水溶液中的離子遷移率（ionic mobility）約為 350：74：76，後兩者非常接近，但顯然 H^+ 移動得較快，其原因可用 Grotthuss 原理來解釋。由於水分子之間可用氫鍵吸引，一個 H_3O^+ 中的 H 原子會被相鄰 H_2O 中的 O 原子吸引，之後 H_3O^+ 上的 O 原子所帶正電可藉由氫鍵交換而轉移到 H_2O 分子的 O 原子上，如同 H_3O^+ 與 H_2O 交換了位置且傳遞了 H^+。再藉由更多 H_2O 分子的氫鍵吸引與交換，即可快速地向前傳遞出 H^+，但實際上只是氫鍵的轉移。相反地，發生水合的 K^+ 與 Cl^-等離子在水溶液中必須不斷穿越 H_2O 分子才能向前移動，因此速率較慢。

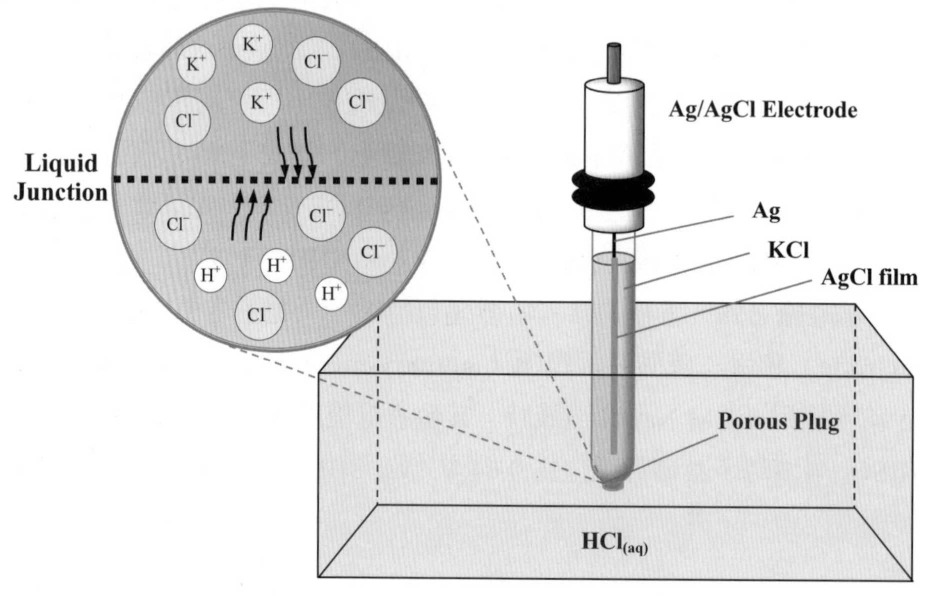

圖 1-9　Ag/AgCl 電極與液－液接面

另以一片薄膜隔開兩個濃度不同的 HCl 溶液為例，可發現 H^+ 與 Cl^- 將從高濃度側往低濃度側擴散，由於 H^+ 比 Cl^- 擴散得更快，故有可能發生電荷分離的現象。在低濃度側，由於有較多的 H^+ 遷入，而帶正電；在高濃度側，擁有相對較多的 Cl^-，而帶負電。因此，在薄膜兩側將建立一個電場，此電場會加速 Cl^- 的遷移，並阻礙 H^+ 的輸送，直至兩種離子的速率到達穩定態。此時的離子分布將形成兩溶液的接面電位（liquid-liquid junction potential），或稱為擴散電位（diffusion potential），其數值通常在數十個 mV 的範圍。

若薄膜隔開的是不同濃度的 KCl 溶液，則情形將有所不同。由於 K^+ 與 Cl^- 的離子遷移率相當，兩種離子以幾乎相同的速率從高濃度側擴散至低濃度側，電荷分離的現象輕微，不會產生明顯的接面電位。因此，兩溶液的接面電位可依其特性分成三種類型，第一類是兩側溶液的電解質種類相同但濃度不同，第二類是兩側溶液的濃度相同但電解質種類不同；第三類則是兩側溶液的電解質種類與濃度皆不相同。雖然這三種類型的溶液接面都無法達成平衡，但接面兩側的組成變化會持續減少。

對大部分的電化學程序，溶液的接面電位差會帶來困擾，因此要盡可能地減小接面電位差。程序設計中最常用的方法是改變接面的組成，例如原本陰陽兩極區的電解液分別是 HCl 和 NaCl 時，可在兩溶液之間插入鹽橋（salt bridge），鹽橋內的電解質可解離出遷移率接近的陰陽離子，例如 KCl 或 KNO_3。因此，加入 KCl 鹽橋後，將增加一個溶液接面，可用符號 HCl|KCl|NaCl 來表示，兩組接面電位差分別定為 E_{j1} 和 E_{j2}。然而，當 KCl 的濃度比 HCl 高時，穿越接面的離子輸送將由 KCl 主宰，且隨著 KCl 的濃度愈高，E_{j1} 愈低。若 KCl 的濃度也比 NaCl 高時，E_{j2} 將與 E_{j1} 異號，故能產生互相抵銷的效應，因而降低陰陽兩極溶液間的總接面電位差。由此可知，濃度較高的 KCl、KNO_3、CsCl、RbBr 或 NH_4I 溶液皆適合作為鹽橋，因為這些溶液中的陽離子遷移數都接近 0.5，陰陽離子移動的趨勢相當，進而使接面電位差較低。

§1-3　動力學

在 1-1 節曾提及，若電化學池是由反應控制，則必須從動力學求取整體程序的速率。一個完整的電化學程序是由幾個步驟連結而成，第一個步驟通常是反應物從溶液主體區（bulk）移動到電極附近，其速率可用質傳係數 k_m 來描述；當反應物接近電極時，傾向於吸附（adsorption）到電極表面上，但也可能從表面上脫附（desorption）；吸附物可以和電極材料交換電子，例如失去電子進行氧化反應，或接收電子進行還原反應，其速率可用速率常數 k_0 來描述；反應之產物在初期仍依附在電極表面上，之後可如電鍍程序般，形成新相而長期留存在電極表面上，也可如電解水生成氣泡般，脫附進入溶液中；進入溶液中的產物可透過質傳程序移至溶液主體區。單純的電極程序可以只包含物質輸送（mass transfer）與電極表面的電子轉移（electron transfer）；複雜的電極程序則可能藉由串聯或並聯上述步驟而成，例如程序中牽涉到連續性電子轉移，或連結了勻相反應（coupled homogeneous reaction）之電子轉移。

因此，整體電極程序之速率將取決於所有步驟的特性，例如電極表面的物質輸送，電子轉移的動力學，以及電極與溶液的界面結構。然而，程序中的最慢步驟將會限制整體速率，故此最慢者被稱爲速率決定步驟。以簡單的電極程序爲例，當其中的質傳速率遠小於反應速率時，亦即 $k_m \ll k_0$，則稱此電子轉移反應爲可逆的（reversible）；但當質傳速率遠大於反應速率時，亦即 $k_m \gg k_0$，則稱此反應爲不可逆的（irreversible）；當兩種速率接近時，亦即 $k_m \approx k_0$，則稱此反應爲準可逆的（quasi-reversible）。在電化學領域中所使用的可逆或不可逆術語，與熱力學領域略有不同。在此僅指正逆反應速率之快慢，以及重建或破壞平衡之難易。

當電極程序以特定的速率進行時，電極與溶液的界面將發生電子轉移，此時可從外部儀器測得電流，意味著電極與溶液的界面偏離了平衡狀態，亦即電極電位離開了平衡電位。這種偏離平衡的現象稱爲極化（polarization），而極化後的電極電位與平衡電位之差被稱爲過電位（overpotential）。導致電極極化的原因有幾種，例如程序中的質傳速率較爲緩慢時，所引起的極化現象被稱爲濃度極化（concentration polarization）；來自於電極與溶液界面反應的極化則稱爲活化極化（activation polarization）或反應極化（reaction polarization）；也有源自於覆蓋膜或沉澱物導致的電阻上升，所致現象稱爲歐姆極化（Ohmic polarization）。不同類型的極化現象皆代表了程序中所需克服的額外能量，如同障礙（barrier）一般。尤其當所需能量較高時，將使程序難以發生，此時必須從電化學池的外部供給能量才能驅使程序進行，而前述的過電位即象徵了加諸系統的額外能量。

§1-3-1 電子轉移

對於一個含有氧化還原對 O 和 R 的系統，假設會發生單電子轉移反應：

$$O + e^- \rightleftharpoons R \tag{1.88}$$

依據法拉第定律，可知其反應速率 r 正比於電流密度 i：

$$r = \frac{i}{F} = k_c c_O^s - k_a c_R^s \tag{1.89}$$

其中的 k_c 和 k_a 分別爲還原（正反應）與氧化（逆反應）的速率常數，SI 制單位皆爲 m/s，c_O^s 和 c_R^s 分別表示 O 和 R 在電極表面的濃度。由於電極的電位可被外部能量改變，所以還原（正反應）與氧化（逆反應）的活化能都會受到影響，進而改變速率常數。由 1-2 節可知，電極與電解液的界面處於平衡時，存在一個平衡電位。再由 Le Chatelier 原理可知，施加外力使電極電位負於平衡電位，相當於注入電子，可以促進還原反應，代表還原反應的活化能減小；相對地，電極電位正於平衡電位，相當於汲取電子，可以促進氧化反應，代表氧化反應的活化能減小。因此，在定性描述上，雖可容易地理解反應速率受到外加電位的影響，但在定量描述上，仍需透過 Arrhenius 方程式方能詳細說明。

假設 $G(I)$、$G(O + e^-)$ 和 $G(R)$ 分別是反應中間物 I、氧化態 O 加電子 e^- 和還原態 R 的自由能，則還原反應的活化能 $E_{A,rd}$ 和氧化反應的活化能 $E_{A,ox}$ 可分別表示爲：

$$E_{A,rd} = G(I) - G(O + e^-) \tag{1.90}$$

$$E_{A,ox} = G(I) - G(R) \tag{1.91}$$

對應的速率常數 k_c 和 k_a 則可使用 Arrhenius 方程式來表示：

$$k_c = A_c' \exp(-\frac{E_{A,rd}}{RT}) \tag{1.92}$$

$$k_a = A'_a \exp(-\frac{E_{A,ox}}{RT}) \tag{1.93}$$

式中的是 A'_c 和 A'_a 分別是正逆反應的 Arrhenius 常數。若再引入電化學位能的概念後，反應前與反應後的自由能還可表示爲：

$$G(O+e^-) = c_1 - F\phi_M - nF\phi_S = c_1 - (n+1)F\phi_S - F(\phi_M - \phi_S) \tag{1.94}$$

$$G(R) = c_2 - (n+1)F\phi_S \tag{1.95}$$

其中的 n 爲 O 所帶的電荷數，n+1 爲 R 所帶的電荷數，c_1 和 c_2 爲標準狀態的化學能所整合而成的常數，ϕ_M 和 ϕ_S 則爲固體側與溶液側的內電位，兩者之差 $\phi_M - \phi_S$ 即爲電極電位 E。若外加電位發生變化時，假設反應中間物的自由能 $G(I)$ 所受到的影響介於反應前與反應後的自由能所受影響之間，亦即介於 $G(O + e^-)$ 和 $G(R)$ 所受影響之間，則可設定一個在 0 與 1 之間的轉移係數 β（transfer coefficient），以表示出反應中間物 I 的自由能 $G(I)$：

$$G(I) = c_3 - (n+1)F\phi_S - \beta F(\phi_M - \phi_S) \tag{1.96}$$

其中的 c_3 亦爲常數。所計算出的三個自由能可代回（1.92）式和（1.93）式，求得速率常數 k_c 和 k_a：

$$k_c = A''_c \exp(-\frac{(1-\beta)F(\phi_M - \phi_S)}{RT}) = A''_c \exp(-\frac{\alpha FE}{RT}) \tag{1.97}$$

$$k_a = A''_a \exp(\frac{\beta F(\phi_M - \phi_S)}{RT}) = A''_a \exp(\frac{\beta FE}{RT}) \tag{1.98}$$

其中 A''_c 和 A''_c 爲二次修正的 Arrhenius 常數，且 $\alpha = 1 - \beta$。換言之，還原反應的轉移係數爲 α，氧化反應的轉移係數爲 β，兩者之和爲 1，分別代表外部作用的能量轉移給兩種反應的比例。在常見的情形中，兩者都接近 0.5。由（1.97）式和（1.98）式可看出，當電極電位 E 往負向移動時，Arrhenius 方程式中的指數項將會改變，使得

k_c 增加但 k_a 減低，亦即有利於還原不利於氧化；反之，E 往正向移動時，k_c 會減低但 k_a 增加，所以有利於氧化不利於還原。通常，電極電位變化 1 V 時，大約可使速率常數改變 10^9 倍，意味著電壓的效應相當可觀，而且也代表著在動力學程序中施加電壓會產生極大的影響力。

儘管至此已將速率常數表達為電極電位的函數，然而單一電極的電位無法測量，能透過儀器測量的情形只有待測電極對參考電極的電壓差。因此，（1.97）式和（1.98）式可先依參考狀態而得到修正，亦即兩式除以標準狀態下的表示式後，將會成為：

$$k_c = k_c^{\circ} \exp\left[-\frac{\alpha F(E - E_f^{\circ})}{RT}\right] \tag{1.99}$$

$$k_a = k_a^{\circ} \exp\left[\frac{\beta F(E - E_f^{\circ})}{RT}\right] \tag{1.100}$$

其中 $E - E_f^{\circ}$ 代表在任意情形下的電極電位相對於標準狀態的形式電位。使用形式電位而非標準電位之目的，是為了之後便於引入濃度，如此可避免使用活性，但需注意形式電位並非定值。而引入形式電位的做法其實可以看成改變 Arrhenius 常數後，根據指數律使電極電位 E 平移成電位差 $E - E_f^{\circ}$。

當電極與溶液界面達成平衡時，淨反應速率 $r = 0$，亦即 $k_c c_O^s = k_a c_R^s$。此條件代入（1.99）式和（1.100）式後，可得：

$$k_c^{\circ} c_O^s \exp\left[-\frac{\alpha F(E - E_f^{\circ})}{RT}\right] = k_a^{\circ} c_R^s \exp\left[\frac{\beta F(E - E_f^{\circ})}{RT}\right] \tag{1.101}$$

由於 $\alpha + \beta = 1$，（1.101）式經整理後可成為：

$$E = E_f^{\circ} + \frac{RT}{F} \ln \frac{c_O^s}{c_R^s} + \frac{RT}{F} \ln \frac{k_c^{\circ}}{k_a^{\circ}} \tag{1.102}$$

根據 Nernst 方程式：

$$E = E_f^\circ + \frac{RT}{F}\ln\frac{c_O^s}{c_R^s} \tag{1.103}$$

比較（1.102）式和（1.103）式後，可清楚地發現：$k_a^\circ = k_c^\circ$，因此再定義其值爲標準速率常數：$k^\circ = k_a^\circ = k_c^\circ$。

另由 Faraday 定律可知，淨反應速率 r 與電化學池的電流密度 i 成正比，亦即 $i = Fr$，因此可推得：

$$i = Fk^\circ\left(c_O^s \exp\left[-\frac{\alpha F(E - E_f^\circ)}{RT}\right] - c_R^s \exp\left[\frac{\beta F(E - E_f^\circ)}{RT}\right]\right) \tag{1.104}$$

當正逆反應達成平衡時，電位 $E = E_{eq}$，且已知兩物種在溶液主體區的濃度分別爲 c_O^b 與 c_R^b，故從 Nernst 方程式可得到形式電位 E_f^o、平衡電位 E_{eq} 與平衡濃度間的關係：

$$E_f^\circ = E_{eq} + \frac{RT}{F}\ln\frac{c_R^b}{c_O^b} \tag{1.105}$$

（1.103）式與（1.105）式都說明了平衡時兩物質之濃度在各處的特定比例。接著將（1.105）式中的形式電位 E_f^o 代回（1.104）式，可得到：

$$i = Fk^\circ(c_R^b)^\alpha(c_O^b)^\beta\left(\frac{c_O^s}{c_O^b}\exp\left[-\frac{\alpha F}{RT}(E - E_{eq})\right] - \frac{c_R^s}{c_R^b}\exp\left[\frac{\beta F}{RT}(E - E_{eq})\right]\right) \tag{1.106}$$

等號右側的公倍數可定義爲交換電流密度（exchange current density）：

$$i_0 = Fk^\circ(c_R^b)^\alpha(c_O^b)^\beta \tag{1.107}$$

代表反應達成平衡時（$E = E_{eq}$），正向或逆向反應所導致的電流密度，此參數可作爲電極系統的指標，當電極材料或電解液更換時，i_0 會隨之改變。較大的 i_0 值表示正逆反應的速率皆很大，對於電化學反應而言，是一種容易氧化也容易還原的反應，通常也稱爲快反應（facile reaction），具有高度的可逆性，例如 $Cu/CuSO_4$ 系統。相對地，當 i_0 值很小時，正逆反應的速率皆很小，是一種不易氧化也不易還原的反應，通常稱爲慢反應（slow reaction），其可逆性低，因此被視爲不可逆反應，例如 $Hg(H_2)/H_2SO_4$ 系統。

§1-3-2 極化曲線

當系統偏離平衡狀態時，還可藉由過電位 $\eta = E - E_{eq}$ 來代表偏離平衡的情形，使（1.106）式改寫成：

$$i = i_0\left[\frac{c_O^s}{c_O^b}\exp\left(-\frac{\alpha F\eta}{RT}\right) - \frac{c_R^s}{c_R^b}\exp\left(\frac{\beta F\eta}{RT}\right)\right] \qquad (1.108)$$

必須注意上式中的濃度 c_O^b 與 c_R^b 相關於（1.105）式，代表溶液主體區內的濃度；但 c_O^s 與 c_R^s 則相關於（1.103）式，代表發生反應的電極表面濃度。雖然在反應開始之前可以控制 $c_O^s = c_O^b$，但隨著反應的進行，兩者將產生差異，若反應偏向還原方向，則 $c_O^s < c_O^b$，若反應偏向氧化方向，則 $c_O^s > c_O^b$。同理，對 c_R^s 與 c_R^b 也有類似趨勢。這種濃度偏離平衡値的情形即爲濃度極化現象。若溶液經過強烈攪拌，且反應的變化量極其微小，溶液內可近似爲無濃度分布，亦即表面濃度等於主體濃度，則（1.108）式可化簡爲：

$$i = i_0\left[\exp\left(-\frac{\alpha F\eta}{RT}\right) - \exp\left(\frac{\beta F\eta}{RT}\right)\right] \qquad (1.109)$$

此式稱爲 Butler-Volmer 方程式，其構想來自於化學家 John Alfred Valentine Butler 與 Max Volmer，但此式是忽略濃度極化下的理想情形，主要用來探討施加電壓對反應的影響，亦即用以探究活化極化的效應。根據此式，可繪出電流密度對過電位的曲線，一般稱爲極化曲線（polarization curve），整體曲線圖則稱爲伏安圖（voltammogram）。

此外尚需註明，以上推導基於還原過程爲正反應，所以規定還原電流密度爲正向，而氧化電流密度爲負向，使 $i = i_c - i_a$。然而，也可以針對氧化過程爲正反應時，規定氧化電流密度爲正向，而還原電流密度爲負向，使 $i = i_a - i_c$。因此，只要掌握正逆反應所對應的電流密度具有相反方向的原則，兩種 Butler-Volmer 方程式的表示法皆成立。雖然目前國際純化學和應用化學聯合會（International Union of Pure and Applied Chemistry，簡稱 IUPAC）規定氧化電流密度爲正，還原電流密度爲負，但與其相反的用法也經常出現在文獻中，所以在閱讀前必須先檢視作者的定義。

當過電位 $\eta > 0$ 時，代表施加給電極的電位正於平衡電位，此時 $\exp\left(-\frac{\alpha F\eta}{RT}\right) < \exp\left(\frac{\beta F\eta}{RT}\right)$，或可簡述爲氧化電流密度 $i_a > i_0$，且還原電流密度 $i_c < i_0$，代表氧化反應有優勢，還原反應居於劣勢，反應將偏向氧化方向，因此稱爲陽極極化（anodic polarization）。當過電位 $\eta < 0$ 時，代表施加給電極的電位負於平衡電位，此時 $\exp\left(-\frac{\alpha F\eta}{RT}\right) > \exp\left(\frac{\beta F\eta}{RT}\right)$，或可簡述爲 $i_a < i_0 < i_c$，代表還原反應有優勢，氧化反應居於劣勢，反應將偏向還原方向，因此稱爲陰極極化（cathodic polarization）。

當淨電流 $i = i_c - i_a$ 與 i_0 差異過大時，電極會出現不同的行爲。以陰極極化爲例，當 $i \ll i_0$ 時，代表施加過電位之絕對值 $|\eta|$ 必須非常小，亦即偏離平衡電位不遠，系統的極化現象微弱，使得 $i_c \approx i_a$。對於 i_0 很大的電極系統，滿足 $i_c - i_a \ll i_0$ 的電位範圍將會很寬，代表難以產生明顯的極化現象，使這類電極之反應近乎可逆。假想 $i_0 \to \infty$ 的極端情形，電極幾乎不會出現極化，此時的系統可稱爲理想不極化電極（ideal non-polarized electrode），在電化學測量中所需使用的參考電極必須具備這類特質。在圖 1-10 中，可發現 $i_0 = 1\ \mu\text{A/cm}^2$ 的極化曲線幾乎貼近縱軸，明顯比 $i_0 = 10^{-3}\mu\text{A/cm}^2$ 者更陡峭，代表前者只要施加若干的過電位即可產生比後者大許多的電流，顯現出前者的不極化性。

對於這類 i_0 足夠大的電極，若在施加過電位之前已達到平衡，則可從 Nernst 方程式得到平衡電位與主體濃度的關係：$E_{eq} = E_f^\circ + \frac{RT}{F}\ln\frac{c_O^b}{c_R^b}$。再從（1.108）式可知，$i/i_0 \to 0$，使得：

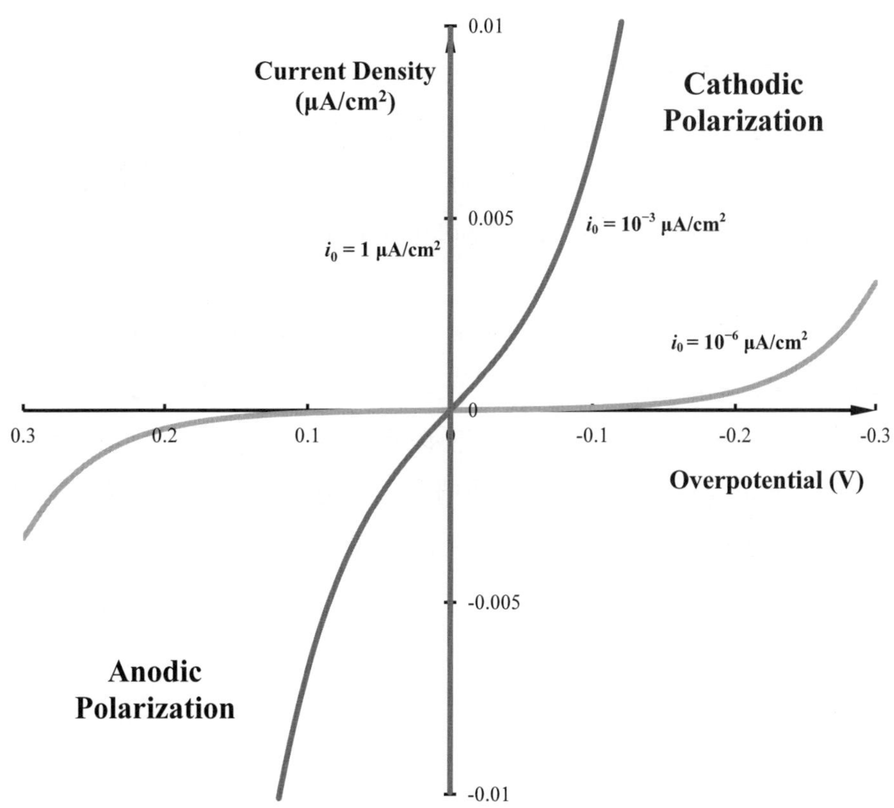

圖 1-10　交換電流密度對極化曲線的影響

$$\frac{c_O^s}{c_O^b}\exp\left(-\frac{\alpha F\eta}{RT}\right)\approx\frac{c_R^s}{c_R^b}\exp\left(\frac{\beta F\eta}{RT}\right) \tag{1.110}$$

經過整理後，可得到表面濃度與電位的關係：

$$E=E_f^{\circ}+\frac{RT}{F}\ln\frac{c_O^s}{c_R^s} \tag{1.111}$$

此式說明了在 i_0 足夠大的電極中，雖然有電流通過界面，但電極電位仍可表示成 Nernst 方程式的形式，而且微小的過電位就會導致顯著的電流而成為快速反應。因此，快速反應系統難以遠離平衡狀態，除非出現了質傳控制現象。

另一方面，圖 1-10 中 $i_0=10^{-6}\mu\text{A/cm}^2$ 和 $i_0=10^{-3}\mu\text{A/cm}^2$ 之系統都屬於慢反應的

電極，而且前者的極化曲線在過電位較小時明顯比後者平緩，電流幾乎不隨電位而增加，代表此類反應必須施加更高的過電位才能被驅動。若換從外加電流的角度來觀察，此類電極只需要小量的電流即可使電位明顯地偏離平衡狀態，呈現出系統容易極化的特性。若再考慮 $i_0 \rightarrow 0$ 的極端情形時，幾乎只需施加微量電流就可以極化，所以此類系統被稱爲理想極化電極（ideal polarized electrode），適合用於電雙層的研究。

但當過電位的絕對值 $|\eta|$ 足夠大時，則不屬於上述兩類極端情形，Butler-Volmer 方程式右側的兩個指數項將會差異頗大，使其中一項得以忽略，亦即淨電流只由氧化或還原之中的一項主導。此情形也代表電極偏離平衡很遠，將會單向進行不可逆的反應。通常在 $|\eta| > 100$ mV 下，可符合這類情形。以過電壓超過 100 mV 的陰極極化爲例，其氧化反應可忽略，因此淨電流密度可簡化爲：

$$i = i_0 \exp\left(-\frac{\alpha F \eta}{RT}\right) \qquad (1.112)$$

轉換成對數表示法後可得：$\eta = \frac{RT}{\alpha F}\ln i_0 - \frac{RT}{\alpha F}\ln i$。若反應中牽涉的電子數爲 n，則可改寫爲：$\eta = \frac{RT}{\alpha nF}\ln i_0 - \frac{RT}{\alpha nF}\ln i$。再將自然對數轉成以 10 爲底的對數後，可表示爲：

$$\eta = \frac{2.303RT}{\alpha nF}\log i_0 - \frac{2.303RT}{\alpha nF}\log i \qquad (1.113)$$

Julius Tafel 曾在 1900 年前後大量研究電化學反應的動力學行爲，並歸納出施加電壓對電流的對數值成線性的關係，後人稱爲 Tafel 定律。事實上，Tafel 定律中的斜率即爲 $-\frac{2.303RT}{\alpha nF}$。（1.112）式和（1.113）式的推導過程也適用於陽極極化的情形，此時必須忽略還原電流密度，所以也可以得到陽極極化下的 Tafel 定律，但因爲此時的淨電流爲負值，所以會列出 $\log|i|$ 與 η 的關係。再者，Tafel 定律適用的前提是反應物濃度必須維持固定，系統中只出現活化極化而無濃度極化。若能滿足此條件，且在夠大的過電位下，可將實驗數據畫於半對數圖中，其結果將趨近兩條直線，如圖 1-11

所示，其中的兩線分別代表陰極極化和陽極極化，常稱爲 Tafel 圖。如前所述，直線的斜率僅與溫度 T、轉移係數 α 和電子轉移數 n 有關，若能控溫，則有機會從斜率値推斷出 α 和 n，因爲 n 値通常是整數。此外，從截距與斜率的比值可以求得交換電流密度 i_0，這是電極系統的重要參數，有助於判斷電極是否容易極化。在室溫下，一般氧化還原反應的交換電流密度會介於 10^{-6} A/cm^2 到 1 A/cm^2 之間。另一方面，當過電位非常大時，實測電流只會增加到一個有限值，這是因爲反應物到達電極表面的速率受到限制，無法避免濃度極化現象，因而偏離 Tafel 定律。

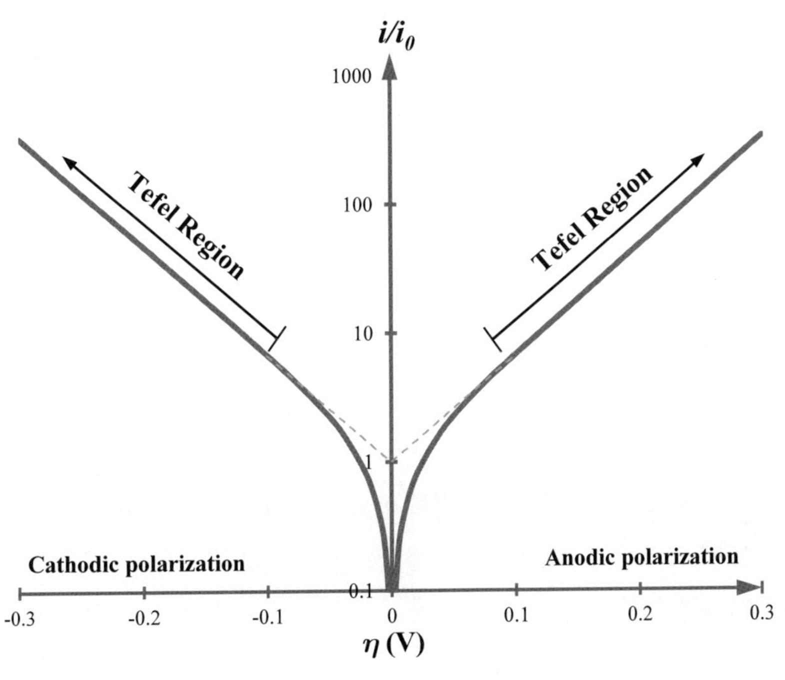

圖 1-11　典型的 Tafel 圖

通常在求取 Tafel 圖的實驗中，會從足夠負的過電位往足夠正的過電位逐點進行，或是由正往負亦可，但在 $|\eta| < 100$ mV 的區間內，數據將嚴重偏離半對數關係，其原因在於正逆反應的速率相當，無法將其中之一忽略。若改將實驗數據繪於正常比例的直角座標（Cartesian coordinate）中，$|\eta| < 10$ mV 內的圖形反而接近通過原點的直線，代表電流與過電壓成正比，此結果也可從 Butler-Volmer 方程式觀察出。因爲過電位足夠小時，正逆反應的指數項可使用泰勒展開式的前幾項來近似：

$$\exp\left(-\frac{\alpha nF\eta}{RT}\right)\approx 1-\frac{\alpha nF\eta}{RT} \quad (1.114)$$

$$\exp\left(\frac{\beta nF\eta}{RT}\right)\approx 1+\frac{\beta nF\eta}{RT} \quad (1.115)$$

由於 $\alpha + \beta = 1$，所以 Butler-Volmer 方程式可化簡成：

$$i = -i_0\frac{nF\eta}{RT} \quad (1.116)$$

由此可定義過電位對電流密度的比值為電荷轉移電阻 R_{ct}（charge transfer resistance）：

$$R_{ct} = -\frac{\eta}{i} = \frac{RT}{nFi_0} \quad (1.117)$$

對於 i_0 很小的電極系統，電荷轉移電阻 R_{ct} 較大；對於 i_0 很大的系統，電荷轉移電阻 R_{ct} 則較小。但在 10 mV < $|\eta|$ < 100 mV 的區間內，兩種座標圖中皆無法顯示線性關係，故常稱為過渡區（transition region）。

總結以上，一個完整的穩態電流測量可以得到伏安圖，從平衡電位起，電流密度的曲線將逐步經歷線性區、過渡區、半對數區（Tafel 區）、第二過渡區與飽和區。其中的飽和區來自於質傳控制現象，而第二過渡區則來自於質傳和反應的混合控制現象。關於質量傳送的現象，將於 1-4 節中說明。

當兩組電極與電解液界面結合成電化學池後，若兩極仍維持斷路，則兩界面將會趨於平衡。如圖 1-12 所示，儘管在斷路時，每個界面都沒有淨電流通過，但正反應和逆反應仍持續進行，而且兩方向的電流密度互相抵銷。然而，兩個界面的平衡電位不同，例如 $E_1 < E_2$，使電化學池的兩端存在電位差，可表示為 $\Delta E = E_2 - E_1$。若兩極以導線連接到外部電源，且電源的電壓 ΔE_{app} 足夠大時，電極 1 的電位將反轉成高於電極 2，並驅使電流通過兩個界面。換言之，電極 1 將成為電化學池的陽極，淨電流密度 $i_1 = i_{c1} - i_{a1} < 0$，可由 Butler-Volmer 方程式計算，且代表電極 1 上的氧化反應速率超越還原反應速率，主導了界面的變化，並伴隨了正向過電壓，亦即 $\eta_1 > 0$；另一方面，電極 2 將成為陰極，淨電流 $i_2 = i_{c2} - i_{a2} > 0$，也可從 Butler-Volmer 方程式求得，且代表電極 2 上的還原反應速率超越氧化反應速率，並伴隨了負向過電壓，亦即 $\eta_2 <$ 0。然而，必須注意此時兩極電流密度之淨值不一定相等，因為 $i_{01} \neq i_{02}$ 且 $\alpha_1 \neq \alpha_2$；但通過兩界面的總電流會相等，亦即 $I = -i_1A_1 = i_2A_2$，其中 A_1 和 A_2 分別為兩極的面積。

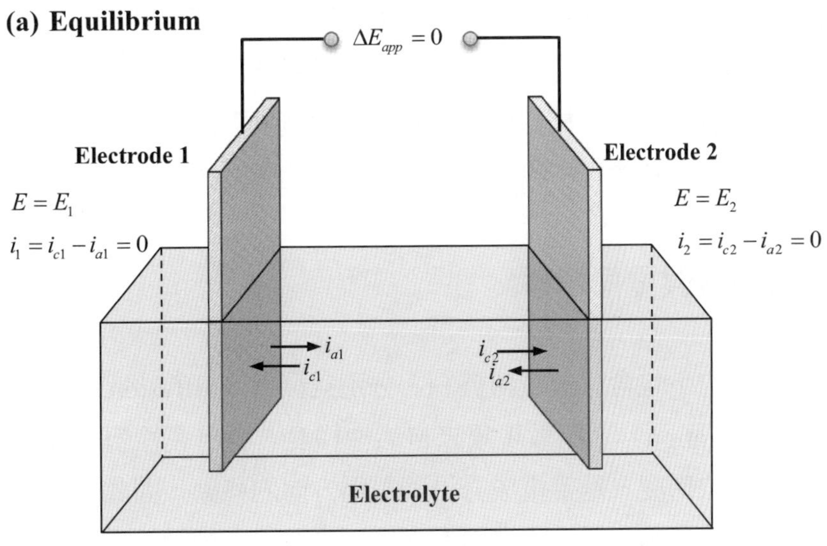

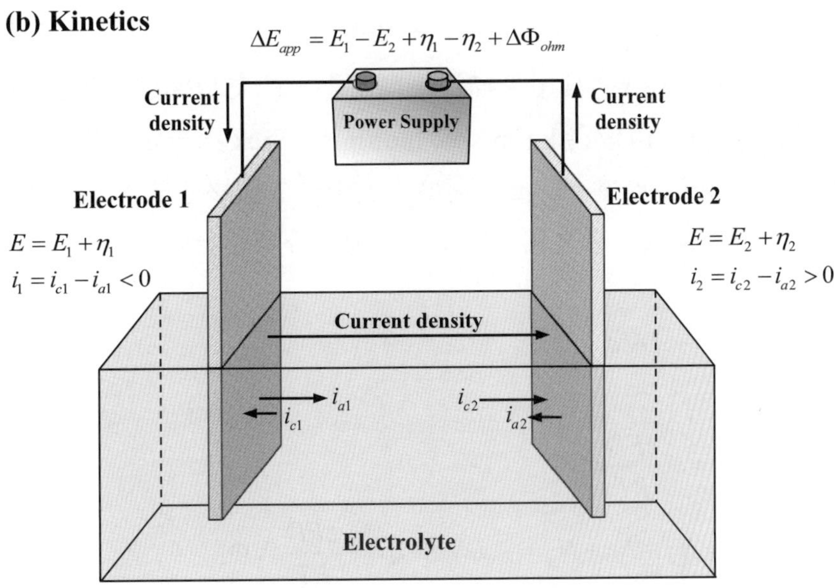

圖 1-12　電化學池的 (a) 平衡狀態與 (b) 動態

§1-4　輸送現象

若聚焦於單電極的界面附近，當反應幾乎偏向氧化時，R 在電極表面的濃度會隨著時間降低，或反應幾乎偏向還原時，O 在電極表面的濃度會隨著時間降低。兩種情形都將使反應物到達電極表面的速率發生變化，當質傳速率低於反應速率後，速率決定步驟將轉移到質傳程序上。相似地，產物離開電極表面的速率不足時，也會限制整體程序的速率。因此，質傳程序也是影響電化學池的關鍵因素之一。

§1-4-1 質量傳送與電荷轉移

在電化學系統中，包含三種質傳機制，分別為擴散（diffusion）、對流（convection）與遷移（migration）。擴散現象來自活性梯度，會自發性朝著活性降低的方向移動；遷移來自電位梯度，是帶電成分沿著電場方向的移動，因此陽離子會往陰極移動，陰離子會往陽極移動；對流來自壓力梯度，流體將會相對於電極而移動，例如攪拌溶液或旋轉電極時，或產生溫度差或密度差時，都能造成溶液流動，藉由機械作用者稱為強制對流（forced convection），藉由重力作用者則稱為自然對流（natural convection）。通量（flux）常用來描述一個定點上的質量傳送，定義為單位時間內通過該點的物質數量，單位為 kg/m^{2}s 或 mol/m^{2}s。Fick 第一定律用於表示擴散通量 N_d，對流通量 N_c 為成分濃度 c 與流體速度 v 的乘積，遷移通量 N_m 則正比於電位梯度 $\nabla\Phi$，而總質傳通量 N 為三者之和。這些質傳通量分別表示為：

$$N_d = -D\nabla c \tag{1.118}$$

$$N_c = c\mathrm{v} \tag{1.119}$$

$$N_m = -\frac{zFD}{RT}c\nabla\Phi \tag{1.120}$$

$$N = N_d + N_c + N_m = -D\nabla c + c\mathrm{v} - \frac{zFD}{RT}c\nabla\Phi \tag{1.121}$$

其中 z 為成分的電荷數，D 為成分的擴散係數，R 為理想氣體常數，T 為溫度。（1.121）式稱為 Nernst-Planck 方程式，但需注意，這些方程式只能用於探討單一離子的運動，然而在實際的溶液中，離子間的相互影響也必須考慮，且在高濃度溶液中，離子效應會更顯著，因此 Nernst-Planck 方程式僅適用於稀薄溶液。

進行電化學實驗設計或工業設計時，常會將系統設定在以擴散爲主或以對流爲主的兩種質傳模式。前者是將溶液與電極靜置，裝置與操作模式都很簡易；後者則是製造溶液與電極間的相對運動，但相對運動必須屬於可預測或可控制的模式。在擴散主導的模式中，一種最單純的做法是將平板電極放置在大體積的電解液中，因爲此時可假設擴散現象只在垂直電極表面的方向上進行，而且溶液的主體區離電極表面無窮遠。在這類系統中，可使用 Fick 第二定律來描述物質擴散行爲，所以對 O 和 R 都可以列出對應的擴散方程式：

$$\frac{\partial c_O}{\partial t} = D_O \frac{\partial^2 c_O}{\partial x^2} \tag{1.122}$$

$$\frac{\partial c_R}{\partial t} = D_R \frac{\partial^2 c_R}{\partial x^2} \tag{1.123}$$

其中 x 表示垂直於電極表面的距離，D_O 和 D_R 分別爲兩成分的擴散係數，其數量級常落在 10^{-6} 至 10^{-5} cm^2/s 之間。在電極表面上，因爲反應中牽涉 n 個電子，所以從質量均衡可得知反應物的進入通量和產物的離開通量具有相同大小，以及相反方向，且正比於電子的通量，而電子的通量即爲電流密度。因此，如圖 1-13 所示，O、R 和電子的通量關係可表示爲：

$$\frac{i}{nF} = D_O \left.\frac{\partial c_O}{\partial x}\right|_{x=0} = -D_R \left.\frac{\partial c_R}{\partial x}\right|_{x=0} \tag{1.124}$$

其中的 $x = 0$ 代表電極表面，負號代表反方向。被質傳速率限制的整體程序特別容易發生在過電位很高時，隨著時間的進行，電流密度會逐漸下降，而擴散層的厚度會逐漸增大。

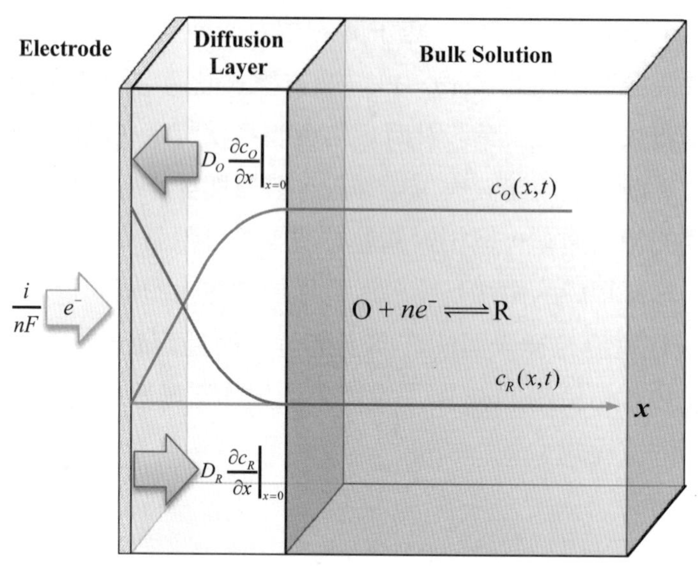

圖 1-13　電極表面附近的濃度變化

當系統中加入機械裝置以產生溶液與電極的相對運動時，質傳會以對流為主，但擴散式的質傳仍會發生。若比較擴散與對流的數量級，可發現：

$$\frac{N_d}{N_c} = \frac{D\nabla c}{c\text{v}} \approx \frac{D}{\delta \text{v}} \tag{1.125}$$

其中 δ 為擴散邊界層的厚度。對於典型的水溶液系統，$D \approx 10^{-5}$ cm^2/s，$\delta \approx 10^{-2}$ cm。因此，當溶液流速達到 v = 10^{-3} cm/s 時，對流即不可忽略；若流速更大時，對流現象將主導質量傳送。目前在電化學分析的應用中，最常用來控制對流效應的是旋轉盤電極（rotating disc electrode，簡稱為 RDE）系統，只要增加電極的轉速，質傳速率就可提高。廣泛用於對流系統的質傳模型是 Nernst 擴散層理論。在此理論中，溶液側被分成兩個區域，其一是濃度均勻的本體區，另一是緊鄰電極表面的擴散層，在擴散層內的流體被假設為靜止，所以只發生擴散現象。雖然這不是真實的情形，但用於描述對流系統仍可達到一定的準確度。對於 RDE 系統，擴散層的厚度會隨著轉速增快而減薄；對於其他強烈攪拌的系統，其厚度也會因為流速增加而減薄。在設計良好的電化學池中，擴散層的厚度 δ 可以維持固定，所以從（1.124）式可知：

$$i = nFD\frac{c_b - c_s}{\delta} = nFk_m(c_b - c_s) \quad (1.126)$$

其中 c_b 是本體區的濃度，c_s 是電極表面的濃度，k_m 是質傳係數。假設 δ 能夠維持不變，c_s 會逐漸下降，直至表面反應物消耗殆盡，也就是 $c_s = 0$，此時的濃度梯度將達到最大值，而且電流密度也會達到極限值 $i_{\lim}$：

$$i_{\lim} = nFD\frac{c_b}{\delta} = nFk_m c_b \quad (1.127)$$

由 1-3 節可知，逐漸增大一個電極界面的過電位可得到電流漸增的曲線，但當電位超過某個程度後，電流會趨近於（1.127）式所述之極限值。若電極程序已進入擴散控制，即使電流未達極限，實際的電流密度也可相對於極限值而表示成比例式：

$$\frac{i}{i_{\lim}} = 1 - \frac{c^s}{c^b} \quad (1.128)$$

此比例關係可進一步求出表面濃度：

$$c^s = c^b(1 - \frac{i}{i_{\lim}}) \quad (1.129)$$

對於一個 O 還原成 R 的程序，在足夠負的過電位下，可將（1.129）式代入忽略逆反應的 Butler-Volmer 方程式，以求得電流密度與過電位的關係：

$$\frac{i}{i_0} = (1 - \frac{i}{i_{\lim}})\exp\left(-\frac{\alpha nF\eta}{RT}\right) \quad (1.130)$$

重新整理後，可表示出過電位：

$$\eta = \frac{RT}{\alpha nF}\ln\frac{i_0}{i_{\lim}} + \frac{RT}{\alpha nF}\ln(\frac{i_{\lim} - i}{i}) \quad (1.131)$$

若將質傳控制的實驗結果畫在縱坐標爲過電位 η 且橫坐標爲 $(\frac{i_{\lim}-i}{i})$ 的半對數圖上，將呈現出直線，從其斜率與截距可換算出動力學參數。對此還原程序，施加的過電位愈負時，電流密度愈大，但必須在 $\eta \to \infty$時，才能使 $i = i_{\lim}$。另一方面，當 h 愈負時，c^s 將會愈低。然而，在現實情形中，c^s 無法下降到 0，因爲逆反應雖慢，但仍然存在，允許電極表面擁有微量的成分 O。

總結以上，電化學程序至少可分成幾個步驟，第一是反應物從溶液主體移動到電極附近，其速率可用質傳係數 k_m 來描述，k_m 相關於擴散係數和擴散層厚度等物理量；第二則是電極表面的反應，其速率可用速率常數 k_0 來描述，k_0 相關於交換電流密度等物理量。因此，整體程序之速率取決於電極表面的物質輸送，也取決於電荷轉移的動力學，同時也會受到電極與溶液界面結構的影響，其特性如表 1-1 所示。當質傳速率遠小於反應速率時，亦即 $k_m \ll k_0$，反應屬於可逆的（reversible），因爲這類反應的交換電流密度 i_0 很大，即使流通了足夠高的電流，其過電位仍然很低，代表反應偏離平衡的程度很小，物質的表面濃度仍可從 Nernst 方程式中求得。但當質傳速率遠大於反應速率時，亦即 $k_m \gg k_0$，反應屬於不可逆的（irreversible），因爲這類反應需要過電位才能驅動，成分的表面濃度取決於反應動力學；當兩種速率接近時，則稱反應爲準可逆的（quasi-reversible），此時驅使反應進行的過電位不高。

表 1-1　電極程序的特性

特性	反應控制	質傳控制
程序速率	$k_m \gg k_0$	$k_m \ll k_0$
過電位	小	大
電流－電位	線性關係 半對數關係	飽和關係 存在極限電流
反應特性	i_0 較小 不可逆的	i_0 較大 可逆的

§1-4-2 電化學分析

考慮一個含有活性成分 O 和 R 的電解液，在其中置入一個鈍性金屬作爲工作電極（working electrode），並放入另一個鈍性金屬作爲對應電極（counter electrode），三者將組成簡易的電化學系統，如圖1-14所示。進行分析時，還會在工作電極附近加入參考電極（reference electrode），以觀測工作電極的電位變化，並藉由電錶記錄通過工作電極的電流，因此工作電極也常被稱爲研究電極。研究此電化學系統的一種方法是測量電位變化下的電流回應，所得到的電流－電位曲線圖稱爲伏安圖（voltammogram），此方法亦稱爲伏安法（voltammetry），但這類分析工作還分爲穩態測量和暫態測量。若對可逆反應的電極進行穩態測量時，其伏安圖是由穿過零電流的陡峭曲線和兩個飽和電流所組成，在負過電位區的飽和電流即爲前述之還原極限電流，穿過零電流的電位即爲平衡電位，在正過電位區的飽和電流即爲氧化極限電流，這種曲線常被稱爲單一電流波（wave），代表從一個平台躍升至另一個平台，可如圖 1-14 所示。然而，對於不可逆反應的電極進行測量後，可發現其伏安圖是由三個平台區和兩個電流上升區所組成，在過電位非常正和非常負的兩個平台區仍爲極限電流，而包含了平衡電位之平台區則代表了過電位接近平衡電位時，並沒有顯著的電流回應，此即不可逆反應的特徵，因爲過電位不夠大時，無法推動反應進行，除非外加過電位超過某個程度時，才會有明顯的電流上升，但是隨著過電位持續增大後，又會面臨質傳限制。因此，不可逆反應的主要特徵在於中間的電流平台，它將兩個極限電流波分隔，隔開的電位差愈大，代表反應進行得愈慢速，交換電流密度 i_0 愈小。尤其對於慢反應系統，施加過電位的大小，會形成不同的速率決定步驟。當過電位不大時，因爲驅動力較小，且反應較慢，所以電子轉移顯然爲速率決定步驟，整體程序受到反應控制；當過電位夠大時，驅動力已經大幅增加，使表面的反應物濃度降低到很小，這時的質傳速率將會慢於反應速率，使質傳成爲速率決定步驟，整體程序受到質傳控制；當過電位中等時，驅動力足夠，且表面的反應物濃度雖然降低但仍維持某種程度，這時的質傳速率相當於反應速率，使速率決定步驟難以確定，整體程序屬於混合控制。若使用電流密度的對數來繪製伏安圖，可以更容易地觀察出三種控制模式的差別，這類曲線圖源自於 Tafel 的實驗結果，因此常稱爲 Tafel 圖（Tafel plot）。在 Tafel 圖中，反應控制區將顯示成斜直線，因爲電流密度幾乎與過電位的指數成正比；質傳控制區將呈現出水平線，因爲電流密度已不受過電位的影響，只與反應物或產物的質傳行為相關；混合控制區則介於上述兩區之間，呈現出曲線形狀，隨著過電位增大，從較傾斜逐漸變為較平緩。

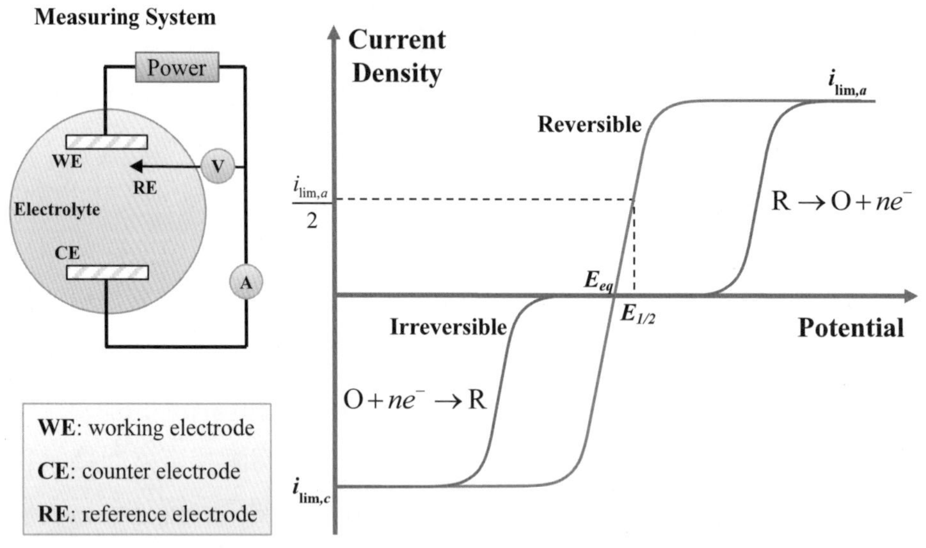

圖 1-14　可逆與不可逆電極之穩態伏安圖

在電化學程序中，反應驅動力的施加可包括固定電位法、固定電流法、脈衝電位法、線性電位法與擾動電位法等，前三者常用於電化學工業，後兩者則常用於電化學分析，例如循環伏安法（cyclic voltammetry）和電化學阻抗譜（electrochemical impedance spectroscopy）。連續變動電位的分析皆屬於暫態測量，系統中的質傳現象可能隨時間而變，進而使電化學反應之可逆性產生變化。

在電極上施加線性變化的電位是最簡單的暫態測量法，稱為線性掃描伏安法（linear sweep voltammetry，簡稱為 LSV），可從中得到不同的電流回應，藉以分析電極反應的特性，故常用於電分析實驗。電位以線性增加或減少的速率稱為掃描速率 v（scan rate），此速率對測得的伏安曲線影響很大。如圖 1-15 所示，若施加電位的起點 E_0 不會導致反應進行，此時測得的電流來自於非法拉第程序，隨著電位增加，電雙層持續充電，直至某個電位之後，電流開始大幅度上升，代表法拉第程序開始進行，亦即電荷轉移反應產生了電流，且因半反應的速率常數會隨電位提升，故電流逐漸增大。然而，達到某個電位後，電極表面的反應物濃度將顯著降低，反而導致電流減小，因而出現了電流峰（peak），代表反應物的輸送限制了電極程序的速率。在所測得的伏安曲線中，峰電流 i_p（peak current）、峰電位 E_p（peak potential）和峰形都會依反應特性或掃描速率而變，因此可藉由伏安圖來反推電極程序的特性，成爲分析化學的有利工具。

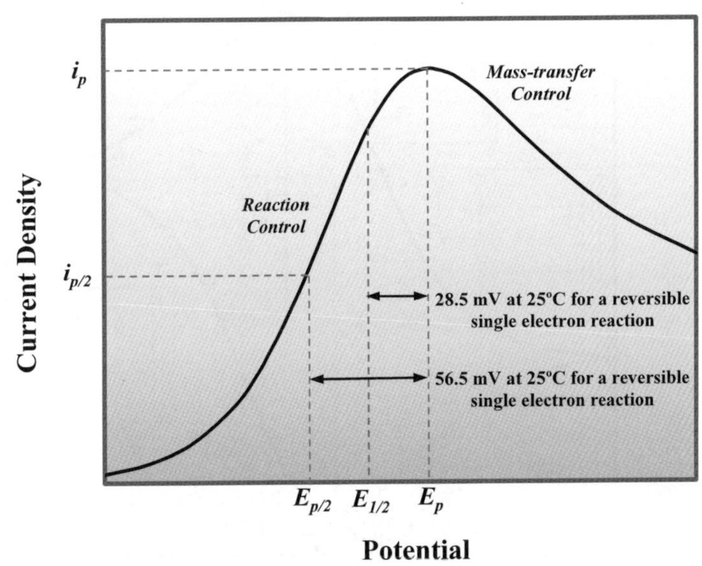

圖 1-15　線性掃描電位之暫態伏安圖

經由理論推導，可證明 i_p 正比於成分的主體濃度 c_b，也正比於掃描速率 v 的平方根，但發生峰電流的峰電位 E_p 卻與掃描速率 v 無關。在穩態測量時（如圖 1-14），可定義半波電位 $E_{1/2}$（half-wave potential）爲到達極限電流一半時的電位，故對 25ºC 下的單電子可逆反應而言，E_p 與 $E_{1/2}$ 固定相差 28.5 mV。另可定義到達峰電流密度 i_p 一半時的電位爲半峰電位 $E_{p/2}$（half-peak potential），對相同的 25ºC 下之單電子可逆反應而言，E_p 與 $E_{p/2}$ 固定相差 56.5 mV。若 $|E_p - E_{1/2}|$ 或 $|E_p - E_{p/2}|$ 在 25ºC 下偏離上述數值，則此反應屬於準可逆型或不可逆型。

爲了更直接地測試反應系統的可逆性，還可使用循環電位掃描法，或稱爲循環伏安法（cyclic voltammetry，簡稱爲 CV）。以可逆的還原反應 $A + e^- \rightarrow B$ 爲例，在第一階段中，先施加負向增加的電位（$E = E_0 - vt$），使 B 持續產生，之後於某個時刻 λ 切換電位方向，改朝正向線性增加電位（$E = E_0 - 2v\lambda + vt$），由於電極附近的 B 具有反應性，故可發生氧化反應 $B \rightarrow A + e^-$。當正向增加的電位回到起點 E_0 後，即完成一個循環，此時還可進行第二循環的掃描。如圖 1-16 所示，在電流隨電位而變的曲線中，可於第一階段發現電流峰，第二階段觀察到電流谷，電流的極大值和極小值都源自於電極表面的質傳控制現象。

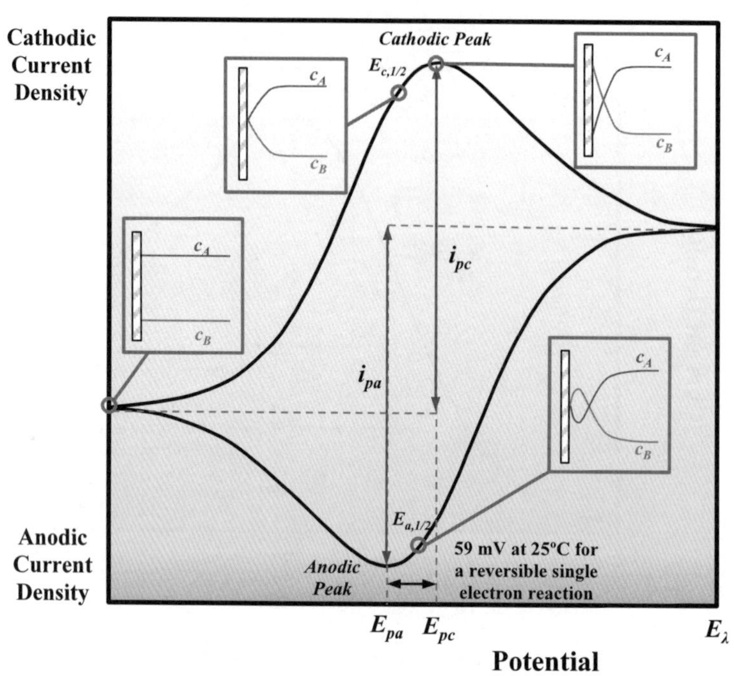

圖 1-16　可逆反應之循環掃描伏安圖

由於常有研究者習慣將氧化段繪於伏安圖上半部，所以電流的最大與最小値都稱爲峰電流。但無論循環伏安圖中的座標如何配置，有四個數據特別値得注意，分別是還原峰電位 E_{pc}、還原峰電流密度 i_{pc}、氧化峰電位 E_{pa} 與氧化峰電流密度 i_{pa}。在實驗過程中，第一階段常稱爲正向掃描，第二階段稱爲逆向掃描，從正向掃描得到的峰電流密度較爲明確，只需扣除非法拉第電流即可求得，但在逆向掃描時，所出現的最小電流會受到切換電位 E_λ 的影響，因爲迴轉的時間較早，會得到位置較高的電流谷，反之迴轉時間較遲，會得到位置較低的電流谷，但在理論上兩者的逆向峰電流密度應該相同，因此必須準確訂定逆向電流峰的基線（base line），才能得到有效的峰電流密度。對於可逆性反應，陰極電流峰與陽極電流峰具有固定的特性，包括兩個峰電流必須相等（$|i_{pa}| = |i_{pc}|$），而且正比於掃描速率的平方根；兩個峰電位的差額也必須爲定值，但與掃描速率無關，對於 25°C 下的單電子反應，$|E_{pa} - E_{pc}|$ 約爲 59 mV。

然而，對於準可逆反應，掃描速率的快慢將會大幅影響陰極電流峰與陽極電流峰的形狀，例如兩峰的分離程度會隨著掃描速率而增大。對於不可逆反應，正向掃描的產物 B 將難以氧化回 A，使得逆向過程中不易出現等價的電流峰，這是不可逆系統的特點。對於多步驟的電子轉移程序，在正向掃描的過程中，將會陸續出現數個電流峰，這些電流峰可能足以辨識，但也可能互相重疊，而且後續的峰電流密度也因爲基線不明而難以估計其數值。由此可知，循環伏安法雖然已被廣泛使用，但它的用途往往僅止於定性，因爲定量上的諸多限制反而使其他方法被優先採用。

採用擾動電位法時，常見的策略是施加一個正弦電位於工作電極上，週期性地改變電極界面，以從中觀測電化學特性。當電極電位受到擾動時，濃度分布也將產生擾動，但因爲濃度波動可能與電位波動不同步，必須引用複數才有利於求解擾動下的濃度分布與電流變化。由於解得的電流與電位關係複雜，兩者的波動也不同步，所以通常不會以伏安圖來呈現系統特性，常用的數據圖則是系統總阻抗隨著擾動頻率 ω 而變的 Bode 圖，或系統總阻抗之虛部對實部的 Nyquist 圖。阻抗是指複數電位對複數電流密度的比值，所以也分爲實部和虛部，若電位與電流密度能同步變化，則阻抗爲實數，簡單的電阻即屬於此例，但當電流密度的變化領先或落後電位變化時，則阻抗爲複數，簡單的電容或電感屬於此例。

一個電極程序非常複雜，包括質傳、吸附、電子轉移與新相生成等步驟，通常難以簡單地對應到某個電路元件。例如電子轉移在某些條件下可簡化成電阻的效應，但在新相生成而覆蓋住表面時，此覆膜將會展現自身的電阻特性，且在覆膜的兩側界面展現出電容的效應，甚至在覆膜不密實而擁有許多孔洞時還會出現簡單電阻或電容不能描述的效應。即使如此，電化學系統連接電源後，總是能從施加的電壓得到回應的電流，因而可以分析其電學效應。常見的分析方法可歸納成兩種模式，第一種是先預期反應機制，從而推測出電極程序所代表的電路組件，加上溶液的電阻和電雙層的電容，可構成一組足以反映電極界面電性的電路，稱爲等效電路（equivalent circuit）。然後再透過擾動電位或擾動電流的方法測量電路的回應，以得到電流對電位的關係，接著可依據等效電路來分析電阻或電容等元件的數值。第二種方法則是先對電極界面施加擾動電位或電流，再從所得到的電流對電位的關係來推測電路，因爲每一種元件都擁有對應的電性，可從測得的電性來推估各元件間的連接方式，最終再推論出反應機制與動力學參數。然而，必須注意的是電極界面的等效電路不具有唯一性，可以列出多種結構，而且各種結構都滿足實驗結果，但其中可能只有一種具有較佳的物理詮釋。

最常見的等效電路如圖 1-17 所示，在工作電極與對應電極之間，可簡單分為兩個元件，其一是電解液的電阻 R_S，另一則是電極界面的阻抗 Z_E，兩者以串聯的方式相接。由於影響電極界面的因素眾多，因此界面的等效元件常無法化為簡單元件之串並聯組合。若電流進入電化學池，電極與電解液界面的平衡狀態將被破壞。破壞平衡的情形可分成兩類，第一類無關於電流，第二類則是相關於電流。對於沒有電流通過電極與電解液的界面，從外部而來的電荷只停留在電雙層上，此時的電雙層充電現象可稱為非法拉第程序（Non-Faradaic process）。但對於一般的電極，只有施加小幅度的過電位時不會產生電流，超出此範圍則將引起電流，此時電子會穿越電極與電解液的界面，代表電化學反應已經發生，稱為法拉第程序（Faradaic process）。因此，前

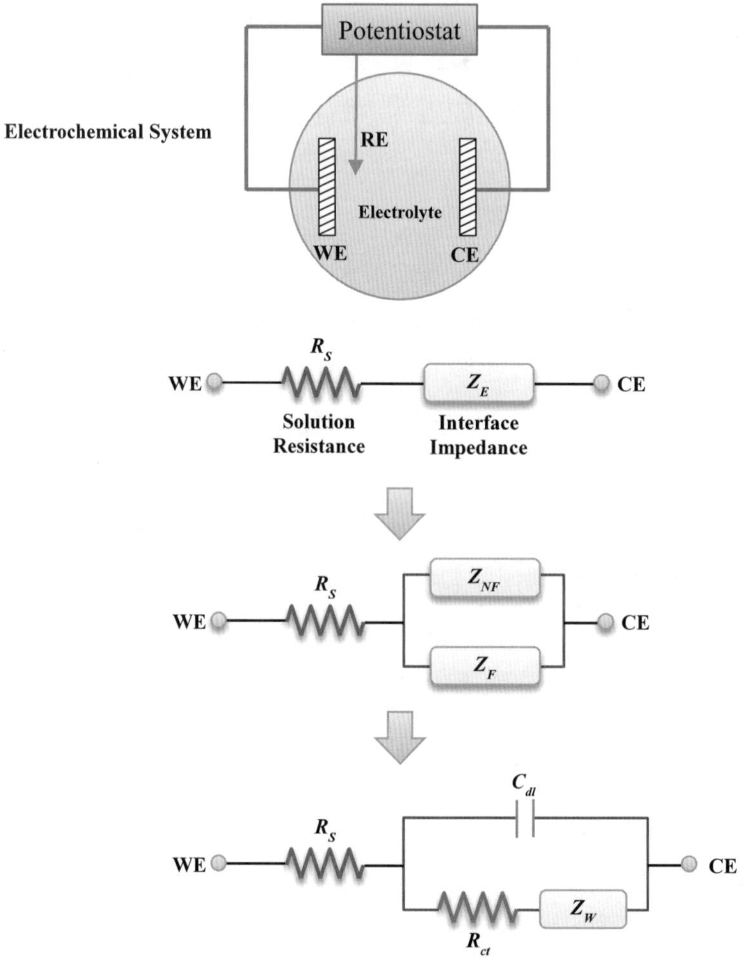

圖 1-17　電極程序的等效電路

述之電極界面阻抗 Z_E 可進一步分成非法拉第阻抗 Z_{NF} 與法拉第阻抗 Z_F，前者主要由電雙層的特性決定，後者則由反應的特性決定。在理想的情況下，電雙層可視爲一個電容 C_{dl}，而反應可視爲電荷轉移的電阻 R_{ct}，但反應物從主體溶液輸送至電極界面也會遇到阻力，所以質傳效應常需使用 Warburg 阻抗 Z_W 來代表，此概念是由 Warburg 在 1899 年所提出，而 Z_W 與 R_{ct} 串聯後，再與 C_{dl} 並聯，即可構成電極界面的總阻抗 Z_E。

然而，在實際的電極上，可能會出現表面粗糙、選擇性吸附、氣泡覆蓋或薄膜生成等現象，這些情形將使電雙層不再成爲理想的電容，也使電極界面阻抗包含更複雜的組件，例如氣泡的電感、薄膜的電容與電阻、多孔膜內的有限擴散阻抗。對於非理想的電容，可使用常相位元件（constant phase element，簡稱爲 CPE）來代替，而 Warburg 阻抗其實也屬於一種特殊的 CPE。

分析等效電路的實驗技術稱爲電化學阻抗譜（electrochemical impedance spectroscopy，簡稱爲 EIS），通常會使用不同頻率的正弦波電位來擾動電極程序，以得到回應的電流訊息。在擾動信號與回應訊息之間，只要符合因果性、線性、穩定性與有限性的關係，即可顯現等效電路的意義。其中的因果性是指測得電流必須來自擾動的電位，而非其他因素所致；線性是指擾動的信號足夠小時，即使是非線性的電化學系統也可呈現線性行爲；穩定性是指擾動停止後，系統可以回復到原始的狀態；有限性是指擾動信號的頻率不會使等效元件的阻抗發散到無窮大。由此可知，EIS 測量對電極表面的干擾微小，且過程短暫，故對界面反應的研究極有助益，至今已發展成電化學分析的主流技術。

如前所述，電化學系統中最簡單的等效電路是由溶液電阻 R_S 與電極界面阻抗 Z_E 串聯而成，Z_E 則是由電雙層電容 C_{dl} 與反應阻抗 Z_F 的並聯所組成，反應阻抗 Z_F 還可以分解成電荷轉移電阻 R_{ct} 和質傳阻抗 Z_W。電流行經電雙層電容時稱爲非法拉第程序，行經反應阻抗時稱爲法拉第程序。在擾動電位的實驗中，會先從高頻開始測試，再逐漸降低電位波動的頻率。如圖 1-18 所示，在極高頻率的擾動下，質傳阻抗 Z_W 將會消失，代表電極程序受到反應控制，所以只剩下溶液電阻 R_S、電荷轉移電阻 R_{ct} 與電雙層電容 C_{dl} 的效應。在 Nyquist 圖中，常以虛部阻抗的負值 (Z_j) 對實部阻抗的正值 (Z_i) 作圖，由 R_S、R_{ct} 與 C_{dl} 組合的阻抗將在圖中呈現出一個半圓。相對地，在低頻的擾動下，質傳阻抗 Z_W 將會成爲一條斜率爲 1 的直線，且頻率愈低，Z_W 愈大。

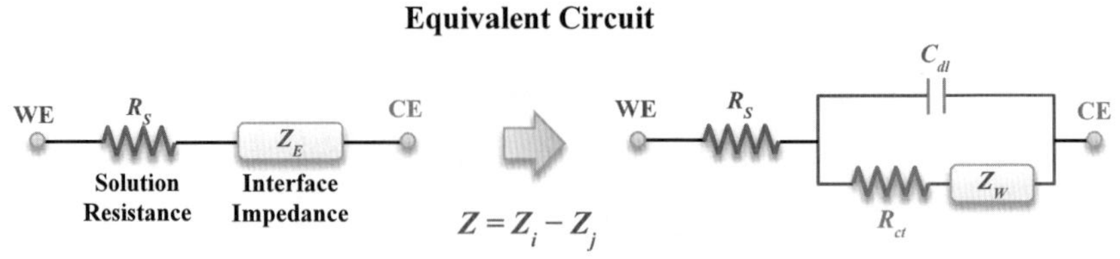

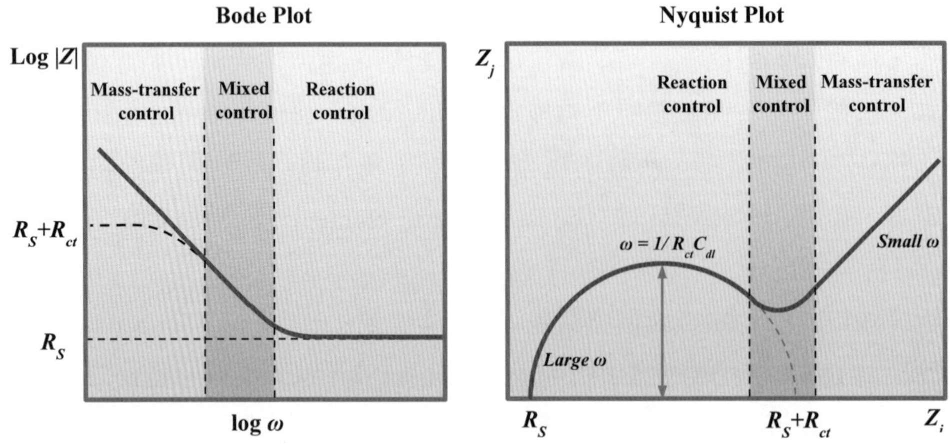

圖 1-18　擾動電位法之阻抗譜

§1-5　程序設計

在前面的小節中，我們已探討了電化學反應器、熱力學、動力學和輸送現象，而本節將延伸這些基礎理論以設計符合工業生產的程序。由於任何工業化的程序都需考量經濟效益，而電化學程序往往只是整體生產流程中的一部分，所以進行經濟評估時仍需著眼於整體效益。然而，當整體程序存在最佳方案時，電化學單元可能未處於最佳化，例如將分離器安裝在電化學反應器內部，也許可以得到較高的產品品質，但卻可能因爲增大了電阻而降低了純電化學反應的效能。因此，電化學程序設計必須連結材料科學、電化學、輸送現象、反應工程與經濟評估，才能將實驗室中的測試規模擴增到工業級的量產規模。

§ 1-5-1 程序指標

評估電化學程序的可行性時，可採用以下幾項指標：

1. 產率（yield）

對於電化學半反應 A + ne^- → xB + yC，每 1 莫耳的 A 反應後可獲得的產物 B 莫耳數即為產率 θ_B，若以化學計量關係來表示則為：

$$\theta_B = -\frac{1}{x}\left(\frac{\Delta n_B}{\Delta n_A}\right) \tag{1.132}$$

對於產物 C，其產率可表示為：

$$\theta_C = -\frac{1}{y}\left(\frac{\Delta n_C}{\Delta n_A}\right) \tag{1.133}$$

其中 n_A、n_B 和 n_C 分別為 A、B 和 C 的莫耳數，x 與 y 為計量係數，若有更多種產物都可依此類推。通常產率無法達到 100%，因為產物中可能包含副產物，所以常會加上後處理單元，以純化產品。

2. 轉化率（fractional conversion）

化學反應實際上無法進行到反應物完全消耗殆盡，尤其在密閉系統中，反應只會趨向平衡。因此，為了評估反應 A + ne^- → xB + yC 進行的程度，可從反應物 A 的消耗來定義轉化率：

$$X_A = \frac{n_{A0} - n_A}{n_{A0}} \tag{1.134}$$

其中 n_{A0} 是 A 的起始莫耳數。必須注意轉化率是時間的遞增函數，最大值為 100%。若用在體積固定的批次反應器中，轉化率又可表示為：

$$X_A = \frac{c_{A0} - c_A}{c_{A0}} \tag{1.135}$$

其中c_{A0}是A的起始濃度。基於反應器的差異，各種轉化率的計算方法可參照1-1節。

3. 選擇率（selectivity）

一個化學系統除了可能反應不完全，也可能擁有多重反應路徑。例如從 A 轉變成 B 的過程中，存在中間物 C，因而成為串聯反應：

$$A \rightarrow y\mathrm{C} \rightarrow x\mathrm{B} \tag{1.136}$$

但從 A 轉變成 B 的過程也可能是並聯式反應：

$$\begin{cases} \mathrm{A} \rightarrow y\mathrm{C} \\ \mathrm{A} \rightarrow x\mathrm{B} \end{cases} \tag{1.137}$$

此時的 C 為副產物。在 B 生成後，又有可能轉變為 D，而無法留下主產物 B。為了評估主產物的生成情形，可將主產物總量對副產物總量之比例定義為選擇率 S_B：

$$S_B = \frac{y}{x}\left(\frac{\Delta n_B}{\Delta n_C}\right) \tag{1.138}$$

對於更多種副產物的程序，S_B 代表 A 反應後，B 占所有產物的比例。若已知 k_1 與 k_2 是下列兩步驟反應的速率常數：

$$\begin{aligned} &\mathrm{A} \xrightarrow{k_1} \mathrm{B} + 2e^- \\ &\mathrm{B} \xrightarrow{k_2} \mathrm{C} + 2e^- \end{aligned} \tag{1.139}$$

則產物 B 的選擇率可表示為 $S_B = n_B/n_C$。若此串聯反應發生於批次反應器中，則可發現中間物 B 的選擇率會逐漸下降。從模擬可知，中間物 B 的濃度會先到達最大值$c_B^{\max}$，之後因為 A 變成 B 的反應減慢或 B 變成 C 的反應加快，而使 B 的濃度下降。如果 B

才是主產品，則 B 的最大濃度將相關於 k_1/k_2，此值愈高，$c_B^{\max}$ 愈大。由於兩個步驟都屬於電化學反應，所以 k_1 與 k_2 都和電位有關，代表施加適當的電位可以提升 B 的產量。圖 1-19 列出常見的三種反應路徑，從中可發現主產物 B 和副產物 C 的消長，兩者的選擇率將會受到速率常數或施加電位的影響。

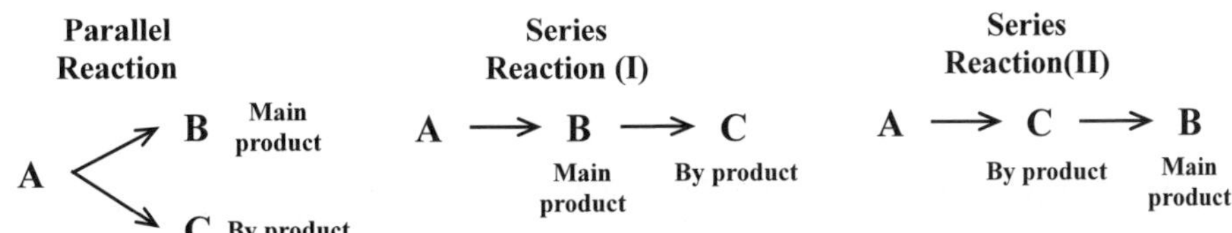

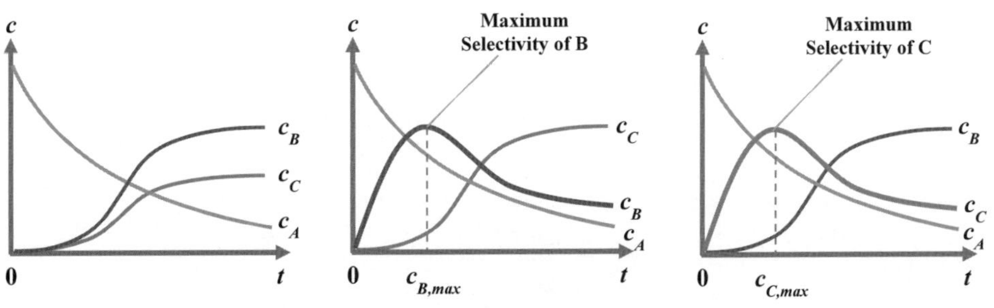

圖 1-19　反應路徑與選擇率的關聯

4. 電流效率（current efficiency）

當電化學程序中有副反應 $C + n_2e^- \rightarrow D$ 發生時，所加電流只有部分能供給主反應 $A + n_1e^- \rightarrow B$ 使用，因此定義法拉第效率（Faraday efficiency）：

$$\mu_{CE} = \frac{q_1}{q_1 + q_2} = \frac{n_1 F w_B}{q_T M_B} \tag{1.140}$$

其中 q_1 和 q_2 分別爲主反應和副反應所消耗的電量，兩者的總和爲總消耗電量 q_T，w_B

和 M_B 分別爲主產物B的生成總質量與分子量。（1.140）式是根據Faraday定律而得，代表了總耗電量中用來生產 B 之比例，是一種電荷的產率，所以也被稱爲庫倫效率（Coulombic efficiency），常用來評估電化學程序的經濟效益。若在反應期間，電流可以維持穩定，則庫倫效率也可表示爲：

$$\mu_{CE} = \frac{I_1}{I_1 + I_2} \tag{1.141}$$

其中 I_1 和 I_2 分別爲主反應和副反應所需電流，因此法拉第效率也常稱爲電流效率，但當電流會隨時間而變時，電流效率與庫倫效率將不相等。就理論面觀察，一個電化學系統的電流效率應該低於 100%，但透過實驗測量，有時可能會出現大於 100% 的情形。例如在電解精煉的程序中，陽極材料除了氧化成離子以外，也可能被酸性電解液溶解或出現物理性剝落，因此經過秤重後，有可能發生物重的實際減少量高於理論減少量，致使電流效率高於 100%，此狀況可歸因於測量技術不周全。

5. 能量效率（energy efficiency）

另一項與耗電相關的指標爲能量消耗 E_C，是指每單位主產物所需能量：

$$E_C = \frac{n_1 F \Delta E_{cell}}{\mu_{CE} M_B} \tag{1.142}$$

其中 ΔE_{cell} 爲施加在電解槽的總電壓。由此可知，爲了降低能量消耗，應該力求減少槽電壓 ΔE_{cell} 並提升電流效率 μ_{CE}。能量消耗也可以轉換成一種效率指標，因此定義能量效率 μ_{EE} 爲：

$$\mu_{EE} = \frac{E_C^{\min}}{E_C} = \frac{I_B \Delta E_{cell}^{\min}}{I \Delta E_{Cell}} \tag{1.143}$$

其中 $E_C^{\min}$ 與 $\Delta E_{cell}^{\min}$ 分別爲最小能量消耗與最小槽電壓，I_B 是用於生成主產物 B 的電流，I 是總電流。然而，最小能量消耗是一個難以確認的狀態，所以通常將其視爲發生在最小槽電壓等於平衡電壓時，亦即 $\Delta E_{cell}^{\min} = \Delta E_{eq}$，而且電流效率 μ_{CE} 爲 100%，代

表此時只有電流 I_B 通過。但在實際操作中，處於平衡電位下的電解槽不會有電流通過，因此這是一個虛擬狀態。若再定義電壓效率（voltage efficiency）爲：

$$\mu_{VE} = \frac{\Delta E_{cell}^{\min}}{\Delta E_{Cell}} \tag{1.144}$$

則能量效率可簡化爲電流效率與電壓效率的乘積：

$$\mu_{EE} = \frac{I_B}{I}\frac{\Delta E_{cell}^{\min}}{\Delta E_{Cell}} = \mu_{CE}\mu_{VE} \tag{1.145}$$

6. 產品品質（product quality）

品質也是一種經濟指標，但其規格種類衆多，例如電解精煉中可以用純度代表，在電鍍中可使用光亮程度代表，在化學電池中可使用輸出功率代表。產品品質的優劣會關聯到售價之高低，進而影響到利潤之多寡，是電化學程序中格外重要的項目。

§1-5-2 成本模型

由於電化學工業運作時需要不斷消耗能源，所以在程序設計方面，經濟效益應是首要目標。所以在設計程序時，從不同的觀點可能會導致不同的方案，並產生不同的操作條件，而且所需設備也必須依程序來調整。公司決定建廠的動機必定基於投資報酬率，因爲相同的金額也可以投入其他產業而謀利。在計算報酬率時，必須掌控總成本 C，而總成本 C 又可區分爲三個項目：

1. 土地成本 C_L：購買或租借場地的費用。
2. 固定成本 C_F：廠房、反應器、分離器、自動控制系統等軟硬體建置費用。
3. 工作成本 C_W：原料與能源費用。

若考慮到成本的性質，則可分成以下項目：

1. 直接成本：人員、物料、能源、基礎設施、設備與智慧財產權的花費。
2. 經常成本：行政、保險、安全、醫護與福利等提高生產力的花費。

3. 銷售成本：宣傳、販售、運送與技術服務的花費。
4. 研發成本：開發或改良程序所需之費用。
5. 折舊成本：超過特定工期後，工廠投入的資本將會減少，例如設備在正常使用下將因實體損耗或組件衰竭而不堪使用，所以可將損失的資本視爲這段期間內的花費。假設某項設備的投資在 N 年後得以回收，則每年的折舊費 D（depreciation）應設定爲：

$$D=\frac{C-C_{res}}{N} \tag{1.146}$$

其中 C_{res} 是殘值，是指年限屆滿後仍可出售的價值。然而，有些庫存品之價值會隨時間上漲，所以還需注意資本逐年變化的情形。另對於運作的時間已經超過資本回收時間的工廠，可以不用再計算折舊成本，故其舊技術反而可以抗衡新技術。

爲了更詳細地計算成本與利潤，第一步是去評估產品銷售量，以決定工廠規模，再依此設計程序。設計過程中，常需考慮以下事項：
1. 常見的單元操作包括化學反應、流體輸送、分餾、結晶、萃取、壓縮或熱交換等，必須評估其數目。
2. 評估每個單元的規模或尺寸。
3. 進行質能均衡計算，並依此修改流程以節約能源。
4. 製程最適化。

完成設計後，隨即進入經濟評估階段。評估報告認定可行後，將會建置試驗工廠（pilot plant），以檢查設計中的疏漏。在試產的過程中，必須持續收集數據以修正製程參數，使產品達到設定的規格。即使規模放大成量產工廠後，製程改善仍要不斷進行，以利於適應市場的變化。在程序進行最佳化的過程中，通常有四種指標可供參考：
1. 利潤最大化。
2. 產品成本最小化。
3. 投資報酬率最大化。
4. 能量消耗最小化。

對電化學程序而言，達到成本最小化的策略是將電流密度最佳化。雖然電流密度愈高，產量愈大，但也會導致施加電壓提高和能源效率下降。此外，工業安全與環境保護等沒有利潤的花費日益重要，也將成爲總成本中的重要項目。然而，各項目中的關鍵因素會互相影響，使評估成本的任務非常困難，而且有些評估標準不只取決於市場，也取決於公司內部需求，並不一定具有通用性。故以下僅討論評估成本的簡易法則，將焦點集中在生產本身，不討論土地或環境議題。定義固定成本和工作成本之和爲總生產成本 C_T，其組成還可分爲能源成本 C_E、反應器成本 C_R 與原料處理成本 C_S：

$$C_T = C_E + C_R + C_S \tag{1.147}$$

能源成本 C_E 牽涉電價 b、用電量 q 與槽電壓 ΔE_{cell}，可表示爲：

$$C_E = bq\Delta E_{cell} \tag{1.148}$$

已知槽電壓包括平衡電位差 ΔE_{eq}、陽極過電位 η_A（正値）、陰極過電位 η_C（負値）、電解液之歐姆電壓 iR_S 與電路之歐姆電壓 iR_C，可表示爲：

$$\Delta E_{cell} = \Delta E_{eq} + \eta_A - \eta_C + \frac{IR_S + IR_C}{A} = \Delta E_{eq} + \frac{I}{A}R_{P,S,C} \tag{1.149}$$

其中 $R_{P,S,C}$ 是極化比電阻 R_P、電解液比電阻 R_S 與電路比電阻 R_C 的總和，A 是電極面積。所以，能源成本 C_E 可化簡爲：

$$C_E = bq(\Delta E_{eq} + \frac{I}{A}R_{P,S,C}) = bqIR_{cell} \tag{1.150}$$

式中右側的第一項與熱力學性質有關，第二項是反應動力學相關性質，並可簡單地假設兩個項目皆與電流成正比。若將兩項的電阻相加，可得到整個槽的總電阻 R_{cell}，其定義爲總比電阻除以電極面積。

　　對於反應器成本 C_R，已知電極愈大時，此成本愈大，故可假設兩者成正比關係。若以單位電極面積所需成本 a_E 爲比例常數，則 C_R 可表示爲：

$$C_R = a_E A \tag{1.151}$$

其中的 a_E 視爲定値。

原料處理成本 C_S 會用在攪拌、傳送或加熱電解液，可表示爲能源價格 b、消耗功率 P 與時間 t 的乘積：

$$C_S = bPt \tag{1.152}$$

若電化學程序操作在質傳控制條件下，原料處理成本與電流的關係將更密切。

從以上可知，總生產成本 C_T 可表示爲：

$$C_T = bqIR_{cell} + a_E A + bPt \tag{1.153}$$

若設定了程序的總耗電量 q，且已知 $q = It$，則總生產成本對操作電流的關係將如圖 1-20 所示。從圖中可發現，成本對電流的曲線具有向上的開口，代表成本存在一個極小値，可將此視爲最適化狀態。因此，最適化的操作電流 I_{opt} 可透過微分求得：

$$\left.\frac{dC_T}{dI}\right|_{I=I_{opt}} = bqR_{cell} - bP\frac{q}{I_{opt}^2} = 0 \tag{1.154}$$

所以最適電流 I_{opt} 爲：

$$I_{opt} = \sqrt{\frac{P}{R_{cell}}} \tag{1.155}$$

但需注意，此結果是在生產成本最小化的目標下求得，若目標設定在利潤最大化，可能會產生不同的最適化電流。

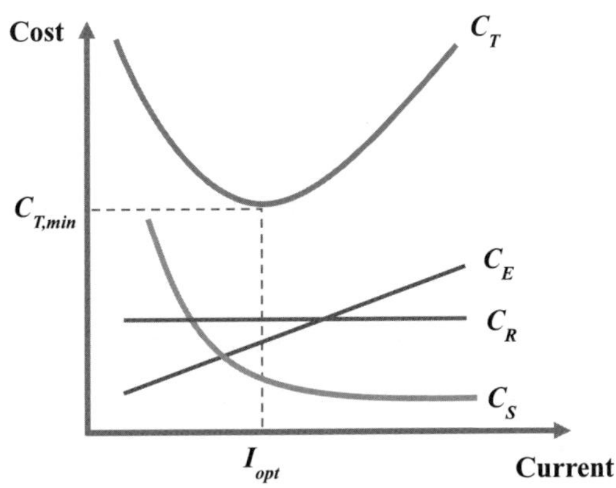

圖 1-20　生產成本與操作電流的關係

§ 1-5-3 規模放大

實驗室開發的技術移轉至工廠時，將涉及反應器的尺寸變更，所以非常需要規模放大的理論來輔助設計。適宜的數學模型與實驗測試皆有助於放大規模，但在電化學程序中必須格外注意質傳速率和電流分布的變化。進行放大設計之前，通常會先建立一組預估條件，之後再透過模擬或實驗來收集數據，以提出修正意見，經過多次評估後，最終應可得到足以接受的收斂條件。因此，設計過程的第一步是先確認程序目標，之後再列出流程表，從中說明原料準備、產品收集、反應器設計與所需能量，接著同時進行質能均衡的計算與經濟效益的評估。完成後可回到實驗室中測試，以低成本的方式取得初步驗證。另因電腦科技的進步，大型反應器的數學模型也可同時進行，此舉也能節省評估的成本。

放大電化學程序時，可採用模組化的設計方法，例如先探討單對電極組成的單元反應器，放大後則可擴增爲多對電極的反應器。然而，擴大單元反應器或擴充成多電極反應器後，質傳現象和電流分布必定會改變。因此，大型反應器的設計，必須包含下列數個步驟：

1. 構思反應與平衡的關係，再設定溫度、壓力或 pH 值等熱力學條件。
2. 評估反應器中使用的隔離膜，包括穿透性、機械強度、電阻、化學穩定性、成本、使用壽命與更換頻率等要素。

3. 製作示意圖來表示電解液的流動與離子輸送。
4. 從理論面計算反應動力學、質傳速率、電流效率與反應產率，若有數據欠缺，則可透過實驗取得。
5. 進行試驗工廠與量產工廠的質量均衡，過程中可先設定反應的轉化率和產率，以預估電解液流動、蒸發、結晶或沉澱等效應。
6. 設定工作電極的特性，其要素包括競爭反應、腐蝕或鈍化、反應動力學、導電性、尺寸、機械強度、導熱性、成本與所需數量。
7. 設定反應器的類型與操作模式，需考慮電解液的流動行爲、質傳特性、單程轉化率、回流操作、通電方式、所需電極面積與預定產率。
8. 確定反應器的架構，需考慮電極形狀（平板、圓柱、網狀或多孔狀）、氣體釋放、溶液流動、散熱方式、電極接線方式和絕緣位置。
9. 製作反應器的工程圖。
10. 評估反應器的電位分布，必須考慮所需電流密度、電極間距、電極過電位、溶液歐姆電壓、隔離膜電阻、氣泡電阻、接點與接線電阻。
11. 確認電源供應器可輸出的電流與電壓、工廠的配電位置，以及其他如幫浦或攪拌機的電力需求。
12. 執行能量均衡，包括冷卻水或加熱燃料的需求，並考慮熱交換器的規模。
13. 評估反應器與各項輔助設備的總成本。
14. 改變反應器尺寸、反應轉化率與產率後，重新進行前面 13 個步驟。

如前所述，建立數學模型也是放大反應器規模的必備步驟，因爲此法可以減低放大過程產生的錯誤。所謂的數學模型通常分爲兩類，第一類是指從因次分析法（dimensional analysis）得到的訊息，亦即反應器內重要的物理量之間將以某種複雜的關係式產生連結；第二類是從直接數值模擬法（direct numerical simulation）得到的訊息，亦即求解反應器內的質量、動量、能量與電荷均衡方程式，以得到速度、濃度、溫度、電位與電流的分布情形。

因次分析法是化學工程中廣泛使用的技巧，執行此方法的第一步是找出程序中所有相關的物理量，再藉由物理量之間的組合而歸納出幾項重要的無因次群（dimensional group），或稱爲無因次數，例如雷諾數（Reynolds number，簡稱 Re）是流體力學問題中最常見的無因次數。之後再藉由實驗來確立這些無因次數之間的關聯式，藉以描述反應器的行爲。另一方面，直接數值模擬法則是從質量、動量、能量與電荷之均衡理論著手，並搭配化學反應動力學或熱力學定律，即可建立微分方程式與代數方程式的組合，由於現今的電腦科技已經發展成熟，這些複雜的方程組都可使用數值方法求解。對於描述反應器的細節變化，從直接數值模擬法得到的答案會比無因次數的關聯式更精確，且適用性更高。

規模放大的原理是指系統中每一個組件都能藉由相似性原理而放大到最終目標，且放大後的系統可以維持相似的物理特性。在一般的化學工程問題中，可透過無因次數來描述結構幾何、動力學、熱力學和化學的特性，所以特定無因次數若能維持一致，則物理特性亦可視爲相似；但對於電化學程序，除了上述特性外，還必須多考慮電學特性，因此需要特殊的無因次數。由此可知，鉅細靡遺地依據外型來放大規模，實際上是不經濟且不可行的，因爲在放大過程中還必須保持物理特性。以下即逐條說明規模放大必須依循的準則：

1. 幾何相似性

兩物體之間若呈現幾何相似性則代表尺寸符合特定比例。然而，放大電化學反應器的情形比較複雜，因爲增加電極面積雖可提高產量，但兩電極的間距拓寬時，還會伴隨著槽電壓上升或能源消耗增加，若要避免這種情形，則可嘗試增加溶液的導電度。但需注意，電解質的物化特性往往存在極限，無法持續提升。另一方面，在尋求最大產率與最小極化時，溶液的最佳組成已經被探究過，所以不能因爲尺寸放大即改變配方。再者，放大尺寸時，電流分布也會隨之改變。若規模放大只侷限在電極的形狀或面積，而不擴大電極間距，則不至於影響到許多現象，所以調整電極間距的順位可放置在設計過程中的後面；但若電極面積對溶液體積之比值必須被固定時，則可藉由增添電極對或並聯反應器來解決規模放大的問題。

2. 力學相似性

電解液流入管道時，上下游間會出現壓差作用力、慣性力與黏滯力，且電解液流經電極時，還會產生拖曳力。因此，兩個尺寸不同的系統若能展現相同的流動狀態，則可稱爲力學相似，且可使用相同的無因次關聯式來描述兩個系統，熱傳與質傳現象亦同。標準的輸送現象方程式皆可轉換成無因次表示式，代表流體輸送的特性可直接取決於其中的無因次數。例如兩個系統擁有相同的 Re（Reynolds number）或 Gr（Grashof number）時，即可表示兩者擁有輸送相似性；若擁有相同的 Nu（Nusselt number）時，即可表示兩者擁有熱傳相似性；若擁有相同的 Sh（Sherwood number）

時，即可表示兩者擁有質傳相似性。

3. 化學相似性

若不同反應器之間擁有相同的滯留時間和反應時間，則代表兩系統擁有化學相似性，而反應時間對滯留時間的比值稱爲 Damköhler 數（Da）。以一級化學反應爲例，Da 可以表示爲：

$$Da = \frac{kL}{\mathrm{v}} \tag{1.156}$$

其中 k 是一級反應的速率常數，L 是反應器內的特徵長度，v 是溶液的特徵流速。欲確認化學相似性，除了計算幾個無因次數之間的關聯性，直接求解質量均衡方程式也是有效的方法。

4. 電學相似性

放大電化學反應器與非勻相催化反應器時，最大的差異在於前者必須具有電學相似性，因此這是電化學程序設計中最關鍵的步驟。在兩個不同規模的系統間，必須具有相同的電位分布與電流分布才符合電學相似性，所以即使放大了反應器尺寸，電極的間距可能仍要維持固定。對於電學相似性的放大準則，已有幾個重要的無因次數被採用，例如極化參數 P（polarization parameter）：

$$P = \frac{\kappa}{L}\frac{dE}{di} \tag{1.157}$$

其中 κ 是溶液導電度，L 是電化學槽內的特徵長度，E 是電極電位，i 是電流密度。

5. 熱學相似性

兩個不同尺寸的系統中，對應點之間的溫度都能形成相同比例，則稱爲熱學相似。進行規模放大時，因爲電極的面積與電解液的體積都擴增，但是電極表面的熱傳速率增加與溶液中的生熱速率增加並不一致，致使大型反應器較難散熱，平均溫度較高。此時必須重新評估大型反應器所搭配的熱交換器，以判斷反應器內的溫度是否可以調控。若熱交換的能力有限，或反應器內的溫度不允許升高，則必須回頭調整操作條件或重新設計反應器。

§1-6　總結

電化學的理論與實務可大致分爲三部分，分別是電化學原理、電化學工業和電化學分析。電化學工程發展至今，在理論面已經涵蓋反應工程、熱力學、動力學、輸送現象與程序設計，因此在本章中已精要地說明這些環節，但欲認識更深入的內容，則可參考五南圖書出版的第一本著作《電化學工程原理》。待基礎原理齊備之後，即可朝應用面邁進。電化學工程應用持續了兩百年，目前已遍及諸多領域，因此在本書的後續章節中，將逐步介紹冶金工業、化學工業、表面加工業、防蝕工程、電子工程、環境工程和生醫工程中牽涉的電化學技術，輔以驗證電化學原理在實務中的功用。

參考文獻

[1] A. C. West, *Electrochemistry and Electrochemical Engineering: An Introduction*, Columbia University, New York, 2012.

[2] A. J. Bard and L. R. Faulkner, *Electrochemical Methods: Fundamentals and Applications*, Wiley, 2001.

[3] A. J. Bard, G. Inzelt and F. Scholz, *Electrochemical Dictionary*, 2nd ed., Springer-Verlag, Berlin Heidelberg, 2012.

[4] C. Comninellis and G. Chen, *Electrochemistry for the Environment*, Springer Science+Business Media, LLC, 2010.

[5] C. Lefrou, P. Fabry and J.-C. Poignet, *Electrochemistry: The Basics, With Examples*, Springer, Heidelberg, Germany, 2012.

[6] C. M. A. Brett and A. M. O. Brett, *Electrochemistry: Principles, Methods, and Applications*, Oxford University Press Inc., New York, 1993.

[7] D. Pletcher and F. C. Walsh, *Industrial Electrochemistry*, 2nd ed., Blackie Academic & Professiona1,

1993.

[8] D. Pletcher, *A First Course in Electrode Processes*, RSC Publishing, Cambridge, United Kingdom, 2009.

[9] D. Pletcher, Z.-Q. Tian and D. E. Williams, *Developments in Electrochemistry*, John Wiley & Sons, Ltd., 2014.

[10] F. Goodridge and K. Scott, *Electrochemical Process Engineering*, Plenum Press, New York, 1995.

[11] G. Kreysa, K.-I. Ota and R. F. Savinell, *Encyclopedia of Applied Electrochemistry*, Springer Science+Business Media, New York, 2014.

[12] G. Prentice, *Electrochemical Engineering Principles*, Prentice Hall, Upper Saddle River, NJ, 1990.

[13] H. Hamann, A. Hamnett and W. Vielstich, *Electrochemistry*, 2nd ed., Wiley-VCH, Weinheim, Germany, 2007.

[14] H. Wendt and G. Kreysa, *Electrochemical Engineering*, Springer-Verlag, Berlin Heidelberg GmbH, 1999.

[15] J. Koryta, J. Dvorak and L. Kavan, *Principles of Electrochemistry*, 2nd ed., John Wiley & Sons, Ltd. 1993.

[16] J. Newman and K. E. Thomas-Alyea, *Electrochemical Systems*, 3rd ed., John Wiley & Sons, Inc., 2004.

[17] J. O'M. Bockris and A. K. N. Reddy, *Volume 1- Modern Electrochemistry: Ionics*, 2nd ed., Plenum Press, New York, 1998.

[18] J. O'M. Bockris and A. K. N. Reddy, *Volume 2B- Modern Electrochemistry: Electrodics in Chemistry, Engineering, Biology, and Environmental Science*, 2nd ed., Plenum Press, New York, 2000.

[19] J. O'M. Bockris, A. K. N. Reddy and M. Gamboa-Aldeco, *Volume 2A- Modern Electrochemistry: Fundamentals of Electrodics*, 2nd ed., Plenum Press, New York, 2000.

[20] J.-M. Tarascon and P. Simon, *Electrochemical Energy Storage*, ISTE Ltd. and John Wiley & Sons, Inc., 2015.

[21] K. B. Oldham, J. C. Myland and A. M. Bond, *Electrochemical Science and Technology: Fundamentals and Applications*, John Wiley & Sons, Ltd., 2012.

[22] N. Perez, *Electrochemistry and Corrosion Science*, Kluwer Academic Publishers, Boston, 2004.

[23] S. N. Lvov, *Introduction to Electrochemical Science and Engineering*, Taylor & Francis Group, LLC, 2015.

[24] V. S. Bagotsky, *Fundamentals of Electrochemistry*, 2nd ed., John Wiley & Sons, Inc., Hoboken, NJ, 2006.

[25] W. Plieth, *Electrochemistry for Materials Science*, Elsevier, 2008.

[26] 田福助，**電化學－理論與應用**，高立出版社，2004。

[27] 吳輝煌，**電化學工程基礎**，化學工業出版社，2008。

[28] 郁仁貽，**實用理論電化學**，徐氏文教基金會，1996。

[29] 郭鶴桐、姚素薇，**基礎電化學及其測量**，化學工業出版社，2009。

[30] 陸天虹，**能源電化學**，化學工業出版社，2014。

[31] 楊綺琴，方北龍，童葉翔，**應用電化學**，第二版，中山大學出版社，2004。

[32] 萬其超，**電化學之原理與應用**，徐氏文教基金會，1996。

[33] 謝德明、童少平、樓白楊，**工業電化學基礎**，化學工業出版社，2009。

第二章
電化學應用於冶金工業

§2-1 電化學冶金

冶金工業（metallurgy industry）是指從礦石中提取金屬的產業，過程中會應用各種物理或化學方法，以製成具有特定性質的金屬材料，因此可視冶金爲提煉金屬的工程，後續將金屬製成器具則屬於金屬加工產業。金屬冶煉與加工的技術演進象徵著人類文明的發展，因爲從史前時代起，一些以元素態存在於自然界的金屬最早被使用，例如金、銀、銅、錫等；後續則發現某些礦石受熱後即可產生金屬，例如錫、鉛與銅等，因而發展出熔煉技術。大約到了西元前 3500 年，人類發現了銅和錫可以加熱混合而形成特性更好的青銅，因此進入銅器時代，但還尚未開啓鐵器的使用，因爲鐵的冶煉比較困難。約在西元前 1200 年，鐵的冶煉與加工才逐漸成功。以東方文明爲例，高爐（blast furnace）、水力杵錘與活塞風箱等工具都是中國人的發明；歐洲人則是用土石推砌成鍛鐵爐，再逐漸發展成高爐。當時的方法是將礦石與木炭共同放入爐中點火，並利用對流供應氧氣，而風箱提供的強制對流會比自然對流更有效，可使爐內產生一氧化碳，進而將鐵礦中的氧化物還原成鐵，最後再以人力捶打來移除殘渣。後續改以水力替代人力，使冶煉的產量與品質都能獲得提升；工業革命後，再以蒸汽機作爲驅動氣流的工具，以提高爐溫，增加產量。此外，以石炭取代木炭也提升了冶煉效率，同時還促進了煉鐵技術的進步。

上述提煉金屬的技術中，雖然包含許多物理加工的方法，但將礦石中的金屬化合物轉變爲純金屬皆牽涉電化學技術，因而在本章中，吾人將特別探討電化學技術應用於冶金工程的部分，說明藉由電能來提煉金屬的化學程序，其方法有別於火法冶金。若從原料的角度來區別這些電化學程序，大致可分爲水溶液電解與熔融鹽電解（molten-salt electrolysis），其中前者又可稱爲溼法冶金（hydrometallurgy）。在水溶液中，金屬會溶解成陽離子，所以藉由電解可從陰極沉積出金屬，但當金屬的標準電位負於 H^+ 還原的電位時，則無法自陰極析出金屬，此情形常發生於鹼金屬、鹼土金屬、鋁或稀土金屬。爲了提煉這些金屬，可將水更換爲較難分解的有機溶劑，或不加溶劑而直接電解金屬的熔融鹽。

另一方面，從金屬提煉的過程還可分爲電解提取（electrowinning）與電解精煉（electrorefining）。礦物經過化學反應或純化處理後，可先得到金屬鹽，繼而進行電解後才能成爲金屬，整體程序稱爲電解提取，但此方法得到的金屬不一定夠純。爲了繼續純化金屬，可將電解提取的金屬作爲陽極，同種金屬或其他鈍性金屬作爲陰極，再度進行電解，此時電位正於待煉金屬者會留滯在陽極上，或從電極脫落而沉澱至槽底，而電位負於待煉金屬者則會溶解成離子；但在陰極區，這些電位較負的雜質則不會比待煉金屬先析出，因此陰極上可得到純度比陽極更高的精煉金屬，整體程序即稱爲電解精煉。電解精煉可以操作數次，將金屬的純度不斷提高。

雖然電解提取與電解精煉的產品都來自陰極，但兩者的陽極反應卻有極大差異，因爲在電解提取中採用不溶性陽極，所以通電後應該只有 O_2 生成，而在電解精煉中則採用相同於待煉金屬的陽極，通電後會持續使陽極溶解。此差異也導致兩種程序在電能消耗的分別，由於電解提取的原料來自於電解液中的陽離子，所以隨著通電時間增長，溶液電阻持續提升，而電解精煉的原料來自於陽極，溶液中的主要陽離子雖在陰極被消耗，但也在陽極被產生，致使溶液電阻能夠維持穩定，電能消耗不大。以提煉銅爲例，電解提取所需電能約爲 2.5 kW·h/kg，但電解精煉只需要 0.25 kW·h/kg，兩者具有大約 10 倍的差異。另一方面，從產品的角度來觀察，可發現電解精煉的析出金屬特性不變，因爲電解液本身的特性穩定；但電解提取的析出物則會隨時間而變，因爲溶液中的離子濃度或 pH 不斷改變。

在已開發的冶金技術中，可用電解法提煉的金屬很多，但實際工業化的種類卻不多，因爲還存在其他幾種競爭技術。目前藉由電解法從礦石中提取最多的金屬是鋁，但需採用熔融鹽法；其次則是鋅，但鋅的總產量中有一部分並非來自電解提煉；第三是銅，然而電解產銅只占總銅產量的一小部分。主要的原因是電解法所需成本較高，但若考慮提取礦石中其他有價値的副成分，例如某些貴金屬或稀有金屬，則電解冶金的總效益仍然具有競爭力。有一些金屬被提取後，若欲增高純度，則會採用電解精煉法，這些金屬包括銅、鎳和銀。

此外，在某些金屬加工或化學品製造的過程中會使用到金屬粉末，所以透過電解法直接生成粉末也是重要的冶金技術，目前已可製造高純度的鐵粉、鋅粉、鉛粉、銅粉或鎳粉。由於沉積在陰極上的金屬必須呈粉末狀，所以電解的條件有別於提取或精煉。以下即分節說明水溶液電解提取或精煉、熔融鹽電解提取和電解產生粉末的方法。

§2-1-1 水溶液電解

如前所述，在水溶液中電解冶金會在陰極上得到產品，而且操作溫度皆低於100ºC，可避免火法冶金的高溫操作與高汙染排放。一般的水溶液冶金包含四個步驟，依序是瀝取（leaching）、過濾、純化與電解，本節將著重於說明最後一個步驟。然而，水溶液中的成分較複雜，所以可能發生的反應種類也比較多，致使金屬析出的電流效率無法達到100%，因此還存在其他的競爭技術。目前全球約有80%的鋅和15%的銅經由電解提煉而得，因爲析出這兩種金屬的電流效率較高；電解精煉程序則被應用得較普遍，因爲所有提煉方法初步得到的金屬都仍含有不少雜質，欲再提高純度，皆需執行電解精煉。

礦石經過瀝取、過濾和純化後，會先製成硫酸鹽或氯化鹽，若再以水作溶劑，則可配成電解液以供電解提取。目前可從電解法提取的金屬有30多種，而且大部分容易形成酸性溶液，但也有些金屬如銻，易形成鹼性溶液，但欲有效提取金屬，仍需調整成適宜的pH值。如圖2-1所示，在金屬提取的階段，通常會使用不溶性陽極（dimensionally stable anode），例如在氯化鹽溶液中常用石墨，在硫酸鹽溶液中常用鉛或其合金。

在精煉階段，則會使用可溶性陽極，此陽極材料來自於前一次提煉的產品（electrowon metal），通電後即可溶解進入電解液中，再於陰極析出成產品，而陽極的雜質會依其特性而溶解或沉澱。但另需注意，施加在陽極的電位必須適宜，否則可能發生鈍化現象，形成不溶性的氧化膜，降低提煉的效率。以精煉銅爲例，初次提煉後仍可能含有金、銀、鐵、鎳、鋅等雜質，但通電後，由於金或銀的標準電位正於銅（見表2-1），將不會溶解成離子，反而會從陽極脫落而沉降至槽底，成爲陽極泥（anodic sludge）；相對地，鐵、鎳或鋅的標準電位負於銅（見表2-1），將會隨著銅一起溶解進入電解液中，但陰極上的電位卻不允許鐵、鎳或鋅的離子先還原，因此只有銅離子能與雜質分離而析出，使銅產物的純度更加提升。電解之後，餘下的電解液或陽極泥仍具有價值，因爲還可從中分離出其他金屬；在電解中，爲了提升析出物的效率或增強其結構，有必要製造電解液的對流，但此對流不宜過度強烈，以免陽極泥漂動至陰極附近，導致雜質的析出，有時也可藉由有機添加劑來強化析出物的附著性，以免待煉金屬還原後脫落至槽底而降低產率，其原理與電鍍程序相似，將於第四章中詳細說明。

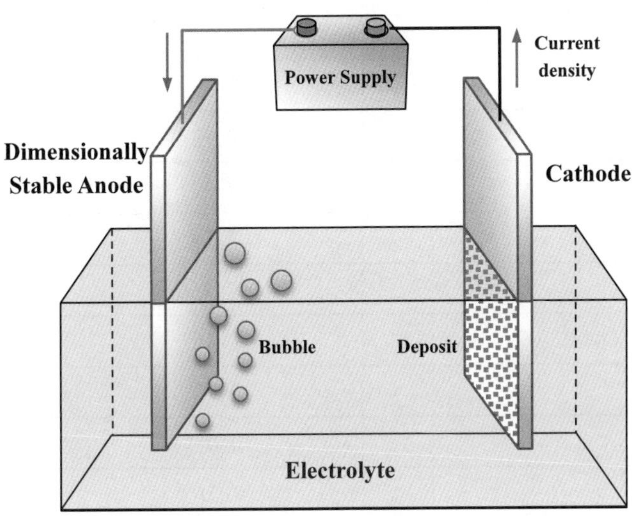

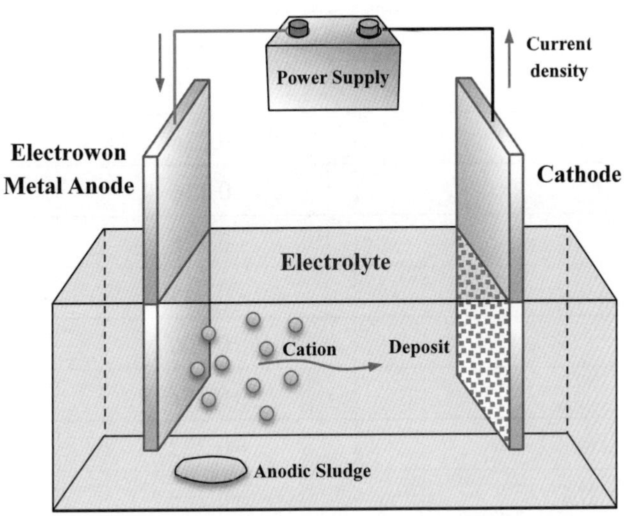

圖 2-1　在水溶液中電解提取與電解精煉金屬

表 2-1 金屬之標準還原電位（相對於標準氫電極或飽和甘汞電極）

Reaction	Potential vs.SHE (V)	Potential vs.SCE (V)
$Li^{+} + e^{-} \rightleftharpoons Li$	–3.05	–3.32
$K^{+} + e^{-} \rightleftharpoons K$	–2.92	–3.19
$Ba^{2+} + 2e^{-} \rightleftharpoons Ba$	–2.92	–3.19
$Ca^{2+} + 2e^{-} \rightleftharpoons Ca$	–2.76	–3.03
$Na^{+} + e^{-} \rightleftharpoons Na$	–2.71	–2.98
$Mg^{2+} + 2e^{-} \rightleftharpoons Mg$	–2.38	–2.65
$Al^{3+} + 3e^{-} \rightleftharpoons Al$	–1.71	–1.98
$Mn^{2+} + 2e^{-} \rightleftharpoons Mn$	–1.05	–1.32
$Zn^{2+} + 2e^{-} \rightleftharpoons Zn$	–0.763	–1.031
$Cr^{3+} + 3e^{-} \rightleftharpoons Cr$	–0.710	–0.978
$Ga^{3+} + 3e^{-} \rightleftharpoons Ga$	–0.520	–0.788
$Fe^{2+} + 2e^{-} \rightleftharpoons Fe$	–0.441	–0.709
$Cd^{2+} + 2e^{-} \rightleftharpoons Cd$	–0.400	–0.668
$In^{3+} + 3e^{-} \rightleftharpoons In$	–0.340	–0.608
$Ni^{2+} + 2e^{-} \rightleftharpoons Ni$	–0.236	–0.504
$Sn^{2+} + 2e^{-} \rightleftharpoons Sn$	–0.136	–0.404
$Pb^{2+} + 2e^{-} \rightleftharpoons Pb$	–0.126	–0.394
$Fe^{2+} + 3e^{-} \rightleftharpoons Fe$	–0.045	–0.313
$2H^{+} + 2e^{-} \rightleftharpoons H_2$	0.000	–0.268
$Sn^{4+} + 2e^{-} \rightleftharpoons Sn^{2+}$	+0.154	–0.114
$AgCl + e^{-} \rightleftharpoons Ag + Cl^{-}$	+0.222	–0.046
$Hg_2Cl_2 + 2e^{-} \rightleftharpoons 2Hg + 2Cl^{-}$	+0.268	0.000
$Cu^{2+} + 2e^{-} \rightleftharpoons Cu$	+0.337	+0.069
$Cu^{+} + e^{-} \rightleftharpoons Cu$	+0.521	+0.253
$Fe^{3+} + e^{-} \rightleftharpoons Fe^{2+}$	+0.771	+0.503
$Hg_2^{2+} + 2e^{-} \rightleftharpoons 2Hg$	+0.796	+0.528
$Ag^{+} + e^{-} \rightleftharpoons Ag$	+0.799	+0.531

Reaction	Potential vs.SHE（V）	Potential vs.SCE（V）
$Pd^{2+} + 2e^- \rightleftharpoons Pd$	+0.915	+0.647
$Pt^{2+} + 2e^- \rightleftharpoons Pt$	+1.20	+0.932
$O_2 + 4H^+ + 4e^- \rightleftharpoons 2H_2O$	+1.23	+0.962
$Au^{3+} + 3e^- \rightleftharpoons Au$	+1.42	+1.15
$Au^+ + e^- \rightleftharpoons Au$	+1.86	+1.59

雖然電解精煉中，雜質會逐漸與待煉金屬分離，但仍會發生副反應，常見的副產物是 H_2。生成 H_2 會降低電流效率，也會改變鍍層的特性，應盡量避免。避免生成 H_2 的方法包括增加溶液的 pH 值、控制施加電壓或選擇合適的電極。在強酸溶液中，H^+ 還原的趨勢最強，亦即 H^+ 的反應電位偏正，易與金屬還原競爭；施加電壓增大，雖可提升金屬還原的速率，但 H_2 生成的速率也被提升；電極的種類則會影響電解初期，因爲有些金屬可以催化 H_2 生成，例如 Pt，所以在 Pt 上生成 H_2 的過電壓（over-voltage）較低，但有些金屬如 Sn 或 Pb，生成 H_2 的過電壓較高，適合用來提升金屬提煉的效率。此處的過電壓是指電極反應產生特定電流密度所需之電壓，亦即達到特定反應速率所需之電壓，與過電位的涵義不同，過電位僅指目前電位偏離平衡電位之差額。

待電解一段時間後，原電極已被金屬析出物覆蓋，影響副反應的因素將轉變爲析出金屬，不再是電極材料。此外，在電解提取時，電解液中可能含有多種陽離子，例如提取銅的溶液中可能含有砷、銻或鉍，因此提煉銅時必須詳加控制陰極電位，以避免共鍍現象，或藉由調整溫度，使反應速率對溫度不敏感的金屬不會析出。

§2-1-2 熔融鹽電解

從礦物提煉金屬的過程中，經歷電解前會先得到金屬鹽。在常溫下，各類金屬鹽皆爲固體，但加熱至足夠溫度後，金屬鹽將會熔化而成爲液態熔融鹽，例如 NaCl 晶體在常壓下可於 801°C 熔化成液態。離子型晶體熔化後，可藉由離子擔當導電的媒介，往往可展現出高於原始固體的導電度，此現象類似金屬鹽溶於水成爲電解液。但熔融鹽與水溶液的不同處在於熔融鹽內不存在溶劑，所以兩者形成離子的原因相異。在水溶液中，陽離子會被溶劑包圍，稱爲溶劑化（solvation），這些溶劑化的離子如同孤島，分散於溶劑構成的海洋之中；在熔融鹽中，陰陽離子於高溫下會脫離原本的晶格束縛，再以特定的比例形成配位錯合物（coordination complex），或簡稱爲錯離子。因爲錯離子中的鍵結是短暫的，隨時會再重組，必須使用 Raman 光譜儀才能判斷錯離子的存在，並且估算它們的配位數或壽命。施加電場後，無論是溶劑化的離子或錯離子皆可遷移，當它們移至電極表面時，將可能發生氧化或還原反應，因此兩者皆能應用於電解冶金。

從離子固體熔化成熔融物後，體積會增加，導電度也會提升，離子從長程有序轉變爲短程有序，且配位數會減少。爲了解釋這些現象，已有多種模型被提出，包括準晶格模型（quasi-lattice model）、空缺模型（vacancy model）和硬核軟殼模型（hard core-soft shell model）等。準晶格模型是將每個離子視爲晶格點，經過高溫擾動後，會有離子脫離晶格點而出現空缺，所以只呈現短程有序現象，且離子的配位數減少，也由於空缺出現而使體積膨脹；空缺模型的描述類似，但離子分布受到熱運動的影響而沒有明顯的晶格；硬核軟殼模型則是透過離子能量或離子受力的計算，以數值方法得到熔融物的物化性質。這些模型各有優缺點，都不能完整描述熔融鹽的所有性質。

從熔融鹽提煉金屬時，期望能以熔點低、密度適當、導電度高、蒸氣壓低和金屬溶解度低的鹽類作爲原料，但單一鹽類往往無法滿足這些需求，所以實際執行電解時，常會採用混合熔融鹽，例如提煉鹼金屬時，常混合氯化鹽和氟化鹽作爲原料；提煉金屬 Al 時，常混合冰晶石（Na_3AlF_6）與氧化鋁（Al_2O_3）作爲原料。尤其當混合物形成共晶系統（eutectic system，亦稱爲共熔系統）時，就能在低於單一成份熔點的溫度下熔化，其相圖可如圖 2-2 所示。從相圖中可發現，所能達到的最低熔點稱爲共熔溫度（eutectic temperature），此時的特定混合物稱爲共熔組成物（eutectic composition），但並非所有的二成分系統都會發生共熔現象。以 LiCl-KCl 系統爲例，純 LiCl 的熔點爲 605ºC，純 KCl 的熔點爲 776ºC，但兩者以 0.59 和 0.41 的莫耳分率混合時可形成共熔物，此時的熔點將降至 352ºC，可用來提煉金屬 Li，但實際電解時，還會再提高 50ºC 以上。

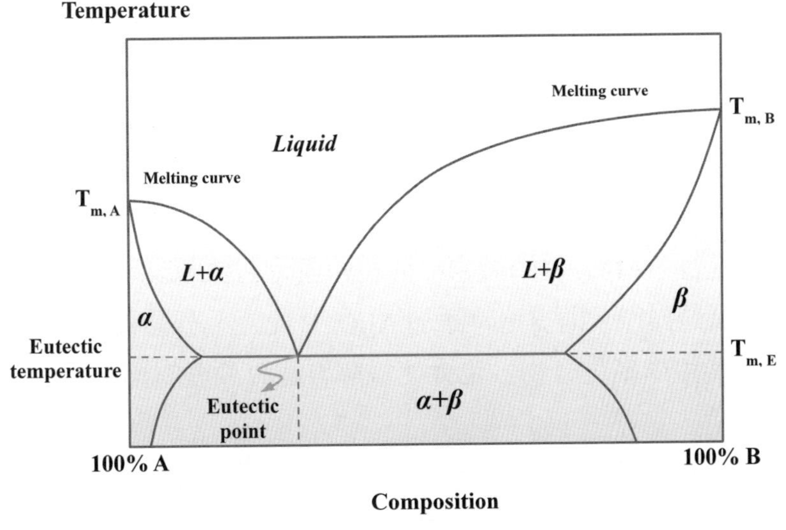

圖 2-2　共晶系統

在電解時，欲提煉之金屬會從陰極產生，而陽極的反應通常爲氣體生成。若使用鈍性金屬材料電解氯化鹽時，陽極反應爲：

$$Cl^- \rightarrow \frac{1}{2}Cl_2 + e^- \tag{2.1}$$

在提煉 Al 時，常使用石墨材料作爲陽極，所發生的反應爲：

$$O^{2-} + \frac{1}{2}C \rightarrow \frac{1}{2}CO_2 + 2e^- \tag{2.2}$$

所以石墨電極會不斷消耗，長期操作後必須更換新的陽極。

使用石墨電極還會發生電解質的潤溼性問題，因爲在陽極產生的氣體會先附著在電極表面，形成三相接觸的界面，如圖 2-3 所示，從氣液界面至固液界面所夾角度稱爲接觸角（contact angle）。當接觸角大於 135º 時，氣體類似覆膜展開在電極上；當接觸角遠小於 45º 時，氣體呈球狀附於表面；當接觸角介於 45º 至 135º 間，氣體類似半球狀貼附於表面。從接觸角的變化可知，同體積的氣體形成較大接觸角時，會占據較多電極表面，使固液間的電壓增大，也使電解系統的電流降低，不利於能量效率與產率。影響接觸角的因素包括熔融鹽組成、陽極材料與操作溫度，通常升溫後可使電解質的流動加快，故可提升電極的潤溼性，若使用金屬作為陽極，則其潤溼性會優於石墨，這兩種方案都可改善問題。在熔融鹽組成方面，以提煉 Al 為例，主成分是 Al_2O_3，輔助成分是 Na_3AlF_6，實驗發現石墨電極的接觸角會隨著 Al_2O_3 的含量而降低，若電解質全為 Na_3AlF_6 時，接觸角約為 135°。此結果代表 Al_2O_3 愈多時潤溼性愈佳，但隨著反應進行，Al_2O_3 逐漸減少，消耗殆盡時則會形成氣膜而包覆整個電極。因此，系統若欲長期操作，則需適時添加 Al_2O_3。此外，石墨電極在熔融的氟化鹽中電解時，則可能產生碳氟化合物，也會使電解質難以潤溼電極，因而降低了能量效率。

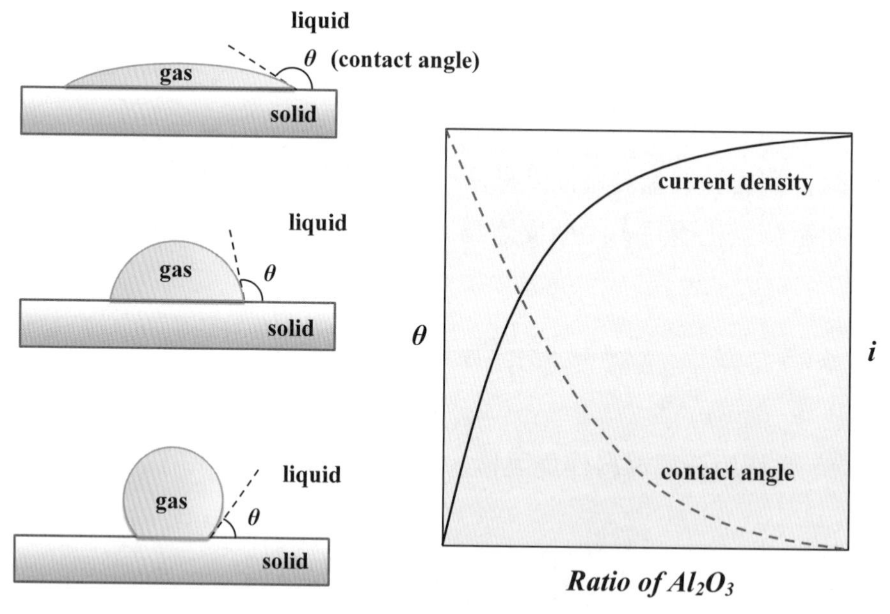

圖 2-3 電極表面的三相接觸

一般的熔融鹽電解程序可以達到 60～80% 的電流效率，影響此效率的原因包括操作溫度、施加電壓、電解槽設計與電解質組成，以下將分別說明。

1. 操作溫度

電解的溫度過高時，一方面能量消耗多，一方面產生的金屬又會溶回電解質，甚至導致一些金屬化合物的揮發。金屬溶回電解質的現象可能藉由歧化反應（disproportionation）而發生，例如提煉 Ca 時，析出的固態 Ca 又溶回熔融態的 $CaCl_2$ 中：

$$Ca + CaCl_2 \rightarrow 2CaCl \quad (2.3)$$

另一種可能性則來自於多元熔融鹽內的置換反應，例如提煉 Mg 時，析出的 Mg 與熔融的 AlF_3 發生置換反應：

$$3Mg + 2AlF_3 \rightarrow 2Al + 3MgF_2 \quad (2.4)$$

此外，金屬也可能以金屬鍵的方式與熔融鹽相互連接，允許金屬的電子與其他原子共享，此現象雖然會使電解質的導電度提高，但也導致析出金屬的損失。爲了避免操作在高溫，一般會使用多元熔融鹽的共晶物作爲原料。以電流效率的觀點，電解系統存在一個最適合的操作溫度，低於此溫度，電解質的黏度增大，質傳效應不佳，高於此溫度，部分可提煉的金屬則會損失。

2. 施加電壓

在施加電壓方面，除了克服電解質的分解反應，還必須用來控制電極上的電流密度。電流密度愈大，雖然代表反應速率愈快，但若超過單一反應的極限值，則會引起副反應，尤其在多元熔融鹽共晶物的電解系統中，第二種金屬可能因此析出。此外，電流密度增大後，電解質的焦耳熱亦將提升，因而降低能量效率，且會導致前述的高溫效應。關於熔融鹽電解的副反應還包括待煉金屬沒有完全還原析出，僅從高價離子還原成低價離子，例如提煉 Al 或 Mg 時，可能會產生 Al^+ 或 Mg^+，這些反應都會降低電流效率；在陽極上，生成的鹵素氣體或 O_2 則有可能與陽離子反應而形成更高價的離子，或與石墨電極反應而生成 CO、CO_2 或 CF_4 等產物，消耗了電極材料或使其表面變質，進而影響後續的電解。

3. 電解槽設計

在電解槽的設計方面，主要分爲電極放置與電解質循環問題。因爲當兩電極的間距擴大時，陰極生成的金屬不易擴散至陽極而發生氧化，故可提升電流效率，但較大的電極間距也代表較高的溶液電阻，故會降低能量效率。陽極預定的反應通常是生成氣體，這些氣體若不有效排出，將會降低電解質的導電度，或擴散至陰極與析出的金屬反應，不但降低電流效率，也減少能量效率，因此排氣的設計亦非常重要。

4. 電解質組成

電解質的組成會影響熔點、密度、黏度、表面張力與導電度等物化性質。當提煉金屬之密度小於電解質之密度時，產品會上浮，例如 Na 和 Mg；但當金屬之密度大於電解質之密度時，產品會沉至槽底，這兩種情形都易於從電解槽中取出產品。但當金屬與熔融鹽的密度相近時，則需特別設計電解槽的結構。此外，熔融鹽的黏度主要影響對流效應，黏度太大時，質傳速率慢，會降低金屬析出的速率，且在陽極產生的氣泡不易排除，使歐姆電壓升高，能量效率降低；黏度太小時，兩極產物在較高的質傳速率下有可能接觸而互相消耗，使電流效率降低。因此，電解質的黏度也存在最適值。再者，當金屬與熔融鹽的表面張力較大時，金屬較難溶解在電解質中，且析出的液態金屬較易凝聚在陰極上。

目前的冶金技術中，已經開發出熔融鹽電解法提煉 Li、Na、Mg、Al 與 Ca，也可提煉出 Zr 或 Ti 等高熔點金屬、稀土金屬、Th 與 U 等錒系金屬。此外，在非金屬方面，F 和 B 的製造也可透過熔融鹽電解。尤其對 Al、Na、Mg 而言，因爲難以在水溶液中析出，所以熔融鹽電解幾乎成爲唯一的提煉方法。在熔融鹽電解中使用液態金屬陰極還可以直接製造合金，例如 Al-Mg 合金或 Zn-Mg 合金，因爲析出的金屬會溶解在陰極中，或在電解後再用真空蒸餾法分離合金中的金屬，如此也能得到高純度的待煉金屬。

§2-1-3 電解製造金屬粉末

使用電解法可以製造高純度、可控制粒徑或大比表面積的金屬粉末，也可生成合金粉末，目前已可生產的金屬種類包括 Fe、Ni、Zn 或 Pb 等，合金種類則包括 Fe-Ni 或 Fe-Co-Ni 等。其中 Fe 粉屬於硬質且易碎的金屬，Zn 粉屬於軟質的海綿狀物質，兩者的製造條件不同。生產金屬粉末的過程如同電解精煉，必須以目標金屬作爲陽極，並且採用此金屬的鹽類作爲電解質，即可在陰極析出金屬，但所操作的電流密度必須夠高，才易於取得鬆散的鍍層。若欲製造硬質易碎的粉末，可降低溶液中的金屬離子濃度，且提高溶液之酸性，並施加高電位以促使金屬和 H_2 同時生成，繼而提高析出金屬的脆性而得到粉末。若欲製造軟質粉末，則不需施加高電流密度，即可使之破碎。

影響電解製造金屬粉末的因素大致包括電解液組成、施加電壓與操作溫度。對於製造金屬粉末的電解液，常與電解精煉時的組成不同。例如電解精煉時的陽離子濃度常為製取粉末時的 5 倍，因為減少陽離子濃度可降低析出金屬的速率，以利於形成鬆散鍍物。此外，添加緩衝溶液和支撐電解質也很重要，前者是為了控制 pH 值，以利於形成鬆散鍍物，後者則為了提高溶液導電度，以提升能量效率。通常 pH 值被控制在微酸性，其原因在於偏鹼性時不易產生 H_2，且會使析出金屬發生水解反應，偏酸性時則會使析出金屬再度溶解。因此，製造 Ni 粉時，常會加入 NH_4Cl 與 H_3BO_3。此外，也可添加些許凝膠物質，使陰極析出物成為海綿狀。

在施加電壓方面，主要目標是提供陰極高電流密度，使其成核數量增多，後續就會成長出微細的粉末，但缺點是能量消耗較大。在操作溫度方面，為了得到微細的粉末，溫度必須降低，但溫度過低時，產率又會下降，因此存在最適化條件，需依生產現狀調整。

§2-2　鋁的電解冶金

Al 雖然是地殼中含量位居第三多的金屬，但因活性較高，使金屬 Al 難在自然界中存在。因此，自然界中的 Al 幾乎都與其他元素形成化合物，存在於泥土或礦石中。自從電解法被用於化學實驗起，許多金屬已成功地從化合物中分離。在 1807 年，英國化學家 Davy 首先嘗試電解 Al_2O_3，企圖製造金屬 Al，但未能成功。後於 1825 年，Oersted 使用鉀汞齊來還原 $AlCl_3$，透過置換反應得到微量的 Al，成為當時製造 Al 的主要方法。到了 1845 年，法國的 Deville 改採 Na 為反應物，開始量產 Al 製品。由於當時製 Al 程序的難度較高，使其價格幾乎等同於黃金（Au）。然而，在 1886 年，美國的 Charles Martin Hall 和法國的 Paul Héroult 在兩地同時發展出冰晶石（cryolite，Na_3AlF_6）輔助電解熔融鹽的方法，自此改變了 Al 的產業。Hall 得知 Héroult 使用相同方法製得 Al 之後，立刻成立美國鋁業公司（ALCOA）來量產，致使價格一路下跌，但也使 Hall 成為歷史上藉由元素獲利最多的人，而 ALCOA 被認為是美國工業史上最成功的產業之一，其排名僅次於 1980 年代半導體工業。由於他們兩人發現電解法的時間接近，且都順利取得專利，後人稱此構想爲 Hall-Héroult 法。1887 年，奧地利工程師 Karl Josef Bayer 發明了新的方法，可以將鋁土礦轉化成純 Al_2O_3，並以此作爲 Hall-Héroult 程序的原料，以降低電力成本，提高電解效率，進而大量生產 Al，使之成爲常用的金屬材料。

Al 在 19 世紀時具有和黃金相當的價格，一方面基於供給不足，另一方面由於 Al 擁有銀白色澤和良好的延展性，甚至也是良好的導熱與導電材料，與 Au 或 Pt 相似。雖然 Al 的活性明顯高於 Au 或 Pt，但 Al 氧化後所生成的氧化膜非常緻密，足以保護底層的金屬不受腐蝕，因此仍能展現純金屬的特質。目前 Al 已應用到許多領域，尤其製成合金後可用於交通工具、交通設施、建材、飲食用具與食品包裝材料等。

對於 Hall-Héroult 程序，所用原料爲 Na_3AlF_6 和 Al_2O_3 的熔融混合鹽，但自然界中能挖取的鋁礬土（bauxite）無法直接送入電解槽中，因爲礦石中所含雜質太多，必須先行處理。已知鋁礬土中除了包含 Al_2O_3，還含有矽酸鹽和氧化鐵等雜質，因此處理的第一步是以強鹼溶出 Al_2O_3，使之成爲鋁酸鹽：

$$Al_2O_3 \cdot 3H_2O + 2NaOH \rightarrow 2NaAlO_2 + 4H_2O \tag{2.5}$$

在此過程中，氧化鐵會沉澱，矽酸鹽則會和些許 Al_2O_3 形成固態鋁矽酸鹽，導致部分 Al 原料的損失。即使如此，經由過濾後，仍可分離出 $NaAlO_2$。之後，在 1200ºC 下，可濃縮並脫水而得到 Al_2O_3。由於 Al_2O_3 的熔點爲 2020ºC，且熔化後不導電，所以還不能進行電解。若此時加入 Na_3AlF_6，使其含量到達 15 wt%，則可降低混合物的熔點至 1030ºC，且熔化液可導電，使電解提取程序得以進行。透過冰晶石中的氟，可與 Al_2O_3 形成氟氧化物，增加 Al_2O_3 的溶解度。

Na_3AlF_6 的熔點爲 1010ºC，形成熔融物之後，會首先解離成 Na^+ 和 AlF_6^{3-}，之後還會進一步釋放出 F^- 和 AlF_4^-。90 wt% 的 Na_3AlF_6 和 10 wt% 的 Al_2O_3 會形成共晶物，此共晶物的熔點可降爲 965.9ºC。現在的電解提取程序大致將 Al_2O_3 的含量控制在 1.5～3 wt% 間，隨著 Al 的還原，熔點會變化，所以操作中最好要持續添加 Al_2O_3。天然的冰晶石可視爲 $3NaF \cdot AlF_3$，但其藏量不多，所以電解工業中常用人工冰晶石。人工冰晶石是 $3NaF \cdot AlF_3$ 和 $5NaF \cdot AlF_3$（亞冰晶石）的混合物，所以混合後 NaF 對 AlF_3 的比例約介於 2.6～2.8 間。有時爲了再降低熔點，還會加入 CaF_2、KF 或 LiF 等物質，使操作溫度介於 950～970ºC 之間，且將熔融鹽的密度調整至 2.15 g/cm^3。還原出的純 Al 具有 660ºC 之熔點與 2.36 g/cm^3 的密度，所以陰極產物爲液態，且可下沉至槽底。添加的 CaF_2 被稱爲螢石，加入熔融鹽後可以降低其熔點，並增大陰極生成物之表面張力，且能減低熔融物的蒸氣壓。由於 CaF_2 的價格低廉，所以在電解提取中已被廣泛使用。由於電解質的成分複雜，只能確定陰極產物爲 Al，實際進行的陰極反應至今仍未知。在陽極側，若使用石墨爲電極材料，氧化後會形成 CO_2。因此，電解提取的總反應可表示爲：

$$2Al_2O_3 + 3C \rightarrow 4Al + 3CO_2 \qquad (2.6)$$

反應後，石墨電極會被消耗，必須適時更換。但若使用鈍性陽極，則會有 O_2 生成，總反應將成爲：

$$2Al_2O_3 \rightarrow 4Al + 3O_2 \qquad (2.7)$$

從理論計算可知，在 1000ºC 下，（2.6）式和（2.7）式的自由能變化 ΔG 分別爲 340 kJ/mol 和 640 kJ/mol，代表前者的平衡電壓較小，電解所需的電壓也應較小，所以實務中幾乎都採用消耗性的石墨陽極。

基於 O 和 F 的原子尺寸接近，所以曾出現一種反應機構的猜想。當冰晶石與氧化鋁熔化後，會出現 AlF_3 與 Na^+，兩者發生置換反應後，會形成 Al^{3+} 和 NaF，其中前者在陰極可還原成 Al，後者中的 F 會置換 Al_2O_3 中的 O，而再度生成 AlF_3，並在石墨陽極上形成 CO_2。過程中的 AlF_3 雖然可以循環消耗與產生，但在高溫環境中易揮發而導致 Al 原料的損失。因此，電解槽的蒸氣必須用水吸收，使 AlF_3 發生水解，之後再加入 $Al(OH)_3$ 和 Na_2CO_3 將其轉化成冰晶石與氧化鋁，即可重新輸入電解槽。此轉化過程可表示爲：

$$2AlF_3 + 3H_2O \rightarrow Al_2O_3 + 6HF \qquad (2.8)$$

$$12HF + 4Al(OH)_3 + 3Na_2CO_3 \rightarrow 2Na_3AlF_6 + Al_2O_3 + 12H_2O + 3CO_2 \qquad (2.9)$$

Hall-Héroult 程序所使用的電解槽如圖 2-4 所示，陽極採用棒狀碳磚製成，其原料來自於石油工業中產生的焦炭和石油焦，陽極材料在反應期間會被消耗，所以電極會持續下降以提供新的反應表面，此外還必須不斷添加瀝青，並以反應熱或焦耳熱持續焙燒瀝青而成爲焦炭，此稱爲自焙現象（self-baking），可降低電極製作的成本；而陰極則使用內嵌鋼條的預焙碳磚（prebaked carbon block），內嵌鋼材的原因是希望提升電極的導電性，反應後液態的 Al 會覆蓋在碳磚上。預培技術是指反應前即已完成材料之碳化，並製成一定形狀後才置入電解槽，以避免瀝青碳化的產物汙染了電解提取的 Al。

操作 Hall-Héroult 電解槽時的總電壓約爲 4.0～4.5 V，槽內的電壓消耗如表 2-2 所示，從中可發現電極材料的電阻較大，致使電能於此消耗過多。另因兩極的間距不夠近，在一般的鋁電解槽中大約相距 5 cm，使電解質的電阻亦很大，但此處導致的焦耳熱可用於加熱電解質，仍具有正面效用。此電解槽所能達到的電流效率約爲 90%，但能量效率較低，僅約 33%，生產每噸 Al 的電能消耗約爲 13000～15000 kW·h，所得到的 Al 具有 99.5% 的純度。

表 2-2　Hall-Héroult 電解槽中的電壓分布

平衡電壓 ΔE_{eq}	1.2 V
陽極過電壓 η_A	0.5 V
陰極過電壓 η_C	–0.0 V
陽極歐姆過電壓 $\Delta\Phi_A$	0.5 V
陰極歐姆過電壓 $\Delta\Phi_C$	0.6 V
電解質歐姆過電壓 $\Delta\Phi_E$	1.5 V
總施加電壓 ΔE_{app}	4.3 V

$$\Delta E_{app} = \Delta E_{eq} + \eta_A - \eta_C + \Delta\Phi_A + \Delta\Phi_C + \Delta\Phi_E$$

電流效率未達 100% 的主要原因是寄生反應，因爲在電解槽的上方，常會出現金屬霧，其中包含了 Al的微粒，這些微粒若與陽極生成的 CO_2 接觸，則可能發生反應：

$$2Al + 3CO_2 \rightarrow Al_2O_3 + 3CO \tag{2.10}$$

最終造成 Al 的損失，使電流效率減低。再者，此程序的廢棄物會引起環境危害，例如陽極區釋出的煙氣至少包含 CO_2、氟化物或 Al 微粒，必須經過處理才能排防。氟化物可透過尾氣回收的模式與氧化鋁反應，使之轉化成 AlF_3，再作爲煉 Al 原料；固體微粒可藉由靜電濾網去除；最終剩餘的 CO_2 則直接排放到大氣中。

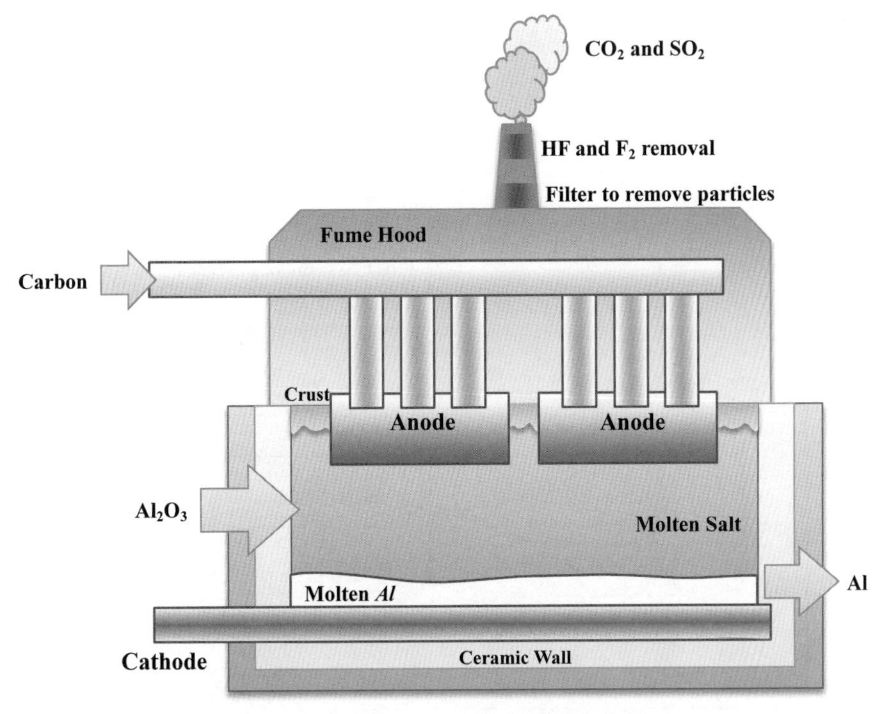

圖 2-4　Hall-Héroult 程序所用電解槽

如欲得到更純的 Al，可透過電解精煉法，但其架構與電解提取時不同。陽極材料爲 Al-Cu 合金，置於槽底，槽中裝載 23 wt% 的 AlF_3、17 wt% 的 NaF 與 60 wt% 的 $BaCl_2$ 所組成的熔融鹽，而陰極爲浮在最上層的液態純 Al。電解時的溫度約爲 740～750ºC，電流效率爲 93～95%，所得到的 Al 將具有 99.99% 的高純度。

因爲早期的 Hall-Héroult 法的能量效率過低，促使美國鋁業公司著手發展修正方法，改以 $AlCl_3$、NaCl 與 LiCl 的混合物組成熔融鹽，發現可在 700ºC 下電解提取 Al，比傳統方法降低了大約 300ºC。在進行電解之前，必須先將 Al_2O_3 轉化成 $AlCl_3$：

$$2Al_2O_3 + 3C + 6Cl_2 \rightarrow 4AlCl_3 + 3CO_2 \qquad (2.11)$$

所形成的 $AlCl_3$ 經過電解後即可得到液態的 Al：

$$2AlCl_3 \rightarrow 2Al + 3Cl_2 \tag{2.12}$$

但是在建置電解槽時必須注意電極的間距，以避免生成的 Cl_2 和提煉出的 Al 發生反應，降低了電流效率。此程序的電解槽如圖 2-5 所示，除了陰陽極之外，內部還使用了雙極性電極，其能量效率可提升至 43%。

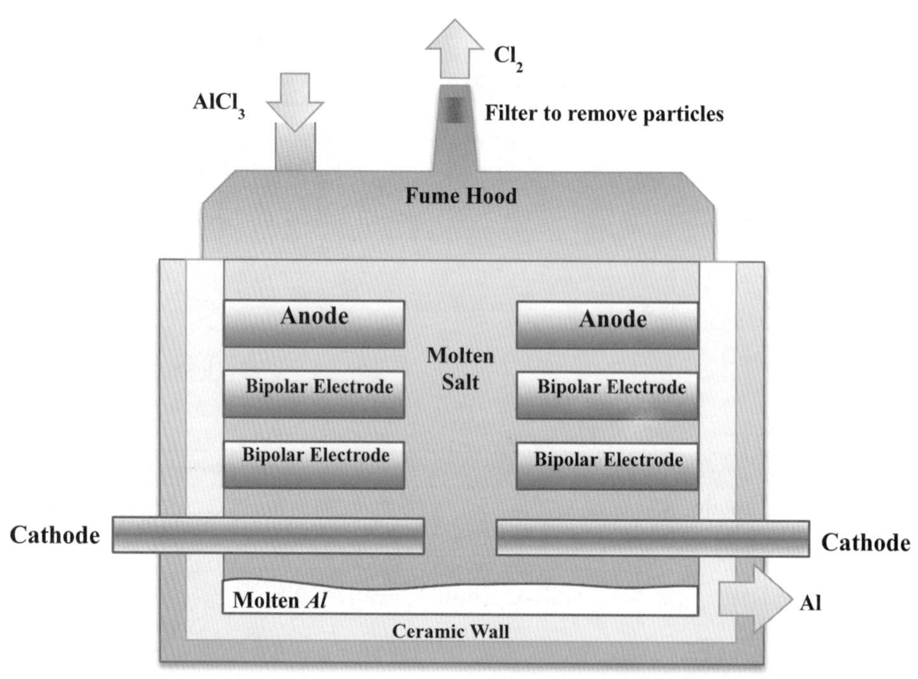

圖 2-5　ALCOA 改良程序所用電解槽

§ 2-3　鈉與鎂的電解冶金

熔融的氯化鹽除了可以用於提煉 Al，也常用於提煉鈉（Na）或鎂（Mg），但是提煉 Na 時還可使用 NaOH 的熔融物。然而，從 NaOH 來電解提取 Na 只擁有 50% 的電流效率，所以目前都改用 40 wt% 的 NaCl 和 60 wt% 的 $CaCl_2$ 作爲原料，電解此混合物可達到 85% 的電流效率。當 NaCl 晶體受熱熔融後，會解離出 Na^+ 和 Cl^-。電解時，兩極的反應分別為：

$$Na^+ + e^- \rightarrow Na \tag{2.13}$$

$$Cl^- \rightarrow \frac{1}{2}Cl_2 + e^- \tag{2.14}$$

常用的裝置為 Downs 電解槽，如圖 2-6 所示，陽極材料為石墨，置於槽的中心，陰極材料為鋼，位於槽的邊緣，兩極以鋼網隔開，所以產物 Na 和 Cl_2 不會接觸。然而，Na 的沸點為 877ºC，NaCl 的熔點為 806ºC，兩者非常接近，所以 Na 生成後可能會有較多比例蒸發成氣態而損失，並且導致危險，因此純 NaCl 晶體的熔融鹽電解法已不在工業生產的考慮中。由於 NaCl 的熔點高，形成熔融鹽必須消耗很多能量，所以改良的方法是加入 $CaCl_2$，可使混合物的熔點降低到 650ºC。雖然過去使用的 NaOH 擁有 318ºC 的熔點，但電解後會產生 H_2O，H_2O 不但會與 Na 反應，也會競爭陰極反應，使電流效率降低至 50%，因而缺乏經濟效益。電解熔融的 NaCl 則無 H_2O 參與，所以電流效率可達到 80%。

若採用 NaCl/$CaCl_2$ 混合物之熔融電解法，可使電流效率提升至 85%，且操作溫度低於電解純 NaCl，所以成為目前提煉 Na 的主要方法。在電解過程中，由於 Ca 的還原電位（–2.76 V vs.SHE）負於 Na 的還原電位（–2.71 V vs.SHE），理論上 Na 會首先還原在陰極上，但當 Na^+ 消耗殆盡後，Ca 就會還原。若 Na^+ 並未耗盡卻仍然產生少量的 Ca，這些 Ca 將因密度較大而下沉，不會與較輕的 Na 混合。被還原的 Na 也比熔融物輕，故會上浮至液面而被取出。在電解槽中央的陽極室中，Cl_2 生成後會上浮至反應器的中央以便於收集。根據（2.13）式和（2.14）式，兩極的可逆平衡電壓為 3.6 V，但加上兩極過電位與電解質之歐姆電壓後，使操作電壓必須設定在 6～8 V 間，電解中生成的焦耳熱則可用於維持電解質的溫度。熔融電解法在工業應用中雖然也可生產 Cl_2，但其產量相對於鹽水電解仍顯得微小，但因為熔融鹽中不含水，所以得到的 Cl_2 具有接近 100% 之純度。

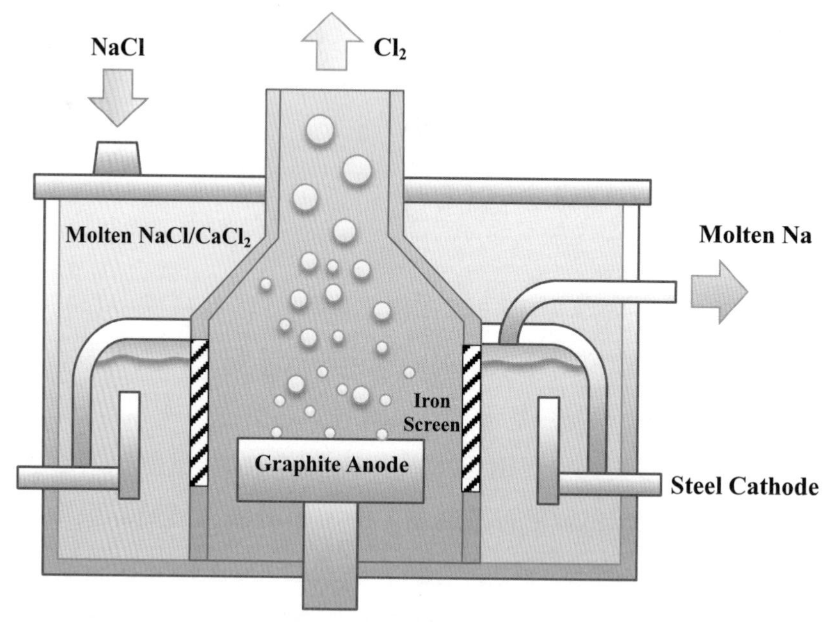

圖 2-6　NaCl 熔融鹽之電解槽（Downs' cell）

近年來，Al 合金被大量使用，但爲了提升其強度與抗蝕性，常會添加 Mg，且添加量可高達 10%。此外，由於 Mg 的活性強於鋼鐵，所以常被用於防蝕工程中，作爲犧牲陽極。在煉鋼時，必須執行脫硫程序，而 Mg 與 S 的結合趨勢強，所以也常用於鑄鋼工程。除了作爲添加物，以 Mg 爲主的金屬製品也逐漸受到重視，因爲 Mg 具有質輕、耐震、隔絕高頻電磁波與散熱良好等特性，促使更多的 Mg 合金製品被開發出，例如電子產品的外殼、交通工具和運動用品等。

Mg 是地殼中第六多的元素，但歷史上首先製造出金屬 Mg 的是英國化學家 Davy，透過電解氟化物後，可在陰極得到鎂汞齊（Mg-Hg），之後再將 Hg 蒸發而留下 Mg。後續的 Faraday 則電解氯化物而得到 Mg，但他和 Davy 都只能少量生產。到了 1852 年，Bunsen 電解無水 $MgCl_2$，並且使用塑陶隔板將陽極生成的 Cl_2 與陰極析出的 Mg 分離，才能大量生產。在 1886 年，德國成立一家電解提煉 Mg 的工廠，正式開啓了製造 Mg 的工業。除了德國，美國則在研究直接從鹵水電解產 Mg 的技術，因爲在湖水與海洋中蘊藏許多鎂鹽的資源。後來於 1916 年，Dow 化學公司發展出電解海水或鹵水提煉 Mg 的方法，被稱爲 Dow 法，其裝置被稱爲 Dow 電解槽，主要原料是含水的 $MgCl_2$，曾在德州自由港成立全球最大的製 Mg 工廠。然而，今日製 Mg 工業的最大國已轉變爲加拿大。

電解提取 Mg 時，最常使用 $MgCl_2$，其晶體具有層狀結構，熔化時層間連結先被破壞，之後才是層內原子的脫離，致使其熔融物的導電度不高。因此在電解提煉時，還會加入 KCl、NaCl 和 $CaCl_2$ 以調整密度，提升導電度，並形成共晶物而降低熔化溫度，一般電解程序的操作溫度介於 720～780ºC 間。此外，從分解化合物的角度來觀察，在固定 700ºC 下，分解 $MgCl_2$ 所需電壓爲 2.61 V，比分解 LiCl、NaCl、KCl 或 $CaCl_2$ 的電壓更低，因此適合用於電解程序，但實際提煉時還需考慮其他因素，所以常用的施加電壓爲 6～9 V。

電解所用裝置有許多類型，在發展初期，槽中沒有使用隔膜（diaphragm），使電流效率與能量效率皆低，但發展到近期，除了開始使用隔膜，也採取雙極式連接，使最高電流效率可達 90%。常用的陽極材料爲石墨，進行反應時會生成 Cl_2。陽極的安裝可分爲上插式、側插式與底插式，由於長期操作後石墨會被消耗，所以要定期更換陽極，陽極方面的成本約占維修費用的一半。在 1960 年後，許多工廠又開始使用無隔膜的電解槽，因爲透過電解質的循環，或流道設計，也可避免析出的 Mg 與陽極生成的 Cl_2 接觸。由於析出的液態 Mg 與 Cl_2 皆比熔融物輕，兩者上浮時很可能接觸，所以在加拿大鋁業公司設計的 Alcan 電解槽中，即採用了倒置的鋼製凹槽，可將液態 Mg 導流至收集槽，避免與 Cl_2 接觸，同時也不需隔膜。對於電解質循環的電解槽，其效果會受到槽內空間與液體流速的影響。在陽極區因爲 Cl_2 上升使流速較快，在陰極區則較慢，導致電解質流動是從陰極區朝向陽極區，所以微小的 Mg 珠易被帶至陽極，因而降低了電流效率。因此，適當設計隔牆或導流板，可以提升電流效率。

另一種降低電流效率的原因是雜質，常見的雜質包括氧化矽、氧化鋁或氧化鐵，這些雜質會與析出的 Mg 反應，轉變成氧化鎂（MgO），一方面消耗了生成的 Mg，另一方面 MgO 會沉積在陰極上形成鈍化層，或包圍液態 Mg 使其不易匯聚而成爲小珠。解決之道是添加氟化物，以提升液態 Mg 的凝聚性，常用的氟化物是 CaF_2。

§2-4　鋅的電解冶金

目前全球採用水溶液電解提取最多的金屬爲鋅，約占總產量的 80%。提取的過程可分爲五個階段：

1. 首先將礦石中的硫化物置於高溫爐內與 O_2 反應，以轉化爲氧化物，主要的反應可表示爲：

$$2ZnS + 3O_2 \rightarrow 2ZnO + 2SO_2 \tag{2.15}$$

2. 接著將固體氧化物浸入硫酸（H_2SO_4）中，可得到硫酸鹽溶液，若原料中含有 Fe、As 或 Sb，則會形成沉澱物，但若含有 Cu 或 Cd，則仍以 Cu^{2+} 或 Cd^{2+} 的型態留在溶液中，有待後續步驟分離。ZnO 與強酸的反應可表示爲：

$$ZnO + 2H^+ \rightarrow Zn^{2+} + H_2O \tag{2.16}$$

3. 之後加入 Zn 粉，可發生置換反應，使 Cu 或 Cd 析出，即可過濾分離。若這些雜質仍存在於溶液中，則會降低提取的效率。對 Cu^{2+} 而言，其置換反應可表示爲：

$$Cu^{2+} + Zn \rightarrow Zn^{2+} + Cu \tag{2.17}$$

4. 分離後的溶液已含有高比例的 Zn^{2+}，可送入電解槽進行提取，施加電壓約爲 3.3～3.5 V，生產每噸 Zn 所需能量約爲 3000～3500 kW·h。電解提取期間，在陰極上可得到金屬 Zn，在陽極的理論產物爲 O_2，所以總反應可表示爲：

$$2Zn^{2+} + 2H_2O \rightarrow 2Zn + 4H^+ + O_2 \tag{2.18}$$

5. 將陰極所得到的 Zn 取下後，純度已達到 99.9%，最終再經過 450～500ºC 的高溫即可鑄造成錠而作爲產品。

對於電解提取的步驟，通常會採用 Al 作爲陰極，Pb 或其合金作爲陽極。全新的 Pb 在電解初期，會先氧化成二價，同時與 SO_4^{2-} 結合成硫酸鉛（$PbSO_4$）而覆蓋在電極表面：

$$Pb + SO_4^{2-} \rightarrow PbSO_4 + 2e^- \tag{2.19}$$

當陽極表面覆蓋了高比例的 $PbSO_4$ 後，電極的電阻會增大，而且還會發生進一步的氧化：

$$PbSO_4 + 2H_2O \rightarrow PbO_2 + 4H^+ + SO_4^{2-} + 2e^- \quad (2.20)$$

待陽極又被 PbO_2 覆蓋後，後續的氧化反應將成為 O_2 生成：

$$2H_2O \rightarrow O_2 + 4H^+ + 4e^- \quad (2.21)$$

若電解提取使用批次反應器，則在一段時間後，Zn^{2+} 會顯著減少，pH 也會下降，使電流效率降低，因為酸性增強後，在陰極上會發生 H_2 生成的副反應：

$$2H^+ + 2e^- \rightarrow H_2 \quad (2.22)$$

除了電流效率降低，Zn^{2+} 減少後也會使導電度下降，繼而導致溶液的歐姆電壓增高，能量效率降低。因此，較佳的操作應選擇連續式或半批次式反應器，使電解液中的 Zn^{2+} 可以獲得補充，並且穩定 pH 值。一般電解液的組成大致為 1.2 M 的 H_2SO_4 與 0.5～1.0 M 的 Zn^{2+}，而且還會加入如骨膠等物質以增大 H_2 生成的過電壓。此外，為了增加反應速率，可將槽內溫度提升到 40～55ºC，但操作溫度不宜再增高，因為 H_2 生成也會加快，且高溫下析出的 Zn 可能再度溶解，繼而降低電流效率。然而，電解過程中會不斷生熱，所以為了維持穩定的溫度，必須安裝熱交換器於電解槽中。在已發展出的技術中，電流效率約為 85～90%，Zn 的純度以可達到 99.99% 以上。

目前關於電解提取 Zn 的發展工作中，陽極材料的改進是主要課題。因為常用的 Pb 電極仍存在一些有待解決的問題，例如其密度大、強度低、容易變形、導電度不夠高、O_2 生成的過電壓較高、表面的氧化物會脫落且會與 Cl^- 反應，以及溶解的 Pb^{2+} 可能也會移至陰極而析出。為了逐步解決這些問題，有研究者嘗試製作 Pb 合金或具有電催化特性的鈍性電極來取來純 Pb。目前已開發的合金電極包括 Pb-Ag、Pb-Ag-Ca 與 Pb-Ag-Sb 等，添加 Ag 的主要目的是降低 O_2 生成的過電壓，且可輔助陽極表面形成緻密的氧化膜，但 Ag 的成本較高，且強度不夠，所以又加入 Ca 或 Sb 等元素。為了避免 Pb 電極的腐蝕，還可在電解液中加入 Mn^{2+}，同時可以提升析出 Zn 的純度，避免其中含 Pb。Mn^{2+} 的作用在於它與電極上的 O_2 反應後可生成 MnO_2 而覆蓋在表面，成爲穩定的保護膜：

$$Mn^{2+} + H_2O + \frac{1}{2}O_2 \rightarrow MnO_2 + 2H^+ \tag{2.23}$$

此外，添加二價鈷離子（Co^{2+}）至溶液中也可以降低 O_2 生成的過電壓，但其實 Co^{2+} 在陽極必須經歷兩個步驟才能產生 O_2，其反應可表示爲：

$$Co^{2+} \rightarrow Co^{3+} + e^- \tag{2.24}$$

$$2Co^{3+} + H_2O \rightarrow \frac{1}{2}O_2 + 2Co^{2+} + 2H^+ \tag{2.25}$$

這個方法比直接電解 H_2O 更容易生成 O_2，而且 Co^{2+} 還能重複使用。也由於添加了 Co^{2+} 至溶液中，鉛電極的溶解會被抑制，因爲 Co^{2+} 的氧化趨勢更強，結果將使陰極的析出物更純。

然而，溶液中若存在易於互相轉換的氧化還原對，例如 Fe^{3+} 和 Fe^{2+}，將可能發生反應：

$$Fe^{3+} + e^- \rightleftharpoons Fe^{2+} \tag{2.26}$$

使陰極和陽極的電流效率皆被減低。因此，有效去除此類雜質才能增加電解法的效益。

§2-5　銅的電解冶金

電解提取法中生產第二多的金屬是 Cu，但藉由此法得到的 Cu 僅占全部產量的 15%，因爲電解法的能量消耗較高，在成本方面不具優勢，因而 Cu 的提煉仍以火法冶金爲主。然而，從火法冶金得到的 Cu 並不夠純，還需進行精煉，而精煉至高純度的最有效方法仍爲電解，因此電解精煉是提煉純 Cu 的必要步驟。

進行 Cu 的電解提取時，會先將含 Cu 礦物製成 $CuSO_4$ 溶液，接著再送入電解槽通電，即可在陰極上得到高純度的 Cu，一般電解提取可達到雜質含量小於 0.5% 的等級，但缺點是電能消耗較多，每噸 Cu 約需 1900～2500 kW·h 的能量，施加電壓約爲 1.9～2.5 V 間，電流效率介於 80～90% 之間。

電解提取的原料通常會配製成 2 M 的 H_2SO_4 與 0.5～1.0 M 的 Cu^{2+}，同時會添加一些骨膠或明膠類物質，以利於 Cu 在陰極形成薄膜，而非樹枝狀結晶物。析出的反應可表示爲：

$$Cu^{2+} + 2e^- \rightarrow Cu \qquad (2.27)$$

所使用的陰極材料通常爲 Al 或 Ti 片，待收集一段時間後，可取出電極片並刮下純 Cu。然而，陰極發生副反應的機率很高，致使電流效率只能達到 80～90%，而主要的副反應爲 H_2 生成：

$$2H^+ + 2e^- \rightarrow H_2 \qquad (2.28)$$

電解液的流動有助於提升質傳速率，但是流動過快時，槽中的固體懸浮物或沉澱物會漂至陰極而汙染產品。因此，也可在陰極下方放置空氣噴嘴，以氣流輔助質傳，提升陰極程序的極限電流密度。

在陽極方面，與冶煉 Zn 時相同，也常選用 Pb 或其合金作爲電極材料。Pb 電極的表面最後將會被 PbO_2 覆蓋，在電解時生成 O_2：

$$2H_2O \rightarrow O_2 + 4H^+ + 4e^- \qquad (2.29)$$

相似地，也可添加 Co^{2+} 至溶液中以輔助 O_2 生成，降低陽極的過電壓，其反應如（2.24）式和（2.25）式所述。然而，根據分析，施予電解槽的總電壓中，約有 43% 消耗在陽極過電壓上，幾乎與（2.27）式和（2.29）式之平衡電壓相當，致使電解法持續受到其他提煉技術的強烈競爭。

爲了解決陽極過電壓的問題，可行的對策是更換陽極反應，例如在陽極區加入 Fe^{2+} 或 SO_2，使陽極反應成爲：

$$Fe^{2+} \rightarrow Fe^{3+} + e^- \tag{2.30}$$

$$SO_2 + 2H_2O \rightarrow SO_4^{2-} + 4H^+ + 2e^- \tag{2.31}$$

對於加入 SO_2 的例子，SO_2 的氧化與 Cu 的還原可組成 $\Delta G < 0$ 的系統，在熱力學上可自發。然而，此反應在動力學上卻非常緩慢，因而實用性不高。對於加入 Fe^{2+} 的例子，雖然在陽極區可避免生成 O_2 所需消耗的能量，但在陰極區卻會發生（2.30）式的逆反應，與 Cu 的還原競爭，致使電流效率降低，對整體程序未必有利。

後續也有研究改用氣體擴散電極，從電極的孔洞中送入 H_2，在電催化的作用下氧化成 H^+，此法也可降低陽極的過電壓，目前已使用在電解提取 Zn 的程序中，其他諸如流體化床反應器或三維電極反應器也是值得研發的方向。

然而，如前所述，無論使用何種方法提取粗 Cu 後，還要經過精煉程序才能得到更純的 Cu，這時勢必要使用電解法。進行第一次電解精煉 Cu 時，陽極改採提取階段得到的粗 Cu；若進行第二次以上的精煉時，陽極則採用前一次精煉得到的 Cu。即使這些作爲陽極的 Cu 中仍含有雜質，但在適當的操作條件下，雜質不會轉移到陰極的析出物中，因此純度可以提高，亦即經過多次精煉後，純度將能不斷增高。然而，每次投入的成本與純度增高的效益需做比較，以評估最適宜的精煉次數。

在電解精煉 Cu 中，最常見的雜質是 Au、Ag、Fe、Ni、Zn、As、Sb 和 Bi。其中，Au 和 Ag 的活性小於 Cu，其餘雜質的活性則大於 Cu，因此在適當電位下進行陽極氧化時，Au 和 Ag 傾向於維持金屬狀態，可能滯留於電極中，也可能脫落至槽底而成爲陽極泥。相較之下，一般的火法冶金很難去除 Cu 中的 Au 和 Ag，所以無法達到電解精煉的高純度。另一方面，Fe 與 Ni 等雜質則會與 Cu 一起溶解成離子，但在適當的陰極電位下，Cu^{2+} 因爲還原電位偏正，會優先析出，代表這些雜質與 Cu 能有效分離，因此所得到的 Cu 具有更高純度。在此需注意，實務中除了提煉高純度的 Cu 作爲產品，還可回收精煉後的廢液，從中再收集有價值的金屬。但在操作電解液的流動時仍需小心，因爲陽極泥被擾動後，有可能漂移至陰極而降低了 Cu 的純度。

另需注意，在陰極區除了有金屬 Cu 析出，有時還會發生不完全的還原反應：

$$Cu^{2+} + e^- \rightarrow Cu^+ \tag{2.32}$$

尤其在高溫的操作中，Cu^+ 的含量愈多。雖然 Cu^+ 也還會還原成金屬 Cu，但若發生水解，則會形成沉澱物而導致原料損失：

$$2Cu^{+} + H_2O \rightarrow Cu_2O + 2H^{+} \tag{2.33}$$

將 H_2SO_4 濃度提高後，可以抑制 Cu^{+} 的水解。此外，高溫還會導致已析出 Cu 的溶解，或電解液蒸發，但溫度不夠時，無法抑制 As、Sb 和 Bi 於陰極析出，所以最佳的操作溫度約落在 55～60ºC 之間。

在陽極區，也有氧化不完全的問題，例如形成 Cu_2O：

$$2Cu + H_2O \rightarrow Cu_2O + 2H^{+} + 2e^{-} \tag{2.34}$$

所生成的固態 Cu_2O 具有鈍化作用，會抑制電流，繼而降低陰極的產率。為了避免陽極發生鈍化，常會在溶液中加入 HCl 或 NaCl，以協助 Cu 溶解成 Cu^{2+}。其他的添加劑與電解提取時相似，目的皆在輔助金屬結晶。

由於電解精煉 Cu 的陽極主反應與電解提取 Cu 時不同，所以施加電壓不高，只需要 0.2～0.3 V，且能量消耗亦不高，適當操作下甚至可降低到每噸 Cu 只需 280 kW·h，多次操作後可使純度提升到 99.99% 以上，因此其他純化的技術都難以和電解精煉競爭。在通電方面，還可以週期性地在長時間正向操作後，附加短時間的反向電流，此法可以避免陽極鈍化，且能提升陰極鍍膜的品質。

§2-6　其他金屬的電解冶金

使用電解法還可提煉稀土金屬、高熔點金屬與貴金屬。各元素在地殼中的藏量如圖 2-7 所示，以下將分節敘述相關金屬的電解冶金。

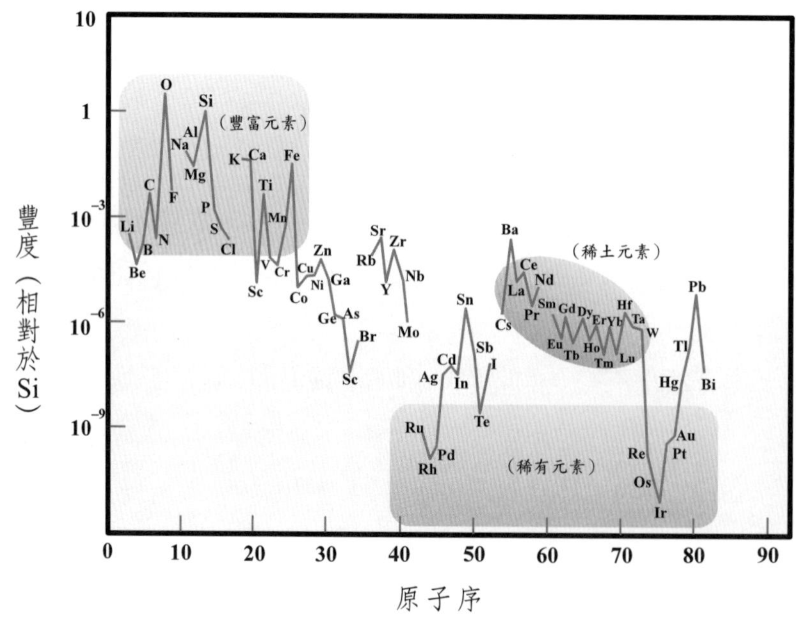

圖 2-7　各元素在地殼中的豐度

§2-6-1 電解製取稀土金屬

目前稀土金屬已廣泛應用在各種工業中，例如電子、機械、化工、材料、紡織、農牧養殖與能源科技等領域，因此稀土材料常被稱爲「工業維他命」或「新世紀黃金」。這些金屬是週期表中的鈧（Sc）、釔（Y）和鑭系的總稱，共有 17 種元素。Sc 和 Y 因爲常與鑭系元素共存於礦床，而且也擁有相似的性質，故也列爲稀土元素。鑭系元素除了鑭（La）以外，還包括鈰（Ce）、鐠（Pr）、釹（Nd）、鉅（Pm）、釤（Sm）、銪（Eu）、釓（Gd）、鋱（Tb）、鏑（Dy）、鈥（Ho）、鉺（Er）、銩（Tm）、鐿（Yb）、鎦（Lu），排在最後的 8 個元素擁有較大的原子序，故又稱爲重稀土元素，其餘 9 個元素則稱爲輕稀土元素。然而，稀土金屬不一定非常稀有，例如 Ce 在地殼中的藏量可排在第 25，與 Cu 的藏量接近，連稀土元素中最稀少的 Lu 也比地殼中的 Au 多出 200 倍，但這些稀土元素常形成合金而難以分離。

稀土元素的原子半徑大，易失去外殼層的 6s 與 5d 電子，使其活性僅次於鹼金屬與鹼土金屬，可成爲強還原劑。在稀土元素中，隨著原子序增加，化學活性趨弱，例如 La、Ce 易於空氣中氧化，但 Nd、Sm 等元素的氧化反應較慢。此外，稀土金屬能溶解於大部分無機酸中，但在 HF（氫氟酸）與 H_3PO_4（磷酸）中的溶解度較低，因此稀土元素蘊藏於地殼中的形式通常以磷酸鹽與氟化物為主。

目前提煉稀土金屬的方法包括熱還原法與熔融鹽電解法，而電解法的使用正逐漸成長中，已經成功提煉的金屬包含 La、Ce、Pr 與 Nd 等，並且可以製作成 Al 合金、Mg 合金或 Fe 合金。

在熔融鹽電解法中，常用的金屬鹽為氯化物和氧化物。電解氯化物時，也會加入 KCl 和 $CaCl_2$ 來提升導電度；電解之後可在陰極取得液態稀土金屬，陽極則生成 Cl_2，但電流效率不高，大約為 40～60%。若電解氧化物時，則會加入氟化物來提升導電度，此方法的電流效率較高。

電解槽的型態則依生產規模而不同，小規模程序適用坩堝電解槽，大規模程序則適用耐火磚槽。在坩堝電解槽中，坩堝兼做陽極，是由石墨材料製成，用以盛裝熔融物。在坩堝底部另置有收集器，以限制析出金屬的流動；在收集器的上方則懸掛一根鉬（Mo）棒，作為陰極，電解析出液態金屬後，會下沉至收集器內。然而，在大規模程序所使用的電解槽中，石墨陽極懸掛於上方，Mo 陰極則放置於槽底，電解槽體是由耐火磚製成。

§2-6-2 電解製取高熔點金屬

熔融鹽電解法所提煉的金屬產品常為液態，但一些高熔點金屬析出時，卻會成為固態，所以常會出現海綿狀或樹枝狀產物，易從陰極脫落而回到熔融物中，因此較難以提煉收集。然而，隨著電結晶原理逐漸釐清，這些困難已可克服，目前已經可以量產鉭（Ta）和鈦（Ti）。

根據狹義的規則，熔點超過 2200°C 的元素才屬於難熔金屬，只包括鈮（Nb）、鉬（Mo）、鉭（Ta）、鎢（W）和錸（Re）五個元素，但更廣義的說法則是所有熔點高於 1850°C 的元素都屬於難熔金屬，因此增加了鈦（Ti）、釩（V）、鉻（Cr）、鋯（Zr）、鉿（Hf）、釕（Ru）、鋨（Os）和銥（Ir）。它們共通的特性是密度大、硬度高和化學活性低，所以常用於製作容器或工具，例如模具鑄造或耐蝕裝置。以下將分別介紹 Ta 和 Ti 的電解提取。

Ta 是一種藍灰色的過渡金屬，熔點為 3017°C，Mohs 硬度為 6.5，抗腐蝕能力強，化學活性低，常與其他金屬形成合金，同時也可取代鉑（Pt）作爲實驗用材料。目前最主要的應用爲電容或電晶體中的介電材料。Ta 在自然界中通常會與化學性質相近的 Nb 一起出現，例如鉭鐵礦和鈮鐵礦。這些礦石經過重力分離後，可先得到含 Ta 量較高的碎粒，再透過 HF 和 H_2SO_4 的溶解，即可從碎石中取出 Ta 和 Nb。接著使用有機溶劑萃取，可將其他金屬雜質去除，再透過 pH 值調整，使不溶於弱酸或鹼的 Nb 化合物被分離，最終可取得成 $Ta(OH)_5$，再煅燒後可形成 Ta_2O_5。

進行電解提取時，將以 Ta_2O_5 爲原料，並在熔融鹽中加入 KCl 和 K_2TaF_7 以提升導電度並降低熔點，其中的 K_2TaF_7 是由 Ta_2O_5 與 KF 混合後製成。盛裝熔融物的是石墨坩堝，此坩堝兼作陽極，陰極則爲 Ni，程序操作在 700～750ºC 下，可達到 80% 的電流效率，且能製得純度 99% 以上的 Ta 粉末，製造每噸 Ta 所消耗的能量約爲 2300 kW·h。此方法中主要的不純物爲 C，來自於陽極生成的 CO，因此改用 $TaCl_5$ 爲原料可以再提高純度，但電解溫度必須增加到 850ºC 以上。

Ti 是銀白色金屬，在週期表中屬於過渡元素，其特性包括密度小、強度高與抗蝕能力佳，因此被稱爲「太空金屬」。在地殼中，Ti 的藏量居所有元素中的第九位，但卻難以提取。Ti 的礦石主要有鈦鐵礦及金紅石，且 Ti 也同時存在於生物體中。最常見的含 Ti 化合物是 TiO_2，可用於製造白色顏料與光觸媒；$TiCl_4$ 可用於製造煙幕；$TiCl_3$ 用於催化聚丙烯的生產。Ti 金屬可和 Fe、Al、V 或 Mo 等其他元素形成高強度的輕合金，以利於應用在交通工具、石油化學製品、海水淡化、造紙、農產品、醫用植入材料、運動用品與電子元件等領域。

提煉 Ti 時，需先將金紅石或鈦鐵礦放進 1000ºC 的流體化床中，用煤焦還原以得到含 Ti 的混合物。接著再通入 Cl_2，可產生含有 $TiCl_4$ 的氣體，再對混合氣體進行分餾後，即可得到純 $TiCl_4$，之後將作爲提煉金屬 Ti 的原料。

在 1910 年，美國化學家 Matthew Hunter 發現一種提煉 Ti 的製程，被稱爲 Hunter 法，在過程中先將 Na 與 $TiCl_4$ 放入鋼製容器中加熱到 700～800ºC，經過兩個階段即可還原出高純度的 Ti，其反應步驟可表示爲：

$$TiCl_4 + 2Na \rightarrow TiCl_2 + 2NaCl \qquad (2.35)$$

$$TiCl_2 + 2Na \rightarrow Ti + 2NaCl \qquad (2.36)$$

（2.35）式在 232ºC 下進行，且會釋放大量的熱；（2.36）式需在 1037ºC 下進行，所以第一步驟的放熱可傳遞給第二步驟使用，以利於生產純 Ti。

後來在 1940 年，冶金學家 William Kroll 發明另一種熱還原法，使用新的儀器和還原劑來提煉 Ti，被稱為 Kroll 法。Kroll 希望能避用鹼金屬來當還原劑，因為這些原料的反應性太高，遇水會爆炸，所以開始時先用 Ca 當還原劑，但卻發現產物中含有較多的氧化物雜質，之後又改用熔化的 Mg 作為還原劑，並以 Mo 包覆不鏽鋼反應器之內層，通入 $TiCl_4$ 後，在 800～850°C 下可以成功地得到高純度的 Ti。其反應可表示為：

$$TiCl_4 + 2Mg \rightarrow Ti + 2MgCl_2 \tag{2.37}$$

反應得到的 Ti 具有海綿狀，但仍有可能包含低價的氯化鈦，將外皮與邊緣切除後，較純的部分會送進粉碎機壓碎，再以高壓將碎粒壓成短棒以送入電弧爐進行真空電弧熔煉（vacuum arc melting）。真空熔煉多次之後，即可得到高純度的 Ti，一般提煉出的 Ti 擁有不鏽鋼的六倍價格。自此之後，Kroll 法逐漸取代 Hunter 法，連帶促進了提煉 Mg 金屬的產業。

進入 1950 年後，電解熔融鹽法開始受到重視，現已成功地開發出電解製造 Ti 的技術。在過程中會以 NaCl 和 KCl 為電解質，首先加熱至 500°C 使之熔化，接著再將 $TiCl_4$ 送入熔融物中，以形成 $TiCl_4^{2-}$ 或 $TiCl_6^{3-}$ 等離子，以便於電解。若直接加熱 $TiCl_4$，則會揮發成氣體而無法電解，因為 $TiCl_4$ 的沸點只有 136°C，必須借助 NaCl 和 KCl 才能成為熔融物。電解後可在陰極得到海綿 Ti，但電流效率僅約 70%，因為還原反應可能不完全，除了得到金屬 Ti 之外，還會出現一些二價或三價的鈦離子，因此 Ti 的電解提煉還有待改進。

§2-6-3 電解製取貴金屬

黃金（Au）、銀（Ag）與鉑族元素（Pt group）由於價格昂貴，通常被統稱為貴金屬（precious metal），鉑族金屬元素除了鉑（Pt）以外，還包括釕（Ru）、銠（Rh）、鈀（Pd）、鋨（Os）和銥（Ir）。這些貴金屬的外表美觀且化學性質穩定，不易與酸或其他物質反應，因此幾乎以單質元素狀態存在於地殼岩層中，而且這些金屬在地殼中的藏量稀少，使其價格斐然。尤其黃金對於全球的金融市場格外重要，因爲各國貨幣都與其黃金存量連結，是公認的交易和保值工具，因而使貴金屬的提煉成爲重要的工業。

雖然從礦石中取得的貴金屬已經是單質元素，但純度仍不足，因此需要精煉。以下將介紹 Ag 和 Au 的電解精煉程序。

Ag 是一種質軟且具光澤的金屬，其導電率、導熱率和反射率在所有金屬中皆居第一，延展性僅次於 Au。Ag 在自然界中能以單質狀態存在，也可與 Au 或其他金屬形成合金，但多數會形成硫化物與氯化物，前者對應的礦石稱爲輝銀礦（argentite，Ag_2S），後者則爲角銀礦（cerargyrite，AgCl）。由於 Ag 比 Au 的藏量更豐富，在以前的時代常被用作貨幣，此外 Ag 還可用於製造電子元件、珠寶、餐具、鏡子、工業催化劑、化學分析與醫療器材。

電解精煉 Ag 的工業早在 1885 年就已建立，當時是以硝酸銀（$AgNO_3$）作爲電解原料。今日的精煉原料則多來自於精煉 Cu、Pb 和 Zn 後所留下的的陽極泥，這些陽極泥經過前處理後，可使 Au 含量降至 1/3 以下，而成爲粗 Ag。之後，再以粗 Ag 作爲陽極，純 Ag 或不鏽鋼等金屬作爲陰極，置入 HNO_3 與 $AgNO_3$ 的混合溶液中，以直流電進行電解。電解時，其原理相同於電解精煉 Cu，在理想的狀態下，陰極只有 Ag 析出，在陽極主要發生 Ag 溶解，其反應可分別表示爲：

$$Ag^+ + e^- \rightarrow Ag \tag{2.38}$$

$$Ag \rightarrow Ag^+ + e^- \tag{2.39}$$

因爲一些標準電位比 Ag 負的雜質金屬雖然也會氧化成離子，但卻不會在陰極析出，這類雜質包括 Zn、Fe、Sn、Pb 與 Cu 等。但當此類雜質在陽極中的含量偏高時，則會降低精煉的品質。其中影響最大者爲 Cu，因爲粗 Ag 中的雜質通常以 Cu 占最多。當 Cu 形成離子後，電解液開始變成藍色，可以直接辨識。Cu^{2+} 的標準還原電位爲 0.337 V，Ag^+ 則爲 0.799 V，所以兩者濃度相同時幾乎不會析出 Cu，但電解液中的 Ag^+ 被大量消耗且 Cu^{2+} 一直累積後，若 Cu^{2+} 的濃度達到 Ag^+ 的兩倍時，Cu 與 Ag 將會共同析出，使產物品質與電流效率皆降低。再者，Cu^{2+} 也可能只還原成亞銅離子（Cu^+）：

$$Cu^{2+} + e^- \rightarrow Cu^+ \tag{2.40}$$

此反應的標準電位為 0.521 V。雖然（2.40）式只會降低電流效率而不致直接汙染析出之 Ag，但所生成的 Cu^+ 還會進一步發生歧化反應：

$$2Cu^+ \rightarrow Cu^{2+} + Cu \tag{2.41}$$

所形成的 Cu 粉仍然會間接地汙染欲精煉的 Ag。對於 Cu 的潛在汙染，解決之道是定期更換 Cu 含量升高的溶液，或補充 $AgNO_3$ 以維持 Ag^+ 的濃度。

除了 Cu 以外，Pb 與 Sn 的標準電位也比 Ag 負，但這兩者易水解形成氧化物或氫氧化物，將會落入陽極泥中，但也有可能沾附於陽極表面而導致鈍化作用。對於標準電位比 Ag 正的金屬，例如 Au 和 Pt，則不易從陽極溶解，這類金屬在精煉過程中，不是滯留於陽極，就是落入陽極泥中；但對於標準電位接近 Ag 的 Pd，常成為精煉產品中的主要雜質。

電解精煉 Ag 常用的裝置為直立式電解槽，其專利是由 Moebius 於 1884 年提出，故也常被稱為 Moebius 槽（如圖 2-8）。後人則提出許多新的設計，包括水平式電解槽與旋轉圓柱電解槽，其中水平放置電極者稱為 Balbach-Thum 槽（如圖 2-8）。Moebius 槽的主體是由塑膠內襯的混凝土材料製成，陰極和陽極皆懸掛在集流棒的下方，常採取單極式接線，以準確控制電壓。電解液則維持循環操作，以泵抽送，流量約為 0.5～2.0 L/min。電解時的操作溫度約介於 30～50ºC，施加電壓約為 1.5～2.5 V，電流效率可達 92～97%，Ag 析出迅速，必須定期更換陰極，或原位刮除 Ag 粉，藉由輸送帶移至槽外乾燥，再鑄成 Ag 錠。懸掛的陽極則以隔膜袋包覆，稱為陽極袋（anode bag）。電解時會有陽極泥落於袋底可供回收，稱為一次黑金粉，其中大致含有 50% 以上的 Au。這些回收的粉末將與殘餘的陽極材料共同熔鑄成新的電極，並再送回電解槽進行反應，反應後收集的陽極泥經乾燥後可成為二次黑金粉，此時的粉末中已具有較高的 Au 含量，可能超過 90%，所以後續會送至精煉 Au 的工廠。

使用 Balbach-Thum 槽時，陽極可以全部用盡，但陰極的析出物需以人工方式取出，且兩極的間距較大，需要較高的施加電壓，所得到的電流密度較小，優點是共鍍物也較少。也因為電極採取水平放置，Balbach-Thum 槽的占地面積比 Moebius 槽大五倍以上，槽中容納的電解液較多，致使雜質的濃度較低。但經綜合比較後，仍以 Moebius 槽較具優勢。後續興起的旋轉圓柱電解槽（如圖 2-9）則擁有易於刮除 Ag 產物的優點，因為陰極持續旋轉，刮刀只需靜置即可移除析出的 Ag。然而，旋轉電極所需之轉動機械與維持電接觸的電刷皆屬於耗材，會增加維護成本，而且轉速過快時，陽極泥會受到攪動而接觸 Ag 產物，或雜質離子的質傳速率被提升後容易析出於陰極表面。若在兩極之間加入陽離子交換膜（cation exchange membrane）則可避免兩極的產物互相接觸，但此薄膜的成本高，必須考量其經濟效益。

電解精煉 Au 的原料可以來自金礦開採後所提取的粗 Au，也可來自於精煉 Ag 之後得到的二次黑金粉。開採出的金礦經粉碎後，先以氰化鈉（NaCN）溶液浸泡礦石，以反應成氰化物，之後再用 Zn 還原成純 Au，其步驟如下：

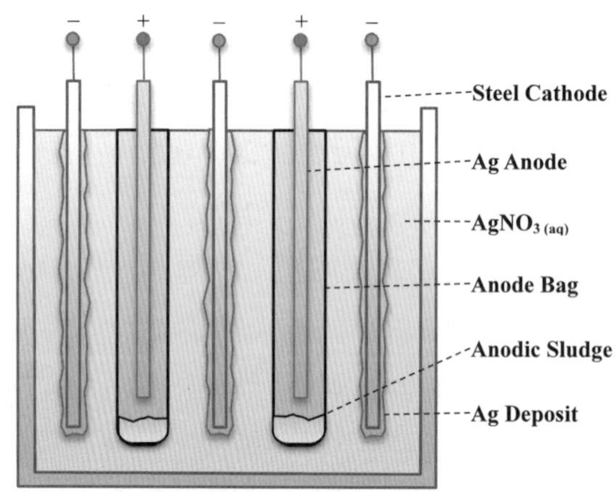

Moebius Cell

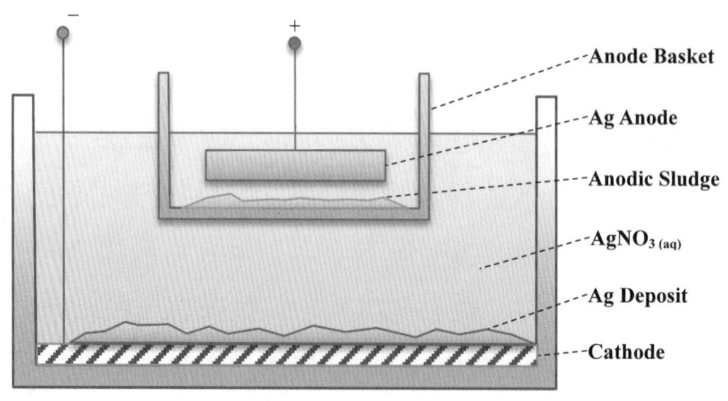

Balbach-Thum Cell

圖 2-8　Moebius 槽和 Balbach-Thum 槽

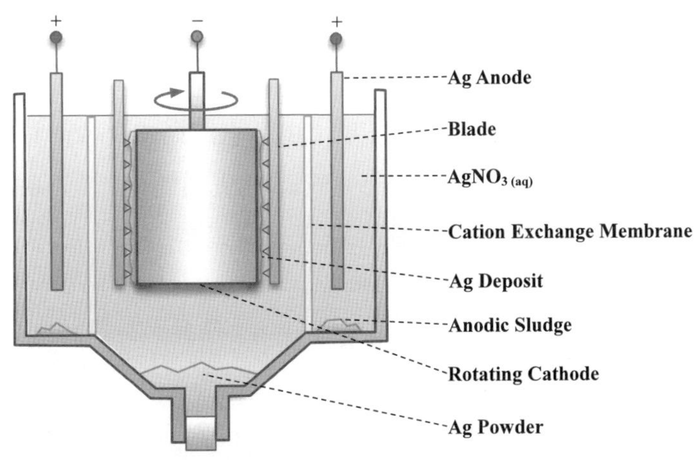

圖 2-9　旋轉圓柱電解槽

$$4Au + 8NaCN + O_2 + 2H_2O \rightarrow 4NaAu(CN)_2 + 4NaOH \quad (2.42)$$

$$2NaAu(CN)_2 + Zn \rightarrow 2Au + Na_2Zn(CN)_4 \quad (2.43)$$

這些粗 Au 中 Au 含量已達 90% 以上，在精煉時將作為陽極，而陰極則為純 Au。配合精煉的電解液是由Au的錯離子與強酸配製而成，可分為氯錯合物與氰錯合物兩類。

Au 雖然屬於貴金屬，但它仍可形成多種化合物，因為 Au 的價數可從 –1 到 +5 之間變化。例如 Au 與硫醇形成的錯離子屬於一價，而前述的氰化法提取時會產生 $Au(CN)_2^-$ 錯離子也屬於一價；當 Au 溶解於王水後，將會形成 $AuCl_4^-$ 離子，其中的 Au 為三價，其反應可表示為：

$$Au + HNO_3 + 4HCl \rightarrow HAuCl_4 + NO + 2H_2O \quad (2.44)$$

其中 $HAuCl_4$ 稱為氯金酸，在水中可以完全解離成 $AuCl_4^-$ 離子，且 $AuCl_4^-$ 的穩定常數高達 2×10^{21}，可以安定地存在於 HCl 溶液中。在精鍊時，陰極將會析出 Au：

$$AuCl_4^- + 3e^- \rightarrow Au + 4Cl^- \quad (2.45)$$

陽極的主要反應則為 Au 溶解成為錯離子：

$$Au + 4Cl^- \rightarrow AuCl_4^- + 3e^- \quad (2.46)$$

此反應的標準電位爲 1.0 V。因爲 Cl^- 氧化成 Cl_2 的電位爲 1.36 V，所以陽極不傾向生成 Cl_2，而且在 Au 電極上產生 O_2 的過電壓較高，使陽極也不傾向生成 O_2。然而，Au 的一價狀態亦相對穩定，所以也可能溶解成一價錯離子：

$$Au + 2Cl^- \rightarrow AuCl_2^- + e^- \quad (2.47)$$

這些 $AuCl_2^-$ 雖然也會在陰極還原成 Au，但若在陽極區發生歧化反應，將可能產生固態的 Au 微粒而落入陽極泥中，導致原料損失。

在陽極的粗 Au 內，常含有 Cu、Pb、Ag 或 Pt 族元素，其中前三者在電解時會從陽極溶出，但因爲標準電位負於 Au，所以不會在陰極析出，除非它們在溶液中累積到足夠高的濃度，且當濃度足夠高時，Ag 和 Pb 都會形成氯化物而沉澱，不致汙染精鍊的 Au，但仍需注意氯化物也可能附著在陽極上而形成鈍化膜，使歐姆電壓增大，降低能量效率，或使陽極容易生成 Cl_2，繼而降低電流效率，因此定期更換電解液可以避免此類汙染。對於 Ru、Rh、Pd 與 Pt 等金屬，前兩者的含量通常很低，也不致影響 Au 的品質，但後兩者的標準電位分別爲 0.915 V 和 1.20 V，離子濃度夠高時將會於陰極析出。

由於粗金中含量最多的雜質是 Cu 和 Ag，所以電解精煉後留下的陽極泥將會含有 90% 以上的 AgCl，可以將其熔鑄後送至 Ag 的精鍊槽中使用，以回收 Ag。電解廢液中最有價值的成分是鈀離子和鉑離子，以及尚未還原的金離子，可先使用 Zn 粉來置換出 Au，再從廢液中設法回收 Pd 和 Pt，以達到最高的經濟效益。

電解精煉 Au 的電解槽需以耐酸性的陶瓷材料或 PVC 材料製成，電極常以懸掛的方式直立於電解液中，採取單極式通電，以準確控制電壓。待陰極析出的 Au 達到一定厚度，即可更換新的電極。如同精鍊 Ag 時，陽極亦以陽極袋包覆，所以袋內會沉積含有高比例 Ag 化合物的陽極泥。

操作電解時，必須控制電流密度。當電流密度較高時，可避免陽極鈍化，因爲此時的陽極會產生 Cl_2，將衝擊已存在的 AgCl 膜，使之脫離粗 Au，但長期生成 Cl_2 對精煉程序並非助益，因此還需適時降低電流密度。一般精煉的操作溫度爲 30～50°C，所需電壓爲 0.3～0.4 V，但也常使用低頻的交流電來進行電解，藉由極性切換，可有效避免陽極鈍化，使電流效率達到 95%，所得 Au 之純度超過 99.95%。

§2-7　總結

人類使用金屬的歷史非常悠久，除了將金屬製作成工具，也使用金屬創作裝飾品，更利用金屬作爲交易貨幣。然而，在自然界中的金屬擁有各種形式和不同的藏量，必須透過冶金工程才能取得可利用的金屬材料。除了電化學方法之外，還有火法冶金等各種提煉技術，在經濟效益的基準上相互競爭。冶金工業發展至今，已經固定採用熔融鹽電解法提取的金屬包括 Al、Na、Li、Mg 等高活性金屬，採取水溶液電解提取的金屬則爲 Zn 和 Cu；若欲純化從礦石初步提取的金屬，所有金屬皆需進行電解精煉。因此，電化學在冶金工程中已占據了不可或缺的地位，未來的發展主要包括電解槽的設計、電極材料的選擇和操作條件的調整，其原理可參考第一章的內容。

參考文獻

[1] A.C.West, *Electrochemistry and Electrochemical Engineering: An Introduction*, Columbia University, New York, 2012.

[2] A.J.Bard and L.R.Faulkner, *Electrochemical Methods: Fundamentals and Applications*, Wiley, 2001.

[3] A.J.Bard, G.Inzelt and F.Scholz, *Electrochemical Dictionary*, 2nd ed., Springer-Verlag, Berlin Heidelberg, 2012.

[4] D.Pletcher and F.C.Walsh, *Industrial Electrochemistry*, 2nd ed., Blackie Academic & Professional, 1993.

[5] D.Pletcher, *A First Course in Electrode Processes*, RSC Publishing, Cambridge, United Kingdom, 2009.

[6] D.Pletcher, Z.-Q.Tian and D.E.Williams, *Developments in Electrochemistry*, John Wiley & Sons, Ltd., 2014.

[7] G.Kreysa, K.-I.Ota and R.F.Savinell, *Encyclopedia of Applied Electrochemistry*, Springer

Science+Business Media, New York, 2014.

[8] G.Prentice, *Electrochemical Engineering Principles*, Prentice Hall, Upper Saddle River, NJ, 1990.

[9] H.Hamann, A.Hamnett and W.Vielstich, *Electrochemistry*, 2nd ed., Wiley-VCH, Weinheim, Germany, 2007.

[10] H.Wendt and G.Kreysa, *Electrochemical Engineering*, Springer-Verlag, Berlin Heidelberg GmbH, 1999.

[11] J.Koryta, J.Dvorak and L.Kavan, *Principles of Electrochemistry*, 2nd ed., John Wiley & Sons, Ltd.1993.

[12] J.Newman and K.E.Thomas-Alyea, *Electrochemical Systems*, 3rd ed., John Wiley & Sons, Inc., 2004.

[13] S.N.Lvov, *Introduction to Electrochemical Science and Engineering*, Taylor & Francis Group, LLC, 2015.

[14] V.S.Bagotsky, *Fundamentals of Electrochemistry*, 2nd ed., John Wiley & Sons, Inc., Hoboken, NJ, 2006.

[15] W.Plieth, *Electrochemistry for Materials Science*, Elsevier, 2008.

[16] 田福助，電化學－理論與應用，高立出版社，2004。

[17] 吳輝煌，電化學工程基礎，化學工業出版社，2008。

[18] 郁仁貽，實用理論電化學，徐氏文教基金會，1996。

[19] 唐長斌、薛娟琴，冶金電化學原理，冶金工業出版社，2013。

[20] 陳利生、余宇楠，溼法冶金：電解技術，冶金工業出版社，2011。

[21] 陳治良，電鍍合金技術及應用，化學工業出版社，2016。

[22] 楊綺琴、方北龍、童葉翔，應用電化學，第二版，中山大學出版社，2004。

[23] 謝德明、童少平、樓白楊，工業電化學基礎，化學工業出版社，2009。

第三章
電化學應用於化學工業

§3-1　鹼氯製造

§3-2　氟氣製造

§3-3　氫氣製造

§3-4　無機化合物製造

§3-5　有機化合物製造

§3-6　總結

在電化學的發展史中曾提及，Alessandro Volta 使用了 Cu 和 Zn 製作出史上第一個連續產生電流的裝置，稱為伏打電池，之後的科學家隨即採用電池來探討電流對物質的影響，例如 William Nicholson 和 Anthony Carlisle 使用電堆來電解水，Humphry Davy 進行了 K 和 Na 的電解製備，後續還發現了 Ba、Sr、Ca、B 等元素，是史上發現最多元素的化學家。另在第二章中，已經介紹過透過電解法提煉高純度金屬的技術，例如法國人 Paul Héroult 和美國人 Charles Hall 各自研究了電解製備純 Al 的方法，被後世稱為 Hall-Héroult 法，而 Hall 所成立的美國鋁業公司至今仍是美國最成功的企業之一。

除了金屬工業以外，電解法也被用於生產其他無機化學品，例如在 1851 年，英國的 Charles Watt 提出電解食鹽水的專利，可製取氯氣（Cl_2）與氫氧化鈉（NaOH），後至 1892 年，美國的 Hamilton Castner 和奧地利的 Karl Kellner 各自提出以水銀（Hg）電解食鹽水的技術，促使歐洲和美國興建鹼氯工廠，開始大量生產 Cl_2 與 NaOH。進入 20 世紀後，鹼氯工業的規模持續擴大，其耗電量已超過全球發電量的 1%，也成為電化學工業中的成功案例。在 1898 年，德國化學家 Fritz Haber 進行了電解製造有機化合物的研究，他發現調整電極的電位可以控制產物的化學組成，成功地電解還原硝基苯而得到苯胺。因此，在本章中將依序介紹數種電解製造化學品的方法，其內容將涵蓋氣體、無機化合物、有機化合物和高分子。

§3-1　鹼氯製造

鹼氯工業（chlor-alkali industry）是電化學技術中最重要的應用之一，藉由鹽水的電解，即可大量地生產氯氣（Cl_2）與氫氧化鈉（NaOH），以作為其他化學品的製造原料，例如聚氯乙烯（polyvinyl chloride，簡稱 PVC）等。估計全球每年約有五億噸的 Cl_2 被生產，但因透過電解法，也有 15 GW 的電能被消耗，超過全球每年發電量的 1%，顯示鹼氯工業的規模龐大。

當氯化鈉（NaCl）溶液被電解時，其總反應可表示為：

$$2NaCl + 2H_2O \rightarrow 2NaOH + Cl_2 + H_2 \qquad (3.1)$$

所以除了主產物 NaOH 和 Cl_2 之外，也可得到副產品 H_2。H_2 是常用的化學工業原料，也是未來能源的優良選擇。執行 NaCl 溶液電解時，可選擇簡易的電解槽，如圖 3-1 所示。常用的陽極材料爲石墨，在其表面可能會發生以下兩種反應：

$$Cl^- \rightarrow \frac{1}{2}Cl_2 + e^- \tag{3.2}$$

$$H_2O \rightarrow 2H^+ + \frac{1}{2}O_2 + 2e^- \tag{3.3}$$

已知（3.2）式和（3.3）式的標準電位分別爲 1.36 V 和 1.23 V，但在中性溶液中，（3.3）式的電位將成爲 0.816 V，負於（3.2）式的電極電位，所以逐漸提高外加電壓時，理論上（3.3）式會先發生。另一方面，在陰極表面，可能會發生以下兩種反應：

$$Na^+ + e^- \rightarrow Na \tag{3.4}$$

$$2H^+ + 2e^- \rightarrow H_2 \tag{3.5}$$

相似地，在中性溶液中，（3.4）式的電極電位爲 – 0.414 V，正於（3.5）式的 –2.714 V，所以逐漸提高外加電壓時，理論上（3.5）式會先發生。然而，上述的陰陽半反應僅採取一般性推測，未考慮電極材料的因素。當某種特定電極被使用時，可能使某個半反應的過電壓大幅增高而難以進行，繼而改變產物的組成。過電壓是指電極反應產生特定電流密度所需之電壓，亦即達到特定反應速率所需之電壓，過電壓愈高，代表反應愈難發生。

再者，對於圖 3-1 所示的簡易電解槽，若不引導兩極的產物排出，則有可能發生二次反應。二次反應包括 Cl_2 和 H_2 在槽內的相對擴散，繼而形成 HCl；或 OH^- 遷移至陽極區，與 Cl_2 反應成次氯酸（HClO）：

$$H_2 + Cl_2 \rightarrow 2HCl \tag{3.6}$$

$$Cl_2 + OH^- \rightarrow HClO + Cl^- \tag{3.7}$$

這些二次產物的出現，代表了主產物 Cl_2 和 OH^- 的減少，對生產程序極爲不利。相似的現象也發生在早期的 Zn-Cu 電池中，當電解液中的 Cu^{2+} 擴散至陽極區，則有可能直接與 Zn 電極反應，並還原成 Cu 而附著在電極上，雖然此寄生反應與 Zn-Cu 電池的總反應相同，但寄生反應並不向外輸出電子，無法將化學能轉爲電能以供使用，而且還會不斷消耗反應物，致使電池效率降低。當時爲了解決寄生反應的問題，曾使用素陶隔板將電解液分成陽極室和陰極室，兩極的電解液可以穿越多孔的素陶隔板，使電流仍能在電解液中導通。在鹽水的電解中，處理二次反應的方法類似，也可以置入隔離膜，以分開陽極產物 Cl_2 和陰極產物 OH^-，已經開發出的技術包括隔膜法（diaphragm process）與薄膜法（membrane process）。此外，還可以更換電極材料，分成兩個階段依序生成 Cl_2 和 OH^-，如此也可避免兩者接觸而發生二次反應，已開發出的技術爲汞齊法（amalgam process）。以下將分節敘述這三類方法，且在本節之末，還將介紹熔融食鹽的電解，透過此法也可以製造 Cl_2。

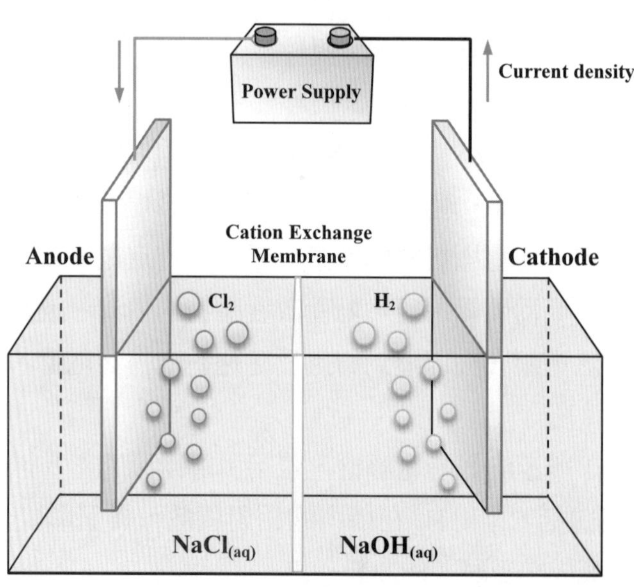

圖 3-1　簡易的鹽水電解槽

§3-1-1 汞齊法

汞齊（amalgam）也稱爲軟銀，是其他金屬與汞（Hg）形成的合金，若在合金中 Hg 占的比例較高，則汞齊呈現液態。除了少數如鐵（Fe）、鎢（W）或鉑（Pt）等金屬不溶於 Hg，其他大多數金屬都能形成汞齊。因此，當鹽水電解槽中的陰極更換爲 Hg 後，（3.5）式的過電壓將會增大許多，反而使得（3.4）式占優勢，在電解時率先還原出 Na，繼而形成鈉汞齊：

$$Na^{+} + Hg + e^{-} \rightarrow NaHg \tag{3.8}$$

對應的氧化反應爲（3.2）式，常用的陽極爲石墨，因爲其他金屬陽極可能價格較高或對 Cl_2 生成的過電壓較高。此外，爲了得到 NaOH，電解產生的 NaHg 將會送至解汞槽（denuder），同時也會注水至此槽。由於解汞槽內還填充了含有過渡金屬的石墨球，可催化 Hg 的分解，以得到 NaOH：

$$2NaHg + H_2O \rightarrow 2Hg + H_2 + 2NaOH \tag{3.9}$$

由於在 Hg 上，還原成 H_2 的過電壓較大，所以石墨球中的過渡金屬可提供催化 H_2 還原的活性表面，並促使 Na 氧化而離開 Hg，Na 氧化後可形成濃度達到 50 wt% 的 NaOH。之後，NaOH 溶液被送入蒸發器去除水分，由於此時濃度已經夠高，所需熱量較少，純化產品的成本較低。由於（3.9）式屬於放熱反應，所生成的熱量可用於蒸發水分，也可回饋至電解槽以提升反應速率。另一方面，在解汞槽中分離出的 Hg，可再送回主電解槽，以利於後續電解。在汞齊法的主電解槽內，雖然以 Na 的還原反應爲主，但仍有可能生成 H_2，使電流效率約爲 92～95%。特別當 NaHg 滯留不前時，可能會自分解成 Na 和 Hg，導致 H_2 生成；且當解汞槽的反應不完全時，送回主電解槽的 Hg 中仍會含有 Na，也會影響後續電解。再者，電解槽內的溫度若升高到 60ºC 以上，Hg 上生成 H_2 的過電壓將會降低，進而減少電流效率。爲了避免 NaHg 的停滯現象，可將電解槽設計成傾斜式或旋轉式，以輔助液體流動；爲了促進 H_2 和 Hg 的分離，解汞槽還可設計成塔式，圖 3-2 即顯示了傾斜式電解槽與塔式解汞槽的組合。在鹼氯工業的發展中，也曾使用 Castner 槽與 Solvay 槽。前者是將反應槽分成三室，解汞室位於中間，電解室位於兩端，透過裝置輪流向一端傾斜，可將高側電解室產生的 NaHg 送入解汞室，再送至低側電解室；後者則是將長型電解室與解汞室並排，再以幫浦抽動 Hg，使其循環使用，此類設計經過改良後，即可成為圖 3-2 所示之裝置。

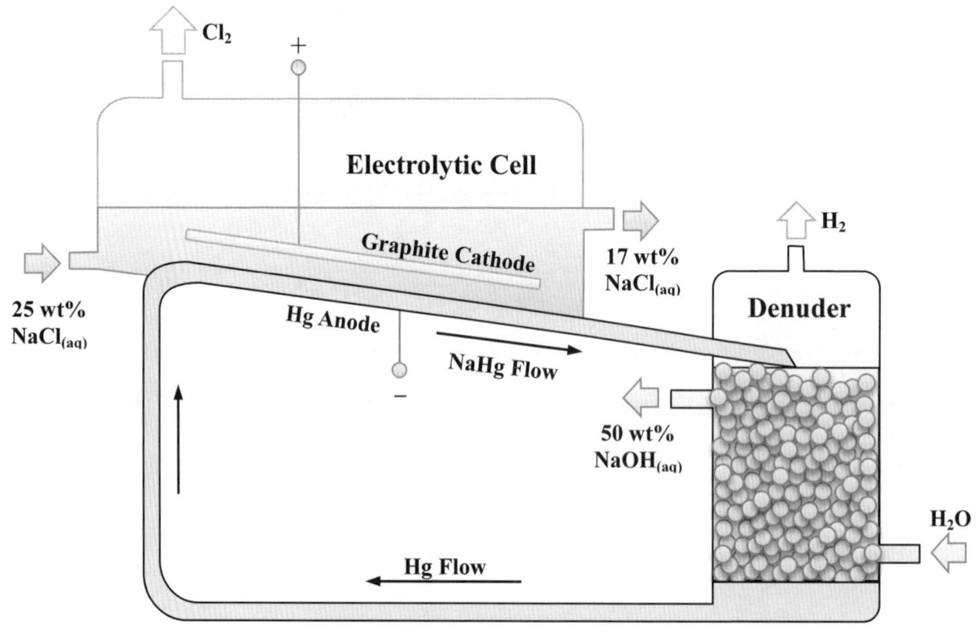

圖 3-2　採用汞齊法之傾斜式電解槽與塔式解汞槽

§ 3-1-2 隔膜法

到了 1950 年代，Hg 對於環境的危害已經引起注意，促使研究者構思取代汞齊法的方案，首先被提出的替換方案稱為隔膜法，隔膜的作用主要在於分開 Cl_2 和 H_2。初期採用的隔膜材料為石棉（asbestos），屬於矽酸鹽類物質，具有多孔性，後期則改用高分子材料替代。

如圖 3-3 所示，在隔膜法的電解槽中，陽極板置於中間，主要由鍍上觸媒層的鈦（Ti）構成，陰極板則置於兩側，常以鋼網沉積上石棉層而組成。操作時，鹽水從兩極之間注入，可在陽極板上生成 Cl_2，在陰極鋼網上形成 H_2，兩種氣體將被石棉層隔開。至於陰極上所生成的 NaOH，則會被石棉層吸收，所以不會移動到陽極區，但是 Cl^- 也可進入石棉層，使收集的 NaOH 結晶物中包含較多 NaCl。再者，陰極生成的 OH^- 不能累積過多，若 NaOH 超過約 12 wt% 後，OH^- 仍然會受到擴散與遷移的作用而移至陽極區。此限制代表了 NaOH 溶液必須經過蒸發程序，才能有效提升濃度，但最終仍會殘存 1 wt% 的 NaCl。若鹽水溶液來自海水，則電解後還可能產生 $Ca(OH)_2$ 或 $Mg(OH)_2$ 的沉澱物，易堵塞石棉層的部分孔洞，使石棉層的歐姆電壓上升，消耗更多能源。

相較於汞齊法，隔膜法所需的蒸發成本較高，且產品純度較低。然而，從生產單位質量之 NaOH 所需電能來評估，汞齊法約高出隔膜法 25%，且因無需 Hg，使材料成本較低，所以兩種方法皆具有競爭性。

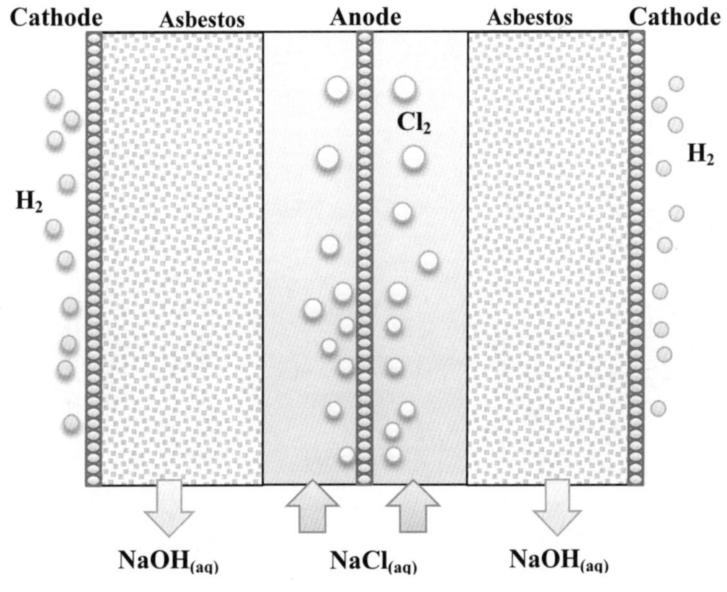

圖 3-3　採用隔膜法之電解槽

§3-1-3 薄膜法

到了 1970 年代，一種只允許陽離子通過的交換膜（cation exchange membrane）被開發出，可取代傳統的石棉隔膜而分開陽極室與陰極室。陽離子交換膜通常是由高分子材料構成，在其孔洞中，有被固定的陰離子基團和可移動的陽離子，因此允許陽離子通過，但會抗拒陰離子穿越。理論上，Cl^- 無法穿越陽離子交換膜，所以在陰極區可以生產出高濃度的 NaOH。然而，在實用中，薄膜仍會讓少量的 OH^- 進入陽極室，使 NaOH 的濃度略低於汞齊法，但仍高於隔膜法。

採用薄膜法的電解槽常被設計成板框式（plate and frame cell），以利於模組化與擴大生產規模。板框式電解槽可使用單極式連接或雙極式連接，其基本架構如圖 3-4 所示。在一個板框單元內，有一絕緣隔板將空間區分爲陽極室與陰極室，兩室各有原料從下方進入，再從上方排出，流動方向與氣泡上浮方向相同，有助於導引 Cl_2 和 H_2 離開反應器。兩個板框單元透過一片離子交換膜相接，使第一個板框單元的陽極室與第二個板框單元的陰極室共同組成一個電解槽，而後續可用更多的板框單元來增加電解槽數量。由於陰極與陽極可以幾乎緊貼著陽離子交換膜而不短路，所以歐姆電壓可顯著降低，使操作電壓得以壓低至 2.7 V。

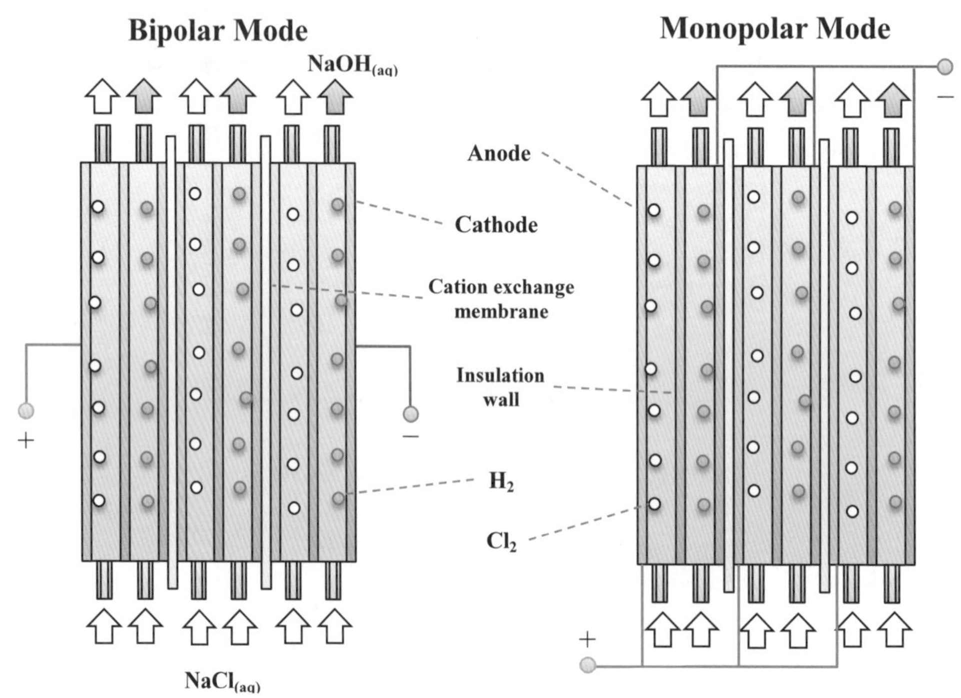

圖 3-4　採用薄膜法的電解槽

綜合比較上述三種鹼氯製造法，如表 3-1 所示。從中可發現三者皆能得到純度超過 99% 的 H_2，也可得到純度超過 98% 的 Cl_2，Cl_2 中的不純物通常是少許 O_2，以隔膜法中的含氧量較高。在生產 NaOH 的方面，汞齊法可以直接得到 50 wt% 的高濃度，無需再蒸發，但隔膜法與薄膜法的產率較低，因爲所得 NaOH 之濃度不夠高，隔膜法僅能到達 12 wt%，薄膜法僅達 35 wt%，若加入蒸發程序後，隔膜法的產量將與汞齊法相當，唯有 NaOH 溶液中的含氯量稍高，有可能到達 1 wt% 的等級，在某些 NaOH 的應用中不能被接受。

若從操作條件來比較，汞齊法所需電壓較高，因爲電解室的陰極反應不同，所以初步電解所消耗的能量以汞齊法最多。但考慮以 50 wt% 的 NaOH 作爲目標產品時，由於汞齊法無需蒸發程序，而隔膜法必須從 12 wt% 濃縮至 50 wt%，致使隔膜法的總能量消耗成爲其中的最高者。若從廠房設施的角度來比較，隔膜法的成本與占地面積最少，所以在相同基準下，可以生產最多的 NaOH；薄膜法則由於生產規模較小，在技術尚無重大突破前，其產率和產量很難與另兩種方法相比，再加上陽離子交換膜的限制，必須先行純化鹽水才能穩定生產，使其生產條件更嚴格，但由於薄膜法對環境友善，依然值得繼續開發。

因此，電解鹽水的未來發展將會著重在薄膜法的改進。雖然薄膜法所需電壓已經是三種方法中的最低者，但透過不溶性陽極（dimensionally stable anode，簡稱 DSA）的表面改質，或陰極上的觸媒改良，還可再降低外加電壓。在陽離子交換膜的改良上，可採用雙層膜結構，一側使用具有磺酸基的全氟聚合物，成爲強酸型交換膜，其中的 NaOH 濃度不能超過 20%，但另一側則使用帶有羧基的聚合物，成爲弱酸型交換膜，允許 NaOH 濃度超過 40%，可藉以提高 NaOH 的有效產量。在電解槽的結構上，將朝向兩極無間距的目標開發，如此可繼續縮減歐姆電壓，且在電路連接上會朝雙極式改進，以簡化線路的設計。

表 3-1　鹼氯工業電解技術比較

技術	汞齊法	隔膜法	薄膜法
系統結構	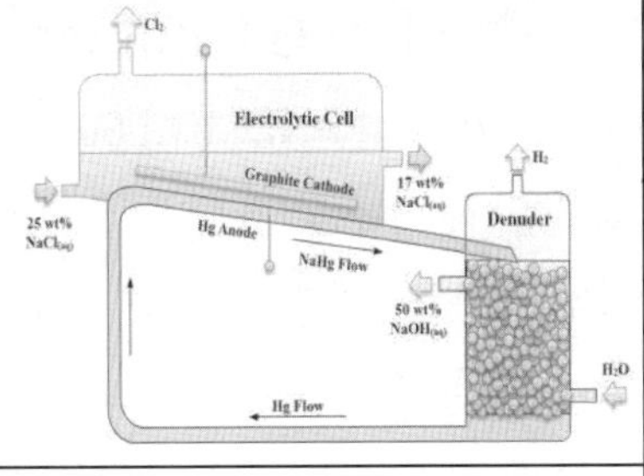	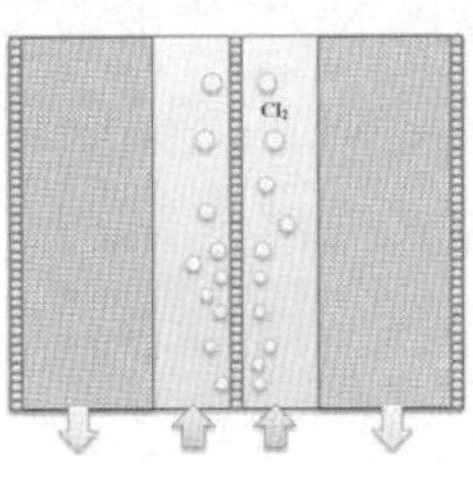	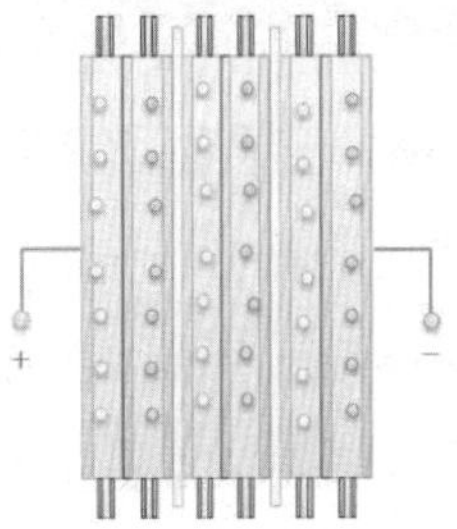
施加電壓	4.4 V	3.5 V	2.7 V

技術	汞齊法	隔膜法	薄膜法
電流效率	97%	96%	98.5%
能量消耗 電解槽	3150 kW·h	2550 kW·h	2400 kW·h
能量消耗 電解槽＋ 濃縮 NaOH 至 50 wt%	3150 kW·h	3260 kW·h	2520 kW·h
Cl_2 純度	99%	98%	99%
H_2 純度	99.9%	99.9%	99.9%
濃縮前的 NaOH 濃度	50 wt%	12 wt%	35 wt%

§ 3-1-4 熔融法

如同提煉 Al 或 Mg 金屬，NaCl 晶體受熱熔融後，也可加以電解分離其中的 Na 和 Cl。電解時，常用的陽極爲石墨，陰極爲鋼，兩者的反應分別爲：

$$Cl^- \rightarrow \frac{1}{2}Cl_2 + e^- \quad (3.10)$$

$$Na^+ + e^- \rightarrow Na \quad (3.11)$$

因此在陽極上可得到純 Cl_2，陰極可得到 Na 金屬。由於熔融鹽中不含 H_2O，所以陽極所得到的 Cl_2 具有近乎 100% 之純度，但 NaCl 的熔點高達 806°C，欲進行熔融鹽電解，必須消耗很多能量，不一定具有經濟效益。然而，從生產金屬 Na 的角度，此方案則有必要性。與熔融 NaCl 電解競爭的方法還包括熔融 NaOH 電解與熔融 NaCl/$CaCl_2$ 混合物之電解，NaOH 的熔點只有 318°C，40 wt% NaCl 和 60 wt% $CaCl_2$ 混合物之熔點介於 600～650°C，都比 NaCl 的熔點低。且 Na 的沸點爲 877°C，接近 NaCl 的熔點，所以 Na 被還原後，可能會有不少比例蒸發成氣態而損失，並且導致危險，因此純 NaCl 晶體的熔融鹽電解法已不在工業生產的考量中。

再者，NaOH 的熔點雖低，但電解時的電流效率僅有 50%，因爲陽極反應後會

產生 H_2O，H_2O 會與 Na 反應，也會競爭陰極反應，致使電流效率下降；熔融 NaCl 之電解則無 H_2O 參與，所以電流效率可達到 80%。目前工業製 Na 主要採用 NaCl/$CaCl_2$ 混合物之熔融電解法，因爲其電流效率可達 85%，電解溫度低於純 NaCl，常用的裝置爲 Downs 電解槽，如圖 3-5 所示。電解過程中，由於 Ca 的還原電位（– 2.76 V vs.SHE）負於 Na 的還原電位（– 2.71 V vs.SHE），所以 Na 會首先還原在陰極上，但當 Na^+ 消耗殆盡後，Ca 就會還原。鐵製的隔板將電解槽分成中央的陽極室與外圍的陰極室，Cl_2 生成後會上浮至反應器的中央以便於收集，Na 被還原後，也因爲密度低於熔融物，亦會上浮至液面而利於取出。考慮過電位與歐姆電壓等因素，一般會將操作電壓設定在 6～8 V 之間，所生成的焦耳熱可以用於維持電解槽的溫度。熔融電解法在工業應用中雖然也可生產 Cl_2，但其產量相對於鹽水電解仍顯得稀少。

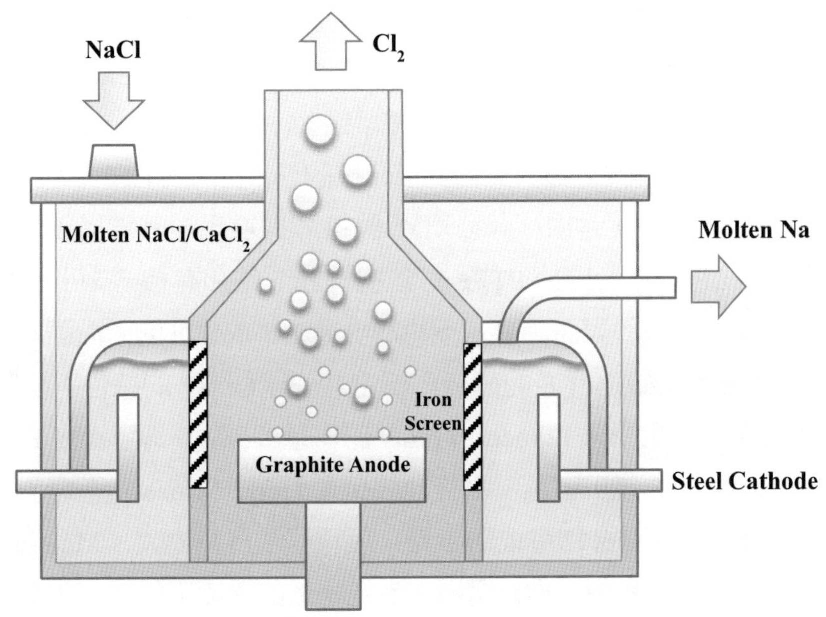

圖 3-5　NaCl 熔融鹽電解槽

§3-2 氟氣製造

在化學工業中，有許多製程需要使用氟氣（F_2），但自然界中的氟（F）幾乎都以化合物的型態穩定存在，因此欲製造 F_2，只能使用電解法。電解製氟的方法早在 19 世紀即已由 Henri Moissan 探討過，但當時並無工業需求，僅止於實驗室的化學研究。直到 20 世紀，各種氟化物開始被應用，使電解製氟成爲一種有市場需求的化學工業。美國自 1946 年起，積極投入核子工業，在分離同位素 ^{235}U 和 ^{238}U 時，必須透過兩種 UF_6 的擴散差異性，所以需要大量的 F_2 來與鈾礦反應，以製成 UF_6，但全世界的核子工業規模顯然小於其他產業。其他應用到 F_2 的化工產品還包括六氟化硫（SF_6）和聚四氟乙烯（polytetrafluoroethylene，簡稱 PTFE）等高分子。SF_6 是一種無色、無味、無毒且不可燃的氣體，分子結構屬於八面體，不具極性，常用於製成致冷劑或配電設施的絕緣材料，但它也屬於溫室氣體，其效應是 CO_2 的 22800 倍。自半導體工業興盛之後，SF_6 也被用作乾式電漿蝕刻（plasma etching）的氣體原料，而氫氟酸（HF）與其衍伸物也被大量用於氧化矽的溼式蝕刻。PTFE 的註冊商標名爲 Teflon®，常翻譯爲鐵氟龍，是由杜邦公司於 1938 年開發出，其結構類似聚乙烯，但分子中所有的 H 被 F 取代。由於 PTFE 可以抵抗酸、鹼和有機溶劑，且能耐高溫，摩擦係數極低，所以常用於表面潤滑、不沾鍋內層塗料或管件的耐蝕膜層。

19 世紀的化學家開始進行 F 的研究，但由於不了解 HF 的特性，使數名研究人員不幸失去生命。法國化學家 Edmond Frémy 認爲電解純 HF 即可產生 F 元素，然而卻發現所得到的無水 HF 無法導電。之後他的學生 Henri Moissan 歷經多次錯誤，終於發現 KF 與無水 HF 的混合物可成爲導體，使電解法得以應用。Moissan 在實驗中使用耐腐蝕的鉑銥合金（Pt-Ir）作爲電極，並在極低的溫度下操作，以避免電解槽或電極過快腐蝕，終能製備出 F_2。Moissan 因爲這份貢獻，於 1906 年獲得諾貝爾化學獎。

Moissan 提出的電解法可用於工業生產，在電解混合物的測試中，他發現 KF 對 HF 之比例爲 1：2 時可形成共熔物，其熔點爲 82ºC，且可使 HF 的蒸氣壓較低。電解的總反應可表示爲：

$$2HF \rightarrow H_2 + F_2 \qquad (3.12)$$

F_2 會在石墨陽極上生成，H_2 則在鋼製陰極容器生成，兩極反應所需電壓約為 8～12 V，實際電解的溫度會高於共熔物的熔點，因為反應過程中會不斷放熱，所以必須使用熱交換器降溫。電解過程中需注意石墨與 F_2 之間的反應，當電解液與電極被 F_2 氣泡隔開時，很有可能形成 $(CF)_n$ 聚合物，導致極大的歐姆電壓，在定電流操作下，將使外加電壓高達 40 V 以上。解決的方法是增加石墨的孔隙度，使生成的 F_2 能滲透至孔洞中，再引導至電解槽外予以收集；也可在電解液中添加 1 wt% 的 LiF，提升電極的潤溼性，減少電極被 F_2 覆蓋的比率。

此外，電解液中的水含量也會影響所生 F_2 的純度，因為在高電壓的操作下，難以避免 O_2 生成，使電流效率降至 95%。因此製造 F_2 前，可先用低電壓將少量水分電解，後續再調整至高電壓來生產 F_2。當電解進行一段時間後，槽中的 HF 會顯著消耗，所以還需注意 HF 的補充，以避免 KF 結晶或導電度降低等變異。由於 HF 也會揮發，使陽極產品中含有 4～8% 的 HF，其他如 O_2 等雜質約占 1%，因此還要進行純化。總計生產每一噸 F_2，大約需要消耗 15000 kW·h 的電能，所以製氟工業也屬於高耗能產業，導致 F_2 的價格難以降低。

§3-3　氫氣製造

由於氫（H）是最基本的元素，所以在地球中含量豐富且分布最廣，但是氫元素大多以化合物的形式存在於地球，必須先製得 H_2 後，才能有效應用於化學、冶金、電子與能源產業。在化學工業中，常以 H_2 作為反應物，例如生產肥料時，必須先使用 H_2 與 N_2 製造氨（NH_3）；石油加工時，常加入 H_2 使不飽和有機物轉化為飽和有機物。在冶金工業中，H_2 可扮演還原劑，能從礦石中提煉出金屬。在電子工業中，H_2 是化學氣相沉積（chemical vapor deposition，簡稱 CVD）中的反應物，可製成多種薄膜。

另在能源產業中，H_2 被視為最理想的能源媒介，因為 H_2 與 O_2 燃燒之後只會產生 H_2O 與熱，既可供應能量，又不會製造汙染。相比於傳統的化石燃料，從 H_2 取得能量的過程中不會產生 CO_2，有助於緩解全球暖化的問題。另一項原因則是 H_2 具有非常高的燃燒熱，可達到 120000 kJ/kg 以上，高於汽油或天然氣的兩倍以上，更利於用在交通工具，目前已廣泛使用在航太工程中。再者，除了直接燃燒以外，H_2 與燃料電池（fuel cell）的配合，還可將化學能轉換爲電能，更符合今日資訊化社會的需求。因此，H_2 是極爲重要的工業原料和能源媒介，但工業需求將與能源需求互相競爭，所以最佳解決之道是擴大 H_2 的生產。

H_2 的主要製造原料皆來自含氫化合物，最常使用的包括水和甲烷（CH_4），其他的含氫有機物也可使用。然而，製 H_2 的過程則依照使用的能源型式而可分成許多類別，包括熱能、電能、太陽能、核能或生質能，其中技術最成熟的是熱裂解化石燃料，目前採用最廣的是煤、輕油或天然氣與水蒸氣的重組轉化製 H_2 技術。但此方法與理想氫能的目標不合，因爲過程中仍會產生 CO 或 CO_2，長期發展氫能產業後，必須調整分解 H_2O 的製程，或搭配生質能構成適當的碳循環，才能獲得氫能的效益。因此，目前全球研究者的階段性目標是使用二次能源生產 H_2 以達到儲能目的，再致力於使用再生能源生產 H_2，以達成潔淨能源的目標。一次能源是指直接從自然界取得的資源，例如化石燃料、核能、太陽能或地熱能等；二次能源是由一次能源轉換而得，例如電能；再生能源則是指幾乎取之不盡而可再生的資源，例如太陽能或生質能等。因此，透過電解水產 H_2 必須利用二次能源，藉由太陽能或生質能產 H_2 則會利用再生能源。綜合產量、成本與效率因素，現階段仍以熱裂解法最佳，電解法次之，其他方法殿後。以下將分別介紹與電化學工程相關的電化學產 H_2 與光電化學產 H_2 技術。

§3-3-1 電化學產氫

在鹼氯工業的電解過程中，從陰極可以製造 H_2，在 3-1 節已詳述，此節則以電解水製 H_2 爲主題。由於電解水所需的電能來自於發電程序，發電的能量可依循多種來源，因此電解水產 H_2 可視爲能量的多次轉換過程，亦即發電能源先轉成電能，再從電能換爲化學能，多次轉換的目的在於發電後未必隨產即用，所以電解水產 H_2 具有儲能的概念，但儲能的實現還需要儲氫材料的協助，成功實現後方可將能源轉變爲燃料。

電解水的研究早在 19 世紀就已開啓，Nicolson、Carlisle 與 Faraday 皆曾投入，至今已擁有兩百年的發展歷史，屬於一種衆所周知的技術，儘管所得 H_2 的純度極高，且裝置和操作皆很簡便，但因使用電能而導致成本偏高，這是過往無法大規模生產的主因。若未來生產電能的成本能再降低，電解水產 H_2 才可成爲關鍵儲能技術，尤其在用電低潮時更能發揮能源調節之功用。

除了用於能源產業的遠期目標外，當前必須用到高純度 H_2 的場合是製氨與氫化合成，所以電解法製造 H_2 仍有需要。對一個沒有副反應的理想電解系統，電解水的總反應可表示爲：

$$2H_2O \rightarrow 2H_2 + O_2 \tag{3.13}$$

而在標準狀態下啓動反應所需最小電壓 ΔE°_{cell} 爲：

$$\Delta E^\circ_{cell} = -\frac{\Delta G^\circ}{nF} \tag{3.14}$$

其中 ΔG° 是（3.13）式在標準狀態下的 Gibbs 自由能變化，n 爲反應中傳遞的電子數。已知在 1 bar、25°C 下，$\Delta G^\circ = 237.2$ kJ/mol，且 $n = 2$，故可得到 $\Delta E^\circ_{cell} = 1.23$ V。對一個封閉電解系統，其效率 η 可定義爲：

$$\eta = \frac{\Delta H}{\Delta G} = -\frac{\Delta H}{nF\Delta E_{cell}} \tag{3.15}$$

其中 ΔH 和 ΔG 分別是（3.13）式在一般狀態下的焓和自由能變化，但需注意，實際的操作電壓 ΔE_{cell} 還包含了過電位與溶液之歐姆電壓。當 $\Delta G = \Delta H$ 時，電解槽不會吸熱或放熱，故可得到理想的 $\Delta E_{cell} = 1.48$ V。若施加電壓大於 1.48 V，則系統會產生熱量。但在實務中，過電位與溶液歐姆電壓不可能爲 0，尤其電流愈大時，兩者都會加大，因此實際操作中，不只要增高電壓，還要加大電極面積，才能有效提升產量。進行量產時，通常不會電解純水，而是電解鹼性的 NaOH 或 KOH 電解液，其陽極與陰極半反應分別爲：

$$2OH^- \rightarrow \frac{1}{2}O_2 + H_2O + 2e^- \tag{3.16}$$

$$2H_2O + 2e^- \rightarrow H_2 + 2OH^- \tag{3.17}$$

有時也會使用酸性的 H_2SO_4 電解液，其兩極半反應分別為：

$$H_2O \rightarrow \frac{1}{2}O_2 + 2H^+ + 2e^- \tag{3.18}$$

$$2H^+ + 2e^- \rightarrow H_2 \tag{3.19}$$

無論電解液屬於酸性或鹼性，H_2 皆從陰極產生，且在標準狀態下的平衡電壓皆為 1.23 V，但實際操作時，尚需考慮各種過電壓，使外加電壓必定大於 1.23 V。此外，在生產過程中，電解槽的耐蝕性也是關鍵因素，由於 H_2SO_4 對槽體的破壞性超過 NaOH 或 KOH，故在實務電解產 H_2 中，多採用鹼性溶液。在電極方面，常採用鍍 Ni 的不鏽鋼作為陽極，一方面不會自溶解，一方面可催化 O_2 生成，且價格比貴金屬低；對於陰極，則可採用不鏽鋼或具有催化作用的 Ni 合金。

電解產 H_2 的施加電壓除了相關於反應，也牽涉電極材料和電解液的導電度。因此，陰極材料的要求是 H_2 生成時過電壓必須較低，而在鹼性溶液中符合此條件者為 Fe 族金屬或其合金，例如不鏽鋼或 Ni 為常用材料。這些金屬除了對 H_2 的過電壓較低，也不易溶解在鹼性溶液中，所以較為耐用。但在酸性溶液中，Fe 或 Ni 易於溶解，所以適用的陰極材料為 Pt 或石墨，但 Pt 的價格較高，而石墨的過電壓不夠低。對於 Cd、Sn、Pb 或 Hg，產 H_2 的過電壓更高，不適合用於 H_2 生成，但可應用在需要抑制產 H_2 的系統中。

再者，欲降低歐姆電壓，可提升 NaOH 的濃度以增加溶液導電度，但在定溫下，NaOH 超過某個特定濃度後，導電度反而會下降，例如，100ºC 下的 NaOH 溶液約於 30 wt% 時，具有最大值 1.4 S/cm，而在 60ºC 下的溶液約於 20 wt% 時，具有最大值 0.8 S/cm。KOH 也有類似的情形，例如在 60ºC 下的溶液約於 35 wt% 時，具有最大導電度 1.1 S/cm。若在電解開始時採用最高導電度的鹼性溶液，但隨著電解進行，溶液中的水分逐漸消耗，歐姆電壓仍將提升，迫使能量效率減低。

此外，氣泡只要生成之後，即會擾動流體邊界層，促進質傳速率，但因氣泡不導電，電流必須從旁繞過，故將降低溶液的導電度。根據模擬，氣泡脫離電極而進入溶液後，若占據 30% 的溶液空間，有效導電度將變成無氣泡時的 59%，此現象對於電極間距小的系統影響更明顯，所以從電解槽中除去氣泡也是一項重要的工作；甚或增加系統的壓力使懸浮氣泡的體積縮小，以減少氣泡對導電度的影響，故在實務中，電解槽常和壓濾機配合，增壓至 30～100 atm，除了有效避免歐姆電壓升高，還可直接產出高壓 H_2，省去後續加壓注入鋼瓶的步驟。另一方面，若氣泡無法有效地從電極表面脫離，則會減少反應的活性面積，降低總電流。通常自然對流可以輔助電極移除氣泡，因爲浮力能推動氣泡離開電極，且使之上升至液面，使用磁場製造微對流也有助於氣泡脫離電極表面，但強制對流的效果更佳。所以在反應器中增強對流作用，可以有效地加快氣體去除。

總結以上，基於電極材料、電解質濃度和氣泡生成，電解水產 H_2 之所需電壓必定會超過 1.23 V，甚至要到達大約 2.0 V 才能進行。目前電解水的研究主要集中在電解槽的設計，以及電極、電解質或隔膜材料的開發。整合材料與裝置後，可大致將電解水的系統分成三類，以下將分項說明。

1. 溶液電解槽

如圖 3-6 所示，此類電解槽是發展最悠久的系統，從材料、裝置到操作都最簡單便利，雖然缺點是電解效率低於另外兩類系統，但其成本也最低，所以仍具有發展價值。這類系統的組成包含槽體、陰陽極、隔離膜與電解液，目前擁有較佳效率的組合是 KOH 溶液搭配離子交換膜和貴金屬電極，若欲降低成本，則後兩者可分別更換爲石棉隔膜與 Ni 金屬合金。一般的操作條件爲 70～90°C，1～30 bar，施加電壓 2 V 或施加電流密度爲 2000 A/m^2。雖然 19 世紀時多採用酸性溶液電解水，但爲了避免裝置的腐蝕，近期的發展已改在鹼性溶液中進行。當系統的規模放大時，可將單電解槽並聯或串聯，組裝後採取並聯的系統稱爲單極式電解槽，每一個陽極的兩側皆有對應的陰極，並以隔離膜分開；採取串聯的系統稱爲雙極式電解槽，必須使用雙極板材料將陽極與陰極貼附在平板兩側，再將雙極板緊密排列，並以隔離膜分開，由於兩極間距縮小，可有效減低電解液的歐姆電壓，且所需的電極接線材料較少，這是大規模的電化學工業生產中常用的反應器模式。

通常從電解槽產生的 H_2 會與排出的電解液一起流入氣體分離器中，分離器可將氣體與電解液分開。受熱的電解液經過冷卻和過濾後，還可回流至電解槽再度使用，而純化後的氣體經降溫後即成爲產品。依據電解液回流的方式，可分爲雙循環操作與混合循環操作，前者是指陰極側的電解液回流至陰極，而陽極側的電解液回流至陽極；後者則是兩極回流的電解液先混合再共同送入電解槽，此舉可減低設備的成本。此外，也有只回流陽極電解液的單循環程序，因爲陰極側可以直接收集 H_2，而

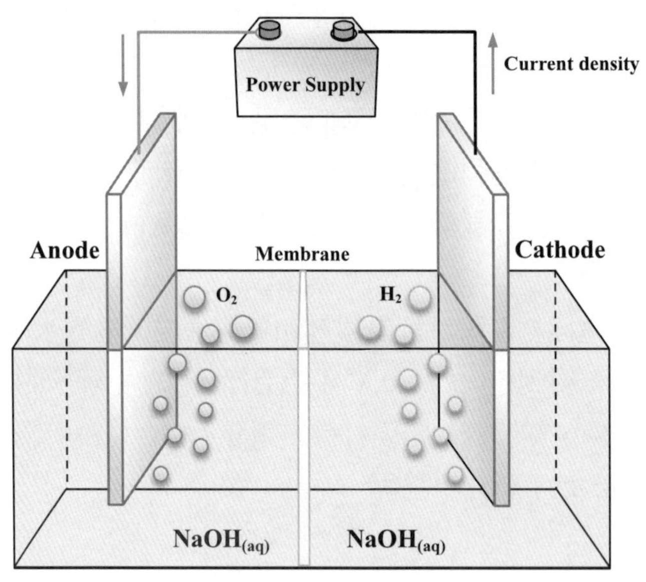

圖 3-6　溶液電解槽製氫

不設置回流管道。

2. 固態聚合物電解槽

第二類是使用了固態聚合物電解質（solid polymer electrolyte，簡稱 SPE）的電解槽，如圖 3-7 所示，與第一類相比，主要的差別是以質子交換膜（proton exchange membrane，簡稱 PEM）來取代溶液電解槽中的隔離膜與電解液，全球首例的固態聚合物電解系統是由奇異公司於 1966 年建立，於 1972 年生產。所使用的固態聚合物是一種氟磺酸聚合物，具有傳導離子的功能，因此稱為固態電解質，在薄膜法電解製 Cl_2 的程序中亦被使用。PEM 導電時主要藉由 H^+ 沿著膜內孔洞表面的磺酸根（R–SO_3^-）移動，但這些帶負電的磺酸根基團皆被固定，和一般的電解液不同；而 H_2O 分子則會從陽極側以電滲透（electro-osmosis）的方式穿越交換膜而前往陰極側。使用固態電解質的系統可以更緊密的連接，因此擁有較小的體積與重量，並且具有較低的能量損失；又因為操作時只需加入去離子水，且生成的 H_2 與 O_2 被交換膜隔開，所以可得到純度更高的 H_2。在相同的 H_2 產率下，目前可製作的 SPE 電解槽之體積大約只有溶液電解槽的 1/5，且電流效率超過 98%，能量效率超過 90%，相較於只有

70% 能量效率的溶液電解槽，SPE 系統展現了顯著的優勢。然而，SPE 系統最大的缺點在於材料成本，例如在電極部分必須使用 Pt 等貴金屬，在隔離膜部分則需使用高價的質子交換膜，所以 SPE 裝置之成本明顯高於溶液電解槽。全球第一個商用的 SPE 電解槽是由瑞士的 Stellram SA 公司於 1987 年建立，在其設計中使用了杜邦公司（Dupont）生產的 Nafion 117 膜。

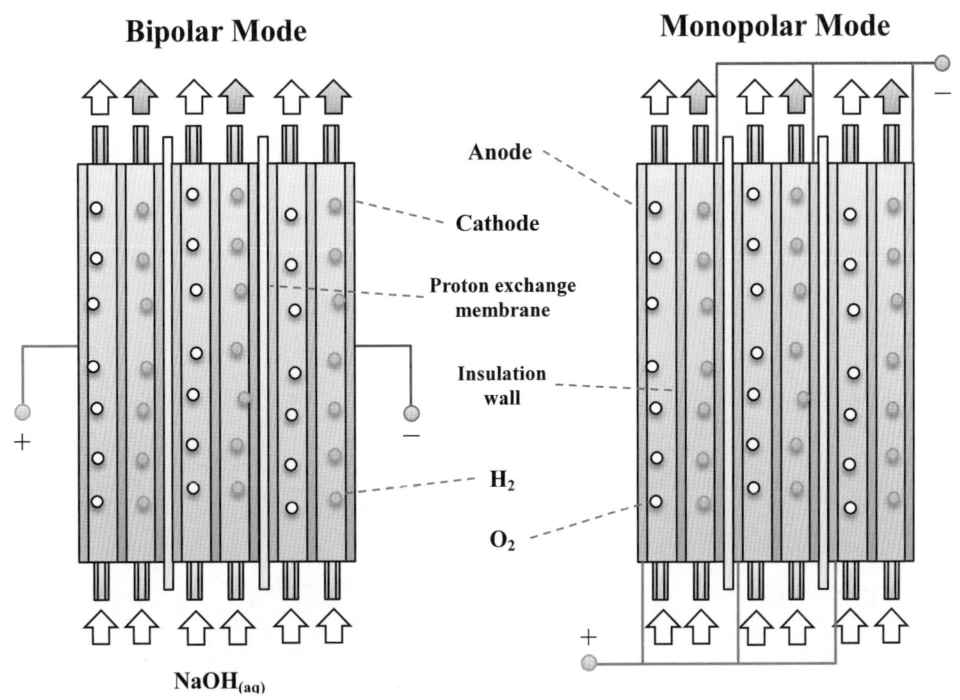

圖 3-7 固態聚合物電解槽製氫

3. 固體氧化物電解槽

如圖 3-8 所示，第三類爲固體氧化物電解槽（solid oxide electrolysis cell，簡稱 SOEC），必須操作在高溫下，可用熱能取代部分電能，因此能量效率也高於溶液電解槽，且熱能的成本比電能低，高溫下的反應速率也較快。由於這類電解槽必須通入熱蒸氣作爲反應物，所以此程序也稱爲蒸氣電解（steam electrolysis）。這類電解槽通常製成管狀，當高溫的水蒸氣進入管心之後，會在陰極處被分解成 H^+ 和 O^{2-}，其中 O^{2-} 會穿過管壁的固體氧化物電解質而到達外壁陽極，繼而生成 O_2，而留在陰極表面的 H^+ 會接收電子而還原成 H_2。因爲系統操作在 1000°C 左右，必須使用耐熱的陶瓷材料，情形與固態氧化物燃料電池（solid oxide fuel cell，簡稱 SOFC）相當，目前最常用的固體氧化物為釔穩定氧化鋯（ZrO_2 stabilized by Y_2O_3，簡稱 YSZ）。對早期設計的蒸氣電解槽，由於水蒸氣是從接近陰極的管心注入，未反應的蒸氣會與陰極產生的 H_2 混合後排出；而在陽極側則有空氣出入，所產生的 O_2 會與空氣混合。當電解槽不外加電壓時，兩極之間的平衡（開環）電壓約為 0.8 V，兩極通電後，外加電壓中約有 60% 用來克服此平衡電壓。為了減少電能的損失，新的方案是改用天然氣來輔助水蒸氣的電解，在陽極側改用天然氣後，即可減低平衡電壓。

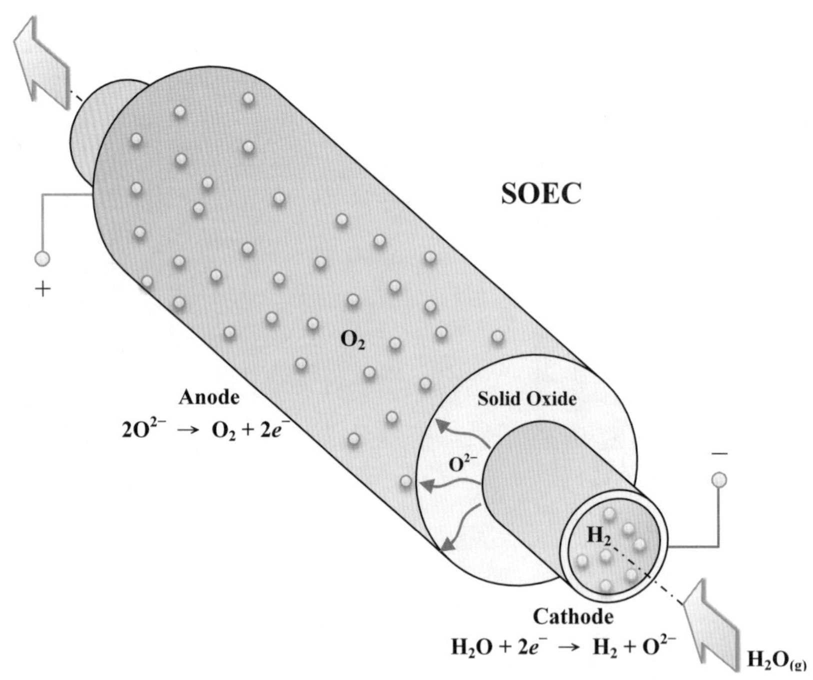

圖 3-8　固體氧化物電解槽製氫

總結電化學產 H_2 的技術，目前已發展的三種類型各有優勢。若欲有效降低生產成本，開發低價的隔膜材料有其必要，且裝置的耐鹼能力要加強，電極材料的比表面積必須提升。

§3-3-2 光電化學產氫

在 1839 年，A.Becquerel 曾發現兩個電極置入稀酸溶液後，若其中之一受到光照，則可在兩極間產生電流，這種光電現象稱爲 Becquerel 效應，此即光電化學的起源。然而，光電化學的新紀元則出現在 1972 年，由日本東京大學工學研究所的藤嶋昭（Akira Fujishima）與其師本多健一教授在 Nature 期刊上發表了光分解水之論文而重新展開，後稱此光電化學現象爲本多－藤嶋效應（Honda-Fujishima effect）。如前所述，通常電解水時，必須加入酸或鹼以增加導電度，再使用白金爲電極，並通入 2～3 V 的直流電，即可在兩極分別收集到 H_2 與 O_2。然而，藤嶋昭偶然間發現，分別以屬於 n 型半導體的 TiO_2 薄膜和 Pt 金屬作爲電極置入水中時，再用水銀燈照射，兩支電極上也會有氣泡產生，類似水被電解。經分析後證實，在 TiO_2 電極上產生的是 O_2，在 Pt 電極上生成的是 H_2。TiO_2 上的反應可表示爲：

$$\mathrm{TiO_2} + h\nu \rightleftharpoons \mathrm{TiO_2^*} + h^+ + e^- \tag{3.20}$$

$$\mathrm{H_2O} + 2h^+ \rightleftharpoons \frac{1}{2}\mathrm{O_2} + 2\mathrm{H^+} \tag{3.21}$$

其中 h 爲 Planck 常數，v 爲入射光的頻率，而 hv 可代表光子的能量，因此 TiO_2 接受此光照射後，本身會被激發（TiO_2^*），亦即價帶的電子躍遷至導帶，而在價帶留下電洞 h^+。接著，此電洞 h^+ 會與水反應，使之氧化成 O_2。而導帶的電子 e^- 會沿外部導線到達 Pt 電極，促成還原反應而產生 H_2：

$$2\mathrm{H^+} + 2e^- \rightleftharpoons \mathrm{H_2} \tag{3.22}$$

由於此反應僅利用光照且無需施加電壓即能成功分解水，在當時引起了學術界的震撼。綜觀此類水分解反應，可發現其主要程序是光能轉成化學能，但必須以半導體材料作爲電極，若用金屬材料則無法產生效果。由於照光能降低反應的活化能，且因反應前後半導體材料並無損失，因此這類可以藉由照光而促進化學反應的材料被稱爲光觸媒（photo-catalyst）。光觸媒吸收光能的原因主要在於半導體材料的能帶結構，如圖 3-9 所示，半導體能帶中存在能隙，分隔了價帶與導帶，當入射光的能量超過能隙時，可使價帶電子吸收能量而躍遷到導帶上，同時在價帶留下電洞。這一組光生電子與電洞，具有很強的反應性，可以傳向吸附於半導體表面的物質而促使其分解。若吸附物接收了光生電子，則吸附物可能出現還原反應；若吸附物接收了光生電洞，則吸附物可能發生氧化反應，至於吸附物是否能夠接收電子或電洞，則取決於吸附物本身的氧化態能階與還原態能階。

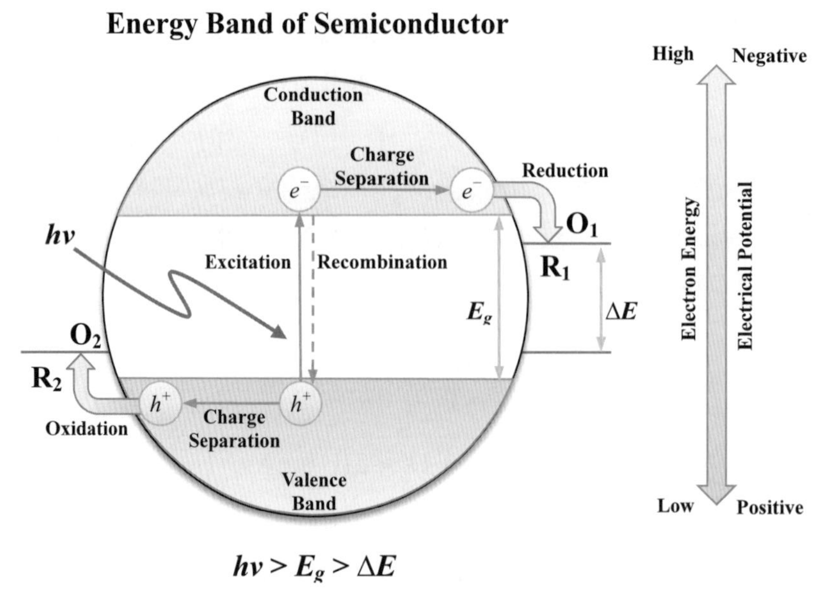

圖 3-9　光觸媒的運作原理

以分解水的光電化學反應爲例，當能量足夠的光線照射到半導體時，價帶電子會躍遷至導帶，並在價帶形成電洞，其中被激發到導帶上的電子具有還原力，可和水分子反應而產生 H_2；價帶的電洞則具有氧化力，可與水分子反應而產生 O_2，但兩種反應能進行的前提是電子或電洞能夠進入更低的能量狀態，如圖 3-9 所示。因此，對電子而言，半導體材料的導帶邊緣能階必須負於 H_2 生成之能階，亦即傳遞前的電子能量高，傳遞後的電子能量低，才能驅動還原反應。另一方面，對電洞而言，傳遞前的電洞能量必須比傳遞後的電洞能量高，才能使 O_2 自發性生成，所以半導體價帶邊緣的電子能階必須低於或正於 O_2 生成之能階。已知 O_2/H_2O 的能階比 H^+/H_2 的能階低 1.23 eV，若半導體材料在照光後能夠同時驅動這兩種反應，則其能隙必須大於 1.23 eV，但並非所有半導體材料的能帶結構皆符合上述條件，所以能夠有效分解水的光觸媒並不多見。目前最廣爲使用的光觸媒是 TiO_2，但分解水的效率不高；若 TiO_2 透過相同原理來分解有機汙染物時，效果較好。影響分解效率的因素中，除了半導體的能帶結構以外，光生電子電洞對的有效分離，以及分解產物的逆反應速率，都非常重要。近來許多研究發現，在金屬氧化物中，如果金屬離子具有 d^0 及 d^{10} 的軌域，都可以作爲分解水的光觸媒。具有 d^0 軌域的金屬元素包括 Ti、Zr、Nb、Ta、W 與 Mo；具有 d^{10} 軌域的金屬元素包括 In、Ga、Ge、Sn 與 Sb。此外，具有 f^0 軌域的 CeO_2 也可作爲光觸媒。

目前應用最廣的 TiO_2 即屬於擁有 d^0 軌域金屬元素的光觸媒，自從本多－藤島效應被發表後，已經吸引大量的研究投入。之後於 1980 年，TiO_2 還被發現具有分解有機物的功能，吸引多家公司開發除臭或空氣清淨等設備，使光觸媒開始應用於環保領域中。於 1996 年，又發現光線照射在 TiO_2 時，能改變表面的親水性，水分可因此滲入汙垢與固體薄膜的界面間，導致汙垢的附著力大幅降低，被水沖刷後就能順利脫落，所以有公司研發出自潔燈罩與防霧玻璃等產品。由於多數的半導體光觸媒具有毒性，且性質不穩定，因而實用性不高，只有 TiO_2 比較穩定，且能相容於生物，所以最具發展潛力。TiO_2 共包含三種晶相，分別爲板鈦相（brookite）、金紅石相（rutile）和銳鈦礦相（anatase），其中前者較無利用價值，實務應用中以後兩者爲主。在低溫下，板鈦相和銳鈦礦相可以穩定存在，但加溫到 600°C 時，將發生相轉移而成爲金紅石相。金紅石相和銳鈦礦相的結構皆屬於正立方晶系，由 TiO_6 的八面體組成，如圖 3-10 所示，但銳鈦礦相的每兩個相鄰八面體是以邊緣相接，金紅石相則有部分是以頂點相接，故金紅石相的密度較大。金紅石相的最大用途在於顏料與塗料，具有獨特的針狀顆粒，且擁有良好的分散性和紫外光屏蔽性，故常用於防曬化妝品，能減低 UV 對人體的傷害。用作塗料時，TiO_2 能提高塗膜的耐用性，並可提供自潔功能。銳鈦相的 TiO_2 來自於氣相沉積法或溶膠凝膠法，粒徑

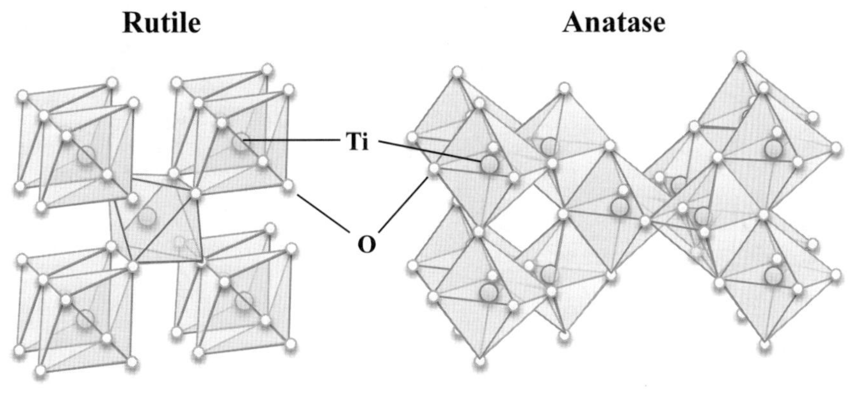

圖 3-10　TiO_2 的晶體結構

可達 30～50 nm，因此比表面積和光催化活性都能獲得提升。當 UV 光照射在 TiO_2 表面時，能生成電子電洞對，由於電洞具有強氧化力，能夠使有機物分解為 CO_2 和 H_2O，而含有 Cl、Br、S、P 和 N 者也可轉化為鹵化物、硫酸鹽、磷酸鹽和硝酸鹽。同時，TiO_2 表面會轉變為超親水性，使附著的水珠攤平成水膜，便於應用在空氣淨化、汙水處理、抗菌和催化等領域。

如圖 3-11 所示，TiO_2 擁有大約 3.0～3.2 eV 的能隙，所以滿足能隙必須大於 1.23 eV 的水分解條件，但此能隙代表 TiO_2 必須吸收紫外線，亦即照射光的波長至多約為 387 nm，才有足夠的能量使價帶電子激發至導帶。一般使用紫外光－可見光光譜儀可測得半導體的吸收光譜，再作通過吸收曲線反曲點之切線，交橫軸（零吸收）於一點，即可得到光觸媒的吸收波長，接著可換算出能隙。因為純 TiO_2 難以吸收可見光，所以通常呈現白色，但由於可吸收紫外光，故常用來作為抗紫外光的材料，例如添加在化妝品中，或塗佈在百葉窗上。為了調整半導體的吸光特性，可在材料中摻雜其他元素，例如將 V 加入 TiO_2 中可使吸收曲線偏移，若移向較長波長，稱為紅移（red shift），代表可吸收較低能量的光。若吸收曲線移動到大約 400 nm，代表此類光觸媒能被可見光激發。調整光觸媒吸收特性的原因在於太陽光的能量中紫外光只占約 5%，導致高能隙材料分解水的效率不理想，因此必須採取一些改善光催化活性的策略。除了摻雜之外，其他常用的方法還包括在半導體材料中添加吸收可見光的染料或量子點，以有效利用可見光的能量。

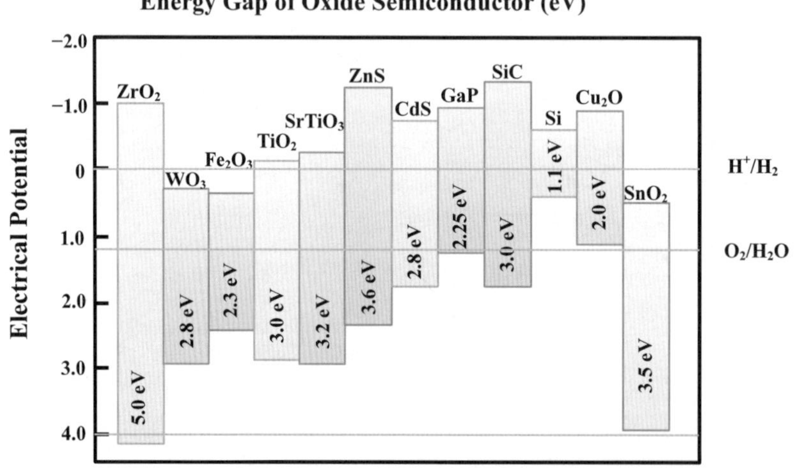

圖 3-11　氧化物半導體的能隙與能帶分布

此外，有些半導體的能隙略大於 1.23 eV，可以吸收可見光的能量，例如具有 2.8 eV 能隙的硫化鎘（CdS），但這類材料也容易發生光腐蝕（photo-corrosion）而分解，因爲光生電洞會導致 CdS 的自身氧化，相關內容可參考 5-3-3 節。尤其發生 H_2O 氧化成 O_2 的反應後，O_2 可能被 CdS 吸收而變質成 $CdSO_4$。因此，爲了製作出穩定的可見光半導體觸媒，有以下數種改進方案被提出。

1. 摻雜元素

第一種方案是摻雜離子到大能隙的半導體內，使有效能隙縮小，如圖 3-12 所示。當雜質進入半導體材料內，可在能隙中形成雜質能階，若此能階接近價帶，代表雜質扮演電子施體，且當此施體能階（donor level）低於 O_2/H_2O 的氧化能階時，則此摻雜半導體將能吸收可見光來分解水。另一方面，當雜質能階接近導帶時，代表雜質扮演電子受體，且當受體能階高於 H^+/H_2 的還原能階時，則此摻雜半導體亦能吸收可見光來分解水。常見的例子是在 TiO_2 中摻雜 V、Cr、Mn、Fe 或 Ni 等離子，可使材料的吸收光譜出現紅移，吸收更多可見光。但當摻雜物屬於非金屬元素時，並不會出現特定的雜質能階，反而會將價帶邊緣能階提升，因此縮短了能隙而促進可見光的吸收。C、N、F、P 或 S 都可以摻雜到 TiO_2 中，使吸收光譜出現紅移，例如所摻雜的 N 元素，其 2p 軌域會與 O 的 2p 軌域混合，導致價帶邊緣能階提升。

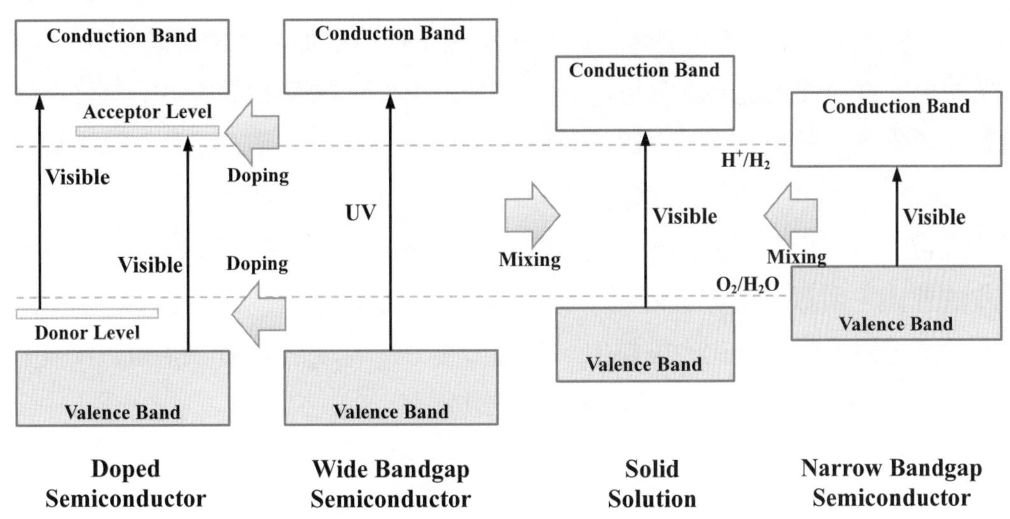

圖 3-12　半導體經過摻雜或混合後的吸收特性

2. 形成固溶體

第二種方案是將大能隙材料與小能隙材料形成固溶體，混合後的能隙也能縮小，且可依照添加的比例來調整能隙寬度與能帶邊緣位置，如圖 3-12 所示。例如 ZnS 與 CdS 分別是能隙較大與較小的材料，當兩者形成固溶體 $Cd_xZn_{1-x}S$ 後，能隙寬度會隨 x 而變。

3. 添加光敏材料

第三種方案是使大能隙材料吸附光敏性物質，再藉由光敏性物質來吸收可見光，此構想也被用在 Grätzel 於 1991 年提出的染料敏化太陽電池（dye-sensitized solar cell，簡稱 DSC）中。當光線照射在染料後，染料分子 D 將被激發成 D^*，此激發能階稱爲最低未占據分子軌域（the lowest unoccupied molecular orbital，簡稱 LUMO）。如圖 3-13 所示，若染料的 LUMO 高於半導體的導帶邊緣能階，則其光生電子可以順利傳遞到半導體材料中，以利用於分解水產 H_2，但這個系統還需要加入犧牲試劑來消耗價帶的電洞，常用的電洞捕捉劑包括乙二胺四乙酸（ethylenediamine-tetraacetic acid，簡稱 EDTA）、三乙醇胺（triethanolamine，簡稱 TEA）、抗壞血酸（ascorbic acid）或草酸。在 1980 年代初期，Grätzel 等人已應用 Ru 錯合物的染料來敏化寬能隙的半導體，使其得以吸收可見光，其系統由 $Ru(bpy)_3^{2+}$ 和 Pt/RuO_2 修飾的 TiO_2 所組成，其中 $Ru(bpy)_3^{2+}$ 是氯化三（雙吡啶）合釕（II）離子，其氯化物是紅色結晶鹽，可吸收 452 nm 的可見光。此外，整個系統也可加入電子施體，能使染料分子循環使用，曾被使用過的施體包括 I^-，它失去電子後會轉變成 I_3^-，由於此試劑的氧化能階高於染料分子的最高已占據分子軌域（the highest occupied molecular orbital，簡稱 HOMO），故可將電子傳遞給染料，再供其吸光激發。然而，從 LUMO 傳遞到半導體導帶的電子仍有可能與被氧化的染料（HOMO 的電洞）再結合，因而降低了光催化的效率，所以有研究者使用了包覆 Al_2O_3 的 TiO_2 粒子來吸附染料，此覆蓋層可以有效避免電子回到氧化的染料中。對於染料分子，除了以 Ru 爲中心外，也可使用 Pt、Co、Zn 或 Cr 等，以及不含金屬的有機分子。

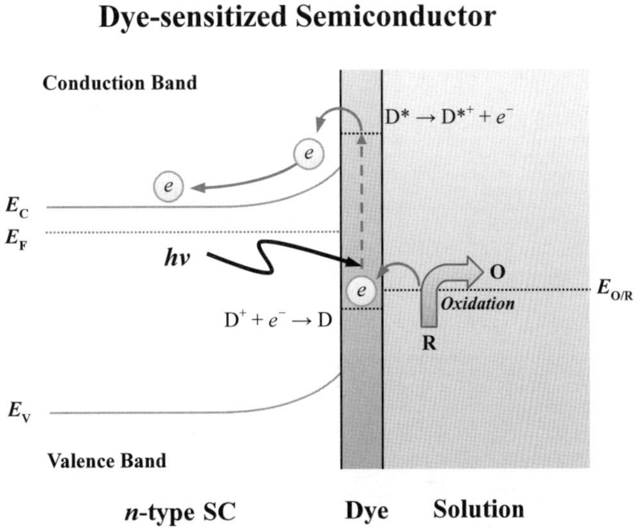

Dye-sensitized Semiconductor

Conduction Band

$D^* \rightarrow D^{*+} + e^-$

E_C

E_F

hv

O

$E_{O/R}$

Oxidation

$D^+ + e^- \rightarrow D$

R

E_V

Valence Band

***n*-type SC**　　**Dye**　　**Solution**

圖 3-13　染料敏化半導體

4. 合成單相材料

第四種方案是藉由能隙工程來開發單相的光觸媒材料，例如近年才被開發出的 $BaCrO_4$，具有 2.63 eV 的能隙，當此材料照光時，O 的 2p 電子會被激發到 Cr 的未占據 3d 軌域。又例如在 $AgAlO_2$ 中，O 的 2p 軌域電子會被光激發到 Ag 的未占據 4d 軌域，或 Ag 的 5s 電子被激發到 Ag 的未占據 5p 軌域。而包含 InO_6 八面體的 $CaIn_2O_4$ 半導體，其中的 Ca 可替換成 Sr 或 Ba，主要以 O 的 2p 軌域為價帶，並以 In 的 5s 軌域為導帶。上述光觸媒材料都可有效吸收可見光。

如圖 3-11 所示，因為尋找能帶結構完全適合分解水的半導體非常困難，故當半導體的能階不能搭配分解水的反應時，亦即半導體的導帶邊緣能階比 H^+/H_2 的還原能階低或正，或其價帶邊緣能階比 O_2/H_2O 的氧化能階高或負時，水的分解將無法自然發生，此時必須加入載子捕捉劑或犧牲試劑才能分解水。所謂的載子捕捉劑可分為電子捕捉劑（electron scavenger）和電洞捕捉劑（hole scavenger），前者是強氧化劑，後者是強還原劑，可以分別捕捉光生電子和光生電洞。對於導帶邊緣能階比 H^+/H_2 的還原能階高，且價帶邊緣能階也比 O_2/H_2O 的氧化能階高的半導體，例如 Si，必須添加電洞捕捉劑，使用後將會發生不可逆的氧化反應，並促進 H_2O 還原成 H_2。對於導帶邊緣能階比 H^+/H_2 的還原能階低，且價帶邊緣能階也比 O_2/H_2O 的氧化能階低的半導體，例如 WO_3，則需添加電子捕捉劑，使用後將會發生不可逆的還原反應，且能

促使 H_2O 氧化成 O_2。從只生產 H_2 的角度，使用電洞捕捉劑配合導帶邊緣高於 H^+/H_2 能階的半導體材料也是一種可行的方案。

無論是使用純半導體材料分解水，或使用電洞捕捉劑配合半導體材料分解水，產 H_2 的效果往往不如預期，因爲整個程序牽涉到效率問題。光催化反應的效率可從產物的總量相對於光源的特性來定義，但反應器的設計、光觸媒的吸收特性，以及照光的方向或強度都有可能影響效率。由於太陽光可沿著不同的角度入射到地表，沿途會被大氣層的吸收與散射，所以爲了區別各種方向的照度，可使用光程中的大氣質量（air mass，簡稱 AM）來描述特定路徑，例如陽光直射地表時，定爲 AM 1.0；若入射方向和地表法線夾 48.2° 時，將達到平均照度，定爲 AM 1.5。在目前衆多的光催化研究中，有數種效率被採用，爲了能夠互相比較，以下即說明最常用的四種定義。

1. 整體效率

對於生產 H_2 的光電化學系統，最重要的指標應爲太陽能產氫效率（solar to hydrogen efficiency，簡稱 STH），可用於描述水分解系統的總體表現。STH 是基於光電化學槽沒有施加偏壓且接受 AM 1.5 之陽光照射時的效率，此條件代表產 H_2 的能源全部來自於太陽光。此外，還要假設光電化學槽中沒有 pH 值的變異，因爲 pH 值的變化會導致化學位勢（chemical potential）重新分布，進而產生電壓差。因此，STH 被定義爲生產 H_2 的自由能變化對輸入的太陽能之比值。已知在 25°C 下，分解水產生 H_2 的 $\Delta G^\circ = 237$ kJ/mol，$\Delta H^\circ = 286$ kJ/mol，輸入的 AM 1.5 太陽能可表示爲入射光的功率密度 P_{in} 與被照射面積 A 之乘積，因此 STH 可成爲：

$$\eta_{STH} = \frac{r_{H_2}\,\Delta G^\circ}{P_{in}A} = \frac{\mu_{CE} i_{SC} \Delta E^\circ}{P_{in}} \qquad (3.23)$$

其中 r_{H_2} 爲 H_2 的產出速率；i_{SC} 爲短路光電流密度，亦即沒有外接電源下的電流密度；μ_{CE} 爲電流效率，ΔE° 爲 25°C 下分解水的標準電壓，亦即 $\Delta E^\circ = 1.23$ V。此外，使用 STH 時還必須注意陽極反應是否爲 O_2 生成，若存在其他的氧化反應，則會影響（3.23）式中的 ΔE°，使 STH 的估計值發生偏離。

2. 偏壓效率

偏壓輔助光電效率（applied bias photon-to-current efficiency，簡稱 ABPE）用於

系統有外加電壓時，作爲光觸媒材料特性的判斷依據。當外加電壓爲 ΔE_{app}，並測得電流密度 i 時，ABPE 被定義爲系統中非電能的輸出對輸入光能的比值：

$$\eta_{ABPE} = \mu_{CE}\frac{i(\Delta E^{\circ} - \Delta E_{app})}{P_{in}} \tag{3.24}$$

其中 $\Delta E^{\circ} = 1.23$ V。

3. 半反應效率

光轉換效率也可從分解水的半反應來估計，稱爲半反應槽太陽能產氫效率（half cell solar to hydrogen efficiency，簡稱 HC-STH）。對光陰極而言，可表示爲：

$$\eta_{HC-STH} = -\ \mu_{CE}\frac{iE_C}{P_{in}} \tag{3.25}$$

此處的 μ_{CE} 特別指陰極的電流效率，E_C 爲陰極上 H_2 生成的電位。對光陽極而言，則表示爲：

$$\eta_{HC-STH} = \mu_{CE}\frac{iE_A}{P_{in}} \tag{3.26}$$

此處的 μ_{CE} 特別指陽極的電流效率，E_A 爲陽極上 O_2 生成的電位。在對應電極保持固定的條件下，HC-STH 也只能用來判斷工作電極材料的光電化學特性，且必須相對於相同的參考電極，而所得之效率不等於前述的 STH，因爲 STH 是整體系統的指標。

4. 量子效率

另一種便於從實驗中得到的光電轉換指標稱爲表觀量子效率（apparent quantum yield，簡稱爲 AQY），定義爲生成物產量對入射光子數量的比值。此外，還有一種指標稱爲入射光電效率（incident photon-to-current efficiency，簡稱 IPCE），定義爲傳遞到外部電路的電子數對入射到光電極的光子數之比值，屬於外部量子效率（external quantum yield，簡稱爲 EQY），它是每個光子激發出一對載子（電子與電洞）的機率、載子傳遞到半導體－電解液界面的機率和載子被反應物接收的機率之連乘積。若只有後兩者的乘積則稱爲已吸收光子轉換電流效率（absorbed photon-to-current efficiency，簡稱 APCE），因爲不考慮每個光子激發的機率，只相關於材料本身的載子輸送與電荷轉移特性，故屬於內部量子效率（internal quantum yield，簡稱爲 IQY）。在光電化學系統中，通常藉由定電位下的計時電流（chronoamperometry）實驗可得到 IPCE。若已知入射的單色光具有波長 λ，功率密度 P_{in}，且已知光速爲 c，Planck 常數爲 h，則 IPCE 可表示爲：

$$\eta_{IPCE} = \frac{ihc}{\lambda P_{in}} \tag{3.27}$$

其中 $hc = 1240\ \mathrm{eV \cdot nm}$。由於計算式中沒有考慮電流效率，所以 IPCE 代表的是最大產氫效率，且僅爲單一波長下的最大效率。IPCE 與 STH 最大的不同在於對比項目，前者是光子數與電子數，後者則是光能與化學能。此外，IPCE 是單頻光照射的效率，STH 則是寬頻光照射的效率。再者，IPCE 是施加偏壓時的效率，STH 則是無偏壓時的效率。

若半導體材料能夠吸收入射的光子而激發出電子電洞對，這兩個載子理論上只有兩種可能的變化，一爲兩者發生再結合，另一則爲載子移動到材料表面並傳遞給吸附物，前者即爲量子效率不彰的主要原因，任何抑制載子再結合的方法都可以有效提升光催化反應的效率。

以接觸溶液的 n 型半導體爲例，由於電極表面的能帶上彎，形成空間電荷區（space charge region）和內建電場，使光生電洞自發性地朝電極表面移動，而光生電子則往半導體的主體區（bulk）傳遞。在 n 型半導體中，電洞屬於少數載子，照光後數量會顯著增加，而電子雖亦增加，但其增量對全體電子極其微小，故足以忽略，相似的情形也會發生在照光的 p 型半導體。因此，總結兩類半導體的特性後可如圖 3-14 所示，在空間電荷區內的光生少數載子都會受到內建電場的作用而移往電極表面，而在主體區的光生少數載子則可擴散進入空間電荷區，再移往電極表面，但在擴散中途，也可能與多數載子再結合。平均而言，若發生再結合之前，電洞能擴散的距離爲 d，而空間電荷區厚度爲 W，特定波長光子穿透半導體的深度爲 L，則在表面 $(d + W)$ 以內的電洞，都可以傳遞到表面進行反應，但在 $(d + W)$ 到 L 的範圍間之電洞則傾向與電子結合。上述現象將導致載子重新分布，因而改變表面特性，繼而改變電化學反應速率。因此，這類光電化學反應之動力學非常複雜，其速率不只相關於光吸收深度 L、載子擴散長度 d 與空間電荷區厚度 W，也受到溶液側質傳速率和半導體側載子傳送速率的影響。總體而言，若光生少數載子無法遷移至半導體表面參與反應，光催化分解的效率將會降低，解決問題的策略是抑制再結合與抑制逆反應，前者又可分為修飾法、複合法、摻雜法與奈米材料法，以下將分項說明。

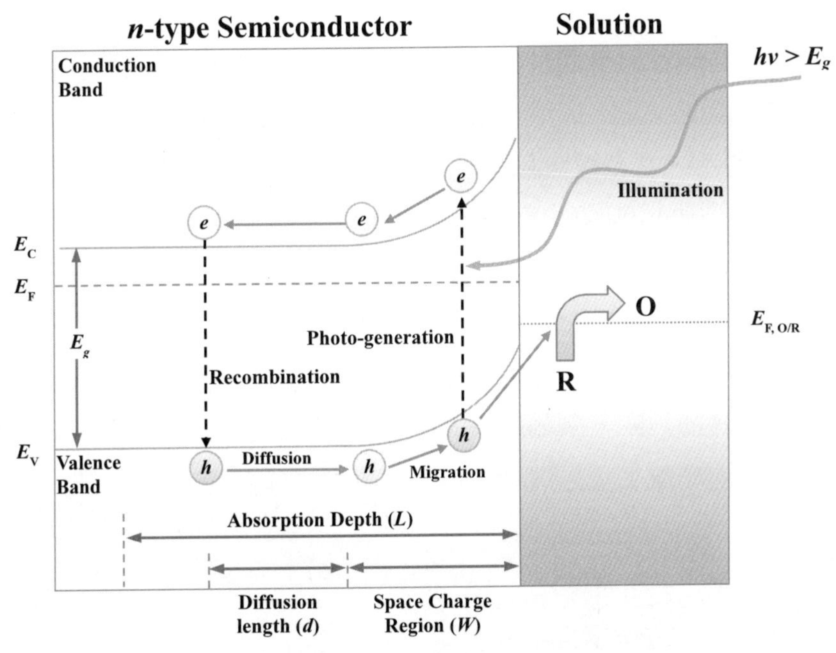

圖 3-14　光觸媒半導體照光後的載子遷移

1. 修飾法

使用修飾法時，常將 Fermi 能階較高的金屬與半導體連接，以形成歐姆接面（Ohmic contact），半導體在接面處的電子可流向金屬，使接面出現過剩正電，並形成 Schottky 能障。待半導體接受光照之後，光生電子將會被接面的正電荷所捕捉，繼而增加電洞的擴散長度，因此能有效避免光生電洞被結合，有助於光催化反應。目前最常用的系統是 Pt-TiO_2，當 Pt 以原子簇的型態沉積在 TiO_2 表面後，將特別有利於生成 H_2，因為 Pt 也是常用的產 H_2 觸媒。

半導體表面能帶彎曲所形成的空間電荷區存在內建電場，可以協助光生電子與電洞朝相反方向分離，若此區域的厚度 W 能擴大，亦可減低再結合的機率。調整半導體的接面可以增大 W，可行的方案包括製作 p-n 接面或 n^+-n 接面。由於雜質原子的摻入量會影響多數載子濃度，再影響半導體材料的 Fermi 能階，所以透過漸進式摻雜，可製作出 Fermi 能階漸變的半導體薄層，之後再藉由薄層內的載子擴散即可形成內建電場。使用漸進式摻雜可確保光穿透深度小於空間電荷區的厚度，有效避免載子再結合，繼而能增大光生少數載子的濃度，提升光催化的效率。

2. 複合法

複合法是指混合兩種半導體材料以提高光催化效率的方法，因爲第二種半導體材料加入後，可擴大吸收光譜的範圍，進而提升效率，目前被研究較多的系統是 CdS-TiO_2。如圖 3-15 所示，當光線照射在 CdS 後，由於 CdS 的導帶與價帶邊緣能階都比 TiO_2 高，所以躍遷到 CdS 導帶的電子將會傳遞到 TiO_2 之導帶中，而光生電洞則留在 CdS 的價帶中，可避免發生再結合。此外，若在 CdS-TiO_2 系統中加入 Pt，光催化特性會更佳，但要將 Pt 貼附在 TiO_2 上，讓光電子依序從 CdS 傳到 TiO_2 再傳到 Pt。若能選取兩種半導體材料組成 n 型光陽極和 p 型光陰極之二極體結構，也可以有效避免再結合，提高能量轉換效率。例如 p-Cu_2O/n-WO_3 系統受到可見光照射時，能隙爲 2.8 eV 的 WO_3 所產生的光電子可以傳遞到能隙爲 2.2 eV 的 Cu_2O 的價帶，而 Cu_2O 被光

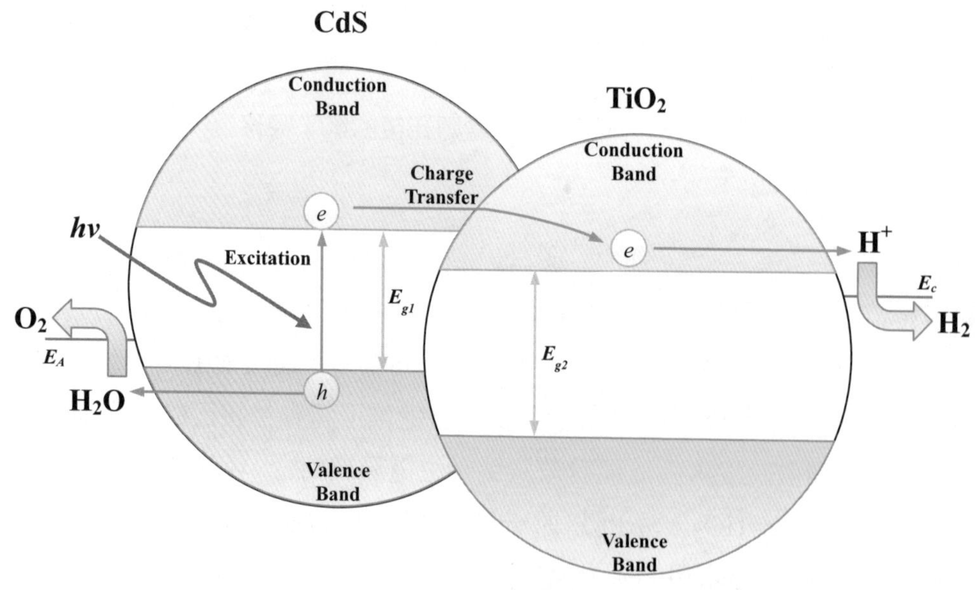

圖 3-15 複合法抑制再結合

激發出的電洞會與 WO_3 傳遞來的電子再結合，因而留下 WO_3 的價帶電洞和 Cu_2O 的導帶電子，展現催化作用。若在 p 型與 n 型半導體間加入一層金屬，則可形成兩組歐姆接面，使光生電子與電洞更容易傳遞到金屬內，並在其中發生再結合，而留下有效分離的光電子於 p 型半導體，以及光電洞於 n 型半導體。

3. 摻雜法

如前所述，摻雜法也可有效分離電子和電洞，例如在 TiO_2 中添加 W^{6+}、Ta^{5+} 或 Nb^{5+} 等較高價過渡金屬離子時，可以提升產 H_2 速率；但添加 In^{3+}、Zn^{2+} 或 Li^{+} 等較低價金屬離子時，則將減低產 H_2 速率。

4. 奈米材料

當半導體材料的粒徑縮小到 100 nm 以內時，會出現量子尺寸效應（quantum size effect），進而擴大能隙，導致吸收光譜藍移（blue shift）。能隙擴大時，負移的導帶將會強化電子的還原力，而正移的價帶則可加大電洞的氧化力。此外，粒徑縮減到小於空間電荷區厚度時，電子或電洞移動到表面的時間可縮短，使電荷分離的效果更明顯；同時，比表面積因而加大，使光催化的反應表面增多。然而，粒徑縮小可能導致結晶度變差，產生再結合中心，因此粒子微縮的程度必須取捨。

對於奈米粒子，另有一種表面電漿子共振現象（surface plasmon resonance，簡稱 SPR）也可用來提升光催化分解水的效率。當光線（電磁波）照射在奈米金或銀等粒子時，這些金屬的表面電子會隨著入射的電磁波振盪，並產生共振吸收，此現象即爲表面電漿子共振。發生 SPR 的波長，會受到物種、粒徑、形狀與介電常數的影響。例如，球狀奈米金粒子的 SPR 吸收波長約爲 560 nm；奈米銀粒子的 SPR 吸收波長約爲 420 nm，因其電荷密度較低，使振盪頻率較高。當奈米粒子呈現棒狀時，則可能出現來自於長軸與短軸方向的 SPR 頻率，所以存在兩個不同的吸收波長。以棒狀金爲例，短軸的振盪頻率較高，吸收波長約爲 560 nm；長軸的吸收波長則隨著圓柱體之半徑對長度的比值而紅移，波長範圍可從 650 nm 至 900 nm。當 SPR 現象利用於水分解時，可藉由熱電子注入效應（hot electron injection effect）與電漿誘導場效應（plasma induced field effect）來提升效率。當 SPR 發生時，金屬奈米粒子中的電子會提高能量而成爲熱電子，這些熱電子可穿越金屬與半導體間的能量障礙，進而注入半導體的導帶中，進一步提升光催化的效率，此即熱電子注入效應。再者，半導體材料產生電子電洞對的速率正比於鄰近電場的強度，當 SPR 發生時，在半導體材料與奈米金屬的界面出現高強度的電場，使界面附近的載子產生速率達到最大，足可對抗電子與電洞的再結合，因此也能提升光催化的效率，此即電漿誘導場效應。除了上述兩種奈米金屬共催化作用之外，金屬粒子還有另外兩種光學作用可以有效提升分解水產 H_2 的效率，其一爲金屬可扮演導引光路的材料，增加散射與反射現象，使半導體材料吸收更多的光子；其二爲金屬能夠吸收可見光，當這些金屬用來修飾大能隙的半導體時，仍能在可見光的環境中提供熱電子以分解水。

將光觸媒製作成一維奈米陣列，也有助於提升光催化效率。如前所述，傳統光觸媒薄膜的光穿透方向與光生電洞傳遞方向位於同一條路線，電洞能擴散的距離爲 d，而半導體表面的空間電荷區厚度爲 W，則離表面超過 $(d + W)$ 之處的光生電洞將無法傳送至表面。然而，一維奈米光觸媒具有細長的結構，可引導光線從軸向入射，再讓光生電洞往徑向傳送。如圖 3-16 所示，若材料半徑小於 $(d + W)$，則位於吸收深度 L 內的光生電洞皆可傳送到側表面，有效提升光催化效率。且一維奈米陣列擁有的比表面積也大於同體積的平面薄膜，此因素也能增大光催化效果。

在抑制逆反應方面，可以在光觸媒中加入電子施體或受體來消耗單種載子，使反應成爲不可逆。例如在 TiO_2 中加入 Fe^{3+} 作爲電子受體，可以有效吸收光生電子，讓 H_2O 氧化產生 O_2；但加入一些有機物作爲電子施體，可以有效吸收光生電洞，讓 H_2O 順利還原產生 H_2。此外，加入 CO_3^{2-} 離子後，可吸附在 Pt 上而抑制逆反應，並促進 O_2 生成。

近年來，Kudo 等人（1987）和 Sayama 等人（2002）提出另一種光觸媒分解水的方法，但在過程中需要使用兩種半導體觸媒，其中之一具有較高的導帶邊緣能階，亦即還原電位較高，有利於將 H_2O 還原成 H_2；另一個則具有較低的價帶邊緣，標準電位較低，有助於將 H_2O 氧化成 O_2。因此，這兩種材料分別稱爲產氫觸媒和產氧觸媒。當這兩種觸媒組成光電化學系統時，還需要加入中介體（mediator）來協助電子傳遞，常用的中介體皆具有良好的可逆性，例如 Fe^{3+}/Fe^{2+}、Ce^{4+}/Ce^{3+}、Br_2/Br^- 或 IO_3^-/I^-。如圖 3-17 所示，在產氧觸媒表面，被光激發出的電洞將用於產 O_2，而光電子則被中介體的氧化態物質 O 接收，而反應成還原態物質 R；在產氫觸媒表面，被光激發出的電子用於產 H_2，而光生電洞則被中介體的還原態物質 R 所接收，生成氧化態物質 O。這類使用兩種光觸媒進行水分解的系統，稱爲 Z-Scheme。但在多數的 Z-Scheme 研究中，皆將兩種光觸媒混合後再照光，所以會得到 H_2 和 O_2 的混合氣體，此混合氣體不但有可能發生逆反應，也有可能受熱爆炸，因此分離或純化的步驟

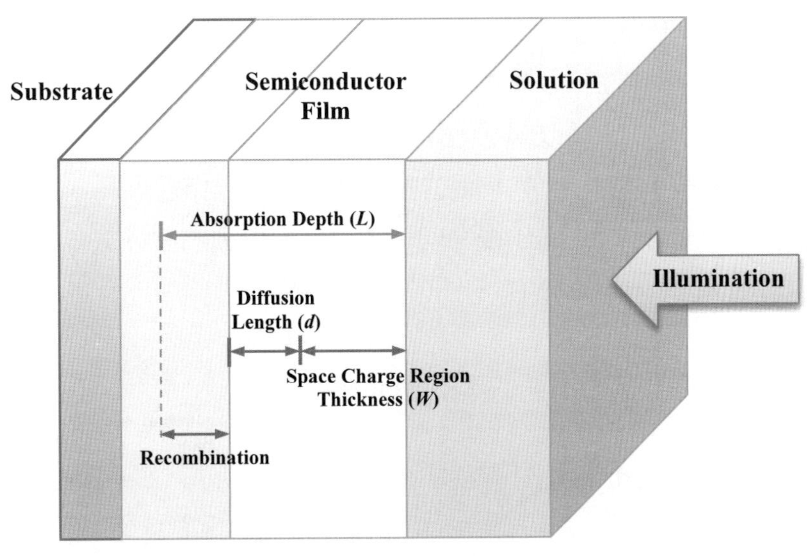

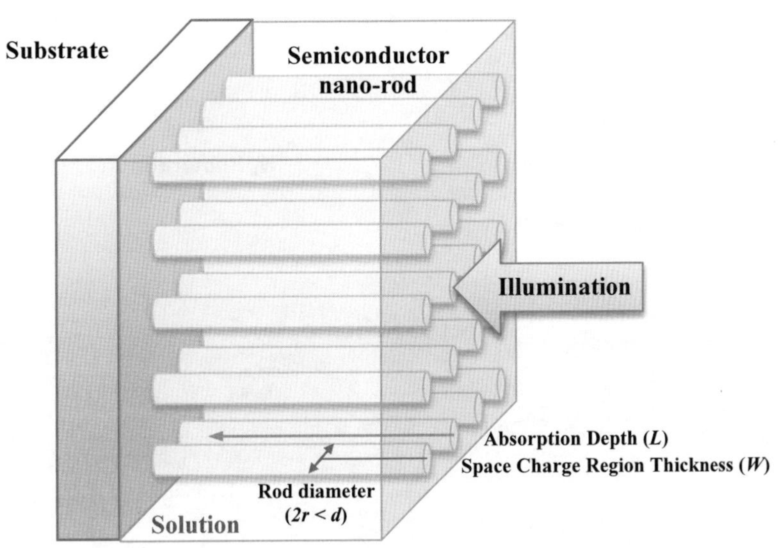

圖 3-16　一維奈米陣列光觸媒

必須配合此系統才有應用前景。目前常用的產氫觸媒為 $Pt/SrTiO_3:Rh$，產氧觸媒則為 WO_3，若再使用離子交換膜將兩觸媒分隔在兩個反應室，並以 Fe^{3+}/Fe^{2+} 為中介體來傳遞電子，則可實現分別生產 H_2 與 O_2 的目標。由於離子交換膜除了允許 H^+ 通過，也可讓某些離子通過，因此中介體的選擇會受到限制，且中介體的擴散也會影響產氣的速率。再者，也有一些研究者致力發展不需中介體的系統，稱為直接 Z-Scheme，可避免發生上述中介體帶來的問題，常見的例子包括 $g\text{-}C_3N_4/TiO_2$、$g\text{-}C_3N_4/ZnO$、

$g-C_3N_4/Bi_2O_3$ 和 $CdTe/Bi_2S_3$ 等，其中的 $g-C_3N_4$ 是石墨相（graphitic）氮化碳，能吸收可見光、性質穩定、無毒性且容易合成，是極具發展潛力的光觸媒材料。

Z-Scheme 系統還可加以改良，在產氫側通入 CO_2，經由觸媒的輔助，可以將 CO_2 還原成 CH_3OH 等有機化合物，而這些化合物還可再作爲燃料。因爲這些含碳燃料來自於太陽能與 CO_2，即使操作後又回復成 CO_2，但碳的淨排放量爲零，所以仍然屬於對環境友善的能源，類似於 H_2。

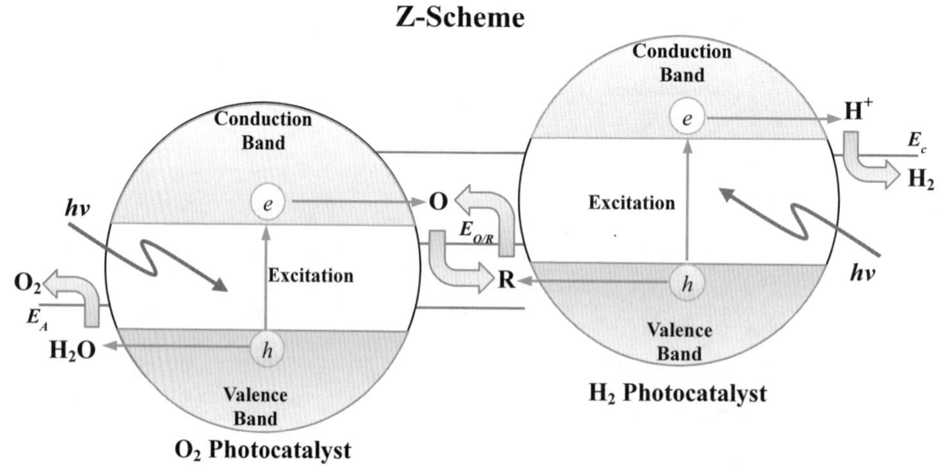

圖 3-17　Z-Scheme 光觸媒系統

§3-4　無機化合物製造

在電化學反應中，由於可透過控制電壓來避免副反應發生，所以常用於製造高純度的無機化合物，以下將分節說明含錳、含氯和含鉻的化合物生產。

§3-4-1 二氧化錳與過錳酸鉀

在 1886 年，Georges Leclanché 發明了鋅錳電池，其中即使用了二氧化錳（MnO_2），使其廣泛用於能源產業，之後還透過 MnO_2 的還原特性，大量應用在製藥工業或某些特用化學品的製程。MnO_2 雖可從自然界中挖取，但礦物中的 MnO_2 擁有較多晶格缺陷或不一致的水合程度，使其特性不穩定，若欲作爲工業原料，透過電解法來製造 MnO_2 是一種解決的方案。錳礦可與煤炭反應，先生成一氧化錳（MnO），再浸入 H_2SO_4 後還能得到硫酸亞錳（$MnSO_4$）。礦石中的鋁氧化物或鐵氧化物在 H_2SO_4 中也會成爲硫酸鹽，但經過水解後，將成爲氫氧化物而沉澱，故能與 Mn^{2+} 分離。純化後，可用此 $MnSO_4$ 溶液進行電解，操作溫度在 90～100ºC 間，電極爲石墨或不鏽鋼，施加電壓約爲 2.2～3.0 V，其陰極反應爲 H_2 生成，在陽極則會發生：

$$Mn^{2+} + 2H_2O \rightarrow MnO_2 + 4H^+ + 2e^- \qquad (3.28)$$

最終在陽極生成的薄膜可用機械方式剝除，再加以乾燥，即可得到高純度的 MnO_2。

除了 MnO_2 以外，過錳酸鉀（$KMnO_4$）也是常見的含錳氧化劑，可用於製造多種特用化學品。取得含有 MnO_2 的錳礦後，會加入 KOH 並通入 O_2 進行反應，先氧化成錳酸鉀（K_2MnO_4）：

$$2MnO_2 + 4KOH + O_2 \rightarrow 2K_2MnO_4 + 2H_2O \qquad (3.29)$$

之後再通入 Cl_2，可使 K_2MnO_4 再氧化成 $KMnO_4$。然而，此方法的經濟效益不高，所以一般會採用電解法來製造 $KMnO_4$。通常電解液中會包含 KOH 與 K_2MnO_4，兩者的濃度分別爲 1～4 M 和 100～250 g/L。電解時，施加電壓約爲 2.7～3.0 V，溫度約控制在 60ºC。陽極通常使用 Ni 或 Ni 合金，半反應爲錳酸根（MnO_4^{2-}）的氧化：

$$MnO_4^{2-} \rightarrow MnO_4^- + e^- \quad (3.30)$$

電流效率介於 60～90% 間，生產每噸 $KMnO_4$ 必須消耗 600 kW·h 的能量。電流效率不高的原因有二，其一是陽極的副反應會生成 O_2，另一則是 OH^- 的濃度過高時，會出現逆反應，使 $KMnO_4$ 還原回 K_2MnO_4。尤其當電解液中存在 MnO_2 時，會發生逆向的歧化反應（disproportionation）而消耗已生成的 $KMnO_4$。

§3-4-2 氯酸鹽、次氯酸鹽與過氯酸鹽

在紡織或造紙工業中，常用到氯酸鹽或次氯酸鹽，因爲它們具有漂白作用，且不會傷害纖維。次氯酸鹽可從鹼氯工業的產品中獲得，例如 3-1-3 節所述的薄膜法電解槽可在兩極分別得到 Cl_2 和 NaOH，但若不用隔離膜分開兩極，兩種產物會在槽中反應而形成次氯酸鈉（NaClO）：

$$2NaOH + Cl_2 \rightarrow NaClO + NaCl + H_2O \quad (3.31)$$

然而，Cl_2 和 NaOH 的反應宜在電解槽外進行，因爲槽內的 ClO^- 逐漸增多後，會在陽極表面繼續氧化成 ClO_3^-，因而降低產率。

若欲製造品質較高的氯酸鈉（$NaClO_3$），則可直接電解 HClO 溶液，而在陽極區取得產品：

$$ClO^- + 2H_2O \rightarrow ClO_3^- + 4H^+ + 4e^- \quad (3.32)$$

但在此程序中，陽極生成 O_2 的副反應會大幅降低電流效率，所以常用的方法是先電解食鹽水製造 Cl_2，再透過 Cl_2 水解時的歧化反應生成 HClO，接著將所得到的 HClO 導入另一槽，再發生一次歧化反應，即可得到 ClO_3^-：

$$3ClO^- \rightarrow ClO_3^- + 2Cl^- \quad (3.33)$$

上述兩種方法，一則步驟簡單，但耗能較多，另一則步驟複雜，但電流效率較高，故需評估生產規模，以決定何者適用。

若是繼續電解 $NaClO_3$ 溶液，將可製得過氯酸鈉（$NaClO_4$），若將 KCl 加入 $NaClO_4$ 溶液中還可製得 $KClO_4$，或將 NH_4Cl 加入 $NaClO_4$ 溶液中可製得 NH_4ClO_4，這些過氯酸鹽都是強氧化劑，可用於製作炸藥。電解 $NaClO_3$ 溶液的陽極反應為：

$$ClO_3^- + H_2O \rightarrow ClO_4^- + 2H^+ + 2e^- \quad (3.34)$$

操作溫度介於 40～60ºC，施加電壓約為 6～10 V，電流效率可達 85%。陽極材料多採用鈍性的鈦鍍白金（Pt on Ti）或二氧化鉛（PbO_2），陰極則使用不鏽鋼、Ni 或石墨以產生 H_2。

§3-4-3 鉻酸鹽與二鉻酸鹽

鉻（Cr）是一種堅硬的金屬，具有高熔點與延展性，但在自然界中多以化合物存在。1797 年法國化學家 Louis-Nicolas Vauquelin 首先從鉻鉛礦（$PbCrO_4$）中分離出 Cr，提煉後可用於製作合金或覆膜，以提升金屬用具的耐熱性或耐蝕性。

Cr 氧化後可形成多種離子或化合物，當 Cr 屬於三價時對人體有益，但成為六價時卻有毒性。常見的兩種鉻酸鹽溶於水後，可分別解離出黃色的鉻酸根離子（CrO_4^{2-}），或橙色的二鉻酸根離子（$Cr_2O_7^{2-}$），此亦稱作重鉻酸根。CrO_4^{2-} 搭配金屬成為鹽類，可作為黃色顏料，例如檸檬黃（$BaCrO_4$）與鉻黃（$PbCrO_4$）。二鉻酸鹽中的 Cr 具有六價之氧化數，所以有毒且有致癌風險，但因為它屬於強氧化劑，在化學工業或分析實驗中被廣泛應用。

欲製備高品質的二鉻酸鹽，可電解含有 Cr^{3+} 的溶液，其反應為：

$$Cr^{3+} + 7H_2O \rightarrow Cr_2O_7^{2-} + 14H^+ + 6e^- \quad (3.35)$$

此反應在 Cr^{3+} 之濃度夠高時，電流效率亦高，但當 Cr^{3+} 濃度降低後，O_2 生成會增多而降低電流效率。而且 CrO_4^{2-} 和 $Cr_2O_7^{2-}$ 將在溶液中達成平衡，加酸會傾向於變成 $Cr_2O_7^{2-}$，加鹼則傾向於變成 CrO_4^{2-}。

若欲直接製備鉻黃（$PbCrO_4$），可採用 Pb 作爲陽極，以 H_2CrO_4 鉻酸爲電解液，通電後在陽極區即可得到黃色沉澱物：

$$Pb + CrO_4^{2-} \rightarrow PbCrO_4 + 2e^- \tag{3.36}$$

此程序的施加電壓約爲 2.5～3.0 V，可操作在室溫下，生產每公斤 $PbCrO_4$ 大約需要消耗 0.41 kW·h 的電能。

§3-5 有機化合物製造

有機物的電解研究早在 19 世紀初期即已展開，例如醇類的氧化反應等。包含 Faraday 等人，都曾投入電化學合成或降解（degradation）有機化合物的研究，當時即已發現後人稱爲 Kolbe 反應的有機物電解程序。雖然 Faraday 率先研究此課題，但沒有建立有機物電解的相關理論，後來才由德國化學家 Adolph Wilhelm Hermann Kolbe 奠定此領域的基礎，並成功地電解羧酸鹽製得烷烴。接近 20 世紀時，化學家已經了解控制電位可以逐步進行電化學反應的原理，例如 Fritz Haber 曾以硝基苯的還原作爲研究主題，釐清了電化學反應的控制變因不只在於電解質特性、電極特性或操作電流，也基於電極的電位。由於之前的研究者多採用定電流操作，但 Haber 採用 Luggin 毛細管（Luggin capillary），將參考電極盡量接近工作電極，以達到控制電位之目的，之後再逐步從低的還原過電位開始增高，電解含有硝基苯的鹼性溶液，從中證明了電化學反應和一般化學反應皆遵循相同的序列，亦即硝基苯（RNO_2，R 代表苯基）先轉變爲亞硝基苯（RNO），再轉成 N- 羥苯胺（RNHOH，亦稱作苯胲），最終才成爲苯胺（RNH_2）。Haber 發現適當控制電極的電位，可透過硝基苯的還原來大量製造苯胺，既能避免生成偶氮苯類的副產物，還能防止苯胺進一步還原成苯胺。之後 Haber 總結研究成果而發表《工業電化學的理論基礎》，開啓了電化學工業的發展。20 世紀後，隨著電化學動力學的進展，有機物合成的技術也與時俱進。到了 1960 年代，美國 Monsanto 公司開發出電解丙烯腈以製造己二腈的量產技術，將電化學技術融入至石化工業中。

總結以上，發展電解合成有機化合物的優勢包含以下：

1. 反應中可以避用毒性或高危險性的試劑，只需電子輔助，而電子被認爲是最潔淨的藥劑，可以減少對環境的傷害。
2. 調整電極電位可以決定主產物，或決定反應的步驟，致使主產品的純度或選擇率得以提高，對後續的純化程序亦有助益。
3. 相較於其他的化學合成法，透過電化學反應與化學反應的耦合，可以更快速地完成產品的製作。例如合成染髮劑中常用的對胺基苯酚（p-aminophenol，簡稱 PAP）時，化學反應法的原料爲對氯硝基苯，第一步需將氯基取代成 -ONa 基，再取代成醇基（-OH）而成爲對硝基苯酚，再將其中的硝基（$-NO_2$）轉換成胺基（$-NH_2$），即完成製程。然而，若採用電化學法，原料將改爲硝基苯，電解後即可直接在陰極上得到 PAP：

$$C_6H_5NO_2 + 4H^+ + 2e^- \longrightarrow HOC_6H_4NH_2 + H_2O \qquad (3.37)$$

因此，電化學法在量產上有明顯的優勢。

4. 電解時，除了可以控制電極電位，也可調整電流密度，以改變反應速率。操作時，通常無需加熱或加壓設備，裝置單純，具有通用性，更換電解液後，還可製造其他產品。

§3-5-1 有機電化學反應的類型

由於有機分子的結構比無機分子複雜，故其氧化或還原反應常牽涉共價鍵的建立與斷裂，而且會先在電極表面形成中間物，這些中間物可能是自由基、陽離子自由基或陰離子自由基，之後再得失電子或 H^+ 而成爲產物。以反應物 A 爲例，其逐步氧化之反應可表示爲：

$$A \rightarrow \cdot A^{+} + e^{-} \qquad (3.38)$$
$$\cdot A^{+} \rightarrow A^{2+} + e^{-}$$

其逐步還原之反應則可表示爲：

$$A + e^{-} \rightarrow \cdot A^{-} \qquad (3.39)$$
$$\cdot A^{-} + e^{-} \rightarrow A^{2-}$$

其中的 $\cdot A^{+}$ 和 $\cdot A^{-}$ 即稱爲陽離子自由基和陰離子自由基，A· 則代表自由基。

若不考慮反應中間物，只依反應物與產物的變化加以分類，則可將電化學有機合成區分成下列各類：

1. 加成反應（addition）

依半反應發生的位置又可分成陰極加成與陽極加成，前者是指兩個電子和兩個親電子試劑（electrophilic reagent）共同加至雙鍵化合物上，後者則是指親核試劑（nucleophilic reagent）加至雙鍵化合物上。常用的親電子試劑爲 H^{+}，常用的親核試劑則爲 OH^{-} 或 OR^{-}，其中 R 爲烷基。典型的陰極加成反應可表示爲：

$$R_1CH=CHR_2 + 2H^{+} + 2e^{-} \rightarrow R_1(CH_2)_2R_2 \qquad (3.40)$$

其中 R_1 和 R_2 可爲 H 或各種官能基。典型的陽極加成反應可表示爲：

$$R_1CH=CH_2 + R_2OH \rightarrow R_1(CH_2)_2OR_2 + e^{-} \qquad (3.41)$$

2. 取代反應（substitution）

此類反應也可分成親電子試劑（E^{+}）攻擊親核基（-Nu）的陰極取代和親核試劑（Nu^{-}）攻擊親電子基（-E）的陽極取代。兩者可分別表示爲：

$$R-Nu+E^{+}+2e^{-}\rightarrow R-E+Nu^{-} \quad (3.42)$$

$$R-E+Nu^{-}\rightarrow R-Nu+E^{+}+2e^{-} \quad (3.43)$$

3. 消去反應（elimination）

此類型也稱爲脫除反應，可視爲加成的逆向程序，典型的例子包括脫羧或脫鹵。脫羧屬於氧化反應，會生成 CO_2；脫鹵則屬於還原反應，會生成鹵素離子。

4. 官能基轉換反應（group transfer）

常見的例子包括硝基轉成胺基，或醇基轉成羧基或酮基。

5. 結構變化

常見案例如裂解、環化或聚合等反應。

此外，電解有機物的反應還可從電極的角度加以分成四類，分別是陽極氧化、陰極還原、耦合與間接反應。陽極氧化常會伴隨 H^+ 的脫離，而陰極還原則常伴隨 H 的加成。耦合反應是指電化學反應和勻相化學反應的組合，常發生於電解產生自由基後，自由基接著再進行其他的勻相反應。間接反應則是指 O 電解所得的生成物 R 並非主產物，但這些生成物 R 可以輸送至溶液中，與其他成分 S 反應後才出現主產物 P，且可生成起始反應物 O，使之重複使用。

§3-5-2 有機化合物之氧化

烴類有機物發生氧化時，其 C－C 鍵或 C－H 鍵會斷裂而形成碳陽離子，其反應可表示爲：

$$R-H\rightarrow R^{+}+H^{+}+2e^{-} \quad (3.44)$$

$$R_1-R_2\rightarrow R_1^{+}+R_2^{+}+2e^{-} \quad (3.45)$$

但這類反應所需電極電位通常較高，可能超過 3.0 V。

烯烴類有機物發生氧化時，會先從 C ＝ C 鍵脫去電子而形成陽離子自由基，之後再進行加成、取代、環化或聚合等步驟。其反應可表示爲：

$$\mathrm{R(H)C{=}C(H)H} \longrightarrow \mathrm{R(H)C^{+}{-}\dot{C}(H)H} + e^{-} \tag{3.46}$$

飽和醇類在適當的電解液中或電催化材料上也可直接氧化成醛類，過程中不但會移除電子，也會釋出 H^+，以形成自由基，再反應成醛，而且還可繼續氧化成羧酸。例如在 NiOOH 上，電解含醇的鹼性溶液可以先得到自由基，再移除電子得到醛，其反應可表示爲：

$$\mathrm{RCH_2OH} \to \mathrm{R\dot{C}H(OH)} \to \mathrm{RCHO} + \mathrm{H}^{+} + e^{-} \tag{3.47}$$

其中 $\mathrm{R\dot{C}H(OH)}$ 即爲自由基。對於酮或酸等羰基化合物，在鹼性溶液中也可以進行氧化，常見的例子是羧酸根脫羧形成烴類的反應，過程中會先出現自由基，再生成產物：

$$\begin{aligned} &\mathrm{RCOO^-} \to \mathrm{RCOO\cdot} + e^- \\ &\mathrm{RCOO\cdot} \to \mathrm{R\cdot} + \mathrm{CO_2} \end{aligned} \tag{3.48}$$

兩個自由基 R· 可聚合得到 R－R 的烴類，此稱爲 Kolbe 反應。自由基 R· 也可再氧化而形成陽離子，並與親核試劑 Nu^- 結合而生成各類產物：

$$\begin{aligned} &\mathrm{R\cdot} \to \mathrm{R^+} + e^- \\ &\mathrm{R^+} + \mathrm{Nu^-} \to \mathrm{R-Nu} \end{aligned} \tag{3.49}$$

此外，有機酸或烯烴的鹵化亦屬於氧化反應。三級胺化合物（R_3N）氧化後，會先行成陽離子自由基（$R_3N^+\cdot$），再脫去 H^+ 形成自由基，接著繼續氧化而形成碳陽離子與銨根離子（NH_4^+）的混合物，最終可脫離烷基得到二級胺產物（R_2NH）。

芳香族化合物氧化時，可將 π 電子轉移至陽極，並形成芳香族陽離子自由基，再進行偶合或取代，即可得到產物。氧化程序除了發生在苯環上，有時也可發生在側鏈上，透過親核試劑，可以取代側鏈上的 H。

§3-5-3 有機化合物之還原

1960 年代，美國 Monsanto 公司開發出電解丙烯腈（acrylonitrile，$CH_2=CHCN$）製造己二腈（hexanedinitrile，$NC(CH_2)_4CN$）的量產技術，以每年 10 萬噸的速率生產，由於此法的成本低，反應易於控制，所以逐漸成爲全世界規模最大的有機電解合成產業。石油工業所得之丙烯（C_3H_6）與哈伯法生產的氨氣（NH_3）共同反應後，可形成丙烯腈，從丙烯腈再製造己二腈的程序屬於有機物還原，其反應可表示爲：

$$2CH_2{=}CHCN + 2H^+ + 2e^- \rightarrow NC(CH_2)_4CN \tag{3.50}$$

此反應的電位爲 –1.9 V vs.SCE，所以會受到 H_2 生成反應的競爭，因而降低了電流效率。隨著反應進行，陰極附近的 pH 值逐漸提高，中間物丙烯腈的陰離子自由基可能直接與 OH^- 結合成羥基丙腈；或在 pH 不高時，陰離子自由基可能與 H^+ 結合成丙腈。這些副產物都會降低己二腈的產率，目前常用的解決方法是以 40 wt% 之四級銨鹽（季銨鹽）爲電解質，使其吸附於陰極表面，以抑制丙腈生成。早期的生產中，以 Pb 爲陰極可提升 H_2 析出的過電壓，以 PbO_2 和 Ag_2O 的混合物爲陽極可降低 O_2 生成的過電壓，兩極以陽離子交換膜隔開，且會在陰極室設置一些聚乙烯條以促進紊流，避免 OH^- 和中間物反應。但研究顯示，所施加的電壓中有 70% 消耗在交換膜與電解液，且交換膜必須定時替換，致使成本仍然偏高。故在 1978 年之後的生產已改用 15 wt% 的 Na_2HPO_4 作爲支撐電解質，降低高價季銨鹽的濃度至 0.4 wt%，陽極改成碳鋼，並在電解液中添加硼砂與 EDTA 以避免電極腐蝕，且不再使用離子交換膜。這些改進措施不但簡化了電解槽，也降低了能量消耗。此外，新一代的電解液還被調配成乳化狀態，其中的有機相約含有 55～60% 的己二腈與 25～30% 的丙烯腈，乳化液於操作時會在電解槽與儲存槽間循環，使水相與有機相易於萃取分離。因此，新製程能帶來更大的經濟效益，使電解丙烯腈的產業規模再度擴大，得以年產 10 萬噸以上的己二腈。

由於雙鍵具有拉電子特性，所以烯烴與羰基化合物還可藉由還原反應生成內酯，芳香族化合物則可進行氫化加成。羰基化合物中的醛或酮在酸性環境中可還原成醇，但在鹼性環境中則傾向偶合。例如葡萄糖經還原後可得到山梨糖醇（sorbitol，即為己六醇），可作為食品添加劑；甲醛還原後會偶合成乙二醇，其反應可表示為：

$$2HCHO + 2H^+ + 2e^- \rightarrow HO(CH_2)_2OH \tag{3.51}$$

羧酸經還原後可得到醛類，例如草酸可還原成乙醛酸，其反應為：

$$HOOC\text{-}COOH + 2H^+ + 2e^- \rightarrow HOOC\text{-}CHO + H_2O \tag{3.52}$$

乙醛酸可做為香料或藥物的製作原料。

此外，硝基化合物也可透過還原反應來生成聯苯胺、胺基苯酚、苯胺或肼，這些產物都具有工業用途。腈基化合物若再還原，可得到胺基化合物，例如前述的己二腈可以加氫而生成己二胺，其反應可表示為：

$$NC(CH_2)_4CN + 8H^+ + 8e^- \rightarrow H_2N(CH_2)_6NH_2 \tag{3.53}$$

之後，己二胺與己二酸進行中和，可得到尼龍 66（Nylon 66），這是己二腈最重要的工業用途，因為全球每年生產的己二腈中超過 90% 用於生產尼龍 66。己二胺若與癸二酸反應，則生成尼龍 610，然後可製成各種尼龍纖維或塑料產品。己二胺還可用於製造泡沫塑料、黏著劑、橡膠添加劑、紡織和造紙工業使用的穩定劑或漂白劑等。

四乙基鉛（$Pb(C_2H_5)_4$）可以提高汽油的辛烷值，提升燃燒特性，曾是一種廣泛使用的汽油抗爆劑，但四乙基鉛屬於劇毒物質，人體接觸或吸入其揮發物皆會中毒，傷害中樞神經，而且 Pb 對環境的危害性高，已不再添加於汽油中。在 1960 年代，四乙基鉛已可使用電解法生產。這類有機金屬化合物是從鹵烷開始製備，鹵烷與 Mg 結合後可以形成有機鎂化合物，稱為 Grignard 試劑，例如 C_2H_5MgCl。當含有 C_2H_5MgCl 的電解液與 Pb 電極進行還原反應後，即可製造出 $Pb(C_2H_5)_4$：

$$4C_2H_5^- + Pb \rightarrow Pb(C_2H_5)_4 + 4e^- \tag{3.54}$$

搭配的陽極反應為：

$$4MgCl^{+} + 4e^{-} \rightarrow 2Mg + 2MgCl_2 \quad (3.55)$$

操作溫度約爲 40～50ºC，施加電壓約爲 8 V。

§ 3-5-4 二氧化碳之還原

自英國工業革命以來，人類開始大量使用煤炭、石油與天然氣，使得空氣中的 CO_2 含量由 18 世紀的 280 ppm 上升至 21 世紀的 400 ppm，約成長了 40% 以上。除了環境遭受破壞，諸如海平面上升、氣候異常與全球暖化等現象都被懷疑與 CO_2 含量增多的趨勢相關。因爲 CO_2 屬於溫室氣體，會減緩大氣的熱輻射速率，所以在新世紀初期，全球多數國家共同協議要減少 CO_2 的排放量。若不論溫室效應，CO_2 實爲無毒且低價的碳資源，若能有效地固定與利用 CO_2，將之轉化爲燃料或高價值化學品，則可形成綠色循環經濟，對於環境改善與資源利用具有重大效益。目前已發展出的固定技術可分爲物理法、生物法和化學法。

物理法主要藉由如活性碳等具有大比表面積之吸附劑來固定 CO_2，由這些吸附劑製成的碳過濾器已應用在燃煤發電廠中，以捕捉廢氣中的 CO_2，捕捉率可達 90%，所捕獲之 CO_2 可應用在原油開採，也可封存於地底。生物法即爲光合作用，透過植物或微生物吸收 CO_2，將之轉換爲葡萄糖（$C_6H_{12}O_6$）與 O_2。在陽光與葉綠素的輔助下，光合作用可分爲光反應步驟與碳反應步驟，如下所示：

$$12H_2O + h\nu \rightarrow 12H_2 + 6O_2 \quad (3.56)$$

$$12H_2 + 6CO_2 \rightarrow C_6H_{12}O_6 + 6H_2O \quad (3.57)$$

其中的 $h\nu$ 代表入射光子的能量。另需注意的是光反應中所需的 H_2O 是作爲生成 O_2 的原料，而碳反應生成的 H_2O 則來自於 CO_2，兩種水分子中的氧有各自的反應路徑。使用生物法固定 CO_2 的效率很高，但程序較爲複雜，所需時間也比較長，仍有待開發。然而，利用化學法固定 CO_2 則可同時兼顧效率與速率，所以吸引衆多研究者投入開發。從熱力學觀點可知，CO_2 具有高穩定性，通常要在高溫高壓下才能參與反應，但在觸媒的作用下，CO_2 仍可轉換成甲酸（HCOOH）、甲醇（CH_3OH）、甲烷（CH_4）、不飽和烴、不飽和芳香化合物、碳酸酯或酮類化合物等高附加值產品。

至於使用電化學方法還原 CO_2，也已發展了百年以上，尤其用來生產小分子有機物的技術格外受到重視。然而，所用的電極材料與溶劑會導致不同的產物，例如在 $KHCO_3$ 溶液中，使用 Au、Ag 或 Pd 等電極易於生成 CO，使用 Hg、Sn 或 Cd 等電極易於生成 HCOOH，其他如 HCHO、CH_3OH 與 CH_4 等產物也會出現。此外，在水溶液中也會發生 H_2 生成的副反應。上述反應的標準電位如表 3-2 所示。

表 3-2　主要的 CO_2 還原反應與標準電位

反應	標準電位 E^o (V vs. SHE)
$CO_2 + 2H^+ + 2e^- \rightarrow HCOOH$	–0.61 V
$CO_2 + 2H^+ + 2e^- \rightarrow CO + H_2O$	–0.53 V
$CO_2 + 4H^+ + 4e^- \rightarrow HCHO + H_2O$	–0.48 V
$CO_2 + 6H^+ + 6e^- \rightarrow CH_3OH + H_2O$	–0.38 V
$CO_2 + 8H^+ + 8e^- \rightarrow CH_4 + 2H_2O$	–0.24 V

雖然在水溶液中電解 CO_2 一定會同時生成 H_2，但若主產物是 CO 時，此混合氣體可用作燃料，也可用於製造 CH_3OH。另一種只需轉移兩個電子的產物是 HCOOH，但所需電極需改爲 Pb、Hg 或 ZnHg（鋅汞齊），此時的電流效率可以超過 90% 以上。HCOOH 除了可以作爲防腐劑，也可以用作燃料電池的反應物，所以也可再轉換成電能。在電解過程中，CO_2 會吸附在電極表面，之後會接收電子而成爲陰離子自由基 $CO_2^-\cdot$，此中間物將與 H_2O 或 H^+ 反應成 HCOOH。

CH_3OH 也是一種能源工業中常使用的原料，除了汽車可以直接燃燒 CH_3OH 以獲取動力，燃料電池中也可輸入 CH_3OH 而得到電力。然而，從 CO_2 還原成 CH_3OH 必須經過更多電子的轉移，致使步驟複雜，副反應的可能性增加。如欲得到較高的選擇率，則需使用 Ru 等貴金屬作爲電極，使大規模生產受限。還原 CO_2 還可以製造其他的燃料，例如 CH_4 或 C_2H_4，但在常溫下，還原的產物是 CO、CH_4 和 C_2H_4 的混合物。在 0°C 的低溫下，透過 Cu 電極得到的 CH_4 將占 70%；但到達 45°C 的較高溫時，所得 CH_4 會降至 0%，因爲生成 CH_4 所需的中間物只能在低溫下穩定。

除了電化學法可還原 CO_2，使用半導體光觸媒也可將 CO_2 轉換成上述產物。例如使用 TiO_2 時，以足夠能量的光線照射後，可得到電子電洞對。在鹼性溶液中，價帶電洞將會使 OH^- 氧化成 O_2 和自由基 $OH\cdot$，而導帶電子可提供 CO_2 還原成有機物。

目前已經測試過的光電化學系統是由 p-GaP 陰極、n-TiO_2 陽極和中性溶液構成，通入 CO_2 並照光電解後，可從陰極得到 HCOOH，以及少量 CH_3OH 與 HCHO，若施加電壓提高後，則可得到更多 CH_3OH。其他諸如 p-GaAs 或 p-InP 等半導體亦有研究者採用，並可從系統中得到較高的 HCOOH 選擇率。藉由光電化學的作用，電解 CO_2 所需電壓可以下降，但所需光源多爲紫外光，且光電轉換效率不高，電極材料的成本亦不低，這些因素皆成爲此技術的發展障礙。

§3-5-5 電化學聚合

使用電化學方法也可輔助有機物聚合，所以近年來也吸引了許多研究者投入。電化學聚合（electrochemical polymerization）可簡稱爲電聚合（electro-polymerization），反應中牽涉電子轉移。電聚合的系統中除了各種金屬或石墨電極以外，所用電解液必須包含有機單體與溶劑。在電解液中，所需溶劑可以是水或乙腈等，但爲了提升導電度，還需加入支撐電解質，而常用的單體分子包括芳香族化合物或乙烯基化合物等。使用電聚合製備高分子材料可帶來許多優點，例如產物厚度易於控制、薄膜品質穩定、可聚合的物質種類多，以及薄膜的結構或特性可調整。

在 1929 年，Wallace Hume Carothers 曾提出聚合反應可分爲加成與縮合兩種，前者的產物只含有高分子，而後者的產物中還會出現一些小分子。之後於 1953 年，Paul John Flory 提出另一種觀點，依據反應機構，聚合反應可分成逐步增長聚合（step-growth polymerization）和鏈增長聚合（chain-growth polymerization），他還指出前者的反應是由官能基參與，而後者則牽涉自由基或離子基團。

鏈增長聚合是不飽和分子單體不斷增長活性位置的一種反應，常見於聚乙烯、聚丙烯和聚氯乙烯的製造中，過程中的活性中心包括自由基、離子與有機金屬化合物的配位物。一般的鏈增長聚合反應可分成三個階段，分別是起始（initiation）、增長（propagation）與終止（termination）。在聚合反應初期，必須存在特定的起始劑（initiator），以構成活性中心，之後才能連接單體；在聚合反應進行期間，單體的環或鍵將會持續斷裂，以連接其他單體，主鏈因而增長；當活性中心互相結合而失去活性後，聚合將無法繼續而需結束，此即終止階段，但歧化反應（disproportionation）也可能導致聚合終止，例如活性中心發生自身氧化還原，因此失去活性，導致無法繼續連接單體。

在電聚合中，若單體表示為 M，則當 M 接近陰極時，可以接收電子而成為陰離子自由基 $\cdot M^-$：

$$M + e^- \rightarrow \cdot M^- \tag{3.58}$$

此產物將成為活性中心而引發單體聚合。若單體接近陽極時，也可能失去電子而成為陽離子自由基 $\cdot M^+$，進而成為活性中心。然而，有些活性中心並非由單體直接對電極轉移電子而生成，反而是藉由陽離子 C^+ 來進行：

$$\begin{gathered} C^+ + e^- \rightarrow C\cdot \\ M + C\cdot \rightarrow \cdot M^- + C^+ \end{gathered} \tag{3.59}$$

此類型稱為間接起始，在陽極上也能發生，例如陽極 A 溶解後產生 A^+，再輔助單體形成活性中心：

$$\begin{gathered} A \rightarrow A^+ + e^- \\ M + A^+ \rightarrow \cdot M^- + A^{2+} \end{gathered} \tag{3.60}$$

活性中心產生後，其他的單體 M 即可與其連結，而使主鏈不斷增長，其反應可表示為：

$$\begin{gathered} M + \cdot M^- \rightarrow \cdot M_2^- \\ M + \cdot M_2^- \rightarrow \cdot M_3^- \rightarrow \ldots \end{gathered} \tag{3.61}$$

增長的程序既可發生在電極表面，亦可發生於溶液中，前者的增長速率會隨外加電壓而提升，後者則與一般聚合反應無顯著差別。待增長程序進行一段期間後，可加入終止劑 HX，以去除聚合物的活性，其反應可表示為：

$$HX + \cdot M_n^- \rightarrow HM_n + \cdot X^- \tag{3.62}$$

其中的 HM_n 即爲最終的聚合產物。

在陰極發生的聚合反應可透過自由基或陰離子自由基來進行。通常在酸性溶液中，單體 M 可能吸引 H^+ 而形成 HM· 自由基以作爲起始劑；在非酸性溶液中，某些電極材料通電後易產生 OH· 自由基，也可引發如甲基丙烯酸甲酯或乙酸乙酯等單體的聚合。在陽極上，若電解液中含有羧酸根 $RCOO^-$，也可能釋出電子與 CO_2 後形成 R· 自由基而作爲起始劑，再引發烯類物質的聚合。上述案例皆屬於間接起始，直接起始程序的條件則較嚴格，必須精確控制電位，使單體能對電極轉移電子，但溶劑或其他成分不能發生氧化還原，否則會出現多種副反應。

再者，使用電化學方法製造導電高分子也是熱門的研究領域。聚吡咯（polypyrrole，簡稱爲 PPy）與聚噻吩（polythiophene，PT）、聚苯胺（polyaniline，PANI）和聚乙炔（polyethyne）等都屬於導電高分子，其主要應用包括電池、電致變色元件（electrochromic device）與化學感測器（chemical sensor）。在許多導電高分子中，以聚苯胺最受注目，因爲它具有多種優點，包括原料易得、化學穩定性佳、合成方法簡易、產品顏色可調整，以及單體價格便宜。聚苯胺的單體爲苯胺（aniline），製備時可採用化學聚合法、電化學聚合法或縮合聚合法。使用化學法時，苯胺與氧化劑混合即可發生聚合；使用電化學法時，苯胺必須置於陽極區，在酸性電解液中氧化即可聚合成高純度薄膜，且可調整厚度。苯胺氧化時，因反應程度不同，可能會出現兩種結構，其一是相鄰兩單體藉由胺基連接，另一則是以亞胺基團相接，由於後者會出現共軛結構，允許 π 電子轉移，故具有導電性。經過摻雜後，聚苯胺的導電度可以提高到 10 S/cm 的等級。此外，聚苯胺的顏色會隨施加電位而變，當電位往正向增加時，其能隙將會縮小，所以可從 –0.2 V 時的亮黃色逐漸轉成 0.5 V 時的綠色，再變至 0.8 V 時的暗藍色，最後變成 1.0 V 時的黑色，且具有可逆性，因此被應用於電致變色的元件中。

§3-6 總結

從第二章與本章可知，電解法可用於提煉高純度金屬，也可用於生產無機化學品和有機化學品。發展至今，全球最興盛的電化學產業爲煉鋁和鹼氯工業，從這兩種產業的耗電量即可得知其規模非常龐大。基於成本，製造其他的化學品時，常存在多種競爭技術，但電解法擁有產品純度高和產率可控制的優點，尤其某些化工流程特別需要使用高純度原料時，採用來自電解生產的原料將會占有優勢，即使電解生產原料的成本較高，但後續流程的成本卻能降低，所以在特定的化學工業中，電解法仍存在強大的競爭力，值得持續發展。

參考文獻

[1] A.J.Bard, G.Inzelt and F.Scholz, *Electrochemical Dictionary*, 2nd ed., Springer-Verlag, Berlin Heidelberg, 2012.

[2] D.Pletcher and F.C.Walsh, *Industrial Electrochemistry*, 2nd ed., Blackie Academic & Professiona1, 1993.

[3] D.Pletcher, Z.-Q.Tian and D.E.Williams, *Developments in Electrochemistry*, John Wiley & Sons, Ltd., 2014.

[4] G.Kreysa, K.-I.Ota and R.F.Savinell, *Encyclopedia of Applied Electrochemistry*, Springer Science+Business Media, New York, 2014.

[5] G.Prentice, *Electrochemical Engineering Principles*, Prentice Hall, Upper Saddle River, NJ, 1990.

[6] H.Hamann, A.Hamnett and W.Vielstich, *Electrochemistry*, 2nd ed., Wiley-VCH, Weinheim, Germany, 2007.

[7] H.Wendt and G.Kreysa, *Electrochemical Engineering*, Springer-Verlag, Berlin Heidelberg GmbH, 1999.

[8] J.Koryta, J.Dvorak and L.Kavan, *Principles of Electrochemistry*, 2nd ed., John Wiley & Sons, Ltd.1993.

[9] V.S.Bagotsky, *Fundamentals of Electrochemistry*, 2nd ed., John Wiley & Sons, Inc., Hoboken, NJ, 2006.

[10] 田福助，電化學－理論與應用，高立出版社，2004。

[11] 吳輝煌，電化學工程基礎，化學工業出版社，2008。

[12] 郁仁貽，實用理論電化學，徐氏文教基金會，1996。

[13] 楊綺琴、方北龍、童葉翔，應用電化學，第二版，中山大學出版社，2004。

[14] 謝德明、童少平、樓白楊，工業電化學基礎，化學工業出版社，2009。

[15] 陳致融、劉如熹，科學發展 508 期，6-11 頁，2015。

[16] 林欣瑜，科學發展 508 期，18-23 頁，2015。

[17] 吳季珍，科學發展 508 期，28-33 頁，2015。

第四章
電化學應用於表面加工業

從礦石中提煉金屬後，將會製成器具以供使用，因而發展出金屬加工產業。金屬冶煉與加工的技術象徵著人類文明的演進，從史前時代只使用金、銀、銅等金屬，進步到錫、鉛、鐵等可冶煉的金屬，之後又發展出合金，但無論材料組成，製成器具前皆需經過多重加工。金屬加工時，必須使用多種結構成型或表面處理的技術，但隨著時代演變，工件的外型與尺寸已經逐步複雜化或微型化，導致許多傳統的機械工藝面臨瓶頸，但若能結合電化學方法後，即可達到更高的精度或更快的產率。

目前已開發出的電化學表面加工技術包含清洗、溶解、蝕刻、拋光、鑽孔、切削與覆膜，目的是成型、除油、整平、亮化、抗蝕，或增加其他機電光熱等功能性。被加工的物件必須放置於電解槽中，再搭配適當的電解液和對應電極，透過合宜的電壓，即可完成上述目標。若加工時物件連接到電源的負極，稱爲陰極程序，例如電鍍或電鑄；若加工時物件連接到電源的正極，則稱爲陽極程序，例如陽極氧化或電解拋光；但有時也會施加交流電，輪流進行陽極與陰極程序。以下將分成數個小節來說明電化學加工技術的原理與其發展。

§4-1　電解除油

金屬工件在進行表面處理之前，必須先提升表面的清潔度，亦即不允許多餘的汙垢或雜質附著，以免加工的效果不佳。一般的清潔程序可透過機械方法或化學方法進行，對於表面的油脂，甚至還可以使用電解法清除。除了電解法以外，常用的化學清潔法還包括溶劑浸漬、乳化劑浸漬、三氯乙烯蒸氣噴洗和鹼洗。這些脫脂方法可以併用，分爲前期、中期和後期，前期可使用溶劑或乳化劑去除重油汙染物，中期使用強鹼可促進油脂皀化，但只能去除動物性油脂，後期則可採用電解法。金屬工件經過通電後，表面會產生氣體和鹼，氣體上浮時可造成攪拌效應，使油汙更易去除，再加上皀化作用，可比純化學除油更快更有效。進行化學除油時，必須顧慮藥劑的易燃性、毒性、氣味或腐蝕性，同時也要考慮廢棄物的處理。相較於這些顧慮，電化學除油的問題比較單純。

以電解法去除表面油脂時，主要使用的藥液爲加熱的碳酸鈉（Na_2CO_3）或氫氧化鈉（NaOH）溶液，但反應中被分解的卻是 H_2O，所以在陰極會產生 H_2，在陽極會產生 O_2。若金屬工件連接電源之正極而成爲陽極時，必須注意是否會溶解，或形成鈍化膜，若會發生上述兩種情形者，則不適合進行陽極除油，例如 Zn 的反應性高於 H_2O，不能連接正極，但卻可以連接電源之負極以進行表面清潔。由於陽極生成的 O_2 氣泡較少且較大，分散性不如 H_2，使乳化效果較差，所以陽極除油的效果不如陰極。此外，當油汙本身也發生氧化時，將使表面更難以清潔。

當金屬連接電源負極而成為陰極時，工件表面將會產生 H_2。由於 H_2 的氣泡較小且分散性較佳，可使油汙拆散或掀起，並且攪拌溶液，能導致良好的乳化效果；此外，反應期間還會產生 OH^-，增強表面附近的鹼性，並促使油脂皂化，或形成浮渣，因此陰極除油的成效優於陽極除油。然而，對於 Fe 或 Ni 等金屬，H_2 可能滲入其內部而引發氫脆現象（hydrogen embrittlement）。此外，當電解液不純時，也可能有少量低活性金屬在工件表面析出，引起汙染。

因此，在實務中，常將上述兩種方法結合，先進行陰極除油，再進行短時間的陽極除油，因而稱為聯合除油。此法可擷取陰極除油的優點，也可避免氫脆現象和表面氧化。常用的操作條件為 60～80ºC 之溫度範圍，0.05～0.15 A/m^2 之電流密度，1～3 分鐘之操作時間。除油用的電解液經過一段期間後必須更換，否則之前去除的油汙會影響後續的除油效果。再者，金屬經過除油之後，必須立刻送至其他表面處理單元，例如電鍍槽，否則工件接觸空氣後又會重覆被汙染。

§4-2　電鍍

伏打電池從 18 世紀末被發明之後，立即吸引許多科學家投入研究電流的化學效應。在 1805 年，義大利的化學家 Luigi Brugnatelli 首先發展出電鍍技術，他是 Allessandro Volta 的同事，故使用了伏打電堆作為電源，成功地在銀板上鍍出黃金。幾年之後，英國的醫生兼化學家 John Wright 發現使用 KCN 作為電解質可以更有效地鍍金或鍍銀。電鍍的專利則首先出現在 1840 年，是由 George Richard Elkington 所申請，促使電鍍技術開始應用在珠寶首飾的製作。同年，Moritz Hermann von Jacobi 利用酸性溶液電鍍 Cu 的專利也獲證，三年之後實際用於工業生產。後續鍍 Ni、鍍 Zn 和鍍 Cr 等技術，也陸續被開發出來，促進了金屬工業的發展。除了單一金屬的電鍍，早在 1840 年代，已有研究嘗試鍍出合金，至今已可製作出貴金屬合金、鋅銅合金（黃銅）、錫銅合金（青銅）或錫鉛合金等 250 多種鍍膜。

早期的電鍍主要為了提供物件保護與美觀的作用，但隨著技術的進步，電鍍還可改善工件表面的機械特性、電磁特性、導熱特性、光學特性與抗蝕性，例如硬鉻鍍層可使工件更耐磨，錫鉛鍍層可減少滑動機械的摩擦，高錫青銅鍍層可以反光，鎳鈷鍍層可以導磁，碳銅鍍層有助於導熱，因而使電鍍製程成為表面處理中不可或缺的步驟。甚至在許多微型製造中，被加工物件的尺寸已經縮小到微米等級，例如積體電路（IC）或微機電系統（MEMS）中包含的金屬填孔或填溝製程，由於這些孔洞或線路非常微小，傳統的電鍍工藝無法克服，必須開發新方法，因而產生了現代電鍍技術。總結上述鍍層的功能，列於表 4-1 中。

表 4-1　多種電鍍用途

鍍層用途	特點	應用
抗蝕防護	不鏽鋼鍍鋅、不鏽鋼鍍鎘	汽車或船舶等交通工具
裝飾	銅鎳鉻多層電鍍	汽車或金屬製品
耐磨／減磨	硬鉻鍍層	機械的軸承或腔膛
熱加工	滲碳或滲氮鍍層	加熱用器械
導電	鍍銅、鍍銀、鍍金等	電子元件
磁性	鈷鎳或鐵鎳鍍層	磁性材料
耐熱	鎳或鉻鍍層	轉動機械或電子元件
修復	鍍鎳或鍍鐵	被磨損的器械

§ 4-2-1 電沉積原理

在金屬表面處理程序或電解冶金程序中，都會牽涉從電解液析出金屬的過程，並可廣義地稱為電沉積（electrodeposition），但應用在表面鍍膜時特別稱為電鍍（electroplating），應用在電鍍成型時稱為電鑄（electroforming），應用在冶金時則稱為電解提取（electrowinning）、電解精煉（electrorefining）和電解製取粉末（electrolytic powder production）。在沉積的期間，會依序經歷反應物質傳、前置轉換、電子轉移、成核（nucleation）、晶核成長與薄膜成長的步驟，其中電子轉移、成核與晶核成長可合稱爲電結晶（electrocrystallization），電結晶和薄膜成長合稱爲電沉積。

金屬的電結晶可以發生在其他材料上，也可以發生在前一次形成的同質金屬薄膜上，但這些底材都必須具有導電性，才能扮演陰極。若在其他材料上結晶，新相與底材的結合力可能比同質材料更強，使析出反應得以發生在正於平衡電位的情形，此現象稱爲欠電位沉積（underpotential deposition），但沉積物累積一個原子層之後，即成爲同質材料堆疊，無法在更正的電位下沉積。例如將 Ag 置入含有 Pb^{2+} 的溶液中，即可在正於 Pb/Pb^{2+} 的平衡電位下，沉積出一到三個 Pb 原子層，但之後若欲繼續沉積 Pb，則需將電極電位調整至負於 Pb/Pb^{2+} 平衡電位的數值，才能有效鍍膜，因此後段的程序稱爲過電位沉積（overpotential deposition）。

由於各種程序對產品的需求不同，故對結晶物的要求亦不同。在電沉積中，最重要的特性通常是表面型態（surface morphology），而且此型態會隨著時間演變，改變過電位或電流可以調整沉積物的型態，而電沉積反應本身的動力學參數也會影響沉積物的型態。常見的沉積物可能具有密實的、樹枝狀的、海綿狀的或顆粒狀的結構，這些結構的成因皆與反應的交換電流密度 i_0 有關。例如在 i_0 很大的電沉積反應中，若施加的過電位不大時，會產生大顆粒的鍍物；若施加的過電位夠高時，則會出現樹枝狀的鍍物，Sn 或 Pb 的電沉積即屬於此類情形。在 i_0 稍大的電沉積反應中，若施加的過電位不大時，會產生海綿狀的鍍物；若施加的過電位夠高時，仍會出現樹枝狀的鍍物。對於 i_0 不大的電沉積反應中，若施加的過電位不大時，會產生密實的鍍物；若施加的過電位夠高時，則可能出現樹枝狀或海綿狀的鍍物。除了反應本質與施加電壓會影響鍍物特性外，在電解液中添加某些有機或無機成分，也會改變鍍物型態。因此在不同的程序中，必須選擇適當的操作條件和電解液配方，才能有效得到所需產物。例如在電解提取或電解精煉中，期望得到純度高、附著力佳且顆粒大的鍍物，所以常操作在電流電位圖中 Tafel 區域之末端，但尚未進入質傳控制區，如此可避免樹枝狀鍍物生成，而且反應的 i_0 不大時，鍍物品質會更好。若需製取金屬粉末時，則希望鍍物對底材的附著力不強，且能呈現顆粒狀，顆粒的尺寸可依施加電位而變，以利於控制粉末的品質。在電鍍薄膜時，期望的鍍物則需擁有細緻的顆粒、平坦的表面與附著力強的結構。因此，電鍍反應的 i_0 不能太大，需要時可藉由添加劑來調整，而操作電壓也應位於 Tafel 區域之末端。施加電壓過高時，一方面鍍物結構變得鬆散，另一方面電流效率會降低，鍍物純度也會降低。

電沉積的特性可分別從熱力學和動力學的觀點來探討，前者關乎反應的可行性，後者則決定了鍍物的品質。單就電沉積的原理，只要施予陰極的電位足夠負，任何金屬陽離子皆可還原，但目前在工業中實際採用的電鍍程序多數屬於水溶液，在非常負的電位下，會生成大量的 H_2，使鍍物的品質劣化，也會使電流效率降至極低，所以在實務中大約只有 30 多種金屬適合在水中電沉積。其他的金屬則可在有機溶劑中沉積，或使用無溶劑的熔融鹽型式進行沉積，但透過這兩種程序得到的鍍物往往附著力不佳、結構鬆散或呈現液態。從週期表中可發現，位於左側的金屬較難在水中還原，因為它們的標準電位負於生成 H_2 的電位；反之，位於右側的金屬則較易還原，兩種類型的金屬大約以鉻（Cr）、鉬（Mo）、鎢（W）作為分界，如表 4-2 所示，但需注意右側的元素中，Al 只能在非水溶液中還原。此外，電沉積後若能形成合金，一些原本無法在水溶液中沉積的金屬仍可還原，例如使用汞（Hg）作為陰極時，鹼金屬可以在陰極上還原，並形成汞齊（amalgam），鹼氯工業中的水銀法即為應用實例。

表 4-2　週期表中可以進行電沉積的金屬（未列入稀土金屬）

Li	Be														
Na	Mg											Al			
K	Ca	Sc	Ti	V	Cr	Mn	Fe	Co	Ni	Cu	Zn	Ga			
Rb	Sr	Y	Zr	Nb	Mo	Tc	Ru	Rh	Pd	Ag	Cd	In	Sn	Sb	
Cs	Ba		Hf	Ta	W	Re	Os	Ir	Pt	Au	Hg	Tl	Pb	Bi	Po

可在非水溶液中沉積　　可在水溶液中沉積

若改變電沉積溶液中的溶劑時，各種陽離子的溶劑化能量將會調整，且溶劑本身的分解電位也將變化，致使水溶液中難以還原的鹼金屬或其他高活性的金屬得以沉積。對電解液加入 EDTA 或 CN^- 等錯合劑時，將會使金屬離子形成更穩定的配位錯合物，並使還原電位將往負向偏移，更難以沉積，但所得到的鍍物卻會更細緻，因此在實務電鍍中常會使用此類添加劑。

若從動力學的觀點探討電沉積的特性，則需觀察交換電流密度 i_0。如表 4-3 所示，在水溶液中可進行電沉積的金屬大致可分成三類，第一類是 i_0 較大的金屬，例如 Pb、Cd 或 Sn，其值約在 10^{-3}～10^{-1} A/cm^2 之間，還原反應容易進行，外加能量主要用於克服濃度過電位或結晶程序；第二類是 i_0 中等的金屬，例如 Bi、Cu 或 Zn，其值約在 10^{-4}～10^{-6} A/cm^2 之間；第三類是 i_0 較小的金屬，例如 Fe、Co 或 Ni，其值約在 10^{-7}～10^{-9} A/cm^2 之間，代表電子轉移慢於吸附物在表面的遷移，必須用 Butler-Volmer 方程式描述其動力學。

表 4-3　水溶液中金屬沉積的交換電流密度

交換電流密度 i_0	金屬種類
10^{-3}～10^{-1} A/cm^2	Hg、Pb、Sn、Tl、Cd、In、Ag
10^{-4}～10^{-6} A/cm^2	Cu、Zn、Bi、Sb、Au、Ga
10^{-7}～10^{-9} A/cm^2	Fe、Co、Ni、Rh、Pd、Pt、Cr、Mn

隨著電沉積的進行，電極表面持續產生新的晶體相，動力學行為趨向複雜，所以必須同時考慮電子轉移、結晶與膜成長的特性，才能預測電沉積的結果。在進行電沉積之前，反應物必須經過質傳程序才能從溶液的主體區移至電極界面附近。到達電極表面後，金屬離子還必須經歷前置轉換，才能接收電極傳遞的電子。對於水合離子，主要的前置轉換是部分水分子的脫離，脫離後金屬離子才得以吸附在電極上。若為金屬錯合物，也必須脫離部分配位基（ligand），使配位數降低，才能進行後續的電子轉移，但有些配位基可以扮演電子傳遞的橋樑，反而可以降低金屬還原的活化能，例如 NH_3 或 CN^- 都有此功用。再者，發生電子轉移的物種，也不一定是原本的錯合物，例如在 NaCN 和 NaOH 中進行 Zn 的電沉積時，會先發生配位基的轉換，再降低配位數，才轉移電子，形成表面吸附物之後，將會沿著表面擴散，以進入晶格，使晶體成長，其步驟可表示為：

$$Zn(CN)_4^{2-} + 4OH^- \rightleftharpoons Zn(OH)_4^{2-} + 4CN^- \tag{4.1}$$

$$Zn(OH)_4^{2-} \rightleftharpoons Zn(OH)_2 + 2OH^- \tag{4.2}$$

$$Zn(OH)_2 + 2e^- \rightleftharpoons Zn(OH)_{2\ (ad)}^{2-} \tag{4.3}$$

$$Zn(OH)_{2\ (ad)}^{2-} \rightleftharpoons Zn_{(lattice)} + 2OH^- \tag{4.4}$$

其中（4.1）式代表 Zn 的配位基從 CN^- 轉換成 OH^-，（4.3）式中的 $Zn(OH)_{2\ (ad)}^{2-}$ 是指吸附物，（4.4）式中的 $Zn_{(lattice)}$ 則是指晶格原子。

進行金屬電結晶時，可細分成幾個步驟，首先是陽離子還原而形成吸附原子（adatom）或吸附離子，如同（4.3）式中的 $Zn(OH)_{2\ (ad)}^{2-}$，這些吸附物會沿著電極表面擴散到合適的位置，遷移之中還會逐漸脫離水合層。對於理想的結晶過程，吸附原子停駐的位置將隨底材形貌而有多種選擇。底材表面上常見的形貌包括表面空位（vacancy）、邊緣空位（edge vacancy）、扭結位置（kink）和台階邊緣位置（step edge），如表 4-4 所示。

表 4-4　固體表面鍵結分類

鍵結種類	圖示	底層鍵結數	側向鍵結數
自由吸附		1	0
邊緣吸附		1	1
扭結吸附		1	2
邊緣空位填補		1	3
表面空位填補		1	4

假設水合離子的內層有 6 個水分子包圍著陽離子，當吸附原子在某個平台（terrace）上形成時，它可能只與底層的一個原子鍵結，其他方向則仍被水分子包圍。若

吸附原子停留在邊緣位置時，它可能與底層和側邊的兩個原子鍵結，代表從平台移至台階邊緣的過程中必須脫去一個水分子。若吸附原子停留在扭結位置時，它可能與一個底層原子和兩個側向原子鍵結，亦即共有三個原子與其鍵結，代表從邊緣位置移至扭結位置的過程中又需脫去一個水分子。若吸附原子停留在邊緣空位時，它可能與一個底層原子和三個側向的原子鍵結，亦即共有四個原子與其鍵結，所以塡入邊緣空缺比進入扭結位置需要多脫離一個水分子。若吸附原子從平台塡入表面空位時，將會與一個底層原子和四個側向的原子鍵結，亦即只留著上方連結的水分子。上述鍵結情形顯示，從附著於自由表面到塡入表面空位，金屬原子必須逐漸脫離水合層，所需活化能則逐步提高，代表外界必須給予足夠的能量才能產生良好的結晶物。經過歸納，影響電結晶動力學的關鍵因素有四項，分別爲還原過電位、電雙層結構、金屬成核與晶粒成長，四項因素又會彼此影響。

還原過電位是析出金屬的基本驅動力，因爲電極與溶液的界面必須擁有足夠的電壓才能克服反應活化能與表面濃度差。對於克服活化能的過程，可使用表 4-3 所列之交換電流密度 i_0 來探討。在水溶液中電沉積 i_0 較大的金屬，例如 Pb、Cd 或 Sn，其還原反應比較容易進行，外加能量主要用於克服濃度過電位或結晶程序；沉積 i_0 較小的金屬，例如 Fe、Co 或 Ni，其電子轉移慢於吸附物之表面遷移，可以簡單地使用 Butler-Volmer 方程式描述其動力學。

再者，陰極的極化還必須超過某種程度才能使晶核穩定生成，否則結晶物會再溶解而回到溶液中，這種穩定生成的狀態是指晶核必須超過某個最小尺寸。當極化程度增大時，成核的最小尺寸將可減小，而且此時的電流密度會提升，使小晶核的生成數量增多，晶粒將變得細緻。晶粒的尺寸通常會隨晶體成長的速率而變，當晶體成長的速率大於晶核生成的速率時，晶粒的尺寸較大；反之，當晶體成長的速率小於晶核生成的速率時，晶粒的尺寸則較小。一般而言，晶體成長所需能量比晶核生成的能量小，所以使用定電流模式進行電結晶時，初期所需的過電位較偏負，待晶核生成後，所需過電位會稍微往正向偏移，因爲後續的成長需要較少能量。當生成的晶核較小時，總表面積較大，所以表面能較高，溶解的趨勢也較強，除非有更多的外部能量輸入。因此，每一個外加電位都會對應一個最小晶核尺寸，當過電位愈偏負時，小晶核愈能穩定存在而不溶解，同時晶核生成速率愈大，即使經過成長後，每顆晶粒的尺寸仍都不大，所以能獲得較細緻的沉積物。然而，太高的過電位會導致海綿狀或樹枝狀結晶，致使沉積物的結構鬆散，附著力不足。因此，控制陰極的過電位對電結晶的品質具有關鍵性的影響力。

對於金屬成核，可分爲二維成核模式與三維成核模式，如圖 4-1 所示，前者是指沿著底材形成片狀物，後者則可往底材上方延伸而成爲柱狀物或半球狀物。在實際的電極表面上，幾乎無法出現大面積的完美晶面，表面多半充滿了突起、空缺、錯位或台階等缺陷，但這些缺陷也會扮演成核的活性位置。若將成核視爲一種隨時間發展的程序，成核的速率常數爲 k，則表面核點數量 N 可簡略表示爲：

$$N = N_0[1 - \exp(-kt)] \tag{4.5}$$

其中 N_0 代表核點的最大數量，可視爲活性位置的總量。若速率常數 k 很小，在成核的初期，可近似爲核點數量僅隨著時間線性增加，亦即 $N = N_0kt$，故可稱爲連續成核（progressive nucleation）模式；若速率常數 k 很大，在成核的初期，核點數量即已到達極限值，亦即 $N = N_0$，則稱爲瞬時成核（instantaneous nucleation）模式，這兩種情形將會導致不同的電沉積速率。在核點穩定生成後，將進入晶體成長階段。成長的前期是由各晶核往側向延伸，之後則會出現晶核成長區的重疊，因而導致多種複雜的結構。因此，後續將結合成核與成長模型來介紹幾種簡化理論，以描述電沉積中電流對過電位的關係，亦即電結晶的動力學行爲。

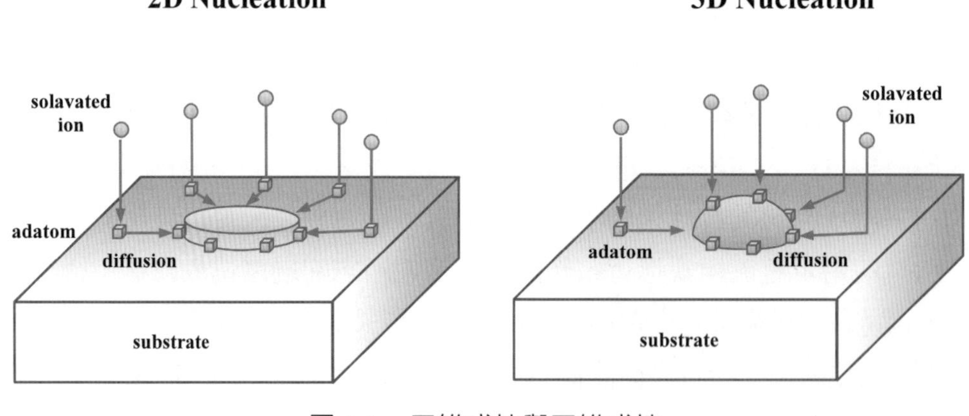

圖 4-1　二維成核與三維成核

在 1920 年代，德國研究者 Kossell 和 Volmer 首先提出了完美晶面上的電結晶理論，主要用來描述二維晶核的生成速率與最小尺寸對過電位的關係。在晶核產生的過程中，主要分成兩步驟，分別是電子轉移與新相生成，前者會釋放能量，後者則需吸收能量。若有一塊圓片形的晶核生成於電極表面，則其自由能變化可表示為：

$$\Delta G = \frac{\rho}{M}(\pi r^2 h)(nF\eta_c) + (2\pi rh + \pi r^2)\sigma_1 + \pi r^2\sigma_2 - \pi r^2\sigma_3 \tag{4.6}$$

其中 ρ 與 M 是析出金屬的密度與分子量，r 和 h 是圓片形晶核的半徑與厚度，σ_1、σ_2 與 σ_3 則分別是金屬對溶液、金屬對底材與底材對溶液的界面張力，而 n 和 η_c 則為金屬還原反應所需電子數和過電位，且已知 $\eta_c < 0$。從（4.6）式中可發現，半徑 r 較小時，可能使 $\Delta G > 0$，因為小晶核易於溶解，故難以穩定存在；但當 r 足夠大時，將使 $\Delta G < 0$，晶核得以自發性地生成。由於 ΔG 會隨著 r 先增大再減小，故定義自由能達到最大值 ΔG_c 的晶粒尺寸為臨界半徑 r_c，用以作為晶核穩定生成的標準。因此，從 $\frac{\partial \Delta G}{\partial r} = 0$ 可得：

$$r_c = \frac{h\sigma_1}{-\frac{\rho}{M}h(nF\eta_c) - (\sigma_1 + \sigma_2 - \sigma_3)} \tag{4.7}$$

$$\Delta G_c = \frac{-\pi h^2\sigma_1^2}{\frac{\rho}{M}h(nF\eta_c) + (\sigma_1 + \sigma_2 - \sigma_3)} \tag{4.8}$$

若陰極過電位足夠負時，可使 $-\frac{\rho}{M}h(nF\eta_c) \gg (\sigma_1 + \sigma_2 - \sigma_3)$，代表 ΔG_c 能近似為：

$$\Delta G_c = -\frac{\pi h\sigma_1^2 M}{\rho nF\eta_c} \tag{4.9}$$

當沉積物已經蓋滿底材時，可發現 $\sigma_1 = \sigma_3$ 且 $\sigma_2 = 0$，此時的 ΔG_c 與（4.9）式相同。若以類似 Arrhenius 方程式的模式建立能量變化與成核速率 R_n 的關係，則 R_n 可表示為：

$$R_n = A\exp(-\frac{\Delta G_c}{RT}) = A\exp(\frac{k_{n2}}{\eta_c}) \tag{4.10}$$

其中 $k_{n2} = \frac{\pi h\sigma_1^2 M}{\rho nFRT}$。因此可知，陰極過電位 η_c 的量愈大，成核速率 R_n 愈大，且臨界尺寸 r_c 愈小，使結晶物愈細緻；反之，陰極過電位 η_c 的量愈小，結晶物則顯得粗大。

對於三維成核的情形，則可假設在電極上出現半球狀核點，其自由能 ΔG 為：

$$\Delta G = \frac{2\pi r^3\rho}{3M}(nF\eta_c) + 2\pi r^2\sigma_1 + \pi r^2(\sigma_2 - \sigma_3) \tag{4.11}$$

其中 r 為半球核點的半徑。相似地，當 ΔG 具有最大值時，可定義臨界半徑 r_c 與臨界自由能 ΔG_c：

$$r_c = -\frac{M(2\sigma_1 + \sigma_2 - \sigma_3)}{\rho nF\eta_c} \tag{4.12}$$

$$\Delta G_c = \frac{\pi M^2(2\sigma_1 + \sigma_2 - \sigma_3)^3}{3(\rho nF\eta_c)^2} \tag{4.13}$$

所以成核速率 R_n 可表示為：

$$R_n = A\exp(-\frac{\Delta G_c}{RT}) = A\exp(-\frac{k_{n3}}{\eta_c^2}) \tag{4.14}$$

其中 $k_{n3} = \frac{\pi M^2(2\sigma_1 + \sigma_2 - \sigma_3)^3}{3RT(\rho nF)^2}$。若成核過程是電沉積的速率決定步驟，則其速率將正比於沉積速率，也正比於電流密度 i，所以在二維成核模型中，將會發現 $\ln i$ 與 $\frac{1}{\eta_c}$ 成線性關係；在三維成核模型中，$\ln i$ 則與 $\frac{1}{\eta_c^2}$ 成線性關係。

另一方面，除了成核需要外部能量，吸附原子進入晶格位置也需要能量。假設平衡時吸附原子的濃度爲 c_{ad}^{o}，但往負向多施加過電位 η_d 後，可使表面的吸附原子濃度提升到 c_{ad}，這三者的關係可類比濃度過電位而表示成：

$$\eta_d = -\frac{RT}{nF}\ln(\frac{c_{ad}}{c_{ad}^{o}}) \tag{4.15}$$

其中 $c_{ad} > c_{ad}^{o}$ 且 $\eta_d < 0$。若電子轉移與吸附原子擴散共同控制電結晶程序時，電流密度可表示爲：

$$i = i_0\left[\frac{c_{\max} - c_{ad}}{c_{\max} - c_{ad}^{o}}\exp(-\frac{\alpha nF\eta}{RT}) - \frac{c_{ad}}{c_{ad}^{o}}\exp(\frac{\beta nF\eta}{RT})\right] \tag{4.16}$$

其中 $c_{\max}$ 是表面被吸附原子完全覆蓋時的濃度，所以 $(c_{\max} - c_{ad})$ 可視爲表面還可以再吸附的濃度，而等式右側第二項則表示吸附原子的溶解。當施加的過電位很小時，$c_{ad} \ll c_{\max}$ 且 $c_{ad} \approx c_{ad}^{o}$，可得到：

$$\eta = -\frac{RT}{nF}\left(\frac{i}{i_0} + \frac{c_{ad} - c_{ad}^{o}}{c_{ad}^{o}}\right) \tag{4.17}$$

等式右側的第一項說明了電子轉移的過電壓 η_{ct}，第二項則是表面擴散的過電壓 η_d，從（4.15）式也可得到相同的結果。通常在較低的過電位下，η_d 較重要，由表面擴散控制電結晶程序；但在足夠高的過電位下，η_{ct} 則較顯著，使電子轉移控制電結晶程序。

在電雙層中，若有離子或分子吸附於電極界面，必然會大幅影響金屬析出的速率，也會改變析出的位置，由此再影響電結晶的結構，進而改變鍍層的性質，因此在電鍍程序中常會使用特殊添加劑，藉由其吸附現象來改變鍍物品質。這些有機添加劑中常含有 O、S 或 N 原子，例如硫脲（thiourea）是尿素中的 O 被 S 取代而形成的化合物，會以特性吸附的方式改變電雙層結構，加大極化程度，故可使鍍物的晶粒變得細緻。

此外，晶粒成長的模式與鍍物品質密切相關，因爲底層的型態會導致不同結構的鍍物，尤其底層無法避免缺陷出現。常見的缺陷包括空洞、台階或錯位，如圖 4-2 所示，而這些缺陷又會改變結晶的發展過程。但在平整的表面上，晶體成長的模式可簡化爲兩類，第一類是層狀成長（layer growth），第二類是三維成長（3D growth）。前者是指晶體沿著表面的四周擴展，直至表面被覆蓋，之後再進行下一層成長。在層狀成長模式中，台階是基本的表面構造，且此台階可以只有單原子的高度，也可以擁有多原子的高度，進行成長時相當於台階往其垂直方向推進。但當底層表面存在錯位的台階時，如圖 4-2(E) 所示，後續的吸附原子會傾向擴散至台階邊緣，不斷沉積後將使台階向前推進。若台階有一個端點，則台階將出現螺旋式推進，但不會消失，持續進行後將使表面升高一個原子層的高度，形成層狀或塔狀結晶物。但當底材表面不只出現一條錯位的台階時，將使結晶過程變得複雜，因爲吸附原子會先擴散至某些台階，使得各台階螺旋成長的速率不同，甚至旋轉方向也不同。

在三維成長模式中，晶核本身就是三維物體，待眾多晶核成長後，彼此會接觸而合併，接著再成爲網絡，最終再補滿空隙而成爲連續體。在三維成長的過程中，由於表面會先充滿許多微小的晶粒，致使側向成長速率明顯小於縱向成長速率，所以晶體較易朝縱向延伸而形成柱狀結構，但相鄰的柱狀晶體會彼此競爭空間，其中以表面能較低者擁有較快的成長速率。

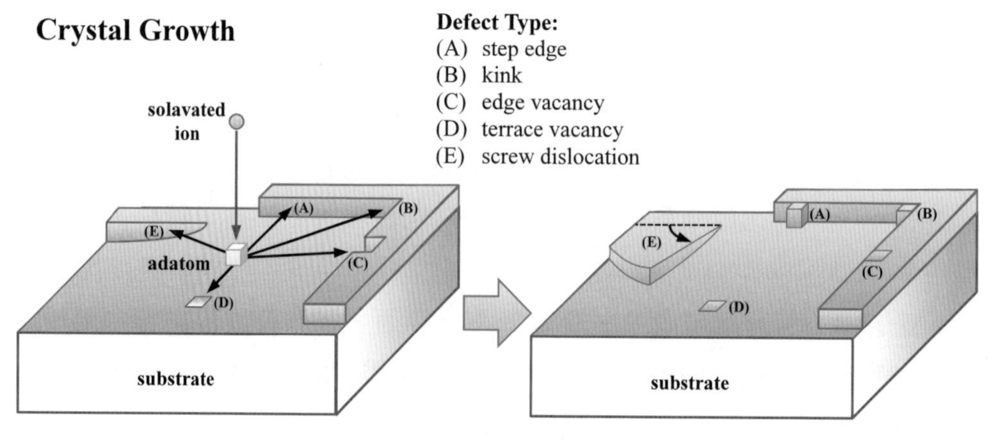

圖 4-2　晶體成長與表面缺陷

無論晶體成長屬於何種模式，皆必須與成核程序競爭能量，因此陰極過電位的大小會影響能量的分配，因而改變沉積物的結構。理論上，成核速率愈大，沉積物的晶粒愈細緻；沿著底材表面的晶體成長速率愈大，較可能得到平整的鍍層；反之，垂直於底材的晶體成長速率愈大，則較容易得到纖維狀或柱狀的鍍物。實務上，欲得到緻密的沉積物，必須提高過電位，亦即增大電流密度，但需注意質傳限制與副反應的問題。因爲過電位超過某種程度時，表面的陽離子濃度不足，將會引導晶體往溶液主體區成長，以克服後續反應的濃度過電位，因而導致樹枝狀的沉積物。再者，過電位升高後，H^+ 還原成 H_2 的可能性增大，一方面消耗了施加能量，另一方面又會產生 OH^-，進而導致金屬陽離子形成沉澱物，破壞了沉積物的品質。

在早期的電結晶研究中，透過表面分析技術收集了許多結晶型態的資料，因而歸納出幾種主要的結構，可如表 4-5 所示。

表 4-5　常見的電結晶物結構

結晶型態	圖示
顆粒狀	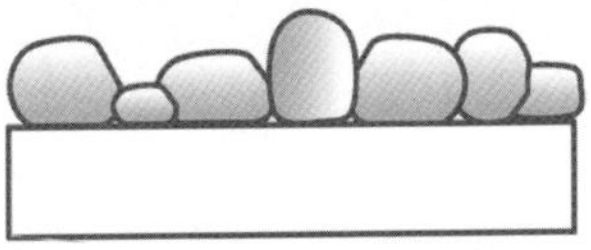
柱狀	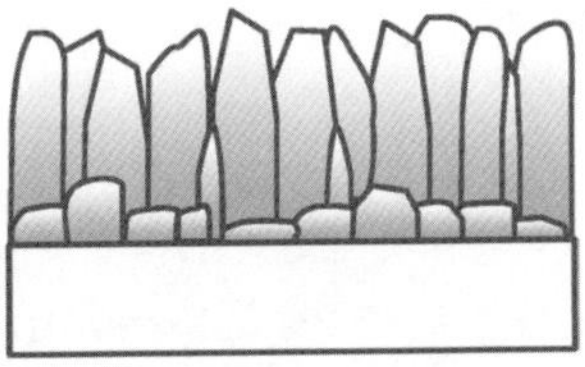
樹枝狀	
鬚狀	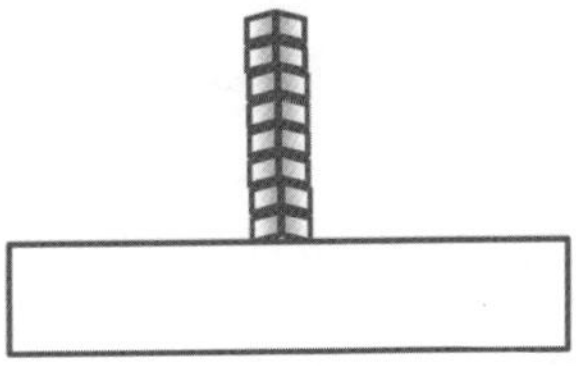

在這些結構的成長過程中，各自存在不同的機制，以下將說明幾種特殊案例。

1. 粗糙鍍層

電沉積物幾乎無法達到全然平坦的表面，因此常用表面粗糙度（surface roughness）與粗粒度（coarseness）來描述偏離平坦表面的程度。如圖 4-3 所示，粗糙度是指表面在垂直方向的變化相對水平方向的變化，而粗粒度則單指表面在垂直方向的起伏，若以三角形山脊狀的沉積物爲例，相同的粗糙度代表山脊的斜面具有相同的斜角，但可擁有不同的高低落差；相同的粗粒度則代表屋脊的高低落差相同，但其斜角可以不同。

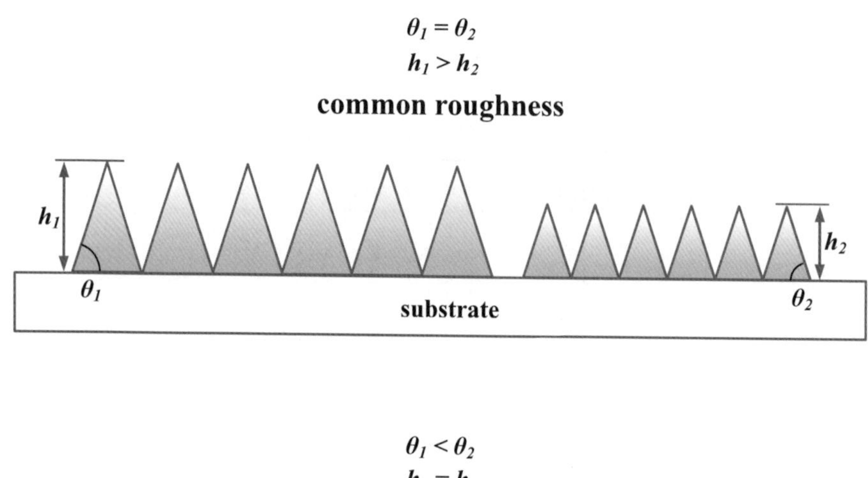

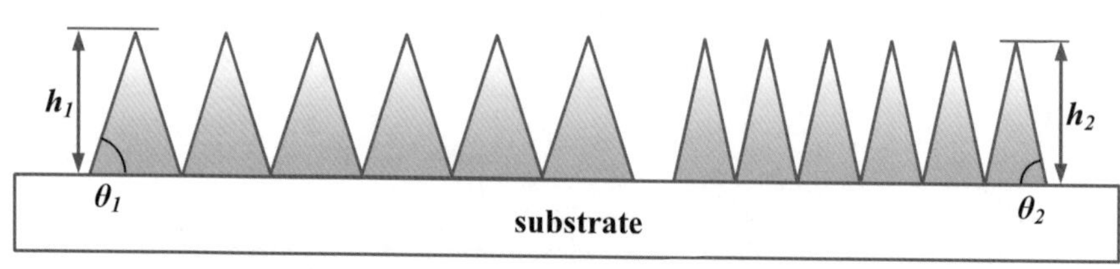

圖 4-3　沉積物之表面粗糙度與粗粒度

一般在擴散控制的電沉積程序中，表面粗粒度會擴大，但在電溶解程序中，表面粗糙度會減少。爲了說明此現象，可考慮圖 4-4 所示的簡單模型，在陰極平台上只有數條突起的山脊，突起處的最大高度爲 h，但此高度遠小於擴散層的厚度 δ，使得擴散層的邊緣仍可視爲平坦。

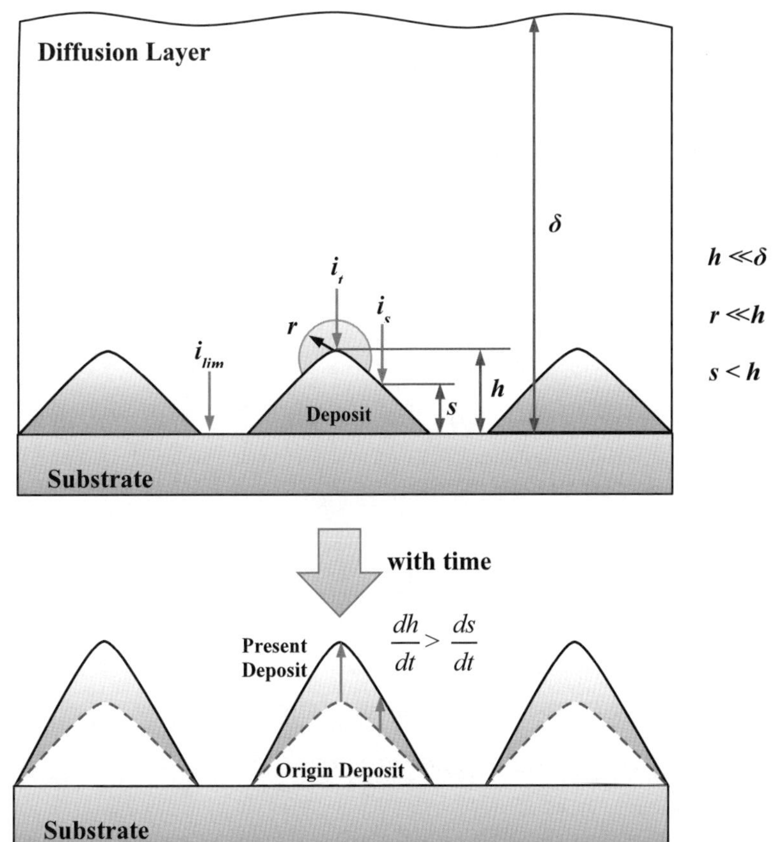

圖 4-4　粗糙鍍層之模型

已知電沉積反應中參與的電子數為 n，主體溶液中的陽離子濃度為 c_b，在擴散控制下，所得到的極限電流密度 $i_{\lim}$ 可表示為：

$$i_{\lim} = \frac{nFDc_b}{\delta} \tag{4.18}$$

其中 D 為陽離子的擴散係數。此極限電流密度 $i_{\lim}$ 正比於平台區的高度上升速率，但在山脊的側邊，其擴散層厚度較小，使該處的濃度梯度較大，亦即電流密度 i_s 較大，可表示為：

$$i_s = \frac{nFDc_b}{\delta - s} = \frac{\delta}{\delta - s} i_{\lim} \tag{4.19}$$

其中的 s 爲山脊側邊高於平台的距離，也代表擴散層縮短的距離。在山脊的頂端，假設擁有曲率半徑 r，則此處的側向擴散將比其他處更顯著。因此，在頂端可視爲擁有一層厚度也爲 r 的環形擴散層，且在此環形擴散層的邊緣，其濃度相當於平台上方 $h+r$ 處的濃度，使得山脊頂端的電流密度 i_t 可表示爲：

$$i_t = i_{\lim}(1+\frac{h}{r}) \tag{4.20}$$

根據 Butler-Volmer 方程式，給予陰極足夠的過電位可以進入質傳控制區，此時的電流密度可簡化爲：

$$i = i_0\frac{c_s}{c_b}\exp(-\frac{\alpha nF\eta}{RT}) = i_0(1-\frac{i}{i_{\lim}})\exp(-\frac{\alpha nF\eta}{RT}) \tag{4.21}$$

其中 α 爲陰極反應的轉移係數，c_s 爲陰極表面的陽離子濃度，i_0 爲交換電流密度。（4.21）式經過重新排列後，可以求得電流密度：

$$i = \frac{i_0\exp(-\frac{\alpha nF\eta}{RT})}{1+\frac{i_0}{i_{\lim}}\exp(-\frac{\alpha nF\eta}{RT})} \tag{4.22}$$

相似地，也可分別推導出山脊側邊與頂端的電流密度：

$$i_s = \frac{i_0\exp(-\frac{\alpha nF\eta}{RT})}{1+(\frac{i_0}{i_{\lim}})(1-\frac{s}{\delta})\exp(-\frac{\alpha nF\eta}{RT})} \tag{4.23}$$

$$i_t = \frac{i_0\exp(-\frac{\alpha nF\eta}{RT})}{1+(\frac{i_0}{i_{\lim}})(\frac{r}{r+h})\exp(-\frac{\alpha nF\eta}{RT})} \tag{4.24}$$

由前述已知，平台區的上升速率正比於 i，山脊側邊的上升速率應相關於 i_s，故可表示爲：

$$\frac{ds}{dt}=\frac{V}{nF}(i_s-i)\approx\left(\frac{i^2V}{i_{\lim}nF\,\delta}\right)s \tag{4.25}$$

其中的 V 爲沉積物的莫耳體積，且假設 $s \ll \delta$。若側邊的起始高度爲 s_0，則從（4.25）式可得到：

$$s=s_0\exp(\frac{i^2V}{i_{\lim}nF\delta}t)=s_0\exp(\frac{iQ}{i_{\lim}Q_0}) \tag{4.26}$$

其中的 $Q = it$，代表通過單點的電量，正比於產生的沉積物體積；而 $Q_0 = nF\delta/V$。從（4.26）式可發現，側邊的上升速率比平台區更大。對於山脊的頂端，其上升速率則可表示爲：

$$\frac{dh}{dt}=\frac{V}{nF}(i_t-i)\approx\left(\frac{iV}{nF}\right)\left(\frac{i_t}{i_{\lim}}\right)\left(\frac{h}{h+r}\right)>\frac{ds}{dt} \tag{4.27}$$

所以頂端的成長會比側邊更顯著，代表隨著沉積時間增長，表面的粗粒度將會加大。

2. 平坦鍍層

陰極的表面通常並不平坦，但加入某些添加劑於電解液中，可在底材的凹處產生較大的沉積速率，進而使陰極平整（levelling），但這類現象僅會發生在不超過 100 μm 的表面起伏區。加入溶液的平整劑（leveler）可在擴散控制的電鍍程序中抑制沉積，因爲它們特別容易附著在底材的凸處，導致凹處的沉積速率超過凸處，進而降低兩者間的落差，但平整效果需取決於凸處與凹處的平整劑濃度差。

若沉積程序被操作在 Tafel 區域的末端，程序仍屬於反應控制，則陰極表面的幾何因素將不影響電流密度。因此，在理論上凸處與凹處的總電流密度應該相等，但當電解液中存在濃度爲 c_A^b 的平整劑（A）時，會發生以下反應：

$$\mathrm{A}+n_A e^- \rightarrow \mathrm{B} \qquad (4.28)$$

其中 n_A 是 A 還原所需電子數，B 是還原產物。（4.28）式導致的極限電流密度在凸處 (1) 與凹處 (2) 可分別表示爲：

$$i_{\lim,A1}=\frac{n_A F D_A c_A^b}{\delta-h} \qquad (4.29)$$

$$i_{\lim,A2}=\frac{n_A F D_A c_A^b}{\delta} \qquad (4.30)$$

其中 D_A 是 A 的擴散係數，δ 是擴散層厚度，h 是兩處的高度差。已知兩處的總電流密度皆爲 i，此電流密度包括金屬沉積和平整劑還原，則在凸處與凹處的沉積電流密度可表示爲：

$$i_{dep,1}=i-i_{\lim,A1}=i-\frac{n_A F D_A c_A^b}{\delta-h} \qquad (4.31)$$

$$i_{dep,2}=i-i_{\lim,A2}=i-\frac{n_A F D_A c_A^b}{\delta} \qquad (4.32)$$

隨著沉積的進行，兩處的高度差將隨時間而變，可表示爲：

$$\frac{dh}{dt}=\frac{V}{nF}(i_{dep,1}-i_{dep,2}) \qquad (4.33)$$

將（4.31）式與（4.32）式代入（4.33）式後，經過求解可得到：

$$h=h_0\exp(-\frac{n_A D_A c_A^b V}{n\delta^2}t)=h_0\exp(-\frac{t}{\tau}) \qquad (4.34)$$

其中 h_0 是兩處的起始高度差，τ 是平整過程的特徵時間。此模型包含一個重要假設，擴散層厚度要遠大於高低處的落差，亦即 $\delta \gg h$，（4.29）式與（4.30）式才會成立。

如圖 4-5 所示，此假設亦代表了表面必須屬於微型起伏，才能展現平整劑的效果。但當起伏程度 h 相當於擴散層厚度 δ 時，高低處的電流密度不會有太大的差異，即使溶液中存在平整劑，也難以發揮作用。

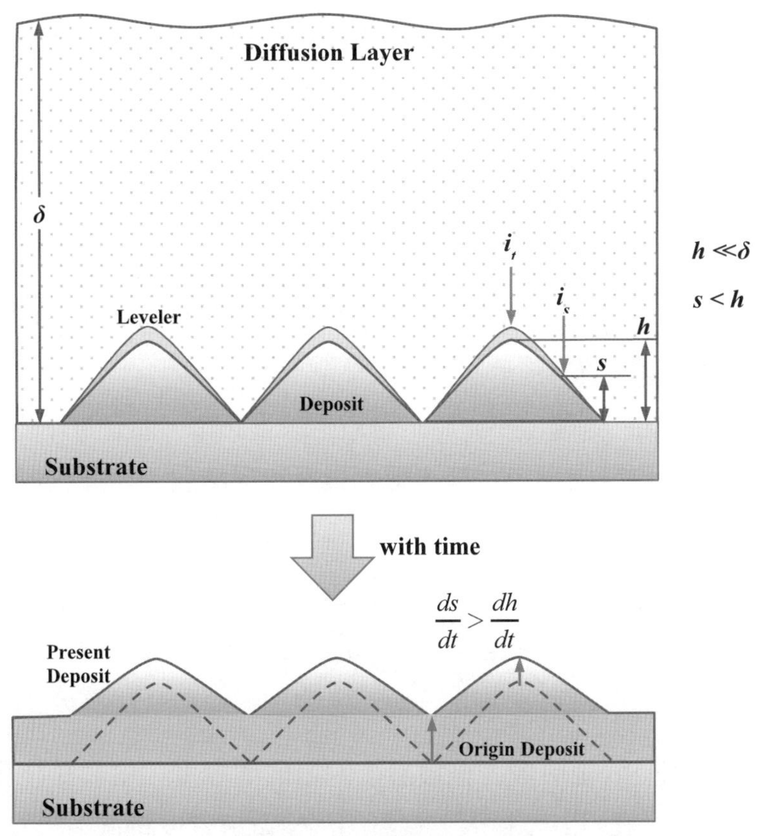

圖 4-5　平坦鍍層之模型

由於良好的平整劑通常具有高吸附性，所以附著之後會融入沉積物中。當添加的濃度足夠時，擴散通量會增加，促使其附著速率增加，但也加快了平整劑的消耗，使電極表面的平整劑濃度維持於某個穩定值。但當添加濃度過低時，沉積的電流密度將會較高，使高低兩處的平整劑反應差異較小，難以展現平整效用。相反地，當添加濃度過高時，表面將會達到飽和吸附，使得高低兩處的差異消失，也不會出現平整效果。從動態的角度觀察，即使加入適量的平整劑，平整效應也不會在剛通電後就出現，因為通電初期擴散層還在發展中，必須醞釀一段時間來形成兩處的濃度差，後續才能展現平整效應。

對於交換電流密度 i_0 小於極限電流密度 $i_{\lim}$ 的電沉積程序，易形成大顆粒鍍物，使表面粗糙。反之，對於交換電流密度 i_0 大於極限電流密度 $i_{\lim}$ 的電沉積程序，則較易形成分散的細粒鍍物，使表面粗糙度較小。在前者的例子中，提高陰極過電位或增大電流密度可以有效降低鍍物的粗粒度，因爲陰極過電位若能超過 Tafel 區域的末端，則可避免沉積程序受到反應控制，減少大顆粒鍍物形成的機率。此外，添加劑的配合也可以降低表面粗糙度。

3. 分散型鍍物

當電沉積程序的交換電流密度 i_0 較小且操作在混合控制區時，容易得到平坦與緊密的鍍層；若操作在擴散控制區，則可能產生分散型鍍物。但當交換電流密度 i_0 顯然大於極限電流密度 $i_{\lim}$ 時，從（4.22）式可發現，幾乎在所有過電位下都屬於擴散控制，鍍物型態的變化將有別於前例。

對此情形，當施加的過電位不大時，會產生少量晶核，而且每顆晶核將會獨自成長。由於這些晶核的粒徑極小，在其周圍可視爲球形擴散，使晶核成長的電流密度 $i_{\lim,n}$ 可表示爲：

$$i_{\lim,n}=\frac{nFDc_b}{r_n}=\frac{\delta}{r_n}i_{\lim} \tag{4.35}$$

其中 r_n 是晶核的半徑，δ 是形成完整鍍層後的擴散層厚度。由於晶核剛形成時半徑很小，由（4.35）式可發現 $i_{\lim,n}$ 很大，實際的沉積電流密度將遠小於 $i_{\lim,n}$，故程序屬於反應控制。但在晶核成長之後，$i_{\lim,n}$ 逐漸減小，所以晶核成長到某個關鍵的半徑 r_c 時，程序將轉爲混合控制，並使表面起伏加劇。成長後的晶核將會互相接觸，形成海綿狀鍍物，但允許晶核接觸的可能性與其分布密度有關。隨著沉積的進行，表面的晶核愈來愈多，同時晶核也會成長，逐漸形成海綿狀物，典型的例子發生在 Zn 或 Cd 的電沉積中。

除了海綿狀物以外，分散型鍍物還可能形成樹枝狀（dendritic）。此類鍍物必須超過特定的過電位後才會生成，而且其主幹與枝葉的生長具有高度秩序性，如同一棵樹木。一般而言，樹枝狀成長會發生在三類位置，第一種是螺旋差排（screw dislocation），從中會產生劍狀物；第二種是雙生結構中的溝槽，在溝槽中會發生一維成核，使鍍物沿著雙生體的角平分線生長；第三種則是發生在六方最密堆積晶格中朝向高指數軸成長的情形，此類成長也屬於一維成核。因此，由上述可知，樹枝狀鍍物主要透過吸附原子持續進行一維成核而形成，亦即可於單點上沉積，或可沿著一條線而沉積。

從電沉積的觀點來看，樹枝狀鍍物是從表面凸起處開始發展，當表面的平台區處於擴散控制時，尖端處卻可能屬於反應控制，使得表面更粗糙，使用（4.22）式與（4.24）式可描述這兩區的電流密度。當過電壓足夠負時，平台區已進入擴散控制，故其電流密度為 $i_{\lim}$；但對於仍屬反應控制的凸起區尖端，可假設其曲率半徑 r 遠小於凸起高度 h 時，所以局部的電流密度 i_t 可表示為：

$$i_t = i_0(\frac{c_t}{c_b})\exp(-\frac{\alpha nF\eta}{RT}) \tag{4.36}$$

其中 c_t 為頂端表面的陽離子濃度，c_b 是主體溶液中的濃度。已知擴散層的厚度為 δ，可用線性分布的假設估計出 $c_t = \frac{h}{\delta}c_b$，因此可定義頂端的等效交換電流密度 $i_{0,t}$：

$$i_{0,t} = (\frac{h}{\delta})i_0 \tag{4.37}$$

因此，形成樹枝狀物的條件是頂端的沉積速率快於平台區，亦即：

$$i_0(\frac{h}{\delta})\exp(-\frac{\alpha nF\eta}{RT}) > i_{\lim} \tag{4.38}$$

從中可推得，陰極過電位必須負於特徵過電位 η_{den}，才能形成樹枝狀物：

$$\eta < \eta_{den} = \frac{RT}{\alpha nF}\ln\left(\frac{i_{\lim}}{i_0}\frac{\delta}{h}\right) \tag{4.39}$$

但在樹枝狀物尚未生成之前，可假設整個陰極表面都處於擴散控制，此時的尖端電流密度 $i_{\lim,t}$ 可表示為：

$$i_{\lim,t} = \frac{nFDc_b}{\delta - h} = \frac{\delta}{\delta - h} i_{\lim} \tag{4.40}$$

若表面凸起高度 h 遠小於擴散層厚度 δ，則可使用（4.40）式計算頂端成長的速率：

$$\frac{dh}{dt} = \frac{V}{nF}(i_{\lim,t} - i_{\lim}) = \frac{VDc_b}{\delta^2} h = \frac{\delta}{i_{\lim,t}} \frac{di_{\lim,t}}{dt} \tag{4.41}$$

經過化簡後可得：

$$\frac{d(\ln i_{\lim,t})}{dt} = \frac{VDc_b}{\delta^3} h \tag{4.42}$$

但在樹枝狀物生成之後，尖端處轉爲反應控制，其電流密度 i_t 可用（4.36）式表示，所以頂端成長的速率將成爲：

$$\frac{dh}{dt} = \frac{V}{nF}(i_t - i_{\lim}) \approx \frac{Vi_0 h}{nF\delta} \exp(-\frac{\alpha nF\eta}{RT}) \tag{4.43}$$

重新整理後可得：

$$\frac{d(\ln i_t)}{dt} = \frac{Vi_0}{nF\delta} \exp(-\frac{\alpha nF\eta}{RT}) \tag{4.44}$$

透過定電位實驗，可發電流的對數與時間成兩段線性關係，兩段直線交於某個轉折時間，轉折的前後可由（4.42）式與（4.44）式分別描述，而轉折點即爲誘發樹枝狀鍍物的特徵時間。若採取電位掃描實驗，可發現曲線分成三區，對照電子顯微鏡的觀察，進入第二區後才會出現樹枝狀鍍物，所以從第一區進入第二區時稱爲起始過電位 η_i，進入第三區後會全面性地產生樹枝狀鍍物，所以跨進第三區時稱爲臨界過電位 η_{crt}。當 $\eta_i < \eta < \eta_{crt}$ 時，鍍物有顆粒狀也有樹枝狀。

若樹枝狀鍍物會自發性地從陰極剝落，或藉由輕敲而脫落，則可用來製取金屬粉末。若鍍物的二維成核速率很慢時，可能傾向成爲獨立的石礫狀物，而且發生的過電位正於樹枝狀物之起始過電位 η_i，因此繼續加大極化程度後，可從石礫狀物上生長出樹枝狀結構。當電鍍液中加入某些添加劑後，它們會緊密吸附在晶核的大部分表面上，而且可能只剩下某方向晶面之沉積反應可與吸附反應競爭，最終鍍物只會沿著此方向成長，而成爲長鬚狀物。

由前述可知，調整電解液配方能夠顯著地影響電沉積的品質，尤其對某些金屬，在多種配方中皆可電鍍，因此可以先了解各種電鍍液的特性，再針對沉積的目的進行選擇。以鍍 Cu 爲例，常見的溶液配方包括硫酸鹽型、焦磷酸鹽型與氰化物型，其中硫酸鹽型溶於水後可形成簡單的水合離子，但後兩者則會形成金屬錯合離子，使鍍膜的品質不同。一般而言，水合離子的還原比錯合離子容易，所以形成的晶粒通常較粗大，對陰極上不同位置的均鍍能力（throwing power）也較差，關於均鍍能力的細節將在 4-3-2 節說明。然而，水合離子的電鍍液可以節省能源，用於形狀簡單的工件時，只需加入某些添加劑，也可以沉積出符合標準的鍍層。

對於錯合離子之鍍液，必須施加更偏負的電位才能使金屬還原，如圖 4-6 所示，所以鍍物的晶粒較小，所形成的鍍層較緻密，且其均鍍能力也較佳，因而最常應用於實務中。添加錯合劑還可以穩定鹼性電鍍液，因爲金屬離子在鹼性環境中容易沉澱，所以較難進行電鍍。錯合劑的添加量愈多，金屬愈難還原，雖可使鍍層更細緻，但也需注意此時 H_2 更易生成，同時伴隨 OH^- 產生，促使金屬成爲氫氧化物而沉澱，或夾雜到鍍層中繼而形成黑色海綿狀結構，一般稱此情形爲燒焦。因此，添加過量的錯合劑反而可能導致鍍層燒焦，降低電鍍的品質。

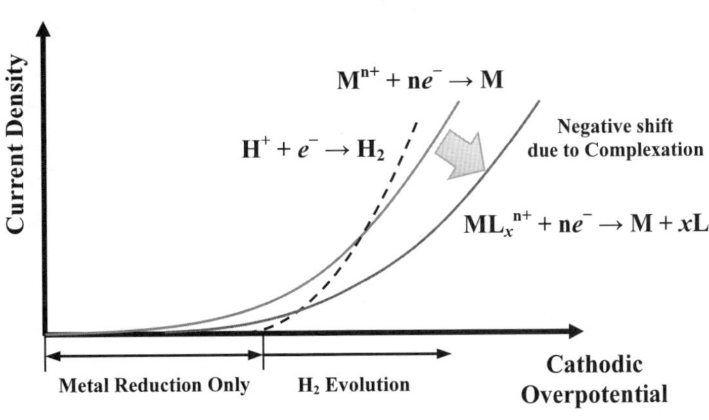

圖 4-6　電鍍液中的錯合作用

過去常用的氰根（CN^-）雖然屬於劇毒，但金屬與 CN^- 形成的錯離子特別穩定，所以許多鍍液都會採取此配方。CN^- 通常爲單嚙錯合劑，主要以 C 作爲配位原子，而不是 N，因爲 C 上的電子密度較高；但作爲雙嚙錯合劑時，C 和 N 原子都可當配位原子。若 CN^- 與金屬 M 形成單嚙錯合物時，可表示爲 $M \leftarrow C \equiv N$，其中的 M 與 C 之間除了標準的 σ 鍵外，還可能構成反饋 π 鍵（π-backbonding），是指電子從金屬的原子軌域移動到 C 原子的反鍵結軌域（π^* 軌域），因而產生類似雙鍵的特性，可使錯離子更穩定。然而，含有 CN^- 的電鍍廢液卻難以處理，所幸後來又發現一些安全的錯合劑得以採用，例如焦磷酸鹽、銨鹽、檸檬酸鹽或乙二胺四乙酸二鈉（ethylenediaminetetraacetic acid disodium，簡稱 EDTA-2Na）等，而且併用兩種錯合劑還可以得到更好的電鍍效果，唯有成分的控制比較複雜。

配置電鍍液時，最關鍵的成分是被鍍金屬的主鹽，例如鍍 Cu 所需的硫酸銅（$CuSO_4$），或鍍 Ag 所需的硝酸銀（$AgNO_3$）。主鹽必須是強電解質，溶於水後幾乎可以完全解離。有時主鹽也可以是氧化物，例如鍍 Zn 時可用氧化鋅（ZnO），鍍鉻時可用鉻酐（CrO_3）。隨著電鍍的進行，主鹽中的金屬離子將逐漸消耗，因而改變電鍍的條件，但若再使用同質的可溶性陽極來補充陽離子，則可使鍍液成分維持穩定，例如鍍 Cu 時可用純 Cu 做爲陽極，在陰極消耗的 Cu^{2+} 可從陽極溶解而補充。再者，當主鹽濃度增加時，溶液的導電度也會上升，同時還可提高能量效率和擴散速率，進而使電流密度獲得提升，不易導致鍍層燒焦，但濃度極化變小後，鍍液的均鍍能力與深鍍能力（covering power）都會降低，這兩項特性將在 4-2-2 節討論。相反地，當主鹽濃度降低時，可使均鍍性提升，所以有些電鍍程序會分成兩階段，先在低濃度的鍍液進行電沉積，再移至高濃度的鍍液。雖然主鹽濃度愈高，通常對電鍍程序愈有利，但其濃度卻無法持續提高，因爲每種鹽類都有溶解度的上限，或錯合劑有錯合比例的限制，而且也有一些電鍍特性對濃度的效應並不顯著，因此主鹽濃度通常存在最適值。

若欲提高鍍液的導電度，還可以加入鈍性的支撐電解質（supporting electrolyte），例如鹼金屬鹽或銨鹽。這些附加鹽還會提供其他的作用，例如鍍 Ni 時添加硫酸鎂（$MgSO_4$），可以使 Ni 層變軟；若添加硝酸鉀（KNO_3），K^+ 會使鍍層變硬；若添加氯化鈉（NaCl），Cl^- 可促進陽極溶解，以補充鍍液中的 Ni^{2+}，所以 Cl^- 也被稱爲陽極的去極化劑（depolarizer），主要的作用是防止陽極鈍化。這些添加劑的用量並非愈多愈好，通常存在最適值。

此外，電鍍液中還需加入緩衝劑，主要目的是爲了控制溶液的 pH 值。如前所述，溶液偏鹼性時，金屬易成爲沉澱物，因此必須避免金屬的損失，但偏鹼性時金屬錯合能力會加強，並且可以改變合金鍍層中的組成，所以 pH 值的設定也有取捨，一般常用的緩衝劑包括鍍 Ni 時的 H_3BO_3 和 Na_2HPO_4。對於某些電鍍程序，則需加入強酸，例如鍍 Cu 時會加入過量的硫酸（H_2SO_4），使 $pH < 1$；鍍 Pb 時則加入過量的氟硼酸（HBF_4）。強酸的功用是防止主鹽水解，並提升導電度，但酸根濃度過高時，會降低主鹽的溶解度，或降低其他添加劑的吸附能力，因此強酸的使用量也存在最適值。

其他用量較少的藥劑被通稱爲電鍍添加劑，依物質特性可分爲有機類與無機類，依功用則可分爲光澤劑、平整劑、界面活性劑等，只需要少許劑量即可顯著改善鍍層的性質。這些添加劑的主要作用在於改變陰極的極化現象，通常可使極化曲線往負電位偏移，所以可在相同的外加電位下降低電流密度，達到細化晶粒的目標。目前有兩種理論被用於解釋添加劑的現象，第一種是膠體理論，第二種是吸附理論。前者是指添加劑和金屬離子可以緊密地結合成膠體，迫使金屬的還原變得困難；後者則是指添加劑可以吸附在陰極表面，尤其當吸附物也帶有正電時，會阻礙金屬析出，前述之平整劑即可使用此理論來解釋。雖然採用這兩種理論大致可以說明添加劑的特性，但同一種添加劑卻不能適用於各類電鍍程序，例如鍍 Zn 溶液中常添加的明膠不適合用在鍍 Ni 程序中，因爲使用後會導致 Ni 膜脫落。

目前已知的有機吸附物多半能產生阻礙作用，例如烷基類吸附物的主鏈愈長，吸附層愈厚，產生的阻礙效應愈強，但過長的主鏈會捲曲，不一定更有效；芳香族的吸附則分爲兩類，一類是電極帶正電時導致的平行式吸附，另一類是電極帶負電時的垂直式吸附，後者對於 H_2 生成的阻礙較小；聚合物的吸附能力通常強於單體。此外，吸附現象與溶液 pH 值和溫度有關，當溶液偏鹼性時，只有烴基較短且具有極性的有機物可能吸附在電極上，例如甘油或乙二醇；當溫度升高時，吸附力會減弱。使用這些添加劑雖然可以提升鍍層的品質，但添加劑的分子也會被夾雜到鍍層之中，降低鍍物的堅韌性或導電性。表 4-6 歸納出一般電鍍液中包含的成分，各種金屬的電鍍配方則可參考 4-3-3 節。

表 4-6　一般電鍍液之配方

配方成分	功用	範例
主鹽	提供沉積用之金屬離子	$CuSO_4$
支撐電解質	提升鍍液的導電度	H_2SO_4
錯合劑	降低電沉積的速率以細化鍍層	NaCN
緩衝劑	控制鍍液的 pH 值	H_3BO_3
光澤劑	使鍍層具有光澤	苯磺酸
平整劑	縮小鍍層中的高低落差	香豆素
界面活性劑	潤溼陰極表面	十二烷基硫酸鈉

§4-2-2 電鍍程序

一個完整的電鍍程序可分爲三大階段，第一階段屬於前處理，第二階段爲電沉積，第三階段爲後處理。一般的前處理程序又可細分爲表面整平、除油與浸蝕（pickling）三部分；後處理程序則包含水洗、乾燥與塗漆。以下將分成三部分說明。

一、前處理

前處理的目的是爲了避免第二階段時發生沉積失效，因爲工件表面的特性會影響鍍膜的附著性或結晶性。鍍層與底材的結合力來自於三方面，第一種是兩者的機械力，這種力量主要是由於表面粗糙所致，反而平滑的底材無法提供機械力；第二種是分子間的凡德瓦力（van der Waals' force），來自於分子的極性或偶極矩，但此種吸引力較弱，強度不及化學鍵或氫鍵，在電鍍程序中較不重要；第三種則是金屬鍵，因爲金屬固體中的電子能量是量子化的，所以電子會以金屬表面作爲節面，互相疊加其波函數，最終形成價帶與導帶，在金屬中的價帶與導帶不是相接就是重疊，所以在常溫下，電子容易進入導帶，而電子遠離的正電原子核晶格將與導帶電子產生吸引力，此力量不具方向性，但會決定金屬的強度、延展性、導熱性、導電性、光澤度等物理性質。因此，在電鍍程序中，剛還原的金屬原子若能與底材的晶格相接，則可藉由金屬鍵而穩定附著，而前處理的目標即在於去除障礙，例如氧化物或油脂等，以順利地形成金屬鍵。

常見的前處理步驟包含表面拋光、除油、浸蝕與水洗。拋光的方法也可分成機械式、化學式與電化學式，後者將在 4-7-2 節中說明。除油也包含電化學式，在 4-1 節中已介紹。浸蝕的目標則在於去除切削、研磨或沖壓等機械力量導致的表面破損區，以利於後續鍍層與底材的金屬鍵形成。此外，金屬在某些高溫製程中，表面會出現氧化膜，甚至常溫時接觸空氣所致的原生氧化層，都需藉由酸洗而去除。在某些微型元件的製造中，例如 IC 或 MEMS，灰塵的尺寸相對於金屬鍍物的尺寸非常顯著，所以必須經由適當的清洗程序以除去微塵粒子。

一般浸蝕中使用的藥液爲 H_2SO_4 或 HCl，例如鋼材的前處理中，表面的氧化物 Fe_2O_3 或 Fe_3O_4 可和 H_2SO_4 反應成 $Fe_2(SO_4)_3$，FeO 則可反應成 $FeSO_4$。然而，這些氧化膜通常較緻密，單純使用 H_2SO_4 仍難以溶解，必須加上震動使氧化膜產生裂紋，同時也必須加溫，即可從裂紋處開始溶解，但需注意，底部的鐵也會被腐蝕，因而導致浸蝕後的工件表面粗糙。使用 HCl 時，氧化膜將被反應成 $FeCl_3$ 或 $FeCl_2$，這兩者在水中的溶解度皆夠大，所以 HCl 浸蝕的速率比 H_2SO_4 快。此外，還可以採取電解浸蝕，將工件接於電源的正極後，H_2O 被電解產生 O_2，藉由 O_2 的協助可掀開緊密的氧化膜，但隨著電解也可能導致底材再度鈍化，所以操作條件必須嚴格控制。

二、電鍍

在電鍍過程中，影響成效的因素除了 4-2-1 節提及的電解液配方之外，還包括施加的電壓電流、溫度與電解液的流動等操作條件。從電沉積原理可知，通過電極的電流密度必須落在適當的範圍內，否則鍍物的品質會有多種缺陷。總體而言，施加電壓小時，電流密度亦小，使成核速率慢，最終得到的晶粒粗大；施加電壓提高後，可以產生更多晶核，使晶粒細小；但當施加電壓超過某種程度時，會促進表面凸起處的成長速率，使鍍物成爲半球狀或枝葉狀，且此時會生成 H_2，繼而劣化鍍物。在陽極區，其表面積可以不同於陰極，所以能藉由兩極的面積比來調整陽極上的電流密度。陽極進行反應後，最佳情形是能補充陰極消耗的陽離子，若發生水的電解而產生 O_2，也可得到攪拌溶液的效果，但若導致陽極表面的鈍化，則會抑制電流，降低電鍍程序的速率，並且增高歐姆電壓，降低能量效率。

改變工作溫度則會影響電解液的物性，也會改變反應環境。例如升溫後，溶液中的鹽類溶解度會增加，導電性會隨之提升，且各成份的擴散係數也會加大，使濃度極化的程度減小。此外，升溫也會增加速率常數，加快電鍍速率，但不一定有利於鍍物的品質，因爲金屬離子的擴散加快，脫去水合層的速度亦加快，將促使鍍物顆粒變得粗大。溫度過高時，甚至會導致溶液蒸發，因此操作溫度也應落在適當的範圍內。

攪拌電解液與質傳效應有關，因爲電化學系統的電流密度會受到質傳限制而到達上限，但一般的電鍍程序並不會操作在極限電流下，不過特殊的電鍍有可能需要較高的電流密度，例如複合電鍍或高速電鍍。爲了提高電流密度的上限，常使用攪拌法來增加溶液內的質傳，因爲攪拌能降低擴散層的厚度，已知靜止系統中擁有大約 0.1～0.5 mm 的擴散層，經攪拌後能夠減薄至 1/10～1/100，因而能改善濃度極化。目前廣泛使用的攪拌方法包括強制輸送電解液、通入氣體與移動電極，使用泵可以推動電解液，並控制其輸送速度；壓縮機可將空氣通入電解液中，但需加裝過濾器以免汙染物或槽底的沉澱物被帶至電極表面；若電解液接觸空氣會變質，則較適合採取移動電極的策略，透過電極的往復運動，也可以製造對流效果。再者，若將陰陽兩極的間距縮小至 5 mm 以內，且讓鍍液以 3 m/s 的流速噴射至陰極表面，可以進行局部的快速電鍍，此方法稱爲噴鍍（spray plating），其速率比鍍液靜止時快數倍至數百倍，可用於精密加工與修復。

若採取控制電流的策略來進行電鍍時，除了直流式與交流式的操作外，還可變化成多種電流波型，例如整流過的單相或三相電流。改變電流波型對鍍層的亮度有影響，也會對電解液的使用壽命有影響。若電流波形屬於週期性的方波或正弦波脈衝，則可藉由脈衝的振幅（amplitude）、開關比（on/off ratio）與頻率（frequency）來調整電鍍效果，例如調整開關比可以改變擴散層內的離子分布，減少濃度極化現象，提高振幅則可將晶粒細化，使鍍層更緻密。爲了產生各類電流波形，可將直流電與交流電疊加，並調整兩者的振幅比例，以產生多種波形，例如直流振幅小於交流者，可形成不對稱波形；直流振幅等於交流者，可形成間歇波形，相當於整流單相波；直流振幅大於交流者，可形成波動直流電。

近年來週期性變向電流也開始大量使用，但不一定是正弦波的交流電，也可以採取週期變向的定電流。在此操作中，工件有一段時間作爲陰極，在週期內的剩餘時間作爲陽極，以進行退鍍（deplating）。在氰化物電鍍中已驗證過變向電流操作，可得到平滑均勻且光亮的鍍層，因爲在退鍍的階段中，劣質的或凸起的鍍物會優先溶解，同時也可藉此調整擴散層內的濃度分布，以減低濃度極化現象，而且在電鍍時不

易生成 H_2。然而，使用變向操作時，仍需注意工件的幾何形狀與退鍍期間的電壓，以避免凹處的沉積不佳或鈍化。

進行電鍍時，依據工件的尺寸，可分爲掛鍍與滾鍍。前者是使用掛具將工件懸吊在電鍍液中，以進行沉積；後者則是針對體積較小的工件，放置於多孔滾筒內，再浸入電鍍液中，慢速旋轉以進行沉積，操作時小型工件不斷翻滾，但必須與底部的陰極維持接觸，雖然新的鍍液會持續從滾筒的孔洞流入，但仍難以避免各工件的電流分布不均，因此滾筒的設計與操作是滾鍍技術的核心，目前主要的技術包括水平式、傾斜式與振動式操作。使用水平式滾筒的產量最大，傾斜式的翻滾強度較低，振動式則附加了水平方向的運動，可使鍍層更細緻。

電鍍程序最終的指標仍在於鍍層的品質，例如厚度、平整度、完整性、均勻性、緻密性、附著性與化學組成等皆非常重要。前述的電流或電壓操作模式皆屬於整體特性，但在電鍍表面上，若各位置的電流密度不同時，將會導致不均勻的鍍層。影響電流分布的因素除了工件的幾何型態之外，也包括電解液配方與電極配置。若工件具有凹凸起伏的表面，但藉由某種電鍍液仍可產生均勻的鍍層，則稱此程序的均鍍能力（throwing power）良好，或稱爲分散能力良好。例如在鍍 Cu 時，使用簡單的 $CuSO_4$ 溶液無法達到良好的均鍍特性，但改用含 CN^- 的溶液後即可提升均鍍性。然而，均鍍性僅指凹處或凸處皆有鍍層覆蓋，其厚度可能差異很大。因此，爲了更完整地說明電鍍品質，另有一種稱爲深鍍能力的指標，用以描述深凹處的電鍍能力，此特性也稱爲覆蓋能力（covering power）。除此之外，由於工件表面通常不平坦，但在某些電鍍液中卻可以在表面凹處出現較大的鍍膜速率，最終成長出平坦光亮的鍍膜，這種整平能力（levelling power）也是良好電鍍液的重要指標。以下即針對這三種電鍍液的特性加以說明。

1. 均鍍能力（throwing power）

通常爲了測試均鍍能力，會使用陰極至陽極距離不固定的電鍍槽，於操作後對各位置之陰極秤重，以估算出系統的均鍍性。最簡單的測試槽是由 Haring 和 Blum 所提出，後稱爲 Haring-Blum 槽，如圖 4-7 所示。槽中擁有兩片陰極，其中一片離陽極較近，另一片較遠，陽極則爲網狀。已知較近與較遠的陰陽極距離分別爲 L_1 與 L_2，兩者的比值爲 $K = L_2/L_1$，且兩片陰極的面積皆等於 A。另也已知電解液的電阻率爲 ρ，所以兩片陰極至陽極的溶液電阻比爲 $L_1/L_2 = 1/K$。由於施加在這兩組陰陽極間的電壓相同，且假設表面反應與質傳效應可以忽略，則測得的電流比應爲 $I_1/I_2 = L_2/L_1 = K$，此結果即爲一級電流分布（primary current distribution）的比較，從中可明顯地發現距離較遠的陰極擁有較小的電流，所以鍍膜較薄。

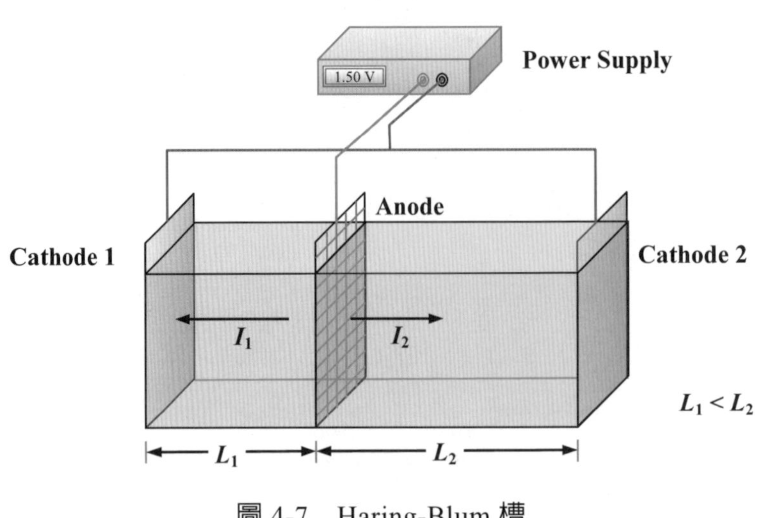

圖 4-7　Haring-Blum 槽

然而，一級分布與實際情形差距太多，至少需要再考慮反應導致的電阻才能接近眞實。反應導致的電阻來自兩方面，一爲電荷轉移電阻（charge transfer resistance），另一爲濃度極化電阻，兩者合稱爲極化電阻 R_p。若某種電解液在較遠的陰陽極間，其極化電阻小於距離較近者，亦即 $R_{p2} < R_{p1}$，則可產生補償作用，使兩組陰陽極間的總電阻接近，進而得到相當的二級電流分布（secondary current distribution），也代表此電解液具有均鍍性。從量化的角度，可定義均鍍性 T 爲二級電流分布與一級電流分布的相對誤差，可表示爲：

$$T = \frac{K - (I_1 / I_2)}{K} \tag{4.45}$$

其中的 I_1/I_2 爲實際電流之比值，可代表二級電流分布，而 $K = L_2/L_1$ 則用來代表一級電流分布。然而，從（4.45）式計算出的均鍍性 T 約介於 $-\infty$ 至 0.8 之間，所以也有人提出另一種估計均鍍性 T 的公式：

$$T = \frac{K - (I_1/I_2)}{K + (I_1/I_2) - 2} \tag{4.46}$$

可使算出的均鍍性 T 介於 –1 至 1 之間，且以 $T = 1$ 代表鍍層最均勻，$T = -1$ 為最不均勻。一般而言，Cr 鍍液的 $T < 0$；對於氰化物鍍液，$0.25 < T < 0.5$；Sn 鍍液的 $T > 0.5$。

此外，也有人使用折疊的陰極片來測試電鍍液，其目的是模仿實際工件的表面。透過此方法可以簡單地用片段平面趨近工件曲面，以便於直接測量各部分的膜厚以評估均鍍性。另有一種 Hull 槽如圖 4-8 所示，常用於分析電鍍液的均鍍性、鍍層的平整性與鍍物的內應力，是由 R.O.Hull 提出，在 1939 年取得專利。其結構為梯形，兩平行對邊為絕緣壁，不平行的對邊分別為陰陽極，因此兩極的間距呈現連續性變化，藉此可以測試電鍍後薄膜沿著陰極的變化性，由於槽體的結構簡單，只需使用少量的測試液，所以已廣泛用於印刷電路板的製程分析中。

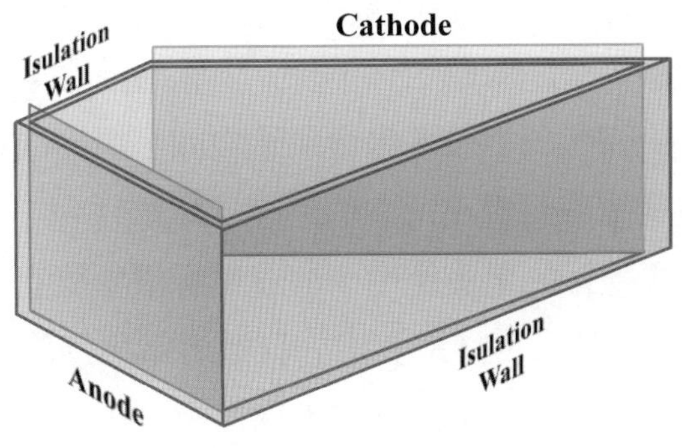

圖 4-8　Hull 槽

無論使用何種測試槽，進一步分析較近與較遠的陰極電流，可得到以下關係：

$$\frac{I_1}{I_2} = 1 + \frac{\rho(L_1 - L_2)}{\rho L_1 + \dfrac{\Delta\eta}{\Delta i}} \tag{4.47}$$

其中的 ρ 爲電解液的電阻率，η 爲過電位，i 爲電流密度，因此 $\frac{\Delta\eta}{\Delta i}$ 可視爲極化電阻。若所得到 $I_1/I_2 \to 1$，則代表均鍍性極佳，亦即在（4.47）式中，等號右側的第二項必須趨近於 0。有幾種方法可以達成此目標，例如縮小陰陽兩極的距離分布，提高電鍍液的導電度，或加大極化電阻。但對於實際的工件，本身可能已具有複雜的形狀，故不容易縮短兩極間的最近與最遠距離之差，然而卻可拉開陰陽兩極的最近距離，使上述兩者的比值往 1 靠近，此法亦可提升均鍍性。但需注意，陰陽兩極的最近距離增大時，之間的歐姆電阻也隨之提高，將迫使能量效率降低。另有一種方法是改變陽極的外型，使陰陽兩極具有似形性，如此可以大幅縮小兩極間的最近距離與最遠距離之差額，而且不會增加溶液電阻。

除了兩極的間距外，電極本身的形狀也會影響電流分布，尤其當工件具有尖端或大角度轉折之處，電流會特別集中，致使鍍層較厚或燒焦，此稱爲尖端效應或邊緣效應。一般的電鍍槽多爲方形，因此形狀複雜的工件與槽壁之間必有空隙，使工件邊緣以外的電流路徑出現彎曲，因而難以避免邊緣效應。爲了減少此效應，生產中還可使用輔助陰極，掛在工件邊緣至槽壁的空隙之間，以減少電流路徑的曲率。此外，另有一類邊緣效應分別發生在接近槽底的一端和接近液面的一端，理論上最佳的工件懸掛方式爲液面緊鄰工件上緣，槽底緊貼工件下緣，但當液面發生波動或槽底沉澱物揚起時，必將影響電鍍品質，因此上下緣多半會保留空間，繼而產生上下側的邊緣效應。

對於電極的邊緣效應，若將電流彎曲的路徑予以線性化，視爲如圖 4-8 所示的折線，則可約略估計出電極邊緣的電流密度。假設電解槽中置有一對平行板電極，其長度爲 L，高度爲 H，兩極相距 d，且電解槽的側壁與電極邊緣相距 kL，k 爲此間距對電極長度的比值。如圖 4-9 所示，電流路徑被線性化之後，平行於電極的溶液薄片可視爲具有 $L + 2y$ 之長度，其中的 y 是指電極側邊至最邊緣的電流路徑的距離，若已知此溶液薄片至陰極的距離爲 x，則從線性化的假設可知：$y = \frac{kL}{d}x$。因此，透過積分可得到整個平行板電解槽的有效電阻 R_{eff}：

$$R_{eff} = \frac{\rho d}{2kHL}\ln(1+2k) = \frac{\rho d_{eff}}{HL} \tag{4.48}$$

其中的 ρ 爲電鍍液的電阻率；d_{eff} 爲有效兩極間距，可表示爲：

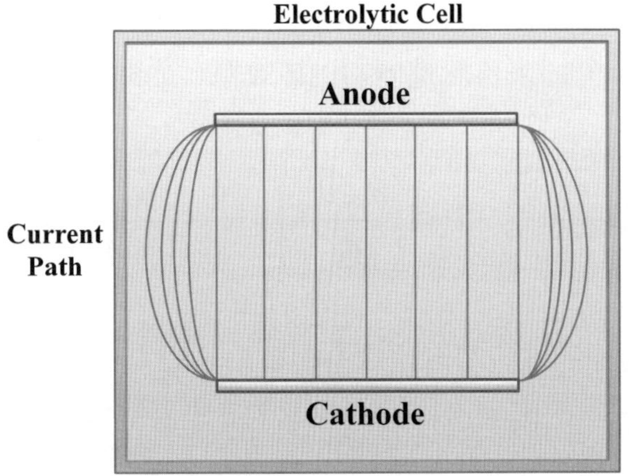

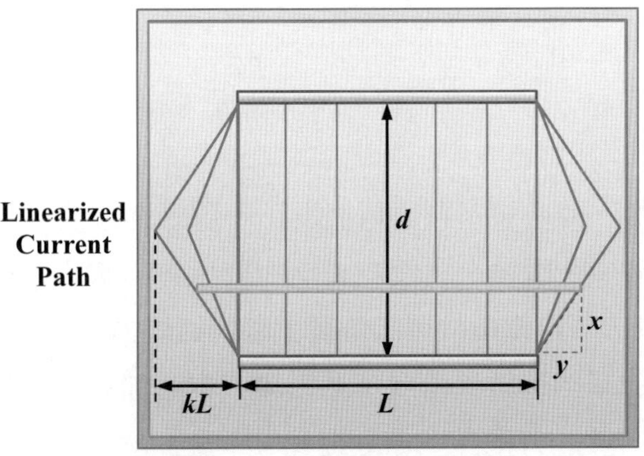

圖 4-9　電鍍槽之邊緣效應

$$d_{eff}=\frac{\ln(1+2k)}{2k}d \qquad (4.49)$$

透過實驗調整 k 值，可發現在 $k \leq 1$ 的範圍內，線性化的假設皆成立，且可得知 $d_{eff} \leq d$。當 $k = 0$ 時，電極邊緣與槽壁相接，電流路徑不會彎曲，溶液總電阻 R_S 可表示為：

$$R_S=\frac{\rho d}{HL} \qquad (4.50)$$

此式說明了電極至槽壁保有間距時，溶液電阻將可減小，或可代表此時的總電流密度 i_{eff} 較大，而多出的部分即來自於電極的邊緣效應。此額外的邊緣電流密度可表示爲：

$$\Delta i_{edge} = i_{eff} - i = i\left(\frac{d - d_{eff}}{d_{eff}}\right) = i\left(\frac{2k}{\ln(1+2k)} \quad 1\right) \tag{4.51}$$

當 $k = 1$ 時，電極邊緣的電流密度比中心約多出 0.82 倍，所以邊緣效應相當顯著。此模型也可用於估計上下兩側的邊緣，但考慮了反應過電位之後，邊緣效應的實際值應該低於此模型的估計值。

對於極化電阻，需從極化曲線估計，此曲線應符合 Butler-Volmer 方程式。若電鍍操作在 Tafel 區域，程序仍屬於反應控制，其極化電阻 R_p 應可表示爲：

$$R_p = -\frac{d\eta}{di} = \frac{RT}{\alpha nFi} \tag{4.52}$$

其中的 α 爲轉移係數。此處規定還原電流爲正，還原過電位爲負，所以 R_p 將會隨著電流密度 i 增大而減少，理論上會使均鍍能力降低，但實際情形中還需考慮溶液電阻 R_S。若 $R_p < R_S$ 時，將由電極放置的位置主導均鍍能力，此時提升電流密度反而可能有利於均鍍性。除了調整電流密度，在電鍍液中添加錯合劑也可以提升 R_p，例如加入氰化物後可使均鍍能力提升；加入提升導電度的鹼金屬鹽或銨鹽則有助於降低 R_S，因此也能改善均鍍性。此外，對某些電鍍液，調整電流密度時也會同時改變電流效率 μ_{CE}，以 Cr 鍍液而言，其 μ_{CE} 會隨著 i 而增加；以氰化物電鍍液而言，其 μ_{CE} 會隨著 i 而降低。因此，鍍 Cr 時的邊緣效應會更顯著，均鍍性更差；而使用氰化物電鍍 Cu 時，電流密度較大處的電流效率 μ_{CE} 較小，反而可以調節厚度，使各處更均勻。

2. 深鍍能力（covering power）

電鍍液的深鍍能力也很重要，因爲工件如果存在深凹處，經電鍍後雖可產生鍍層，但厚度不一定足夠，而且在先進電子製程中的電鍍更需要用在填滿深徑比（aspect ratio）很大的孔洞，其中的深徑比是指深度對孔洞直徑的比值。雖然一般均鍍能力好的電鍍液也能展現較好的深鍍能力，但影響這兩種能力的因素有部分不同。深鍍能力主要取決於電流分布，也決定於電流密度的極限值對臨界值之比例，臨界值是指可沉積出金屬的最小電流密度，而極限值則是指金屬表面凸處被燒焦的最小電流密度，若此比例夠大，則可展現較好的深鍍能力。此外，底材的特性對深鍍能力也有關鍵的影響，因爲某些金屬傾向與同質金屬接合，所以不易在異質底材上成膜，例如在鋼材上鍍 Cr 時即會發生這種情形，若在 Cu 上鍍 Cr 則不會發生，解決之道是在底材先沉積一層中間材料，可使原本結合力不佳的鍍物能完整附著在工件表面。在異質底材的電鍍中，常發現一種特性，對 H_2 生成之過電壓較高者，鍍物還原的過電壓較低，例如在 Hg 電極上生成 H_2 的過電壓較高，但卻易於還原金屬；反之，在 Pd 電極上生成 H_2 的過電壓較低，但卻不易還原金屬。

測試深鍍能力的方法有許多種，其中較常用的包括直角陰極法、圓管法與凹槽法。直角陰極法是採用一片折成 90° 的 Cu 片作爲陰極，彎折的方向朝著陽極，操作電鍍程序後，取出陰極再壓平以測量鍍膜覆蓋的面積，並評估深鍍能力。圓管法則是採用 Cu 管作爲陰極，水平置入槽內，兩端開口外都置有一個陽極，操作電鍍後取出圓管，再沿軸向剖開以測量鍍層覆蓋的比例，通常以管口往內的深度代表深鍍能力，是相較簡便的方法。凹槽法則使用擁有多個凹孔的陰極進行電鍍，若凹孔總數爲 10 個，可設計成每個凹孔的深度增加 10%，電鍍後可測量第幾個凹孔沒有鍍滿金屬，即可判斷該程序的深鍍能力。

3. 整平能力（levelling power）

整平能力也是電鍍液的重要指標，因爲工件表面通常不平坦，但在某些電鍍液中卻可以成長出平坦光亮的鍍膜，其主要原理是表面凹處可出現較大的鍍膜速率，而表面凸處的鍍膜速率則較小。然而，這種整平能力只會發生在微型粗糙的表面，若工件的表面起伏程度超過 0.5 mm，則屬於巨觀粗糙面，通常無法在電鍍之後被整平。對於微型粗糙的表面，可假設凹凸兩處的擴散層厚度不同，但電位卻相近，因而導致不同的電鍍速率，其原理已在 4-3-1 節說明。若是以最終結果來分類，整平的情形可分爲三種。如圖 4-10 所示，第一種是幾何整平，此時平台區與斜坡區的電鍍速率相同，鍍層與底材的形狀相似，亦即 $h_1 = h_2$，但電鍍後的凹洞深度卻可以縮小，亦即 $d_2 < d_1$，故能展現整平的效果。第二種是指平台區的電鍍速率大於斜坡區的情形，亦即 $h_1 > h_2$，使電鍍後的凹洞深度超過原本的深度，亦即 $d_2 > d_1$，無法展現整平的效果，故被稱爲負整平。第三種是指平台區的電鍍速率小於斜坡區的情形，亦即 $h_1 < h_2$，使電鍍後的凹洞深度明顯小於原本的深度，亦即 $d_2 \ll d_1$，整平的效果良好，被稱爲正

整平，透過具有抑制作用的平整劑可達成此目標。在電鍍期間，鍍液中的平整劑會受到擴散控制，所以平台區的吸附量大於斜坡區與凹洞區，因而改變了電流分布，導致凹洞區的電鍍速率較高，終而產生平整的效果。但當表面起伏程度與擴散層厚度相當時，即使電鍍液中存在平整劑，在平台區與凹洞區的吸附量差異不大，仍然無法展現平整效應。

Geometric Levelling ($h_1 = h_2$)

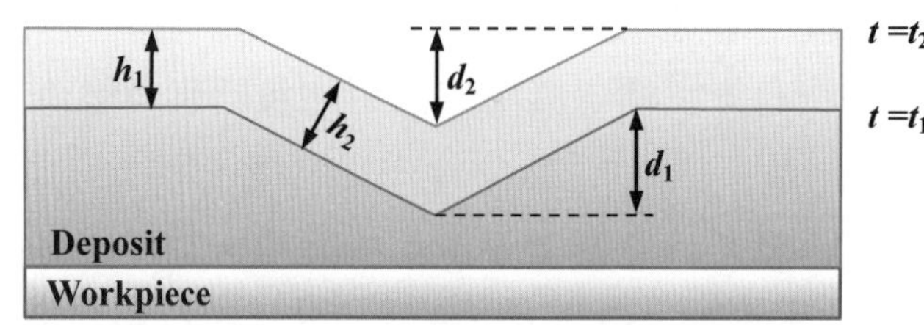

Negative Levelling ($h_1 > h_2$)

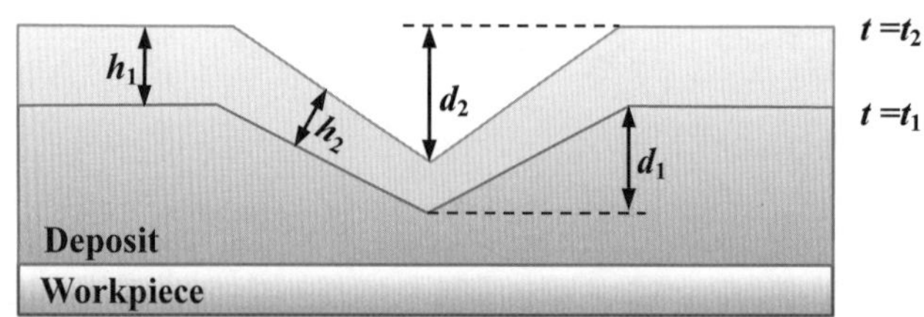

Positive Levelling ($h_1 < h_2$)

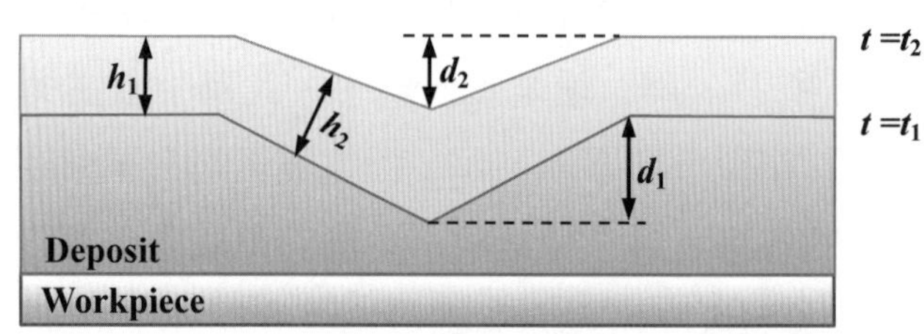

圖 4-10　鍍液之整平能力

測量整平能力時，通常必須搭配光學顯微鏡或電子顯微鏡，以利於觀察表面的起伏狀態，或是使用粗度計、輪廓儀或原子力學顯微鏡（atomic force microscope，簡稱 AFM）直接測量表面的高低落差，透過統計法得到平均數據。但也可透過旋轉電極系統來模擬表面的平台區與凹洞區，因爲旋轉盤電極（rotating disk electrode，簡稱 RDE）操作在穩定態時，其轉速 ω 與擴散層厚度 δ 有下列關係：

$$\delta = 1.62 D^{1/3} \nu^{1/6} \omega^{-1/2} \qquad (4.53)$$

其中 D 爲陽離子的擴散係數，v 爲溶液的動黏度。所以提高轉速 ω 時，可得到較薄的擴散層，可用以模擬平台區；降低轉速時，可得到較厚的擴散層，可用以模擬凹洞區。因此，在不同轉速下，可分別測得 RDE 的極限電流密度 i，若 i 不隨轉速 ω 而變，則可視爲不同的擴散層皆擁有相同的電鍍速率，所以只能進行幾何整平；但當 i 隨轉速 ω 而升高時，則代表在愈薄的擴散層中電鍍速率愈大，所以會導致負整平，亦即電鍍後表面更粗糙；當 i 隨轉速 ω 而降低時，則代表在愈厚的擴散層中電鍍速率愈大，所以會導致正整平，亦即電鍍後表面更平坦。使用 RDE 進行分析，是最快速且成本最低的方法。

三、後處理

當電鍍結束後，工件會從電鍍液中取出，並移至水洗槽，以洗淨表面殘留的電鍍液。然後可用高壓空氣或 N_2 吹乾表面，或送入烘箱在較高溫下乾燥。對於酸性鍍液中沉積的鍍層，常會包含副反應生成的 H_2，這些殘留在薄膜內的 H_2 會導致內應力，進而使材料劣化，所以透過烘箱中的高溫乾燥，可以進一步去除 H_2。然而，每種鍍層的熔點不同，烘烤的溫度必須適當設定，例如對於熔點較低的 Sn 層，需要溫度較低且時程較長的烘烤。

去除殘液與 H_2 之後，可再針對表面不平坦處拋光，其方法與前處理時相同。之後將再度水洗與乾燥，接著塗佈一層清漆，使工件具有光澤，並增強其防蝕性，隨即完成整體程序。

§4-2-3 單金屬電鍍

金（Au）、銀（Ag）、銅（Cu）、鎳（Ni）、鉻（Cr）、錫（Sn）、鎘（Cd）、鋅（Zn）是工業中常使用的鍍層材料，鍍 Au 和 Ag 具有裝飾或提高導電性的功用，鍍 Cu 則多用於導線製作，鍍 Zn 或鍍 Cd 則用於鋼鐵的保護，鍍 Sn 則常用於食品包裝，鍍 Cr 可提供光亮與堅硬的表面，鍍 Ni 則可做為其他覆蓋金屬的中間層，也可用作表面裝飾。以下將分別針對常用的單金屬電鍍加以說明。

1. 鍍 Ni

Ni 具有銀色光澤、高硬度與很好的延展性，常溫下可以抵抗水或鹼性溶液的侵蝕，但在空氣中會形成鈍化層，目前鍍 Ni 程序已經廣泛用於交通工具、醫療器材和五金用品的製造中。如表 4-3 所示，Ni 還原反應的交換電流密度較小，所以容易得到細緻的鍍層。早在 1840 年代，即已出現鍍 Ni 的應用，當時使用了硫酸鎳（$NiSO_4$）與氯化鎳（$NiCl_2$）作爲主鹽；至 1916 年，O.P.Watts 加入硼酸（H_3BO_3）作爲緩衝劑而開發出今日稱爲 Watts 電鍍液的配方，可以提高電流密度至原本的 10 倍，成爲後來廣泛使用的鍍 Ni 溶液；在 1934 年，Schlötter 以 Watts 電鍍液爲主，取得光澤鍍 Ni 的專利，隨後在 1941 年，McGean 公司取得了添加十二烷基硫酸鈉（$C_{12}H_{25}SO_4Na$）的專利，可以防止鍍膜出現針孔；在 1953 年，Harshaw 公司使用香豆素（coumarin）作爲平整劑，Udylite 公司則發現炔類與糖精並用時可做爲光澤劑，至此鍍 Ni 溶液的配方大致已被確定，鍍膜品質已非常理想。

常用的鍍 Ni 配方屬於酸性溶液，pH 值分布在 3～5.6 之間，主鹽爲 $NiSO_4$、$NiCl_2$ 或 $Ni(NH_2SO_3)_2$，緩衝劑爲 H_3BO_3，此鍍液所得到的 Ni 膜不具光澤，稱爲暗鎳。若在鍍液中添加光澤劑，則可得到光澤鎳。鍍液中的主鹽若只包含低濃度的 $NiSO_4$，用途爲打底，濃度提高兩倍以上則可得到普通鍍膜，若再添加 $NiCl_2$ 後，則可進行快速鍍 Ni；若只採用 $NiCl_2$ 爲主鹽，可提高均鍍性，減少膜內針孔；若改以 $Ni(NH_2SO_3)_2$ 爲主鹽，則可降低 Ni 膜的內應力。如前所述，鍍液中還會添加少許 NaCl 作爲陽極的去極化劑，可防止 Ni 陽極的鈍化，加入適量的 Na_2SO_4 或 $MgSO_4$ 作爲支撐電解質，可提升導電度。常見的鍍 Ni 液主配方可如表 4-7 所示。

表 4-7　常見鍍 Ni 溶液之主要配方

成分含量 (g/L)	鍍 Ni 溶液種類				
	打底	普通	快速	均勻	低應力
$NiSO_4$	120～140	250～300	280～300		
$NiCl_2$			40～60	300	10
$Ni(NH_2SO_3)_2$					350
H_3BO_3	30～40	35～40	35～40	30	40
NaCl	7～9	7～9			
Na_2SO_4	50～80	40～60			
$MgSO_4$		50～60			
$C_{12}H_{25}SO_4Na$	0.01～0.02		0.05～0.10		

使用 $NiSO_4$ 的電鍍液雖然可以快速沉積 Ni 膜，但是均鍍性不佳且成本較高。提高 pH 值雖可改善均鍍性，但會導致氫氧化鎳（$Ni(OH)_2$）的形成，甚至還會夾入鍍層中而形成針孔。此外，在陰極鍍上 Ni 之後，由於 H_2 生成的過電壓降低，所以鍍膜中還會出現氣孔，所以還需加入 $C_{12}H_{25}SO_4Na$ 以防止針孔形成。

欲得到光澤 Ni 膜，必須添加光澤劑。鍍 Ni 所需的光澤劑可依功能而分成兩類，第一類稱爲軟化劑，可降低應力，第二類稱爲光澤形成劑。最常用的軟化劑包括苯磺酸（benzenesulfonic acid，$C_6H_5SO_3H$）或相似結構的芳香族化合物，因爲這些分子中包含了乙烯磺醯基（$-C=C-SO_2-$），本身會在陰極上還原，使鍍膜中含 S，也能吸附在電極上增大極化程度，使鍍膜細化。光澤形成劑則包含不飽和基團，會強烈吸附在陰極上，也會在陰極上還原，常用的包括醛類、炔類、腈類或硫脲等，單獨使用時無法獲得全面性光澤，與軟化劑並用時，可在大範圍的電流密度內得到不會燒焦的光澤鍍層。一般使用 Watts 鍍液得到的鍍物爲柱狀，單獨加入光澤形成劑後，則成爲柱狀與層狀的混合物，再添加軟化劑之後，鍍物可全部成爲層狀。

2. 鍍 Cu

Cu 爲具有延展性的紅色金屬，也是良好的導電與導熱材料，故常用於電路板或電子元件的製造中，但在空氣或水中會氧化。目前已在工業中應用的程序包括氰化物鍍 Cu、酸性鍍 Cu、光澤鍍 Cu、三乙醇胺鍍 Cu、酒石酸鹽鍍 Cu、焦磷酸鹽鍍 Cu、乙二胺鍍 Cu、檸檬酸鹽鍍 Cu 與羥基乙叉二膦酸（1-hydroxyethane 1,1-diphosphonic acid，簡稱 HEDP）鍍 Cu，其特性列於表 4-8 中。從中可發現，氰化物鍍液中主要含有 CuCN，解離與錯合後的銅為一價，其他鍍液中的銅則為二價，所以使用氰化物鍍液的沉積速率最快。但在均鍍能力方面，以檸檬酸鹽和三乙醇胺鍍液最佳；在深鍍能力方面，以檸檬酸鹽和乙二胺鍍液最好。

表 4-8　鍍 Cu 溶液的特點

種類	優點	缺點
氰化亞銅／氰化鈉 CuCN/NaCN	鍍液穩定 鍍膜的針孔少 沉積速率快 深鍍能力佳 前處理簡單	氰化物為劇毒，廢液處理困難 鍍膜容易出現毛刺 氰化物會水解
硫酸銅／硫酸 $CuSO_4/H_2SO_4$	成本較低 操作於室溫 廢水處理便利	鍍膜粗糙 均鍍與深鍍能力皆不足 鍍液具腐蝕性
檸檬酸鹽 $Cu_3(C_6H_5O_7)_2$	均鍍能力佳 深鍍能力佳	鍍液較難配製 鍍液會發霉 無前處理時鍍膜附著不佳
焦磷酸銅／焦磷酸鉀 $Cu_2P_2O_7/K_4P_2O_7$	鍍液穩定 深鍍能力佳	電流效率低 沉積速率慢 焦磷酸鹽容易水解
羥基乙叉二膦酸 $C_2H_8O_7P_2$	鋼鐵上可以直接鍍膜 均鍍能力佳 深鍍能力佳 鍍液穩定無腐蝕性	電流效率低 沉積速率慢 需要廢水處理

在氰化物鍍液中，容易形成錯離子 $Cu(CN)_3^{2-}$，增大陰極極化，而且鍍液為鹼性，可以協助表面脫脂，故可使鍍膜細緻，附著力良好，常用於電鍍其他金屬的打底程序。然而，僅使用氰化物鍍 Cu 無法得到光澤薄膜，而且膜厚增大後，鍍層將變得粗糙，故需加入光澤劑。然而，氰化物為劇毒，鍍後的廢液或廢氣處理會提高成本，而且氰化物容易水解，所形成的碳酸鹽會降低電流效率。

使用 $CuSO_4$ 和 H_2SO_4 配製的鍍液，電流效率高，沉積速率也快，而且鍍液穩定，可在常溫下進行。鍍液的配方還可分成普通型與光澤型，後者具有良好的覆蓋能力，可以符合印刷電路板中的通孔電鍍需求，其細節將在 7-3 節中說明。酸性鍍液中通常還會加入適量的 Cl^-，以作爲陰極與 Cu^{2+} 間的橋樑，協助電子從陰極導向 Cu^{2+}，因而降低了活化過電位，雖然會使晶粒變粗，但可減低鍍膜的內應力。

使用焦磷酸銅（$Cu_2P_2O_7$）和焦磷酸鉀（$K_4P_2O_7$）的鍍液則爲鹼性，會形成錯離子 $Cu(P_2O_7)_2^{6-}$，可以沉積出平滑且細緻的鍍膜，均鍍能力與深鍍能力良好，電流效率也足夠高，但沉積速率較慢，常添加的光澤劑爲含有巰基（－SH）的雜環化合物與二氧化硒（SeO_2）。然而，焦磷酸根（$P_2O_7^{4-}$）會發生水解而形成亞磷酸根（HPO_3^{2-}），使鍍液劣化，降低沉積速率，鍍層的附著亦變差，所以後來開發出 HEDP 鍍液，可以在鋼鐵上直接鍍 Cu。HEDP 能與 Cu 形成錯離子，可作爲緩蝕劑，電鍍的效果接近氰化物鍍液。

3. 鍍 Zn

Zn 的鍍膜常用於交通工具、五金與機械，尤其鍍在鋼鐵時可以提升防蝕性。早期的鍍 Zn 溶液爲酸性，主鹽是硫酸鋅（$ZnSO_4$）與萘二磺酸鋅，後來發現添加膠類、醣類和酚可使鍍膜細緻且具有光澤，但均鍍性卻不夠好。之後，鹼性的氰化物鍍液也被開發出，可以得到較好的均鍍性，後來有研究者陸續使用阿拉伯膠、玉米糖漿或糊精等添加劑，將鍍膜的品質提升到更好的水準。到了 1938 年，H.J.Barrett 和 C.J.Wernlund 提出了添加聚乙烯醇的光澤氰化物鍍液，成爲今日廣泛使用的配方。此時的研究者也嘗試開發可以提升酸性溶液均鍍性的添加劑，發現氮苯類或硫脲類化合物都是有效的試劑，Cl^- 或 NH_4^+ 也能得到效果。氰化物鍍液的最大問題在於廢液處理，所以各國研究者仍持續發展酸性鍍液、氯化物鍍液、鋅酸鹽鍍液和焦磷酸鹽鍍液等技術，至今氰化物鍍液的使用已經降至整體鍍 Zn 工業的 1/3 左右。

氰化物鍍液的優點是均鍍能力與深鍍能力皆佳，腐蝕性低，所得鍍層細緻、內應力小、附著良好，且可達到 20 μm 的厚度。但它的缺點是電流效率只有 70～75%，而且會隨著成分濃度產生顯著變化，鍍層的光澤性還不夠好，以及廢氣和廢液必須謹愼處理。氰化物鍍液的特性主要取決於 CN^- 總量對 Zn 的比例，因爲這個比例決定了錯離子的狀態，例如此比值大時，Zn 還原的活化過電位較高，鍍物細緻，但電流效率較低，H_2 生成較多。欲降低此比値時，可使用 $Na_2Zn(OH)_4$ 來作爲部分主鹽，OH^- 與 CN^- 對 Zn^{2+} 的錯合穩定常數相當，且構造相同，所以添加後會出現取代效應而形成錯離子 $Zn(OH)_n(CN)_{4-n}^{2-}$，但 OH^- 能提升電流效率，因此可以改變鍍層特性。

鋅酸鹽鍍液的主鹽是 $NaZn(OH)_4$，沉積時先由 $Zn(OH)_4^-$ 離子逐步脫去 OH^- 而成爲 Zn，整體還原的速率非常快，所以只能形成鬆散的海綿狀鍍層。雖然這種電鍍液的腐蝕性低，廢水處理方便，但其均鍍性與深鍍性皆不如氰化物鍍液，因此必須使用添加劑。

通常完成鍍 Zn 後，還必須加上鈍化程序以提高鍍 Zn 層的抗蝕性，所使用的鈍化溶液包含 CrO_3、HNO_3 與 H_2SO_4，最終可在表面上產生緻密的鈍化層。

4. 鍍 Sn

Sn 還原反應的過電壓很小，反應速率大，所以鍍層粗糙，易形成樹枝狀物，尤其 Sn 在（100）晶面上沉積活化能約爲（110）晶面的 60%，使鍍物容易沿著特定方向生長而無法產生細緻的薄膜。相反地，Ni 在（100）晶面和（110）晶面的沉積活化能幾乎相同，且過電壓都很大，所以容易成爲緻密的鍍膜。

曾有研究指出，改變陰離子可以提高還原 Sn 的過電壓，以磷酸根、硫酸根或過氯酸根最有效，所以鍍 Sn 多採用硫酸鹽鍍液，後來也發展出氟硼酸鹽鍍液。此外，加入適當的錯合劑也有助益，並且還要加入抑制晶體生長的有機物，這些有機物通常具有足夠強的吸附力，但若抑制效應太大，使 Sn 還原的電位負於 H_2 生成的電位，則會降低電流效率，且使鍍層缺乏光澤。因此，硫酸亞錫（$SnSO_4$）鍍液中較適合的光澤劑爲苯亞甲基丙酮（$C_6H_5CH{=}CHCOCH_3$），但有效的濃度範圍很窄，且鍍物只有一半的光澤，因爲仍有 H_2 生成。當此鍍液中添加甲醛（HCHO）後，Sn 還原的電位可往正向偏移，H_2 不再析出，鍍層可展現全面光澤。由於甲醛也會吸附在陰極上，與苯亞甲基丙酮競爭，所以抑制效應減弱，使反應電位正移，同時還能抑制 H_2 生成，因此甲醛與功能相同的物質被稱爲輔助光澤劑。

此外，在酸性溶液中的 Sn^{2+} 容易和空氣中的 O_2 反應而形成 Sn^{4+}，而且在陽極附近的 Sn^{2+} 也會氧化成 Sn^{4+}，所以鍍液並不穩定，必須添加穩定劑，常用的穩定劑爲磺酸類物質。

5. 鍍 Cr

Cr 膜具有銀白色的光澤，並且穩定、堅硬、耐磨且耐熱，因此擁有廣泛的用途。最早的鍍 Cr 溶液出現在 1856 年，是由 K_2CrO_7 和 H_2SO_4 組成，後來研究者朝向還原 Cr^{3+} 的方向開發鍍液，但結果不理想，因爲 Cr^{3+} 的水合離子很穩定。直至 1912 年，Sargent 轉而研究鉻酸型鍍液；1926 年，Fink 則以鉻酐（CrO_3）和少量 H_2SO_4

作爲鍍液，且 CrO_3 的濃度必須控制在 H_2SO_4 的 100 倍，如此即可成功鍍出光澤性的 Cr 膜。CrO_3 溶於水後可成爲鉻酸根離子（CrO_4^{2-}），在陰極上可還原成 Cr，但也可能還原成 Cr^{3+}。添加少量 H_2SO_4 後，會解離出 HSO_4^-，可阻止 CrO_4^{2-} 還原成 Cr^{3+} 或 $Cr(OH)_2$，其中 $Cr(OH)_2$ 是黑鉻，Cr^{3+} 會形成穩定的水合離子，無益於沉積光澤 Cr 膜，而 HSO_4^- 則可溶解黑鉻膜，再促使其還原成 Cr，但過量添加後卻會抑制 Cr 膜成長，與 HSO_4^- 作用相同的試劑還包括 F^- 和 SiF_6^{2-}，但這些鍍液具有強腐蝕性，處理成本較高。

對於普通的 Cr 鍍膜，表面常存在一些肉眼可見的裂紋，之後便會發生間隙腐蝕，使得裂紋加深。在 1957 年，美國的 M&T 化學公司開發出微裂紋鉻（microcrack chromium）的技術，將裂紋縮小因而延緩間隙腐蝕的速率，後續又有許多改善裂紋結構的研究。在 1960 年後，Brown 等人又開發出微孔鉻（micro-porous chromium）的技術，先沉積含有 $BaSO_4$ 或 SiO_2 微粒的 Ni 膜，因爲這些微粒不導電，後續鍍 Cr 時，就會形成衆多孔洞，由於孔洞微小，所以 Cr 膜仍能呈現光澤，且可展現良好的抗蝕性。

6. 鍍貴金屬

貴金屬包括金（Au）、銀（Ag）、鉑（Pt）和鈀（Pd），它們的價格昂貴、色澤高雅、化性穩定，一直被人們視爲交易的工具，其中又以 Au 最重要。除了價值以外，Au 還擁有優良的抗蝕性、耐熱性、耐磨性、導電性與抗變色性，使 Au 也被用於電子元件或印刷電路板中。在 1838 年，Elkington 兄弟開發出鹼性的氰化物鍍 Au 配方，之後成爲鍍 Au 的主要技術。在 1847 年，則有 Derulz 使用酸性溶液鍍 Au，後來由 Erhardt 發現檸檬酸（$C_6H_8O_7$）搭配氰化亞金鉀（$KAu(CN)_2$）可以鍍出良好的 Au 膜。至 1850 年，Volk 又用磷酸鹽開發出中性鍍 Au 溶液。鍍 Au 的研究一直到 1960 年之後，才出現無氰鍍液，主成分是亞硫酸鹽、硫代硫酸鹽、鹵化物或二硫代丁二酸等，但這些鍍液不穩定，還必須使用多種添加劑。CN^- 與 SO_3^{2-}（亞硫酸根）主要的作用是與 Au^+ 形成線性錯合物，例如 $Au(CN)_2^-$。由於 CN^- 扮演單嚙錯合劑，以 C 作爲配位原子，與 Au^+ 形成單嚙錯合物 $Au \leftarrow C \equiv N$，其中的 Au 與 C 之間除了標準的 σ 鍵外，還可能構成反饋 π 鍵（π-backbonding），是指 Au 的 d 電子還會與 C 原子的 p 軌域形成反鍵結之 π^* 軌域，因而產生類似雙鍵的結合，致使錯離子結構穩定。SO_3^{2-} 則可同時作爲單嚙錯合劑與雙嚙錯合劑，扮演前者時，O 或 S 原子皆可配位；扮演後者時，兩個 O 或一個 O 一個 S 同時與 Au 配位形成環型錯離子，甚至兩個 SO_3^{2-} 和兩個 Au^+ 還能結合成雙核錯離子。欲調整 Au 鍍液的 pH 值，常用磷酸鹽或檸檬酸鹽，但它們除了提供緩衝作用，酸根中的 OH 基還可以和 HCN 形成氫鍵，提高鍍液的過電位，使鍍層更細緻。對於無氰鍍液，除了使用 SO_3^{2-}，還可以再添加 NH_3 或 $C_2H_4(NH_2)_2$（乙二胺），形成更穩定的錯合物，例如 $Au(NH_3)_2(SO_3)_2^{3-}$。

Ag 具有最高的導電性與良好的反射性，化性也穩定，價格比 Au 低，所以應用面比 Au 寬廣，除了裝飾以外，餐具或電子元件亦有使用。1838 年，相同地由 Elkington 兄弟開發出鹼性的氰化物鍍 Ag 溶液，但電流密度較低。之後在 1847 年，有專利提到 CS_2 可作爲鍍 Ag 的光澤劑，但實際上產生作用的成分是 CS_2 與 CN^- 結合而成的硫代尿素或氰胺化物；到了 20 世紀，更多種的光澤劑被開發出，包括硫代硫酸鹽、硫氰酸鹽或亞硫酸鹽等。另一方面，無氰鍍液也陸續被開發出，例如使用酒石酸鹽、過氯酸鹽、氟矽酸鹽、氟硼酸鹽或氟化物等，但有一些配方的鍍層品質不佳，若再以碘化物與檸檬酸作爲錯合劑，則可鍍出細緻的 Ag 膜。

§4-2-4 合金電鍍

合金鍍層可以兼收單金屬的特性，而成爲更堅硬、耐蝕、耐磨、耐熱，或更高導電度、更具磁性與更具光澤，甚或可銲接的表面。目前已開發出的合金電鍍技術多達 200 種以上，其中有 40 多種已用於工業生產。依功能可將合金電鍍分成以下數類：

1. 防護型：例如鋅鎳、鋅鐵、鋅鈷、鋅錫與鎘鈦合金，可用於保護鋼鐵。
2. 裝飾型：例如鋅銅、錫銅、銦鋅、錫鈷與錫鎳合金，具有美觀的表面。
3. 耐磨型：例如鉻鎳、鉻鉬、鉻鎢、鎳磷與鎳硼合金。
4. 可銲接型：例如錫鉛合金。
5. 磁性型：例如鐵鈷與鐵鎳合金。

近來也開發出非晶型合金，例如鐵鉬合金，通常是由鐵族元素和難以在水溶液中電鍍的金屬合成，例如鎢（W）或鉬（Mo），這些合金可以展現良好的耐蝕性、硬度、導電度或催化特性。

若兩種金屬離子可用電鍍方式形成合金，其標準電位必須接近，例如鎳（Ni）和鈷（Co）只相差 30 mV，故容易電鍍成合金。但實際沉積的電位還受到離子活性與過電位的影響，所以還可以透過調整濃度與電流密度等參數來達到共沉積的目標。如圖 4-11 所示，進行沉積時，若逐漸增大陰極的負向過電位，則還原電位較正的金屬會優先析出，待第二種金屬也能析出時，此時的電位 E_c 將爲：

$$E_c = E_1 + \eta_1 = E_2 + \eta_2 \tag{4.54}$$

其中下標 1 和 2 分別代表兩種金屬，而 η 爲過電位。若再考慮鍍液中兩種離子的活性，則（4.54）式還可表示爲：

$$E_1^\circ + \frac{RT}{n_1F}\ln a_1 + \eta_1 = E_2^\circ + \frac{RT}{n_2F}\ln a_2 + \eta_2 \tag{4.55}$$

其中，E_1° 和 E_2° 爲兩金屬的標準電位，n_1 和 n_2 爲兩者還原所需電子數，a_1 和 a_2 則爲兩種離子的活性。由（4.55）式可得知，若 $E_1^\circ > E_2^\circ$，則可增加金屬 2 的濃度，使 $a_1 < a_2$，以符合共沉積的條件，在常溫下兩金屬的濃度相距 10 倍時可以拉近 29 mV 的電位差。此外，添加錯合劑可以改變金屬的標準還原電位，也可以符合（4.55）式的條件。然而，（4.55）式中的兩個過電位較難以估計，仍需視金屬的種類、鍍液配方或工件底材而定。在實務中，沉積合金的主要方法如下：

1. 使用錯合劑

例如在水溶液中，Cu^{2+} 的標準電位比 Zn^{2+} 正 1.1 V，但加入 CN^- 後，兩者都會形成錯合物，使 Cu 還原的電位負移 0.77 V，與 Zn 還原的電位拉近，合金電鍍的可能性提高。另外在沉積錫鎳合金時，若加入 F^- 與 Cl^-，則可形成 SnF_4^{2-} 或 $SnF_2Cl_2^{2-}$ 的錯離子，但 Ni^{2+} 卻不會錯合，所以也能拉近兩者的還原電位，使合金電鍍更爲可行。

2. 使用添加劑

例如在沉積鋅銅合金時，雖然已加入 CN^- 使兩金屬的還原電位拉近，但再加入明膠後，會吸附在表面以抑制 Cu 的還原，使還原電位更接近，合金電鍍的可能性更高。

3. 調整電流密度

若合金中還原電位較正的金屬具有較大的過電位時，可以藉由控制電流密度，促使易還原金屬的電位往負向偏移，進而提升合金電鍍的可能性。

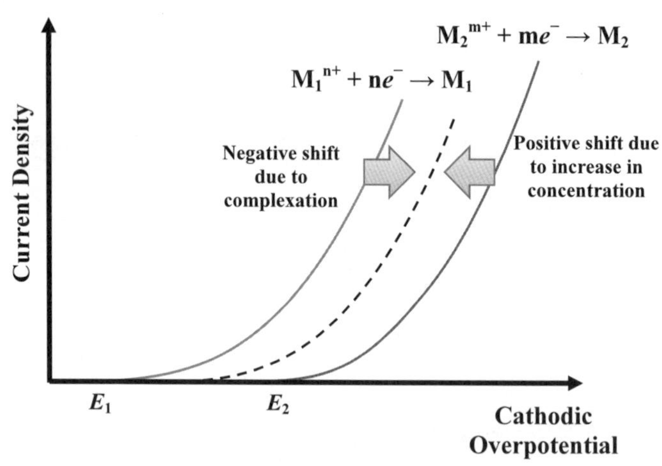

圖 4-11　合金電鍍中的電位調整效應

依據金屬析出的過程，也可將合金電鍍分成兩類，第一類是常態型，第二類是非常態型，前者是指標準電位較正的金屬先析出，後者則爲標準電位較負者先析出。常態型共沉積還包含擴散控制、反應控制與平衡控制三種，簡單金屬鹽的鍍液通常屬於擴散控制類，錯離子鍍液則屬於反應控制類，而平衡控制是指施加的電流密度很小，使離子在接近平衡的狀態下還原，兩種金屬在溶液中的比例將會等於合金中的比例，但此類案例不多見，只發生在銅鉍與錫鉛合金中。

對於非常態型合金電鍍，常發生在鐵族金屬，因爲在這類鍍液中，難析出的金屬含量較高，可以優先還原，也使鍍物中的含量占多數，常見者包括鐵鈷、鐵鎳與鐵鋅合金等。其原因爲鍍物對合金底材的結合力不同於對單金屬的結合力，或因爲 H_2 生成時 pH 值同時也被改變，使沉積順序發生變化。此外，一些無法在水溶液中析出的金屬還可以被鐵族金屬誘導而發生共沉積，例如鐵鉬與鎳鉬合金。

以下將介紹幾種常用的合金鍍膜及其電鍍程序。

1. 銅合金

常見的銅合金包括銅鋅合金、銅錫合金與仿金。銅鋅合金又稱爲黃銅，當合金中的 Cu 占 70～80 wt% 時，可得到金色的外觀，故常用於裝飾。銅錫合金又稱爲青銅，當合金中的 Sn 含量較低時會呈現粉紅色，含量增加後會依序呈現金黃色與銀白色，且硬度逐漸提高。低 Sn 青銅的孔洞少，易於在其表面鍍 Cr，可替代 Ni 層；高 Sn 青銅則具有良好的導電性，可以銲接，能夠替代 Cr 鍍層。由於 Cu^{2+} 和 Cu^{+} 的標準電位分別為 0.34 V 和 0.52 V，而 Sn^{4+} 和 Sn^{2+} 的標準電位分別為 0.005 V 和 0.14 V，故難以直接電鍍成合金，必須添加錯合劑，故常使用 NaCN 來錯合 Cu^{+}，再用 NaOH 錯合 Sn^{2+}，兩種錯合物不會互相干擾，使鍍液維持穩定，只要適當調整鍍液中的成分含量，即可鍍出低 Sn、中 Sn 與高 Sn 青銅，且鍍層細緻，均鍍能力與深鍍能力都良好。此外，還可加入醋酸鉛（$Pb(CH_3COO)_2$）、硫酸鉍（$Bi_2(SO_4)_3$）或明膠作為光澤劑。

仿金鍍層可分為二元的銅鋅合金與三元的銅鋅錫合金，一般會先將工件以氰化物鍍 Cu 打底，再以鍍 Cu 層增厚，接著鍍上 Ni，之後才進行仿金層電鍍。常用的鍍液包括氰化物型、HEDP 型與焦磷酸鹽型，其中無氰鍍液的均鍍性不佳，含氰鍍液的效果較好。電鍍時，Cu 對 Zn 的比例會決定顏色，Zn 含量較高時呈現檸檬黃，Zn 量低時則呈現玫瑰紅，摻入 Sn 後則接近金色，添加劑則為酚、醛或其衍生物。

2. 錫合金

常用的錫合金包括錫鉛合金、錫鎳合金與錫鈷合金。由於 Sn 和 Pb 的標準電位非常接近，僅僅相差 10 mV，所以可任意調整兩者在合金中的比例，當 Sn 只占有 5～12 wt% 時，鍍層具有潤滑性，可作為減磨使用；當 Sn 含量到達 60 wt% 時，鍍層不但易於銲接也擁有抗蝕性，常用於印刷電路板或電子元件中，因為純 Sn 鍍層長期放置後會在表面長出鬚狀物，繼而引起元件短路，但添加少量的 Pb 後，就不會發生這種情形。目前使用最多的鍍液為氟硼酸鹽型，而且不用加入強錯合劑，因為兩種金屬的還原電位相近，但考慮到廢液處理問題，也常使用烷基磺酸鹽型或羥基烷基磺酸鹽型鍍液，這些磺酸類物質皆可與 Sn^{2+} 或 Pb^{2+} 錯合。以甲基磺酸（CH_3SO_3H）為例，其氧化能力比 H_2SO_4 小，所以可避免擁有多種價數的陽離子發生氧化，且可提升鍍液的導電度。

錫鎳合金的鍍層呈現青白色，具有高硬度，可替代 Cr 鍍層，而且錫鎳合金對人體無過敏性，可以替代對人體有危害性的 Ni 鍍層。此鍍層的表面通常擁有較多孔隙，可以使潤滑油滯留，所以也可用在需要伸縮或轉動的表面上。一般的鍍液包括氯化物、氟化物、焦磷酸鹽與檸檬酸鹽等，使用最多的是氟化物和焦磷酸鹽，前者適用於較厚的鍍層，後者則用於較薄的鍍層。

當錫鈷合金中含有 10～20 wt% 的鈷時，色澤將與 Cr 膜相似，故可用來替代 Cr 膜，但當 Co 的含量超過 30 wt% 後，將成爲黑色鍍膜。錫鈷合金的硬度約爲 Cr 的一半，但其抗蝕性比鉻強。錫鈷合金的鍍液包括氟化物、氟硼酸鹽、葡萄糖酸鹽、有機磷酸鹽與焦磷酸鹽等，其中以後兩者的應用較多。例如在焦磷酸鹽鍍液中含有氯化亞鈷（$CoCl_2$）、焦磷酸鉀（$K_4P_2O_7$）、焦磷酸亞錫（$Sn_2P_2O_7$），添加劑爲聚乙烯亞胺（polyethylenimine，簡稱 PEI）和聚乙二醇（polyethylene glycol，簡稱 PEG）。此鍍液的電流效率、均鍍能力與深鍍能力都比 Cr 鍍液好，所以適合用於外型複雜的工件。此外，錫鈷合金的顏色還可透過加入第三元素而改變，例如添加 Zn、Pt 或 Ti 以形成三元合金。

3. 鋅合金

在鋅合金中，除了前述之錫鋅合金外，其他如鋅鎳合金、鋅鐵合金或鋅鈷合金都是 Zn 占多數，且質量比率超過 85%。這類鍍層覆蓋在鋼鐵上，可扮演犧牲陽極，但其標準電位正於純 Zn，而且鍍上鋅合金後，通常還需要進行鉻酸鹽的鈍化處理，才能提高抗蝕性。

鋅鐵合金作爲鋼鐵鍍層時，其含 Fe 量最高可達 25 wt%，但 Fe 成分愈多，標準電位愈正。常用的鍍液包括硫酸鹽、焦磷酸鹽、氯化物與鋅酸鹽，在硫酸鹽鍍液中，使用了 $ZnSO_4$ 和 $FeSO_4$ 爲主鹽；在氯化物鍍液中則使用了 $ZnCl_2$ 和 $FeCl_2$ 爲主鹽。這兩種鍍液皆需注意 pH 值的控制，因爲 pH 愈高，愈容易形成 $Fe(OH)_3$ 的沉澱物，使鍍層變得灰暗；反之，當 pH 值過低時，陽極溶解快速，使鍍液中的 Fe^{2+} 增加，鍍層的含 Fe 量也增加，但一般要將 Fe^{2+} 濃度控制在兩種陽離子中超過四成，才能成功鍍出合金薄膜，因此必須添加緩衝劑，常用者爲醋酸鈉（CH_3COONa）。此外，在閒置期間，鍍液中的 Fe^{2+} 可能會氧化成 Fe^{3+}，使鍍液變色，所以必須添加還原劑，常使用抗壞血酸，而抗壞血酸也有錯合 Fe 的作用，可以拉近 Fe 和 Zn 的還原電位。相同作用的還包括檸檬酸、葡萄糖酸、酒石酸或 EDTA 等。在焦磷酸鹽鍍液中，Fe 的部分仍使用 $FeCl_3$ 作爲主鹽，但 Zn 的部分則使用焦磷酸鋅（$Zn_2P_2O_7$）爲主鹽，另改用 Na_2HPO_4 作爲緩衝劑以控制 pH 值。電鍍鋅鐵合金之後，還會進行鈍化或磷化處理，以提高耐蝕性。將工件浸泡到鉻酸鹽中，可生成含 Cr 的鈍化膜；也可在合金鍍層上再附著一層 Zn，並將其鈍化，或將其磷化。鈍化膜中若包含三價鉻，會顯示出綠色；若包含六價鉻則顯示出橙色；若兩種都有，則會顯示出兩者的混色。

鋅鎳合金也是一種用於保護鋼鐵的鍍膜，其腐蝕速率慢於純 Zn，若 Ni 的含量到達 13 wt% 時，將具有最佳的抗蝕性。除此之外，鋅鎳合金還具有可銲接性與可加工性，鍍層的內應力小，加熱至 500ºC 也不會改變。但後續的鈍化製程會受到 Ni 含量的影響，Ni 愈多，愈難以鍍 Cr，亦即不易覆蓋鈍化膜。目前已開發的鍍液包括氯化物、硫酸鹽、鋅酸鹽、焦磷酸鹽與檸檬酸鹽型。氯化物鍍液屬於弱酸性，穩定易操作，電流效率可達 95% 以上，主鹽為 $ZnCl_2$ 與 $NiCl_2$，但其缺點是腐蝕性強，且均鍍性不佳。硫酸鹽鍍液的腐蝕性較小，主鹽為 $ZnSO_4$ 與 $NiSO_4$，常加入 H_3BO_3 或 CH_3COONa 作為緩衝劑，因為 pH 值過低時，Zn 陽極的溶解太快，會使鍍液不穩定，而 pH 值過高時，則可能形成氫氧化物而沉澱。

4. 鎳合金

常見的包括鎳鐵合金與鎳鈷合金。將 Fe 摻入 Ni 之後，色澤、硬度與平整性都將提升，而 Fe 的含量通常低於 40 wt%，防蝕性與 Ni 相當。當 Fe 的含量到達 21 wt%，鎳鐵合金將成為磁性材料，可用於記憶元件的製作。由於 Fe 的成本比 Ni 低，合金鍍液的成本也比 Ni 鍍液便宜，合金的硬度和延展性都比純 Ni 好，所以使用鎳鐵合金取代 Ni 鍍層具有許多優點。主要的鍍液配方包含 $NiSO_4$ 與 $FeSO_4$，有時也會用胺基磺酸鹽。在鎳鈷合金中，若能提高 Co 的含量，則可增加鍍層的磁性與硬度。

5. 貴金屬合金

貴金屬包括 Au、Ag、Pt 與 Pd 四種美觀但卻昂貴的金屬，其化性也相當穩定，因此貴金屬鍍膜具有裝飾或保護的功能。由於純的貴金屬價格高昂，但製成合金後仍保有美觀的效果，所以開發出金銀合金、金銅合金、金鈀合金、金鎳合金、金鎳鈷合金、金銀鈀合金、金銅鋅合金與金銅鈀合金。若以純 Au 在合金中的含量來標示合金，則可從 0 到 100% 分成 24 等分，且命名為 K 金，例如常見的 18K 金代表 18/24 的 Au 純度，約占整體的 75%。在裝飾用途中，金銀合金可呈現綠色，金銅合金可呈現粉紅色，而金銅鈀合金可呈現玫瑰色，所以藉由比例的調整，可改變合金的顏色。此外，金鈀合金還有很低的接觸電阻，所以可用在電子元件中。電鍍這些合金時，會在 Au 鍍液中添加所需金屬離子，即可鍍出細緻的薄膜，但合金薄膜的內應力比純 Au 高，且延展性比較差。欲增加金膜的耐磨性，可再添加 Co 或 Ni，但在鍍膜表面卻可能形成氧化物而降低了接觸電阻。

6. 非晶態合金

此類合金是一種微觀有序但巨觀無序的材料，不存在晶界、缺陷或偏析物，所以它擁有一般合金缺乏的特性，例如等向性。目前已可電鍍的非晶態合金超過 40 多種，主要可分爲金屬－半金屬型與金屬－金屬型，前者是在過渡金屬中加入磷（P）、硫（S）、碳（C）或硼（B）而構成，例如鎳磷、鐵磷與鎳硼合金，後者則是由鐵族金屬與高熔點金屬組成，例如鐵鎢、鎳鉬與鎳鎢合金。雖然鉬（Mo）、鎢（W）或錸（Re）等高熔點金屬無法從水溶液中析出，但可藉由鐵族金屬誘導共沉積，且可得到隨著鍍層高度而連續變化的結構，甚至在非金屬底材上也可進行沉積。

因爲非晶態合金不存在晶界或缺陷，所以鍍層表面可再形成均勻的鈍化膜，使耐蝕性提升，例如鎳磷合金的抗蝕性即優於純 Ni 膜，而且當 P 的含量增加後，抗蝕能力將再提升。當鍍層中含碳時，可以提升硬度與耐磨性。一般的鎳磷合金中，若 P 含量在 10 wt% 以下稱爲低磷合金，到達 14 wt% 以上則稱爲高磷合金，經過 300°C 處理後，合金的硬度將會增加，且會出現 Ni_2P 或 Ni_3P 等化合物，由於其孔隙度很低，化性穩定，所以常用於機械與電子工業中。此外，鎳磷合金中的 P 含量在 8 wt% 以下時還具有磁性，在 10～11 wt% 時抗蝕性最佳。電鍍時，可在主鹽爲 $NiSO_4$ 與 $NiCl_2$ 的鍍液中加入 Na_2HPO_3 或 NaH_2PO_2，即可得到鎳磷合金。此外，使用化學鍍的方法亦可得到，此部分將在 4-5 節中介紹。鎳磷電鍍液的 pH 值控制非常重要，因爲 pH 過低時，$H_2PO_2^-$ 不會還原，且會生成大量的 H_2。若鍍液中添加了 Cl^-，可以輔助 $H_2PO_2^-$ 還原，以提高合金中的含 P 量。

§4-2-5 特殊電鍍

除了傳統的單金屬與合金電鍍外，還可以透過其他方法製作種類更多或品質更佳的鍍層，例如在鍍液中添加固體微粒，或改變施加電壓或電流的形式，以及電極的形狀等，都能達成上述目的。以下將簡介幾種已經成熟或深具潛力的特殊電鍍技術。

1. 複合電鍍

若在電鍍液中添加固體微粒後，有可能在金屬還原的過程中夾雜微粒而進入鍍層，通常這些微粒具有特別的功能，可使鍍膜產生純金屬缺乏的特性。例如在有些軟金屬上，可以鍍上高硬度的複合薄膜，使工件的機械強度提升，相較於其他的複合材料製作法，電鍍的成本低且裝置簡易，但在特定條件下，固體微粒才能與金屬共沉積。首先，這些原本不帶電的粒子必須在溶液中吸附陽離子，進而成為帶正電的膠體，才能藉由電場的牽引而接近陰極，以進行共沉積。然而，在鍍液的主體區（bulk），電位變化很小，必須借助對流作用才能使帶電膠體接近陰極，通常可藉由攪拌達此目的。帶電膠體進入陰極表面附近後，區域內的電位梯度可以加速微粒的運動，且吸附的陽離子也會逐漸脫落而附著在陰極表面，進而還原成金屬並將微粒包覆，最終將形成複合薄膜，常見的鍍層如表 4-9 所示。若要調整複合薄膜中的微粒含量，則必須改變鍍液中的微粒添加量、pH 值、施加的電流密度、鍍液的攪拌方式與反應溫度。通常提高添加量可以增大鍍膜中的微粒含量，但鍍液中的含量超過某種程度後，鍍層中的含量將達飽和。提高電流密度時，鍍層中的微粒含量則不一定增加，必須比較微粒附著速率與金屬還原速率的差異才能決定，若後者的速率超過前者，則鍍層中的微粒含量會降低，反之則會增加。攪拌溶液對於提升鍍層中的微粒含量有助益，但流速過快時，反而不易使微粒附著在陰極，因而降低了鍍層中的含量。電鍍反應的溫度提高時會加速金屬還原，但卻會弱化微粒的吸附，所以鍍層中的微粒含量將會降低。溶液的 pH 值與微粒的帶電特性有關，在某個 pH 值下，微粒將達到等電點（isoelectric point），表面不帶電，由此點增加酸性通常使微粒帶正電，增加鹼性則會帶負電，因此 pH 值必須適當控制，否則微粒將不會附著到陰極上。在複合電鍍中，金屬有時會扮演結合劑，將大尺寸的顆粒與底材緊密地連結在一起，且這些顆粒的體積可超過整體鍍層的一半以上，比例超過其他的製作方法，使顆粒的特性更能發揮。例如透過複合電鍍法，可將金剛石等超硬材料製作在刀具上，有效提高刀具的切割功能，以利於鋸切矽晶等硬材。作為結合用的金屬可選擇 Cu、Ag、Ni、Cr 或它們的合金，但 Ag 和 Cu 的硬度較低，結合力不夠，Cr 的電鍍較困難，所以 Ni 或其合金較適合作為超硬材料的結合金屬。電鍍時還要盡量避免產生 H_2，因為氣泡會造成微粒剝落，同時升高的pH值也會導致金屬氫氧化物沉澱，劣化鍍層的品質。

表 4-9　複合電鍍的類型

金屬	複合微粒
Ni	Al_2O_3、TiO_2、SiO_2、ZrO_2、SiC、WC、B、C、PTFE
Cu	Al_2O_3、TiO_2、SiO_2、ZrO_2、SiC、WC、B、C、PTFE
Cr	Al_2O_3、SiC、WC

金屬	複合微粒
Fe	Al_2O_3、ZrO_2、SiC、WC、PTFE
Co	Al_2O_3、SiC、WC、BN、PTFE
Zn	Al_2O_3、SiC、PTFE
Au	Al_2O_3、TiO_2、CeO_2、Y_2O_3、TiC、WC

2. 接觸電鍍

接觸電鍍也稱爲電鍍刷或無槽電鍍，操作時工件將連接至電源負極，鍍液則不斷地噴灑在工件表面，而筆型的電鍍刷則接至電源的正極，透過工件持續轉動，並與包覆吸水材料的鍍筆接觸，工件表面即可產生鍍層。一般的鍍筆是由不溶性陽極材料構成，目前已被使用的材料包括石墨、白金或白金鍍鈦，石墨除了價格較低以外，還可以協助導熱，且不會溶解而汙染鍍液。此外，鍍筆上必須包覆陽極罩，以避免兩極接觸而短路，而且鍍筆前端會以海綿或多孔塑料包覆，以便於吸收鍍液，但需注意，每一隻鍍筆只能用於沉積一種鍍膜，混用會導致鍍層純度降低。有時鍍筆還會搭配鍍液循環裝置，使全新的鍍液輸送至前端，並透過對流將反應產生的熱量帶走。

電鍍刷導致的電流密度比一般電鍍槽大許多倍，所使用的鍍液濃度也高於一般電鍍的 10 倍以上，所以電鍍速率非常快，鍍層厚度也非常大，可達 0.5 mm。相較於一般的槽型電鍍，工件不需浸入溶液中，所以可進行局部區域的鍍膜，甚至可對無法容納於電鍍槽的大型器械進行現場加工，因而能節省成本。此外，也能節省鍍液用量，對於廢液處理比較方便。目前接觸電鍍的技術已應用在多種單金屬與合金鍍膜上，所得鍍層的附著力也符合標準，前述之複合電鍍也可以使用電鍍刷執行。但因爲工件規模可能很大，或施工場所不固定，所以常以人力操作進行，並非自動化生產，這是電鍍刷與槽型電鍍最大的差異。

3. 雷射電鍍

在 1970 年後，新發展出一種搭配雷射的電鍍技術，一般稱爲雷射輔助電鍍（laser assisted electroplating）。當工件置入電鍍槽後，會使用波長約爲 0.5 μm 的雷射照射，此時鍍液不會吸收雷射，只有工件的表面可吸收，所以一般會選用 Ar 或 Kr 雷射。在雷射光的輔助下，電沉積速率可被提升 1000 倍，且照射面積可以控制在微米等級，故可在局部形成精密的鍍層，格外適合用在電子工業中。此外，鍍層的品質也可獲得改善，例如表面受到雷射照射後，所產生的熱量有助於去除油汙，提升鍍物的附著力，而且成核速率亦能被雷射大幅提升，使每個晶粒都很細小，進而使鍍膜緻密。以雷射輔助鍍 Cu 爲例，可得到低電阻率的 Cu 線，且線寬能精密至 2 μm，適用於電子元件的內連線（interconnection）。在雷射輔助鍍 Au 時，也可得到高品質的平整 Au 膜，且沉積速率可達到 10 μm/s，比不照光時快了數倍。

4. 非水溶液電鍍

非水溶液電鍍通常是指鍍液中不含水，且操作在低於 100°C 的環境，但並非熔融鹽電鍍，這種技術特別適合沉積水溶液中無法電鍍的金屬。因爲在水溶液中，有些陽離子的還原電位負於 H_2 的生成電位，致使高電壓下電流效率仍然極低，無法在基板上沉積出金屬，因而要改用不易分解的非水溶液。非水溶劑可爲有機物，也可以是無機物，依電鍍的需求可分成質子型（protic）與非質子型（aprotic），前者的分子中仍然包含 H，但會與 O 或 N 相連，通常呈現酸性，且在反應後仍有可能生成 H_2；後者則不含 H，但仍屬於極性分子，且具有中等的介電常數，可以溶解離子化合物。非質子型溶劑通常比 H_2O 穩定，發生還原反應的電位負於 –3.0 V，氧化反應的電位則正於 1.0 V，所以擁有比 H_2O 更大的操作範圍，但非質子型溶劑的導電度與鹽類溶解度沒有比 H_2O 好。若用於電鍍時，非質子型溶劑解離後所形成陰陽離子將會影響電鍍的品質，因爲它們可能和金屬陽離子發生錯合。非質子型溶劑除了具有較寬的操作電壓，通常不會和基板反應，也不會使金屬陽離子形成氫氧化物而沉澱，但它們的主要缺點是導電度較低、具有毒性或可燃性、易被 H_2O 與 O_2 分解、價格較高。目前已被使用的非水溶劑包括無機類的液態氨（NH_3）、亞硫醯氯（$SOCl_2$）和硫醯氯（SO_2Cl_2），以及有機類的苯（C_6H_6）、甲苯（C_7H_8）、乙苯（C_8H_{10}）、二乙醚（$C_2H_5OC_2H_5$）、乙基溴化吡啶（$C_7H_{10}BrN$）和四氫呋喃（tetrahydrofuran，C_4H_8O）。有機溶劑電鍍的主要應用對象是 Al，目前已開發的程序如表 4-10 所示。其中以二乙醚中加入 $AlCl_3$ 的鍍液具有最佳的效果，其電流效率接近 100%，且電流密度高達 500 A/m^2，鍍膜可達 2 mm 厚，目前已用在鈾（U）的原子反應爐中，作爲抗蝕層。此外，使用 $Al(C_2H_5)_3$ 作爲主鹽且添加 NaF 的甲苯溶液也被用於鍍 Al，其電流效率也接近 100%，具有良好的均鍍性。然而，這些鍍液都會受到 H_2O、O_2 或 CO_2 的影響而變質，所以電鍍槽必須密封，並處於極度乾燥的環境下。所鍍出的 Al 膜純度極高，可達 99.999%，而且幾乎沒有針孔，外觀如鏡面。

表 4-10 在有機溶液中電鍍鋁

溶劑	主鹽	支撐電解質	電流密度	電流效率
溴乙烷（C_2H_5Br）	$AlBr_3$	NaBr, KBr	200 A/m^2	60～70%
N, N- 二甲基苯胺（$C_8H_{11}N$）	$AlBr_3$		NA	95%
乙基溴化吡啶（$C_7H_{10}BrN$）	$AlCl_3$		120～220 A/m^2	NA
甲苯（C_7H_8）	$Al(C_2H_5)_3$	NaF	60～80 A/m^2	100%
二乙醚（$C_2H_5OC_2H_5$）	$AlCl_3$	$LiAlH_4$	500 A/m^2	100%

4. 超臨界流體電鍍

超臨界流體電鍍是在高壓容器中操作，使用超臨界狀態（supercritical state）的物質與電鍍液混合，並添加適當的界面活性劑，以形成具有導電性的乳化液（emulsion），再進行電鍍反應。圖 4-12 顯示了一般物質的相圖，若不斷提高液相與氣相的平衡壓力與溫度，將使物質達到臨界點（critical point），此時再增加壓力或溫度，即可進入超臨界狀態，在此狀態下物質的特性介於液體與氣體之間，不但擁有液體中良好的溶解能力和質傳能力，也具有氣體的低黏度與低表面張力，稱爲超臨界流體。目前應用最廣的超臨界流體爲 CO_2，因爲它的臨界壓力只有 7.38 MPa，易於加壓，且臨界溫度爲 31.1°C，接近室溫，外加它的價格低廉、化性穩定、無毒無臭且使用後容易分離，兼具經濟效益和環保效益，所以除了電鍍外，也常應用於萃取或層析等分離技術中。超臨界流體應用於電鍍程序時，由於其黏度與表面張力皆比水溶液小，特別能協助副反應生成的氣泡脫離電極，因此能獲得無針孔、小晶粒且表面平整的鍍層，而且還能減少電鍍液的用量，降低對環境的衝擊。

由於 CO_2 的分子爲直線型，不具極性，且介電常數較低，所以不易和具有極性的電鍍液互溶，但在超臨界狀態下，CO_2 有高滲透性，再藉由界面活性劑的輔助，即可與水溶液形成乳化液。乳化是指兩種不互溶的成分經過攪拌或添加界面活性劑後，其中一成分形成微胞而分散於另一成分中，成為一種均勻混合的狀態。

操作超臨界流體電鍍時，CO_2 的溫度和壓力、電鍍液的 pH 值與添加的界面活性劑種類，都會影響鍍層品質，而電鍍液對 CO_2 的體積比將會改變兩極間的電阻與鍍膜之電流效率。此外，界面活性劑的親水親油平衡值（hydrophilic-lipophilic balance value）將影響分散相是電鍍液或 CO_2，進而改變鍍層的品質。

近年來又有研究者提出一種超臨界後電鍍，是指超臨界 CO_2 與電鍍液充分混合後，再回復至常壓以執行電鍍，卸壓後乳化液中的 CO_2 不會立即分離，而是形成微小的氣泡附著於電極上，之後逐漸脫離而產生脈衝電鍍的效果，電鍍後所得到的鍍層品質也優於傳統電鍍者。

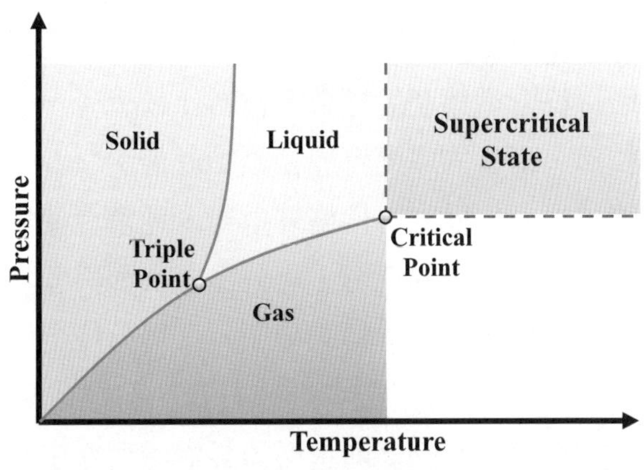

圖 4-12　超臨界狀態

§4-3　電鑄

電鑄（electroforming）是由一位在俄羅斯工作的德裔工程師 Moritz von Jacobi 於 1838 年所發明，操作時需要使用大型的電池。由於電鑄技術首先使用在印刷業中，所以也稱為電鑄製版（electrotyping），後來全世界都開始採用此方法製版，甚至應用於美國鈔票的製作，後續則擴展至裝飾品、雕像、仿製藝術品等領域。早期的電鑄製品使用 Cu，之後則發展出 Ni 與 Fe，約至 1940 年代後，電鑄程序已可工業量產，並且開始用於製作形狀複雜且精度高的零組件，時至今日則已應用於軍事、通訊、機電等精密產品中。

電鑄程序是指電沉積的金屬鍍物最後必須與基板分開，以大量製造一些形狀固定的產品。在電鑄中，所用基板必須具有導電性，稱爲母模（mold），電鍍時作爲陰極，鍍液中的陽離子將持續於母模中還原，當鍍物的厚度到達一定標準時，則停止電鍍，並從母模上分離。若脫離的鍍物能夠維持完整性，則其底部形狀應與母模的表面相同。

電鑄與電鍍相比，都是從溶液中將金屬陽離子還原成固體的過程，所以鍍物成核與薄膜成長的原理相同。然而，電鑄與電鍍也存在相異之處，例如在電鑄中，希望鍍物與母模底材能夠輕易地脫離，但電鍍時則希望鍍物與底材能夠牢固地結合；電鑄所得產物的內部結構與強度是最重要的特性，而電鍍薄膜的表面顏色、平滑度與抗蝕性才是最重要的特性，所以符合電鑄產品標準的材料比較少；一般電鑄產品的尺寸較大較厚，而電鍍薄膜則較薄，兩者的厚度可能相距 100 倍。

欲成功地應用電鑄技術，母模的特性格外重要，通常會使用容易加工的材料以製成所需形狀與精度。依據母模使用的情形，可分爲單次型與多次型，前者用完後可能會被破壞，後者則可重複再用。依據材料的種類，又可分成金屬型與非金屬型，前者較常使用，如 Al、Cu、Ni 或 Fe 等，後者則爲石膏、石蠟或樹脂，但進行電鑄時，母模必須能導電，所以非金屬材料的表面還必須經過處理。由於母模材料需先經過加工，故其機械強度必須達到一定要求，在電鑄時母模會持續接觸鍍液，所以還需考慮其抗蝕性，若母模爲非金屬材料，則要考慮溶脹性和金屬的附著性，以免吸收鍍液後產生變形。在電鑄與脫模過程中，會出現溫度變化，所以還需考慮母模隨溫度的變化性，需注意是否會熔化或軟化。脫模時，可能還會受到外應力，所以多次型母模必須能夠承受這些力量，單次型則常採用拆解式、熔化式或溶解式脫模法，因此材料的種類非常重要。

常用的金屬類母模包括黃銅、不鏽鋼、鎳與鋁合金，這些金屬的表面皆可拋光，加工性良好，且除了黃銅外，其表面都有穩定的鈍化膜，有助於電鑄後的脫模。鑄件脫模時，可借助脫模劑或隔離層。金屬母模的脫模劑即爲電鑄前在表面所形成的氧化膜或鈍化膜，對於不鏽鋼與鎳合金的母模，可用二鉻酸鈉（$Na_2Cr_2O_7$）處理，即可生成鈍化膜；對於鋁合金，則可使用 H_2SO_4 浸泡，可在表面生成氧化膜。隔離層則是指額外鍍上的薄膜，且易於施力剝離，例如不鏽鋼置入酸性 $CuSO_4$ 與

Na_2SnO_3 溶液後，可電鍍一層銅錫合金作爲隔離層。

常用的非金屬類材料包括環氧樹脂、ABS 塑膠與石蠟，其中以環氧樹脂的使用最頻繁，因爲它具有良好的加工性，而且容易在表面鍍上金屬，有助於後續的電鑄程序。石蠟的成本雖低，但加工精度不夠高，且表面覆蓋金屬的效果也不夠好。在非金屬材料的表面上製作導電層可採用乾式法或溼式法。乾式鍍膜包括蒸鍍、濺鍍與離子鍍（ion plating），蒸鍍需要高溫，濺鍍需要靶材和電漿，離子鍍則要求蒸發的原子形成離子，三者都必須在眞空反應室內進行。然而，溼式法主要透過化學鍍，母模首先會置入 $SnCl_2$ 溶液以進行表面敏化，接著將吸附了 Sn^{2+} 的母模浸入含有 Ag^{+} 或 Pd^{2+} 的溶液，使非金屬表面置換出 Ag 膜或 Pd 膜，最後再放入化學鍍液中，在表面成長出 Cu 膜或 Ni 膜。

在電鑄期間，必須依據產品所需的特性選擇鍍液，其原理與電鍍相同。由於電鑄所需時間較長，鍍膜厚度較大，所以要操作在更高的電流密度下，以提高生產速率，而且還需要加熱與攪拌等輔助措施才能達成目標，常使用的方法包括循環過濾、壓縮空氣、超音波振盪或旋轉葉片，另也需要過濾器則來淨化鍍液，因爲鍍液的穩定性會直接影響鑄件的品質。有時爲了大幅提升電流密度，可將噴嘴對準陰極，產生高壓的鍍液噴流，如此可有效降低濃度極化現象，接著再移動噴嘴或母模，即可完成電鑄作業，但所需控制的變因將會增加。在電鑄槽中，所使用的陽極必須具有可溶性，以適時補充鍍液中損失的陽離子，但陽極上的電流密度不宜過大，否則容易發生鈍化，所以一般會採用表面積大於陰極兩倍的陽極。此外，還需要在陽極加裝包覆套，以防止陽極泥掉落後被溶液帶至陰極表面。爲了降低鑄件的表面粗糙度，還可使用摩擦法來去除突起物或樹枝狀物，常用做法爲鑲嵌碳化矽磨料之不織布包覆陽極，再以旋轉方式磨擦陰極，由於不織布中含有許多孔隙，可吸收鍍液，並可避免兩極短路，所以可得到 75 μm/min 的沉積速率，但適用的鑄件需爲棒狀或柱狀。另一種做法則是在鍍液中添加 Al_2O_3 等陶瓷微粒，再藉由母模的振動或旋轉，使這些硬質微粒持續撞擊陰極表面，以製作出平整的鍍物。

完成電鑄之後，將進行脫模作業，但鑄件的表面通常很粗糙，且稜邊可能會存在枝狀物，所以必須經過適當的研磨或切割後才能脫膜。脫膜時，一般會先用工具或附加材料從背面固定鑄件，再透過機械力、溫度變化或化學反應來脫離鑄件，所使用的附加材料包括噴鍍的金屬、澆鑄的低熔點金屬或鑲嵌黏合的塑膠材料。由於金屬鑄件的彈性有限，所以母模在製作時不允許存在扣死區域，且母模表面的起伏區應使用圓角，不宜設計成直角或銳角，並且要避免鑄件的縱深過大，以免脫膜時產生裂紋或其他損傷。形狀簡單的鑄件，可使用機械力脫膜，例如施力敲打或螺旋扭動。母模與金屬鑄件的熱膨脹係數如果差異夠大，還可透過變溫來脫膜，可使用烘箱、熱油、冰或酒精等加熱和冷卻的方法。若母模上原已製作了低熔點的金屬隔離層，則可透過加熱法來融化此材料；若母模爲熱塑性材料，加熱後會軟化，也可以進行脫膜；若母模爲鋁合金，則可使用加熱的強鹼溶解。除了鈍化膜是金屬母模常用的脫膜劑，石墨粉塗料或低熔點金屬也可協助脫膜。

完成脫模後，鑄件還需經過檢驗，除了外觀之外，機械強度、抗蝕性或電磁特性都必須達到產品規格。總結整體電鑄程序，可用圖 4-13 所示之流程來表示。

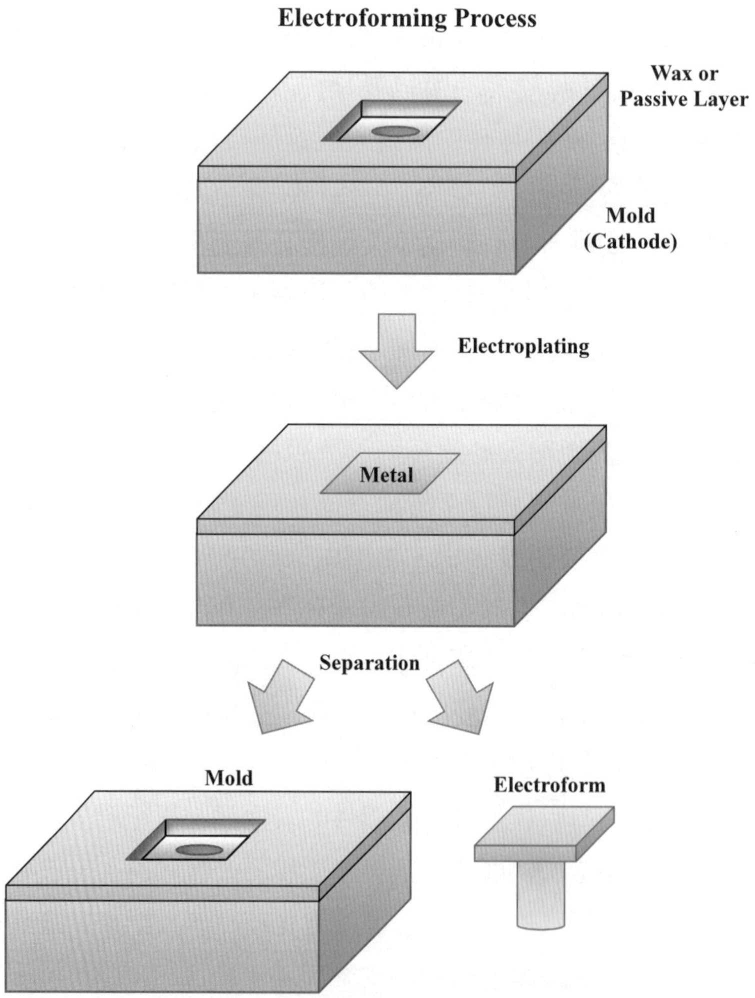

圖 4-13　電鑄技術的流程

目前在工業中應用到電鑄技術的案例包括光碟片的模具、波導管、首飾與微機電系統。以金飾爲例，使用電鑄法製作可節省材料，且能達到高精度，電鑄前先製作臘模，再塗佈導電層，即可電鑄 Au 成爲所需形狀，最後再熔化蠟模完成金飾的製作。製造光碟時，先在玻璃片上塗佈光阻材料，再曝光與顯影留下所需圖案，之後以蒸鍍技術在表面形成 Ag 膜，到此已完成母模的導電層。接著置入電鑄槽中鍍 Ni，製作成 0.3 mm 的 Ni 片，稱爲父片，因爲此父片將被當作模具，以製作多個母片，接著再以母片作爲模具而生產聚碳酸酯（polycarbonate，簡稱 PC）構成的子片。由於從玻璃基板到子片的整體程序中，製作誤差不得超過 0.25 μm，所以必須使用電鑄技術，否則難以達成目標。

在電子工業中，也可以使用電鑄技術製作一些零組件，其中的電鑄步驟稱爲通模電鍍（through-mask plating），與印刷電路板中的通孔電鍍（through-hole plating）接近，其過程如圖 4-14 所示。然而，通模電鍍所得到的鑄件並不會脫離基板，必須留下來作爲電子元件的一部分，所以鑄件與基板的附著力必須夠強。在一個介電材料的底材上，首先必須沉積一層耐熱金屬，例如 Cr、Ti 或 Ta，以作爲鑄件金屬與介電底材間的橋梁，常用的鑄件金屬則爲 Cu、Ag、Au 或 Ni。接著在此耐熱金屬膜上塗布一層光阻材料，並透過光罩（mask）進行曝光，曝光區將被顯影劑溶解而留下相同於光罩的圖案，之後即可在電鑄槽中鍍上金屬，所得金屬會沉積在已曝光顯影的區域，因此稱爲通模電鍍。最後，再次進行曝光顯影，將基板上所有的光阻移除，即完成通模電鍍的製程。過程中，光阻的角色類似母模，只會使用一次即捨去，而且還需要不能破壞的基板，因此屬於變化型的電鑄程序。由於此方法透過微影技術，可使圖案尺寸縮小至 0.1 μm，適用於微型製造工業。

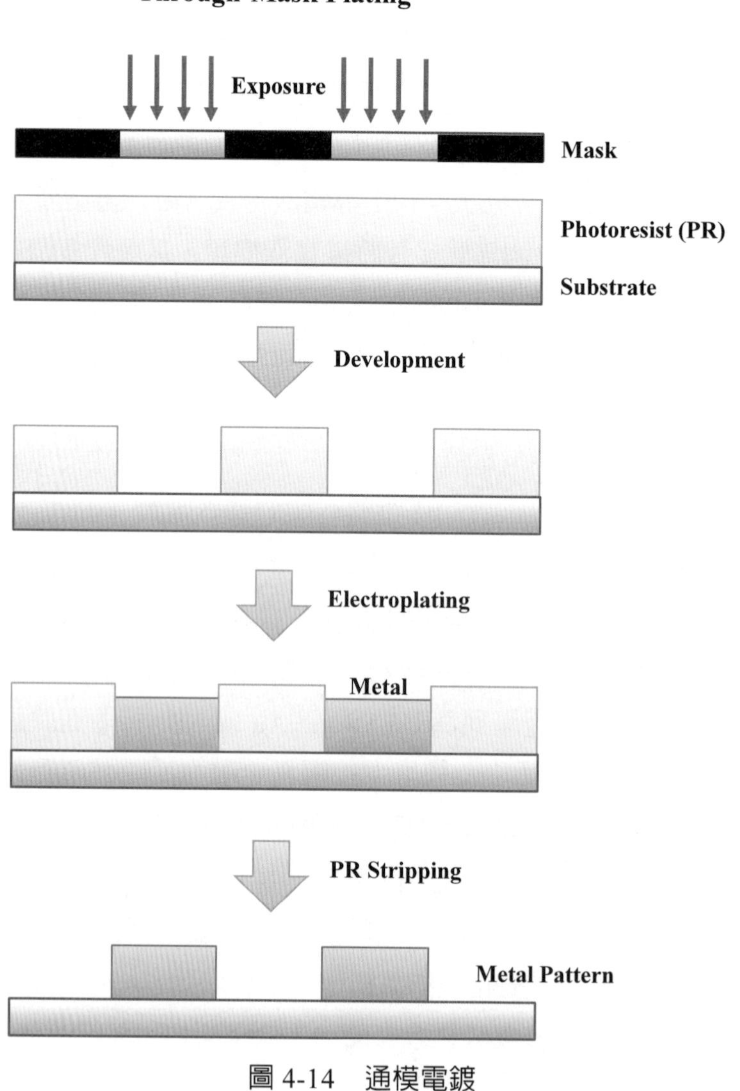

圖 4-14 通模電鍍

§4-4 無電鍍（化學鍍）

顧名思義，無電鍍（electroless plating）是指無需通電即可進行的鍍膜程序，但仍是藉由鍍液中金屬陽離子的還原來沉積鍍物。在無電鍍中，引發還原的成分稱爲還原劑，此還原劑可以是鍍液中的一種成分，也可以是基板表面的固態成分。因此，鍍膜時所進行的化學反應可表示為：陽離子＋還原劑→金屬＋氧化態產物，其中的氧化態產物是指還原劑氧化後的生成物，通常會溶於鍍液中。由此可知，無電鍍反應不需外加電源，屬於自發性反應，只要求參與化學反應的物種適當，因此也稱為化學鍍（chemical deposition），目前已知的化學鍍膜包括 Ni、Cu、Co、Au、Ag 與 Pt 等。

對於還原劑恰為基板表層金屬的情形，還可稱為金屬置換（metal displacement），至於置換反應是否能自然發生，將相關於基板金屬和陽離子的活性，或兩者的標準電位。以 Zn 和 Cu 間的置換為例，Zn 的標準電位為 –0.76 V，Cu 的標準電位為 0.34 V，所以將 Zn 片放入活性為 1 的 Cu^{2+} 溶液中，將會發生反應：

$$Zn + Cu^{2+} \rightarrow Zn^{2+} + Cu \tag{4.56}$$

因為此反應的 $\Delta E = 0.34 - (-0.76) = 1.1 > 0$，代表 $\Delta G < 0$，屬於自發反應，也代表 Zn 片表面會產生 Cu 膜，相當於兩種金屬發生了置換反應。反之，將 Cu 片放入活性為 1 的 Zn^{2+} 溶液中，卻不會發生反應，因為此過程的 $\Delta E = -0.76 - 0.34 = -1.1 < 0$，亦即 $\Delta G > 0$，必須外加能量才能驅動反應進行。對於還原劑加進鍍液而產生鍍膜的原理也相同，亦即總反應的 $\Delta G < 0$ 才能自然發生。但金屬置換通常只能沉積出數微米的厚度，因為更底層的金屬會被沉積出的金屬屏蔽，使置換停止；而化學浴鍍時，金屬沉積的厚度可以持續提升，直至反應物用盡，因此一般的金屬無電鍍會採取化學浴鍍的方法進行。

無電鍍程序雖然發展已久，但直至目前仍無法對其反應細節給予定論。綜觀各種金屬無電鍍程序，前人共提出五種機制試圖解釋其反應細節。首先是 H 原子機制，是由 Brenner 與 Riddell 在 1946 年提出，試圖說明次磷酸鹽溶液進行無電鍍 Ni 的反應步驟。他們認為次磷酸根（$H_2PO_2^-$）氧化後會形成吸附性氫原子（H_{ad}），此 H_{ad} 會與 Ni^{2+} 置換而產生 Ni 膜，也會互相聚集而生成 H_2，因而解釋了無電鍍程序中總是伴隨 H_2 生成的現象，但此構想卻不能說明 $H_2PO_2^-$ 消耗量對 Ni 膜生成量之比值總是小於 50%。第二種機制主要是由 Lukes 於 1964 年提出，其理論特點是反應過程中會產生氫陰離子（H^-），可與 Ni^{2+} 形成氫化物（hydride），之後再於基板上分開成 Ni 膜與 H_2。然而，H^- 形成的標準電位為 –2.08 V，即使搭配強氧化劑，也很難自發生成，所以這種構想的可能性非常低。第三種是電化學機制，仍由 Brenner 與 Riddell 提出，其理論是將無電鍍分開成陽極程序與陰極程序，前者是指還原劑的氧化，後者則包括

金屬還原和 H_2 析出，也包含還原劑本身的還原，例如 $H_2PO_2^-$ 還原成元素 P，所以鍍膜中會含有 P，但此模型無法解釋溶液相中鍍液自行分解的原因。第四種機制則牽涉金屬的氫氧化物，是由 Cavallotti 和 Salvago 所提出。當金屬離子的水合層被 OH^- 取代後，會形成水溶性或吸附性的氫氧化物，還原劑將與這些吸附性氫氧化物反應，繼而生成金屬膜、H_{ad}、P、B 等物質，較前述的模型更完整，但仍無法說明缺乏金屬陽離子時，還原劑仍會自行氧化的情形。後續由 van den Meerakker 統合了電化學機制與氫氧化物機制，提出一個更完整的模型。他認爲沉積的基板必須是可吸附或脫附 H 的催化性表面，進行無電鍍時一定會伴隨 H_2 生成，而 H_{ad} 來自於還原劑 RH 在催化表面的分解，同時分解出的 R 還會與 OH^- 形成氫氧化物 ROH，並釋出電子提供陽離子還原或 H_2 生成。然而，對於在非導體表面的沉積現象，此模型仍無法解釋。再者，儘管各金屬的無電鍍過程非常類似，但仍無法使用同一套原理來描述其細節，必須依照金屬離子和還原劑的種類設想反應機制。

以下將分別介紹最常應用的無電鍍 Ni 程序和無電鍍 Cu 程序。

1. 無電鍍 Ni

在使用化學鍍的工業生產中，以 Ni 膜的製作最重要，主要的原因是鍍 Ni 製品擁有廣大的商業用途。早在 1844 年，Wurtz 已經發現次磷酸鹽溶液中加入 Ni^{2+} 可以鍍出 Ni 膜，但由此鍍液無法得到光亮的鍍膜。一直到 1911 年，Breteau 才首先鍍出具有光澤的鎳磷合金；而第一個無電鍍 Ni 的專利則出現在 1916 年，是由 Roux 提出，但其鍍液配方會自行分解或在容器側壁鍍出金屬，所以還無法進行工業生產。之後在 1946 年，Brenner 與 Riddell 發表了前述的見解，促使後人可以研究改進無電鍍 Ni 的配方。典型的無電鍍 Ni 溶液必須包含 Ni^{2+}、還原劑、錯合劑與穩定劑，其中的主鹽通常是 $NiSO_4$，$Ni(CH_3COO)_2$ 或 $NiCl_2$，但因爲 Cl^- 會破壞某些底材，$Ni(CH_3COO)_2$ 的鍍膜效果較不佳，所以仍以 $NiSO_4$ 爲主。常用的還原劑爲次磷酸鈉（NaH_2PO_2）、硼氫化鈉（$NaBH_4$）、二甲基胺硼烷（$(CH_3)_2NHBH_3$，簡稱 DMAB）和肼（N_2H_4），其分子量、反應的 pH 範圍與標準電位如表 4-11 所示。

表 4-11　無電鍍 Ni 之還原劑

還原劑	分子量	pH 範圍	標準電位
NaH_2PO_2	106	4~6	– 0.50 V
		7~10	– 1.57 V

還原劑	分子量	pH 範圍	標準電位
$NaBH_4$	38	12~14	– 1.24 V
$(CH_3)_2NHBH_3$	59	6~10	NA
N_2H_4	32	8~11	– 1.16 V

無電鍍 Ni 的反應雖可簡單地表示爲 Ni^{2+} 的還原與還原劑的氧化，但所得到的鍍膜並非純 Ni，可能含有 P、B 或 N，而且成膜的過程中會持續伴隨著 H_2 的生成，代表還原劑並非完全用於沉積 Ni。以 NaH_2PO_2 作爲還原劑爲例，推測會發生以下兩種反應：

$$Ni^{2+} + H_2PO_2^- + H_2O \rightarrow Ni + H_2PO_3^- + 2H^+ \quad (4.57)$$

$$H_2PO_2^- + H_2O \rightarrow H_2PO_3^- + H_2 \quad (4.58)$$

但這兩個反應卻無法解釋 Ni 膜中含有元素 P 的原因。此外，還有觀察指出，無電鍍 Ni 必須發生在有催化性的表面，例如 Co、Ni、Rh、Pd 或 Pt，而這些金屬的表面皆可吸附與脫附 H 原子，所以無電鍍 Ni 的機制可能與此有關。若對於 Fe 或 Al 的表面，也可進行無電鍍 Ni，其原因可能來自於 Fe 或 Al 會先和 Ni^{2+} 發生置換，使表面沉積一層薄 Ni，再由此進行化學鍍膜。基於此原理，Brenner 與 Riddell 提出不同的無電鍍 Ni 機制，認爲 $H_2PO_2^-$ 氧化後會形成吸附性氫原子（H_{ad}），可表示爲：

$$H_2PO_2^- + H_2O \rightarrow H_2PO_3^- + 2H_{ad} \quad (4.59)$$

之後再由 Ni^{2+} 與 H_{ad} 發生置換而得到 Ni 膜：

$$2H_{ad} + Ni^{2+} \rightarrow Ni + 2H^+ \quad (4.60)$$

同時，也會有兩個 H_{ad} 互相結合而生成 H_2：

$$2H_{ad} \rightarrow H_2 \quad (4.61)$$

至於 Ni 膜中含 P 的解釋，後由 Gutzeit 提出，他認爲元素 P 是從 $H_2PO_2^-$ 還原而得，但卻無法說明 $H_2PO_2^-$ 的消耗量中最多只有 50% 貢獻於產生 Ni 膜。因此，後續由 Hersch 再提出氫化物轉移機制，認爲 $H_2PO_2^-$ 的反應類似於硼氫離子（BH_4^-），過程中可能會先產生氫化鎳（NiH_2），之後才分解成 Ni 和 H_2。此外，另有一種看法是由 Cavallotti 和 Salvago 所提出，他們認爲關鍵因素在於 Ni^{2+} 與 OH^- 的錯合。原本 Ni^{2+} 在溶液中會被水合，但接觸 OH^- 後水合層會逐漸被 OH^- 取代而形成錯合物 $Ni(OH)_{2(aq)}$，但也可能轉變成沉澱物 $Ni(OH)_{2(s)}$，若沉澱物覆蓋了基板表面，將會阻斷 Ni 沉積，但若催化性表面仍與溶液接觸，則會產生吸附物 $Ni(OH)_{ad}$，此吸附物與 $H_2PO_2^-$ 反應後可得到 Ni 膜與 H_{ad}：

$$Ni(OH)_{ad} + H_2PO_2^- \rightarrow Ni + H_2PO_3^- + H_{ad} \tag{4.62}$$

而 Ni 膜還會與 $H_2PO_2^-$ 再反應而產生元素 P：

$$Ni + H_2PO_2^- \rightarrow Ni(OH)_{ad} + P + OH^- \tag{4.63}$$

吸附物 $Ni(OH)_{ad}$ 也可能發生水解而回復成錯合物 $Ni(OH)_{2(aq)}$：

$$Ni(OH)_{ad} + H_2O \rightarrow Ni(OH)_{2(aq)} + H_{ad} \tag{4.64}$$

（4.62）式與（4.64）式互爲競爭反應，因此 Ni^{2+} 對 $H_2PO_2^-$ 的濃度比也是影響無電鍍 Ni 的重要因素。

當鍍液中添加的還原劑爲硼氫化鈉（$NaBH_4$）時，將會鍍出鎳硼合金，其中 B 的含量低於 10%。BH_4^- 還原時，會發生以下反應：

$$BH_4^- + 8OH^- \rightarrow B(OH)_4^- + 4H_2O + 8e^- \tag{4.65}$$

理論上，每個 BH_4^- 氧化可以導致四個 Ni 原子還原，但從實驗測得的莫耳數比卻接近 1：1，因爲 H_2 會伴隨 Ni 膜產生，且鍍層中會出現元素 B，因此可能存在其他複雜的反應機制。後來 Mallory 從實驗數據推測，Ni 與 OH^- 的錯合可形成 $Ni(OH)_{2(aq)}$，之後接觸基板表面將轉成吸附物 $Ni(OH)_{ad}$，此時吸附物可和 BH_4^- 的衍生物反應，即可還原出 Ni 和 H_{ad}，而兩個 H_{ad} 會再結合成 H_2，H_2 能促使 BH_4^- 的衍生物還原成元素 B，使 Ni 膜中包含 B，此機制與 Cavallotti 和 Salvago 所提出的構想相似。

從電化學的觀點，無電鍍程序還可視爲氧化半反應與還原半反應發生在同一處，與腐蝕反應相似，應能使用混合電位 E_M（mixed potential）的理論描述無電鍍程序。圖 4-15 顯示了無電鍍系統的極化曲線，可發現外加電位明顯正於 E_M 時，會測得鍍液中還原劑的半反應電流；而外加電位明顯負於 E_M 時，則會測得鍍膜形成的半反應電流。例如在 NaH_2PO_2 中無電鍍 Ni，當電位等於 E_M 時，$H_2PO_2^-$ 氧化的電流 I_a 與總還原電流 I_c 具有相同的大小，亦即：

$$I_a = I_c = I_{Ni} + I_H + I_P \tag{4.66}$$

其中的 I_{Ni}、I_H、I_P 分別爲 Ni 還原、H_2 生成與 P 還原的電流。然而，從某些實驗發現，不論是酸性鍍液或鹼性鍍液，生成 H_2 卻是出現在陽極程序，代表 H 的來源可能來自於 $H_2PO_2^-$ 中的 P-H 斷鍵或 BH_4^- 中的 B-H 斷鍵，因而屬於陽極程序，此結果將導致混合電位理論無法有效估計無電鍍 Ni 的速率，也難以從中推測無電鍍 Ni 的反應機制。即使如此，混合電位理論仍可能適用於其他金屬的無電鍍程序。

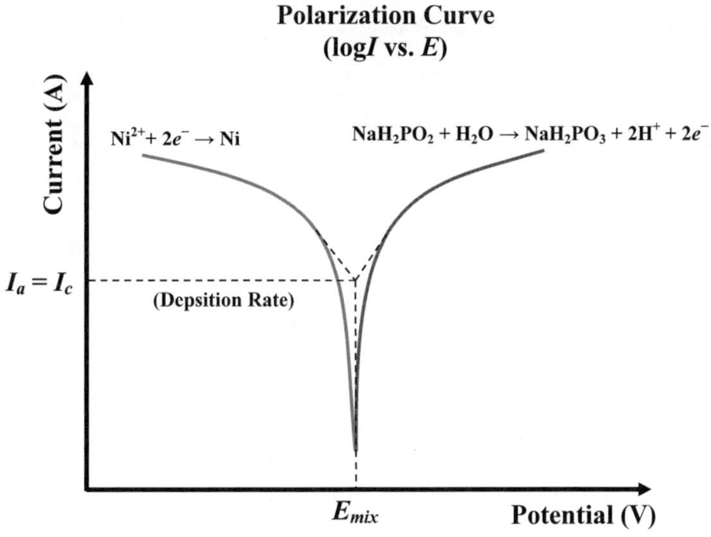

圖 4-15　無電鍍系統之極化曲線

再者，無電鍍 Ni 的溶液中還會添加有機酸作爲錯合劑，這些有機酸通常會提供幾種作用，包括緩衝鍍液的 pH 值或防止 Ni 形成沉澱物。在溶液中，Ni^{2+} 有兩種配位數，分別是 4 和 6，所以常形成綠色的水合離子 $Ni(H_2O)_6^{2+}$，其結構爲正八面體。若存在錯合劑時，解離出的配體（ligand）將會逐漸取代 H_2O 分子而包圍 Ni^{2+}，例如 NH_3 作爲配體時可形成藍色的 $Ni(NH_3)_6^{2+}$。Ni 從 $Ni(H_2O)_6^{2+}$ 中還原出來的標準電位爲 –0.24 V，但被錯合後，還原電位會更偏負，例如 Ni 從 $Ni(CN)_4^{2-}$ 中還原的標準電位爲 –0.90 V，代表這種鍍液更難以析出金屬，因爲配上標準電位爲 0.50 V 的 $H_2PO_2^-$，淨反應之 $\Delta E < 0$，或是 $\Delta G > 0$，將成爲非自發反應。相對地，Ni 從 $Ni(NH_3)_6^{2+}$ 中還原出來的標準電位爲 –0.49 V，在 $H_2PO_2^-$ 鍍液中仍可自發性地沉積。此外，調整 pH 值也有助於反應變成自發，例如 $H_2PO_2^-$ 在酸性環境中的標準電位爲 –0.50 V，但到了鹼性環境，標準電位將成爲 –1.57 V，所以加入 NH_3 除了使 Ni^{2+} 錯合，但也使 $H_2PO_2^-$ 更易氧化，淨效應是促進 Ni 的析出。

目前常用的錯合劑包括單齒的醋酸（CH_3COOH）、丙酸（C_2H_5COOH）、丁二酸（$HOOC(CH_2)_2COOH$），雙齒的乙醇酸（$HOCH_2COOH$，羥基乙酸）、甘胺酸（NH_2CH_2COOH）、丙二酸（$HOOCCH_2COOH$）、乙二胺（$H_2NCH_2CH_2NH_2$），三齒的蘋果酸（$C_4H_6O_5$），以及四齒的檸檬酸（$C_6H_8O_7$）。這些錯合劑透過其中的 O 原子或 N 原子配位，但多齒配體與 Ni^{2+} 鍵結時，也不需用上每一個配位基，例如檸檬酸雖然是四齒配體，但有時會有立體障礙，無法用上所有的配位基，一般與 Ni^{2+} 配位後，會形成雙環結構，Ni 分別隸屬於五元環和六元環中的一個原子。Ni 和某些錯合劑配位後甚至會形成七元環，但沒有配位的部分仍爲水合狀態，所以 Ni 的周圍基本上仍都鍵結 O 原子，有時則會連結 N 原子，例如使用 NH_3 或胺基化合物（RNH_2）時。這些配體雖然會與 Ni^{2+} 錯合，但也會與自由的 Ni^{2+} 達成平衡，其平衡常數稱爲穩定常數 β（stability constant），β 愈大代表錯合物愈穩定，也代表沒有錯合的自由 Ni^{2+} 愈少。由於無電鍍的速率與自由 Ni^{2+} 的濃度成正相關，所以 β 愈大也代表鍍膜速率愈低。

由於無電鍍屬於自發性的反應，只要鍍液中存在膠體粒子，就會在溶液區內引發 Ni 的還原，所以鍍液會隨時間不斷分解，產生更多的 Ni 微粒，並且催化後續的分解。若要延長鍍液使用時間，可加入穩定劑（stabilizer），或稱爲催化抑制劑（catalytic inhibitor）。最有效的穩定劑通常是含 S 化合物、酸根、重金屬陽離子或不飽和有機酸，例如硫脲（thiourea，$(NH_2)_2CS$）、碘酸根（IO_3^-）、Pb^{2+} 或順丁烯二酸（HOOCCH=CHCOOH）等。然而，所加入的穩定劑有濃度限制，以 $(NH_2)_2CS$ 或 IO_3^- 爲例，加至 0.1 ppm 具有良好的穩定效果，但加到 2.0 ppm 卻會完全阻斷無電鍍反應。

2. 無電鍍 Cu

除了無電鍍 Ni 已被廣泛應用，無電鍍 Cu 也有許多工業用途，例如印刷電路板的連線與電子儀器的電磁屏蔽層。無電鍍 Cu 可以在多種非導體上沉積，例如玻璃、塑膠、木材或紙張等，所以可作爲後續電鍍用的晶種層（seed layer），以在非導體上產生光澤性裝飾、機械強度提升、導電或屏蔽電磁波的功用。Cu 的導電性與導熱性都極佳，且具有可銲接性與延展性，鍍液的成本比 Ni 鍍液穩定與便宜，所以在一些應用中已由無電鍍 Cu 取代無電鍍 Ni。

無電鍍 Cu 的鍍液組成與 Ni 鍍液相似，除了主鹽以外，也都含有還原劑、錯合劑、穩定劑與其他添加劑，幾種常用的成分列於表 4-12 中。依據所得 Cu 膜的厚度，可分爲薄 Cu 鍍液與厚 Cu 鍍液；依照特性，還可分爲高穩定鍍液與低溫鍍液等。常用的還原劑包括甲醛（HCHO）、次磷酸鈉（NaH_2PO_2）與二甲基胺硼烷（DMAB），其中 HCHO 會氧化成甲酸（HCOOH）：

$$HCHO + H_2O \rightarrow HCOOH + 2H^+ + 2e^- \tag{4.67}$$

其標準電位爲 0.056 V，而 Cu^{2+} 還原成 Cu 的標準電位爲 0.34 V，兩者組成的全反應具有 $\Delta E = 0.34 - 0.056 > 0$，代表反應會自然發生。相似地，$NaH_2PO_2$ 與 DMAB 也都能和 Cu^{2+} 組成自發反應的系統，因而成爲常用的鍍液配方。

表 4-12 無電鍍 Cu 鍍液之組成

組成種類	常用成分
主鹽	硫酸銅、硝酸銅、氯化銅
還原劑	甲醛、DMAB、次磷酸鈉、硼氫化鈉
錯合劑	酒石酸鉀鈉、EDTA、乙醇酸、三乙醇胺（TEA）、氰離子、銨根、焦磷酸根
穩定劑	氧氣、硫脲、五氧化二釩、巰基苯並噻唑（2-Mercaptobenzothiazole）
促進劑	氰化物、丙腈、鄰二氮菲

van den Meerakker 曾指出，在含有 HCHO 的鍍液中，HCHO 氧化是無電鍍 Cu 的速率決定步驟，且隨著 pH 值的提高，其電位往負向增大，可加速 Cu 沉積的速率，但影響沉積速率最關鍵的因素仍是 Cu^{2+} 的濃度。欲求得 Cu 的沉積速率，可先測量鍍液的極化曲線，再從中尋找混合電位，並以外插法從 Tafel 公式求得半反應的電流密度，即可換算出鍍 Cu 的速率。另需注意，當 pH 超過 11 後，一些不具催化性的非導體表面也會有 Cu 沉積，而且從鍍液中會揮發出刺激性的 HCHO 氣體，對人體有危害性。相對地，以次磷酸鹽作爲還原劑時，可在較低的 pH 下反應。

在錯合劑的方面，適用於無電鍍 Cu 的選擇很多，主要考量的因素包括防止 Cu^{2+} 形成 $Cu(OH)_2$ 的能力、抑制 Cu_2O 產生的能力，以及提升 Cu 膜品質的能力。從前人的研究可發現，在鹼性鍍液中，使用甘油（glycerol，$C_3H_8O_3$）可得到最大的沉積速率，而使用酒石酸鉀鈉（$KNaC_4H_4O_6$）則最小，通常配體導致的空間障礙愈多，錯合物愈不穩定，所以比較容易還原。此外，有一些錯離子還原時，會先形成中間物 Cu^+，再形成金屬 Cu，尤其在鹼性環境中形成 Cu^+ 後，將會轉變成 Cu_2O 而沉澱，此情形會在乙二胺（$C_2H_8N_2$）或 $KNaC_4H_4O_6$ 中發生，但不會在 EDTA 中出現。

如同無電鍍 Ni，如果無電鍍 Cu 的溶液中出現固體微粒或 Cu_2O 沉澱物，會促使鍍液分解，因爲 Cu_2O 會在溶液中發生歧化反應而形成 Cu^{2+} 和 Cu 微粒，這些 Cu 微粒將成爲晶核而促進鍍液中的 Cu^{2+} 還原，形成許多懸浮微粒，而非沉積在工件表面。因此，鍍液中必須添加穩定劑，才能有效延長使用壽命。所添加的穩定劑主要用於抑制 Cu^+ 產生，例如通入 O_2 使 Cu_2O 氧化，或加入聚乙二醇（PEG）等高分子物質，以吸附在 Cu 微粒的表面，使之失去晶核的作用。另外也可加入 Cu^+ 的錯合劑，使其穩定而不發生歧化反應，例如含 N、含 S 的物質或氰化物。穩定劑也會影響 Cu 膜的附著力與延展性，有研究者指出 Cu 膜容易剝落時，通常含有 Cu_2O，所以添加酒石酸鹽所鍍出的 Cu 膜擁有較差的韌性，不適合用在印刷電路板中，因爲 Cu 與樹脂的熱膨脹係數相差較大，焊接時容易引起斷線或脫落。此外，Cu 膜中含有 H_2 也是可能的原因，所以加入能夠促進 H_2 離開的界面活性劑也能有效提升 Cu 膜的韌性。對於需要高速鍍 Cu 的應用，可在鍍液中添加促進劑。這些促進劑通常是含有 π 鍵的共軛化合物，例如含 N 或含 S 的雜環化合物。當它們吸附在基板表面時，促進劑與 Cu^{2+} 形成的錯合物將有利於接收電子，進而加速 Cu 的沉積速率。

總結無電鍍的優點可包括工件形狀即使複雜也能均勻鍍膜，操作簡單無需外加電能，且在非導體的表面也能夠成膜。但相對地，無電鍍的缺點爲鍍膜速率無法固定，因為反應物的濃度持續下降；此外，鍍液本身的穩定性不足，且鍍膜組成很難達到高純度，因此某些工業應用中會結合無電鍍與電鍍，以使鍍膜達到規格要求。例如在非導體上進行金屬鍍膜時，必須經過一連串的表面處理步驟，以 ABS 塑膠為例，首先要採用鹼性溶液去除表面油脂，再使用濃 H_2SO_4 腐蝕表面，使之粗化並轉為親水性，以增強鍍膜時的附著力。接著將塑膠浸入含有 Sn^{2+} 的敏化液中，使其吸附在表面，然後再置入含有 $PdCl_2$ 或 $AgNO_3$ 的活化液中，以進行置換反應，使表面鍍上一層 Pd 或 Ag。有了這層催化性表面後，即可進行無電鍍 Cu 或無電鍍 Ni，常用的配方分別為 $CuSO_4-HCHO$ 和 $NiSO_4-NaH_2PO_2$。最後再從 Cu 層或 Ni 層上通電，以進行電鍍增厚金屬，即完成塑膠電鍍程序（如圖 4-16）。

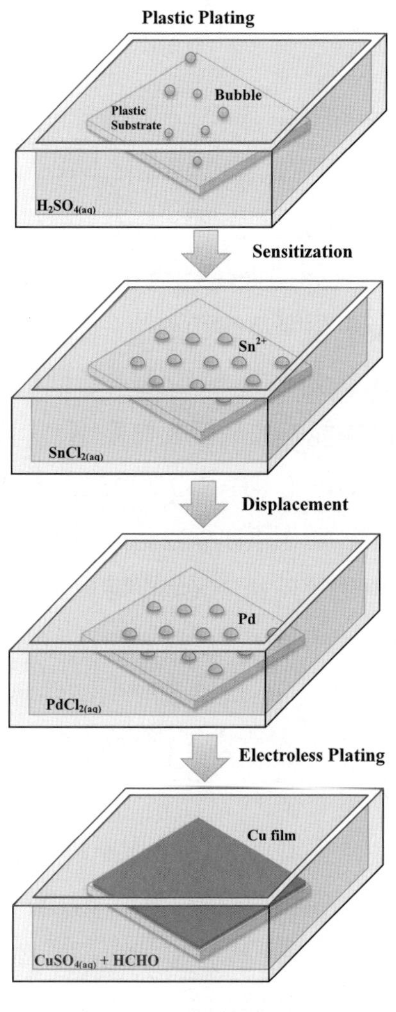

圖 4-16　塑膠電鍍銅

§4-5 陽極氧化與電漿微弧氧化

金屬表面氧化後，可能會形成充滿孔隙的薄膜，促使金屬的內部繼續氧化，此爲間隙腐蝕現象。但表面形成了穩定的緻密薄膜，反而可以阻止內部持續腐蝕，同時也可改變金屬的外觀、硬度、導電性或光吸收性。金屬表面發生氧化的原因有兩種，第一種是經歷化學過程，第二種是電化學過程，前者屬於自然發生，例如純 Al 接觸空氣中的 O_2 後，會自發性地產生氧化膜，後者則屬於非自發程序，必須外加正電位，促進氧化膜產生，而此方法可以有效控制氧化膜的特性。目前已發展出的電化學氧化技術包括陽極氧化（anodic oxidation）與電漿微弧氧化（plasma micro arc oxidation），以下將分節敘述。

§4-5-1 陽極氧化

陽極氧化法最常用於 Al 材，因爲氧化鋁的覆蓋性佳，可以導致良好的保護性。一般形成氧化鋁的方法可分爲化學法與陽極氧化法，例如 Al 浸泡於 Na_2CO_3 溶液或 H_2SO_4 溶液後，即可在表面發生化學反應而產生一層大約 5 μm 厚的氧化膜，但此薄膜的保護能力有限，難以適用於多數的 Al 製品。若欲提升保護力，則需厚度更大的氧化膜，唯有使用陽極氧化法才能有效成長出厚度適宜的氧化膜。

進行陽極氧化時，常使用 H_2SO_4、$H_2C_2O_4$（草酸）、H_2CrO_4（鉻酸）、H_3BO_3（硼酸）或 H_3PO_4（磷酸）等電解液。使用 H_2SO_4 時，所得氧化膜較厚，抗蝕能力較強，且成本較低，所以獲得廣泛應用；使用 $H_2C_2O_4$ 時，雖然成本較高，但所得氧化膜具有顏色，可產生特殊的外觀；使用 H_2CrO_4 時，雖然所得氧化膜的厚度較小，但已具有良好的絕緣性，使 Al 接觸其他金屬時不致發生電偶腐蝕（請見 5-3-2 節）。欲評估絕緣特性，可以測量氧化膜的介電常數，通常使用 H_3BO_3 爲電解液可得到介電常數較高的氧化膜，足以使用在電容器中。

Al 在進行陽極氧化之前，必須經過許多前處理步驟，依序爲除油、水洗、鹼洗、拋光與二次水洗。除油的原理與方法可參考 4-1 節，而鹼洗可去除原生氧化層（native oxide），因爲這些氧化物是 Al 材接觸空氣所得，特性與品質不一，常用的鹼液爲 NaOH 溶液。拋光 Al 的表面則常使用 H_3PO_4、H_2SO_4 與 HNO_3 的混合液，三者的體積比依序爲 7：2：1，操作溫度約在 90～115ºC。

目前已發展出的陽極氧化 Al 的配方和操作條件，可生成不同性質的氧化膜，這些性質包含成膜速度、孔隙密度、吸附力與硬度等，如表 4-13 所示。陰極材料則常爲 Pb 或不鏽鋼，標準的反應是產生 H_2，但電解液中若存在陽離子雜質，也可能在陰極還原。通常的氧化時間會低於 60 分鐘，因爲時間過長會導致氧化膜的孔洞擴大與硬度降低。

表 4-13　陽極氧化 Al 的配方和操作條件

類型	電解液配方	操作條件
標準型	15% H_2SO_4 1% CrO_3	20～25 °C 30～40 V 1.0～1.5 A/m^2 40～60 min
陶瓷型	5% CrO_3 0.5% $H_2C_2O_4$ 0.5% H_3BO_3	30～50 °C 25～40 V 0.8～1.0 A/m^2 40～60 min
高速型	250 g/L H_2SO_4 10 g/L $NiSO_4$	25～30 °C 2.5～3.0 A/m^2
硬質型	150 g/L H_2SO_4 10 g/L $NiSO_4$	5～7 °C 28～40 V 2.5～5.0 A/m^2

以標準型的電解液爲例，其中的 H_2SO_4 含量較低時，所得氧化膜的硬度較高，但含量較高時，所得氧化膜的孔隙密度高且較具彈性。由於 Al 的氧化反應會放熱，所以操作溫度會影響氧化膜的品質。在較高的溫度下，氧化膜的成長較慢，質地偏軟；在較低的溫度下，則可得到較硬的氧化膜。此外，施加的電流密度過高時，理論上會使成膜速率增加，但也會導致熱量難以排出，因而促進了逆反應，使膜厚增加緩慢，所以一般會控制在 1.5 A/m^2 左右。爲了有效排除反應熱，必須促進電解液流動，攪拌或循環的方式皆可採用，熱交換器也能達到降溫的效果。

對於 Al 的氧化機制，在 1953 年時已由 Keller 等人探究過。在酸性環境中，氧化膜形成的反應可表示爲：

$$2Al + 3O^{2-} \rightarrow Al_2O_3 + 6e^- \qquad (4.68)$$

其中的 O^{2-} 可能來自於水或酸根。但在 H_2SO_4 中，所形成的氧化物又可能被溶解：

$$Al_2O_3 + 3H_2SO_4 \rightarrow Al_2(SO_4)_3 + 3H_2O \qquad (4.69)$$

因此，氧化膜的成長是發生在氧化與溶解的競爭中，其成長速率不能完全從法拉第定律估計。而且由此可知，有些配方對氧化物的溶解能力太強，不適合用在 Al 的陽極氧化製程，但 $H_2C_2O_4$、H_2CrO_4 或 H_3BO_3 的溶解力較弱，可加入電解液中。

如圖 4-17 所示，所形成的氧化膜是由兩部分組成，在接近 Al_2O_3/Al 界面之處爲緻密的無水氧化層，一般稱爲阻擋層，其厚度約爲 0.01～0.10 μm。阻擋層上則覆蓋

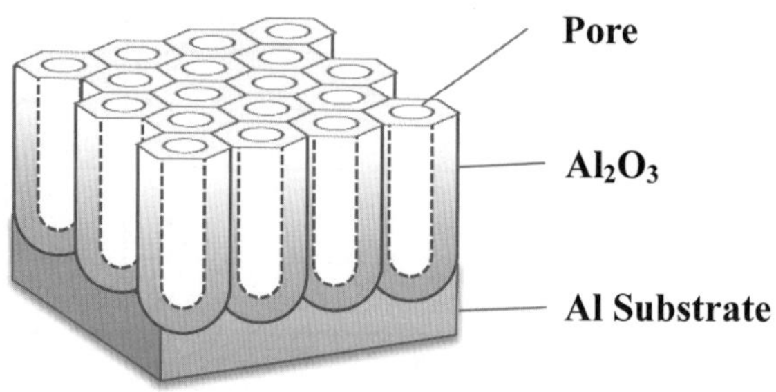

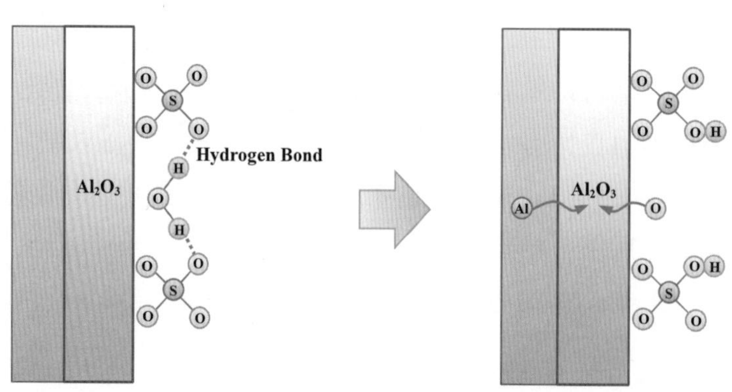

圖 4-17　形成陽極氧化 Al 的機制

了多孔層，其孔洞筆直、尺寸固定，且常以六角形的槽室均勻排列，而每一槽室的中央具有一個圓孔，圓孔的分布密度和孔徑可藉由製程參數調整，分布的範圍約從每 1 cm^2 中包含 10^9 個到 10^{12} 個孔洞，孔徑則可從 10 nm 增加到 300 nm。在定電壓操作下，若陽極氧化能達到穩定態，阻擋層厚度將會維持定值，而多孔層厚度則可隨時間而增加。這類在特定條件下生成具有規律孔洞的 Al_2O_3 膜，稱爲陽極氧化鋁（anodic aluminum oxide，簡稱 AAO），所得到的 AAO 可作爲模板（template），再透過轉印技術即能製作出規則性的奈米材料。

陽極氧化所需要的 O 雖可來自 H_2O，但因 H_2O 的解離度低，故 O^{2-} 需來自其他陰離子，所以電解液中必須存在含 O 的酸根。對酸性溶液而言，陽極氧化反應通常僅發生在多質子酸中，例如 H_2SO_4、$H_2C_2O_4$ 或 H_3PO_4，因爲多質子酸可解離出多價酸根，並吸附在施加正電位之基材表面，使 H_2O 分子與其產生氫鍵，進而造成 OH 斷裂。若僅一鍵斷裂則形成 OH^-，若兩鍵均斷裂則形成 O^{2-}，O^{2-} 可再與金屬反應而產生氧化物。當氧化進行時，氧化物中的 OH^- 比 O^{2-} 容易移動，移動過程中 OH^- 可能藉由釋放 H^+ 而轉變爲 O^{2-}，所釋放之 H^+ 將隨電場快速移向陰極，並於陽極表面形成正空間電荷而影響 Al^{3+} 之擴散，其餘未轉變的 OH^- 則殘留於氧化物中形成氫鍵結構。

一般基材的表面會存在部分突起或凹陷，但在陽極氧化初期，各處所形成的氧化層皆具有相同的厚度。進行一段時間後，表面突起處將展現較高的氧化速率，因爲突起處的電流集中，加上前處理時雜質往往會在此處偏析，所以導致較厚的氧化物，並生成較多熱量。若基板先經過平坦化，陽極反應產生之熱量仍會造成不均勻的氧化物厚度。在通電初期，阻擋層逐漸成長，被覆蓋的 Al^{3+} 將會沿著電場方向擴散至阻擋層的外表面，或 O^{2-} 往內移動，使阻擋層增厚。在後續成孔過程中，氧化物較薄的區域具有較高之電場，容易發生擊穿現象，所生成的熱量則會促進溶解，消耗部分內層的氧化物，形成凹陷區，相當於孔洞的核點。當孔洞成核後，孔洞成長可視爲氧化物形成及溶解之間的競爭結果。由於孔洞成長受到阻擋層中平均電場之影響，當孔洞底部曲率半徑增加時，局部電場降低，孔底與側壁相接之處較易形成氧化物，於是改變孔洞底部之曲率半徑，並修正電場，周而復始地進行後即可增厚孔洞層。

由於 Al_2O_3 能與 Al 緊密結合，因此大幅提升了耐蝕性、耐磨性與隔熱性。表面的多孔層則另有許多用途，例如可作爲微製造技術的模板，也可浸於有色染料中使其吸附在孔洞，進而美化工件；有時也可使用黑色染料作爲抗反射應用，此法稱爲電解著色。電解著色的的方法一般包含三種，分別爲自然著色法、一步著色法和二步著色法。自然著色法是指特定的操作條件下，加入一些可以散射光線的微粒，在多孔氧化膜形成時，會同步填入孔隙中，使 Al 材呈現不同的顏色，但目前可展現的僅有金色、古銅色和灰黑色。一步著色法主要使用有機酸作為電解液，例如以 $H_2C_2O_4$ 為主時，可以成長出黃色薄膜，以胺基磺酸（H_3NSO_3）或磺基水楊酸（$C_7H_6O_6S$）為主時，可生成青銅色薄膜。然而，此方法的操作條件嚴格，而且應用有限。二步著色法則是指 Al 材在 H_2SO_4 溶液中先以直流電成長出氧化膜，第二階段再轉移至含有重金屬鹽的溶液中，使用交流電在孔洞底部沉積重金屬，目前可用的著色材料包括 Sn、Ni、Co 與 Cu 等。藉由此種方法可以製得多種顏色的 Al 材，目前已經獲得廣泛的應用，例如添加 Ni 鹽或 Sn 鹽可得到青銅色表面，添加 Cu 鹽可得到紅褐色表面，添加 Mn 鹽可得到金黃色表面。

電解著色完成後，還需要進行封孔製程，以延長色彩的持久性，也可提升介電特性。孔洞封閉的過程，主要是 Al_2O_3 與 H_2O 結合，使最終的氧化膜體積膨脹至原本的 4/3 以上，有時也可藉由沉澱物來封閉孔洞。形成水合氧化鋁（$Al_2O_3 \cdot xH_2O$）的方法有兩種，第一種是浸泡至沸水中，第二種則是置於高溫熱蒸氣室內，處理時間需要 30 分鐘以上，封孔後不會改變底材的顏色。若將多孔 Al_2O_3 放進含有 Ni 或 Co 的醋酸鹽，則可發生水解反應而形成氫氧化物沉澱，使孔洞封閉，但此製程需要加熱到 70～90°C，現今則已改用常溫的 NiF_2 來進行封孔。

§4-5-2 電漿微弧氧化

電漿微弧氧化常又簡稱為微弧氧化（micro arc oxidation，簡稱 MAO）或電漿氧化（plasma electrolytic oxidation，PEO），有時也稱為陽極火花沉積（anodic spark deposition，ASD）或火花放電陽極氧化（spark deposition anodic oxidation，SDAO）。這種技術也可以在金屬表面產生氧化膜，與水溶液中的陽極氧化相似，但此程序的施加電壓較高，會產生火花或電漿，繼而得到不同品質的氧化膜，例如 MAO 所得到的氧化膜可達數百微米的厚度、較大的晶體與較高的硬度，目前已應用在 Al、Mg、Ti、Ta 及其合金的加工。此程序在操作時，耗水量少，不會產生有毒的重金屬，使廢液較易處理。

常用於微弧氧化技術的 Al、Mg、Ti 屬於輕金屬，在電解液中易形成氧化膜，因而產生介電作用，所以也被稱為閥金屬（valve metal）。這些金屬在電解液中產生的氧化膜通常厚度不一致，故當高電壓施加在工件時，氧化層較薄的區域會被擊穿而出現火花，亦即產生微弧放電的現象，之後被擊穿的區域會重新氧化，但另一個較薄處又會被擊穿，周而復始的進行微弧放電後，將促使工件表面的氧化膜達到一致的厚度。電弧出現時，爲期短暫但卻溫度很高，所以放電區內的氧化物與金屬都會熔化，接著再同時發生化學氧化、陽極氧化與電漿氧化，形成結構不同的氧化層，由於氧化的機制複雜，目前尚無良好的理論能夠全面說明。

進行微弧氧化時，工件會連接正極，並以不鏽鋼等鈍性金屬作爲陰極，施加在兩極間的電壓通常會超過 200 V，連續直流電、脈衝直流電或脈衝交流電的操作方式都曾被使用。再者，電解液常用低濃度的 KOH、矽酸鹽、鋁酸鹽或磷酸鹽等，其配方會影響氧化膜的特性，因爲加工後 Al、Si 和 P 都會進入氧化膜中。

以鎂合金的加工爲例，透過陽極氧化所得薄膜通常具有較多孔洞，使其抗蝕性不佳，但藉由微弧氧化則可以得到硬度高且抗蝕性佳的氧化膜。相較於傳統的陽極氧化技術，電漿微弧氧化的成本較高，所需電壓亦較高，但成膜速率較快，約可達到 1 μm/min，且可製作出高硬度的氧化膜，硬度可達到 HV 1500 以上，其他如耐磨性、耐熱性、抗蝕性與可撓性等皆較佳，相關的比較如表 4-14 所示。

表 4-14　電漿微弧氧化與陽極氧化之比較

操作項目	電漿微弧氧化	陽極氧化
電壓與電流	高電壓、大電流	低電壓、小電流
成膜速率	快	慢
工作溫度	常溫（放電區高溫）	低溫～常溫
電解液性質	鹼性	酸性
氧化層特性	電漿微弧氧化	陽極氧化
氧化物型態	結晶態	非晶型
氧化膜結構	內層緻密、外層多孔	柱狀孔洞
硬度	高	低
耐磨性	極佳	好
韌性	佳	不佳
可撓性	佳	不佳
抗疲勞強度	佳	不佳

氧化層特性	電漿微弧氧化	陽極氧化
抗蝕性	極佳	佳
耐熱性	佳	差
色彩	較少	選擇性較多
價格	高	低

§4-6 電泳沉積

電泳沉積（electrophoretic deposition，簡稱 EPD）是指透過電場將帶電膠體顆粒附著在電極表面的程序，在金屬加工業中屬於常見的表面處理方法，又常被稱爲電塗佈（electrocoating）、電泳塗佈（electrophoretic coating）或電泳塗漆（electrophoretic painting）。除了金屬製造以外，電泳沉積還可以用於光觸媒製備，例如將 TiO_2 以電泳沉積法製作在基板上，可以得到高比表面積的薄膜；此技術也可用於固態燃料電池（solid oxide fuel cell，簡稱 SOFC）中，例如形成多孔的 ZrO_2 膜。電泳沉積法主要用於陶瓷材料成膜，近年來已在半導體、生醫、能源、機械、防蝕、耐熱材料等領域被廣泛應用，採用此法可擁有以下優點：

1. 均勻性佳，可以製作多孔的薄膜，也可製作出緻密的薄膜。
2. 對於形狀複雜的工件也能輕易加工，尤其對於深凹處也可以鍍膜。
3. 成膜速率快，純度高。
4. 應用的對象廣泛，金屬、陶瓷材料或高分子材料皆可。
5. 操作程序易於自動化，可以降低人力成本。
6. 設備簡單，只需要電源與電化學槽，所以裝置成本不高。
7. 材料利用率高，可以降低材料成本。
8. 可使用水作爲溶劑，故能降低環境危害，並能提升操作安全性。

多數分散或溶解於液體中的膠體粒子與極性分子接觸時，會產生表面電荷而形成帶電物，這些膠體粒子可包括高分子、顏料、染料、陶瓷顆粒或金屬，它們受電場作用而移動即稱爲電泳（electrophoresis），此現象是由俄國物理學家 Reuss 於 1808 年從通電的黏土漿料中發現，因為他觀察到黏土顆粒持續朝向陽極移動，代表這些顆粒帶了負電。當顆粒於電極上凝聚而堆積成緊密鍍物時，即為電泳沉積現象。在 1917 年，通用電氣公司（General Electric Company）取得全世界首個電泳沉積的專利；1920 年起，工業應用陸續出現，但直至 1960 年代，才由福特汽車公司（Ford Motor Company）將此技術用於汽車工業。在 1975 年，第一個陰極電泳沉積的專利獲證，使現今全球的電泳沉積技術中約有 70% 採用此構想。

使用 DLVO 理論可說明兩粒子間距離與互相影響的作用力 F_T（DLVO interaction force），此理論是由 Boris Derjaguin、Lev Landau、Evert Verwey 和 Theodoor Overbeek 於 1940～1948 年所建立，後以四人姓氏的首字母來為此理論命名。當兩個膠體粒子接近時，除了有吸引力，也存在排斥力，前者為凡德瓦力（Van der Waals force），後者則為靜電庫倫力（Coulombic force），在兩者的電雙層重疊時會顯著提升。若吸引力較強時，兩顆膠體會凝聚；若排斥力較強時，兩者會穩定維持於溶液中。如圖 4-18 所示，兩顆膠體的總位能在相距 1～4 nm 時會出現最大值，常稱之為能障（energy barrier），大約在 5 nm 附近則會出現一個極小值，藉由增減電解質濃度、調整 pH 值或添加界面活性劑，可以改變粒子間的吸引力與排斥力。通常增加電解質濃度或調整 pH 值，皆可降低表面電荷密度，使能障縮小，膠體更易凝聚。此理論也可用於電極材料與膠體顆粒之間，若施加電場後，膠體粒子將受到電泳力 F_E

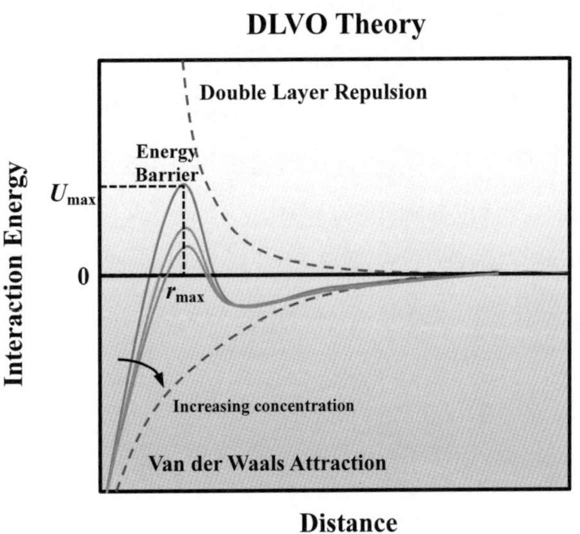

圖 4-18　DLVO 理論

（electrophoetic force）而移往電極，當 F_E 遠大於彼此間的排斥力 F_T 時，即可使粒子跨越能障而堆積成膜。

因此，在進行電泳沉積前，必須先調整膠體粒子之表面狀態，使其均勻分散並懸浮於溶液中，所用溶劑可分為有機物與水，可用的有機溶劑包括醇類與酮類。在水溶液塗料中，膠體粒子常為水溶性樹脂，包括環氧樹脂、醇酸樹脂與丙烯酸樹脂等，這些聚合物中含有高親水性的基團，在氨水或有機酸中擁有較高的溶解度。之後將電極浸入懸浮液中，並於兩電極間施加直流電場，使帶電膠體粒子沿著電場朝向相反電性的電極移動，最終沉積在基板上形成鍍層。因此，在製程上可分為：

1. 陽極沉積：膠體顆粒帶負電，工件放在陽極。
2. 陰極沉積：膠體顆粒帶正電，工件放在陰極。

例如帶有羧基（$-COOH$）的樹脂膠體屬於陽極塗料，帶有胺基（$-NH_2$）的樹脂膠體則為陰極塗料。

在 1960 年代開發出的電泳沉積屬於陽極程序，主要用於車身塗漆，所使用的塗料是丙烯酸樹脂，在電解液中的濃度必須維持在 8～15%，因為溶液的黏度會隨濃度而變，使沉積品質受到影響。操作溫度會控制在 15～30ºC 之間，pH 則需控制在 7～9 之間，但隨著反應進行，這兩個參數都會變化。施加電壓會在 60～250 V 之間，電壓較高時，沉積速率快，反之則較慢，速率過快時薄膜中容易含有孔洞，過慢時薄膜的均勻性不佳。沉積之後還需要進行烘烤，加熱的溫度約為 200ºC，時間約為 30 分鐘，主要的目的是去除水分，並使樹脂交聯。

到了 1970 年代，又發展出陰極電泳沉積技術，而且所得薄膜的品質比陽極沉積者更好，而且將工件置於陰極不會發生氧化或溶解。目前已開發出的塗料包括環氧樹脂、丙烯酸樹脂和聚胺脂，其中以丙烯酸樹脂的使用較多。此外，環氧樹脂在日光長期照射下可能會分解，丙烯酸樹脂則會變色或劣化，聚胺脂則較穩定，但它們都可以提供比陽極沉積膜更強的抗蝕性，而且還能為工件上色，並可分為透明色和不透明色，目前已用於首飾、鐘錶、眼鏡、汽車鋼圈、家具、廚具或電子產品外殼等金屬製品上。

總結整個電泳沉積的過程可分為四個階段：

1. 水或其他反應物的電解。
2. 膠體粒子之遷移。
3. 膠體粒子之沉積。

4. 溼膜脫水。

最後一階段起因於剛沉積的薄膜內含有高量水分或有機溶劑，在電場影響下，會發生電滲透現象而脫水，促使薄膜收縮直至材料緊密附著於基板。但在工件移出電解槽後，還需進行清洗和烘烤，清洗是爲了移除附著不夠緊密的顆粒，而烘烤則可使聚合物產生交聯，同時也可使殘存的氣體或洗劑離開薄膜。薄膜內的氣體來自於大電壓下兩極生成的 H_2 和 O_2，故需烘烤步驟以去除之。

一般的電泳沉積可分爲定電壓操作與定電流操作。在定電壓製程中，由於膠體粒子之導電性不佳，隨著鍍層增厚，兩電極間的有效電場將會下降，減少了電泳的驅動力，致使鍍層之總厚度受限。定電流法則會強制驅動膠體粒子接近電極，因此沉積速率不受膜厚影響，但所需電壓卻會隨膜厚增加而上升，所以更容易發生副反應。此外，電泳沉積和電鍍製程相同，其均鍍性也是重要指標，通常施加愈高的電壓可以達到較佳的均鍍性。然而，在過高的電壓下，孔隙會擴大，薄膜可能發生破裂。薄膜開始破裂的電壓稱爲破裂電壓（rupture voltage），陽極電泳沉積的破裂電壓比陰極沉積低，溶液導電度低者也比高者擁有較低的破裂電壓，使用有機溶劑者比水具有較低的破裂電壓。

操作溫度也是一項重要因素，因爲溶液的導電度會隨溫度而增加，溶液的黏度亦然，而且電解產生的氣泡在高溫下較易脫離，但破裂電壓則隨溫度而降低，所以薄膜的品質會受衆多因素的影響。

§4-7　電化學加工

由電解反應的原理可知，置入電解液的金屬工件連接上電源正極後，將會進行氧化反應。當施加電壓不大時，金屬傾向溶解成陽離子，若溶解過程能加以控制，則可用於金屬加工，因此這類透過通電處理材料的程序稱爲電解加工（electrolytic machining），或稱爲電化學加工（electrochemical machining，簡稱 ECM）。相較於傳統的機械加工，電化學加工主要透過化學反應去除金屬，工件不會承受過大的應力，通常也不會產生太多熱量，所以對工件的破壞較小。而且對於高硬度或耐熱的金屬工件，也能製作出多種形狀，無需擔憂刀具的損傷，這是其他技術難以達到的效果。電化學加工後的表面不會殘留應力，也不會出現毛刺，而且比較平滑光亮，因此加工後的產品不會變形，金屬的晶相不會變化，各種機械特性也不會變差。進行電化學加工時，可以採取批量操作，且不會受限於工件的複雜形狀，同時還可發現工件中的非金屬雜質，因爲非金屬物質不會溶解。電化學加工的過程通常處於低電壓高電流，所以製程的危險性不大，只需注意用電安全。基於上述優點，電化學加工已經成爲現代金屬工業的基本方法，若再對工件的處理加以分類，還可區分成電解去除、電解拋光與電化學複合加工。一般而言，電解去除的溶解速率會明顯高於電解拋光，而且電解去除的兩極間距也會小於電解拋光，所以兩者擁有不同的效用。電化學複合加工則擷取化學與機械作用的優點來進行製程，其發展歷史比電解去除更長。以下將分節說明電解去除、電解拋光與電化學複合加工。

§4-7-1 電解拋光

電解拋光（electrolytic polishing）屬於陽極程序，金屬工件必須連接至電源的正極，而另一個對應電極則需連至負極，並在兩極間填充合適的電解液。當適當的電壓被施加後，即可開始處理表面，隨著操作的進行，金屬表面將變得平坦且光亮，因而稱爲電解拋光，但也常稱爲電拋光（electropolishing）或電化學拋光（electrochemical polishing）。除了表面平整之外，電解拋光還可降低摩擦係數，提升抗蝕性，增加磁性材料的磁導率。

電解拋光的構想首次出現於 1911 年的俄羅斯專利中，後於 1930 年代，法國的 Jacquet 著手研究 Cu 的表面處理，因而成爲現代電解拋光技術的先驅。到了 1950 年代，已經開始出現 Cu 與其合金的電解拋光工業；進入 1960 年代則發展出不鏽鋼的研磨技術，雖然加工成本低，但電解液中包含致癌性的苯胺（$C_6H_5NH_2$），使其應用受限；1970 年代後，適用性更廣的電解液陸續被開發出，使電解拋光成爲金屬工業中的基本程序。

時至今日，電解拋光技術已可應用在多種金屬，既可美化外觀，也能增進功能。在汽車工業中，如排氣管、散熱器、保險桿等裝修作業，都會使用到不鏽鋼的電解拋光；在製藥工業中，格外重視裝塡原料的容器或反應槽，使用電解拋光的金屬可以避免汙染物附著；在醫學工程中，一些手術器材、注射用具、人體植入物都需要經過無菌處理和平滑化，所以常需應用電解拋光技術；在化工製程中，管件與容器的表面經過電解拋光後，可使產物或氣體較易脫離；在食品工業中，加工與儲存的用具基於衛生考量，也常採用電解拋光技術；在電子工業中，一些乘載高純度原料的管路或容器皆需經過電解拋光，以免製程受到汙染，而且高眞空度的裝置更需要平滑的內壁；在材料分析時，經常採取顯微技術，因而需要平坦的金屬試片，透過電解拋光後，可以顯露出金屬的缺陷，更有助於金相分析；其他如建築、美術品或紡織品也可透過電解拋光達到美觀之目的。

若對一般工件使用傳統的機械研磨，通常會在表面留下刮痕，或在內部殘存應力，因此難以處理大面積工件或極細微結構。相反地，在電解拋光的過程中並無應力施加，只結合電學和化學的作用，因而能突破傳統機械加工的精度限制，達到次微米以下的工藝品質，此需求在先進半導體製程中尤其關鍵。

電解拋光的主要原理是電化學溶解，因爲電流通過浸在特定溶液內的工件時，其表面會逐漸溶解，尤其對於粗糙的表面，若能控制凸處的溶解速率大於凹處的速率，經過一段時間後，凹凸兩區的高度差將會縮減，進而改善表面的平坦度。電解拋光雖然與其他電解加工技術相似，但會使用高濃度的酸做爲電解液，操作時無需攪拌，兩極間距不會小於 1 cm，而且會以低電流密度進行程序。因此，電解液的組成與陽極極化情形是電解拋光的關鍵因素，而且工件表面的起始狀態也會影響拋光效果。電解拋光的效果將以表面粗糙度（surface roughness）作爲判斷指標，由此可將電解拋光區分爲兩類。第一類是表面整平（levelling），是指表面粗糙度超過 1 μm 的情形；第二類是亮化（brightening），是指表面粗糙度低於 1 μm 的情形。但需注意，實際上的金屬亮度與表面輪廓並無簡單的關係，上述分類只是過往經驗的歸納。

電解拋光的機制可使用圖 4-19 所示之極化曲線加以說明。當工件連接電源正極後，若從 A 點開始逐漸增大施加電位，則會在峰電位 E_P（B 點）時得到最大電流密度 i_P。當電位仍位於曲線 AB 內，金屬會持續溶解而形成陽離子，此時的工件屬於活化（active）狀態，但這些陽離子在表面持續累積後，將會轉變成質傳控制現象，迫使電流密度下降。若將陽極過電位繼續加大，極化曲線將進入 BC 段，稱爲過活化（trans-active）狀態，此時表面可能附著金屬鹽，也可能出現氧化物，但這些物質的導電性較差，且會減少電極與溶液的接觸面積，因而降低了電流。當電位到達 C 點時，亦即 $E = E_F$，電流密度減低至更小的數值，此時即使再增大電位，電流也幾乎都維持在小範圍內，代表工件已進入鈍化（passive）狀態，此現象會維持到電位上升至 E_T（D 點），因爲再增高電位將會發現電流開始顯著加大，此範圍（DE 段）稱爲過鈍化（trans-passive）狀態。極化曲線中的 C 點電位 E_F 稱爲 Flade 電位，D 點電位 E_T 稱爲過鈍化電位，這兩者不只相關於金屬種類，也會隨著溶液的特性而變。當金屬進入過鈍化狀態後，常會發現大量 O_2 在電極表面產生，但也有可能沒有氣泡出現，因爲如 Cr、Mo 或 W 等金屬擁有多重氧化態，在 AB 階段先形成低價陽離子，在 BC 階段形成低價氧化膜，而在 CD 階段則可形成高價氧化膜，然後在 DE 段發生溶解。AB 段所形成的溶解現象，對輕微的表面起伏無法發揮整平效果，但在 CD 階段中，金屬表面逐漸平滑，且隨著電位增加可使表面更光亮。

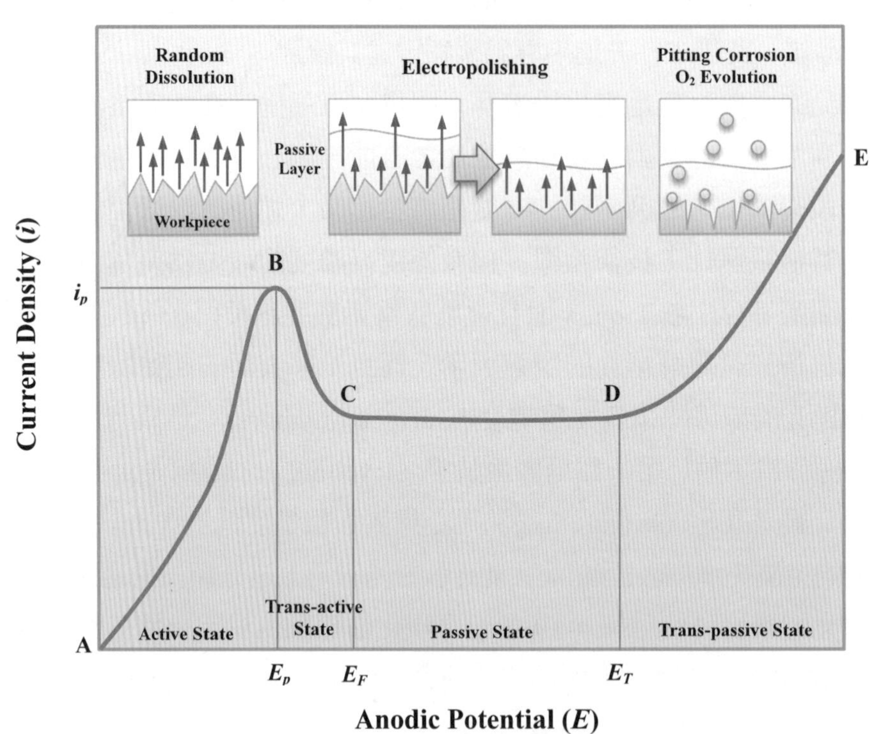

圖 4-19　電解拋光原理

在金屬表面上，必定存在凸起區與凹陷區，但依據兩區的高度差 d 與 Nernst 假設中的擴散層厚度 δ 之相對關係，可將拋光程序區分爲巨觀平坦化（macrosmoothing）與微觀平坦化（microsmoothing）。當 $d \gg \delta$ 時，擴散層會沿著表面而起伏，各區的濃度分布相似，通電後所得到的電流密度只會隨表面形狀而變，在凸起區的電流比凹陷區集中。由於電流密度對應溶解速度，所以凸起區的溶解速率較快，持續通電後，突起區與凹陷區的高度差將會逐漸減少，此即巨觀平坦化，但金屬表面只會整平，無法達到亮化的程度。

當 $d < \delta$ 時，電解拋光將轉變成微觀平坦化。從熱力學的角度分析，也可發現從固態轉變成溶液態的能量在凸起區比在凹陷區小，所以溶解反應較易進行。但當電解液受到攪拌時，流體力學的效應也會影響電流密度的分布，使平坦化的過程變得複雜。在模擬電流分布時，可將結果區分爲一級分布、二級分布與三級分布，其中的一級分布只由電極的幾何形狀決定，二級分布則多考慮了表面反應動力學，而三級分布則又加入了溶液成分的輸送現象。完整的表面整平機制應該全面考慮，所以實際的整平速率受限於反應與輸送現象，會慢於一級電流分布所預期的速率。而且金屬表面並非只存在溶解反應，可能的現象還包含沉澱反應或鈍化層產生，甚至還有競爭反應，例如 O_2 生成，這些反應發生的機率皆與施加電壓有關；而且金屬溶解時，表面晶格缺陷與晶面方向也會影響溶解速率，因此詳細的拋光機制還必須考慮微觀平坦化的過程。

從動力學的角度，表面微觀整平程序可能會透過鈍化層的生成與溶解來進行。所以在電解拋光的溶液中，通常會添加促進鈍化的成分，也必須加入溶解鈍化層的成分，前者常爲 CrO_3，後者常爲高濃度的 H_2SO_4 或 H_3PO_4，而且電解液中的水分需降低，並改以醇類作爲溶劑，以抑制鈍化層生長過快，目前已有固定的配方使用在 Al、Cu 與不鏽鋼的表面處理上。

在電解程序中，若鈍化層的的形成速率小於溶解速率，各區的鈍化層厚度不均勻，使表面粗糙度增大，無法達到拋光的效果；反之，當鈍化層的的形成速率大於溶解速率時，鈍化層將會增厚，也無法達到拋光的效果。因此，唯有鈍化層的形成速率和溶解速率相當時，才有可能出現表面亮化的現象。對於鈍化層，是指抑制表面溶解的區域，在一些研究中亦稱爲黏滯層，也有一些研究者將其視爲擴散層，或是直接視爲氧化物所構成的薄膜。但無論鈍化層的形式爲何，電解拋光的效果主要取決於鈍化層的分布，而鈍化層又與質傳現象相關，當表面溶解的反應速率遠快於質傳速率時，拋光程序將會受限於質傳速率，例如在凸起區的鈍化層較薄，金屬離子的擴散較容易，所以溶解程序較快；相反地，在凹陷區則溶解得較慢，導致兩區的高度降低速率出現差異，此差異即可整平微觀的表面。

現今製造積體電路（IC）的過程中，已經廣泛使用了雙鑲嵌銅製程（dual damascene copper process），其中有一個重要步驟稱爲化學機械研磨（chemical-mechanical polishing，簡稱爲 CMP），可磨平覆蓋於晶圓表面的 Cu 膜。由於 CMP 所用的研磨漿料中含有氧化劑，故可先鈍化 Cu 膜表面，再透過高硬度的研磨粒子刮除鈍化層，使新的金屬表面露出，之後再度鈍化並刮除突起處，周而復始地操作後，最終可達到全面性的平坦。然而，即使不施加機械力量，在適合的配方與外加電壓下，也可以達到平坦化，此稱爲無應力研磨（stress free polish），其概念與電解拋光相似。因此，爲了解釋 Cu 的鈍化層結構，曾有兩類機制被提出，分別稱爲鹽膜（salt film）模型與受體（acceptor）模型，這兩種模型都假設拋光程序受到質傳控制。

電解拋光 Cu 的配方中，通常含有濃度高達 85 wt% 的磷酸（H_3PO_4），所以可能生成的鈍化層爲 Cu_2O 或磷酸鹽。前者通常是溶液偏向鹼性時會出現，後者則是氧化後產生的 Cu^{2+} 在表面累積且無法排出，因而超過溶解度，致使磷酸鹽沉澱，可能的鹽類形式爲 $Cu_x(H_2PO_4)_y$，尤其在濃 H_3PO_4 中的水分較少，更易導致沉澱而形成鹽膜，此即鹽膜模型。在此過程中，受到限制的是 Cu^{2+} 離開金屬表面的質傳速率，此時即使增大陽極電位，其擴散速率仍無法提升，不但使 Cu 的溶解程序受限，也同時令表面鈍化。如圖 4-20 所示，由於凸起處的溶解離子易往周圍擴散，將使凹陷區的上方離子濃度提升，所以凹陷區比凸起區更快超過溶解度而產生沉澱鹽膜，阻礙凹陷區的後續溶解，這是促使表面粗糙度減小的原因。然而，鹽膜理論只能依據間接的觀測來說明，因爲被拋光的樣品結束通電後，表面鹽膜會逐漸消失，所以較難分析。

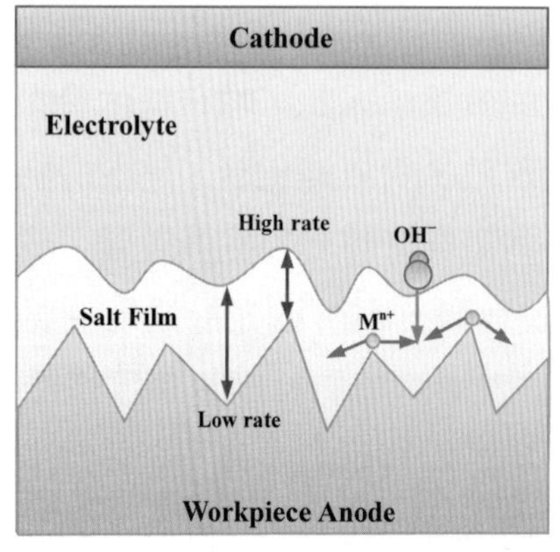

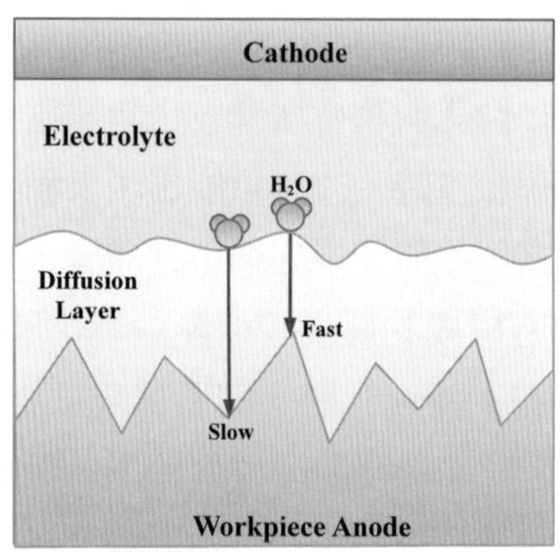

圖 4-20　鹽膜模型與受體模型

另一方面，有些研究者認爲此鹽膜並不存在，電極表面只會出現高電阻的氧化膜或難流動的黏滯層，因而傾向採納受體模型，此模型的主角是錯合劑，剛生成且仍附著在表面的陽離子必須透過錯合才能進入溶液中，最簡單的錯合劑爲 H_2O 分子，因此受體模型即代表 Cu^{2+} 的水合過程（solvation）。在濃 H_3PO_4 中，H_2O 的比例原已較低，且在電極不斷進行水合後，表面的 H_2O 將更稀少，若欲繼續進行水合程序，則需從主體區輸送 H_2O 分子至表面，因而導致擴散速率限制整體程序的狀況，而且在凹陷區的擴散距離較長，致使此處的自由陽離子濃度較高，逆反應的趨勢也比較強。此時形成的表面吸附物將轉而輔助金屬水解而形成氧化物，導致電極表面鈍化，並抑制底層的溶解。雖然底層金屬的晶格在某些位置擁有能量優勢可進行溶解，但覆蓋此保護層後，將會壓抑各區的能量差異，進而導致表面平坦且亮化，此原理稱爲 Edwards-Wagner 機制。

假設金屬表面呈現正弦函數的起伏，且表面的起始高度爲 h_0，經歷電解拋光後，Wagner 發現表面高度會隨著時間 t 以指數模式降低：

$$h(t) = h_0 \exp(-\frac{t}{\tau}) \tag{4.70}$$

拋光程序所對應的時間常數 τ 可表示爲：

$$\tau = \frac{a\delta}{2\pi D_A V c_A} \tag{4.71}$$

其中的 a 爲起伏形狀的波長，V 是金屬的莫耳體積，D_A 與 c_A 分別是錯合劑的擴散係數與濃度，δ 是擴散層厚度。由（4.71）式可觀察出，擴散層厚度 δ 愈薄時，或錯合劑濃度 c_A 愈大時，τ 愈小，代表電解拋光的速率愈快。再者，表面屬於微形粗糙時，起伏形狀的波長 a 較小，使 τ 亦較小，所以表面較快被整平，比巨觀粗糙更容易進入原子等級的平坦度。

爲了確認受體模型，Vidal 和 West 使用了 Cu 製旋轉盤電極（rotating disk electrode，簡稱 RDE）探討電解拋光的機制。對於 RDE，Levich 曾推導出極限電流密度 $i_{\lim}$ 的方程式：

$$i_{\lim} = 0.62nFD_A^{2/3}\omega^{1/2}\nu^{-1/6}c_A \tag{4.72}$$

式中的 ω 爲角速度，ν 爲溶液的動黏度。從電解拋光的實驗發現，在電流密度對施加電位的曲線中存在電流平台區，此區內的電流密度即爲 $i_{\lim}$，且其值正比於 ω 的平方根，符合 RDE 的理論，因而證明 H_2O 分子的擴散限制了 Cu 的溶解程序。即使改變拋光的操作溫度，上述線性關係仍然成立，代表質傳限制程序不受溫度影響，且更進一步說明鹽膜理論的缺陷，因爲溫度改變時，磷酸鹽的溶解度應該會變化。

若金屬表面有氧化膜形成，且其電位進入圖 4-19 中的 DE 區後，氧化膜不只會溶解，有時還會伴隨 O_2 生成。氧化膜溶解時會先形成細孔，在孔口與孔內間出現氧化劑的濃度差，因而促進孔內的溶解並擴大孔洞，此現象稱爲孔蝕（pitting corrosion），所以施加 DE 區內的電位無法使表面平坦光亮，其情形相似於操作在 AB 區，關於孔蝕現象的說明，可參考 5-3-1 節。因此，最適合電解拋光的操作條件是極化曲線中的 CD 區。

總結以上，利用電化學反應進行拋光之優點包括：

1. 凸起區與凹陷區之電化學反應速率不同，可以自發性地降低表面粗糙度，可以完成微米等級的平坦度，但傳統的機械拋光無法達到此精度。
2. 由於金屬溶除的厚度很低，因此拋光時間很短，產率很高。雖然鍍 Ni 或鍍 Cr 也可以使表面光亮，但電解拋光無需顧慮覆膜的附著性與均勻性，也不需要擔憂電鍍液的穩定性，因此成本較低。
3. 電化學反應具有非常高的選擇比，因此易於判斷程序的終點（end point）。

電解拋光所需設備的基本要求與電鍍槽相同，其主要目標是確保工件上的電流密度必須均勻；影響電流密度分布的因素包括電解槽的架構、工件的掛具或夾具、陰極的設計與電解液的流動。電解槽的架構需視工件的尺寸和外型而定，通常固定槽會用於小型工件，拋光時工件最好能完全浸入電解液中，且與液面相隔數公分；但當工件的尺寸很大時，則可使用套裝槽，將槽殼套在工件外圍，並填充電解液以進行局部的電解拋光；若加工的表面位於工件的內壁，例如管內或箱內時，則可堵塞底部或側面，利用工件內壁構成電解液的容器，再通電加以拋光。若在反應中需要加強排氣或維持定溫時，則可驅使電解液流動，因而使用具有出入口的流動型電解槽。電解槽的體積與產率有關，也與操作的電流密度有關；槽壁通常會以絕緣材料製成，以免出現雙極性（bipolar）現象，影響電流分布。有一些電解液不能持續升溫，例如過氯酸

（$HClO_4$）、醋酸（CH_3COOH）或硝酸（HNO_3）等，有一些拋光製程需要較高溫度，所以都會設置熱交換結構，欲維持低溫者通常使用水冷式套管，欲維持高溫者則可採取熱蒸氣管供熱或選用電熱器直接加熱。

在工件通電時，爲了減小工件與導線間的接觸電阻，必須使用導電性良好的夾具，但因拋光用的電解液通常具有強腐蝕性，常需塗抹環氧樹脂以保護夾具。除了陽極工件本身的幾何特性會影響電流密度分布，陰極的外型亦然，因此陰極的設計也是提升電解拋光效率的重要因素。爲了提升電流密度的均勻性，陰極的外型可以從陽極工件表面往外加上預設的距離而得到，但有時爲了避免槽體的影響，還會加上屏蔽設計。此屏蔽裝置分爲導電型與絕緣型，前者會與工件相連，可防止電流集中於局部區域，後者則常置於工件邊緣，可防止邊緣電流過高。兩極的間距設定則基於工件尺寸與能量效率，當工件較小時，間距約爲 1 cm 上下；當工件較大時，則可擴展成 5 cm 左右；有時爲了去除工件上的毛刺，則可擴大間距至 6 cm。陰極除了形狀相似陽極之外，本身的粗糙度也要足夠低，才能有效地整平工件的表面。Pb 與不鏽鋼是各種電解液皆適用的陰極材料，其他如石墨、Cu 或 Pt 等金屬也都有使用。

§4-7-2 電解去除

進行電解加工時，可透過溶解程序去除工件中的部分材料，所以工件必須連接電源的正極，而且需要另一個連接負極的導體作爲刀具，若再依加工之目的，還可分類成穿孔、擴孔、去毛刺、蝕刻、切割、銑削等製程。在操作期間，兩極之間會通以直流電，電壓通常介於 6～24 V，兩極間距介於 0.1～1.0 mm，兩極縫隙內則以電解液掃流，一方面可連通陰陽極而構成完整電路，另一方面可帶走溶解的金屬陽離子。除了電解液以 6～60 m/s 的速率通過，陰極刀具也會以定速接近陽極，典型的移速約爲 0.02 mm/s。隨著陰極逐漸移動，陽極的表面將會溶解成互補陰極的形狀，如圖 4-21 所示。

傳統的機械加工主要是將應力作用於工件，使其產生變形或破碎，與電解加工截然不同。機械加工的優點是製程參數較少，易於調整，且所需裝置較簡單且低價，而且無需處理廢液，設備或工件較不會腐蝕。但隨著電解加工技術的進步，其缺點已逐漸被克服，甚至可以處理硬質金屬，因而能取代機械加工。

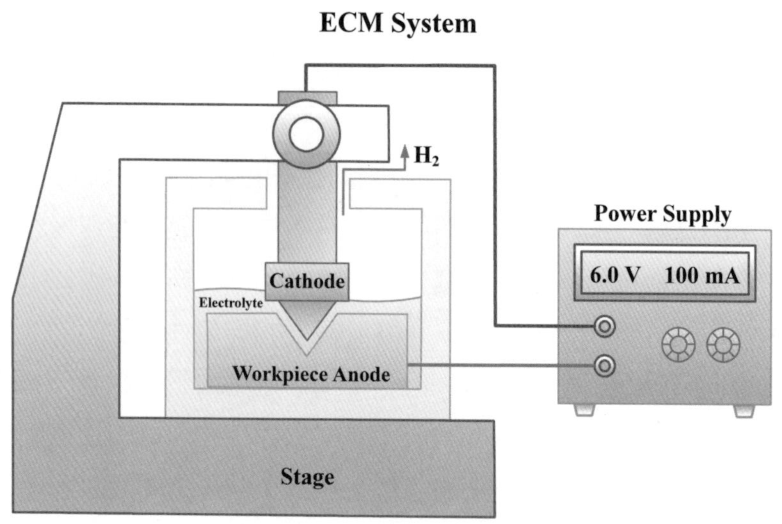

圖 4-21 電解去除系統

電解去除所需電解液是影響製程良率的關鍵因素之一，所含成分不能導致工件表面鈍化，也不能快速腐蝕工件，更不能在程序中出現陰極電沉積，其導電度要高，沸點也要高，操作時流速要夠快，以便帶走溶解出的離子與反應產生的熱量，所以中性鹽類溶液比較適合用於電解去除，少數場合才會使用酸性或鹼性溶液；但前一節所述之電解拋光則常用強酸溶液。

以鋼鐵加工爲例，常用的電解液爲氯化鈉（NaCl）溶液、硝酸鈉（$NaNO_3$）溶液或氯酸鈉（$NaClO_3$）溶液。若使用 NaCl 溶液加工時，陽極表面可能發生的反應包括以下：

$$Fe \rightarrow Fe^{2+} + 2e^- \quad (4.73)$$

$$Fe^{2+} \rightarrow Fe^{3+} + e^- \quad (4.74)$$

$$4OH^- \rightarrow 2H_2O + O_2 + 4e^- \quad (4.75)$$

$$2Cl^- \rightarrow Cl_2 + 2e^- \quad (4.76)$$

若依各反應的標準電位來判斷，（4.73）式應該最容易發生，但所溶解出的 Fe^{2+} 卻很容易超過溶解度，繼而產生深綠色的 $Fe(OH)_2$ 沉澱物，或再氧化而形成紅褐色的 $Fe(OH)_3$ 沉澱物。藉由電解液的快速流動，這些固態顆粒在沉澱之前都會被沖離電極表面。在陰極表面，則會發生：

$$2H_2O + 2e^- \rightarrow H_2 + 2OH^- \quad (4.77)$$

由此可知，NaCl 只扮演支撐電解質，負責提高導電度，本身幾乎不消耗，所以排出的電解液經過水分補充和固體顆粒濾除之後，即可再循環使用。電解液的循環除了負責移除固體顆粒，也會將 H_2 帶離陰極表面，以免電解液的歐姆電壓增加，此外也可協助散熱，以維持加工的溫度。

若改用 $NaClO_3$ 作爲電解去除的電解質，則會促使鐵的表面產生鈍化層，因爲 $NaClO_3$ 屬於強氧化劑。爲了能夠有效去除工件的表面物質，其施加電壓必須控制在過鈍化區，如圖 4-19 中的 DE 段，因此表面溶解的過程與 NaCl 溶液不同。操作在過鈍化區的優點是被加工區與非加工區的溶解速率可以有效區隔，因爲兩者都被鈍化膜覆蓋，但非加工區的電場強度遠小於被加工區，所以會受到鈍化膜保護，因而提升了加工的精度。若電解去除操作在相同的電流密度下，$NaClO_3$ 溶液的溶解速率大約只有 NaCl 溶液的一半，因爲前者的電流效率可達 95%，後者僅介於 70～80% 之間，而且後者的表面受到鈍化層的阻礙。此外，使用 $NaClO_3$ 時，陽極表面主要形成紅褐色的 $Fe(OH)_3$ 顆粒，而非深綠色的 $Fe(OH)_2$ 顆粒，因爲 $NaClO_3$ 會將初次生成的 Fe^{2+} 再氧化成 Fe^{3+}，而且過鈍化電壓下產生的 O_2 也可以氧化 Fe^{2+}。因此，在電解加工後，$NaClO_3$ 將會損失，欲循環使用電解液，則需注意 $NaClO_3$ 的含量。另需注意，在陰極表面除了生成 H_2 以外，還會產生 Cl_2，存在工安風險。

使用硝酸鈉（$NaNO_3$）也可以導致表面鈍化，所以操作電壓也落於過鈍化區，陽極表面在加工時會產生 O_2，使其電流效率較低，大約只有 25～28%，但透過鈍化作用，加工後的表面粗糙度較低，加工精度優於 NaCl 溶液。在陰極的表面，除了生成 H_2 以外，也可能產生 N_2 或 NH_3，與 NaCl 溶液不同。儘管使用 $NaNO_3$ 或 $NaClO_3$ 可以得較高的精度，但這兩者的成本明顯高於 NaCl 溶液，在相同的導電度下，$NaNO_3$ 溶液約爲 NaCl 溶液的 4 倍，$NaClO_3$ 溶液則約爲 17 倍。表 4-15 列出這三種中性溶液的特性比較。由於 NaCl 對工件的腐蝕性較大，所以實用時添加濃度不能太高，而 $NaNO_3$ 和 $NaClO_3$ 的腐蝕作用較小，可以再提高濃度，但用於擴孔、拋光或去除毛刺時可採用較低濃度。這些電解液在實用時還會添加其他成分，例如磷酸鹽、硫酸鹽或溴酸鹽等，添加劑的主要作用是對工件表面發生的活化與鈍化進行調整，在 NaCl 溶液中常會加入抑制溶解的添加劑，在 $NaNO_3$ 溶液或 $NaClO_3$ 溶液中則加入促進溶解的添加劑。然而，過度複雜的配方無利於電解液的維護與循環使用。

除了中性電解液，欲製作小孔或高徑深比（aspect ratio）的孔洞時，常會使用酸性電解液，其配方常包含 HCl 或 H_2SO_4。但酸性電解液的壽命較短，因爲陽極溶解後不會形成固體顆粒，只有金屬陽離子，持續操作後，電解液的導電度會不斷增高，且隨著陰極反應的進行，pH 值也會提高，故難以循環使用，除非不斷添加新溶液，所以在電解液的控制與維護上比較困難。另一方面，NaOH 等鹼性電解液則可使用在硬質金屬之加工，因爲一般金屬在鹼液中會產生氧化膜，不利於加工，但 W 或 Mo 等金屬卻會成爲鎢酸（H_2WO_4）或鉬酸（H_2MoO_4）等可溶性成分，所以適用鹼性溶液。

表 4-15　電解加工常用的中性溶液特性

特性	NaCl 溶液	$NaNO_3$ 溶液	$NaClO_3$ 溶液
濃度（g/L）*	140	370	550
價格比例	1	4	17
流動壓差（MPa）	1.0～1.5	2.0～3.0	2.0～3.0
反應消耗	無	有	有
對工件腐蝕性	大	小	小
電流效率	95%	25～28%	70～80%
操作電壓（V）	10～15	20	20
工件表面	陽極溶解	鈍化	鈍化
陰極表面	只產生 H_2	產生 H_2、N_2 或 NH_3	產生 H_2 與 Cl_2
加工後粗糙度	普通	佳	最佳
加工精度	普通	最佳	佳

* 達到 2.0 S/m 導電度所需的濃度

陰極雖然作爲刀具，必須使陽極在加工後產生互補的形狀，但卻可以採用軟性金屬。其唯一要求是在加工過程中不受腐蝕，以便維持固定形狀。在移動速度方面，則需搭配工件的溶解速度，若工件溶解變慢時，必須降低陰極接近的速率，以避免發生短路。工件溶解變慢的原因包括濃度極化或表面鈍化，增加電解液的流速應可解決前者的問題，但後者發生時則需調整施加電壓。

設計陰極時，除了考慮形狀與材料外，還必須注意電解液從陰極表面流過的方式，同時也需考量輔助的夾具。常用的流動型態包括平行式與徑向式，前者是指電解液從陰極的一端水平地流動到另一端；後者則是指陰極的內部含有管道，可引導電解液從陰極的中心注入兩極間隙，再往徑向散開，此稱為正徑向流動（如圖 4-22），但也可從陰極的中心抽取電解液，使其往圓心集中，此稱為反徑向流動（如圖 4-22）。當電解液被施加足夠的壓差後，平行流動與反徑向流動皆可通過較狹窄的兩極間隙，但正徑向流動則易出現慢速或停滯的鈍態區，除非陰極內的管道夠大，且徑向前進的路程夠短，才可以避免出現鈍態區。此外，陰極的外型也與流動設計有關，因為流速的均勻性會強烈影響加工精度。通常陰極的邊緣為圓形時，較適合徑向流動；陰極的邊緣為矩形時，則較適合平行流動。陰極內的管道也稱為入液孔或出液孔，適當設計其外型將有助於流速均勻化。流道設計不良時，可能會出現鈍態區，使此區的加工速率偏低，H_2 排除不佳，容易引起短路，且加工精度差，因此有些出入液的管道不設計成孔狀，而採取溝槽狀。相對地，有些區域的流線較密集，會加速工件的溶解，也會降低精度。當電解加工用於套切製作時，已經完工的區域仍會被陰極包圍（如圖 4-22），此時必須在陰極內部安裝隔流套，使電解液繞行至正在加工的區域，以免完工區域繼續溶解而變形。當電解加工用於鑽孔時亦然，為了防止已完工區域再度溶解，通常會將陰極的側面覆蓋絕緣膜，使用的材料常為熱固性環氧樹脂。

估計電解去除速率 R 時，主要透過法拉第定律：

$$R = \frac{m}{t} = \mu_{CE}\frac{MI}{nF} \tag{4.78}$$

其中 m 是指移除的質量，t 是經歷的時間，M 是移除金屬的分子量，I 是電流，n 是反應所需電子數，F 是法拉第常數，μ_{CE} 是電流效率。由（4.78）式可知，施加電流愈高時，去除速率愈快，但此時必須考慮陽極副反應，因為大電流下的電流效率較低，尤其當陽離子產物排出速率受到質傳限制時。因此，進行製程最適化時，兩極間距、施加電壓或電流、陰極移動速度與電解液流速要一起考量。

兩極間距不能過大或過小，間距過大時所得工件形狀會與陰極有些微差異，無法製作出折角，只會得到圓弧，而且歐姆電壓較大，能量效率低，焦耳熱較多；間距過

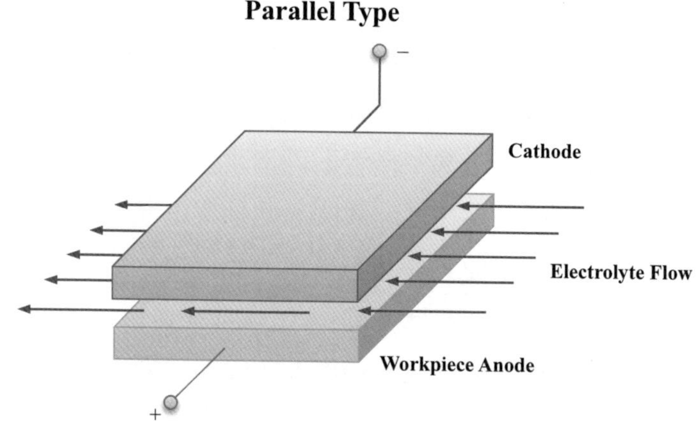

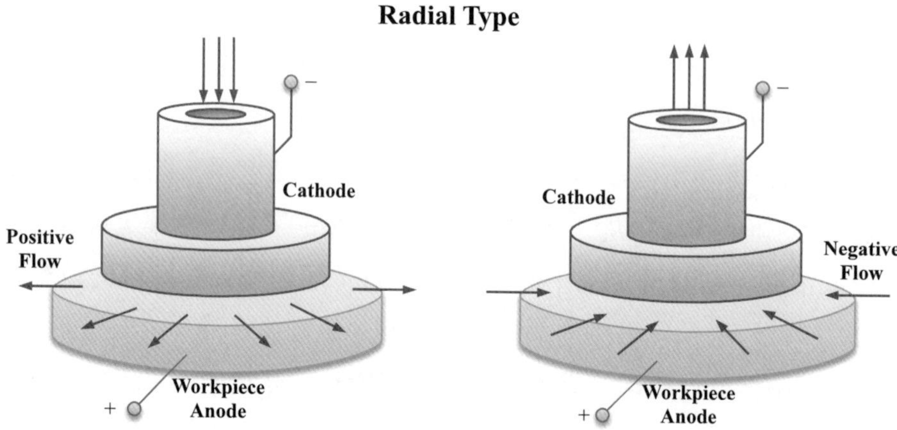

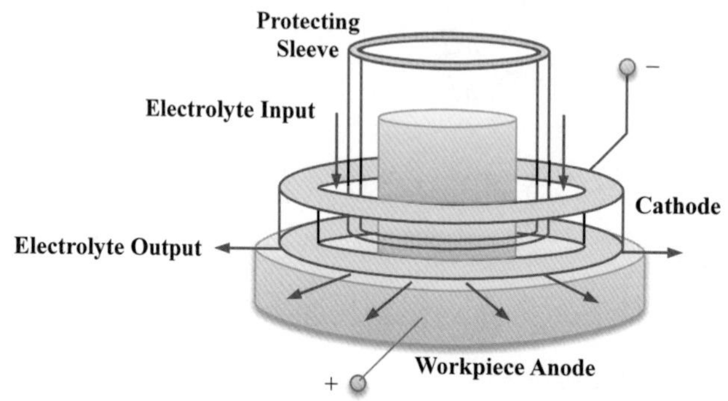

圖 4-22 電解去除系統中的陰極設計

小時，所需電解液流速較高，但流場不易均勻，而且陰極移動控制必須更精確，才不致短路。因此，依據兩極間距還可區分為粗加工與精加工，兩者大約以 0.3 mm 作爲分界。然而，隨著製程進行，工件上各處的兩極間距可能不一致，尤其在電解開始初期；但進行到後期時，兩極間距應該各處一致，而電解液的流向與表面形狀卻會使各處的電流密度相異，尤其同時加工大量工件時，更容易引起差異性，繼而降低加工的品質。

爲了量化加工品質，通常會考慮三種精度，分別爲絕對精度、複製精度與重複精度。絕對精度是指完成的工件與原始設計的偏差程度；複製精度是指完成的工件與陰極形狀互補的偏差程度；重複精度是指批次生產中各工件的偏差程度。目前已發展出提高精度的方法是在電解液中混合某種比例的壓縮空氣，因而稱爲混氣電解加工。在加工過程中，在兩極間距較小處的氣壓大，氣泡體積較小，所以電解液的歐姆電壓較小，電流密度較大，溶解速率較快；相反地，在兩極間距較大處的溶解速率較慢，因而能縮小各區的差距。此外，氣泡還具有攪拌作用，可以減少不流動的區域，但整體電解液的電阻都因氣泡而增加，使加工速率降低至無氣泡時的一半以下。

圖 4-21 顯示了電解加工的設備可分爲三個主要部分，分別是電源、機床與電解液循環系統。操作時，通常採用穩壓直流電，電壓常介於 6～24 V，並且在電路中必須安裝短路保護裝置，以避免陰極刀具受損。機床則乘載了陽極工件與陰極刀具，依據加工的方向還可細分爲立式、臥式、雙向式與固定式。立式結構的機床是指陰極以垂直方向往下加工，工件則可固定或旋轉；臥式結構是指橫向旋轉加工，常用於製作環形工件；雙向式結構則包含兩個陰極，可對工件的正面與背面同時加工；固定式結構的陰極不會下壓，常用於擴孔或去除毛刺。機床包含主軸與工作台，前者將安裝上陰極，在推進時必須平穩，速度變化量要小於 5%；後者則乘載陽極工件，兩者必須保持良好的絕緣。爲了維持操作的安全性，整個機床的外殼還需安裝抽氣裝置，以隨時協助排出 H_2，否則出現短路時會引發爆炸。循環系統中通常包含離心泵、儲液槽、過濾器與熱交換裝置。離心泵可提供動力給電解液，通常施加 100 A 電流加工時，需要 5 L/min 的流量。儲液槽依加工的規模可用水泥、不鏽鋼或塑膠製成，在槽中必須監控電解液的特性，或補充所需藥劑。由於加工後，溶液中會夾雜許多固體顆粒，若無適當過濾而直接循環，則可能造成短路，所以常會設置不鏽鋼網或尼龍網等過濾裝置來去除固體雜質。此外，加工速率與溶液溫度相關，若溶液溫度升高過多，將引起陰極膨脹，產品精度降低，而且也可能導致電解液蒸發，溶質濃度改變；

反之，溶液溫度設定較低，加工速率較慢。因此，加裝熱交換器可有效維持電解液的溫度。

雖然電解加工的發展已久，新的構想仍持續被提出。有別於早期的加工技術包括使用脈衝電源、使用噴管加工、使用軟性的擦削陰極，以及使用數位控制陰極。在電解加工中施加脈衝電流時，必須配合陰極移動和電解液供給，因此可分爲連續脈衝搭配連續推進、週期脈衝搭配週期推進，與連續脈衝搭配同步振動推進。以後者爲例，施加脈衝電流時，陰極同步接近工件，且電解液注入兩極間隙，但在電流中斷期間，陰極則退回，電解液停止供給。因此，在通電期間，電解液的沖刷作用可使兩極之間回到起始狀態，有助於提高加工精度，但其控制系統比較複雜。使用噴管產生液體束也是改良深孔製作的方法，噴管通常以玻璃製成，內部將會置入柱狀陰極，但爲了避免噴管阻塞，常用酸性電解液進行加工。電解擦削法是透過特殊製作的陰極棒進行加工，棒外包覆一層多孔絕緣膜，加工時會從陰極內部的管道輸入電解液，再從絕緣層的孔洞滲出，陰極棒可以直接摩擦工件，其功能類似銼刀。數位控制的陰極可以用於複雜形狀的加工，處理不同的產品時，無需製作特殊的工具陰極，只需要控制簡單陰極的三維移動，即可完成產品，所以此類裝置具有通用性。簡單陰極的形狀可包括柱狀、球狀、片狀或錐狀，每一種陰極的加工速度不同，但都慢於傳統電解加工，此爲數位控制的缺點。

§4-7-3 電化學複合加工

電化學複合加工是指結合電解法與其他方法的加工技術，目前已開發的種類包括結合機械研磨法的電解磨削、結合火花放電法的電解放電複合加工、結合超音波振動的電解超音波複合加工、結合光學的雷射輔助電解加工，以及結合磁場的磁電解加工。這些新技術在 1980 年代後開始被大量研究，其中多以電化學溶解爲主，輔以其他力量或能量來促進金屬材料的移除，尤其結合了電腦科技與數位控制技術後，加工精度已可達到微米以下的等級。例如電解結合機械法時，可利用機械應力協助化學反應之產物離開工件；結合光學法時，則可利用光束加速電化學反應；結合磁場時，則可利用磁力加速反應物或產物的輸送。通常每一種技術擁有不同的優點，複合加工的主旨即在於截長補短，將各分項技術的優點累積，以達成更精細的加工目標。以下將介紹幾種比較成熟的複合加工技術。

1. 電解磨削

電解磨削（electrochemical grinding，簡稱 ECG）是一種複合電解與研磨的加工技術，與傳統的電解加工相似，工件必須連接電源的正極，而負極則可連接到轉動的磨輪或額外的金屬導體。磨輪是由導電材料構成，其表面會黏附硬質的非導體磨料，加工時磨料與工件直接接觸，故可削去工件的凸起處或剛沉澱的金屬氫氧化物，儘管磨輪帶來了切削作用，但此作用對金屬工件的移除仍只占 10%，其餘的 90% 皆來自於陽極溶解。連接負極的磨輪可結合溶解作用與磨除作用，沒有連接負極的磨輪則需要額外的陰極與轉動的工件，溶解與磨除的時間間隔較長，但比較適合製作圓形表面。

電解磨削所使用的電解液會促使工件表面產生鈍化層，而且施加電壓必須控制在生成低價金屬氧化物的範圍，以形成緻密的保護膜，因爲高價氧化物的結構通常較爲疏鬆。雖然提升施加電壓可以加快溶解，但也會引起其他副反應，以及燒傷工件的火花放電，因此不宜施加過高的電壓。此外，還需注意工件的組成，若工件屬於合金，每種金屬會有不同的標準電位，所以施加的電位必須適宜，才能使各成分都形成鈍化膜。在適當的電壓下，表面將被緻密的鈍化層覆蓋，再由磨輪移除凸出部分的鈍化層，使此區的金屬被快速溶解，但凹陷部分的金屬仍受到鈍化層的保護。提升磨輪對工件的壓力時，則可縮短表面從鈍化狀態變爲活化狀態的時間，因此可提升加工速率。此外，增加電解液的導電度或縮小陰陽極的間距也都能夠提升加工速率。

爲了保持高精度，關鍵因素是磨輪的控制與維護。由於磨輪爲圓盤形，若用於加工較大的工件時，會發生工件上各位置被磨輪覆蓋的時間不平均的情形，致使各位置的溶解量不同，無法獲得完全平整的加工表面；且磨輪經歷頻繁使用後，表面可能出現破損，無法維持完整的圓形，加工後易使工件表面出現波紋。解決之道包括改用硬度更高的磨料，或適時使用反接處理。進行反接處理時，磨輪必須連接電源的正極，而且要用修整器連接負極，再於兩者的間隙中通入電解液，以電解加工的原理修整磨輪。在某些情形中，高硬度的磨料並不適合，因爲加工完的表面仍然粗糙，反而使用細粒的軟質彈性磨料可以製作出更平坦的表面，例如 PVA 海綿磨料。磨料的作用通常依賴兩種機制，其一是雙體磨擦（2-body abrasion），另一是三體磨擦（3-body abrasion），前者是指磨料與工件直接接觸，所以應力較大；後者則是指磨料與工件之間還隔著電解液，所以應力較小。當鈍化膜被刮除時，切削作用會使局部區域之應力升高，而在表面留下微小的塑性變形，並構成應力電池（stress cell），繼而促進表面發生應力腐蝕，所以機械磨削的作用將導致工件材料的腐蝕電位降低，也會使鈍化時的電流密度增高，代表工件表面的溶解速度增快，此現象稱爲機械磨削與電解反應的協同作用（synergistic effect），加工效果優於純機械或純電解作用。

目前最常用的電解液是 $NaNO_3$ 溶液，因爲含氧酸鹽可促進金屬鈍化，尤其硝酸鹽的導電度高，可以增加能量效率。但有一些含氧酸鹽具有強腐蝕性，會導致機床或磨輪損壞，例如 $NaNO_2$、Na_2HPO_4、$K_2Cr_2O_7$ 或 $Na_2B_4O_7$（硼砂）等，只能作爲添加劑，不可當作主成分。然而，在電解加工後，NO_3^- 會被消耗，產生 NO_2^-，所以需要補充電解質。加工如 Co 或 W 等硬質金屬時，常會添加弱鹼性的 Na_2HPO_4，有助於金屬氧化物的溶解，但溶解出的 Co^{2+} 傾向於沉積在陰極，此時需要添加 $K_2Cr_2O_7$，即可促進陰極表面鈍化，阻止電沉積發生，也可添加酒石酸鉀鈉（$NaKC_4H_4O_6$），使 Co^{2+} 被錯合，一方面阻礙陰極電沉積，另一方面也促進陽極溶解。添加 $Na_2B_4O_7$ 的作用則在於增厚鈍化層，可以保護工件中不需加工的區域。另一個電解磨削與單純電解加工之區別在於電解液的維護，因爲電解磨削程序會產生更多的固體顆粒，包括鹽類固體、鈍化物與脫落的磨料等，所以更需要採用過濾或沉降等程序，才能有效循環使用。除了鋼網過濾法之外，砂床過濾或離心過濾都可以採用。

電解磨削所需裝置必須包含供電設備、磨輪、磨床、供液系統與排氣系統，其中磨床還可細分成驅動磨輪的軸承、支撐工件的工作台、固定工具的夾具與推進工件的機構，供液系統中包含泵、儲液槽與過濾器，如圖 4-23 所示。

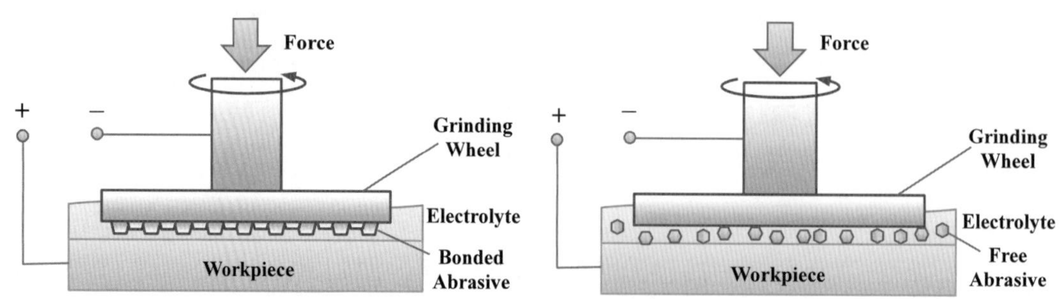

圖 4-23　電解磨削系統

目前電解磨削技術已應用在製作渦輪機葉片、航空工具、注射用針頭、切割工具，有時也用於去除金屬材料上的汙染物、殘留應力和疲勞性裂痕。應用電解法搭配磨削技術可以減緩工具的損傷，因為陽極溶解才是去除金屬的主要力量，機械力量只用於磨除鈍化層，所以對於高硬度金屬也能輕易加工，而且流動的電解液也可避免工件或工具受熱變形。然而，電解法只適用於導體工件，所以應用對象有限，傳統機械加工則可用於非導體。此外，即使工件屬於導體，但若擁有小開口的內腔，則需要額外保護內壁，因為內壁形成的鈍化層將難以磨除。再者則是電解磨削技術的裝置與程序控制皆比傳統加工複雜，會導致設備或人員成本增加，但所能達到的加工品質也會提升。

2. 電解複合放電加工

放電加工（electrical discharge machining，簡稱 EDM）是一種透過放電產生火花而促使工件成形的製造技術，其系統中也必須包含工具電極與工件電極，兩極的間距約為 0.01～0.03 mm，比電解加工更小，注入液體後需施加高電壓，當兩極間的電場強度足夠高時，會使液態介電質崩潰（breakdown），如同電容崩潰一般，接著電流會擊穿介電質，並移除一部分工件材料。停止施加電壓後，再注入新的介電質液體，即可重新擊穿介電質。

但當兩極間注入 NaCl 或 $NaNO_3$ 電解液時，通電後在陰極表面會產生 H_2，所以阻礙導電的物質將成為氣膜，加大電壓也可擊穿氣膜，並使工件的鈍化層局部熔化，成為複合電解與放電的加工技術。由於放電後會產生熱能，使電解液的溫度顯著上升，故有礙於加工精度，此時必須提升電解液的流量，但過快的流動又會影響放電程序，所以驅動電解液的壓差存在最適值。

3. 電解複合超音波加工

在電解加工的電解液中加入磨料後，可以透過超音波震盪提供額外的磨除作用，而且不需要電解磨削中的磨輪。由於超音波通過液體時，會產生增壓與減壓，使某些微米級的小區域形成空穴（cavity），進而導致液體氣化，但因為周圍的壓力高於飽和蒸氣壓，將促使液體流向氣泡區，氣泡在消失時會產生強大的壓力波，最終引起噪音或振動，因此可以帶動磨料撞擊工件表面的鈍化層，促進工件材料的移除，但傳統的超音波研磨不具電解作用，所以磨除速率較慢。

電解複合超音波加工的裝置包括一個可以高頻振動的工具陰極，加工時可產生空穴作用，使磨料迅速移除鈍化層，且工具本身不會造成磨損，但沒有複合電解作用的超音波研磨則會逐漸損傷磨頭。一般常用的電解液仍為 $NaNO_3$ 溶液，濃度約為 20

wt%，常用磨料則爲碳化硼（BC）、碳化矽（SiC）或氧化鋁（Al_2O_3）。爲了提升表面潤滑性與磨料分散性，還可添加 1 wt% 的十二烷基硫酸鈉（sodium dodecyl sulfate，簡稱 SDS）等界面活性劑。

4. 雷射輔助電解加工

使用雷射光加工不會施加應力至工件上，與純電解加工相同，所以工件不會受力而變形，但雷射光是高能量的光束，材料吸收後會升溫，升溫後可以提升液體的對流或促進化學反應速率。因此，雷射光輔助電解加工可以提升陽極溶解的速率，但雷射的波長必須設定在 500 nm 附近，才能使工件吸收但溶液不吸收，因此以 Ar 雷射最適合。此外，雷射光也能用於輔助電鍍或化學鍍，其沉積速率可因而提升大約 1000 倍，且只有微小的照射區會受熱，故可延長鍍液的使用期。

目前已經測試成功的雷射光輔助電解加工技術可用於 Ni 與不銹鋼，當照射區的 NaCl 溶液受熱後，會增強攪拌作用，使附近的電解液更新，所以可促進陽極溶解，進而製作出微米級的圖案，而且即使不通電，僅透過雷射也能蝕刻金屬。

另有一種設計是使用雷射輔助噴流的電解液以加工金屬，光源會安置在噴嘴的上方，使雷射光束與電解液束以同軸的方式朝向工件表面。當工件陽極與噴嘴上的陰極之間施加了脈衝電壓時，可以同步使用脈衝雷射照射，並且控制電解液的更新，即可製作出微孔。

5. 磁場輔助電解加工

在 1938 年，蘇聯工程師 Korgalov 首先提出磁力研磨的加工方法，此後雖有一些發展，但直至 1980 年，日本的 Shinmura 才進行比較全面的研究，今已成爲可行的技術。2000 年以後，磁力研磨轉向精密拋光發展，期望發展成微機電系統的製作技術。磁性磨料被填充於工件與磁極之間後，可透過磁場的作用形成磁力刷，向工件表面施加應力，之後再藉由轉動與軸向振動工件，產生磁性磨粒與工件之間的相對運動，進而達到細微拋光的效果。由於細微的磨粒可以適應彎曲的表面，所以工件即使具有非常複雜的外形，加工後仍可呈現鏡面效果，而且表面不會出現變質或裂紋。

然而，當工件本身的硬度較高時，磁力研磨的效率通常不佳。相反地，電解加工主要透過化學反應的作用，不受工件硬度的限制，因此磁力研磨與陽極溶解結合後，應可提高磨削效率，預期的效果會優於純磁力研磨與純電解加工。圖 4-24 顯示一種曾被提出的電磁研磨裝置，但此系統中的磁性磨料不能具有高導電性，否則會導致陰陽極短路。目前已開發出具有磁性但電阻較高的磨料爲錳鋅鐵複合磨料，然而此材料結合了電解作用之後，其研磨效率仍不如沒有電解作用的鐵基磁性磨料。爲了解決此問題，可將磁性粒子與一般非導體磨料混合，以三體磨擦的機制加工，亦即磁粒受到磁力後會加壓在磨料上，磨料再與工件摩擦，即可將表面拋光。

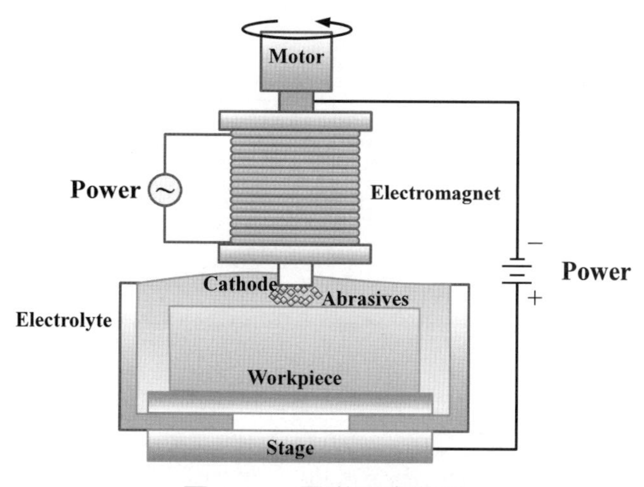

圖 4-24　電磁研磨裝置

磁場輔助電解法常用於柱面拋光，在加工時，施加適當的電壓可使工件表面生成鈍化層，若在電解液中添加磁性磨料，並旋轉圓柱形工件，且透過電磁鐵或永久磁鐵施加一個垂直電流密度的磁場，則此磨料將會沖刷工件，可將表面的鈍化膜移除，並回復到活化狀態，之後再重複進行鈍化與刮除，即可使工件表面快速整平。然而，磁場輔助電解加工與一般的電解加工不同，因爲所使用的電解液不會溶解鈍化層，所以常用的是 $NaNO_3$ 溶液，而非 NaCl 溶液，而且只需操作在較低的電流密度下，因爲 NO_3^- 可以促進鈍化層生成，之後再藉由磁力研磨去除之，即可拋光表面。反之，若使用 NaCl 溶液或操作在較高的電壓下，則會引起孔蝕，繼而破壞平坦的表面。

若磁場輔助電解法用於加工時，其裝置通常會包含直流電源、電解液流動系統、磁極和工件驅動系統。如圖 4-25 所示，操作時工件與電源的正極相接，工具電極與電源的負極相連，兩極之間和磁極到工件表面的間隙皆需填充電解液，電解液中含有磁性磨料，待通入電流後，工件開始轉動，電解液亦持續流過表面，帶走被刮除的材料。如前所述，磨料作用與電解作用會形成協同效應，所以加工效果更優良。

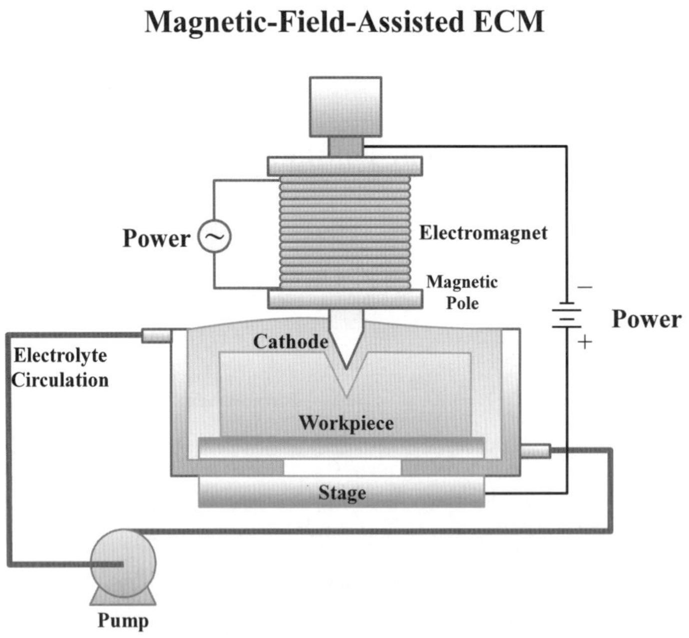

Magnetic-Field-Assisted ECM

Power
Electromagnet
Magnetic Pole
Power
Electrolyte Circulation
Cathode
Workpiece
Stage
Pump

圖 4-25 磁場輔助電解加工裝置

由於工件本身也處於外加磁場的範圍中，所以除了磁性磨料會受到磁場作用，工件表面的電解液也會被影響。在過往研究中曾有人提出溶液中的帶電量爲 q 的離子在電場 E 和磁場 B 中將承受洛倫茲力（Lorentz force）：

$$F = q(E + \mathbf{v} \times B) = m\frac{d\mathbf{v}}{dt} \tag{4.79}$$

其中 v 爲離子的移動速度。求解（4.79）式後可知，離子將沿著螺旋線前進，導致工件表面凸起區的一面較易被碰撞，另一面被屏蔽，所以凹陷區比較缺乏反應物，但凸起區的溶解速率則會增加。然而，此模型只考慮到溶質的觀點，卻忽略了溶劑的存在，故難以解釋磁場對溶液的作用。當鹽類在水溶液中解離後，離子較少單獨存在，實際上多以水合的方式被水分子包圍，而且可能存在多層包覆，其中以內層較緊密，外層較鬆散。當低濃度溶液中的離子承受洛倫茲力後，其動量將會傳遞給附近的溶劑分子，導致溶液的對流增加，並且減薄了擴散層厚度 δ。尤其在工件表面高低落差 h 接近擴散層厚度 δ 時，減少的 δ 將使凸起區與凹陷區的擴散差異更顯著，進而使凸起區的溶解速率明顯快於凹陷區，表面因而變得平坦。

至此已知，磁場輔助電解加工主要操作在低電流密度下，而且必須使用可以產生鈍化膜的電解液。在電流密度不高時，鈍化膜不會崩潰，所以可暫時保護工件表面，但磁性磨粒卻會削去凸起區的鈍化層，減少表面起伏的落差，但凹陷區仍可受到保護。反覆進行後，工件表面即可趨向光滑，工件外形也逐漸被工具陰極定義，而且透過磁場輔助，任何形狀的工件都可以被均勻地研磨，其磨削力可從磁通量密度來控制，再複合電解作用後，可以顯著地提升加工速度，這是磁場輔助電解的特點。

§4-8　總結

運用金屬材料已成爲人類文明進展的重要指標，而金屬的加工技術也日新月異，目前已發展出力學、電學、磁學、聲學、光學和化學等處理方法，其中以電化學技術最具優勢，可在金屬表面完成鍍膜、整平、磨削、鑽孔等工程，而且使用電化學法可以避免純機械作用導致的形變、磨損和應力殘留，亦可處理軟質或硬質材料。再者，電化學方法還能結合磁場、超音波、雷射和磨輪等輔助工具，持續提升加工精度，從巨觀尺寸至微觀尺寸都能發揮效用，因而成爲材料加工中不可或缺的技術。

參考文獻

[1] A.J. Bard, G.Inzelt and F.Scholz, *Electrochemical Dictionary*, 2nd ed., Springer-Verlag, Berlin Heidelberg, 2012.

[2] D.Pletcher and F.C.Walsh, *Industrial Electrochemistry*, 2nd ed., Blackie Academic & Professiona1, 1993.

[3] F.Klocke, M.Zeis, S.Harst, A.Klink, D.Veselovac, M.Baumgärtner (2013) Modeling and simulation of the electrochemical machining (ECM) material removal process for the manufacture of aero engine

components, *Procedia CIRP*, *8*, 265-270.

[4] G.Kreysa, K.-I.Ota and R.F.Savinell, *Encyclopedia of Applied Electrochemistry*, Springer Science+Business Media, New York, 2014.

[5] G.-W.Chang, B.-H.Yan, R.-T.Hsu (2002) Study on cylindrical magnetic abrasive finishing using unbonded magnetic abrasives, *International Journal of Machine Tools & Manufacture*, *42*, 575-583.

[6] H.Hamann, A.Hamnett and W.Vielstich, *Electrochemistry*, 2nd ed., Wiley-VCH, Weinheim, Germany, 2007.

[7] H.Wendt and G.Kreysa, *Electrochemical Engineering*, Springer-Verlag, Berlin Heidelberg GmbH, 1999.

[8] H.Yoshida, M.Sone, A.Mizushima, H.Yan, H.Wakabayashi, K.Abe, X.T.Tao, S.Ichihara and S.Miyata (2003) Application of emulsion of dense carbon dioxide in electroplating solution with nonionic surfactants for nickel electroplating, *Surface and Coatings Technology*, *173*(*2-3*), 285–292.

[9] J.Newman and K.E.Thomas-Alyea, *Electrochemical Systems*, 3rd ed., John Wiley & Sons, Inc., 2004.

[10] J.Swain (2010) The then and now of electropolishing, *Surface World*, 30-36.

[11] K.P.Rajurkar, M.M.Sundaram, A.P.Malshe (2013) Review of electrochemical and electrodischarge machining, *Procedia CIRP*, *6*, 13-26.

[12] P.B.Tailor, A.Agrawal, S.S.Joshi (2013) Evolution of electrochemical finishing processes through cross innovations and modeling, *International Journal of Machine Tools & Manufacture*, *66*, 15-36.

[13] A.Ruszaj (2017) Electrochemical machining–state of the art and direction of development, *Mechanik*, *12*, 188.

[14] S.Asai (2000) Recent development and prospect of electromagnetic processing of materials, *Science and Technology of Advanced Materials*, *1*(*4*), 191-200.

[15] S.N.Lvov, *Introduction to Electrochemical Science and Engineering*, Taylor & Francis Group, LLC, 2015.

[16] T.Shinmura, K.Takazawa, E.Hatano (1985) Study on magnetic-abrasive process – application to plane finishing, *Bulletin of the Japan Society of Precision Engineering*, *19*(*4*), 289-291.

[17] V.C.Nguyen, C.Y.Lee, L.Chang, F.J.Chen and C.S.Lin（2012）The Relationship between Nano Crystallite Structure and Internal Stress in Ni Coatings Electrodeposited by Watts Bath Electrolyte Mixed with Supercritical CO_2, *Journal of The Electrochemical Society*, *159* (*6*), D393-D399.

[18] V.S.Bagotsky, *Fundamentals of Electrochemistry*, 2nd ed., John Wiley & Sons, Inc., Hoboken, NJ,

2006.

[19] W.Plieth, *Electrochemistry for Materials Science*, Elsevier, 2008.

[20] 田福助，電化學－理論與應用，高立出版社，2004。

[21] 吳輝煌，電化學工程基礎，化學工業出版社，2008。

[22] 郁仁貽，實用理論電化學，徐氏文教基金會，1996。

[23] 唐長斌、薛娟琴，冶金電化學原理，冶金工業出版社，2013。

[24] 徐家文，電化學加工技術：原理、工藝及應用，國防工業出版社，2008。

[25] 曹鳳國，電化學加工，化學工業出版社，2014。

[26] 陳利生、余宇楠，溼法冶金：電解技術，冶金工業出版社，2011。

[27] 陳治良，電鍍合金技術及應用，化學工業出版社，2016。

[28] 楊綺琴、方北龍、童葉翔，應用電化學，第二版，中山大學出版社，2004。

[29] 謝德明、童少平、樓白楊，工業電化學基礎，化學工業出版社，2009。

第五章
電化學應用於腐蝕防制工程

§5-1　金屬腐蝕

§5-2　腐蝕原理

§5-3　腐蝕類型

§5-4　腐蝕防制

§5-5　總結

§5-1 金屬腐蝕

自從人類大量使用金屬後，不得不注意腐蝕（corrosion）的課題，因爲腐蝕至少會導致三種負面效應，第一種是材料消耗造成的經濟損失，第二種是設備零件損壞造成的安全危害，第三種是水與能源浪費造成的環境衝擊。這三項因素是推動防蝕研究的主要動力，而此類研究早在18世紀的工業革命時期即已展開。後來在1824年，英國化學家Davy提出陰極保護法（cathodic protection），使用Zn來保護Cu製船隻，以防止海水腐蝕。1830年代，Faraday不僅提出了電解定律，也探討了Fe的表面鈍化現象；同期的瑞士物理學家de la Rive則提出了腐蝕電池的理論。1903年，美國化學家Willis R.Whitney發表了Fe腐蝕的經典論文，開啓了腐蝕電化學的領域；1932年，U.R.Evans透過實驗奠定了腐蝕電化學的理論基礎。1930年代，Butler和Volmer從活化能的觀點推得電化學反應中過電壓對電流密度的關係，奠定了動力學理論；1938年，Marcel Pourbaix則使用熱力學數據繪製大部分金屬的電位－酸鹼值圖（E-pH diagram），使腐蝕現象的立論更明確。1950年後，電化學分析儀器進展迅速，包括恆電位儀、交流阻抗儀和各種表面分析儀器都已興起，使腐蝕的研究更完備，也利於從中發展防蝕技術。目前已被採用的腐蝕防治與控制策略包括：

1. 材料選擇與設計

系統中必須減少接縫、異質接面、流體運動、內部應力與殘留水分。

2. 表面覆蓋

使用顏料、塗漆、油脂或金屬，以隔離 H_2O 或 O_2 等腐蝕劑。

3. 修正電解液

除去 O_2、H_2O、鹽類與酸鹼等腐蝕劑，或添加鈍化劑與腐蝕抑制劑。常用的鈍化劑是無機類的強氧化劑，可使金屬表面產生完整的氧化膜，以隔絕腐蝕劑；抑制劑則會吸附在金屬表面，可進一步改變腐蝕電位或減小交換電流，阻礙腐蝕的進行。

4. 改變電位

可分爲陽極保護法與陰極保護法，前者是利用外加電壓來產生鈍化層以保護金屬，後者則是使用犧牲陽極或外加電流。犧牲陽極是氧化性高於欲保護金屬的另一種材料，由於此材料會率先溶解，直至消耗殆盡，可使被保護者在這段期間不致大量腐蝕。外加電源則常用於地下管線與酸性儲存槽的防蝕作業中，被保護的金屬需接上電源的負極而被迫成爲陰極。

腐蝕擁有多種定義，除了化學作用外，機械作用導致的材料損失，也被研究者歸類爲腐蝕。而且隨著非金屬材料被大量使用後，這些材料的損壞有時也被視爲腐蝕，例如塑膠老化或木材腐爛等，但更多的研究者將腐蝕的問題聚焦在金屬材料上，因此以下所探討的腐蝕現象僅限於金屬。金屬腐蝕定義爲金屬受到環境中介質的化學或電化學作用而導致的破壞或變質，若依此定義細分，可再區別成以下三類：

1. 化學腐蝕（chemical corrosion）

金屬與環境中的某種介質發生化學反應而形成氧化物，但過程中沒有電流產生，此類腐蝕通常會發生在高溫乾燥的空氣中。

2. 物理腐蝕（physical corrosion）

有一些接觸液態金屬的材料會逐漸被帶離原本的位置，之後將與此液態金屬形成合金，造成材料表面的損傷。例如黃金（Au）與汞（Hg）接觸後，表面會被溶解而形成金汞齊（amalgam），古時曾用此方法在銅器表面製作金膜。

3. 電化學腐蝕（electrochemical corrosion）

若接觸金屬的環境中含有電解液，金屬氧化後將會形成陽離子並釋出電子，而電解液中另有氧化劑可接收此電子，繼而還原成對應的產物，常見的情形爲鋼鐵在水中腐蝕。相較於純化學腐蝕，發生電化學腐蝕的區域儘管很微小，但在理論上仍然可以區分出陽極區與陰極區，如同電化學池一般，只是兩電極以短路方式相接，難以使用電錶測量腐蝕產生的電流。

依據腐蝕發生的場所，還可區分爲自然環境腐蝕與工業環境腐蝕，其中前者包括大氣、海水與土壤中的腐蝕，後者則爲酸鹼鹽或有機物中的腐蝕。然而，這種分類中的腐蝕原理仍相同於化學腐蝕、物理腐蝕或電化學腐蝕。此外，另有來自於機械作用的腐蝕，包括材料中存在應力、氫脆（hydrogen brittlement）、疲勞或磨損等現象，雖然不列入本章討論的範圍內，但在防蝕工程研究中，機械作用或微生物作用仍是關鍵的因素。

爲了要評估腐蝕的嚴重性，需要量化腐蝕程序。對於物理腐蝕，可用秤重法來估計，從失去的材料重量與經歷的時間即可計算出腐蝕的速率。因爲腐蝕程序比常見的化學反應慢，所以常用的時間單位爲小時、日或年等，常用的腐蝕速率單位則爲 $g/m^2 \cdot h$ 等。而且還可假設材料的密度固定，總面積亦固定，使腐蝕速率得以採用厚度損失速率來表達，此時的腐蝕速率單位將成爲 mm/year 等，而在歐美國家則常用 mil/year（簡稱 mpy）來表示速率單位。

然而，有些金屬腐蝕後會形成固態氧化物，例如鐵鏽等，秤重時也會計入 O 的含量，導致速率估計不準確。此外，有一些對象難以秤重，例如船艦或建築等，所以必須另尋測量方法。由於透過電化學分析法可以直接預估金屬腐蝕的電流密度 i_{corr}，再藉由法拉第定律即可換算成重量損失速率 r_{corr}：

$$r_{corr} = \frac{\Delta W}{\Delta t} = \frac{M i_{corr} A}{nF} \tag{5.1}$$

其中 M 爲金屬的分子量，A 爲金屬面積，n 爲參與反應的電子莫耳數比值，F 爲法拉第常數。因此，現今的腐蝕量化作業多已採用電化學法。若已知金屬密度爲 ρ，還可從法拉第定律求得厚度損失速率 $\mathbf{v}_{corr}$：

$$\mathbf{v}_{corr} = \frac{\Delta W}{\rho A \Delta t} = \frac{M i_{corr}}{nF\rho} \tag{5.2}$$

依照美國對鋼鐵腐蝕制定的標準，若所得之 $\mathbf{v}_{corr} < 0.02$ mm/y 屬於抗蝕性極佳，若 $\mathbf{v}_{corr} > 1.0$ mm/y 則屬於抗蝕性差。

§5-2 腐蝕原理

電化學腐蝕必須發生在電解液中，即使只是一顆液滴。因此，除了浸泡在海水中的金屬船舶之外，埋藏在土壤中的鋼管會接觸地下水，處於潮溼空氣中的鋼鐵也可能形成凝結液膜，這些情形都有可能導致腐蝕。

根據腐蝕微電池理論，金屬上發生腐蝕的位置扮演陽極，附近的某處則扮演陰極，提供氧化劑進行還原反應，如圖 5-1 所示。因此，陽極的半反應可表示爲：

$$M \rightarrow M^{n+} + ne^{-} \tag{5.3}$$

其中的 M 代表發生腐蝕的金屬，初步氧化後將形成陽離子 M^{n+} 溶進電解液中。另一方面，常見的陰極反應物爲酸性溶液中的 H^{+}，或中鹼性溶液中的 O_2，其還原反應分別表示爲：

$$2H^{+} + 2e^{-} \rightarrow H_2 \tag{5.4}$$

$$O_2 + 2H_2O + 4e^{-} \rightarrow 4OH^{-} \tag{5.5}$$

伴隨（5.4）式者常稱爲析氫腐蝕，可在金屬表面上觀察到氣泡；伴隨（5.5）式者常稱爲吸氧腐蝕，必須消耗溶液中溶解的 O_2，所以在一些金屬的相關研究中，會先通入 N_2 以除去水中溶氧，即可避免不必要的副反應。在腐蝕程序中，還原劑也常稱爲去極化劑（depolarizer），因爲這些物質會促進腐蝕反應；反之，若存在極化劑，則會導致活化極化、濃度極化或歐姆極化，進而抑制腐蝕反應，這也是防蝕的基本原理之一。

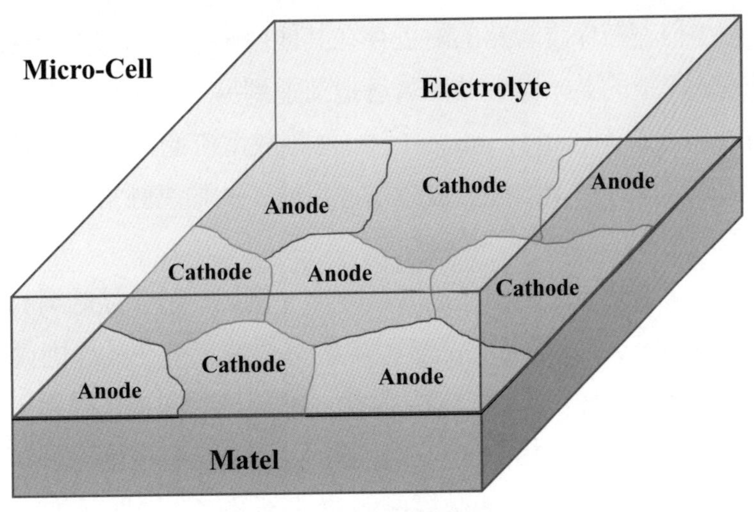

圖 5-1　腐蝕微電池

由陰陽兩極構成的腐蝕微電池仍有部分情形與原電池不同，一般的原電池會包含兩種金屬電極，兩極分別以導線向外連接到負載，導線之中可以置入伏特計或安培計，以測得原電池的工作電壓與電流；然而，腐蝕微電池中的氧化區與還原區共用一塊金屬材料，所以兩極之間也以此金屬替代導線而相連，且無法插入負載、伏特計或安培計，欲測量腐蝕速率，必須透過其他方法。換言之，腐蝕微電池可視爲短路的原電池，整體屬於自發反應，亦即 $\Delta G < 0$，只要陰極的反應物源源不絕，金屬材料直至消耗殆盡前都不會達到平衡，除非出現其他的抑制物，所以腐蝕微電池比較類似半燃料電池（請參考 6-3-2 節）；一般的原電池則已在有限容器內預先裝塡了反應物，當反應物消耗到某種程度時，將會趨近平衡，使 $\Delta G \rightarrow 0$。

對於腐蝕電池，還可就其尺寸與驅動力加以分類。除了前述的微觀腐蝕電池之外，有一些腐蝕電池的尺寸較大，足以辨識陰陽極，例如兩種金屬相接而成的材料置入同一種電解液中，因爲兩種金屬的標準電位不同，自然形成陰極與陽極，亦即產生電偶，促使腐蝕反應發生。此外，當同一種金屬置入單種溶液中，但溶液內的氧化劑濃度分布不均勻，也會誘發腐蝕，例如金屬表面有孔洞，孔洞內塡充了水，由於孔底的 O_2 濃度低於液面的 O_2 濃度，將使孔底傾向於扮演陽極，孔口扮演陰極，進而構成巨觀的腐蝕電池，此情形可歸類爲濃度差電池。另有一種情形是金屬棒的兩端接觸不同溫度的材料時，也會導致兩端產生電位差，若還有電解液附著在金屬表面，也將構成巨觀的腐蝕電池，此情形稱爲溫度差電池。埋在地下的金屬管路，通常會使用陰極保護法來防蝕，但在被保護管路的附近存在其他金屬時，則可能干擾電流路徑，導致電流從土壤進入管道的某一區，並沿著管道前進到另一區，再離開管道而回到土壤中，此現象稱爲雜散電流（stray current），而雜散電流進入區形同陽極，因此會發生腐蝕，在電流離開區則扮演陰極，發生還原反應，此類腐蝕常出現在建物中，會危害安全或汙染環境。

出現微觀腐蝕電池時，陰陽兩極的間距極小，例如一種多晶結構的晶體，存在許多晶界（grain boundary），通常在晶體內部的電位偏正，在晶界則偏負，當電解液與氧化劑附著其上時，晶體內部傾向成爲陰極，晶界則傾向成爲陽極，因而構成比單一晶粒還小的微觀腐蝕電池。相似地，在金屬加工時，若存在應力分布，則會使局部區域的電位出現差異，也容易形成微觀腐蝕電池，例如金屬器具的彎曲處易扮演陽極，平直處易扮演陰極，所以前者容易發生腐蝕。某些金屬的純度不夠高，內部雜質的電位不同於金屬本體，也會形成微觀腐蝕電池，例如 Zn 中若含有微量的 Cu 雜質，則會使 Cu 附近的 Zn 發生腐蝕。

總結巨觀或微觀腐蝕電池的驅動力，皆來自於腐蝕區與未腐蝕區的電位差，但導致電位差的原因可能包括氧化劑的濃度差、陰陽極的溫度差與陰陽極的結構差，由於後者可關連到標準電位差，加上濃度差與溫度差後，恰好成爲 Nernst 方程式中的主要變因。此外，分析驅動力雖可判斷在熱力學上腐蝕的可行性，但腐蝕的速率仍需從動力學來推論。因此，在以下一小節中，吾人將依序說明腐蝕的熱力學與動力學理論。

§5-2-1 熱力學

電化學腐蝕反應雖然沒有電流輸出，但並非平衡狀態，從熱力學的觀點只能討論腐蝕的可能性或防蝕的可行性，以及預測腐蝕後的產物。在一般的情形中，金屬腐蝕後通常會先產生陽離子，此稱爲一次產物。但隨著表面不斷累積陽離子，而且附近的陰極可能產生 OH^-，迫使陽離子的濃度達到飽和，繼而形成固態沉澱物，此稱爲二次產物。有些金屬離子擁有多種價態，例如亞鐵離子（Fe^{2+}）和鐵離子（Fe^{3+}），所以屬於一次產物的低價陽離子還可能再氧化成屬於二次產物的高價陽離子。因此，一般見到的鐵鏽實爲二次產物，無論其成分是氧化物或氫氧化物，甚至是高價的鐵化合物，都是從 Fe^{2+} 衍生出的產物，但鐵鏽的結構疏鬆，其孔洞內仍允許電解液滲入。其他的金屬氧化後，雖然也會形成二次產物，但 Al 的氧化物比較緻密，反而會保護底部的 Al 而免於繼續腐蝕，此薄膜稱爲鈍化層，刻意製作的鈍化層常具有防蝕的作用。

在熱力學中，評斷化學反應是否自發的依據是前後的 Gibbs 自由能變化 ΔG，當反應前的自由能高於反應後的自由能，亦即 $\Delta G < 0$，反應可以自然發生；反之，當 $\Delta G > 0$ 時，反應無法自然發生，必須藉由外力來克服正的 ΔG，反應才會發生。因爲腐蝕屬於自發性反應，所以腐蝕後的產物總自由能應該低於腐蝕前的總自由能。透過熱力學的公式推導，ΔG 可以轉換成反應電位差 ΔE：

$$\Delta G = -nF\Delta E \tag{5.6}$$

因此，腐蝕的兩極電位差 ΔE 必須爲正，亦即陰極的反應電位必須正於陽極的反應電位。陽極的電位可使用 Nernst 方程式表示：

$$E = E_f^{\circ} + \frac{RT}{nF}\ln\frac{c_{M^{n+}}}{c_0} \tag{5.7}$$

其中 E_f° 為形式電位（formal potential），相關於金屬種類與離子的活性係數；c_0 為標準濃度，常定為 1 M；$c_{M^{n+}}$ 和 n 分別為腐蝕形成的陽離子之濃度與價數。由於 E_f° 並非定值，且在腐蝕金屬表面的陽離子濃度也難以測量，因此不易估計腐蝕金屬的反應電位。一般的判斷方法則是查詢標準氫電極（SHE）為基準的還原電位表，從中尋找陽離子活性恰為 1 時的還原電位。若所得之標準電位愈偏正，則代表此種金屬傾向還原，不易發生腐蝕，例如 Au 或 Pt；反之，若所得之標準電位愈偏負，則代表此種金屬傾向氧化，容易發生腐蝕，例如 Mg 或 Al。然而，比較標準電位只能說明系統中較易腐蝕的金屬，無法指出是否會發生腐蝕，因為腐蝕的可能性常取決於氧化劑與電解液的狀態。

在 1930 年代，比利時科學家 Marcel Pourbaix 首先使用 Nernst 方程式來研究電化學平衡現象，他收集了眾多熱力學數據來製成電位 E 對溶液 pH 值的圖，藉以推測每種金屬在不同電性或環境下的熱力學穩定產物。這類圖形被稱為 Pourbaix 圖，它相當於電化學反應的平衡相圖，且因兩座標軸分別為電位 E 和 pH 值，所以也稱為 E-pH 圖。早期的 E-pH 圖主要應用於金屬的腐蝕研究，因為效果顯著，現已拓展到電池、電解與電鍍等領域中。

在水溶液中可能發生的化學反應可分成三類：

1. 反應相關於 H^+，但不牽涉電子轉移，例如 $Fe(OH)_2 + 2H^+ \rightleftharpoons Fe^{2+} + 2H_2O$。
2. 反應牽涉電子轉移，但不相關於 H^+，例如 $Fe^{3+} + e^- \rightleftharpoons Fe^{2+}$。
3. 反應牽涉電子轉移，且相關於 H^+，例如 $Fe_3O_4 + 8H^+ + 2e^- \rightleftharpoons 3Fe^{2+} + 4H_2O$。

這三類反應其實可以使用包含了反應物 A、產物 B、H_2O、H^+ 和 e^- 的通式來表示：

$$a\mathrm{A} + b\mathrm{B} + w\mathrm{H_2O} + h\mathrm{H}^+ + ne^- = 0 \tag{5.8}$$

其中 a、b、w、h、n 皆為計量係數，若規定 $n \geq 0$，則 A 代表氧化態物種，且 $a > 0$，

B 代表還原態物種，且 $b<0$。假設水的活性為 1，則此反應的平衡電位可用 Nernst 方程式列出：

$$E = E^\circ + \frac{RT}{nF}\ln\left(a_A^a \cdot a_B^b \cdot a_{H^+}^h\right) \tag{5.9}$$

因為 pH 值定義為：

$$\mathrm{pH} = -\log a_{H^+} = \frac{-1}{2.303}\ln a_{H^+} \tag{5.10}$$

所以平衡電位與 pH 的關係為：

$$E = E^\circ + \frac{RT}{nF}(a\ln a_A + b\ln a_B) - 2.303\left(\frac{hRT}{nF}\right)\mathrm{pH} \tag{5.11}$$

因此，一個涉及 H^+ 的電子轉移反應在 E-pH 圖中，將繪出一條斜線，斜率為 $-2.303\left(\frac{hRT}{nF}\right)$。若將（5.11）式應用在不相關於 H^+ 的電子轉移反應，則其電位將與 pH 無關，可表示為：

$$E = E^\circ + \frac{RT}{nF}(a\ln a_A + b\ln a_B) \tag{5.12}$$

因此，這類反應在 E-pH 圖中為一條水平線，E 不隨 pH 而變。若（5.8）式用於非電子轉移反應，則 $n=0$，此時可引入化學平衡常數 K：

$$a_A^a \cdot a_B^b \cdot a_{H^+}^h = K \tag{5.13}$$

由此可知，平衡常數 K 與 pH 的關係為：

$$a\ln a_A + b\ln a_B - \ln K = 2.303h\cdot \text{pH} \quad (5.14)$$

由於這類反應與電位 E 無關，故在 E-pH 圖中爲一條垂直線。

欲建立某種金屬的 E-pH 圖，必須先列出包含該金屬的離子、氧化物或氫氧化物，接著尋找這些物種之間的反應，即可在 E-pH 圖中畫出數條斜線、水平線和垂直線，將整張圖切割成數個區域，每個區域代表該金屬在特定電位和 pH 下呈現的熱力學穩定狀態，可用於判斷酸鹼環境或外加電位如何影響金屬。

以 Fe-H_2O 的系統爲例，其反應相關於 H^+，但不牽涉電子轉移者，包括：

$$Fe_2O_3 + 6H^+ \rightleftharpoons 2Fe^{3+} + 3H_2O \quad (5.15)$$

$$Fe(OH)_2 + 2H^+ \rightleftharpoons Fe^{2+} + 2H_2O \quad (5.16)$$

其反應獨立於電位，但相關於 pH，可分別表示爲：

$$\log a_{Fe^{3+}} = -0.723 - 3\text{pH} \quad (5.17)$$

$$\log a_{Fe^{2+}} = 13.29 - 2\text{pH} \quad (5.18)$$

此外，反應牽涉電子轉移但不相關於 H^+ 者包括：

$$Fe^{2+} + 2e^- \rightleftharpoons Fe \quad (5.19)$$

$$Fe^{3+} + e^- \rightleftharpoons Fe^{2+} \quad (5.20)$$

其 E-pH 關係可表示爲：

$$E = -0.44 + 0.0296\log a_{Fe^{2+}} \quad (5.21)$$

$$E = 0.771 + 0.0591(\log a_{Fe^{3+}} - \log a_{Fe^{2+}}) \quad (5.22)$$

再者，反應同時牽涉電子轉移與 H^+ 者包括：

$$Fe(OH)_2 + 2H^+ + 2e^- \rightleftharpoons Fe + 2H_2O \quad (5.23)$$

$$Fe_3O_4 + 2H_2O + 2H^+ + 2e^- \rightleftharpoons 3Fe(OH)_2 \quad (5.24)$$

$$Fe_2O_3 + 6H^+ + 2e^- \rightleftharpoons 2Fe^{2+} + 3H_2O \quad (5.25)$$

$$3Fe_2O_3 + 2H^+ + 2e^- \rightleftharpoons 2Fe_3O_4 + H_2O \quad (5.26)$$

$$Fe_3O_4 + 8H^+ + 2e^- \rightleftharpoons 3Fe^{2+} + 4H_2O \quad (5.27)$$

其 E-pH 關係可依序表示爲：

$$E = -0.047 - 0.0591\text{pH} \quad (5.28)$$

$$E = -0.197 - 0.0591\text{pH} \quad (5.29)$$

$$E = 0.728 - 0.1773\text{pH} + 0.0591\log a_{Fe^{2+}} \quad (5.30)$$

$$E = 0.221 - 0.0591\text{pH} \quad (5.31)$$

$$E = 0.98 - 0.2364\text{pH} - 0.0886\log a_{Fe^{2+}} \quad (5.32)$$

由於發生腐蝕反應時，無法得知電解液中各種陽離子的活性，所以在繪製 E-pH 圖時，通常會先設定活性的數值，然後再繪出分割圖。改變離子活性後，原分割圖中的三種線將會出現平移，但其斜率不會改變，只有截距會受到活性的影響。然而，無論活性的基準爲何，落在分割圖的線上即代表兩相處於平衡，落在多線的交點上，則代表多相平衡。例如設定 $a_{Fe^{2+}} = a_{Fe^{3+}} = 10^{-6}$ 後，可繪出如圖 5-2 所示的 E-pH 圖，且在 pH = 9、$E = -0.6$ V 之處，將出現三線的交點，代表 Fe、Fe^{2+} 和 $Fe(OH)_2$ 在此條件下共存。

然而，必須注意的是 E-pH 圖只能提供反應趨勢的預測，無法適用於動力學的評估，除了前面提及的離子活性未知以外，在動態過程中，還有其他因素會控制電化學程序，這些因素並沒有考慮在 E-pH 圖中。藉由圖 5-2，可得知施加偏負的電位可使鐵維持在純元素狀態，代表此時不會腐蝕，如果電位足夠負，任何 pH 值下皆可免於腐蝕。但在正於大約 –0.6 V 的電位下，且溶液偏酸性，則易形成 Fe^{2+} 或 Fe^{3+}，代表此時容易腐蝕。若鐵在中鹼性溶液中，只要電位不偏負，表面易形成各種氧化物或氫氧化物，可能產生鈍化作用，但是否會保護底部的鐵，則必須視鈍化層的品質而定。當 E-pH 圖應用於其他金屬時，也可區分成免蝕區、腐蝕區與鈍化區，由這三個區域的劃分可以初步制定防蝕的策略。再者，圖 5-2 所示的 E-pH 圖僅顯示水參與的反應，但其他包括 Cl^-、SO_4^{2-} 或 PO_4^{3-} 等陰離子參與的反應也可列入。若不討論金屬，在水溶液中，H_2O 和 H^+ 之間也存在電子轉移反應：

$$4H^+ + O_2 + 4e^- \rightleftharpoons 2H_2O \tag{5.33}$$

$$2H^+ + 2e^- \rightleftharpoons H_2 \tag{5.34}$$

所以對應的 E-pH 關係爲：

$$E = 1.229 - 0.0591\text{pH} \tag{5.35}$$

$$E = -0.0591\text{pH} \tag{5.36}$$

此關係代表反應環境必須介於兩平行線之間，水才能穩定而不分解。若金屬本身或其離子與氧化物在圖中的位置高於水的氧化線或低於其還原線，這些物質都難以在水中穩定存在。

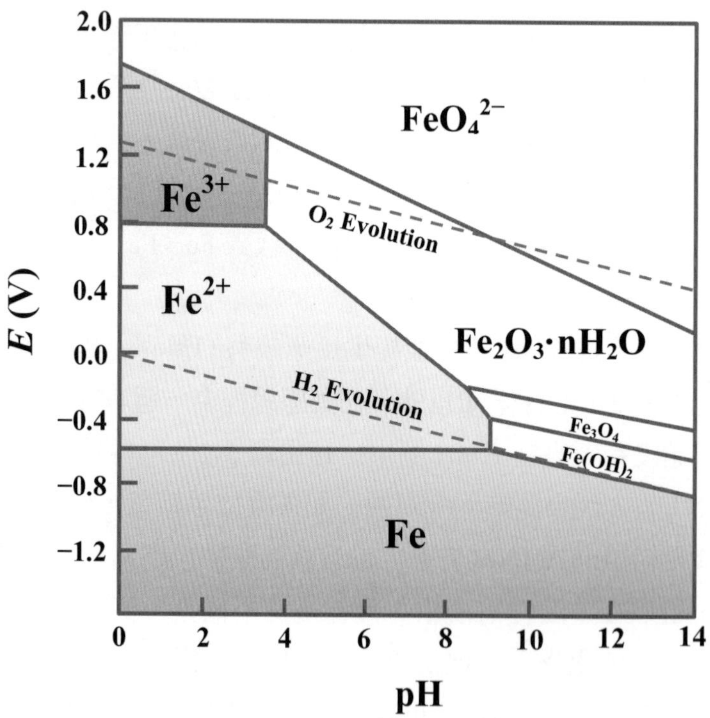

圖 5-2　Fe 的 Pourbaix 圖

在 Fe 的 Purbaix 圖中標示了 H^+/H_2 的 E-pH 關係後，可發現此線坐落於 Fe 免蝕區之上方，所以代表 Fe 在任何酸鹼度的水中都會氧化，至於會形成何種產物，則依 pH 而定。當 pH 值介於 9.4 至 12.5 間，會產生 $Fe(OH)_2$ 鈍化層，其他範圍則會形成可溶性離子。因此，藉由 Purbaix 圖，可以初步選擇 Fe 的防蝕策略，例如將環境控制在弱鹼性，並且盡量去除溶液中的 O_2，則可透過鈍化作用來保護 Fe；或將 Fe 的電位往負向移動，以進入免蝕區，此即陰極保護，將在 5-4-2 節中詳述；若環境屬於弱酸性，熱力學預測的氧化產物爲 Fe^{2+}，故可藉由正向移動 Fe 的電位使產物變爲 Fe_2O_3，也可以產生鈍化層，此即陽極保護，將在 5-4-1 節中說明。

§ 5-2-2 動力學

影響腐蝕動力學的主要因素是程序的機制，一般的電化學程序可分成數個步驟。第一個步驟是氧化劑從溶液主體區（bulk）移動到金屬附近，其速率正比於質傳係數 k_m（mass transfer coefficient），在移動的過程中，可能會發生勻相化學反應（homogeneous chemical reaction）。當反應物接近電極時，傾向於吸附（adsorption）在電極表面上，才可能接收從金屬材料傳來的電子，以進行還原反應，此時的反應速率正比於速率常數 k_0。反應後得到的產物可能形成新相而附著在金屬表面上，也可能形成離子而進入溶液中；進入溶液中的產物可能再進行後續的勻相化學反應或移動到溶液主體區。對於陽極區，金屬材料將溶解成陽離子，並釋出電子往陰極區傳導，溶解的陽離子會往溶液主體區移動，但在移動的過程中，可能會與 OH^- 結合而發生沉澱反應，此即前述之二次產物，此外亦有某些仍附著在陽極表面的陽離子將繼續氧化成更高價的陽離子。因此，完整的腐蝕電化學程序擁有多個步驟，至少包括溶液中的物質輸送、金屬表面的電子轉移，以及非勻相沉澱反應等。

除了腐蝕機制以外，動力學的主題還會涉及腐蝕速率，此速率將取決於所有步驟的特性，例如物質輸送、電子轉移與電極表面結構等因素，而且程序中的最慢步驟將會限制整體速率，故此最慢者被稱爲速率決定步驟（rate determining step）。當整體程序以固定速率進行時，較快的步驟可視爲近似平衡的狀態，只有最慢的步驟處於不可逆狀態。以簡單的程序爲例，當其中的質傳速率遠小於反應速率時，亦即 $k_m \ll k_0$，則視電子轉移反應爲可逆的（reversible）；但當質傳速率遠大於反應速率時，亦即 $k_m \gg k_0$，則視反應爲不可逆的（irreversible）；當兩種速率接近時，亦即 $k_m \approx k_0$，反應則爲準可逆的（quasi-reversible），這些術語僅指正逆反應速率之快慢，以及重建或破壞平衡之難易。

已知金屬在水中腐蝕沒有電流輸出，當金屬發生陽極溶解時，會伴隨 O_2 還原成 H_2O，或 H^+ 還原成 H_2，這些一起發生在相同材料上的反應可稱爲平行反應（parallel reactions），但其動力學行爲通常被視爲互相獨立，除非其中一個反應改變了環境的溫度或 pH 值，才會影響其他反應的速率。在發生平行反應的電極上，若能忽略電極材料的電阻，則此電極只擁有唯一的電位，但每個反應的平衡電位卻不同，故其過電壓皆不相等；而電極與外界流通的電流爲每個反應所貢獻之總和，此總和可能成爲 0。但需注意，即使電極上的總電流爲 0，只要每個反應的過電壓不爲 0，仍然代表偏離平衡狀態，其電流與過電壓的關係可由 Butler-Volmer 方程式來描述。

一個腐蝕程序中可能包含兩個以上的氧化反應，也可能包含兩個以上的還原反應，爲了通盤考慮，先假設電極上共發生 N 種反應，其中第 k 種反應可表示爲：

$$\mathrm{O}_k + n_k e^- \rightleftharpoons \mathrm{R}_k \tag{5.37}$$

使用 Butler-Volmer 方程式可求得此反應的電流密度：

$$i_k = i_{0,k}\left[\frac{c_{Ok}^s}{c_{Ok}^b}\exp\left(-\frac{\alpha_k F\eta_k}{RT}\right) - \frac{c_{Rk}^s}{c_{Rk}^b}\exp\left(\frac{\beta_k F\eta_k}{RT}\right)\right] \tag{5.38}$$

其中 $i_{0,k}$ 和 η_k 爲此反應的交換電流密度和過電位，α_k 和 β_k 分別爲還原方向與氧化方向的轉移係數，且 $\alpha_k + \beta_k = n_k$。c_{Ok} 和 c_{Rk} 分別表示參與第 k 種反應的氧化態和還原態物質之濃度，而上標 s 和 b 表示表面區與主體區。若再假設每個反應都使用了電極上的所有面積，則總電流密度 i 可表示爲各反應所貢獻的總和：

$$i = \sum_{k=1}^{N} i_k = \sum_{k=1}^{N} i_{0,k}\left[\frac{c_{Ok}^s}{c_{Ok}^b}\exp\left(-\frac{\alpha_k F\eta_k}{RT}\right) - \frac{c_{Rk}^s}{c_{Rk}^b}\exp\left(\frac{\beta_k F\eta_k}{RT}\right)\right] \tag{5.39}$$

在最單純的腐蝕程序中，可假設 $N = 2$，兩個反應的平衡電位分別爲 $E_{eq,1}$ 和 $E_{eq,2}$，交換電流密度分別爲 $i_{0,1}$ 和 $i_{0,2}$，且不會發生濃度極化，故可用圖 5-3 呈現這兩

種反應的電流密度 i 對電位 E 之關係。依據 $E_{eq,1}$ 和 $E_{eq,2}$ 的正負，以及 $i_{0,1}$ 和 $i_{0,2}$ 的大小，可將雙反應系統區分為四類，但以下僅探討 $E_{eq,1} > E_{eq,2}$ 且 $i_{0,1} < i_{0,2}$ 者，其餘三種系統的行為可依此類推。

在圖 5-3 中，可依照施加電位 E 而分成下列五區。

1. $E < E_D$

在此電位區間內，$E < E_{eq,1}$ 且 $E < E_{eq,2}$，所以兩種反應都屬於還原，而且彼此處於競爭的狀態。假設電極電位明顯偏離兩個反應的平衡狀態，則兩者的電流皆符合 Tafel 方程式。因此，總電流密度 i 可簡化為：

$$i = i_1 + i_2 = i_{0,1} \exp\left(-\frac{\alpha_1 F \eta_1}{RT}\right) + i_{0,2} \exp\left(-\frac{\alpha_2 F \eta_2}{RT}\right) \tag{5.40}$$

其中 $\eta_1 = E - E_{eq,1}$ 且 $\eta_2 = E - E_{eq,2}$。

2. $E_D < E < E_C$

在此電位區間內，第 1 種反應仍維持還原，因為 $E < E_{eq,1}$；但第 2 種反應則偏離平衡不遠，使其正逆反應速率相當，故 $|i_2| \ll |i_1|$，其電流可以忽略，所以總電流密度 i 可簡化為：

$$i \approx i_{0,1} \exp\left(-\frac{\alpha_1 F \eta_1}{RT}\right) \tag{5.41}$$

3. $E_C < E < E_B$

進入此範圍內，由於 $E < E_{eq,1}$ 且 $E > E_{eq,2}$，第 1 種反應將以還原為主，使 $i_1 > 0$，而第 2 種反應則以氧化為主，使 $i_2 < 0$，彼此不再相互競爭，甚至在區間內的某一個混合電位 E_{mix}（mixed potential）下，兩電流將會抵銷，使總電流密度 $i = i_1 + i_2 = 0$。透過推導，可證明 E_{mix} 必定介於最高反應平衡電位和最低反應平衡電位之間，亦即 $E_{eq,2} < E_{mix} < E_{eq,1}$，因為在眾多反應中至少要有一個進行陽極氧化，同理至少要有一個進行陰極還原。對於金屬腐蝕程序，第 2 種反應即為金屬溶解，第 1 種反應則代表

O_2 消耗或 H_2 生成，此時的 E_{mix} 又可稱爲腐蝕電位 E_{corr}（corrosion potential），而半反應電流密度 $|i_2|$ 則可稱爲腐蝕電流密度 i_{corr}（corrosion current density）。若已知兩反應的平衡電位與交換電流密度，並假設 E_{corr} 皆偏離 $E_{eq,1}$ 與 $E_{eq,2}$ 超過 100 mV 以上，則可得到簡化的總電流密度 i：

$$i = i_{corr}\left[\exp\left(-\frac{\alpha_1 F(E-E_{corr})}{RT}\right) - \exp\left(\frac{\beta_2 F(E-E_{corr})}{RT}\right)\right] \tag{5.42}$$

4. $E_B < E < E_A$

在此電位區間內，第 2 種反應維持氧化，因爲 $E > E_{eq,2}$；但第 1 種反應偏離平衡不遠，使其正逆反應速率相當，故 $|i_1| \ll |i_2|$，其電流可以忽略，所以總電流密度 i 可簡化爲：

$$i \approx -i_{0,2}\exp\left(\frac{\beta_2 F\eta_2}{RT}\right) \tag{5.43}$$

5. $E > E_A$

在此電位區間內，$E > E_{eq,1}$ 且 $E > E_{eq,2}$，代表兩種反應皆爲氧化，屬於互相競爭的狀態。當偏離平衡的程度較大時，電流密度 i 將滿足 Tafel 方程式：

$$i = -i_{0,1}\exp\left(\frac{\beta_1 F\eta_1}{RT}\right) - i_{0,2}\exp\left(\frac{\beta_2 F\eta_2}{RT}\right) \tag{5.44}$$

對於前述的第 3 種情形，電極上同時進行著氧化反應和還原反應，但兩者並非正逆反應，例如氧化反應是金屬的腐蝕，而還原反應是 H^+ 轉變成 H_2。當電極電位變化時，這兩種反應的過電位將會改變，進而導致淨電流輸出，所以可藉由儀器測得電流對電位的變化曲線，但需注意曲線中同時包含了氧化半反應的極化曲線與還原半反應的極化曲線。若電極表面附近的質傳速率夠快，濃度極化現象得以忽略，腐蝕程序將由反應控制。此外，若施加在電極的電位明顯遠離兩個反應的平衡電位時，還可忽略

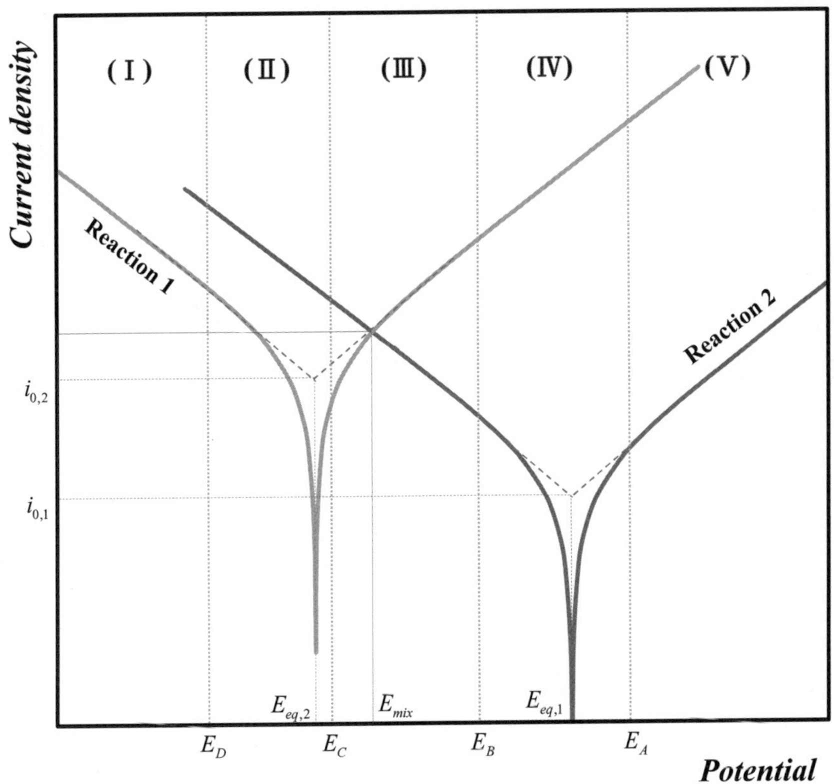

圖 5-3　平行反應系統的 Tafel 圖

它們的逆向反應，使氧化產生的電流密度 i_a 與還原產生的電流密度 i_c 都能用 Tafel 方程式來表示：

$$i_a = i_{0a} \exp\left(\frac{(1-\alpha_a)n_a F}{RT}(E-E_a)\right) = i_{0a} \exp\left(\frac{E-E_a}{\beta_a}\right) \tag{5.45}$$

$$i_c = i_{0c} \exp\left(-\frac{\alpha_c n_c F}{RT}(E-E_c)\right) = i_{0c} \exp\left(-\frac{E-E_c}{\beta_c}\right) \tag{5.46}$$

其中 E_a 和 E_c 分別是氧化與還原反應的平衡電位。但需注意，此時進行的氧化與還原反應並非正逆反應，所以 i_{0a} 與 i_{0c} 是兩者各自的交換電流密度，不會相等。而 α_a 與 n_a 對應氧化反應的轉移係數與參與電子數，兩者將決定 β_a；α_c 與 n_c 則對應還原反應的轉移係數與參與電子數，兩者將決定 β_c：

$$\beta_a = \frac{RT}{(1-\alpha_a)n_a F} \tag{5.47}$$

$$\beta_c = \frac{RT}{\alpha_c n_c F} \tag{5.48}$$

其中還需注意，$\alpha_a + \alpha_c$ 不一定等於 1，且 $\beta_a > 0$，$\beta_c > 0$。

金屬發生腐蝕時，輸出電流為 0，代表兩個半反應的速率相等，亦即 $i_a = i_c$，此時的電位即為腐蝕電位 E_{corr}，而氧化反應之電流密度為腐蝕電流密度 i_{corr}，從（5.45）式和（5.46）式即能求得：

$$i_{corr} = i_{0a} \exp\left(\frac{E_{corr} - E_a}{\beta_a}\right) = i_{0c} \exp\left(-\frac{E_{corr} - E_c}{\beta_c}\right) \tag{5.49}$$

若於此時給予金屬其他的電位 E，則可產生淨電流密度 i：

$$\begin{aligned} i &= i_{0c} \exp\left(-\frac{E - E_c}{\beta_c}\right) - i_{0a} \exp\left(\frac{E - E_a}{\beta_a}\right) \\ &= i_{corr} \left[\exp\left(-\frac{E - E_{corr}}{\beta_c}\right) - \exp\left(\frac{E - E_{corr}}{\beta_a}\right)\right] \end{aligned} \tag{5.50}$$

由（5.50）式亦可知，當 $E > E_{corr}$ 時，$i_a > i_c$，金屬電極發生陽極極化；當 $E < E_{corr}$ 時，$i_a < i_c$，金屬電極發生陰極極化。一般從實驗測得的電流－電位曲線如圖 5-4 所示，符合（5.50）式所描述的現象，但當腐蝕電位 E_{corr} 與 E_a 差異不大時，（5.50）式則會偏離測得的曲線。

此外，當還原反應受限於溶液中的質傳速率時，（5.46）式必須修正為：

$$i_c = i_{0c}(1 - \frac{i_c}{i_{\lim}}) \exp\left(-\frac{E - E_c}{\beta_c}\right) \tag{5.51}$$

其中的 $i_{\lim}$ 為極限電流密度。已知 $E = E_{corr}$ 時，$i_c = i_{corr}$，所以

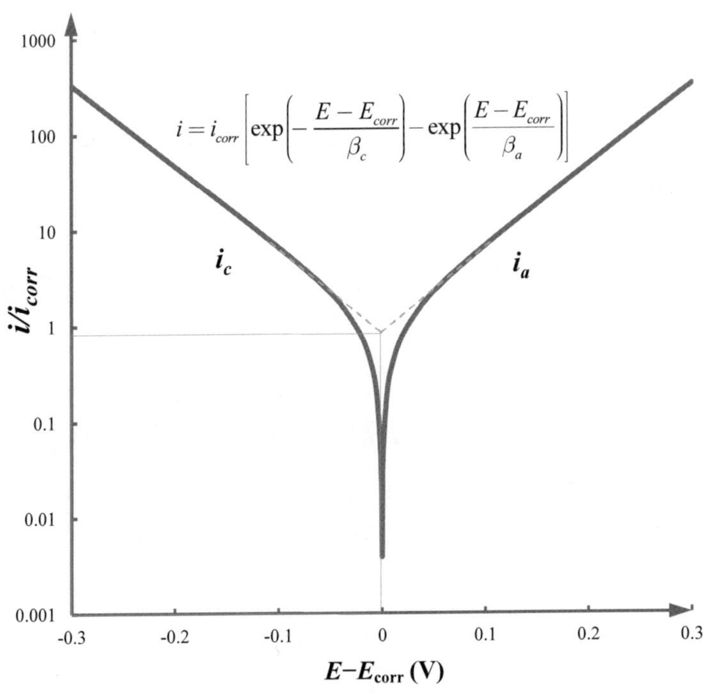

圖 5-4　腐蝕的電流密度－電位曲線

$$i_{corr} = i_{0c}(1-\frac{i_{corr}}{i_{\lim}})\exp\left(-\frac{E_{corr}-E_c}{\beta_c}\right) \qquad (5.52)$$

接著可依（5.52）式將還原電流密度 i_c 調整爲：

$$i_c = \frac{i_{corr}\exp\left(-\frac{E-E_{corr}}{\beta_c}\right)}{1-\frac{i_{corr}}{i_{\lim}}\left[1-\exp\left(-\frac{E-E_{corr}}{\beta_c}\right)\right]} \qquad (5.53)$$

因此，總反應產生的淨電流密度 i 將成爲：

$$i = i_{corr}\left\{\exp\left(\frac{E-E_{corr}}{\beta_a}\right) - \frac{\exp\left(-\frac{E-E_{corr}}{\beta_c}\right)}{1-\frac{i_{corr}}{i_{\lim}}\left[1-\exp\left(-\frac{E-E_{corr}}{\beta_c}\right)\right]}\right\} \tag{5.54}$$

由此式可知，金屬腐蝕的動力學取決於 E_{corr}、i_{corr} 與 $i_{\lim}$，比沒有質傳限制的腐蝕程序更複雜。

改變腐蝕環境後，E_{corr}、i_{corr} 與 $i_{\lim}$ 也會改變，而且各參數沒有一致性的變動趨勢，在金屬會鈍化的系統中將更複雜。如圖 5-5 所示，假設在金屬與溶液的界面上具有氧化的極化曲線 1A 和還原的極化曲線 1C，則可求出此系統的腐蝕電位 E_1 和腐蝕電流密度 i_1。但當溶液中加入某種表面吸附劑之後，金屬的陽極氧化速率被抑制，使其極化曲線成爲 2A，再疊加 1C 後可得到腐蝕電位 E_2，且 $E_2 > E_1$，但腐蝕電流密度 i_2 卻會小於 i_1。若金屬表面在高電壓下會形成鈍化膜，使電流密度受到限制，故其陽極極化曲線成爲 3A，疊加 1C 後所計算出的腐蝕電位 E_3 將會更高，亦即 $E_3 > E_2 > E_1$，

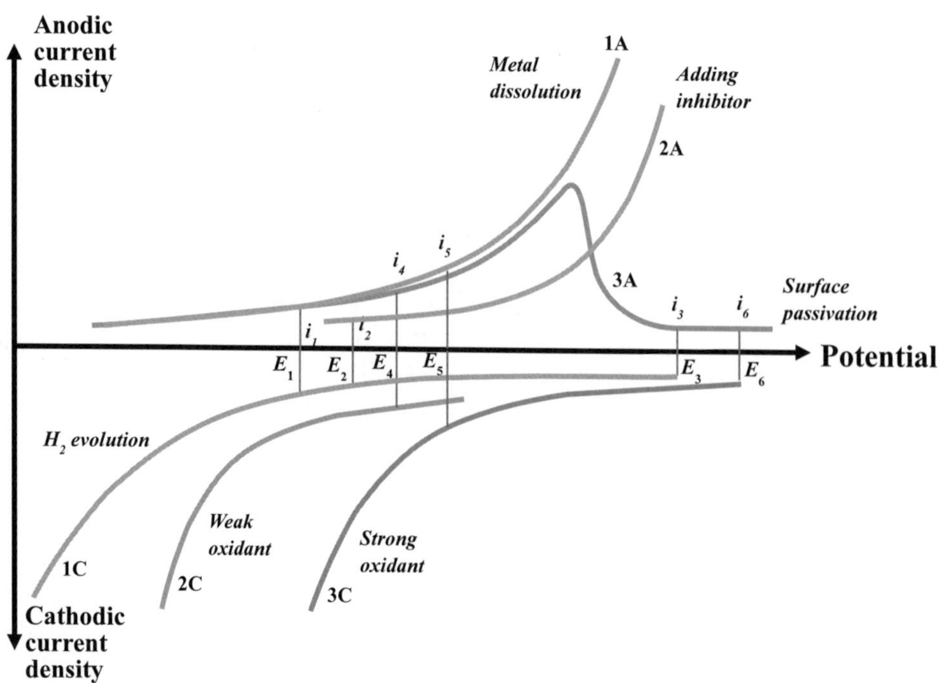

圖 5-5　多種金屬腐蝕的極化曲線

且腐蝕電流密度 i_3 更低，亦即 $i_3 < i_2 < i_1$。然而，當溶液中存在某種弱氧化劑時，還原極化曲線將成爲 2C，此時的腐蝕電位 E_4 雖然偏正，亦即 $E_4 > E_1$，但腐蝕電流密度 i_4 會大於 i_1，代表氧化劑會促進腐蝕速率。但當溶液中存在某種強氧化劑時，還原極化曲線將成爲 3C，若金屬不會鈍化，則可得到很大的腐蝕電流密度 i_5；若金屬會鈍化，則其腐蝕電位 E_6 是上述中的最高者，但腐蝕電流密度 i_6 卻是上述中的較低者，此時的強氧化劑也可稱爲鈍化劑，能夠產生陽極保護作用，是常用的防蝕方法。

由於使用圖 5-5 討論腐蝕現象比較複雜，而且發生腐蝕現象時的陽極面積常與陰極面積不相等，所以 Ulick Richardson Evans 在 1923 年提出一種後人稱爲 Evans 圖的簡明表示法，將電極電位定爲縱坐標，電流的對數定爲橫坐標，並且忽略腐蝕電位 E_{corr} 附近的電流大幅變化區域，只以兩條直線來表示電極上的氧化反應和還原反應，亦即使用（5.45）式和（5.46）式，使 β_a 和 β_c 恰好成爲兩線的斜率。透過 Evans 圖，即可定性地解釋腐蝕的機制，或快速地制定防蝕的策略。

由前述已知，實驗測得的陽極曲線與陰極曲線並非來自正逆反應，所以 β_a 和 β_c 通常不相等。爲了更明確地說明腐蝕程序，可定義陽極極化電阻 R_a 與陰極極化電阻 R_c：

$$R_a = \frac{E_{corr} - E_a}{I_{corr}} = \frac{\Delta E_a}{I_{corr}} \tag{5.55}$$

$$R_c = \frac{E_c - E_{corr}}{I_{corr}} = \frac{\Delta E_c}{I_{corr}} \tag{5.56}$$

整體腐蝕程序的驅動力爲 $E_c - E_a = \Delta E_c + \Delta E_a$，所以腐蝕電流 I_{corr} 也可表示爲：

$$I_{corr} = \frac{E_c - E_a}{R_c + R_a} = \frac{\Delta E_c + \Delta E_a}{R_c + R_a} \tag{5.57}$$

當溶液電阻或鈍化層電阻很顯著時，還會產生一項歐姆阻抗 R_Ω，使腐蝕電流 I_{corr} 成爲：

$$I_{corr} = \frac{E_c - E_a}{R_c + R_a + R_\Omega} \tag{5.58}$$

此時 Evans 圖中會出現腐蝕電流平台區，如圖 5-6 所示。

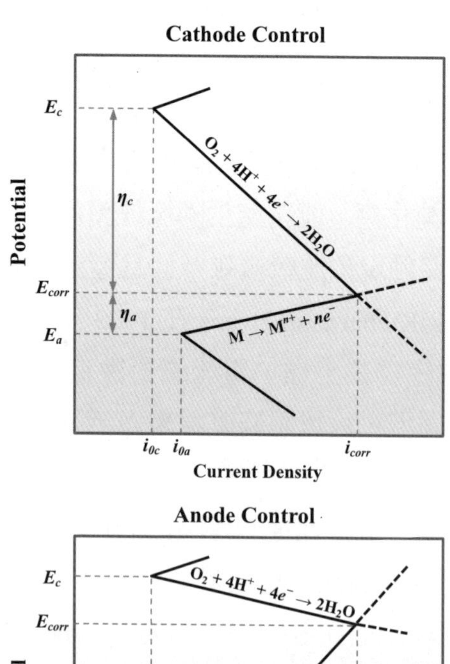

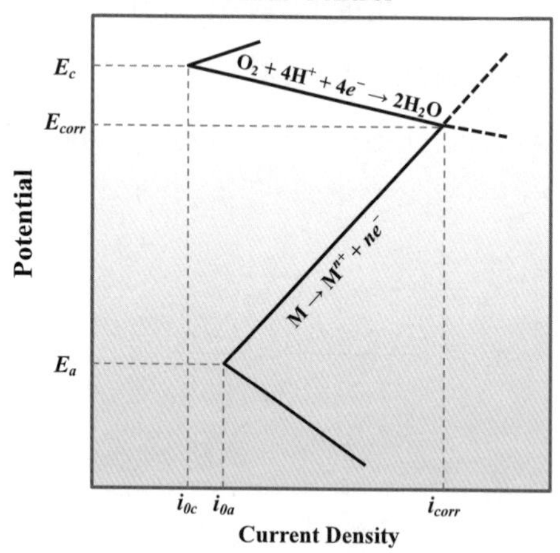

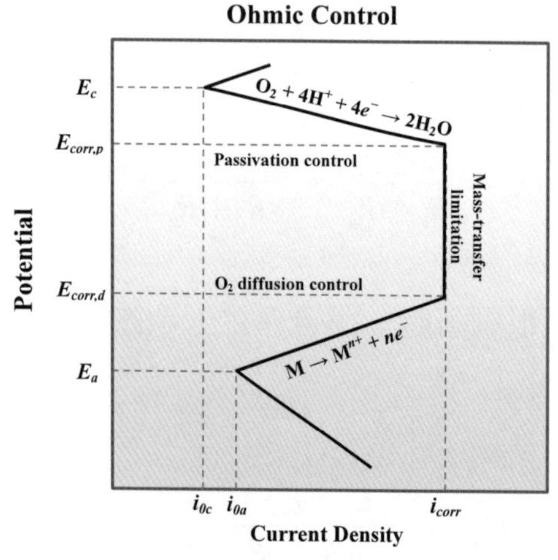

圖 5-6　三種腐蝕程序的 Evans 圖

由於從 Evans 圖中能快速得知氧化或還原何者較難進行，所以可判斷出腐蝕的速率決定步驟。例如溶液電阻 R_Ω 很小時，若陽極極化電阻 R_a 明顯大於陰極極化電阻 R_c，則腐蝕電流 I_{corr} 將取決於陽極程序，因此可稱爲陽極控制腐蝕；相反地，當 R_a 明顯小於 R_c 時，腐蝕電流 I_{corr} 將取決於陰極程序，因此可稱爲陰極控制腐蝕。但當溶液電阻或鈍化層電阻 R_Ω 顯然大於兩極的極化電阻時，則稱爲歐姆電阻控制腐蝕。制定防蝕策略時，可依據腐蝕的型態來調整方法，且可避免無效的措施。

§5-3　腐蝕類型

對於金屬材料，依發生腐蝕的區域分布，可分成全面腐蝕與局部腐蝕，前者是指各位置腐蝕速率差異不大，後者則是某些位置的速率明顯高於其他位置。全面性腐蝕常發生於金屬浸泡於強酸中，表面上所有位置都有可能成爲微電池的陽極，而且陰陽極會不斷更換，因而導致均勻性的溶解。然而，局部腐蝕的陽極區與陰極區間隔較遠，且陽極區的面積較小，致使陽極區的腐蝕速率遠超過其他區域，反應後將形成孔洞或縫隙。產生局部腐蝕的原因在於材料中出現能量差，此能量差會驅動低電位區域進行陽極溶解反應，例如兩種金屬相接處會形成電偶腐蝕，或同一種金屬中因爲晶體結構的差異而形成的晶界腐蝕。金屬材料出現局部腐蝕後，所形成的孔洞或縫隙將不斷擴大或加深，但若出現全面性腐蝕，則有可能導致表面鈍化，反而會保護底部的金屬免於腐蝕。表 5-1 列出幾種常見的腐蝕特性與型態，在本節中會陸續介紹孔蝕、間隙腐蝕、電偶腐蝕與晶界腐蝕，並且說明金屬在自然環境中面臨的腐蝕情形。

表 5-1　腐蝕的特性與型態

腐蝕類型	特性	型態	圖例
全面腐蝕	各位置均勻	陽極溶解	Surface dissolution Metal

腐蝕類型	特性	型態	圖例
局部腐蝕	雙金屬／介質	電偶腐蝕	
	單金屬／介質	孔蝕／間隙腐蝕	
		氧濃度差腐蝕	
		晶界腐蝕	
		雜散腐蝕	
	單金屬／介質／外力	應力腐蝕	
		磨損腐蝕	

§5-3-1 孔蝕與間隙腐蝕

孔蝕（pitting corrosion）是指原本平整的金屬表面在局部區域出現孔洞的現象，這些孔洞的直徑不大，僅有 mm 等級，但其深度會隨時間發展，甚至可以穿透金屬板材。腐蝕後產生的產物會堆積在洞口，從外觀上很難發現內部腐蝕的嚴重性。

通常已接受防蝕處理的金屬反而容易發生孔蝕現象，因為受保護的表面呈現鈍性，但在外力破壞或高反應性物質侵蝕之處，鈍化層將被移除而呈現活性，因此形成活化區與鈍化區的能量差或電位差，進而構成腐蝕電池。仍維持鈍性的洞口表面將作為陰極，洞內或凹陷區域的活性位置則作為陽極，而且陰極面積會遠大於陽極面積，致使腐蝕能快速地往內發展。

原本覆蓋在金屬表面的保護層包括金屬本身的氧化物或其他鍍層，前者的結構可能不均勻而使某些位置較為薄弱，尤其環境中存在如 Cl^- 等可與鈍化物反應的成分時，則會使保護層出現破洞；後者可能承受應力或溫差等作用而導致裂縫。表面出現小孔後，若覆蓋層是金屬，則可能導致電偶腐蝕，使孔洞加深；若覆蓋層是氧化物，則會出現洞內與洞口的溶氧量差異，也會形成電位差而驅動陽極區溶解。孔蝕出現之後，其他類型的局部腐蝕也會觸發，例如晶間腐蝕或應力腐蝕等，因此防止孔蝕是保護金屬材料的重要策略。

孔蝕的進行可略分為誘導期與發展期，誘導期所需時間將依金屬與環境而定，有時會長達數個月或一年。在誘導期間，金屬表面上的缺陷會被活性陰離子吸附，但不至於立刻出現孔洞，只會溶解掉局部的鈍化物，形成孔蝕的核點，因為陽離子容易與 Cl^- 結合成可溶性成分。此時若也存在氧化劑，則會提高腐蝕電位。當腐蝕電位高於孔蝕電位（pitting potential）時，孔蝕將被誘發。如圖 5-7 所示，孔蝕電位 E_{pit} 可藉由電位掃描法測量。當電位進入鈍化區後，電流曲線將呈現出平台，但超過特定電位後，電流會明顯地提升，因此自平台區進入上升區的電位被定義為孔蝕電位 E_{pit}。然而，上升區的電位改往負向掃描後，電流曲線卻不會沿著正向掃描的路徑返回，而是與正向的曲線相交於一點後才回到平台區，此點的電位稱為再鈍化電位 E_{rp}（repassivation potential）。電位低於 E_{rp} 時，金屬可以保持全面鈍化；電位高於 E_{rp} 且低於 E_{pit} 時，鈍化區域不完全，但也不會增加孔蝕的核點。

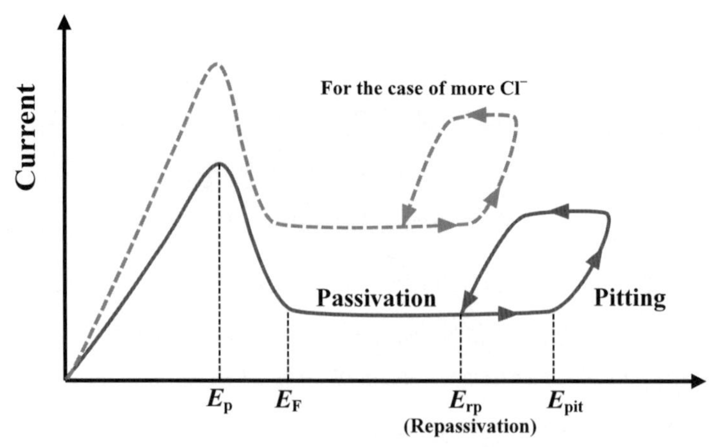

圖 5-7　孔蝕電位與再鈍化電位

進入發展期後，孔洞會從核點開始加深，使活化區與鈍化區的間距增大，但活化區的面積仍顯得微小。以 Fe 爲例，活化區內的 Fe 會溶解成 Fe^{2+}，鈍化區則由水中溶解的 O_2 進行還原，促使該區產生 OH^-，所以大約位於兩區的中間處會形成 $Fe(OH)_2$ 沉澱物。若核點的上方僅有一顆水滴，則可觀察到圓孔和環形鐵鏽，如圖 5-8 所示；但當核點的上方爲液膜，鐵鏽將堆積在孔口邊緣。孔蝕現象持續進行後，Fe^{2+} 會與孔內溶解的 O_2 反應，消耗孔內的 O_2：

$$4Fe^{2+} + O_2 + 10H_2O \rightarrow 4Fe(OH)_3 + 8H^+ \quad (5.59)$$

因洞口的尺寸小，孔內溶液難以流動，使 O_2 不易補充，終而形成 O_2 的濃度差電池。此外，除了產生沉澱物外，爲了維持孔內溶液的電中性，會有較多的 Cl^- 擴散進入，而且從（5.59）式可知，孔內酸性將會提升，這兩項因素都將促進腐蝕，導致自催化作用，進而加深孔洞。其他的鹵素離子也會促進孔蝕，但其效應不如 Cl^- 顯著，研究顯示鹵素離子的活性增大會促使孔蝕電位降低，反而 NO_3^-、SO_4^{2-} 或 ClO_4^- 等酸根離子會抑制孔蝕。

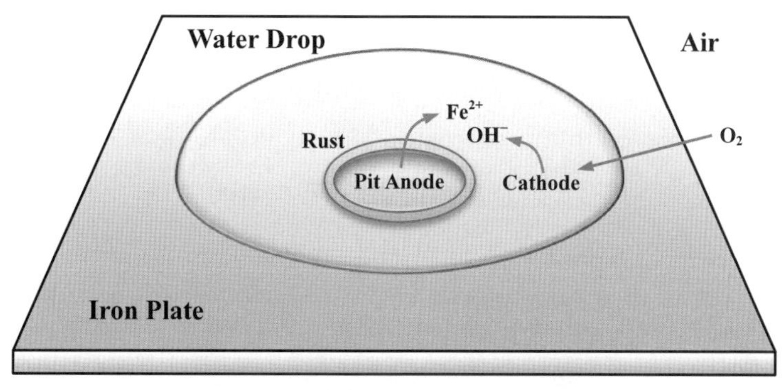

圖 5-8　圓孔腐蝕和環形鐵鏽

抑制孔蝕的方法主要包括溶液流動與表面平坦化，因爲增加流動後可以不斷交換缺氧的溶液，也可以減少沉澱物，破壞孔蝕的自催化作用，但流速過快時，鈍化膜反而會被沖刷，產生磨損腐蝕。降低表面的粗糙度也有助於防止孔蝕，因爲可以避免非均勻的鈍化層分布，至於其他的防蝕方法將在 5-4 節中詳述。

間隙腐蝕（crevice corrosion）主要出現在擁有狹小縫隙的金屬器具中，因爲縫隙內可能滯留溶液，因而促進腐蝕。在許多金屬製品中，難以避免焊接或螺旋的結構，甚至在加工過程中也會生成缺陷，所以很可能發生間隙腐蝕，尤其會自鈍化的金屬更易發生，代表此類腐蝕與孔蝕的原理相近。以浸於海水中且具有縫隙的鋼鐵爲例，在腐蝕發生的初期，陰陽極非常接近，且陰極的反應主要透過 O_2 的還原，縫隙內各處的腐蝕現象均勻地進行。然而，縫隙內的溶氧將隨著時間減少，使縫隙內外的 O_2 濃度差額逐漸擴大，而且 Cl^- 會不斷擴散進入縫隙內，以維持溶液的電中性，再加上之前的腐蝕反應降低了縫隙內的 pH 值，致使後期的腐蝕進入自催化狀態，導致縫隙內 Fe 溶解得愈來愈快。相似地，會沉澱的二次產物將堆積在縫隙開口處，使外界的 O_2 更難進入，並使縫隙深處無法存在陰極區，因而拉開陰陽極的間距，同時也擴大了縫隙。

間隙腐蝕與孔蝕雖然相似，但仍存在不同之處，間隙腐蝕不一定需要活性陰離子也能進行，且誘導期很短，因爲縫隙原本就存在於金屬製品上，無需等待核點生成，但當金屬中的縫隙寬度超過 0.1 mm，會傾向於均勻腐蝕，而非自催化腐蝕。爲了避免間隙腐蝕，金屬製品在設計與加工階段都應盡量避免出現狹縫，若必須焊接時，則不能留下孔隙；若需要使用螺絲與螺帽時，則必須加上絕緣墊片；在使用上應避免積水，發現裂縫時應及時修補或添加緩蝕劑。

§ 5-3-2 電偶腐蝕與晶界腐蝕

電偶腐蝕（Galvanic coupling corrosion）又可稱爲雙金屬腐蝕，顧名思義是由兩種金屬接觸而成的現象。在許多金屬裝置或工業程序中，常出現異質金屬接觸的機會，而且接觸後又存在水分或溼氣，就會構成腐蝕電池。電偶腐蝕的驅動力是兩種金屬的腐蝕電位差，使一方適合扮演陽極，另一方適合作爲陰極，陽極處導致金屬溶解，陰極處則主要析出 H_2 或消耗水中 O_2，有時也可能發生溶液中的陽離子還原。例如一艘小船的底部包含了 Cu 製組件與 Fe 製組件，在海水中，Cu 的腐蝕電位爲 –0.32 V（vs.SCE），Fe 的腐蝕電位爲 –0.45 V（vs.SCE），所以在 Cu 與 Fe 之間，會出現從 Cu 通往 Fe 的電流，並使 Fe 製組件不斷溶解，此現象即爲電偶腐蝕。

如圖 5-9 所示，考慮一個酸性腐蝕介質、金屬 1（M1）和金屬 2（M2）之間互相接觸的案例。已知介質中的 H^+ 會還原成 H_2，且金屬 1 單獨存在時的腐蝕電位爲 E_1，腐蝕電流密度爲 i_1，而金屬 2 單獨存在時的腐蝕電位爲 E_2，腐蝕電流密度爲 i_2。另也已知 $E_1 < E_2$，代表金屬 1 的活性較高，比金屬 2 容易腐蝕。若兩種金屬發生腐蝕反應時，皆偏離平衡較遠，使兩者的腐蝕電流密度可分別表示爲：

$$i_1 = i_{01}\exp\left(\frac{E_1 - E_{eq,1}}{\beta_1}\right) = i_{03}\exp\left(-\frac{E_1 - E_{eq,3}}{\beta_3}\right) \tag{5.60}$$

$$i_2 = i_{02}\exp\left(\frac{E_2 - E_{eq,2}}{\beta_2}\right) = i_{03}\exp\left(-\frac{E_2 - E_{eq,3}}{\beta_3}\right) \tag{5.61}$$

其中下標 1、2 和 3 分別代表 M1、M2 和 H^+/H_2 的反應，i_{0k}、$E_{k,eq}$ 和 β_k 分別爲三個反應的交換電流密度、平衡電位與 Tafel 斜率。但當 M1 和 M2 接觸後，兩者的電位應該相等，成爲混合電位 E_{mix}，並且滿足 $E_1 < E_{mix} < E_2$，致使總腐蝕電流 I_{corr} 將成爲：

$$\begin{aligned} I_{corr} = i_1' A_1 + i_2' A_2 &= 2i_{03}(A_1 + A_2)\exp\left(-\frac{E_{mix} - E_{eq,3}}{\beta_3}\right) \\ &= i_{01}A_1\exp\left(\frac{E_{mix} - E_{eq,1}}{\beta_1}\right) + i_{02}A_2\exp\left(\frac{E_{mix} - E_{eq,2}}{\beta_2}\right) \end{aligned} \tag{5.62}$$

其中 A_1 與 A_2 爲兩金屬接觸溶液的表面積，i_1' 與 i_2' 爲兩金屬接觸後的電流密度，而且可證明出 $i_1' > i_1$ 與 $i_2' < i_2$。此結果指出活性高的 M1 與活性低的 M2 接觸後，將使 M1 的腐蝕速率比單獨存在時更高，此效應即稱爲電偶腐蝕。

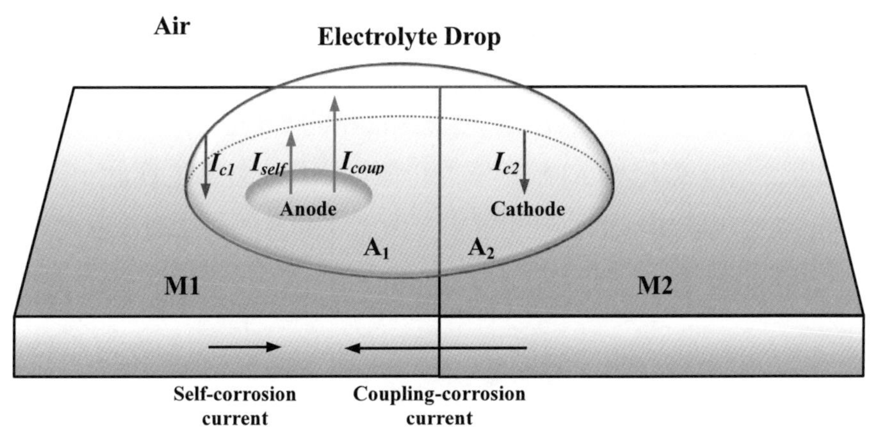

圖 5-9　電偶腐蝕

若電偶腐蝕發生在非酸性溶液中，可知陰極反應主要爲 O_2 還原。再假設 M2 爲鈍性金屬，不發生氧化反應，故氧化電流密度 $i_{a,2} = i_2' \rightarrow 0$，而且 O_2 擴散至金屬表面的速率有限，使還原電流密度 $i_{c,2} = i_{\lim}$。在 M1 上，由於也有 O_2 被還原，所以對應的還原電流密度 $i_{c,1}$ 亦等於 $i_{\lim}$；而 M1 本身的氧化電流密度爲 $i_{a,1} = i_1'$。因此，在接觸的雙金屬中，總氧化電流 $I_{a,1}$ 應等於總還原電流 $(I_{c,1} + I_{c,2})$：

$$I_{a,1} = i_{a,1}A_1 = I_{c,1} + I_{c,2} = i_{c,1}A_1 + i_{c,2}A_2 = i_{\lim}(A_1 + A_2) \tag{5.63}$$

此時若將 M1 的氧化反應分成自腐蝕 I_{self} 與電偶腐蝕 I_{coup}，則兩者可分別表示爲：

$$I_{self} = I_{c,1} = i_{\lim}A_1 \tag{5.64}$$

$$I_{coup} = I_{c,2} = i_{\lim}A_2 \tag{5.65}$$

所以電偶腐蝕的電流密度 i_{coup} 爲：

$$i_{coup} = i_{\lim}(\frac{A_2}{A_1}) \tag{5.66}$$

從（5.66）式可清楚發現鈍性金屬對活性金屬的面積比愈大，所導致的電偶腐蝕愈嚴重。以螺絲釘連接兩片金屬板爲例（如圖 5-10），若上板爲 Cu，下板爲 Al，螺絲與螺帽皆爲碳鋼（carbon steel），則在螺絲釘與 Cu 板接觸的位置會出現嚴重的腐蝕，因爲此處的陽極爲小面積的螺絲釘，陰極爲大面積的 Cu 片，所導引的電偶腐蝕電流密度較大。在另一側，螺帽與 Al 板接觸的位置則只發生輕微的腐蝕，因爲此處的陽極爲大面積的 Al 片，陰極爲小面積的螺帽，所產生的電偶腐蝕電流密度較小。

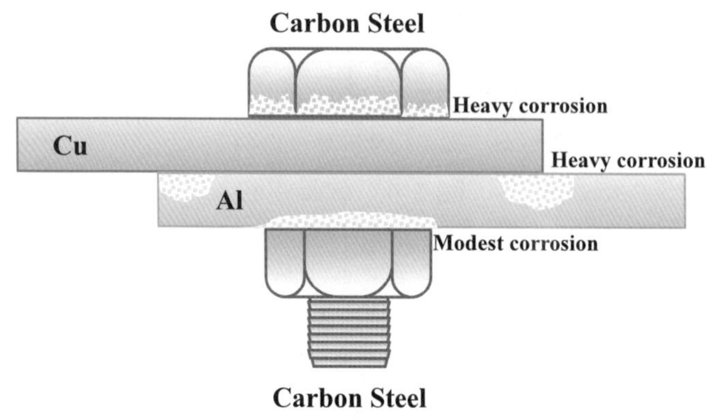

圖 5-10　銅、鋁與碳鋼之間的電偶腐蝕

在電偶腐蝕現象中，還可以比較活性金屬 M1 單獨存在時的自腐蝕電流密度 i_1 與接觸鈍性金屬後的自腐蝕電流密度 i_{self}。由於前述討論中已經假設，金屬 M1 的氧化反應固定，且在兩種金屬上產生 H_2 的難易度也相同，所以可證明出 $i_1 > i_{self}$。然而，M1 接觸 M2 後可能發生不同的氧化反應，而且 M1 和 M2 上產生的 H_2 趨勢也可能不同，例如 Pt 表面比 Zn 表面更易產生 H_2，Mg 接觸碳鋼後可能會先溶解成 Mg^+，而非直接產生 Mg^{2+}，故需重新考慮 i_1 與 i_{self} 的關係。若定義兩者的差額爲 $\Delta i = i_1 - i_{self}$，M1 接觸 M2 後將可能導致 $\Delta i > 0$ 或 $\Delta i < 0$，前者稱爲正差效應（positive difference effect），代表形成電偶之後，自溶解的速率降低，是多數電偶會發生的現象，例如稀酸中的 Zn 連接 Pt；後者則稱爲負差效應（negative difference effect），代表形成電偶之後，自溶解的速率增大，只有少數電偶才會發生此現象，例如海水中的 Mg 連接碳鋼。儘管少數的電偶會出現負差效應，但活性金屬 M1 的總腐蝕速率被提升的情

形仍然不變；相對地，M2 的腐蝕速率則因接觸活性更高的 M1 而減緩，此即陰極保護效應，是一種廣泛使用的防蝕方法，將在 5-4-2 節中詳述。

金屬材料常為多晶結構（polycrystalline），代表固體內存在許多晶粒（grain）與晶界（grain boundary），但原子在這兩處的鍵結強度不同，致使腐蝕會先發生在晶界，例如不鏽鋼中即常發生晶界腐蝕。晶界相當於每個晶粒的接縫，所以發生晶界腐蝕後，從材料表面常難以直接察覺，然而腐蝕的晶界會導致兩側的晶粒喪失結合力，在震動後將會使晶粒脫落，剝落後的表面可觀察到多邊形紋路。

例如沃斯田鐵（Austenite）是 γ-Fe 與少量的 C（碳）形成的固溶體，此外亦含有 Cr，這些雜質會形成碳化物而在晶界析出，使晶界的 Cr 含量低於鈍化層的 Cr 含量，代表晶界的鈍化效果較差，因而和晶粒形成鈍化－活化腐蝕電池，而且小面積的晶界扮演陽極時，其溶解速率更快。然而，上述理論只是晶間腐蝕的一種觀點，還有其他的理論也曾被提出，未來還需增進測量技術才能釐清晶間腐蝕的原理。

§5-3-3 光電化學腐蝕

金屬的腐蝕程序比較單純，而半導體材料的腐蝕或溶解則較為複雜，因為在半導體中，電子轉移的過程牽涉導帶與價帶能階，而且所對應之現象還可分為多數載子主導和少數載子主導，而半導體受到光照時會產生可觀的少數載子，因而有些材料會發生光電化學腐蝕。

對於一些能隙小於 3.0 eV 的半導體，和溶液接觸後雖然電位會到達穩定值，但卻不屬於穩定狀態，因為半導體會持續溶解，常見的情形如 Si 浸泡於水中，即使 Si 沒有被施加陽極過電位，仍可持續溶解。若半導體分解的平衡電位為 E_{SC}，溶液中某種氧化劑（O）的平衡電位為 $E_{O/R}$，則可發現正在溶解的半導體具有介於 E_{SC} 和 $E_{O/R}$ 之間的電位，雖然這時沒有電流輸出，但不能視為平衡。

在半導體溶解的過程中，常牽涉多個載子的轉移，例如電極材料中的共價鍵被打斷時，由價帶而來的電洞會被消耗在溶解反應中。因此，陽極溶解多半發生在 p 型半導體不照光時，以及 n 型半導體被照光時，前者是由多數載子主導溶解程序，後者則由少數載子控制。

早期對半導體電化學的探討中，主要以 Si 和 Ge 作為研究對象，因為它們被製作成電子元件時，材料的穩定性會影響元件特性。對於 Ge，在鹼性溶液中會發生氧化反應：

$$Ge + 2OH^{-} + \gamma h^{+} \rightleftharpoons GeO^{2+} + (4-\gamma)e^{-} + H_2O \tag{5.67}$$

其中，$0 \leq \gamma \leq 4$，代表有4個載子牽涉在Ge的溶解反應中。經由前人的研究發現，$\gamma \approx 2.4$，指出Ge的溶解反應不僅需要消耗價帶的電洞，也將電子注入至導帶。Beck和Gerischer對此提出一種反應機制，如圖5-11所示。在第一個階段中，

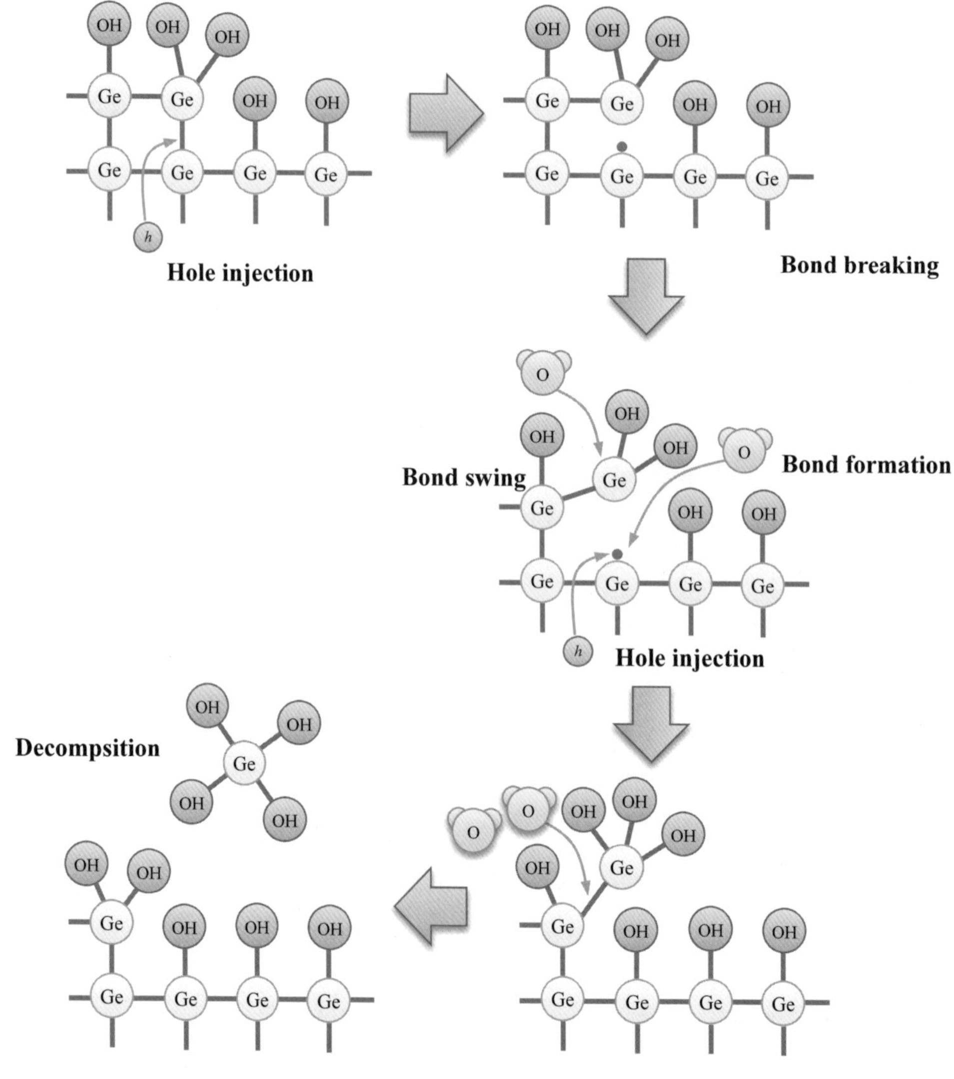

圖 5-11 Ge 溶解的反應機制

電洞會陷在表面，導致 Ge－Ge 鍵斷裂，但此步驟是可逆的，意味著電洞可被熱量擾動而再生，並移動到鄰近位置。當 Ge－Ge 鍵斷裂後，內部的 Ge 原子將擁有未成對電子，表面的 Ge 原子則會捕捉電洞。這個表面的 Ge 原本連接兩個 OH 基，此時可能會改變其鍵角而擺離表面，此過程將是整個溶解程序的速率決定步驟。第三個階段則是斷鍵時擁有未成對電子的 Ge 原子再捕捉一個電洞，並於第四個階段中捕捉一個水分子而在 Ge 上產生 OH 基並釋出 H^+。同一時刻，擺離表面的 Ge 原子將再捕捉一個水分子而形成第三個 OH 基。最後一個階段中，連接了 3 個 OH 基的 Ge 原子釋出兩個電子與相鄰的 Ge 原子斷鍵，並再吸收一個水分子而產生第四個 OH 基，然後以 $Ge(OH)_4$ 的型式脫離 Ge 晶體。此外，最後階段斷裂的 Ge－Ge 鍵位於晶體表面，其鍵能比晶體內部的 Ge－Ge 鍵更弱，因此對應的價電子能階高於晶體的價帶，成為表面態（surface state）。上述理論指出了兩種進行溶解的路徑，第一種是從晶體內部傳導四個電洞至表面態上，使整體程序的 $\gamma = 4$；第二種則是吸收能量使表面態上的兩個電子激發至導帶，然後與價帶的兩個電洞再結合，使整體程序的 $\gamma = 2$。既然實驗結果證實 $2 < \gamma < 4$，代表了兩種反應路徑都有可能。由於 Ge 的能隙為 0.65 eV，所以從表面態以熱激發方式將電子送入導帶是可行的，但對於能隙為 1.1 eV 的 Si，透過表面態進行反應的機制則不可行。

相較於 Ge，Si 的陽極溶解反應則更複雜，因為 Si 的表面容易形成不溶於水的氧化物，但此氧化物卻也促成了 Si 被全面性地應用於 IC 製程。此氧化物可被 HF 溶液去除，但稀 HF 與濃 HF 溶液的作用不同。在濃 HF 溶液中，p 型 Si（p-Si）的氧化電流密度會隨著過電位以指數方式遞增，但不照光的 n-Si 則會達到飽和電流密度。由於 p-Si 的 Tafel 斜率約為 60 mV/dec，代表電流密度正比於表面的電洞濃度，氧化反應全部透過價帶電洞轉移。但從實驗結果發現，反應中只消耗了兩個電洞，並非四個，且反應的 Si 中約有 20% 會轉變成非晶 Si（amorphous Si，以下簡稱 *a*-Si），另外的 80% 進入溶液。同時，Si 表面會冒出大量 H_2。因此，p-Si 的溶解機制明顯地不同於 p-Ge。對於 Si，其二價離子應該不穩定，所以初步形成的二價 Si 還會再發生變化。根據推測，在高濃度 HF 中，Si 接收兩個電洞後會形成 SiF_2：

$$Si + 2HF + 2h^+ \rightleftharpoons SiF_2 + 2H^+ \tag{5.68}$$

然後不穩定的 SiF_2 又會進行歧化反應（disproportionation），使一部分的二價 Si 再氧化成四價 Si，另一部分則還原回零價的 *a*-Si：

$$2SiF_2 \rightleftharpoons Si + SiF_4 \tag{5.69}$$

之後，*a*-Si 遇水會氧化並伴隨 H_2 生成，而此氧化物再被 HF 溶解：

$$Si + 2H_2O \rightleftharpoons SiO_2 + 2H_2 \tag{5.70}$$

$$SiO_2 + 6HF \rightleftharpoons H_2SiF_6 + 2H_2O \tag{5.71}$$

其中的 H_2SiF_6 具有水溶性，並非固態物質。經實驗還可發現，移除過電位後，仍可觀察到 H_2 生成，代表 *a*-Si 遇 H_2O 氧化是自發的步驟。另一方面，歧化反應產生的 SiF_4 也會被 HF 溶解：

$$SiF_4 + 2HF \rightleftharpoons H_2SiF_6 \tag{5.72}$$

因此，p-Si 在濃 HF 中將依循上述路徑逐漸溶解成 H_2SiF_6。

然而，在濃度低於 0.1 M 的 HF 中，p-Si 的溶解機制卻會不同。當施加了氧化過電位時，電流密度會增加但不是以指數方式遞增，因爲反應速率到達一個最大值之後將會減緩下來。若使用旋轉盤電極（RDE）來觀察，則可發現電流密度會隨轉速 ω 提升，但又不是正比於 $\omega^{1/2}$，代表電流不全然被擴散控制。在低電位的反應中，如圖 5-12 所示，原本有兩個 Si－H 鍵的表面原子會接收一個電洞與 F^-，並促使 Si－H 鍵斷開，同時釋放一個電子以形成 Si－F 鍵。在下一個階段中，HF 還會促使 Si－Si 鍵斷開，並轉爲 Si－F 鍵，逐漸形成含有二價 Si 的 $HSiF_3$，$HSiF_3$ 再與 HF 反應才成爲含有四價 Si 的 SiF_4，同時伴隨 H_2 生成，之後 SiF_4 將被 HF 溶解成 H_2SiF_6。過程中，Si－F 鍵形成時，會改變背後兩個 Si－Si 鍵的極性，使其較易斷裂。總結以上，低電位下 p-Si 不受光照的反應步驟可表示如下：

$$Si + \gamma h^+ + 3HF \rightleftharpoons HSiF_3 + 2H^+ + (2-\gamma)e^- \tag{5.73}$$

$$HSiF_3 + HF \rightleftharpoons SiF_4 + H_2 \tag{5.74}$$

$$SiF_4 + 2HF \rightleftharpoons H_2SiF_6 \tag{5.75}$$

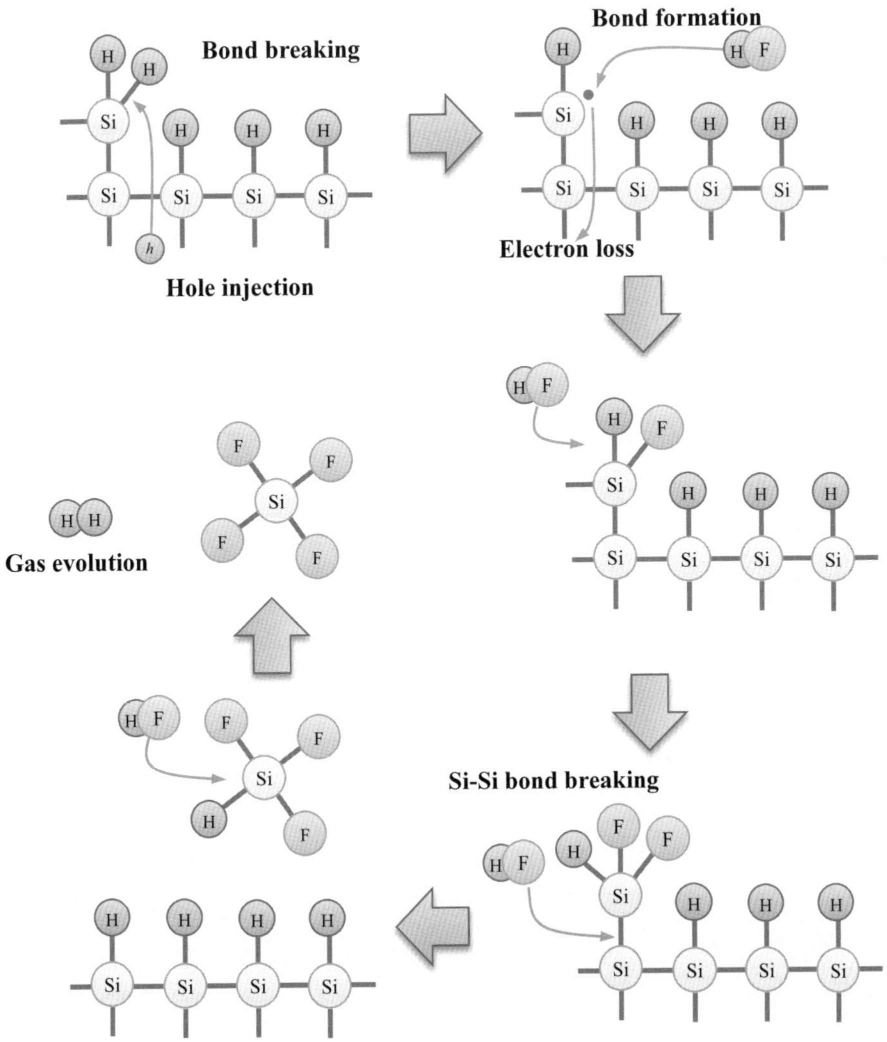

圖 5-12　Si 溶解的反應機制

當施加電位較高時，p-Si 表面的 HF 被快速消耗，而且來不及從溶液主體區補充，致使電流受到質傳限制。這時表面的 Si 會先和 H_2O 反應而形成 SiO_2，等 HF 到達表面後才能反應成可溶的 H_2SiF_6。其反應機構如下：

$$Si + 4h^{+} + 2H_2O \rightleftharpoons SiO_2 + 4H^{+} \tag{5.76}$$

$$SiO_2 + 6HF \rightleftharpoons H_2SiF_6 + 2H_2O \tag{5.77}$$

之後，再增加過電位卻會使電流下降，出現鈍化現象。相對地，在較小的過電位下，隨之而生的 H_2 會攪拌表面的溶液，可協助輸送 HF，但當過電位增大後，攪拌作用消失，使 HF 的輸送變慢，所以此時的電流密度將同時取決於 SiO_2 的膜厚與 HF 的輸送速率。

總結以上關於 p-Si 在低濃度 HF 中的溶解，在電位較低時，會先形成二價 Si，所以這時也會發現 H_2，如（5.74）式所述；但當電位較高時，p-Si 的反應則有所不同，不會有 H_2 產生，且 Si 會轉變爲四價，溶解反應主要透過價帶進行，如（5.76）式所述。

至於 n-Si，其陽極溶解會受到照光強度的影響。在低強度時，產生氧化光電流的量子效率爲 4；但在高強度時，產生氧化光電流的量子效率爲 2，這兩種情形都是典型的電流倍增效應。當量子效率大於 1 時，代表部分的多電子轉移程序會透過價帶的電洞完成。所以在低光照強度時，溶解的第一步驟是藉由光生電洞來進行，後續的幾個步驟則是由無需光激發的 3 個電子來完成。在高光照強度時，溶解過程中會冒出 H_2，代表 Si 會轉變爲二價後再溶解。

化合物半導體溶解時也常會伴隨成膜反應，但有的薄膜可以進一步溶解，有的卻難以溶解，因而阻礙了後續的反應。例如 SiC 在 H_2SO_4 中施加陽極過電位，能維持穩定的氧化電流，因爲反應後 SiC 的表面會吸收電洞而形成多孔性的 SiO_2，並釋出 CO 或 CO_2；但 SiC 在濃 HF 中則會在表面生成非晶層，此情形類似前述的 p-Si。對於 p-GaP，其氧化暗電流非常低，因爲在表面會形成 Ga_2O_3，且 Ga_2O_3 難以溶解。對於 InP，其溶解行爲較複雜，因爲施加陰極過電位時，表面易出現還原的 In，施加陽極過電位時，這些 In 又會氧化成 In_2O_3。此外，GaAs 在酸性或鹼性溶液中也可進行陽極溶解，產物爲 Ga^{3+} 與 AsO_3^{3-}，其反應幾乎經由價帶進行。

在大部分的半導體溶解反應中，因爲它們的價帶邊緣皆低於 H^+/H_2 的能階，所以施加陰極過電位時，主要經由半導體的導帶來轉移載子，使 H_2O 還原成 H_2；但也有部分化合物半導體會發生金屬還原或直接分解，且依據水溶液中的酸鹼性，這些金屬層還可能會轉成氧化層，例如前述之 InP 先還原成 In，再形成 In_2O_3。

若在溶液中加入適當的反應物，半導體電極也可能在無過電位下溶解。例如加入標準電位非常正的 Ce^{3+}/Ce^{4+} 後，Ce^{4+} 可以注入電洞到半導體的價帶，提供陽極溶解使用。對一個 p 型半導體，其典型的極化曲線如圖 5-13 所示。還原反應從電位 $E_{O/R}$ 開始發生，而半導體溶解從電位 E_{diss} 開始發生，通常在 $E_{O/R} > E_{diss}$ 的情形下，O 變成

R 的還原反應會促進半導體溶解。若 p 型電極在氧化劑中仍能維持穩定，表示其溶解電流很低，也可推測其腐蝕電位偏正（朝向圖 5-13 的左側），因為在腐蝕電位下，O 的還原電流等於半導體的溶解電流，兩者皆需夠低，才能使電極穩定。但若腐蝕電位偏負時（圖 5-13 中的虛線），兩種電流皆增大，將使半導體材料更易溶解。

對一個 n 型半導體，即使在溶液中加入反應物，陽極極化區的總電流仍非常低，這是由於溶解電流受限於表面電洞密度。

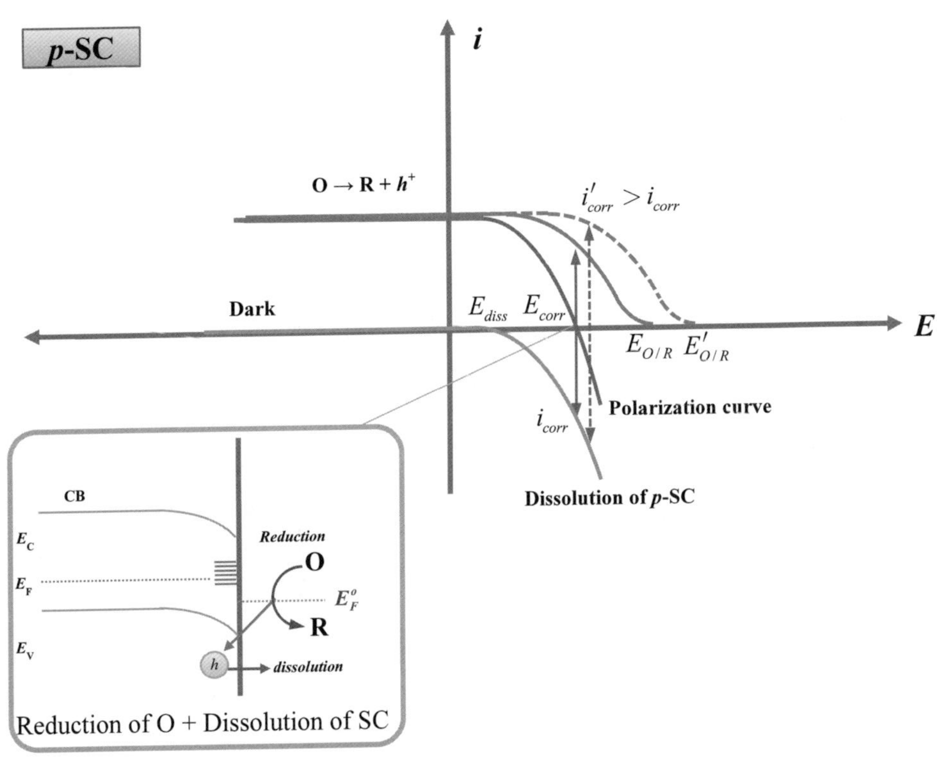

圖 5-13　p 型半導體之溶解

除了元素型半導體，化合物半導體電極也可以建立腐蝕反應的標準電位。例如化合物半導體 MX 會發生的還原反應或氧化反應可能為：

$$MX + ne^{-} + L \rightleftharpoons M + X^{n-}_{comp} \quad (5.78)$$

$$MX + nh^{+} + L \rightleftharpoons M^{n+}_{comp} + X \quad (5.79)$$

其中的 M 是金屬元素，X 爲非金屬元素，L 是錯合劑，下標 comp 代表錯合狀態。因此，相對於標準氫電極（SHE），MX 的還原和氧化反應自由能可以分別表示成 ΔG_R 和 ΔG_O。所以對應的兩種腐蝕能階可表示爲：

$$E_{corr}^{n} = E_{SHE}^{\circ} + \frac{e}{nF} \Delta G_R \tag{5.80}$$

$$E_{corr}^{p} = E_{SHE}^{\circ} - \frac{e}{nF} \Delta G_O \tag{5.81}$$

其中 e 是單電子電量，而E_{corr}^{n}與E_{corr}^{p}分別是電子與電洞引起的腐蝕能階，$E_{SHE}^{\circ} = -4.44$ eV。如圖 5-14 所示，若這兩個腐蝕能階都位於半導體的能隙之內，則氧化或還原反應都可能發生。若欲發生氧化反應，則E_{corr}^{p}必須調整到高於價帶邊緣能階 E_v；若欲發生還原反應，則E_{corr}^{n}必須調整到低於導帶邊緣能階 E_c。因此，當這兩者都位於半導體的能隙之外，此半導體即可維持穩定。但是這些推論的應用有限，因爲溶解反應發生時，其動力學通常還牽涉吸附、表面化學反應或晶面方位等因素。

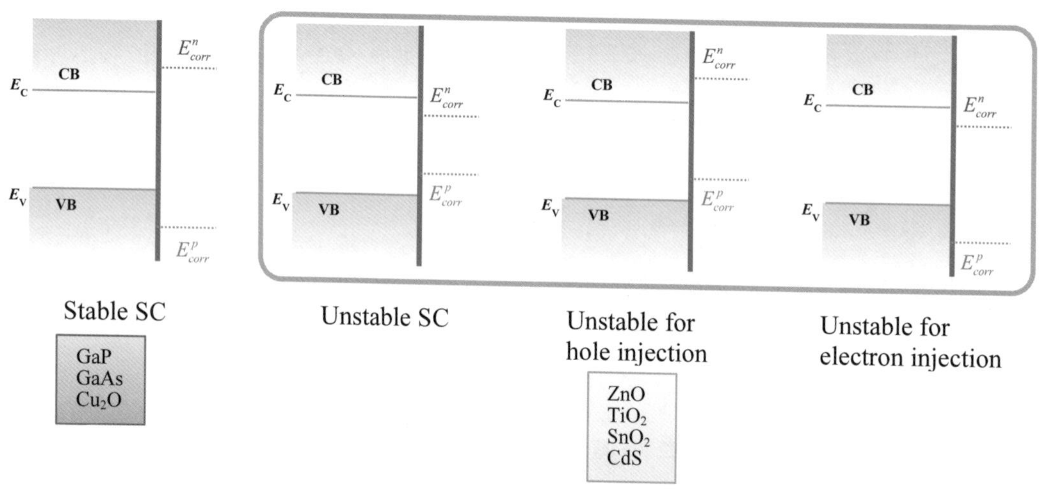

圖 5-14　化合物半導體之溶解

化合物半導體的陽極溶解與溶液中的氧化反應可能互相競爭，實際的競爭情形必須同時取決於熱力學和動力學效應。例如 n-ZnO 在水中照光的分解反應爲：

$$ZnO + H^+ + h^+ \rightleftharpoons Zn^{2+} + \frac{1}{2}H_2O_2 \tag{5.82}$$

此過程不涉及 Zn 的氧化數變化，但卻相關於 Zn－O 的斷鍵。若溶液中加入了 HCOOH 後，則會發生以下反應：

$$HCOO^- + h^+ \rightleftharpoons HCOO\cdot \tag{5.83}$$

$$HCOO\cdot \rightleftharpoons H^+ + CO_2 + e^- \tag{5.84}$$

此時可能測得增大的氧化光電流，實際倍率約落在 1 和 2 之間。然而，電流倍增效應並不代表 ZnO 溶解得更快，也可能因爲 HCOOH 捕捉了價帶電洞，反而抑制 ZnO 的分解，而且捕捉電洞後形成的自由基將會氧化成 CO_2，再將電子注入到 ZnO 的導帶，致使電流增大。

由於一般的極化曲線無法完全反映上述的競爭系統，所以前人使用了旋轉盤環電極（RRDE）來分析，其中圓盤的部分是半導體，圓環的部分是 Pt，因爲此裝置可個別分析上述兩種反應。在半導體圓盤所產生的氧化態物質 O，會流動到 Pt 圓環上，此時 Pt 施加了 O 的陰極過電位，故可將 O 還原成 R，再予以分析。通常，兩種競爭反應的量化程度可用穩定因子 s（stability factor）作爲指標：

$$s = \frac{i_{O/R}}{i_{Total}} = \frac{i_{O/R}}{i_{O/R} + i_{corr}} \tag{5.85}$$

其中 $i_{O/R}$ 與 i_{corr} 分別是 O 還原成 R 與半導體腐蝕的電流密度，而 i_{Total} 爲兩者之和。從熱力學的角度，氧化還原對的能階 $E_{O/R}$ 必須低於腐蝕能階 E^p_{corr} 才能使 R 變成 O；相反地，當 $E_{O/R}$ 高於 E^p_{corr} 時，半導體將會溶解。然而，部分實驗結果顯示，這種說法過於簡化，因爲兩種競爭反應的動力學才是主因。通常實驗中會選擇 n 型半導體電極，因爲透過調制光照強度可以在圓環區測得微小的電流。以間歇性照光（chopped light）的操作方式，在圓盤電極上可以測得同相的方波光電流，並在圓環電極上測得延遲的還原電流。例如使用 n-GaAs 時，可測得穩定因子 s 會隨著增加光照強度而減小；使用 n-CdS 時，可測得穩定因子 s 的最大值會趨近於 1。總結上述競爭系統的特性，若以 S 代表半導體表面的分子，$S\cdot^{+}$ 代表其表面自由基，X^{-} 表示溶液中的陰離子，溶解反應需要 m 個電洞，則競爭反應可分別表示為：

$$S + h^{+} \rightleftharpoons S\cdot^{+}$$

$$S\cdot^{+} + (m-1)h^{+} + mX^{-} \rightleftharpoons SX_{m} \tag{5.86}$$

$$R + h^{+} \rightleftharpoons O$$

$$S\cdot^{+} + R \rightleftharpoons S + O \tag{5.87}$$

由此可知，R 的氧化不只透過半導體價帶的電洞，也可注入一個電子至表面自由基的導帶來完成，而這些自由基可視為反應的中間物，因為半導體表面初期的斷鍵，可藉由注入電子來修補，以穩定維持半導體電極不被溶解。當半導體溶解時，形成 SX_{m} 的第一步驟可能只是 $S\cdot^{+}$ 與 X^{-} 結合的純化學反應，也可能是 $S\cdot^{+}$ 接收電洞的電化學反應，但只有後者的穩定因子 s 會隨光照強度而變。此外，若溶解時表面生成的覆蓋膜也可能使 s 隨光強度提升而減少。

§ 5-3-4 自然環境腐蝕

金屬製品被使用時，常需接觸自然環境中的空氣、土壤或河海，因而引發腐蝕，雖然腐蝕的速率不快，通常難以察覺，待發現後，材料損壞的程度卻已非常嚴重。在自然環境中的腐蝕原理與前述相同，但卻難以模擬其速率，因為不同地區擁有不同的氣候和水土，常需現地實驗才能取得腐蝕的訊息，並且制定防蝕的策略。以下將分成大氣腐蝕、海水腐蝕和土壤腐蝕加以說明。

1. 大氣腐蝕

在地面或海面以上的金屬裝置都會面臨大氣腐蝕，例如可移動的車輛、飛機或船艦，不可移動的道路設施或建築物等。依據各地的氣候，不同的空氣溼度或下雨機率等因素將導致不同的腐蝕速率。從以往的統計資料約可得知，在所有腐蝕的損失中，大氣腐蝕幾乎占了一半，因此避免大氣腐蝕是極為重要的防蝕課題。

腐蝕的原理指出腐蝕電池中必須含有電解液，空氣中的水分即可扮演此角色，此外陰極的反應需要氧化劑，而空氣中的 O_2 幾乎是耗之不盡的反應物，使大氣腐蝕能夠持續發生。評估空氣中含水量的指標稱爲溼度 H（humidity），定義爲單位質量的乾空氣中所含有的水蒸氣質量。假設空氣與水蒸氣皆屬於理想氣體，在某個溫度下，其莫耳數將與分壓成正比，因此可得到溼度 H：

$$H = \frac{M_w}{M_{air}} \frac{p_w}{p_T - p_w} \tag{5.88}$$

其中 p_T 爲總壓，p_w 爲水蒸氣的分壓，所以 $p_T - p_w$ 代表乾空氣的分壓，而 M_w 和 M_{air} 分別是水分與空氣的分子量，亦即 M_w =18 g/mol 且 $M_{air} \approx$ 29 g/mol。然而，乾空氣中所能容納的水蒸氣有限，到達極限時會出現液氣共存狀態，此時的溼度達到飽和，可稱爲飽和溼度 H_s（saturated humidity）。在不同的溫度下，飽和溼度相異，故也常用相對溼度 H_p（percentage humidity）來表示潮溼的程度，其定義爲：

$$H_p = \frac{H}{H_s} \times 100\% \tag{5.89}$$

在非常乾燥的空氣中，金屬表面無法形成水膜，但金屬與 O_2 仍能藉由化學腐蝕而產生氧化物，其厚度可能只有數個奈米，而且腐蝕速率極慢。當空氣潮溼時，金屬表面會有水分附著，其中溶解的 O_2 將會促使腐蝕發生。若溼度到達飽和，金屬表面會出現厚度超過微米等級的水膜，除了 O_2 以外，CO_2 或 SO_2 等氣體也會溶解進水中，使腐蝕速率大增。水膜的形成與溫度有關，溫度愈高，成膜愈容易，因爲飽和溼度也愈高，若遇到下雨時，水膜會更厚。相對溼度到達 100% 的溫度稱爲露點（dew point），只要溫度高於露點，金屬表面即會出現露珠，進而形成水膜。表面沾有灰塵或其他雜質，或表面粗糙，都會促進露珠凝結；日夜溫差大，也容易在降溫時結露。只要水膜形成，且厚度超過 100 奈米，即可構成腐蝕微電池。但在自然環境中，水膜通常不會長期覆蓋於金屬表面，會隨著氣候而變化，所以大氣腐蝕會間歇性地進行，平均腐蝕速率比預期低。

雖然目前全球各地的大氣平均組成相近，但某些汙染嚴重的區域會含有少量的腐蝕性氣體，包括 SO_2、NO_2、NH_3、CO_2、H_2S 和 O_3 等，下雨後會被帶至金屬表面形成化合物，因而加速了腐蝕，其中 SO_2 的腐蝕屬於自催化作用，單一分子的 SO_2 會導致多分子的 Fe 被氧化，因爲 Fe 有高價和低價的化合物，SO_2 參與反應後會使 Fe

先氧化成二價，之後再氧化成三價的化合物和 H_2SO_4，H_2SO_4 又回頭繼續腐蝕 Fe，而三價化合物則會消耗二價離子促進 Fe 的腐蝕。

此外，在海邊鄉鎮、城市或工業區的大氣環境常含有較多的固體微粒，其組成可能是氯化物、氧化物、碳化物或酸根形成的鹽類等，有些微粒容易吸收溼氣，所以落於金屬表面後，易引發孔蝕。例如海風中常含有海鹽細霧，主要成分是 NaCl 和 $MgCl_2$，後者不僅容易吸收水分，潮解後形成的 Cl^- 也是加速腐蝕的活性物質。

2. 海水腐蝕

有許多金屬裝置必須浸泡於海水中，包括船艦、橋墩或鑽油平台的鋼樁，這些設施或用具最容易遭受嚴重的腐蝕。海水與大氣相似，其特性會因地區而有差異，但影響更大的因素則是金屬浸於海內的深度。由於潮汐現象，海面高度會升降，而且波浪會使海水飛濺到更高處，因此一根從海底豎立的金屬棒會依高度而分爲三區，由高至低分別爲飛濺區、潮差區和全浸區，其中飛濺區是指漲潮時海面以上會被浪花衝擊的區域，潮差區是指漲潮與退潮之間的區域，全浸區則是終年接觸海水的區域。在飛濺區，鋼材表面仍有海水，而且水膜長期存在，加上水膜之外即爲大氣，所以 O_2 能夠快速補充，而且此區的保護層長期受風浪撞擊而更易剝落，致使腐蝕嚴重。在潮差區內，儘管退潮時金屬在海面以上，但其表面仍然潮溼，相較於全浸區，O_2 的補充也比較迅速，所以此處的腐蝕速率通常也比全浸區快。此外，海洋中存在許多生物，有些也會促進腐蝕，有些則會保護金屬，其現象比較複雜。

海水導致嚴重腐蝕的原因是其含鹽量可達 3.5 wt%，而且含量最高的兩種鹽類爲 NaCl 和 $MgCl_2$，都會解離出 Cl^-，所以大部分鋼鐵在海水中都難以形成穩定的鈍化膜。此外，海水中的含氧量也是影響腐蝕的因素，通常離海面愈遠，O_2 濃度愈低，而且腐蝕持續進行之後，O_2 會減少，繼而使腐蝕減速，但海水的流動劇烈，可造成強烈攪拌而補充 O_2，所以通常流速愈快的區域，腐蝕速率愈高。

3. 土壤腐蝕

一些金屬管路與鋼筋混凝土會埋入土壤內，但土壤所包含的水分、氣體與微生物仍會導致金屬腐蝕，而且管路腐蝕後會出現漏液或漏氣，若洩漏的氣體具有可燃性，可能會造成爆炸，因此有高度的危害性。此外，埋入土壤內的金屬裝置比接觸大氣或海水者更難維修，所以土壤內的防蝕工作更具效益。

土壤屬於一種多孔性介質，孔洞內含有水分、固體顆粒或氣體，而且土壤中的植物也可協助物質的交換。總體而言，土壤也可視爲一種電解質，其導電能力相關於孔隙度、含水量與含鹽量，一般愈潮溼的土壤，導電度愈高。因此，金屬與土壤也可以構成腐蝕電池。

海水的 pH 約介於 7 至 9 之間，土壤則從 3 到 9 都有，有一些沼澤土偏酸性，有一些黏土則偏鹼性，只有偏酸性的土壤才會發生析氫腐蝕，其餘的都以吸氧腐蝕爲主。此外，土壤中所含有的 O_2 有一部分溶解在孔隙內的水中，另有一部分仍爲氣態，也存在於孔隙中，分布非常不均勻。若地下管路通過的路線可分爲高含氧區與低含氧區，則會構成濃度差電池，促使腐蝕發生。含氧量通常相關於土質或深度，例如一根大直徑的水平地下管線，離地面較近的一側含氧量高，較遠的一側則較低，因此腐蝕通常發生在低處。對於乾燥的土壤，則是含水量少，不利於金屬溶解，所以腐蝕是由陽極程序控制。對於潮溼的土壤，O_2 滲透較慢，含氧量低，所以腐蝕是由陰極程序控制；但土壤含水量偏高時，孔隙內的空氣必然偏少，因而只能依靠水中的溶氧進行腐蝕，速率反而較慢。因此，在某一個含水量下，土壤腐蝕速率會到達最大値。

再者，在土壤中還存在著雜散電流（stray current）導致的腐蝕現象，屬於一種漏電腐蝕。例如有一列電車行經一根地下管線的上方，其軌道會有電流通過，但發生漏電後，電流會穿過土壤進入地下管線，沿著管線前進至某處，再由此離開而穿越土壤回到地面軌道。如圖 5-15 所示，該管線的雜散電流進入處如同陽極，離開處如同陰極，土壤則扮演電解液的角色，因而構成腐蝕電池。因此，腐蝕將會發生在電流進入處，長久之後，管線將產生破洞。

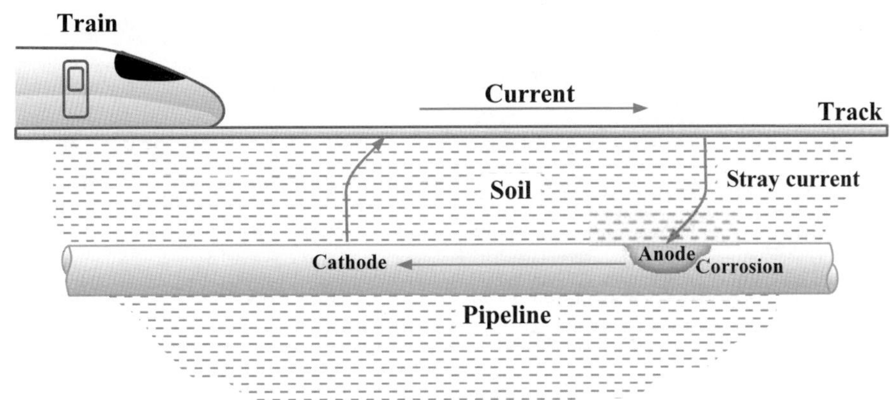

圖 5-15　雜散電流腐蝕

在土壤中流動的雜散電流還包括其他來源，例如陰極保護設施（cathodic protection installation）所施加的電流，或某些直流電力裝置的漏電。避免雜散電流腐蝕最好的策略是從供電系統著手，適當設計電路，另也可在地表土壤中增加絕緣層，以阻止雜散電流進入深層土壤或往側向流通。

在土壤中，還會發生微生物腐蝕現象，有一種厭氧菌可扮演催化劑，將土壤中的硫酸根還原成硫離子（S^{2-}）：

$$SO_4^{2-} + 8H^+ + 8e^- \rightarrow S^{2-} + 4H_2O \tag{5.90}$$

所以即使在 O_2 不足處，若存在硫酸根還原菌，也有可能促使 Fe 腐蝕，反應後將會出現許多黑色的硫化物，其他的細菌也可能有類似的現象。

總結以上，這三類發生在自然環境中的腐蝕都在慢速中進行，當肉眼可以察覺時，材料通常已被嚴重破壞，而且這些腐蝕都難以預測或模擬，因爲自然環境的變因多，無法將其移植到實驗室，也無法完全複製，必須透過現地測量技術或其他專業，才能完整地探究自然環境腐蝕。

§5-4　腐蝕防制

爲了保護金屬裝置，必須制定有效的防蝕策略。但要金屬完全不腐蝕幾乎難以實現，所以能有效抑制腐蝕速率即可視爲防蝕方法。金屬腐蝕的兩個要件是金屬本身與腐蝕介質，所以一般的防蝕方法多從這兩者著手，例如提升金屬的抗蝕性，或隔絕腐蝕介質。然而，防蝕工程也必須考量經濟效益，並非不惜代價的進行防蝕工作，所以需要顧慮的因素包括防蝕工作的成本、金屬裝置的使用年限或腐蝕損壞導致的安全風險等。許多防蝕工作並非一次性，必須持續進行，而且還要不斷監控，所以腐蝕防制與腐蝕測量密切相關，而基本的腐蝕測量皆相關於電化學分析技術。如同前面小節已提及的內容，腐蝕特性可從極化曲線來分析，因此動態電位掃描法（potentiodynamic method）是必備的電化學分析技術，從其結果可得知腐蝕電流與腐蝕電位；此外，爲了偵測防蝕作業的效用，可以測量陽極極化電阻，以判斷陽極溶解的難易度，常用的方法是在穩態下測量電化學阻抗譜（electrochemical impedance spectrocopy）。隨著儀器製作的進步，上述的動態和穩態分析法都已經可以在現地測量，所以一些自然環境中的腐蝕都可以被探究，而且也可對過往不易觀測的地下裝置或建築物加以分析，再依結果制定防蝕策略。目前已知的幾種防蝕策略可大略分成三個方向，分別針對金屬、電解液與腐蝕電池系統加以改善：

1. 金屬：首先必須慎選材料，在有限成本下使用抗蝕性最佳的金屬或合金，之後再考慮操作面，以適當的外型來設計裝置，且以合宜的覆蓋層來保護基底金屬，並要注意流體的運動與外力的接觸，減少異質接面、水分與應力的殘留、孔洞或狹縫，即可達到一定的防蝕效果。
2. 電解液：因爲某些裝置中的金屬一定要接觸溶液，所以要盡可能去除氧化劑或鈍化膜溶解物，前者如 O_2 與 H^+，後者如 Cl^- 等。必要時還可以使用鈍化劑，促使表面維持鈍化狀態，以隔絕氧化劑；有時可加入腐蝕抑制劑（corrosion inhibitor），或稱爲緩蝕劑，其效用是透過吸附而隔絕氧化劑。
3. 腐蝕電池：對於整體系統，可透過電位的改變來防蝕，主要的方法包括陽極保護（anodic protection）和陰極保護（cathodic protection），前者是藉由外加電流來產生鈍化層以保護金屬，後者則是以犧牲陽極（sarcrificial anode）或外加電流來強制被保護的金屬成爲陰極，以免發生陽極溶解。之後將分節說明最常用的陽極保護法、陰極保護法和腐蝕抑制劑。

從 Evans 圖可以簡單說明防蝕的效果，如圖 5-16 所示，假設欲保護的金屬爲 M1，當另一種活性更高的金屬 M2 加入腐蝕電池後，在相同的腐蝕環境中，可發現 Evans 圖中代表陽極反應的直線往右側偏移，使新的腐蝕電位改變成 $E_{corr,2}$，M1 在此電位下的腐蝕電流密度將成爲 $i_{corr,3}$，將會明顯地小於原腐蝕電流密度 $i_{corr,1}$，因而達到防蝕的目標。若沒有加入犧牲金屬 M2 時，也可以採取隔絕腐蝕劑的策略，例如降低 O_2 的濃度，可發現 Evans 圖中代表陰極反應的直線往下方偏移，使新的腐蝕電流密度 $i_{corr,2}$ 小於原有的 $i_{corr,1}$，亦可達成防蝕的目標。

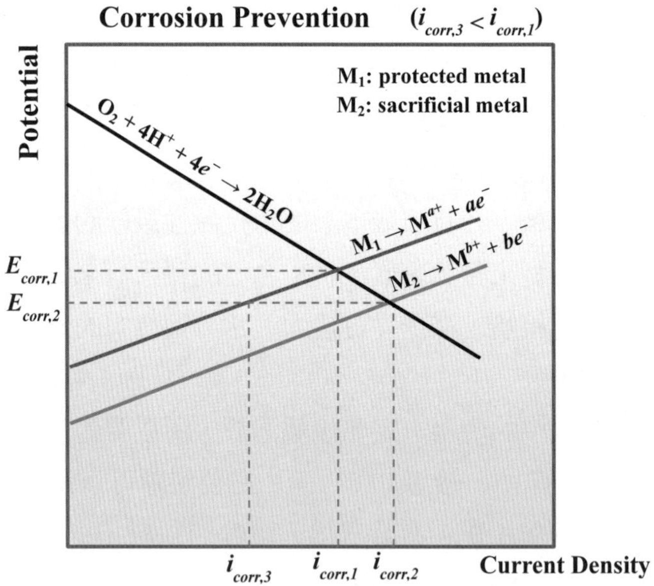

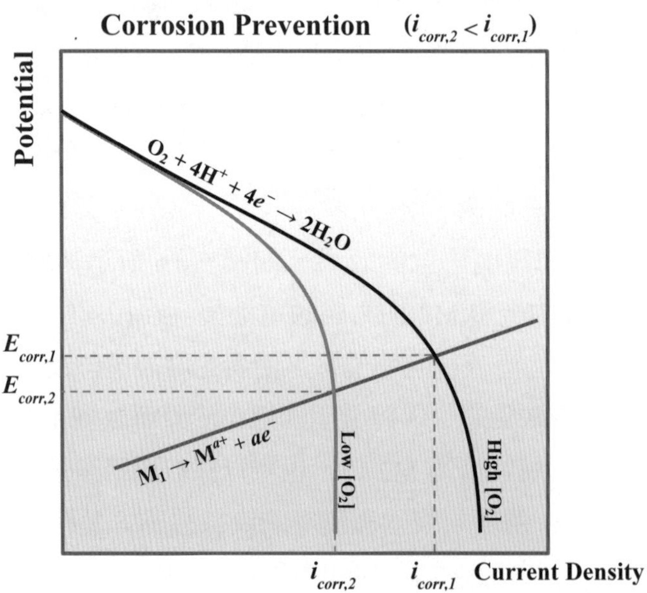

圖 5-16　抑制腐蝕的原理

§5-4-1 陽極保護法

陽極保護是指金屬被施加了電位之後，強制成爲陽極。雖然金屬發生腐蝕的時候也扮演陽極，但陽極保護的概念則是刻意將金屬的電位提高到足以進入鈍化區的數值，使表面生成鈍化膜，以抑制腐蝕反應。

如圖 5-17 所示，金屬的陽極極化曲線可分成多個區域，電位往正向提高時依序屬於活化區、過活化區、鈍化區和過鈍化區，在正於過鈍化區的電位下，會產生電解水的反應。因此，陽極保護法必須控制金屬的電位落於鈍化區，才能確保表面被鈍化膜覆蓋。然而，在 5-3-1 節曾提及孔蝕現象，若正於孔蝕電位 E_{pit}，孔蝕將被誘發；若超過 E_{pit} 後，再將電位降低，極化曲線會自我相交於再鈍化電位 E_{rp}，所以要在金屬上覆蓋完整的鈍化膜，施加電位還必須低於 E_{rp}。

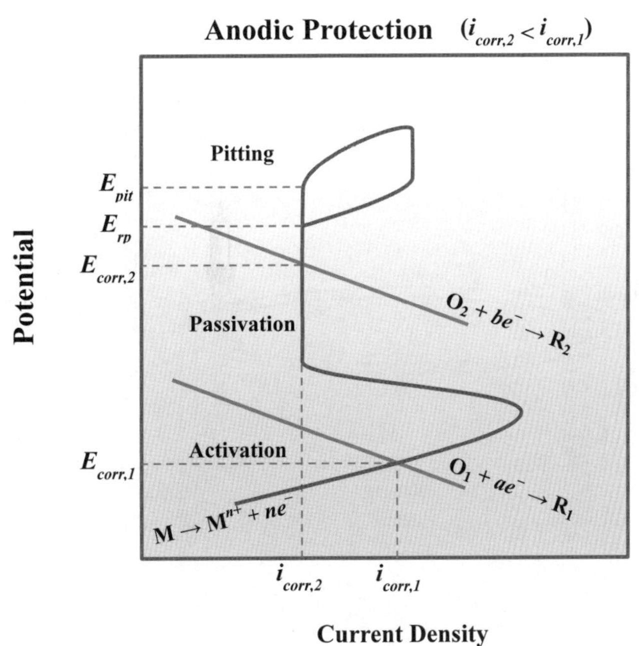

圖 5-17　陽極保護法

此外，仍需注意幾種狀況，並非所有的金屬裝置皆能穩定地鈍化，因爲該金屬可能持續接觸海水或鹽酸，所以鈍化行爲不只取決於金屬種類，也相關於電解液的特性；即使金屬可以鈍化，也不一定具有保護力，因爲有些金屬的鈍化區非常小，難以確保鈍化膜的完整性，也難以控制孔蝕不發生，而且溶液中如果存在活性陰離子，鈍化膜將會被溶解，難以穩定存在；再者，處於陽極保護下的金屬，仍然會發生腐蝕，只是速率較慢，但陰極保護法則可達到無腐蝕的狀態。

陽極保護法自 1950 年代被提出後，已經應用於化工產業，其系統簡單，如圖 5-18 所示，包括直流電源與輔助陰極，可以有效地保護生產設備，但此直流電源必須能夠精確地控制電位，並能提供較高的電壓，而陰極材料則常使用 Pt 或石墨等鈍性金屬。由於維持鈍化所需的電流密度較小，所以陽極保護系統消耗的電能低於陰極保護系統，這是本方法的優勢。特別對於輸送濃 H_2SO_4 或濃 H_3PO_4 的金屬泵或管件，以及承載它們的儲存槽和反應器，不適合施加陰極保護電流，因爲保護過程中產生的大量 H_2 將導致酸霧，使空氣的易燃性增高，若 H_2 滲入金屬還會引起氫脆現象，反而使金屬損壞。實施陽極保護雖然不能免於腐蝕，但卻可以控制金屬達到均勻且慢速的腐蝕，故可防止孔蝕、間隙腐蝕或應力腐蝕的出現。

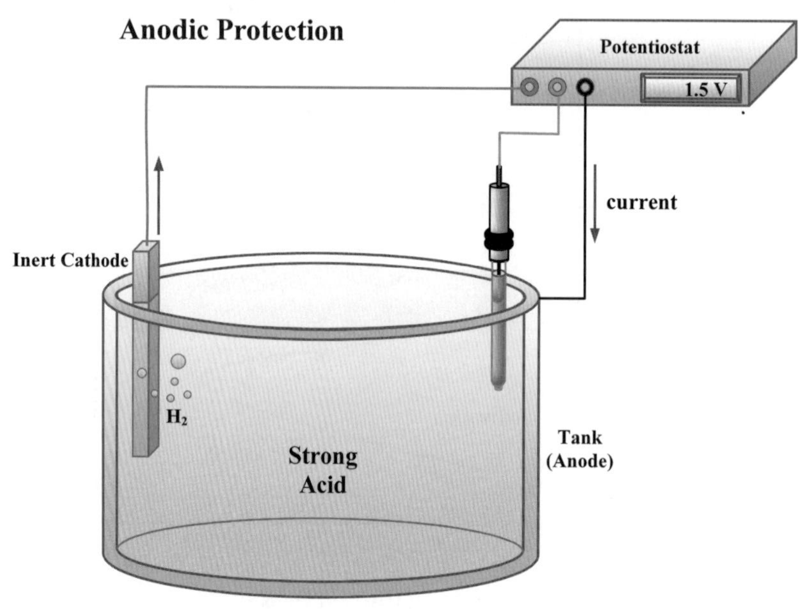

圖 5-18　陽極保護系統

金屬被施加陽極保護時，將採取定電位操作，但需控制在鈍化區。對於鈍化區域較寬的金屬，還需尋找最佳電位的範圍，在此電位下，電流密度會達到最小值，或鈍化層的電阻達到最大值，此時的金屬表面恰好會出現電解拋光的效果。此外，還可利用斷電法測試鈍化膜的保護力，當電源停止供電後，金屬的電位隨即往負向移動，到達鈍化區與過活化區的交界，此處稱爲 Flade 電位 E_F。低於 E_F 後，將逐漸進入活化區，代表腐蝕即將發生。因此，測量從斷電之電位至 E_F 所需時間即可顯示鈍化層的壽命，這段時間愈長，其保護力愈大，但此時間與之前進行陽極保護的狀況有關，所以可用於評估陽極保護的操作條件。

陽極保護系統中的陰極會影響電流分布，此情形與電鍍程序相同，因爲陰極的面積與形狀等因素可能會導致陽極表面出現不均勻的電流，例如陽極的端點通常具有較集中的電流路徑。若已發生不均勻的電流分布，離陰極較近之處可能進入過鈍化狀態，較遠之處則可能還位於活化狀態，反而導致更嚴重的腐蝕，得到相反的效果。因此，爲了達到陽極電流的均勻性，需要調整陰極的設計或溶液的導電度，其原理可參考電鍍程序。

§5-4-2 陰極保護法

陰極保護法是一種強制金屬成爲陰極的防蝕方法，因爲金屬成爲陰極後，表面幾乎只有還原反應，可以免於溶解。從 E-pH 圖也可發現，金屬的電位往負向偏移後，將會進入免蝕區，此時陽離子狀態在熱力學上居於劣勢，所以金屬能獲得保護而不溶解。此概念在 1824 年即已由英國化學家 H.Davy 提出，當時他使用 Zn 或 Fe 來保護船體中的 Cu，以防止 Cu 腐蝕，後人稱之爲犧牲陽極法（sacrificial anode）。之後在 1928 年，美國 R.J.Kuhn 另提出外加電流法（impressed current），用於防止輸送氣體的管件被腐蝕，也被歸類爲陰極保護法。兩種陰極保護法的概念如圖 5-19 所示，犧牲陽極法中常用活性更高的金屬作爲陽極，而外加電流法中則常用鈍性的金屬作爲陽極。

若已知金屬 M1 在電解液中的平衡電位爲 $E_{eq,1}$，對應的還原反應之爲平衡電位爲 $E_{eq,2}$，腐蝕電位爲 E_{corr}，腐蝕電流密度爲 i_{corr}，則 E_{corr} 與 i_{corr} 的關係爲：

$$i_{corr} = i_{0,1} \exp\left(\frac{E_{corr} - E_{eq,1}}{\beta_1}\right) = i_{0,2} \exp\left(-\frac{E_{corr} - E_{eq,2}}{\beta_2}\right) \tag{5.91}$$

其中下標 1 和 2 是指金屬上的陽極溶解和對應的陰極還原反應，i_0 和 β 是指交換電流

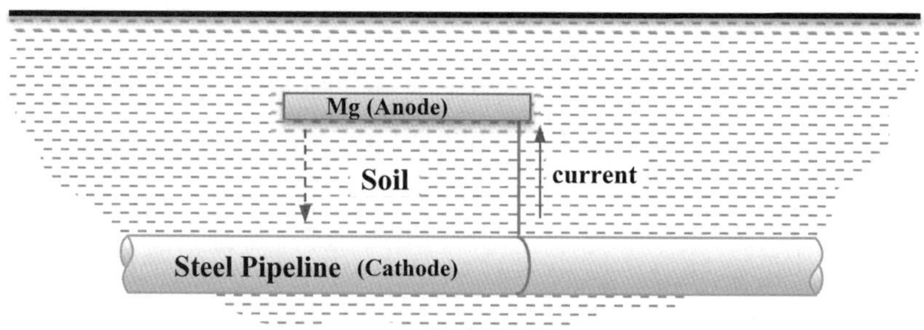

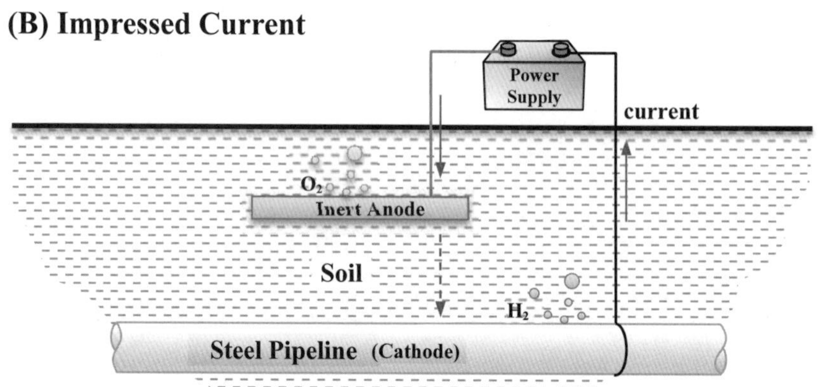

圖 5-19　陰極保護法：(A) 犧牲陽極法；(B) 外加電流法

密度和 Tafel 斜率。現將一片輔助陽極置於同一種電解液中，並使其連接到外部電源的正極，而欲保護的金屬則連接到負極，接著將電流送入輔助陽極，則欲保護金屬的電位會從腐蝕電位 E_{corr} 負移到 E_3，而且金屬表面會發生析氫或吸氧的還原反應，以下標 3 表示，此還原反應的速率正比於外加電流密度 i_{app}，而 i_{app} 與 E_3 的關係爲：

$$i_{app} = i_{0,3}\exp\left(-\frac{E_3 - E_{eq,3}}{\beta_3}\right) \tag{5.92}$$

其中 $E_{eq,3}$ 爲此還原反應的平衡電位，若負移後的電位 E_3 仍正於金屬的平衡電位 $E_{eq,1}$，亦即 $E_{eq,1} < E_3 < E_{eq,3}$，則金屬表面仍存在自腐蝕現象，所對應的電流密度爲 i_3，可表示爲：

$$i_3 = i_{0,1} \exp\left(\frac{E_3 - E_{eq,1}}{\beta_1}\right) \tag{5.93}$$

由於 $E_3 < E_{corr}$，故可得知 $i_3 < i_{corr}$，代表通電後的腐蝕速率比沒有外加電流前更低，符合陰極保護的目標。從（5.92）式還可知，E_3 可由 i_{app} 調整，故當 E_3 降至金屬的平衡電位 $E_{eq,1}$ 時，金屬的自腐蝕速率將會減低到 0，代表已提供金屬最大的保護力。

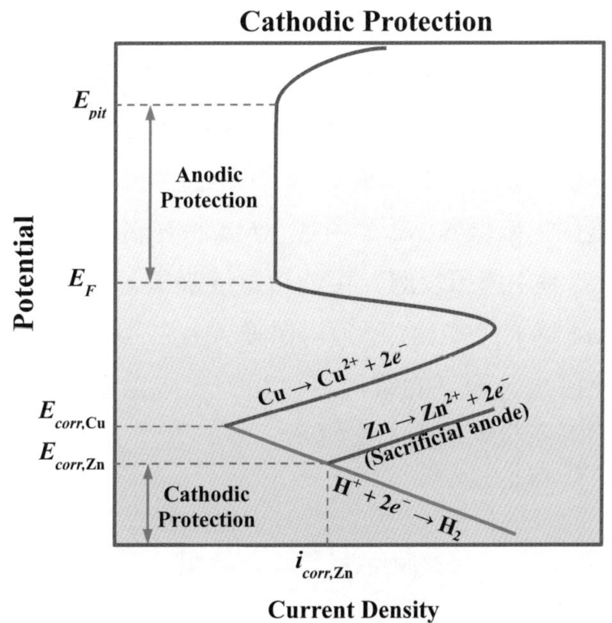

圖 5-20　犧牲陽極法

然而，還必須注意，外加電流法不能保證金屬的腐蝕速率會降低，因爲有些金屬的表面已受到鈍化膜的保護，降低其電位後，反而使金屬回到活化區，繼而導致金屬被腐蝕。再者，當外加的電流過大時，金屬的電位會負移到平衡電位以下，此時雖然可以確保金屬不會自腐蝕，但表面產生出的大量 H_2 將可能滲入金屬中，降低其機械強度，甚至產生氫脆現象。因此，在陰極保護過程中，精確控制金屬的電位是最重要的目標，但在土壤或海水等腐蝕介質中，必須使用特定的參考電極，才能有效監控電位。在腐蝕研究中，常用的參考電極如表 5-2 所示。此外，能準確控制電位的電源稱爲定電位儀（potentiostat），其內部擁有特殊的電路可以固定工作電極與參考電極間的電位差，但若陰極保護所需電流較大時，定電位儀則必須擁有更高的功率。

表 5-2　腐蝕研究中常用的參考電極

Reference Electrode	Corrosion Medium	Potential (vs.SHE)
$Cu/CuSO_{4\,(sat.)}$	Soil, Seawater	0.316 V
$Ag/AgCl/KCl_{(sat.)}$	Soil, Seawater	0.196 V
Ag/AgCl/seawater	Seawater	0.251 V
$Hg/Hg_2Cl_2/KCl_{(sat.)}$	Soil,	0.242 V
Hg/Hg_2Cl_2/seawater	Seawater	0.296 V

前述理論也可應用在犧牲陽極法中，但只能降低欲保護金屬的電位，無法控制保護後的電位，然其優點爲不耗電，而且選擇低價的陽極材料還可再降低成本。成爲犧牲陽極 M4 的條件是其平衡電位 $E_{eq,4}$ 必須更負於欲保護金屬 M1 的平衡電位 $E_{eq,1}$，兩者短路相接後，可形成電偶。依據 5-3-2 節所述，M4 將在腐蝕電池中扮演陽極，逐漸溶解而消耗；M1 上主要發生還原反應，可能析氫或吸氧，雖然 M1 仍存在自腐蝕，但其速率低於未連接 M4 時，代表 M1 已獲得保護。

當 M1 和 M4 連接後，兩者的電位將會相等，成爲混合電位 E_{mix}，並且可滿足 $E_{mix} > E_{eq,4}$，使 M4 的陽極溶解電流 I_4 成爲：

$$I_4 = i_{0,4} A_4 \exp\left(\frac{E_{mix} - E_{eq,4}}{\beta_4}\right) \tag{5.94}$$

其中 A_4、$i_{0,4}$ 與 β_4 分別爲犧牲陽極 M4 的表面積、交換電流密度和 Tafel 斜率。但當 $E_{mix} > E_{eq,1}$ 時，被保護金屬 M1 上仍然可能出現自腐蝕，其溶解電流 I_1 與混合電位 E_{mix} 的關係爲：

$$I_1 = i_{0,1} A_1 \exp\left(\frac{E_{mix} - E_{eq,1}}{\beta_1}\right) \tag{5.95}$$

其中 A_1 爲發生自腐蝕的面積，且 A_1 必定比 M1 的全體表面積小，因爲 M1 上其他的部分將扮演陰極。此外，還可證明自腐蝕電流 I_1 小於未保護時的腐蝕電流 I_{corr}，代表 M1 已獲得陰極保護。

進行陰極保護時，若搭配的還原反應是析氫時，達到最強保護所需之電流密度 i_{app} 可能是原本腐蝕電流密度 i_{corr} 的十倍或百倍以上，因為析氫反應的電位與電流呈現指數關係，故將耗費很多能量；但搭配的還原反應是吸氧時（如圖 5-21 所示），O_2 從腐蝕介質中擴散到金屬表面的速率有限，在反應速率增加到某個程度後，腐蝕將轉為擴散控制，此時金屬表面的 O_2 濃度趨近於 0，而且外加的電流密度 i_{app} 將等於極限電流密度 i_{lim}，不需耗費太多能量即可使金屬獲得最強保護。

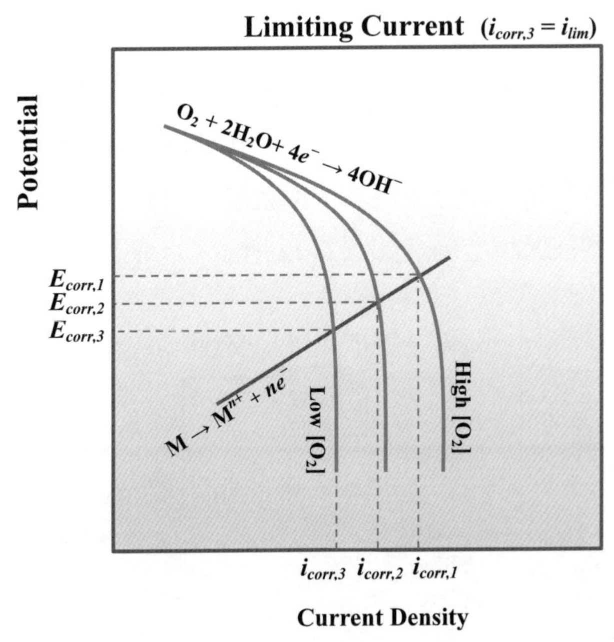

圖 5-21　吸氧腐蝕之擴散限制

無論採用犧牲陽極或外加電流法，多數的陽極材料都會被消耗，例如在海水中以 Zn 及其合金來保護鋼材時，金屬的消耗一方面來自於扮演防蝕系統的 Zn 陽極，另一方面也會發生 Zn 的自腐蝕，除非在外加電流法中使用鈍性輔助陽極，曾使用過的材料包括鈦鍍白金（Pt on Ti）或鉑鈀合金（Pt-Pd）等，其表面將進行電解 H_2O 產生 O_2 的反應。因此，使用活性陽極時，必須先估計其陰極保護利用效率，亦即先評估整體材料中並非消耗於自腐蝕的比率，目前已知利用效率較高的金屬為 Zn 及其合金，可達 90% 以上，Al 鋁及其合金至多只有 80%，Mg 及其合金則較低，只有 50% 左右。一般而言，活性愈高的金屬具有較強的自腐蝕趨勢，但也擁有較強的保護力，所以考慮成本因素後，不一定要採用保護能力最強的陽極材料，因為活性大的金屬在自腐蝕過程中會產生較多 H_2，帶來安全風險。

爲了降低陰極保護的成本，同時採用有機塗層覆蓋金屬是更好的選擇。塗層愈緻密，效果愈佳，可使陰極保護的電流降至千分之一以下，因此目前對於海中建物、輸油管或輸氣管皆採取有機塗層與陰極保護聯合防蝕的方式。但此時必須注意陰極保護的電位，因爲被保護金屬的表面會進行析氫還原，同時產生 OH^-，使周圍偏向鹼性，而 OH^- 可能會與有機物反應，促使塗層剝落。若用於土壤中的陰極保護，則會挖掘陽極坑，並填入硫酸鹽與黏土，以降低陽極至被保護金屬間的歐姆阻抗，有時還會加入 NaCl，協助溶解陽極表面的鈍化層。

此外，在 5-3-4 節曾提及土壤中常會發生雜散電流腐蝕現象，尤其在進行陰極保護時需要格外注意，因爲被保護金屬的附近若存在其他金屬，則從輔助陽極或犧牲陽極進入土壤的電流可能有一小部分流至非保護金屬，並沿著非保護金屬前進一段距離後再注入土壤，並回到被保護金屬（如圖 5-22 所示），使非保護金屬被嚴重腐蝕。

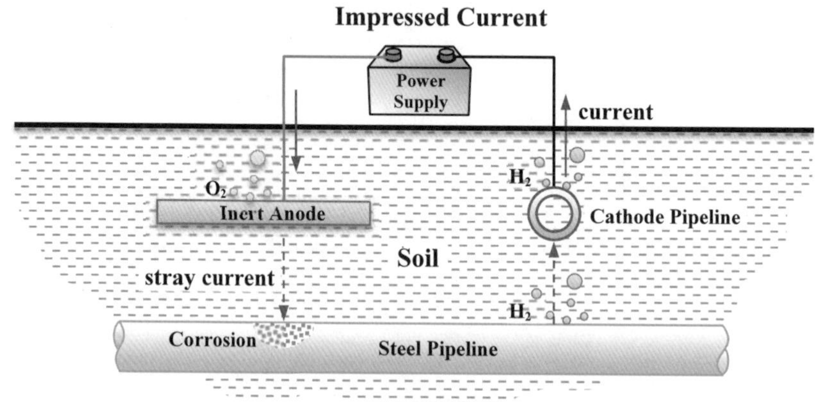

圖 5-22　陰極保護法導致雜散電流腐蝕

相較於傳統的抗蝕方法，近年來的技術已經出現變化，有許多研究開始採用半導體來保護金屬，並輔以紫外光（以下簡稱 UV）照射來達成防蝕的目標。半導體材料的能帶結構有別於金屬，其電子能階被能隙（energy gap）分隔成價帶（valence band）和導帶（conduction band），價帶電子受激後可能會躍遷至導帶上而改變材料的導電性。研究中最常用的 TiO_2 是一種化性穩定的 n 型半導體，具有大約 3.2 eV 的能隙。如圖 5-23 所示，當能量高於此能隙的光線照射在 TiO_2 上，將會激發價帶電子至導帶上，並在價帶留下電洞。因此，吸收能量產生電子躍遷時，會形成電子與電洞，能量由光線提供時，又可稱爲光生電子與光生電洞。使用半導體作爲電極而構成的光電化學槽（photo-electrochemical cell）是一種捕捉太陽能的簡易系統，其中的光電極用來將太陽能轉換成電能。對於 TiO_2 與金屬連接的例子，照光後有機會將光生電子注入金屬，進而使金屬的電位往負向移動。若金屬最後穩定的電位比原本的腐蝕電位更負，則金屬可受到保護而免於腐蝕。另一方面，光生電洞並不會分解 TiO_2，反而會使表面的 H_2O 氧化成 O_2，因此 TiO_2 扮演的是不會犧牲消耗的光陽極。前人的研究除了將 TiO_2 應用在鋼材保護，也證實能防止 Cu 被腐蝕。TiO_2 可用水熱法（hydrothermal method）、噴塗熱裂解法（spray pyrolysis）、陽極氧化法、溶膠凝膠（sol-gel）法或液相沉積法（liquid phase deposition）來製作，非常適合在金屬表面加工。TiO_2 除了可以分解水，也可以用光生電洞來分解毒性有機物，具有除臭、抗菌、自潔與漂白的作用，是衆所周知的光觸媒材料。

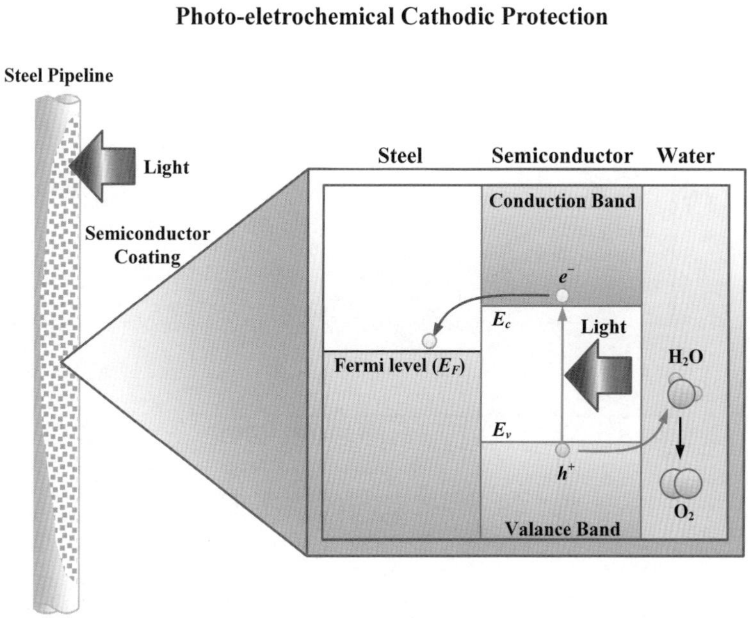

Photo-eletrochemical Cathodic Protection

圖 5-23　半導體陰極保護

在 2001 年，Ohko 與 Saitoh 曾進行過 TiO_2 防蝕的研究，所鍍出的 TiO_2 膜約爲 1.2 μm 厚，晶相爲銳鈦礦（anatase）。經實驗測量後可得知 304 型不鏽鋼（以下簡稱 304 SS）的平衡電位約在 –60 mV（vs.Ag/AgCl），但覆蓋了 TiO_2 的 304 型不鏽鋼

（以下簡稱 TiO_2/304 SS）在 UV 照射下，其電位可偏移至 –380 mV（vs.Ag/AgCl），且此電位能維持 10 小時以上，代表 304 SS 已成為鈍性的陰極，在 10 小時內不會腐蝕。一般海水中約含 3.5 wt% 的 NaCl，其中的 Cl^-是導致 Fe 腐蝕的活性成分。實驗發現，將 TiO_2/304 SS 放置於黑箱中，電位會隨著 Cl^-的濃度往正向偏移；但在照射 UV 後，TiO_2/304 SS 之電位則不隨 Cl^-濃度偏移，且此電位負於原值，展現了陰極保護的效果。若藉由溶解的 Fe 量來評估腐蝕，Ohko 與 Saitoh 發現經過 20 小時之後，TiO_2/304 SS 的溶解量明顯較低。因此，他們的研究驗證了連接半導體與不鏽鋼，並輔以 UV 照射，可以增進不鏽鋼的抗蝕性（如圖 5-24）。

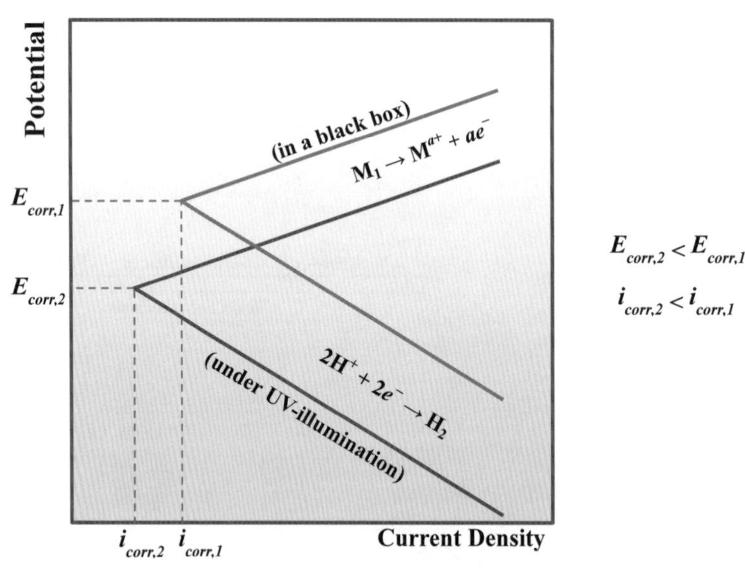

圖 5-24　照射 UV 抑制腐蝕的原理

由此案例可知，若使用合適的半導體材料作為光電極，並使其連接金屬，理論上可利用光生電子降低金屬的電位，以達到防蝕的效果，故可稱此效應為光電化學陰極保護（photoeletrochemical cathodic protection）。對於如鑽油平台等特殊場合，其設施常需浸入深海或遠離陸地，雖然供電困難但卻有充足的陽光，此時即可應用光電化學陰極保護來防止腐蝕。

光電化學陰極保護的原理在於提供被保護金屬更負的電位，所以當金屬表面發生氧化時，電子離開的速率若能低於從半導體注入電子的速率，金屬的電位即可降低。因此，能成功執行光電化學陰極保護的先決條件有四項：

1. 從電子能階的觀點，半導體的導帶邊緣能階 E_c 必須高於被保護金屬的自腐蝕能階；從電位的觀點，半導體的導帶邊緣電位必須負於被保護金屬的自腐蝕電位 E_{corr}。但還需注意，電子傳輸時必須克服半導體與金屬間的能量障礙。
2. 半導體必須屬於 n 型摻雜，因爲組成防蝕系統時，金屬將扮演陰極，以避免溶解，半導體則扮演光陽極（photoanode），透過照光產生電子以注入金屬。反之，p 型材料照光後只會促進半導體表面的還原反應，無法提供陰極保護。
3. n 型半導體照光後還會形成光生電洞，這些電洞必須被消耗，以避免光生電子與其再結合（recombination）。去除電洞的方法是在半導體側添加捕捉劑，使電洞參與某個氧化反應而消耗掉。在自然環境中，這種電洞捕捉劑通常是水，反應後會生成 O_2，因此 n 型半導體的價帶邊緣能階 E_v 必須正於水的氧化反應能階，才能有效消耗電洞，協助光生電子注入金屬。
4. 半導體材料本身不會在自然環境中被腐蝕，即可成爲不會犧牲的陽極。

以 n 型的 TiO_2 光陽極來保護浸泡於海水中的 304 SS 爲例，其能帶結構如圖 5-25 所示。當 304 SS 置入海水中，由於 H_2O 氧化成 O_2 的電位正於 304 SS 的氧化電位，將使不鏽鋼自發性地進行腐蝕。另一方面，當 TiO_2 光陽極也置入海水後，因爲 TiO_2 的 Fermi 能階高於 H_2O 氧化成 O_2 的能階，且在表面能帶釘紮的條件下，兩者達成平衡後，TiO_2 的表面能帶將會上彎，形成空間電荷區，其內建電場將有助於電子與電洞的分離，但此時 TiO_2 的 Fermi 能階所對應的電位 E_F 將會正於 304 SS 的腐蝕電位 E_{corr}。接著對 TiO_2 照光，將產生光電壓 ΔE_{ph}，使 E_F 負移，若 $\Delta E_{ph} < E_F - E_{corr}$，則光生電子仍然會遇到能量障礙而無法注入 304 SS。若加強光生電子與光生電洞的分離能力，則可產生較大的 ΔE_{ph}，使 $\Delta E_{ph} > E_F - E_{corr}$，最終可將光生電子注入 304 SS 中，此時可測得 304 SS 的開環電位往負向移動，代表 304 SS 已獲得陰極保護；另一方面，光生電洞則會穿越半導體與溶液的界面，轉移給 H_2O 分子，使之氧化而產生 O_2，TiO_2 本身並不會被電洞分解。

然而，有一些半導體材料覆蓋在不鏽鋼上並施以光線照射後，反而會促進不鏽鋼的腐蝕，例如 ZnO 或 Cu_2O 等，主要因爲這些半導體的導帶邊緣電位已經正於不鏽鋼的腐蝕電位，照光後光生電子仍無法注入金屬，而光生電洞卻會轉移至金屬表面，加速了表面的陽極溶解，導致更嚴重的腐蝕。因此，能否採用光電化學陰極保護法的前提取決於金屬與半導體之能帶結構。

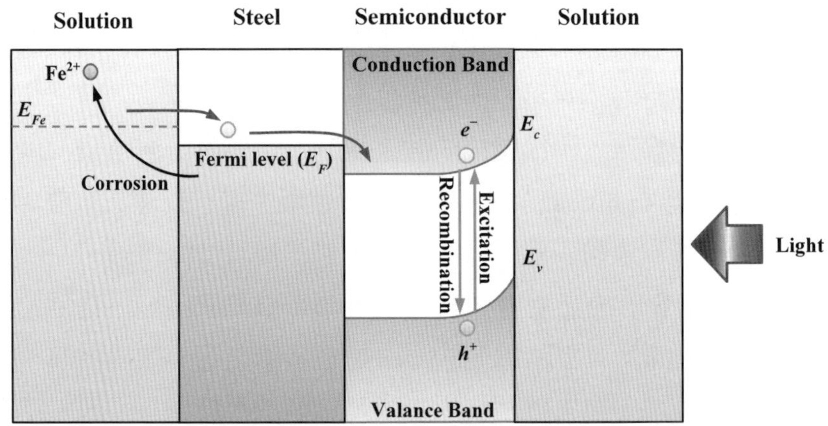

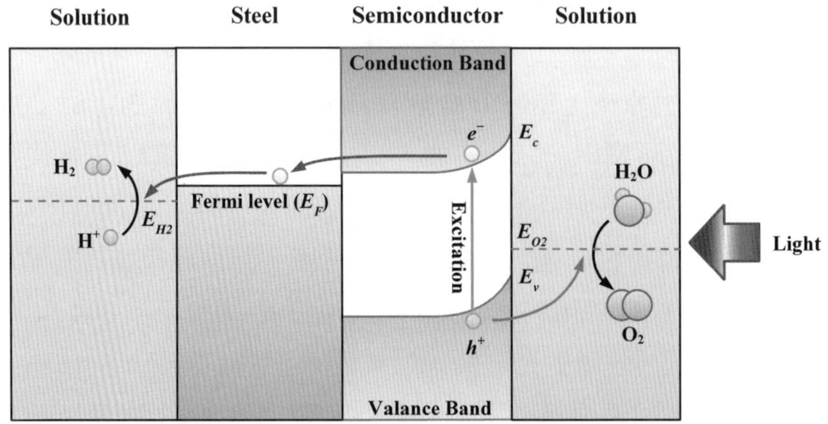

圖 5-25 n 型半導體的光電化學防蝕原理

總結以上，光電化學陰極保護效應可以避免金屬腐蝕，因爲 n 型半導體在照光後，光生電洞 h^+ 會移至表面並發生氧化 H_2O 的反應：

$$2H_2O + 4h^+ \rightarrow O_2 + 4H^+ \qquad (5.96)$$

在金屬的表面，由於有光生電子的注入，主要發生還原 H_2O 的反應：

$$2H_2O + 2e^- \rightarrow H_2 + 2OH^- \qquad (5.97)$$

由（5.96）式和（5.97）式可發現，光電化學陰極保護系統類似光分解水系統，可將 H_2O 分解成 H_2 和 O_2，但這兩種系統仍擁有本質上的差異。在光分解 H_2O 的系統中，以最大分解效率為目標，期望光電壓增高以提升產氣的速率；但在光電化學陰極保護系統中，則以防蝕為目標，不希望產生的 H_2 過多，以免發生氫脆效應，故如同前述的傳統陰極保護，不能使金屬的電位過度負移。

在執行光電化學陰極保護的系統中，最關鍵的因素並非光電壓，而是光電轉換效率，一般效率不彰的主要原因來自於光照微弱而使光生電子太少，或光生電子與電洞發生再結合（recombination）而被消耗。所以光電極的設計常常成為研究主題，目前已知由奈米晶體製成的光電極具有較高效率，因為它的晶界少於塊材，可避免發生載子再結合。再者，TiO_2 屬於能隙較寬的半導體，其能隙可達 3.2 eV，幾乎只能吸收 UV，然而陽光到達地表後僅包含 4% 的 UV，但可見光的能量占 40% 以上，所以只能吸收 UV 的半導體也無法在日照下發揮顯著的防蝕效用。因此，開發吸收可見光的奈米半導體光電極必將具有更佳的應用前景，目前已知在半導體薄膜內複合或摻雜多種材料即可有效拓展吸收光譜至可見光範圍，例如在 TiO_2 中摻雜的 Ni、Fe、Cr 等金屬元素可以取代晶格中的 Ti，進而形成氧空缺（oxygen vacancy），摻雜 N 等非金屬元素則可取代晶格中的 O，兩種方法都能在 TiO_2 的價帶上方產生雜質能階，使電子躍遷至導帶的能量減少，只需照射可見光即可產生光電子。

然而，實用時必將面臨摻雜量的控制問題，且摻雜後的半導體容易出現許多缺陷，反而促使再結合效應更顯著，故有研究者轉向開發複合材料或非 TiO_2 材料。從已發表的光電化學防蝕文獻可發現，複合法中多數仍以 TiO_2 作為基底材料，其他修飾用的半導體或有機材料則用於提升光吸收性，這些附加材料包括 WO_3、SnO_2、ZnS、CdS、聚丙烯酸鈉（sodium polyacrylate）、聚吡咯（polypyrrole）、ZnSe 等，其中甚至有研究將材料製作成奈米結構。此外，也有一些研究使用了摻雜法，當 Ni、Fe、Cr 或 N 等其他元素加入 TiO_2 薄膜後，薄膜的吸收光譜可以擴及可見光區域。若不選擇 TiO_2 為基底材料，則另有 $SrTiO_3$、ZnO、In_2O_3 或 C_3N_4 也能用作光電化學防蝕薄膜，其中 $SrTiO_3$ 屬於鈣鈦礦結構（perovskite）的半導體，能隙約為 3.2 eV，與 TiO_2 相似，但 $SrTiO_3$ 的導帶邊緣電位 E_c 較偏負，因此更有利於陰極保護，而且也能提供更優良的光催化效果，例如分解水產氫或降解有機汙染物的研究中皆已使用。在陰極保護方面，由於碳鋼的腐蝕電位偏負，所以 TiO_2 無法提供陰極保護作用，但 $SrTiO_3$ 之導帶邊緣電位比 TiO_2 負 200 mV，故可用於保護碳鋼。然而，$SrTiO_3$ 之能隙仍然偏大，只能吸收 UV，必須透過其他物質之摻雜或複合才能利用可見光。ZnO 亦屬於 n 型半導體，便於用在鍍鋅鋼材上，而且它的導帶邊緣電位 E_c 也負於 304 SS 和 Q235 型碳鋼，理論上也是優良的陰極保護材料，但它的化學穩定性卻不如 TiO_2，照光後的電荷分離效率也不如 TiO_2，所以在目前的研究中，ZnO 多作爲 TiO_2 或 C_3N_4 的複合材料。C_3N_4 是不含金屬的化合物半導體，其能隙約爲 2.7 eV，能直接吸收可見光，擁有許多光催化的應用，但其缺點是價帶邊緣電位 E_v 偏正，在只有水的環境中難以消耗電洞，必須尋求其他改進的方法。若欲提升陽光的利用率，還可採用能吸收可見光的 In_2O_3，因爲它無毒性、電阻率低、能隙窄，已被應用在氣體感測器、透明導電薄膜與太陽電池中。In_2O_3 具有 2.8 eV 的非直接能隙，也能吸收可見光，在已發表的文獻中，曾使用溶膠凝膠法或固態沉澱法製作 In_2O_3 光電極，且已證實 In_2O_3 可對 304 SS 發揮陰極保護的效用，且能利用可見光來防蝕。

如圖 5-26 所示，光電極放置於 3.5 wt% NaCl 後，在暗室中所測得之開環電位（open circuit potential，以下簡稱 OCP）爲 E_0，但經過光照，光生電子注入 304 SS 中，促使 OCP 往負向移動至 E_1，因而能提供陰極保護。此外，光電極照光時還可測量光電流，從電流的方向可發現半導體薄膜扮演陽極，304 SS 則扮演陰極，剛照光時可以讓光電流立即提升到 I_1，但這種暫態的光電流會隨時間衰退，降至 I_2 後達到穩定。通常 E_1 愈偏負代表陰極保護的效果愈好，I_2 愈大則表示光電轉換效率愈高；再者半導體照光後，304 SS 的 OCP 負移時間 t_1 愈短，表示光生電子注入 304 SS 的障礙愈小，關燈後 OCP 回復時間 t_2 愈長，代表陰極保護的延長效果愈佳。

截至目前，光電化學陰極保護技術的發展可歸納出以下要點：

1. 主材料及其製程：TiO_2 爲主的薄膜擁有較狹窄的吸收光譜，主要吸收 UV 光。然而，到達地表的陽光中約只包含 4% 的 UV 光，致使 TiO_2 的陰極保護效果有限，除非透過修飾才能利用可見光。目前已知的方法包括摻雜其他元素、製作複合材料，或製成 TiO_2 奈米管陣列後，再從管內添加修飾材料，這些構想常導致加工步驟繁複或程序控制困難。且當金屬爲管柱或桶槽時，藉由乾式蒸鍍、濺鍍、化學氣相沉積等方法將不易加工，而且底材通常並非 Ti，所以無法使用陽極氧化法製作 TiO_2 奈米管。

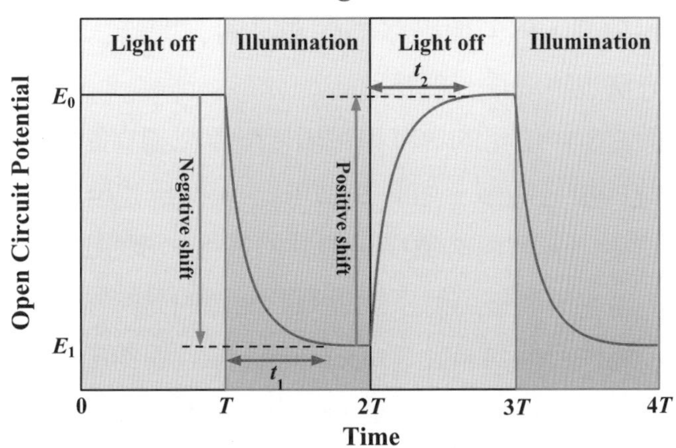

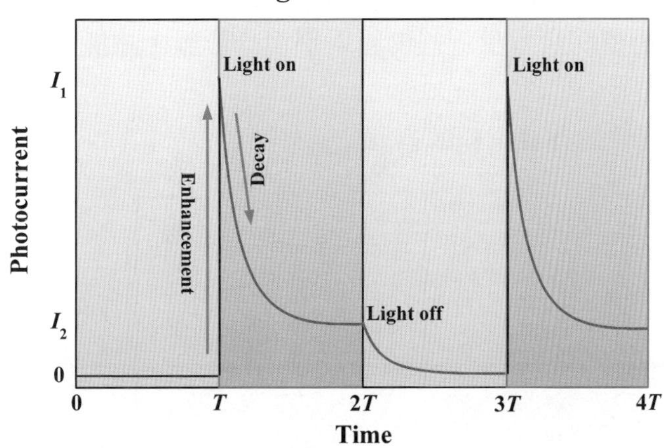

圖 5-26　光電化學防蝕中的電位與光電流變化

2. 修飾材料：對於 TiO_2 作為基底的薄膜，雖然在照射 UV 時可產生陰極保護作用，但關閉光照後將會逐漸喪失保護力，故常使用修飾材料來暫存電子或降低電子流失的速率。然而，這些修飾材料的能帶必須與 TiO_2 匹配，才有利於引導電子進入暫存區。目前已經有研究者提出使用 WO_3，因為 W 擁有多種價態，可在充放電期間轉換。例如在海水中含有 Na^+，TiO_2 薄膜受到光照後，光生電子會傳至 WO_3，使其發生反應：

$$WO_3 + xNa^+ + xe^- \rightarrow Na_xWO_3 \tag{5.98}$$

在夜晚時，或無法照光時，則會發生（5.98）式的逆反應，將電子釋放給金屬，使金屬繼續獲得陰極保護。但若使用非 TiO_2 的防蝕薄膜時，則需另尋修飾材料，且修飾材料的製作方法也將成為一項課題。

3. 光電極結構：多數文獻中使用的半導體電極皆配置在獨立的容器中，亦即欲保護的金屬必須透過導線外接光電極，如圖 5-27 所示。採用此結構的主要原因在於半導體材料的製作方法受限，因而必須採用獨立的基板，例如以 Ti 板承載特殊結構的奈米材料。此外，當半導體被照射了能量高於能隙的光線後，分離的電子電洞對只擁有短暫的壽命，隨時可能再結合（recombination）而釋出能量，故需使用電洞捕捉劑（hole scavenger），以消耗價帶電洞，阻止光電子被結合。因此，安置光電極的容器內還需添加電洞捕捉劑，才能發揮陰極保護作用。目前已研究過的電洞捕捉劑包括硫化物與有機物，例如 Na_2S、HCHO（甲醛）、HCOOH（甲酸）或 C_2H_5OH（乙醇）等，但仍需綜合考量這些物質對環境的影響，才能判斷其適用性。

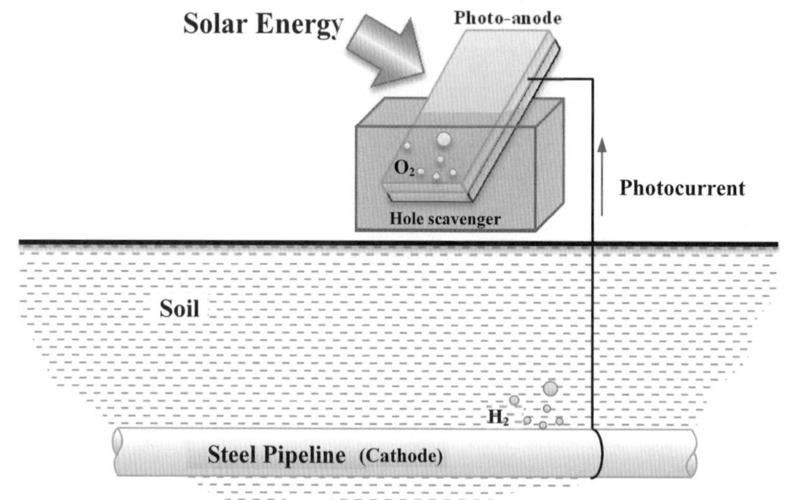

圖 5-27　外接光電極結構之光電化學陰極保護

基於上述三點，良好的光電化學陰極保護措施應當充分利用太陽光，所以需要開發有效的吸光材料和合適的電洞捕捉劑；在非日照時期要能延續陰極保護作用，因而需要修飾材料，以儲存和釋放電子；其施作程序必須簡便，因此還要從外接光電極的模式轉成直接塗布模式，以同時提供隔絕性保護，但已開發的光陽極系統仍可用在地下管線的防蝕。若能成功製成半導體防蝕塗料，則可用於露天管線的防蝕，可兼收操作便利與節約能源的功效。

§5-4-3 腐蝕抑制劑

去除或隔絕環境中的氧化劑也是抑制腐蝕的主要方法，金屬的腐蝕可因此暫停而獲得保護。環境中最常見的氧化劑為溶於水中的 O_2，或強酸中的 H^+，後者可經由調整 pH 值而減少，但前者則需要一些額外的步驟才能去除，例如將小型金屬製品包裝後，並通入 N_2，使其隔絕空氣，或將水溫提高，使溶氧量降低，有時還會添加亞硫酸鈉（Na_2SO_3）等還原劑，以消耗水中的 O_2，但其產物可能為 H_2S 或 SO_2，都具有危害性。然而，無論是使用大量還原劑或改變溫度，仍難以完全去除氧化劑，但還可以添加一種只需要少量但抑制效果優良的藥劑，稱為腐蝕抑制劑（inhibitor）或緩蝕劑，其效用迅速且成本低，已經廣獲採用，但緩蝕劑只能用於小體積的金屬製件或封閉的系統，而且緩蝕劑對欲保護金屬有選擇性，不似陰極保護具有通用性。

由於緩蝕劑的類型眾多，所以可依不同的觀點加以分類。最簡單的分類法是區隔成有機類與無機類，前者的典型範例包括含有 O、N、S 的有機物，適合吸附在金屬表面上；後者則包括一些含氧酸鹽，可促使金屬表面鈍化，常用的有聚磷酸鹽或鉻酸鹽。

若依據緩蝕的作用分類，則可分為：

1. 抑制陰極反應型：這類緩蝕劑可使還原反應減慢，常用者包括聚磷酸鹽、$ZnSO_4$、$AsCl_3$ 或 $SbCl_3$ 等，其作用在於 As^{3+} 或 Sb^{3+} 會在陰極區還原成固態薄膜，使還原反應的過電位提升，其效應可如圖 5-28 所示，不但可降低腐蝕電位，也可降低腐蝕電流。
2. 抑制陽極反應型：此類緩蝕劑會先在溶液中解離出陰離子，並在陽極區與陽離子形成沉澱物，使陽極表面鈍化，常用者包括鉻酸鹽、二鉻酸鹽、矽酸鹽、磷酸鹽、碳酸鹽或苯甲酸鹽等。
3. 混合型：這類緩蝕劑可同時抑制氧化與還原反應，雖然不會大幅改變腐蝕電位，但卻會使腐蝕電流顯著減低，常用者包括含矽酸鈉（Na_2SiO_3）或鋁酸鈉（$NaAlO_2$），它們屬於膠態物質，在陰陽兩極都可以沉積；另有含 N 或 S 的有機物，例如胺類化合物或硫脲（$(H_2N)_2C=S$）等，可以吸附在金屬表面上的各區域。

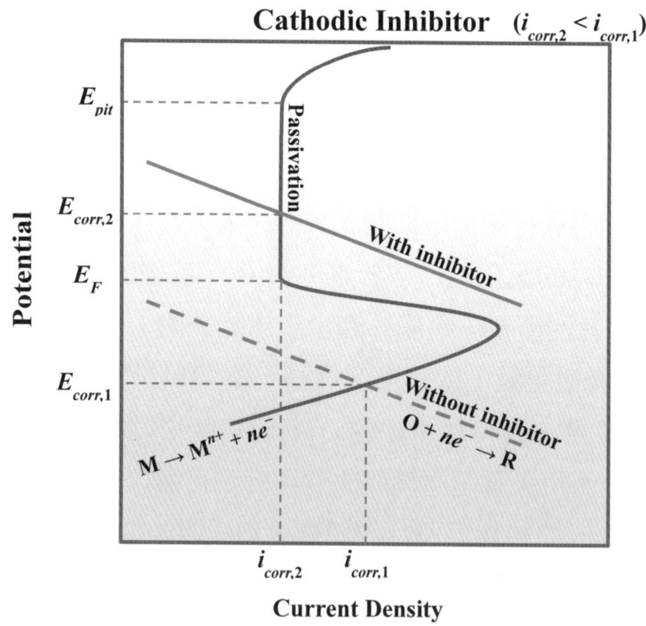

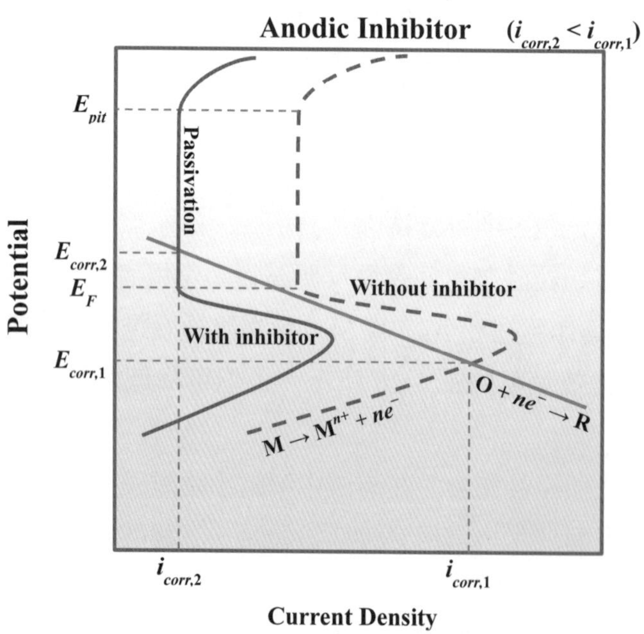

圖 5-28　緩蝕劑的作用

從上述的緩蝕原理可發現，抑制氧化或還原時常會在表面形成薄膜，依薄膜的特性又可分爲鈍化膜、沉澱膜與吸附膜，其抑制作用依序降低。鈍化膜通常是氧化物，例如添加鉻酸鹽可促使金屬鈍化，但若添加量不足時，鈍化膜僅覆蓋部分區域，將會誘發孔蝕，使材料的破壞更嚴重。沉澱膜的形成原因是陰陽離子的濃度積超過溶解度，但其附著力比鈍化膜低，常用者包括苯並三唑（Benzotriazole，簡稱BTA），它是一種有效的 Cu 緩蝕劑，可與 Cu 形成不溶性的苯並三唑亞銅，對 Al、Fe、Ni 或 Zn 等材料也具有防蝕效果。吸附膜又可分爲物理性與化學性，前者的附著力較弱，僅依賴靜電力或凡德瓦力，常用者包括硫醇（R-SH）或硫脲（$(H_2N)_2C=S$）等，後者如苯胺衍生物等，但吸附的強度與金屬表面特性有關。能形成化學吸附的緩蝕劑中，通常會包含 O、N、S、P 原子，故可提供非共價電子對，使其成爲電子予體（donor），遇上擁有未占據 d 軌域的金屬時，緩蝕劑可與金屬建立配位鍵，使金屬成爲電子受體（acceptor）。若有機緩蝕劑的分子中含有雙鍵、三鍵或苯基，其 π 電子可以作爲電子予體，因此也能建立配位鍵。

在緩蝕劑的使用面，可依據金屬所處環境而選擇，例如有些金屬會與油接觸，有些則與水接觸，因此要分別使用油溶性和水溶性緩蝕劑，還有一些緩蝕劑需要揮發成氣態，以便於吸附在金屬表面。對於保護金屬的場合，還可分爲特用於油井、石化廠、鍋爐、冷卻水管與酸洗槽之緩蝕劑；對於金屬的種類，保護鋼鐵、Cu 及其合金、Al 及其合金所需之緩蝕劑也都不同。

以電化學的角度探究緩蝕原理，可從金屬氧化與氧化劑還原的極化曲線來說明。未添加緩蝕劑時，金屬位於活化狀態，腐蝕自然發生；添加陰極型緩蝕劑後，金屬的極化曲線不受影響，但還原反應的極化程度增加，可視爲極化曲線的平移，因而改變了極化曲線的交點，其效應可如圖 5-28 所示，金屬的腐蝕電位會從 $E_{corr,1}$ 移到 $E_{corr,2}$。若 $E_{corr,2} > E_{corr,1}$，則需視 $E_{corr,2}$ 落於何區，若 $E_{corr,2}$ 在鈍化區，腐蝕電流將顯著減低，若 $E_{corr,2}$ 仍在活化區，腐蝕電流將提高，無法防蝕。

另一方面，陽極型緩蝕劑主要調整陽極極化曲線，繼而能改變兩極化曲線的交點，例如圖 5-28 所示，未添加緩蝕劑之前的腐蝕電位爲 $E_{corr,1}$，屬於活化區，但添加緩蝕劑後，陽極的峰電流與鈍化電流都降低，因此新的腐蝕電位 $E_{corr,2}$ 有可能落於鈍化區。鈍化電流降低的原因還可能來自緩蝕劑的反應產物，例如將鉻酸鹽或二鉻酸鹽加入 Fe 腐蝕的系統中，將會發生：

$$2Fe + 2CrO_4^{2-} + 2H_2O \rightarrow Fe_2O_3 + Cr_2O_3 + 4OH^- \quad (5.99)$$

$$4Fe + 2Cr_2O_7^{2-} + 2H_2O \rightarrow 2Fe_2O_3 + 2Cr_2O_3 + 4OH^- \quad (5.100)$$

除了生成 Fe_2O_3 外，產物中的 Cr_2O_3 也會加入鈍化層，共同保護底部的金屬。

欲評估緩蝕劑的效率，可比較添加前後的腐蝕速率，由於腐蝕速率正比於腐蝕電流密度，因此可定義緩蝕效率 μ_I 為：

$$\mu_I = 1 - \frac{i_{corr,2}}{i_{corr,1}} \tag{5.101}$$

若從實驗能測得超過 90% 的緩蝕效率 μ_I，則代表緩蝕劑的效果優良。然而，腐蝕的種類眾多，其嚴重性不能只憑藉腐蝕電流來評斷，所以緩蝕效率 μ_I 只是評估緩蝕效應的一環，緩蝕的持久性或藥劑用量等因素也非常重要。

§5-4-4 其他方法

事實上，初步的防蝕步驟在金屬製作的過程中即已展開，並非實地應用時才採取陽極或陰極保護法。此基本方法是指金屬加工成型後直接進行表面處理，透過塗層或覆膜的保護，即可達到防蝕目標。

第一類常用步驟是以物理方法產生塗層，塗層材料包括油漆或樹脂漆，兩者都屬於有機塗料。油漆之中含有有機溶劑，塗佈後將會逐漸揮發而留下固態薄膜，但也有一些油漆中含有固化劑，透過增溫來形成薄膜。此外，還可在油漆中添加緩蝕劑，以提升防蝕能力。若油漆對金屬的附著不佳，之後將無法防蝕，所以有時還會使用底漆以提升附著力；若漆膜存在微小的孔洞，則允許水分滲入而導致腐蝕，所以還有一些添加劑可改進漆膜的緻密性。

第二類常用步驟是以化學方法產生覆膜，例如電鍍、化學鍍、熱浸鍍、蒸鍍或濺鍍等，其細節可參考 4-2 節與 4-4 節。為了增加防蝕能力，常用的鍍層材料包括 Zn、Cr 或 Cu 等，三者皆可藉由電鍍形成，而無電鍍法則常用於製作 Cu 膜。熱浸鍍需要在金屬熔融的高溫下進行，之後再於金屬表面固化成薄膜；蒸鍍或濺鍍則需要真空環境，雖然可以產生高品質的薄膜，但所需成本較高，能加工的金屬體積也有限。此外，採用化學方法還能在金屬表面形成氧化膜或鹽膜，例如 Al 或 Mg 經過表面處理後可產生氧化層，稱為化學轉化膜（chemical conversion coating）；用於鋼材的化學轉化膜則是磷酸鹽膜，也常稱為磷化膜，多呈現黑色，但膜中有許多微孔，還需要搭配其他的處理步驟。

通常進行防蝕表面處理時，不會只採用一種方法，而是聯合以上兩類才能達到最佳效果。

§5-5　總結

金屬材料被使用後，幾乎都會發生腐蝕現象，因而消耗材料而造成經濟損失，破壞設備而導致安全危害，甚至浪費能源而衝擊自然環境。基於這些因素，制定防蝕策略或施行防蝕程序是必要的舉措，目前已開發出的腐蝕防制方法包括薄膜保護法、陽極保護法、陰極保護法和緩蝕劑添加法，主要的原理是隔絕腐蝕劑對金屬的侵害，以及強制金屬進入鈍化狀態或陰極狀態，這些方法都能有效地降低腐蝕速率。然而，防蝕的策略仍需考量實施對象、腐蝕環境與消耗能源等因素，才能適宜地達成防蝕目標。

參考文獻

[1] A.J.Bard, G.Inzelt and F.Scholz, *Electrochemical Dictionary*, 2nd ed., Springer-Verlag, Berlin Heidelberg, 2012.

[2] D.Pletcher and F.C.Walsh, *Industrial Electrochemistry*, 2nd ed., Blackie Academic & Professional, 1993.

[3] G.Kreysa, K.-I.Ota and R.F.Savinell, *Encyclopedia of Applied Electrochemistry*, Springer Science+Business Media, New York, 2014.

[4] H.Hamann, A.Hamnett and W.Vielstich, *Electrochemistry*, 2nd ed., Wiley-VCH, Weinheim, Germany, 2007.

[5] H.Wendt and G.Kreysa, *Electrochemical Engineering*, Springer-Verlag, Berlin Heidelberg GmbH, 1999.

[6] J.Newman and K.E.Thomas-Alyea, *Electrochemical Systems*, 3rd ed., John Wiley & Sons, Inc., 2004.

[7] J.Swain (2010) The then and now of electropolishing, *Surface World*, 30-36.

[8] S.N.Lvov, *Introduction to Electrochemical Science and Engineering*, Taylor & Francis Group, LLC, 2015.

[9] V.S.Bagotsky, *Fundamentals of Electrochemistry*, 2nd ed., John Wiley & Sons, Inc., Hoboken, NJ, 2006.

[10] W.Plieth, *Electrochemistry for Materials Science*, Elsevier, 2008.

[11] W.R.Whitney (1903) The corrosion of iron, *Journal of the American Chemical Society*, *25*(*4*), 394–406.

[12] Y.Bu and J.-P.Ao (2017) A review on photoelectrochemical cathodic protection semiconductor thin films for metals, *Green Energy & Environment*, *2*(*4*), 331-362.

[13] 王鳳平、康萬利、競和民，腐蝕電化學原理，化學工業出版社，2008。

[14] 田福助，電化學－理論與應用，高立出版社，2004。

[15] 吳輝煌，電化學工程基礎，化學工業出版社，2008。

[16] 郁仁貽，實用理論電化學，徐氏文教基金會，1996。

[17] 唐長斌、薛娟琴，冶金電化學原理，冶金工業出版社，2013。

[18] 徐家文，電化學加工技術：原理、工藝及應用，國防工業出版社，2008。

[19] 曹楚南，悄悄進行的破壞，牛頓出版公司，2001。

[20] 曹鳳國，電化學加工，化學工業出版社，2014。

[21] 陳利生、余宇楠，溼法冶金：電解技術，冶金工業出版社，2011。

[22] 陳治良，電鍍合金技術及應用，化學工業出版社，2016。

[23] 楊綺琴、方北龍、童葉翔，應用電化學，第二版，中山大學出版社，2004。

[24] 謝德明、童少平、樓白楊，工業電化學基礎，化學工業出版社，2009。

[25] 鮮祺振，金屬腐蝕及其控制，徐氏文教基金會，2014。

第六章
電化學應用於能源科技

§ 6-1　一次電池

§ 6-2　二次電池

§ 6-3　燃料電池

§ 6-4　液流電池

§ 6-5　熱電池

§ 6-6　染料敏化太陽電池

§ 6-7　電化學電容

§ 6-8　總結

自 Isaac Newton 建立了古典力學之後，有一段期間，科學家大多以力量來說明物理現象；同時代的 Gottfried Leibniz 則曾提出另一種物理概念，表示爲質量與速度平方的乘積，類似後人所知的動能，但直到 1807 年，Thomas Young 才在倫敦皇家學會的演講中才首次使用了能量（energy）這個術語。之後，de Coriolis 在 1829 年提出了功與動能的概念；在 1853 年，William Rankine 則是提出了位能的術語。再經過了 William Thomson（後封爲 Lord Kelvin）、Rudolf Clausius、Nicolas Carnot 等人的努力，建立了熱力學定律，才使能量概念逐漸清晰。然而，能量是否屬於一種物質，或只是一個獨特的物理量，物理學界曾有爭論，且一度以爲獲得釐清，直至 Albert Einstein 發表狹義相對論後，從所推得的 $E = mc^2$ 公式中，才發現質量與能量爲本質相同的物理量。此結果代表自然界中的現象，皆可使用質量或能量的變化來敘述，例如電磁學中的現象可用電力或磁力說明，也可使用電磁能來描述。尤其從古典物理的力量與質量觀念發展成近代物理的場與能量概念後，能量已成爲各研究領域中的普遍術語，也因而產生如熱能、機械能、輻射能、化學能或核能等名稱，而這些不同形式的能量，皆依存於質能守恆定律的規範下。

在 Einstein 發表狹義相對論之前，質量守恆與能量守恆是分開討論的兩件事實，前者是由 Mikhail Lomonosov 和 Antoine Lavoisier 分別獨立發現，後者則由 de Coriolis、Mohr 與 von Mayer 逐漸建立。20 世紀後，理論物理開始使用對稱性的概念，認爲物理定律若不隨時間而變，表示它們對於時間具有某種對稱性，因此透過 Emmy Noether 的研究，成功解釋了對稱性和守恆定律之間的關聯，後人稱爲 Noether 定理，適用於質量、能量與動量等概念，但可也解釋物理系統對於時間平移無對稱性時，則其能量不守恆。

上述各種不同形式的能量都會搭配各自的載體，這些載體與內涵的能量則可稱爲能源。取得能源後，經過某種程序，可將內含能量從一種形式變換成多種形式，且在時間對稱性的前提下符合能量或質能守恆定律。依據能量的載體類型，可以將能源大略分爲三種型式：

1. 地球外的能源：目前影響地球最多的爲太陽，因此來自太陽的能源統稱爲太陽能。太陽的能量則由核聚變（或稱爲核融合）產生，再以輻射的方式將能量傳至外部。
2. 地球內的能源：從地球形成後，在地殼、地函和地核中已儲存許多能源，例如地熱能與放射性物質的輻射能。
3. 地球內外作用而產生的能源：陽光持續照射地球後，將被空氣、海洋、土壤與植物吸收，再透過物理或化學變化而轉成其他形式的能量，例如風能或化學能等。此外，地球上的物質也會受到其他天體的引力場作用，因而取得能量，例如潮汐能。

無論能源屬於上述中的何種形式，人類使用時還可區分爲直接型與轉換型。前者如太陽能、核能、風能、地熱能或生質能等，又可稱爲一次能源；後者如電能、汽油、煤或天然氣等，必須藉由人工程序才能生成，又可稱爲二次能源。此外，還可依照能源補充的週期而分成再生能源與非再生能源，前者可在短時間內重新獲得，例如太陽能或水力能，後者則需要極爲長久的時間才能取得，例如石油或煤。

上述各式能源可以藉由化工程序或核反應而互相轉換，例如開採出的化石燃料可視爲化學能的載具，之後送入加熱爐內進行反應，將部分化學能轉變成熱能而釋出，這些熱量可用來加熱水而形成高壓蒸汽，蒸汽的壓力能又可用於推動渦輪機而轉變成機械能，此機械能再用來運作發電機而轉成電能。總結此程序，原料爲燃料與空氣，產物爲電能與廢氣，淨效應可視爲化學能轉變爲電能，但這只是化學能轉電能的其中一例。在 1800 年，Volta 發明的伏打電池則是另一種案例，過程中不涉及燃燒，也可以將化學能轉成電能，而且屬於高效率的轉換方法。由於製造或操作電池的技術牽涉電化學，所以電化學工程與能源科技密切相關，尤其在開發新能源的過程中，有許多研究課題都圍繞著電化學。

當前能源科技的發展趨勢中，雖然可發現石化燃料、水力與核能等一次能源具有顯著的貢獻，但預期 2050 年時，全球使用的能源將會有 50% 來自於再生能源。在這段轉換的期間，煤炭應該會扮演過渡能源，所以潔淨煤技術、煤液化技術與煤氣化技術可能被採用，而且新能源也將被探勘，例如海洋中蘊含豐富的甲烷水合物，其藏量甚至可能超過石油、天然氣與煤碳的總和，唯有開採技術仍待研發。同時，能源節約技術也將被持續研究，預期能將總需求量降低 25～30%。

在再生能源方面，已廣獲重視者包括太陽能、風能、生質能與氫能。由於地球每年接收的太陽能多達 6×10^{17}kW·h，但植物只能吸收其中的 0.015%，所以非常值得發展太陽能的應用技術，目前正在研發的方法包括太陽光熱技術、太陽光電技術與光催化技術。雖然太陽能轉換時不會製造汙染，但太陽能無法連續取得，分布不均勻，不能儲存與運送，又因太陽輻射的功率密度低，致使轉換裝置的占地面積大且成本高，轉換效率也不高，這些因素使太陽能的應用面臨瓶頸。此外，地球上每年透過光合作用產生的生物總質量約爲 180 Gt，相當於全世界每年消耗能量的 10 倍，所以生質能也是值得考慮的再生能源。在氫能方面，燃燒氫氣（H_2）的放熱量爲 14235

kJ/kg，是汽油的 3 倍，而且燃燒後不會汙染環境，還可用於燃料電池（fuel cell），相對於太陽能更易儲存，氣態、液態或固態型式的儲存皆可實施，也便於運送，所以氫能被視為最理想的能源。然而，使用化石燃料生產 H_2 會伴隨大量的 CO_2，而且目前可得的儲氫材料也只有約 2% 的儲存能力，使用高壓儲氫時又必須消耗許多能量，運送或儲存時的洩漏量高達 15%，洩漏之後則易產生爆炸，這些都是發展氫能技術的隱憂。

即使如此，將氫能技術結合電化學工程之後，或許可以解決上述困難。例如燃料電池也可以將化學能直接轉換成電能，且轉換效率高。目前進展最快的是質子交換膜燃料電池（proton-exchange-membrane fuel cell，簡稱 PEMFC），一些國家已經設立加氫站，藉以推行 PEMFC 公車。未來若要大規模使用氫能，還需要發展生物產氫或太陽能產氫技術；而太陽能與風能如欲有效利用，還需透過二次電池或電化學電容的輔助。最終的目標將以太陽能輔助生物或水分解出 H_2，以作為燃料電池的反應物，過程中產生的 CO_2 與 H_2O，可以透過植物的光合作用來收集，達成太陽能、生質能與氫能的循環，在這些程序中，電化學工程必將扮演關鍵的角色。因此，在本章中，將會陸續介紹幾種化學能的載具，包括一次電池、二次電池、燃料電池與電化學電容等（圖 6-1），並且說明化學能轉換成電能的過程，同時也將闡述從電能回復成化學能的逆向程序。

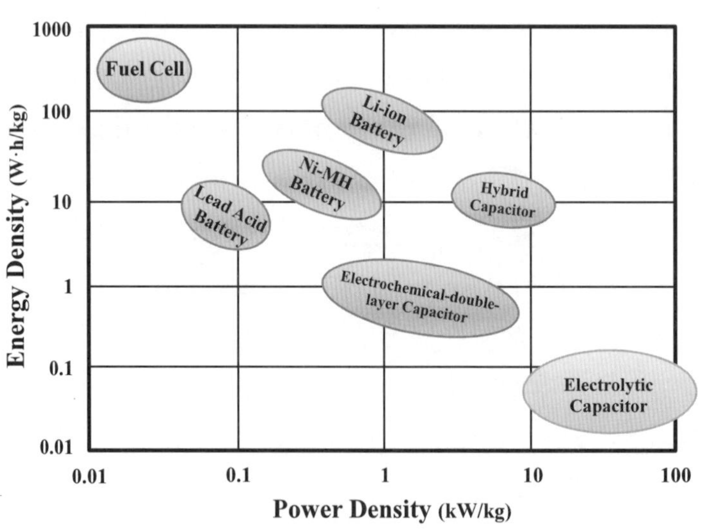

圖 6-1　電化學能源技術的特性

§6-1　一次電池

只能使用一次的電池稱爲一次電池（primary cell），其內部反應偏向不可逆，內部的活性成分不斷消耗後，將無法再輸出電能，因此放電完即被棄置。一次電池的起源可追溯至 18 世紀末，約於 1780 年代，義大利科學家 Luigi Galvani 進行青蛙解剖的實驗時，偶然發現蛙腿的肌肉在收縮，所以之後發表一篇《電流在肌肉運動中所起作用》的論文，文中提出生物體存在神經電流物質（nerveo-electrical substance）的構想。此篇論文發表後，學術界興起電化學領域的研究。Galvani 所提出的創見來自於某種動物電（animal electricity），有別於自然界出現的閃電或機械導致的摩擦起電，因爲動物電必須透過金屬探針來活化。然而，同時期的科學家 Alessandro Volta 不表贊同，他反從金屬材料的角度切入研究，隨後製作出 Cu 和 Zn 組成的伏打電堆（Voltaic pile），成爲科學史上第一個連續產生電流的裝置，同時也解釋了 Galvani 觀察到的蛙腿肌肉收縮僅來自於兩種金屬構成的托盤和刀片連接。

伏打電池原本一直被視作化學能轉換成電能的首次應用，但到了 1938 年，任職於伊拉克國家博物館的 Wilhelm König 在館藏中發現一件廣口陶瓶，並在 1940 年發表一篇文章推測此物屬於一種電池，極有可能用來替器具表面鍍上金屬。這件古物的結構如圖 6-2 所示，高度約爲 5 英吋，瓶口直徑約爲半英吋，瓶內放置一個由 Cu 片捲曲而成的圓柱，Cu 柱之中還有一條 Fe 棒。在頂端，Fe 棒和 Cu 柱被瀝青做成的塞子隔開並固定；在瓶內，Fe 棒和 Cu 柱也不接觸，因此推測它們爲某種電池的正負極。當檸檬水、葡萄汁或醋被加入廣口瓶後，就能組成簡單的電池，並發生電化學反應且產生電流。由於這件古物是在巴格達附近被發現，故稱爲巴格達電池，使用的時代大約早於 Volta 電池一千多年，但直至今日，巴格達電池仍然只能視爲一種假說。

在 19 世紀前半葉，電化學的理論面正處於發展期，但實務面卻已出現更多的成果。自從伏打電池問世後，科學家在操作期間發現許多問題，例如電極腐蝕、電壓不穩定，以及電流輸出不持久，致使電能的應用僅限於實驗室，無法普及於民生。因爲伏打電池運作時，Cu 板會逐漸附著 H_2，導致極化現象，使電池難以繼續使用。之後，英國化學家 John Daniell 嘗試使用素陶板分隔兩個電極，在隔開的兩區內分別加入硫酸鋅（$ZnSO_4$）和硫酸銅（$CuSO_4$）溶液，以避免 H_2 產生，暫時解決了極化的問題，後人稱其爲 Daniell 電池，此概念延用至今，但素陶隔板已被多孔薄膜取代。

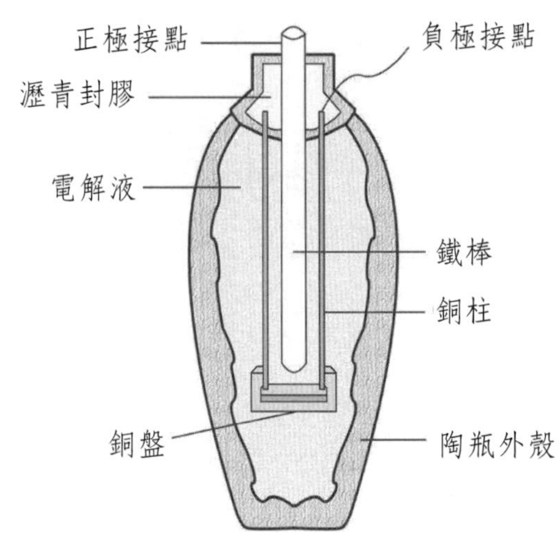

圖 6-2　巴格達電池的結構猜測

資料來源http://www.ancient-origins.net/ancient-technology/was-baghdad-battery-medical-device-001443

同時代的英國物理學家 William Grove 則發明了硝酸電池，電動勢約為 1.8 V，可產生大電流，曾被當時的電報通訊業採用，但因反應後會洩漏危險氣體，後來仍被停用；Grove 還發明了氣體電池，是目前磷酸燃料電池的雛型。在法國方面，科學家 Georges Leclanché 於 1886 年發明了鋅錳電池，後人稱為 Leclanché 電池，主要材料包括碳粉和二氧化錳粉（MnO_2），兩者皆被填入素陶容器，並插入碳棒作為正極，素陶容器與作為負極的 Zn 棒則共同放置於氯化銨（NH_4Cl）溶液中。從電池結構來觀察，Daniell 電池的正負極位於兩端，但 Leclanché 電池的兩極則分屬內外，所以除了材料，結構的創新也是 Leclanché 電池的特色。電池操作時，MnO_2 會和碳棒上產生的 H_2 迅速反應成 H_2O，因此稱為去極化劑（depolarizer）。雖然 Leclanché 電池屬於溼式電池，但所用材料已成為乾電池（dry cell）的基礎。由於 Leclanché 電池易壞且過重，德國的 Carl Gassner 改用 Zn 罐，並填入 MnO_2 粉，置入被紙袋包覆的碳棒，最後再用柏油密封，製成比較安全的乾電池，由此開始電池才得以深入民生。

尤其到了 20 世紀後半葉，電子產品進步成可攜式，所以對於移動式電源的需求大幅增加。一次電池隨買隨用，非常適合攜帶式電器，用畢即可棄置或回收，非常便利，但仍需注意，對一次電池充電是不可行的策略，因為充電時可能引發溶液洩漏、電池發熱或起火爆炸。一次電池產品的生命週期歷久不衰，全球市場至今仍可達到 200 億美元的規模，是重要的能源產業，而且未來仍將占據重要地位。表 6-1 中列出一次電池發展史中曾經出現的重要產品類型，也簡述其特性與優缺點。以下則將分成數個小節詳述。

表 6-1　一次電池之特性與優缺點

類型	優點	缺點
鋅錳電池（中性）	■ 開路電壓為 1.5～1.8 V ■ 不會氣脹與漏液 ■ 使用便利	■ 功率密度較低 ■ 自放電 ■ Zn 電極會自腐蝕
鹼性電池	■ 放電容量增大 ■ 功率密度提高	■ 自放電 ■ Zn 電極會自腐蝕
鋅銀電池	■ 開路電壓可達 1.85 V ■ 能量密度是目前已知電池中的最高者	■ 難以承受過度放電與充電
鋰電池	■ 電壓高 ■ 能量密度高 ■ 可進行大電流放電 ■ 可在 0°C 以下操作 ■ 低自放電	■ Li 金屬易腐蝕 ■ 必須採用非水溶劑 ■ 電極會膨脹

§6-1-1 鋅錳電池

在電池發展歷史中最悠久且至今仍被廣泛使用的是鋅－二氧化錳（Zn-MnO_2）電池，常簡稱爲鋅錳電池，因爲電池內採用的電解液常製作成凝膠狀，或被吸收在隔離膜中而不流動，所以又常稱爲乾電池，其開路電壓（open circuit voltage）約爲 1.5～1.8 V。開路電壓是指電池的正負極並未接通下所測得的電壓，其值決定於兩極的活性成分與電解液組成；當兩極接上某個負載而連通時，所測得的電壓稱爲閉路電壓，也稱爲放電電壓與工作電壓，其值將小於開路電壓，因爲電池內的極化現象將會消耗能量。

鋅錳電池又分爲中性與鹼性兩種，中性電池是以 NH_4Cl 或 $ZnCl_2$ 爲電解液，可分別稱爲銨型和鋅型電池，鹼性電池則使用 KOH；若依其隔離膜的類型，又可分爲糊式電池和紙板電池；依其外型，則可分爲圓柱或非圓柱電池。但以下將只分成銨型、鋅型與鹼性三類鋅錳電池，以便於討論其電化學反應：

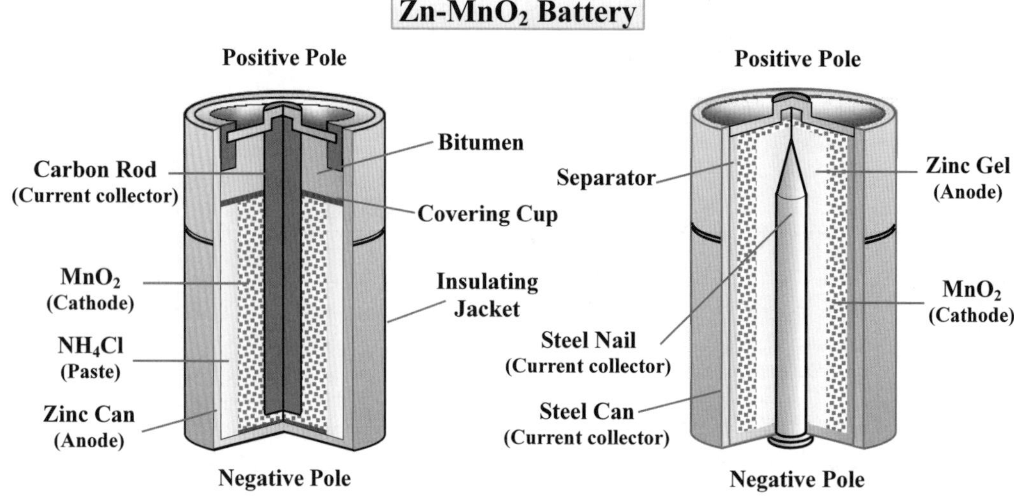

圖 6-3　鋅錳電池的結構

1. 銨型電池

其負極反應爲：

$$Zn \rightarrow Zn^{2+} + 2e^- \quad (6.1)$$

而正極反應則有多種可能，包括：

$$MnO_2 + H^+ + e^- \rightarrow MnOOH \quad (6.2)$$

$$MnO_2 + NH_4^+ + e^- \rightarrow MnOOH + NH_3 \quad (6.3)$$

$$2MnO_2 + Zn^{2+} + 2e^- \rightarrow ZnO \cdot Mn_2O_3 \quad (6.4)$$

在電解液中，則可能發生沉澱反應或歧化反應（disproportionation）：

$$Zn^{2+} + 2NH_4Cl \rightarrow Zn(NH_3)_2Cl_2 + 2H^+ \quad (6.5)$$

$$2MnOOH + 2H^+ \rightarrow MnO_2 + Mn^{2+} + 2H_2O \quad (6.6)$$

$$2MnOOH + 2NH_4^+ \rightarrow MnO_2 + Mn^{2+} + 2H_2O + 2NH_3 \quad (6.7)$$

2. 鋅型電池

其負極反應仍爲（6.1）式，但正極反應則包括：

$$MnO_2 + H^+ + e^- \rightarrow MnOOH \quad (6.8)$$

$$MnO_2 + Zn^{2+} + 2e^- \rightarrow ZnO \cdot Mn_2O_3 \quad (6.9)$$

在電解液中的反應爲：

$$Zn^{2+} + 2H_2O \rightarrow Zn(OH)_2 + 2H^+ \quad (6.10)$$

$$4Zn(OH)_2 + ZnCl_2 \rightarrow ZnCl_2 \cdot 4Zn(OH)_2 \quad (6.11)$$

在上述兩類電池中，其正極附近的 pH 皆會持續升高，所以電池的反應將受影響，而且銨型電池會產生 NH_3，使電池氣脹，但鋅型電池無此現象。此外，銨型電池還會產生 H_2O，因而導致漏液，鋅型電池也無此現象。兩種電池都可能出現沉澱物，但銨型電池會產生較緻密的$Zn(NH_3)_2Cl_2$，使內電阻增高，而鋅型電池則產生較疏鬆的$ZnCl_2 \cdot 4Zn(OH)_2$，內電阻增加不多。

3. 鹼性電池

由於使用 KOH 作爲電解液，故其負極反應應包括以下步驟：

$$Zn + 4OH^- \rightarrow Zn(OH)_4^{2-} + 2e^- \quad (6.12)$$

$$Zn(OH)_4^{2-} \rightarrow Zn(OH)_2 + 2OH^- \quad (6.13)$$

$$Zn(OH)_2 \rightarrow ZnO + H_2O \quad (6.14)$$

當 pH 值較高時，負極反應的產物多爲 ZnO；溫度較高時，也傾向於生成 ZnO。但 $Zn(OH)_2$ 的溶解度較高，溶解後可協助陽極區的遷移現象。另一方面，電池的正極反應爲：

$$MnO_2 + H_2O + e^- \rightarrow MnOOH + OH^- \quad (6.15)$$

鋅錳電池在發展過程中，主要從銨型電池轉變成鋅型電池，再逐步轉換爲鹼性電池。Leclanché 將 Zn 棒和 MnO_2 粉裝入多孔陶瓷瓶，再插入裝有NH_4Cl溶液的玻璃瓶中，製作出第一個鋅錳電池。Gassner 則使用熟石膏和$ZnCl_2$的混合物，使電解液變得濃稠而難以流動，電池即便倒置也不會漏液，而且使用$ZnCl_2$還可避免氣脹，後稱爲糊式鋅錳電池。到了 1960 年代，又開發出以 KOH 爲電解液的鹼性鋅錳電池，大幅提高了體積比容量和放電電流密度。

糊式鋅錳電池中不使用隔離膜，因爲難以流動的電解液可兼作隔離層，但兩電極的間距較大，通常爲 2.5～3.5 mm。之後，紙板電池被開發出，改以紙作爲隔離層，兩極間距降爲 0.15～0.20 mm，可使 MnO_2 粉的塡充空間增大 35%，兩極接觸面積提升 15% 以上，進而提高電池性能。鹼性鋅錳電池則沿用此構想，使用木質纖維製成的耐鹼隔膜，可使兩極間距更近，達到 80～130 μm。

對於中性圓柱形電池，容器爲兼作負極材料的鋅筒，而正極的集流體（current collector）爲置於中心的碳棒，活性成分爲 MnO_2 粉，與鋅筒間以電糊層或紙板隔開，亦即負極在外正極在內。但發展至鹼性電池後，則改採相反的結構，亦即正極在外負極在內，因爲正極的導電性較弱，放置於外側可擁有較大的面積，以降低電流密度，並提高功率密度。負極處則使用比表面積大的鋅粉，以表面積小的銅針爲集流體，可避免析出過多的 H_2。正極的集流體則爲不鏽鋼筒，並兼作容器。此外，爲了符合高電壓使用，可將方形紙板鋅錳電池堆疊再串聯，而成爲疊層式結構；對於微型電子產品，常需要使用薄型電池，因此鋅錳電池也可改成鈕扣式結構，通常將正極置於外殼底部，而負極置於頂部，兩極以隔離膜分開。

MnO_2 的結構複雜，具有多種晶形，其中的 γ-MnO_2 和 ε-MnO_2 可作爲正極材料。放電時，反應如（6.15）式，從水分子解離出的 H^+ 將進入 MnO_2 的晶格中，轉變成 OH 基，Mn 則捕捉電子，於是在顆粒內出現界面，界面以外是 MnOOH，以內仍是 MnO_2 晶格，繼續放電後，界面往內部移動，整體過程受到 H^+ 質傳的限制。而 MnOOH 則可繼續還原：

$$MnOOH + H_2O + e^- \rightarrow Mn(OH)_2 + OH^- \quad (6.16)$$

以浸泡於 KOH 中的 γ-MnO_2 爲例，MnO_2 的放電反應具有可逆性，而 MnOOH 的放電反應則不具可逆性，所以會破壞正極的充電特性。進行充放電時，H^+ 會在電極中嵌入（intercalation）與脫出（deintercalation），而 K^+ 離子也會嵌入 MnO_2 晶格中，形成 K_xMnO_2，使表面覆蓋不穩定的成分。一般的鹼性電池大約只能進行 25 次充放電循環，因為 Zn 負極在鹼中會氧化而自放電，或與溶解的 O_2 反應成 ZnO，之後還會形成枝晶（dendrite）而導致短路。此外，三價的 Mn 可能出現歧化反應而轉變成四價和二價狀態，引起晶體結構的不可逆變化，K^+ 的共嵌入也會改變晶體結構，這些缺點都導致了鹼性電池不能達到二次電池的市場需求，無法與鎳氫電池競爭，只適合作為一次電池。

在電池的負極部分，儘管 Zn 的極化現象不明顯，但腐蝕與氣脹卻可能使電池特性劣化。在鹼性環境中，Zn 的自腐蝕可表示為：

$$Zn + 2H_2O + 2OH^- \rightarrow Zn(OH)_4^{2-} + H_2 \tag{6.17}$$

所以電池中必須添加緩蝕劑。過往曾使用汞（Hg）作為緩蝕劑，因為可以形成鋅汞齊（Zn-Hg），迫使析出 H_2 的過電壓提高，繼而減低腐蝕速率，但 Hg 對環境有害，各國已不使用，今已改採無 Hg 緩蝕劑。例如加入銦（In）也可提高析出 H_2 的過電壓，且 In 和 Zn 可形成合金，使 Zn 粉與集流體的接觸更好，連帶提升了電池的耐衝擊性；加入鉛（Pb）或鎘（Cd）也可以提高析出 H_2 的過電壓，但這兩者也會汙染環境；加入稀土元素也有緩蝕效果；加入金屬的氧化物或氫氧化物則可和 Zn 粉製成 Zn 膏，亦可減少 H_2 的析出量；加入界面活性劑也有助於緩蝕，因為極性端會吸附在 Zn 粉上，非極性基團則朝外而形成疏水表面，阻止水分子接觸 Zn。

§6-1-2 鋅銀電池

另一種鹼性電池也是從 19 世紀開始發展，是由鋅（Zn）和氧化銀（AgO 或 Ag_2O）構成，簡稱為鋅銀電池或氧化銀電池，其特點是開路電壓、能量密度與功率密度皆高，且自放電小，儲存壽命長。雖然此電池可再充電，但循環特性不好，故仍歸類為一次電池。早期的鋅銀電池曾遭遇技術瓶頸，無法獲得廣泛使用，主要原因為氧化銀微溶於鹼液，會從正極往負極析出而形成 Ag 的枝晶，如同電子的橋梁，容易導致兩極短路；另一原因則是 Zn 電極在鹼液中溶解快速。在 1941 年，法國的 Henri André 開發出可充電的鋅銀電池，其中使用了玻璃紙作為隔離膜，有效抑制銀橋效應，同時他還使用多孔 Zn 電極和少量的 KOH，以降低 Zn 的腐蝕速率，因此成功地製作出可實用的鋅銀電池。

由於鋅銀電池的能量密度優於鋰電池，所以曾在航空或軍事領域中獲得使用，甚至還用於太空航行中，例如蘇聯在發射 Sputnik 衛星時使用過鋅銀電池，而美國的 Apollo 登月計畫中亦曾用過，和氫氧燃料電池互相搭配。之後，電子產業興起，電池必須小型化，因而發展出鈕扣式鋅銀電池，可用於計算機與手錶。

鋅銀電池的負極反應可能為：

$$Zn + 2OH^- \rightarrow ZnO + H_2O + 2e^- \quad (6.18)$$

$$Zn + 2OH^- \rightarrow Zn(OH)_2 + 2e^- \quad (6.19)$$

其中 $Zn(OH)_2$ 可能屬於非晶型或 ε 晶型，前者易溶解，後者則較穩定。產物為 ZnO 時，其標準電位為 –1.260 V；產物為 $Zn(OH)_2$ 時，其標準電位為 –1.249 V。正極的部分則包括二價或一價銀的還原，目前商用者多為一價氧化物，其反應分別為：

$$2AgO + H_2O + 2e^- \rightarrow Ag_2O + 2OH^- \quad (6.20)$$

$$Ag_2O + H_2O + 2e^- \rightarrow 2Ag + 2OH^- \quad (6.21)$$

（6.20）式的標準電位為 0.607 V，而（6.21）式的標準電位為 0.345 V。若使用二價銀作為正極材料，鋅銀電池的開路電壓可達 1.85 V；使用一價銀時，開路電壓則為 1.60 V。上述反應皆可逆向進行，所以鋅銀電池也能充電。然而，Ag_2O 的導電性不佳，必須加入石墨以降低電阻，但也因此減少了正極材料的填充密度。

在含 Ag 材料的發展歷程中，雖然也曾嘗試過 Ag_2O_3，但它在鹼性溶液中不穩定，所以之後仍以 Ag_2O 和 AgO 為主。將 KOH 或 NaOH 加入含有 Ag^+ 的溶液中，可製備出 Ag_2O，但加入過錳酸鉀（$KMnO_4$）等強氧化劑後，則會產生 AgO。Ag_2O 會逐漸溶解在鹼性溶液中，溶解的速率隨 pH 而增快，所形成的離子為 $Ag(OH)_2^-$ 或 AgO^-，擴散至 Zn 電極後，將可能形成導致短路的銀橋。AgO 的電阻率比 Ag_2O 高非常多，也會溶解在鹼性溶液中，在鋅銀電池中還會自分解：

$$AgO + Ag \rightarrow Ag_2O \quad (6.22)$$

$$4AgO \rightarrow 2Ag_2O + O_2 \qquad (6.23)$$

（6.22）式和（6.23）式分別是固相與液相的分解反應，但在室溫下速度不快，所以作爲電極不致發生嚴重的自放電，但也無法長期存放。此外，AgO 進行高倍率放電時，因爲會出現兩階段還原，先從二價變成一價，再成爲零價，故不適合用於要求電壓精準的場合，但 Ag_2O 的放電電壓平穩，電流效率接近 100%，且生成 Ag 後可提高電極的導電度，進而減輕極化現象。

然而，鋅銀電池難以承受過度放電與充電，因爲充電過度時，H_2O 被電解成 H_2 與 O_2，會破壞隔離膜，加速離子的遷移，並且促使 Zn 的枝晶成長，嚴重時將會刺穿隔離膜而導致短路；另一方面，當放電過度時，氧化銀電極上可能鍍出 Zn 層，堵塞電極的微孔，使電池失效。

鋅銀電池中所使用的隔離膜直接影響電池的壽命，實際使用時會將四層材料組合。第一層材料稱爲氧化銀電極隔離膜，具有高潤溼性、多孔性與化學鈍性，可避免其他層隔膜被溶解出的$Ag(OH)_2^-$或分解出的 O_2 破壞，常用材料包括 Nylon 與聚丙烯（polypropene）等。第二層材料是銀阻隔物，以避免$Ag(OH)_2^-$等離子移動到 Zn 電極，但卻必須允許 K^+ 或 OH^- 通過，常用材料包括玻璃紙與纖維素膜等。第三層材料是枝晶阻隔物，可避免 Zn 電極產生的枝晶接近氧化銀電極，因而能防止短路。第四層材料爲 Zn 電極隔離膜，也稱爲負極包裝紙，因爲反應形成的 ZnO 爲粉狀，易脫落，包裝後可提升機械強度，且可維持電極表面潤溼，常用材料爲棉紙。上述四層材料皆需具備抗鹼性與抗氧化性，而且還需要高潤溼性與低電阻率。

由於鋅銀電池的能量密度是目前已知電池中的最高者，所以非常適合製作成薄型或鈕扣型電池。圖 6-4 顯示了鈕扣型鋅銀電池的結構，其外殼爲不鏽鋼，可分爲兩部分，上殼與下殼不接觸，以絕緣墊圈相隔，此墊圈還可防止電解液洩漏。電池的底部放置 Ag_2O 與石墨混合物的正極材料，石墨可提升導電性，正極的上方緊貼著隔離膜，隔離膜的上方則爲 Zn 負極，爲了避免氣脹現象，還必須製成汞齊凝膠，以保持上殼與負極的接觸。

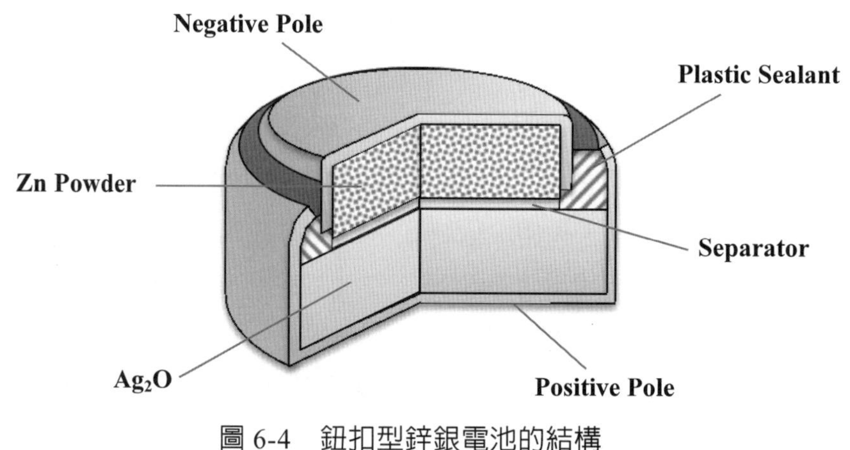

圖 6-4　鈕扣型鋅銀電池的結構

§6-1-3 一次鋰電池

以金屬鋰（Li）作爲負極的電池可總稱爲鋰電池（lithium battery），有別於鋰離子電池（lithium-ion battery）。Li 擁有最小的電負度，也是最輕的金屬元素，理論上最適合作爲負極材料。但金屬 Li 和 H_2O 接觸後，會發生劇烈的反應，所以 Li 用於電池時，必須採用非水溶液電解質。早期進行鋰電池研究時，都遭遇到電極材料快速腐蝕的問題，沒能發展成實際商品，但在 1971 年，日本松下公司解決了材料問題，成功研發出 $Li/(CF_x)_n$ 電池，成爲衆所矚目的產品，之後在 1976 年，日本三洋公司也發展出 Li/MnO_2 電池。美國則在 1971 年開始生產 Li/SO_2 電池，主要用於軍事，法國也在 1978 年出售 $Li/SOCl_2$ 電池。目前還在研發的類型包括高能量密度的鋰硫電池、可應用於電動車的鋰空氣電池，以及高功率密度的鋰水電池。鋰電池的優點包括：

1. 電壓高達 3.0 V 以上。
2. 比鋅電池之能量密度高 2～4 倍。
3. 可以進行大電流放電。
4. 採用非水溶液電解質可操作在 –40～70°C 的範圍。
5. 放電電壓平穩。
6. 鋰電極的表面易鈍化，可阻止鋰電極的溶解，因而具有較低的自放電和較長的儲存壽命。

但這類電池的缺點是 Li 的價格高，而且必須使用非水溶液電解質，使電池內部的導電率較低，電流密度較小，唯有放大電極面積，才能應用於中高電流的電器，故多製作成捲筒狀的圓柱形電池。當電極表面形成緻密的鈍化膜後，輸出電壓還會下降，必須經過一段時間後才能恢復，此爲電壓滯後現象（voltage hysteresis）。其他的缺點還包括電池若操作在短路、過充電或高溫等情形，可能會發生爆炸，有安全顧慮。

目前已開發出的一次鋰電池包括 Li/SO_2 電池、Li/MnO_2 電池、$Li/SOCl_2$ 電池、$Li/(CF_x)_n$ 電池和 Li/FeS_x 電池等，依所使用的電解質類型還可分爲有機電解質電池和無機電解質電池。常用的有機溶劑包括碳酸丙烯酯（$C_4H_6O_3$，propylene carbonate，簡稱 PC）、碳酸乙烯酯（$C_3H_4O_3$，ethylene carbonate，簡稱 EC）、丁內酯（butyrolactone，簡稱 BL）、四氫呋喃（$(CH_2)_4O$，tetrahydrofuran，簡稱 THF）、乙腈（CH_3CN，acetonitrile，簡稱 AN）與乙二醇二甲醚（$C_4H_{10}O_2$，dimethoxyethane，DME）等，可用的無機溶劑則包括亞硫醯氯（$SOCl_2$）和硫醯氯（SO_2Cl_2），常用的溶質則包括過氯酸鋰（$LiClO_4$）、六氟磷酸鋰（$LiPF_6$）和六氟砷酸鋰（$LiAsF_6$）等。

表 6-2　已開發的一次鋰電池

電池類型	正極材料	電解質	開路電壓	特點
Li/MnO_2	固態 MnO_2	有機電解液	3.0 V	第一種商品化的鋰電池
Li/I_2	P_2VP/I_2	固態電解質	3.0 V	屬於固態電池
Li/SO_2	SO_2	LiBr/AN/PC	2.95 V	需要洩壓
$Li/SOCl_2$	$C/SOCl_2$	$LiAlCl_4/SOCl_2$ $AlCl_3/SOCl_2$	3.65 V	能量密度高、儲存壽命長
$Li/(CF_x)_n$	固態 $(CF_x)_n$	$LiBF_4$/ 有機電解液	3.2 V	放電時體積膨脹大
Li/FeS_x	C/FeS_x	LiI/ 有機電解液	1.5 V	可取代水溶液電池

以下將以不同的正極材料分別說明：

1. Li/MnO_2 電池

此類型是第一個商品化的鋰電池，常被簡稱爲鋰錳電池，其電壓可高達 3 V，能量密度約爲 230 W·h/kg，儲存壽命長。正極材料爲經過熱處理的固態 MnO_2，其放電反應爲：

$$MnO_2 + Li^+ + e^- \rightarrow MnOOLi \qquad (6.24)$$

而負極爲金屬 Li，放電時的反應爲：

$$\mathrm{Li} \rightarrow \mathrm{Li}^{+} + e^{-} \qquad (6.25)$$

放電後將生成 Li^{+}，再擴散到正極，並嵌入 MnO_2 晶格中，繼而生成 MnOOLi。MnO_2 材料擁有 α、β、γ 三種晶體，放電特性都不相同，其中以 γ-MnO_2 最佳，α-MnO_2 最差。Li/MnO_2 電池的電解液通常是含有 $LiClO_4$ 的 DME 和 PC 之混合物，兩者的體積比爲 1：1。Li/MnO_2 電池的開路電壓約爲鹼性電池的兩倍，能量密度約爲鹼性電池的 5 倍，自放電率低，可放置 5 年以上，且 MnO_2 無危害性、價格低、製作程序簡單，便於生產，因此是目前產量最大的一次鋰電池。

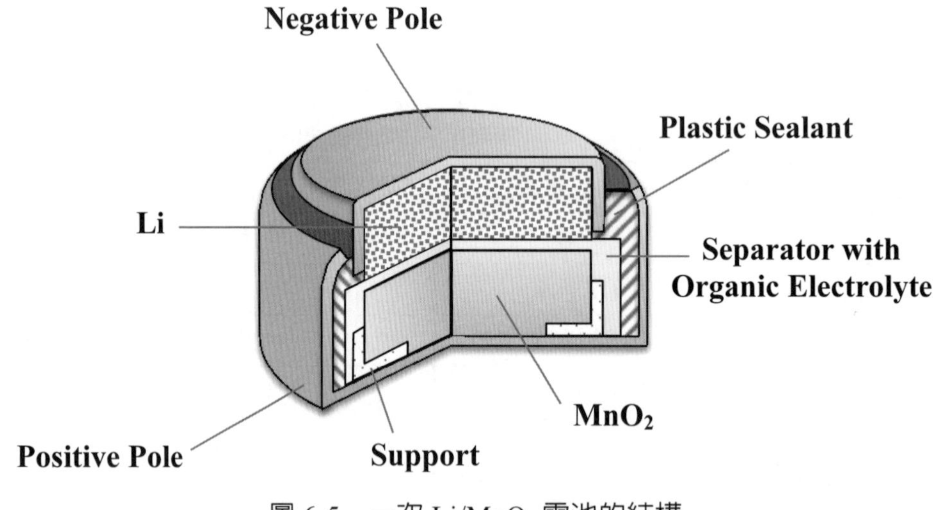

圖 6-5　一次 Li/MnO_2 電池的結構

2. Li/I_2 電池

此類型是目前最成熟的固態電解質鋰電池，正極材料是添加聚合物的 I_2，最常用的是聚 2 乙烯基吡啶（poly(2-vinylpyridine)，簡稱 P2VP），可提升導電度。放電時，負極反應仍爲（6.25）式，正極的反應則可表示爲：

$$\mathrm{P2VP} \cdot n\mathrm{I}_2 + 2\mathrm{Li}^{+} + 2e^{-} \rightarrow \mathrm{P2VP} \cdot (n-1)\mathrm{I}_2 + 2\mathrm{LiI} \qquad (6.26)$$

所生成的 LiI 會沉澱而成為兩極的隔離膜，但 LiI 的厚度增加後，電阻也會增大，使放電的電壓不平穩，是此類電池的缺點。其優點則包括儲存壽命可超過 10 年，能量密度可達 1000 W·h/dm^3，自放電小。由於 Li/I_2 電池的價格高，目前多作為醫療設施用電源。

3. Li/SO_2 電池

此類電池的正極屬於可溶性，不同於 MnO_2，特點是可在低溫下操作，主要作為軍用電源。其正極反應為：

$$2SO_2 + 2Li^+ + 2e^- \rightarrow LiS_2O_4 \tag{6.27}$$

負極反應則同於（6.25）式。此類鋰電池發展較早，電解液是含有 LiBr 的 AN 和 PC 之混合物，而 SO_2 亦溶解於其中。Li/SO_2 電池放電時，開路電壓約為 2.95 V，且能維持平穩，能量密度達到 330 W·h/kg，其他優點相同於 Li/MnO_2 電池。其缺點包括 LiS_2O_4 鈍化膜所導致的電壓滯後現象，以及 SO_2 氣化後造成內壓升高，因此電池外殼必須設有氣閥以便於排氣降壓。

4. Li/$SOCl_2$ 電池

其正極之集流體為碳材，其中承載了 $SOCl_2$，此活性成分屬於溶液態，放電時的反應為：

$$2SOCl_2 + 4Li^+ + 2e^- \rightarrow 4LiCl + SO_2 + S \tag{6.28}$$

負極反應同於（6.25）式。此類鋰電池中的 $SOCl_2$ 不只扮演正極的反應物，亦作為電解液，其中還溶解了 $LiAlCl_4$ 或 $AlCl_3$，屬於無機電解質系統，但因為導電度比水低一些，所以電池的放電電流有限。$SOCl_2$ 在 25°C 的密度為 1.638 g/cm^3，沸點與凝固點分別是 78°C 和 –105°C，所以電池的操作溫度至多要在此範圍內，通常介於 –40°C 和 55°C 之間。Li/$SOCl_2$ 電池的開路電壓約為 3.65 V，放電時電壓穩定，能量密度可達 360 W·h/kg 以上，且其成本比鹼性鋅錳電池便宜 40%，儲存壽命可超過 10 年以上。在 Li/$SOCl_2$ 電池中，正負兩極的活性成分雖然直接接觸但不會短路，因為 Li 金屬的表面會形成緻密的 LiCl 薄膜：

$$4SOCl_2 + 8Li \rightarrow 6LiCl + Li_2S_2O_4 + S_2Cl_2 \quad (6.29)$$

$$3SOCl_2 + 8Li \rightarrow 6LiCl + Li_2SO_3 + 2S \quad (6.30)$$

兩種反應皆會自發形成 LiCl 鈍化膜，以防止自放電，但此薄膜卻會導致電壓滯後現象，且在放電的末期，碳的孔隙內逐漸被 LiCl 或 S 堵塞，同時也造成正極膨脹，使電池壽命終止，但 Li 電極的利用率可達 90% 以上是其優點。

由於 Li/$SOCl_2$ 電池的能量密度非常高，其操作安全性必須格外留意，因擠壓或刺穿而導致爆炸燃燒的機率最高。避免意外的方案可從設計面與操作面著手，在設計上可分為低速率和高速率操作，前者宜使用 Li 容量限制，後者宜使用碳正極容量限制，有撞擊或振動疑慮時，則需採用高強度的外殼，因為電池內部都屬於輕質材料。在生產階段，必須嚴格除水。操作時，必須監控溫度與電池內壓，可在設計時增加排氣閥與保險絲來防止意外。

5. Li/$(CF_x)_n$ 電池

其正極屬於固態材料，是固態正極電池中第一個商品化的電池，而且在鋰電池中具有最高的理論能量密度，可達 2180 W·h/kg，且兼具其他鋰電池的優點。此類電池的正極為白灰色的氟化石墨 $(CF_x)_n$，其中$0 \le x \le 1.5$，是由碳粉與 F_2 在 400°C 以上的高溫反應而成，浸泡於有機電解質中能維持穩定，材料中的 F 有一部分與 C 共價鍵結，有一部分則為吸附，Li^+ 可以嵌入其中。

Li/$(CF_x)_n$ 電池中常用含有 $LiBF_4$ 的有機電解液，放電時的正極反應為：

$$(CF_x)_n + nxe^- \rightarrow nC + nxF^- \quad (6.31)$$

其開路電壓為 3.2 V，以中低等級的倍率放電。目前面臨的問題包括氟化石墨 $(CF_x)_n$ 的成本較高，製造技術較困難，在低溫下的電壓滯後現象比較明顯，且電極在放電時的體積膨脹大，熱量釋放較多。

6. Li/FeS_x 電池

其正極之集流體亦為碳材，其中承載了 FeS 或 FeS_2 作為活性成分，電解液含有 LiI 的有機溶液，其負極反應仍為（6.25）式，而正極反應則包括：

$$FeS_2 + 4e^- \rightarrow Fe + 2S^{2-} \quad (6.32)$$

$$FeS + 2e^- \rightarrow Fe + S^{2-} \quad (6.33)$$

放電時，開路電壓約為 1.5 V，與多數水溶液電池相當，故可直接取代它們。FeS 的腐蝕速率較低，壽命較長，放電曲線中有一個平台，但 FeS_2 則有兩個放電平台。

§6-2　二次電池

二次電池又稱為可充電電池（rechargeable battery）或蓄電池（storage battery），泛指電量消耗到一定程度後還可被充電以反覆使用的化學電池。相較於一次電池，二次電池內的活性成分較易發生逆反應，所以可進行充電，亦即將外部能量儲存成化學能。目前已開發出多種二次電池，其特性各有不同，包括鉛酸電池、鎳鎘電池、鎳氫電池與鋰離子電池等，依據活性成分的變化，可略分為搖椅式電池（rocking chair battery）和非搖椅式電池。鋰離子電池和鎳氫電池屬於搖椅式電池，其電極材料僅作為活性成分的母體，在充放電的過程中可以自由進出母體的活性成分則為客體。對鋰離子二次電池，客體為 Li^+；對鎳氫電池，客體為 H^+。若二次電池屬於非搖椅式，則不存在母體與客體，其中的活性成分只在表面發生電化學反應，內部則維持原始狀態，致使材料的記憶效應（memory effect）較大。記憶效應是指電池經歷多次不完全放電且又被充滿電後，所導致的電池容量減少或開路電壓下降，此效應來自於過度充電時，電極上常會形成小晶體，阻隔電極與電解液，增大電池的內電阻。

二次電池的基本特性由正極、負極與電解液共同決定，這三者皆需滿足高反應可逆性和大電位範圍（potential window）的條件。正負兩極間的電極電位差必須足夠大，且正極的工作電位不能高於電解液的電位範圍上限，負極的工作電位則不可低於電解液的電位範圍下限，否則電解液會被分解。此外，電極材料與隔離膜也必須具有化學穩定性，而且價格要合理。正負極材料還要接合在負責導電的集流體上，而其要求包括質輕、堅固且抗蝕。分開兩電極的隔離膜則非電子導體，必須容易被電解液浸潤，因此孔隙特性非常重要。整體電池的外殼材料則必須易加工、易密封且具有機械強度。

目前二次電池已被廣泛應用在各種領域，例如交通工具、可攜式電子設備或不斷電系統等，其特性如表 6-3 所示。若適當設計二次電池，使其循環壽命提升，則可取代一次電池，減少對環境的破壞。但目前二次電池的起始成本仍高於一次電池，必須藉由多次循環使用，才能與一次電池競爭。此外在電動車的發展方面，使用二次電池或燃料電池才能有效減低碳排放，但同時也要求電池達到更高的規格，因此未來二次電池技術仍需持續改進，並降低成本。

表 6-3　常用二次電池的特性

類型	電壓（V）	能量密度（W · h/kg）	功率密度（W/kg）	能量效率	成本（W · h/USD）	備註
鉛酸電池	2.1	30～40	180	70～90%	5～8	存放壽命長
鎳鎘電池	1.2	40～60	150	70～90%	1.25～2.5	有記憶效應
鎳氫電池	1.2	30～80	250～1000	66%	2.75	無記憶效應 能量效率低
鋰離子電池	3.6	150～250	1800	99%	2.8～5	功率密度高 能量效率高 循環次數高
鈉硫電池	2.0	150～760	200	72～90%	0.4	能量成本低 存放壽命短

§ 6-2-1 鉛酸電池

鉛酸電池已擁有 150 年以上的歷史，是第一個商用的二次電池。在 1859 年，Gaston Planté 首先提出由兩片 Pb 板構成的鉛酸電池可以進行充放電，而且能用於火車的照明。後於 1881 年，Camille Alphonse Faure 將電極改良成網格狀，並塗上膏狀氧化鉛，使其便於量產。在之後的 100 年，其基本結構並沒有出現重大改變，直到 1970 年代才出現閥控式電池（valve-regulated lead-acid battery，簡稱爲 VRLA）。因爲鉛酸電池被過度充電時，會發生電解 H_2O 而形成 H_2 與 O_2，若電池無密封，則 H_2 與 O_2 洩出後將使電解液逐漸損失，繼而改變特性，所以才發展出密封式的閥控電池，而且不需加水維護，此類型亦稱爲免維護鉛酸電池。

鉛酸電池的優點包括材料便宜，且可循環充放電，適用溫度可達 –40～60°C，壽命長，無記憶效應，然而其能量密度約爲 30 W · h/kg 或 100 W · h/L，是二次電池中的最低者。即使如此，鉛酸電池的安全性佳，可充放電 300～500 次，而且可在瞬間提供大電流，故仍廣泛使用於汽機車的啓動電流，未來在電動車的設計上，也可使用鋰離子電池與鉛酸電池的組合。此外，鉛酸電池也常於定點使用，例如在發電廠、變電所或醫院等地，以作爲儲能工具、不斷電系統、通訊用電源或照明用電源。但需注意，Pb 對環境有害，必須謹慎處理，建立回收流程。

如圖 6-6 所示，鉛酸電池的正極材料爲 PbO_2，負極材料爲金屬 Pb，電解液是 H_2SO_4 溶液。兩極的反應常被表示爲：

$$Pb + H_2SO_4 \rightarrow PbSO_4 + 2H^+ + 2e^- \quad (6.34)$$

$$PbO_2 + H_2SO_4 + 2H^+ + 2e^- \rightarrow PbSO_4 + 2H_2O \quad (6.35)$$

由上式所估計的電動勢約爲 2.0 V，但實際的工作電壓會取決於 H_2SO_4 濃度與溫度。雖然（6.34）式和（6.35）式預測了鉛酸電池的產物，但其組成仍難以確定，因爲產物可能是非整數比（non-stoichiometric）的晶體，且 PbO_2 可能存在多種晶形。H_2SO_4 的第一個解離常數非常大，第二解離常數約爲 0.01，所以反應物中應該以HSO_4^-的占多數，使正極反應成爲：

$$PbO_2 + HSO_4^- + 3H^+ + 2e^- \rightarrow PbSO_4 + 2H_2O \quad (6.36)$$

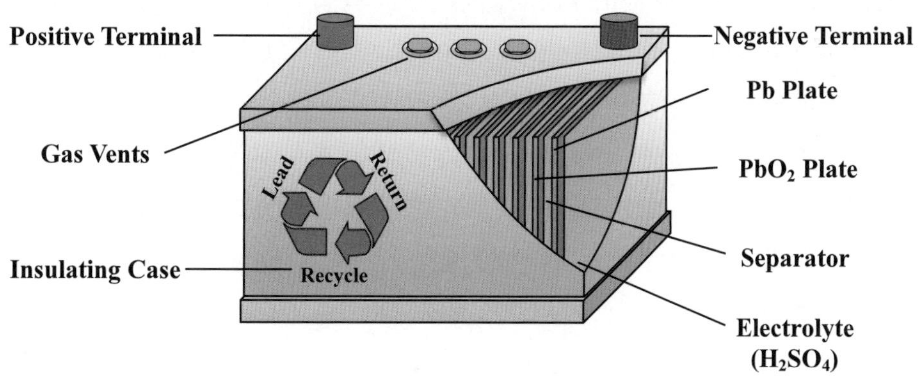

圖 6-6　鉛酸電池的結構

由於（6.36）式中同時需要三個 H^+、兩個電子與 HSO_4^- 離子，顯然不是基元反應（elementary reaction），因此前人曾提出數種機制來解釋此反應的過程，包括溶解－沉澱機制、固相反應機制和凝膠－晶體機制等。溶解－沉澱機制是指 PbO_2 先溶解成中間物 Pb^{2+}，再與 HSO_4^- 形成沉澱物 $PbSO_4$；固相反應機制則指可溶性中間物不存在；凝膠－晶體機制則是以 $Pb(OH)_2$ 膠體爲中間物，之後再轉變爲 $PbSO_4$。從原位（in-situ）觀測可發現，$PbSO_4$ 顆粒會在放電時成長，並在充電時消失，因而證實了溶解－沉澱機制；而鉛酸電池可以提供大電流，與固相中 O^{2-} 或 H_2O 的慢速擴散不合，因此證明固相反應機制不適合。

對於負極的反應，也存在溶解－沉澱機制和固相反應機制兩種理論，前者相同地會出現可溶性中間物 Pb^{2+}，再與 HSO_4^- 形成沉澱物 $PbSO_4$；後者則是指 SO_4^{2-} 往固相 Pb 內部擴散，才產生 $PbSO_4$。然而，觀察發現 $PbSO_4$ 是向外成長，說明了固相反應機制不合適。此外，在低溫或快速放電時，Pb 電極表面會快速形成 $PbSO_4$ 鈍化層，阻隔了 Pb 與電解液，終止後續反應，因此要盡可能地避免產生過大的 $PbSO_4$ 顆粒。

在 $pH < 6$ 的酸性環境中，$PbSO_4/Pb$ 的平衡電位低於 H_2 析出的平衡電位，且 $PbSO_4/PbO_2$ 的平衡電位高於 O_2 析出的平衡電位，所以從熱力學的觀點，鉛酸電池並不穩定，但在動力學上，H_2 析出的速度緩慢，使鉛酸電池仍可應用，但依然限制了改進鉛酸電池的可能性。

PbO_2 存在斜方晶系的 α-PbO_2 和金紅石正方晶系的 β-PbO_2，兩者皆爲 n 型半導體。在弱酸與鹼性環境中前者較穩定，在強酸中則以後者較穩定。兩者的分子式可表達爲非整數比的化合物 PbO_x，其中 $x \to 2$，代表晶格中存在氧空缺，但氧空缺也可以協助導電。當 α-PbO_2 放電時，表面形成的 $PbSO_4$ 較緻密且爲絕緣體，會阻礙導電；但 β-PbO_2 放電時，表面形成的 $PbSO_4$ 較疏鬆而具有孔洞，使活性成分 PbO_2 的使用率較高。然而，$PbSO_4$ 的密度比 PbO_2 和 Pb 都小，所以充放電的循環中，電極材料會不斷膨脹與收縮，因而縮短了電池的壽命。

當二次電池進行充放電時，初期的電位通常會快速改變，之後的變化則會趨緩，此情形被稱爲 Coup de Fouet 現象，亦常簡稱爲 CDF 現象。鉛酸電池的 CDF 現象與放置時間有關，起因於表面微結構的變化，例如活性成分的微孔關閉後，必須經歷一段時間才能重新打開。

除了充放電的主要反應外，鉛酸電池還存在一些會導致自放電的副反應。例如 Pb 在 H_2SO_4 中會氧化並產生 H_2，而且溶解在溶液中的 O_2 也會和 Pb 電極反應：

$$2Pb + O_2 + 2H_2SO_4 \rightarrow 2PbSO_4 + 2H_2O \tag{6.37}$$

因此，在負極及其集流體中常會使用添加劑以提高析 H_2 過電壓，或除去電解液中的 O_2。對於正極的部分，因爲 PbO_2 的電位高於 O_2 生成的電位，所以 PbO_2 會與 H_2O 反應而引起自放電：

$$2PbO_2 + 2H_2SO_4 \rightarrow 2PbSO_4 + O_2 + 2H_2O \tag{6.38}$$

此外，集流體若爲 Pb 合金時，在正極 PbO_2 和 Pb 合金的界面處可能發生反應：

$$PbO_2 + Pb \rightarrow 2PbO \tag{6.39}$$

不但導致活性材料 PbO_2 的損失，也造成集流體中的 Pb 被腐蝕。

有多種因素會導致鉛酸電池的特性衰減，以下列出各部位可能發生的問題：

1. 正極材料：充放電時正極出現膨脹或收縮，使 PbO_2 的電接觸不佳，且會導致部分的 PbO_2 顆粒脫落，這些脫離的 PbO_2 顆粒還可能刺破隔離膜而產生短路。此外，正極在充電後若有 $PbSO_4$ 無法氧化成 PbO_2，經過多次循環後，這些 $PbSO_4$ 的顆粒逐漸變大，將使電池內阻增大；而當循環次數更多以後，PbO_2 與集流體 Pb 會反應成 PbO，進而導致電池失效。
2. 負極材料：雖可使用多孔 Pb 來提升比表面積，但產生 $PbSO_4$ 後，有效表面積將會下降，或形成枝晶造成短路，而且充電時會有 H_2 產生。此外，負極的自放電現象比正極嚴重，會隨溫度與酸性而提高。當電池過放電後，負極生成的 $PbSO_4$ 比正極堅硬且粗大，之後很難再轉化成活性成分，使電池容量降低。
3. 隔離膜：其孔徑不宜過大，以免底部溶液的濃度大於頂部濃度，出現分層現象，繼而使電極底部出現更嚴重的腐蝕。
4. 電解液：H_2SO_4 的濃度不能太高，以免硫酸鹽產生過多，且不宜含有 Cl^-，以免電極被腐蝕。
5. 正極集流體：常會添加 Sb 以增加強度與抗蝕性，但在充放電過程中，會產生 Sb^{3+}，並遷移到負極而沉積其上，導致負極產生 H_2 的過電壓降低，進而消耗電解液中的水分，並提高 H_2SO_4 的濃度，促使 $PbSO_4$ 的生成更多，也加劇正極的腐蝕。

多數關於鉛酸電池的研究集中在集流體，探討的對象包括各種 Pb 合金，期望能製作出抗蝕性高、機械強度大、析 H_2 過電壓高，且易於鑄造的材料。早期的鉛酸電池常用 Pb-Ca 合金作爲負極集流體，因爲析 H_2 過電壓較高，可以減少電池中的水分損失，但 Ca 含量較多時卻會增加腐蝕速度，因此新方法是加入 Sn，以降低集流體和活性成分的界面腐蝕，若 Sn 的含量過高，在正極 Sn^{2+} 或 Sn^{4+} 會與 PbO_2 反應而引起自放電，但也避免 PbO_2 顆粒變大。目前已發展出 Pb-Ca-Sn-Al 合金則更耐蝕，且具有更高的導電度與機械強度，可做爲兩極的集流體。使用 Pb-Sb 合金則可和 PbO_2 或 Pb 連結良好，且容易鑄造，用於正極時可作爲 PbO_2 的成核催化劑，以提升正極充電能力，唯有用在負極時析 H_2 過電壓不夠高。由於鉛酸電池中含有強酸，可用的集流體材料不多，新研發的方向已轉爲碳基材料。

對於電解液，常會加入同時含有親水基與疏水基的雙性有機物，可吸附在 Pb 和 PbO_2 的顆粒上。但有些添加劑更易吸附在 $PbSO_4$ 之上而呈現屏蔽效應，使 $PbSO_4$ 顆粒在充電時無法完全轉化，降低了充電效率。無論在充電或放電時，有機添加劑若與電極接觸，則需注意是否被氧化而變質。此外，當 H_3PO_4 加入電解液後，可以有效阻止正極集流體被氧化，也可降低活性材料的膨脹，因而能延長電池的壽命。

鉛酸電池所用的隔離膜必須具有化學穩定性、適當的強度與彈性，並能讓氣體與電解液穿越，但隔離膜本身不能讓電子導通，只允許離子從微孔中通過。在隔離膜的發展歷程中，依序使用過木質材料、橡膠材料、PVC 材料、超細玻璃纖維材料，以及膠態－固態電解質材料。玻璃纖維隔膜與酸液的接觸角近乎爲 0°，可完全被酸液浸漬，但也容易被酸分解。使用膠態電解質（gel electrolyte）則可製作成膠態電池或全固態電池，其中的活性成分不易脫落，較能承受過充電或過放電，且自放電速度低，是傳統鉛酸電池的 30% 以下，可延長電池壽命，唯有大電流特性不佳，只適合中低倍率操作。膠態電解質是由 SiO_2 和 H_2SO_4 溶液配製而成，SiO_2 約占 20～30%，粒徑需在 1 μm 以下，SiO_2 顆粒與 H_2SO_4 接觸時帶負電，顆粒之間存在氫鍵，可互相吸引而形成凝膠，當有外力施加時，氫鍵被破壞而使黏度下降，移除外力後又會回復成凝膠，由於黏度大，可有效避免分層效應。

§6-2-2 鎳鎘與鎳氫電池

約於 1899 年，瑞典的 W. Jungner 發明鎳鎘電池，繼鉛酸電池與鋅銀電池之後，是第一個出現的新型蓄電池。此電池的正極與負極材料分別爲羥基氧化鎳（NiOOH）與金屬鎘（Cd），一般簡稱爲鎳鎘電池，其電解液爲鹼性的 NaOH 或 KOH 溶液，所以也屬於鹼性電池，典型的結構如圖 6-7。鎳鎘電池從被發明後，一共經歷四個發展期，前三個階段分別爲袋式（pocket type）電極、燒結式電極與密封式電極，應用於照明、啓動、信號和高功率裝置，第四階段則包括纖維式、發泡式和塑料黏結式電極，其應用面還遍及飛機與衛星。鎳鎘電池的特點包括自放電小，循環壽命長，可以充放電數千次，且機械性能佳，可承受衝擊與震動，因此應用面廣。

相較於其他的二次電池，鎳鎘電池的成本較低，且輸出電壓穩定，所以應用類型非常多，例如電子計算機、電動牙刷、電動刮鬍刀或其他可攜式小型電子用品。但近年來，環保意識提升，廢棄的鎳鎘電池中包含有害金屬 Cd，使其用量逐漸減少，例如歐盟已訂定 2016 年後的電池中禁止含 Cd。除了含 Cd 問題之外，鎳鎘電池的記憶效應較爲嚴重，這是它在電性上唯一的缺點，因此之後被記憶效應較低且對環境較友善的鎳氫電池取代。

鎳鎘電池的負極由金屬 Cd 構成，放電時的反應爲：

$$\mathrm{Cd} + 2\mathrm{OH}^- \rightarrow \mathrm{Cd(OH)}_2 + 2e^- \qquad (6.40)$$

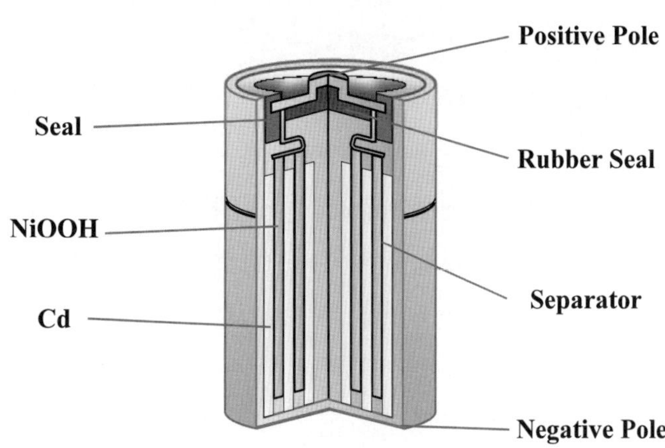

圖 6-7　鎳鎘電池的結構

其標準電位為 –0.809 V。正極的活性材料為 NiOOH，放電時的反應為：

$$NiOOH + H_2O + e^- \rightarrow Ni(OH)_2 + OH^- \quad (6.41)$$

其標準電位為 0.490 V，所以鎳鎘電池的標準電動勢為 1.299 V，但隨著溫度升高，此電動勢將會下降。

當鎳鎘電池進行充電時，兩極將會發生（6.40）式和（6.41）式的逆向反應，但發生過度充電時，主反應物已耗盡，只能進行電解 H_2O 的反應，使兩極分別產生 H_2 和 O_2，其中 70% 的 O_2 會氧化 Cd，剩餘的 O_2 將與其他成分反應，但 H_2 則會逐漸累積，最終將使密封式電池的內部壓力過高，而發生爆炸；即使在電池中安排了氣閥，電解液的水分也會逐漸消耗。因此，較佳的解決方案是將負極的反應物容量設計成高於正極容量，使正極過度充電時，負極處仍有 $Cd(OH)_2$ 存在，可以繼續發生 Cd 還原，進而避免 H_2 生成，正極處生成的 O_2 則會擴散至負極，被 Cd 吸收而反應成 $Cd(OH)_2$，又再一步防止 H_2 生成，因而產生自我保護作用，此效應被稱為鎘氧循環。為了協助過度充電時 O_2 之擴散，電解液的總量不宜太多，而且液體量較多時，氣室空間將減少，易使電池的內壓增高；另一方面，隔離膜的厚度要薄，O_2 之擴散才會順利。此外，還可採取反極保護，亦即在 NiOOH 正極端加入 $Cd(OH)_2$，在放電時，此 $Cd(OH)_2$ 不會反應，但過度放電時，由於 NiOOH 已耗盡，此 $Cd(OH)_2$ 將會開始反應成 Cd，因而取代了電解水產生 H_2，待充電時，這些 Cd 又可以和過度充電生成的 O_2 結合，形成鎘氧循環，避免氣體的累積。

鎳鎘電池與燃料電池都曾應用於太空船中，但前者的循環壽命受到負極的限制，而後者則受到正極的限制，因此在 1970 年代，Klein 和 Stockel 等研究者提出一種結合鎳鎘電池正極與燃料電池負極的新電池，正極材料為 NiOOH，負極材料為三相多孔擴散電極，共同組成高壓鎳氫（$Ni\text{-}H_2$）電池。由於它的質量輕，且循環壽命長，還可承受過度充放電，所以非常適合用於衛星。美國自 1977 年首次使用 $Ni\text{-}H_2$ 電池於人造衛星後，鎳鎘電池即逐漸被取代。

高壓鎳氫電池的所有組件都安置在高壓瓶中，而且可用 H_2 的壓力來指示荷電狀態（state of charge），所以非常適合用於太空站或人造衛星。其質量能量密度約為 50～60 W·h/kg，可以抵抗過充電或過放電，但充電後容器必須承受高壓。當前的研究方向多在結構設計或透過薄膜技術使電池縮小。

另一方面，在 1964 年，美國的 J. J. Reilly 和 R. H. Wisqall 發現 Mg_2Ni 合金具有儲氫特性。在 1969 年，H. Zijlstra 等人發現了 $LaNi_5$ 的儲氫特性，當壓力提高且溫度降低時，$LaNi_5$ 可以吸收 H_2 而成爲氫化物 $LaNi_5H_x$，其中 x 約爲 6；當壓力降低且溫度升高時，又可釋出 H_2。後續又有一些儲氫材料被開發出，這些固態合金的儲氫密度大約是 H_2 的 1,000 倍，甚至超過液態 H_2，而且沒有爆炸的危險，能夠長期儲存，釋放後可獲得高純度的 H_2，是非常有效的儲存方法。在 1976 年，E. W. Justi 等人發表了使用 $LaNi_5$ 的儲氫電極研究，因而開啓了低壓鎳氫電池之發展，此類電池常簡稱爲 MH/Ni 電池，其中的 MH 代表金屬氫化物。在 1984 年後，Philips 公司正式將 MH/Ni 電池實用化，後續也吸引 Ovonic、SAFT、Varta、松下、東芝與三洋等公司投入。

由於 Ni 在多種電池中使用，其電化學特性值得深入研究。金屬 Ni 被氧化後，會在表面形成穩定且緻密的鈍化層，包括 NiO、$Ni(OH)_2$、NiOOH、NiO_2 或 N_3O_4。純 $Ni(OH)_2$ 不導電，但 NiO 是 p 型半導體，NiOOH 與 NiO_2 是 n 型半導體，此外還會產生三價 Ni 的化合物，導電度高於二價化合物。從 Poubaix 圖可發現，Ni 在 pH 值小於 8 的環境下，會產生可溶性 Ni^{2+}；但當 pH > 8 時，會產生 $Ni(OH)_2$ 與 NiOOH，此時的電位若稍高於 O_2 生成電位，則穩定物種是 β-NiOOH，若電位再提高則穩定物種將成爲 γ-NiOOH。

當鎳氫電池的正極在鹼性環境中正常充放電時，反應可表示爲（6.41）式，活性成分爲 $Ni(OH)_2$ 與 β-NiOOH，但若發生過充電時，則會出現 γ-NiOOH。另有一種 α-NiOOH，在鹼性環境中無法穩定，放置一段時間後會自行轉變爲 β-NiOOH。負極在放電時會消耗 H_2，其標準電位爲 –0.829 V，反應可表示爲：

$$H_2 + 2OH^- \rightarrow 2H_2O + 2e^- \tag{6.42}$$

目前有三種理論被提出來解釋正極的反應機制。第一種是反應會形成中間物 $Ni(OH)_2^+$，此中間物將快速分解成 NiOOH 和 H^+，H^+ 將在鹼性環境中被消耗。第二種是質子交換理論，當 $Ni(OH)_2$ 的表面被氧化成 NiOOH 之後，此 NiOOH 將與底層的 $Ni(OH)_2$ 繼續反應，使底層提供一個質子給予表面層後氧化成 NiOOH，依此類推，即可將固態顆粒的內部逐漸氧化成 NiOOH。第三種則是嵌入理論，OH^- 會從溶液嵌入 $Ni(OH)_2$ 顆粒中，並與 $Ni(OH)_2$ 反應生成 H_2O 和 NiOOH，所產生的 H_2O 再往顆粒內部移動。透過交流阻抗分析，可發現低頻區的實部阻抗幾乎不變，而虛部阻抗的絕對值則隨頻率降低而增大，呈現典型的固相有限擴散現象，因此較接近質子交換理論。

相關於 β-$Ni(OH)_2$ 的正極材料已有百年左右的研究歷史，其特性難以再突破，所以目前的研究多集中於添加劑，期望能抑制 γ-NiOOH 的形成、抑制 O_2 生成或減少電極的膨脹。添加 Co 可以提升導電性與放電電位，加入 CaF_2 可提高 O_2 生成的過電壓，加入 Li 可以阻止固體顆粒成長以加強反應的可逆性，加入 Cd 則能抑制 γ-NiOOH 的形成，加入稀土元素可以導致缺陷而促進質子擴散，加入 Cu 可以增強 Ni－O 鍵結，而抑制電極膨脹。

對於 α-$Ni(OH)_2$ 材料，循環時將變成 γ-NiOOH，具有較高的可逆性、較高的 O_2 過電壓，以及較低的電極膨脹。然而，其結構穩定性必須藉由嵌入碳酸根或硫酸根等陰離子才能提高，這些惰性穩定劑的加入卻會使能量密度低於 β-$Ni(OH)_2$ 系統，使其商用化的前景不佳。

在負極部分，是由防水透氣層、導電網與反應層組成，反應層中常用 Pt 作爲催化劑，此外還需要足夠的機械強度以承受高壓。防水透氣層的另一側與 H_2 罐相接，反應層則與電解液接觸，電解液的另一側則接觸正極。充電時，正極產生 β-NiOOH，負極則電解 H_2O 生成 H_2，H_2 會存入壓力罐中並逐漸增壓，放電時則會降壓。發生過充電時，正極將產生 O_2，通常在電池中多加一條氣體通道即可使 O_2 移動到負極，以便還原成 H_2O。一般的鎳氫電池會設計成正極容量限制型，當發生過充電時，可避免 O_2 產生過多而導致爆炸。若放電時，H_2 穿過負極溶進 KOH 溶液中，再擴散到正極，則會與 NiOOH 反應，導致自放電，但受限於 Henry 定律，自放電的速率很慢。

由於 H_2 是活性成分，其儲存方式可分爲兩類，一是使用前述的壓力罐，另一則是使用儲氫材料。目前正在開發的儲氫材料包括吸附型材料與離子型材料，前者如分子篩、碳材料、金屬或合金；後者如 $NaAlH_4$ 或 $NaBH_4$ 等，但儲氫時需要較高溫度。目前，用於鎳氫電池的儲氫材料以金屬氫化物爲主。

對於 MH-Ni 電池，其電解液常用 6 M KOH，工作溫度範圍爲 –30～30°C，未達電動車所需的 60°C。此電池所用的儲氫合金必須具有高度可逆吸放 H_2 的能力，釋放 H_2 時的壓力要穩定平坦，且合金在強鹼溶液中要維持鈍性，所以合金中的 Ni 含量必須很高。理想的儲氫合金應該具有核殼結構，核心中可以儲存 H_2，殼層則進行電催化反應，但表面也必須具備抗腐蝕性。在循環過程中，合金顆粒會往復地膨脹與收縮，並維持良好的導電性。常用的負極合金材料包括 AB_5 型稀土合金、A_2B 型合金或鈦鎳合金，其中 AB_5 型的 A 是易與 H 化合的稀土元素，B 則是 Ni 等不易與 H 化合的元素，典型的例子是 $LaNi_5$；A_2B 型的 A 常爲 Mg，但其循環特性不佳。負極放電時會經歷以下幾個步驟：

$$OH^-_{(b)} \rightarrow OH^-_{(s)} \tag{6.43}$$

$$MH^{abs}_{(b)} \rightarrow MH^{abs}_{(s)} \tag{6.44}$$

$$MH^{abs}_{(s)} \rightarrow MH^{ads}_{(s)} \tag{6.45}$$

$$MH^{ads}_{(s)} + OH^-_{(s)} \rightarrow M + H_2O + e^- \tag{6.46}$$

其中，（6.43）式表示 OH^-輸送到電極表面，H_2O 分子則遠離電極，（6.44）式表示 H 從合金內部往表面擴散，（6.45）式與（6.46）式分別指吸收狀態（上標 abs）的 H 轉變爲吸附狀態（上標 ads）的 H 後，H 原子再與輸送到電極表面的 OH^-反應並放電，然後電子在合金顆粒間移動，往電池外部輸出。當 H 原子嵌入或脫出固相電極時，電極電位 E 將與 H 原子的嵌入比例 δ 有關，且可藉由 Nernst 方程式的形式來表示：

$$E = E^\circ_f - \frac{RT}{F}\ln\frac{\delta}{1-\delta} \tag{6.47}$$

嵌入比例 δ 爲客體 H 原子對主體原子的莫耳比，因此當 $\delta = 0.5$ 時，電極電位定爲形式電位E°_f；當嵌入比例 δ 增加時，電極電位 E 將會單純地降低，但前提是客體嵌入後，電極仍維持單一相，並未出現結構性變化。但客體嵌入導致電極內出現第二相時，則電極電位 E 將修正爲：

$$E = E^\circ_f - \frac{z\phi}{F}(1-2\delta) - \frac{RT}{F}\ln\frac{\delta}{1-\delta} \tag{6.48}$$

其中 z 是客體原子周圍的主體原子數，ϕ 代表原子間的吸引能量。從（6.48）式可知，若客體嵌入後，電極內存在兩相 MH_α 和 MH_β，則嵌入比例在 δ_α 和 δ_β 之間，電極電位 E 幾乎呈現定値，如圖 6-8 所示，代表作爲電池可提供穩定的工作電壓。

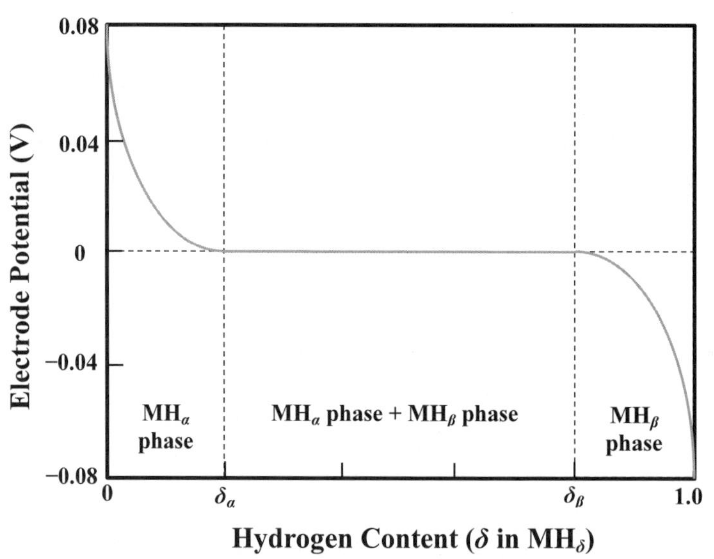

圖 6-8　H 原子嵌入儲氫電極的電位變化

MH-Ni 電池的循環壽命主要取決於負極，因爲負極的容量衰減速率快於正極，過度充電時會有副產物 H_2 出現，閒置時負極會逐漸腐蝕，使其放置壽命不長。因此，MH-Ni 電池皆設計成正極限容或負極過量，使過度充電時正極產生的 O_2 可以擴散至負極而被轉化成 H_2O，避免電池內壓增加。過度放電時，在正極電解 H_2O 產生的 H_2 可以擴散至負極，再被儲氫合金吸收。這兩種結果使 MH-Ni 電池得以製作成密封式，且免於維護，提升應用的便利性。

§6-2-3 鋰離子電池

在 1910 年代，G. N. Lewis 已經提出鋰電池的構想，但後續的研究發現，若對金屬 Li 進行充放電循環，會產生不均勻的 Li 枝晶，枝晶經過發展後，可能會折斷而導致活性材料損失，也可能刺穿隔離膜而造成短路爆炸，二次鋰電池的發展因而遭遇瓶頸。

到了 1976 年，M. S. Whittingham 製成第一個可充電的鋰電池，其中使用了 TiS_2 作爲正極材料，金屬 Li 爲負極材料。TiS_2 是一種半金屬材料，具有層狀結構，允許 Li^+ 在充放電時嵌入與脫出，但其製作成本較高，而且接觸空氣後會產生 H_2S，重複充放電後會出現 Li 枝晶而導致短路，故不適合商品化。自此開始，研究者轉而探索鋰化合物作爲電極的可能性，以解決 Li 金屬不穩定的問題。在 1974 至 1976 年期間，J. O. Besenhard 首先發現石墨可供離子嵌入與脫出，但應用於電池時，卻會發生溶劑分子共嵌入的現象，致使電池特性不佳。在 1979 年，史丹佛大學的 N. A. Godshall 在其博士論文中指出 $LiCoO_2$ 可作爲鋰電池的正極材料，之後於 1982 年取得美國專利。在 1980 年，J. Goodenough 和水島公一則利用 $LiCoO_2$ 和金屬 Li 作爲正負極材料，製作出 4 V 的可充電鋰電池。$LiCoO_2$ 是穩定的電極材料，反應時可釋放 Li^+，所以也能作爲負極材料，代表未來的電池可以不使用金屬 Li。而且 Godshall 在其研究中還指出其他材料也具有相似的特性，例如 $LiMn_2O_4$、Li_2MnO_3、$LiMnO_2$、$LiFeO_2$、$LiFe_5O_8$ 和 $LiFe_5O_4$ 等，因此開啓了鋰離子電池（lithium ion battery，簡稱 LIB）的紀元。另一方面，1980 年，R. Yazami 發表了 Li^+ 在石墨材料中可逆性的嵌入與脫出機制，可作爲負極材料，至今仍是可商品化的鋰離子電池中最常使用的電極材料。1983 年，M. Thackeray 與 J. Goodenough 等人發現錳尖晶石（manganese spinel）是合適的正極材料，其導電性佳、允許 Li^+ 嵌入與脫出、分解溫度高，且氧化性遠低於 $LiCoO_2$，能避免燃燒或爆炸，因此至今錳尖晶石仍持續應用於鋰離子電池中。

1983 年，日本旭化成公司的吉野彰博士運用 $LiCoO_2$ 作爲正極，再使用聚乙炔作爲陽極，製出可充電鋰離子電池的原型，其中沒有用到金屬 Li，此專利在 1985 年獲證，並確立了日後的鋰離子電池架構。到了 1989 年，A. Manthiram 和 J. Goodenough 等人又發現聚陰離子（polyanions）可促使鋰離子電池產生更高的電壓，因爲所用的聚電解質擁有電磁感應效應。

此外，福特汽車公司的 J. Kummer 和 N. Weber 發現 Na^+ 在 300°C 以上的陶瓷電解質中擁有良好的擴散特性，故依此特性設計出鈉硫（Na/S）二次電池，其中以熔融的 Na 作爲負極，熔融的 S 作爲正極，兩極之間放置陶瓷電解質，但因工作溫度過高，難以商品化。然而，此概念啓發了 J. Goodenough 和 H. Hong，因而開發出另一種固態電解質，稱爲鈉超離子導體（sodium super ionic conductor，簡稱爲 NASICON），其化學式可表示爲 $Na_{1+x}Zr_2Si_xP_{3-x}O_{12}$，其中 $0<x<3$，擁有良好的 Na^+ 傳導性。故在 1986 年，J. Goodenough 在鋰離子電池中使用 NASICON，以避免枝晶生成；後於 2015 年，M. H. Braga 開發出含 Zn 的多孔氧化物電解質，其中的 Li^+ 傳導性約等同於有機電解質，兩者對於全固態鋰離子電池的實用化皆具有重大貢獻。

在 1991 年，Sony 公司成功將鋰離子電池商品化，正極採用 $LiCoO_2$，負極採用石墨化的碳材，不使用金屬 Li，雖然使開路電壓下降 0.5 V，但仍大幅超越傳統電池。由於鋰離子電池實用之後，隨身聽、行動電話、筆記型電腦與相機等可攜帶式電子產品皆可因此縮減重量和體積，並延長使用時間。鋰離子電池相較於傳統二次電池，具有較高的工作電壓，較寬的使用溫度範圍，較低的自放電，無記憶效應，較長的循環壽命，且更安全，因此有機會取代鋅銀電池、鎳氫電池或鉛酸電池。

鋰離子電池屬於搖椅式電池，因爲操作期間 Li^+ 會在正負極之間嵌入與脫出，如同搖椅般往復運動。充電時，Li^+ 從正極材料脫出並且嵌入負極材料，相同當量的電子則從正極材料離開並沿外部導線進入負極材料；放電時，Li^+ 將從負極材料脫出並且嵌入正極材料，電子則從負極材料離開並沿外部導線進入正極材料。然而，欲構成搖椅式電池還必須滿足下列條件：

1. 嵌基材料（母體）必須擁有穩定的結構，使嵌脫程序具有可逆性，在客體嵌入與脫出時不會發生斷鍵或重排。
2. 正極材料必須具有較高的嵌入電位，在放電時能進行還原反應；負極材料必須具有較低的嵌入電位，在放電時能進行氧化反應。
3. 客體嵌入比例變化時，嵌基材料的電位能維持穩定。
4. 嵌基材料容納客體的數量要足夠高，但不能發生溶劑分子的共嵌入。

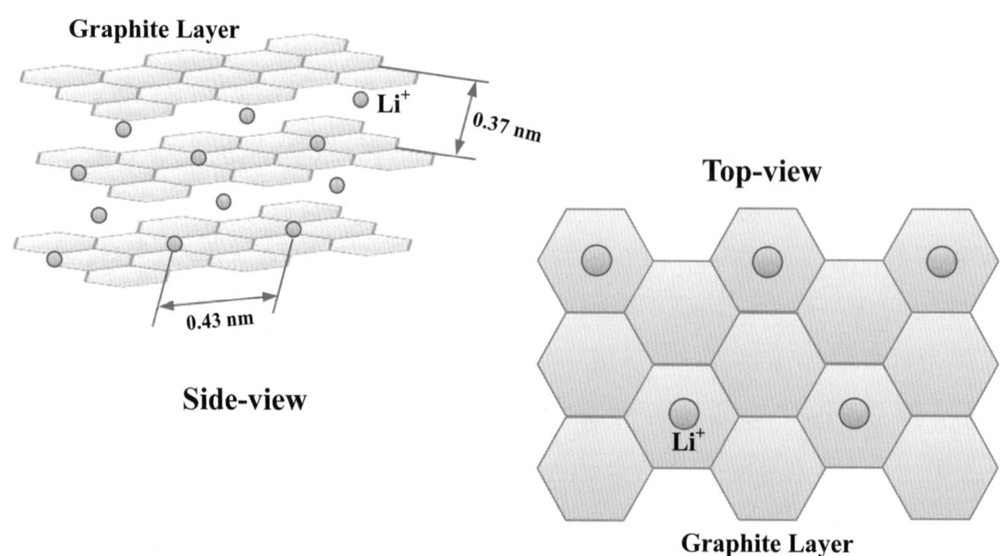

圖 6-9　鋰離子嵌入碳電極

5. 客體嵌脫速率要足夠快，才能進行大倍率充放電。

6. 嵌基材料必須具有足夠高的導電度，以免導致過大的歐姆極化。

如圖 6-10 所示，目前已開發出的鋰離子電池主要以過渡金屬氧化物作爲正極，碳材作爲負極，含有鋰鹽的有機溶液或固態電解質作爲連接兩極的橋梁，Cu 或 Al 作爲集流體，不鏽鋼或 Al 合金作爲外殼。在商品化的鋰離子電池中，碳負極的比容量約爲 320 mA·h/g，但正極材料的最高比容量僅達 180 mA·h/g，使鋰離子電池的能量密度受限於正極，因此衆多的研究皆集中於開發特性更佳的正極材料。以下將分別介紹鋰離子電池中常用的正極、負極與電解質。

1. 正極材料

1970 年代已發展出層狀結構的氟化石墨 $(CF_x)_n$，其中 $0 \le x \le 1.5$，材料中的 F 有一部分與 C 共價鍵結，有一部分則爲吸附，Li^+ 可以嵌入其中。後續還發展出 TiS_2 和 MoS_2，都是允許 Li^+ 嵌入的層狀材料。至 1991 年後，則已全面採用過渡金屬氧化

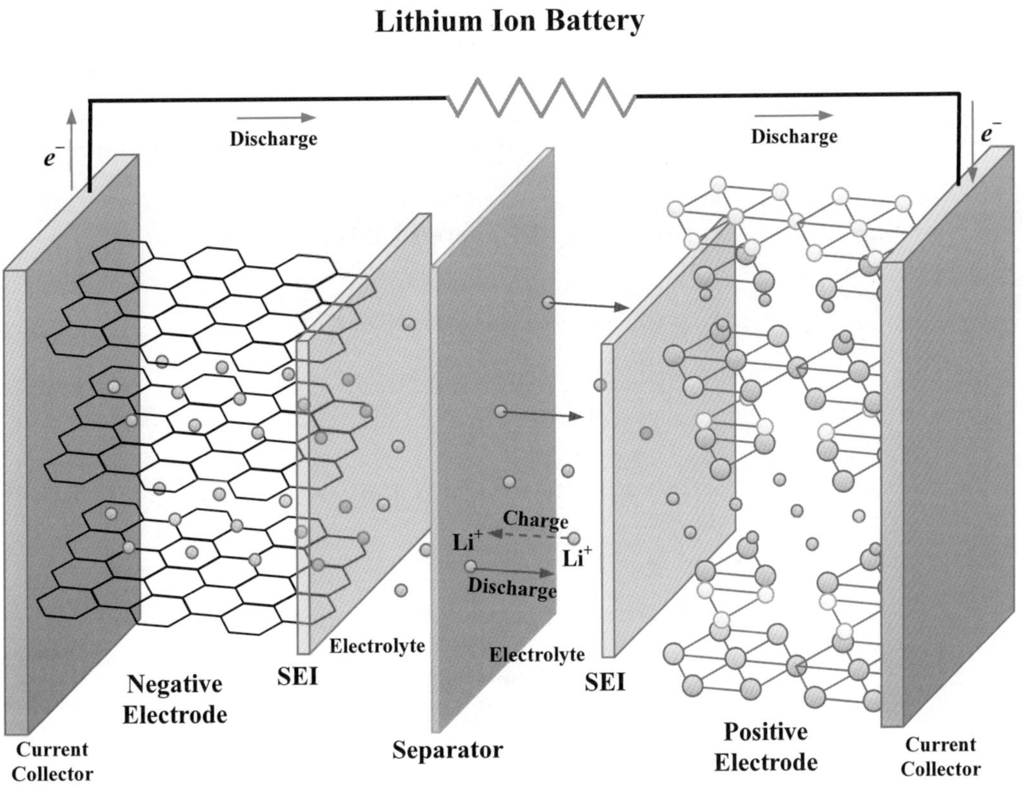

圖 6-10　鋰離子電池的結構

物，例如 $LiCoO_2$。

目前可用的正極材料包括層狀化合物、尖晶石化合物、橄欖石化合物與釩化合物，四種材料中的常用者依序為 $LiCoO_2$、$LiMn_2O_4$、$LiFePO_4$ 與 V_2O_5，其特性如表 6-4。層狀材料通常具有 $LiMO_2$ 的形式（如圖 6-11），其中的 M 為過渡金屬，主要研究的對象包括 $LiCoO_2$、$LiNiO_2$ 與 $LiMnO_2$ 等。以 $LiCoO_2$ 為例，在充電時，外部能量將促使電子離開正極，且使 Li^+ 脫出晶格，使 Co 從三價氧化成四價，晶格成為 $Li_{1-x}CoO_2$；放電時，電子自發性地輸入正極，且 Li^+ 亦自發地嵌入晶格，使 Co 又從四價還原回三價。

表 6-4　鋰離子電池中常用的正極材料

正極材料	電位（V）vs. Li/Li^+	密度（g/mL）	理論容量（mAh/g）	實際容量（mAh/g）
$LiCoO_2$	3.9	5.1	274	150
$LiNiO_2$	3.7	4.7	275	215
$LiMn_2O_4$	4.0	4.2	148	130
$LiNi_{0.5}Mn_{0.5}O_2$	3.8	4.6	280	135
$LiFePO_4$	3.4	3.6	170	160

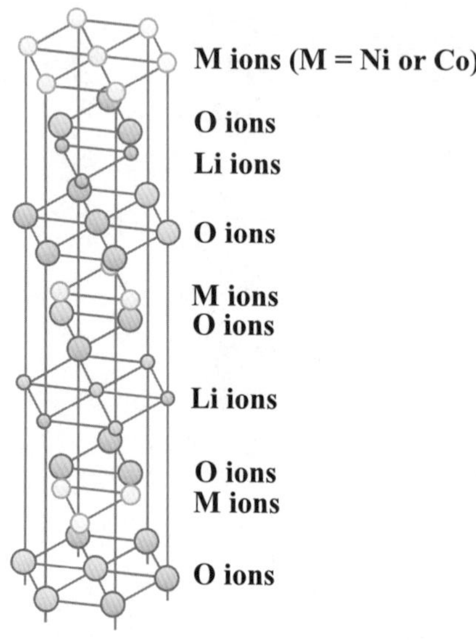

圖 6-11　鋰離子電池的層狀正極材料

$Li_{1-x}CoO_2$ 的價帶是由 O 的 2p 和 Co 的 3d 軌域混成，因為 Li 的 1s 能階與 O 的 2p 能階相距較遠，所以 Li-O 鍵弱於 Co-O 鍵，使 Li^+ 可以在晶格中輕易地嵌入與脫出，相似的情形也發生在 $LiNiO_2$ 中。當電極被充電到 $x = 0.5$ 時，Fermi 能階已接近 O 的 2p 軌域，使晶體結構產生不可逆變化，因此這時已達最大脫鋰狀態，但 $x = 0.5$ 是指整體材料的平均值，實際上材料表面已經出現結構變化，使局部的 $x > 0.5$。$LiNiO_2$ 容易氧化與脫鋰，所以擁有較高的比容量，但其循環穩定性不佳，尤其形成非整數比的化合物時，層間的 Ni^{2+} 會在 Li^+ 脫出的後期氧化成半徑較小的 Ni^{3+}，再引起晶格收縮，繼而限制了 Li^+ 的擴散，而且 Ni 也會往層間移動，導致結構變化或內應力變化，發生 Jahn-Teller 變形，進而導致首次充放電後的容量損失。若在 $LiNiO_2$ 的晶格中摻雜 Co，則可抑制結構變形，提升循環性能，但比容量較低。

$LiMnO_2$ 具有層狀與正交結構，在充放電循環中也不穩定。若是與尖晶石結構的 $LiMn_2O_4$ 相比，Li^+ 在層狀結構中位於八面體的頂點，在尖晶石結構中則處於四面體的頂點，兩者間的相變化所需能量不大。對多數的過渡金屬氧化物材料，尖晶石結構的能量都低於層狀結構或正交結構，因此在循環操作後，會逐漸以不可逆的方式轉變成尖晶石結構。

$LiMn_2O_4$ 的優點是比 $LiCoO_2$ 廉價，對環境的汙染也較小，而且較易回收。當 $LiMn_2O_4$ 完全放電後，將嵌入一個 Li^+ 而形成 $Li_2Mn_2O_4$，但也伴隨了不可逆的結構變化，亦即從尖晶石結構改變成如同 NaCl 的立方結構，亦即發生了 Jahn-Teller 變形，此時的 Mn 為三價。$LiMn_2O_4$ 在 EC/DMC/$LiPF_6$ 的電解液中進行循環伏安法測試時，會出現兩對氧化還原峰，分別代表一半的 Li^+ 嵌入脫出，可逆性良好但循環性不佳，因為 Jahn-Teller 變形使結構無法回復，以及 Mn^{3+} 的歧化反應產生了可溶性的 Mn^{2+}，使活性成分損失。若不希望發生 Jahn-Teller 變形，則可添加低價數的 Cr、Fe 或 Cu，使 Mn 的平均價數大於 3.5；另一方面，對正極顆粒材料進行表面包覆可抑制 Mn 的溶出，但此包覆膜仍需允許 Li^+ 輸送，常用的物質為玻璃態 $Li_2O\cdot 2B_2O_3$（簡稱 LBO），然而此法不適於量產。表面包覆可以有效提升高電壓操作下的循環特性，也可改善高倍率充放電的特性。目前有三種表面包覆的機制被提出，第一種是包覆膜會束縛晶體，使晶格在充放電過程時不會變形；第二種是包覆膜可防止晶體損失 O 成分，也同時阻止電極表面的電解液氧化；第三種是指包覆過程需要處於高溫，可藉此去除晶體表面的堵塞物質，例如 LiOH 或 Li_2CO_3。

橄欖石結構的磷酸鹽材料屬於正交晶系，具有 $LiMPO_4$ 的形式，其中的 M 為過渡金屬元素，主要包括 $LiFePO_4$、$LiNiPO_4$、$LiMnPO_4$、$LiCoPO_4$ 與 $LiVPO_4$。橄欖石結構中的 O 原子以六方最密堆積，Li 和過渡金屬皆位於八面體頂點，P 則位於四面體頂點，PO_4^{3-}在晶體內將組成聚陰離子，故可形成三維框架結構，使 Li^+ 能在其中的二維通道進出，過渡金屬則因 Li^+ 的脫出嵌入而發生氧化還原，此電位以 Fe 最低，低於 3.5 V，而 Ni 最高，超過 5.0 V，甚至高於非水電解質的電化學穩定範圍，使 $LiNiPO_4$ 的研究不易。這類材料的導電度較低，必須透過包覆碳於顆粒表面或摻雜其他元素來提高，但對於 $LiCoPO_4$ 材料，包覆碳之後會產生 Co_2P 的新相，將影響電化學特性。有時加入雜質會出現副作用，例如將 Ag 摻雜到正極中，可能氧化成可溶物質，然後又在隔膜與負極上被還原，進而造成電池內部短路。

從第一性原理的計算可知，$LiMnPO_4$ 是絕緣體，能隙為 2.0 eV，但 Li^+ 脫出而成為 $Li_{0.5}MnPO_4$ 後，能隙變小，全脫出而成為 $MnPO_4$ 後，能隙又增大，因此初期研究時皆認為此材料不適合用於電池，但經過添加碳和縮小顆粒尺寸後，可顯著提升電化學特性。從理論模擬也可知，Li^+ 脫出之後的 $MnPO_4$ 也具有橄欖石結構，但穩定性不佳，易於釋放出 O 原子。此外，$LiMnPO_4$ 材料在充電時會伴隨電解液的分解，放電的後期會出現電位傾斜，比 $LiFePO_4$ 不穩定。$LiFePO_4$ 是半導體，能隙為 0.3 eV，鋰脫嵌後形成 $FePO_4$ 相，而鋰的嵌入脫出會受限於相界面移動的速率，$LiFePO_4$ 和 $FePO_4$ 會出現固溶體，使放電平台傾斜。$LiFePO_4$ 的導電度低，但可藉由包覆碳材來改善；比容量不高時，可縮小粒徑，提高比表面積，使顆粒內部的 Li^+ 也能順利脫出。

NASICON 型材料具有 $M_2(XO_4)_3$ 的形式，其中 M 可能為 Ti、Fe、Nb 或 V，X 可能為 P、S、As、Mo 或 W。此材料也具有三維框架，允許 Li^+ 嵌入與脫出。屬於 NASICON 型材料的鋰釩磷酸鹽已出現在許多研究中，例如 $Li_3V_2(PO_4)_3$，但此材料可能為菱方晶系或單斜晶系，其中以單斜晶系的電化學活性較佳，當前兩個 Li^+ 脫出後，其中的 V 從三價變為四價，第三個 Li^+ 脫出時則對應於四價變為五價，但完全脫鋰後 V 的平均價數為 4.5。至於非磷酸鹽類的鋰釩氧化物，種類多且結構複雜，具有高於 300 mA·h/g 的比容量，但因為層間吸引力較弱，使得穩定性不佳。鋰鈦氧化合物也有很多種類型，可藉由 Ti 的價數變化來搭配 Li^+ 的嵌入與脫出，有機會作為正極材料，也可能作為負極材料。由於嵌入與脫出過程中沒有應力變化，體積改變量僅約 1%，使其結構非常穩定。

2. 負極材料

1955 年，Herold 等人已經合成出碳－石墨的化合物，而到了 1988 年才由 Kanno 和 Mohri 用在二次電池的研究中。石墨中的 C 原子之間以 sp^2 共價鍵結而形成層狀物質，而層間則以凡德瓦力相吸，並以 ABAB 的方式堆積。當 Li^+ 與石墨結合時，會嵌入石墨層之間，嵌入後將擴大層間距離，而且可以從中脫出。鋰碳嵌入化合物的化學組成可表示爲 Li_xC_6，對於石墨碳，$x \to 1$；對於軟碳，$x < 1$；對於硬碳，$x > 1$，在電化學系統中，最大鋰含量的組成爲 LiC_6，理論比容量可達 370 mA·h/g。鋰碳化合物作爲負極材料時，有多個放電平台，每個平台電位都代表相平衡，例如在 0.1 V（相對於 Li^+/Li 電極）時，會發生：

$$LiC_{12} + Li \rightleftharpoons 2LiC_6 \tag{6.49}$$

在 0.14 V 時，會發生：

$$2LiC_{18} + Li \rightleftharpoons 3LiC_{12} \tag{6.50}$$

在 0.16 V 時，會發生：

$$LiC_{36} + Li \rightleftharpoons 2LiC_{18} \tag{6.51}$$

在 0.20 V 以上時，可能會發生：

$$C_{72} + Li \rightleftharpoons LiC_{72} \tag{6.52}$$

$$LiC_{72} + Li \rightleftharpoons 2LiC_{36} \tag{6.53}$$

從熱力學可得知，碳材料在 1.5 V 之下（相對於 Li^+/Li 電極）就會和有機溶劑發生反應，並在表面生成鈍化膜，形成了固體－電解液界面（solid-electrolyte interphase，以下簡稱爲 SEI）。如圖 6-12 所示，此界面隔開了電解液與電極，可阻止反應繼續發生，雖然 SEI 本身不會導電，但允許離子穿越，其行爲類似核殼結構（core-shell structure）材料，若此界面能夠緻密且完整地包覆電極，則會增進電池的效能。在溶

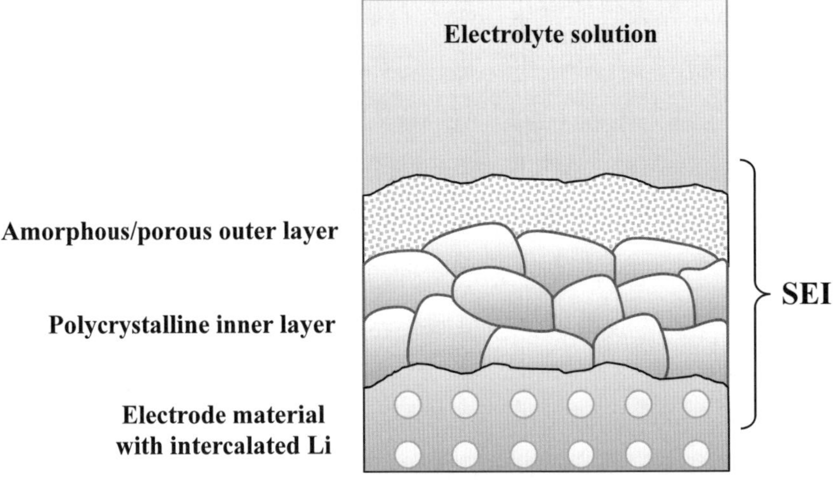

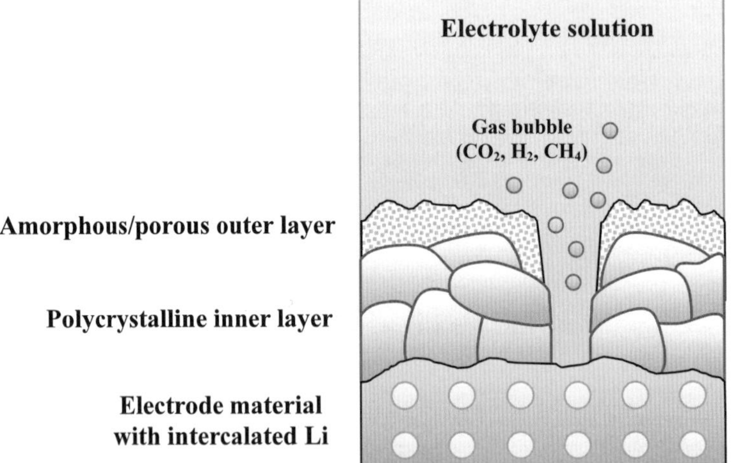

圖 6-12　固體－電解液界面（SEI）的建立與崩解

解 $LiPF_6$ 的 EC/DMC 電解液中，會出現一系列的反應以形成 SEI，但也存在破壞此界面的反應。所得到的 SEI 中包含了 Li_2CO_3、$CH_3OCOOLi$、CH_3OLi、LiF 或 LiOH 等鋰鹽，SEI 主要出現在兩個電壓區，首階段發生在 Li^+ 嵌入之前，但此時形成的 SEI 以無機成分爲主，孔隙多且不穩定，會伴隨氣體生成，例如 CO、CO_2 或 C_2H_4；次階段則發生在 Li^+ 嵌入之後，這時生成的 SEI 主要爲有機物，薄膜緻密。總體而言，SEI 屬於多層結構，接近負極表面處的 SEI 層爲 Li 的無機化合物，外層則爲有機化合物，而 SEI 的穩定性則取決於無機部分，其中 LiF 晶體特別會影響 SEI 的穩定性，但藉由有機添加劑可抑制其生成。

如果溶劑分子也嵌入石墨層間，則會導致石墨的崩解，所以改良石墨電極的方向中還包括增加層間結合力與禁止溶劑化的 Li^+ 嵌入，前者可藉由添加雜質或導入無序結構來達成，後者則要求 Li^+ 在嵌入前先脫離陰離子或溶劑分子。

除了碳材料，金屬 Li 或 Li 合金也是負極材料的熱門選擇，因爲金屬 Li 的理論容量高達 3860 mA · h/g，但嵌入脫出導致的體積變化和電壓滯後現象將限制金屬 Li 的應用，使碳材料難以被其取代。金屬 Li 和碳酸酯溶劑會發生化學反應，可形成 SEI，但是在循環操作中，電極上會出現枝狀或海綿狀 Li，使電極形狀改變。此外，在閒置期間，金屬 Li 仍會與電解液不斷反應，使電解液持續消耗。爲了提升金屬 Li 的特性，可以從內部的組成著手，也可以從改善表面開始，例如使用 Li 合金或可吸附在凸起處的添加劑，都能避免枝晶產生。目前尙在開發的 Li 合金包括 Li-Si、Li-Ge、Li-Al、Li-Sb 或 Li-Bi 等系統，但在充電時，其曲線顯示形成 Li 合金之速率很慢，較難達到相平衡，且合金化的過程中會伴隨著 100～300% 的體積變化，而在碳材料中僅有 10% 左右，因此大幅度的收縮與膨脹將使顆粒間的接觸不良，且新的顆粒表面出現後，將形成 SEI 而消耗 Li 與電解液。再者，也有一些研究是使用金屬化合物作爲負極，例如 Cu_2Sb，當 Li^+ 嵌入時，化合物中的 Cu 會析出；也有使用 Li_3N 的層狀材料作爲負極，當 Li^+ 嵌入或脫出時，N 的價數會改變；也有研究使用非晶 SnO_2，可得到更高的能量密度，因爲首次放電後，Sn 會還原成奈米微粒，之後進行充放電時，Sn 和 Li 將形成合金，而非嵌入，但此過程體積變化程度太大。使用過渡金屬氧化物時，雖然其結構不能提供 Li^+ 嵌入的通道，但卻可和 Li^+ 進行可逆反應：

$$M_xO_y + 2y\,Li^+ + 2y\,e^- \rightleftharpoons y\,Li_2O + x\,M \tag{6.54}$$

從過程中可發現，充放電循環主要伴隨 Li_2O 的生成與溶解，在熱力學上可行，但動力學卻困難，必須製成奈米級微粒才可能展現良好的可逆性。

3. 電解質

電解質主要作爲離子導通的介質，在充電時必須將 Li^+ 從正極輸送到負極，在放電時則需將 Li^+ 從負極輸送到正極，因此電解質導通離子的能力非常重要。目前使用的電解質可略分為四種類型，包括液態電解質、固態電解質、膠態電解質與離子液體（ionic liquid），這四類電解質中皆需加入鋰鹽，其特性比較如表 6-5 所示。

表 6-5　鋰離子電池中的電解質

種類	組成	離子輸送	低溫操作	高溫操作
液態電解質	有機溶劑 鋰鹽	高	佳	差
固態電解質	聚合物 鋰鹽	低	差	極佳
膠態電解質	有機溶劑 聚合物 鋰鹽	中	可	可
離子液體	離子液體 鋰鹽	高	差	佳

發展最早且使用最多的是液態電解質，其組成包含鋰鹽與有機溶劑，不使用 H_2O 的原因是鋰離子電池的工作電壓超過 H_2O 的穩定電壓範圍，所以必須使用雜環或長鏈型有機溶劑，例如 EC、PC、DMC 或 DME 等，以避免分解。理想的溶劑條件包括不會自分解、易使 Li^+ 或陰離子溶劑化、液態溫度範圍大、黏度低、揮發性低與介電常數高，但很難尋得符合這些條件的單一溶劑，因此在實務中，常混合多種溶劑。例如 EC 和 PC 具有高離子導電率、高介電常數和高黏度，而 DMC 具有低介電常數和低黏度，所以可互相搭配而成為接近理想條件的溶劑。

常溫離子液體可代替揮發性有機溶劑以應用於化學反應中，因而吸引眾多研究者的興趣。離子液體的結構中存在離子鍵，解離後會產生陰陽離子，但其晶格能較小，不需要高溫即可解離，原因在於陰陽離子的結構不對稱，解離出的有機陽離子團較大，陰離子團較小，使離子液體分子內的正負電荷相距較遠，晶格能較低，在常溫下即可解離。由於不同的陰陽離子可以組成性質不同的離子液體，所以也被稱為設計者溶劑（designer solvent），其熔點、密度、黏度、可燃性或親水疏水性皆可調整，具有提升鋰離子電池特性與安全性的潛力。再加上離子液體可在常壓下操作，能夠回收再利用，對於環境比較友善，所以也被視為一種綠色溶劑。

電解質中常添加的鋰鹽是 $LiPF_6$，其他鋰鹽還包括 $LiClO_4$ 或 $LiBF_4$ 等，但 $LiClO_4$ 在充電時會有爆炸的危險，只適合用於一次電池，而 $LiBF_4$ 在碳負極表面不易形成

SEI，因此鋰鹽的選擇還必須考慮各成分間的搭配性。對於最常用的 $LiPF_6$，在溶劑中可能會分解：

$$LiPF_6 \rightarrow LiF + PF_5 \tag{6.55}$$

所得產物 LiF 會影響負極的 SEI，而 PF_5 則會水解產生 HF，HF 又會影響正極特性。在電解液中，鋰鹽解離後所產生的 Li^+ 與陰離子都會被溶劑化，當 Li^+ 與溶劑分子的結合力太強時，會影響遷移速率，且會限制電荷交換，並引起溶劑分子共同嵌入電極中，將不利於鋰離子電池。

對於固態鋰離子電池，典型的無機電解質爲 LiI，其主要應用包括醫學植入器材，因爲此時不允許液體滲漏，所以使用固態型式比較適合。後來也發展出玻璃態電解質，例如 $Li_4P_2S_7/Li_3PO_4/P_2S_5$。有機固態電解質則是由帶有極性的聚合物構成，可依靠枝鏈的擺動來輸送 Li^+，但純聚合物電解質的傳輸速率較低，常需加入液態電解質來提升 Li^+ 的輸送速率，添加後整個電解質將形成凝膠，故被稱爲膠態電解質。此外，也可添加 SiO_2 等奈米粉末來提高 Li^+ 的傳輸速率，或增加機械強度。另有一種聚電解質（polyelectrolyte），是帶有可電離基團的長鏈高分子，這類高分子在極性溶劑中會發生電離，使高分子的枝鏈上帶電。若枝鏈上帶正電或帶負電時，可分別稱爲聚陽離子或聚陰離子。聚電解質同時擁有電解質和高分子的一些性質，例如它類似電解液可以導電，類似高分子溶液具有高黏性。常見的例子是聚苯乙烯磺酸（polystyrene sulfonate，PSS）與聚丙烯酸（polyacrylic acid，PAA），二者均帶負電，前者爲強聚電解質，而後者爲弱聚電解質。在鋰離子電池中，聚電解質解離後將扮演陰離子，但此陰離子被固定在聚合物的骨架上，使 Li^+ 的遷移數接近 1；在聚合物電解質中，主要的原因是聚合物的官能基對 Li^+ 具有強吸引力，但陰離子仍可輕易移動，致使 Li^+ 的遷移數小於 0.5。

由於鋰離子電池包含了易燃物、氧化劑和還原劑，其特性與炸彈類似，因此在電解液中添加阻燃劑也是必要的措施，$LiPF_6$ 本身即爲有效的阻燃劑，其他常用的還包括聚丙烯腈、有機磷酸鹽與含氟化合物等，阻燃的主要原理是在電極、電解液與氣體間形成絕緣層，以阻止燃燒，或採用化學方式捕捉活性成分以中斷燃燒的鏈反應。然而，阻燃性提高後，電池的可逆性與電解液中的離子輸送性將受到影響。

此外，電解液中也常加入過充電保護劑，亦稱爲氧化還原穿梭劑。在 1980 年代，Behl 和 Chon 指出電位相對 Li/Li^+ 為 3.25 V 的 I_2/I^-，可用來保護約 3 V 的鋰離子電池免於過度充電。其他研究過的氧化還原穿梭劑也都具有 2.8～3.5 V 的反應電位，這些試劑在略高於充電電位時被氧化，氧化態物質在負極被還原，所以正極電位不會高於保護劑被氧化的電位。另有一種斷路劑，對過充電的保護是不可逆的，一旦作用之後電池就必須棄置。當過充電發生時，斷路劑會聚合並釋放氣體，氣體再刺激斷路裝置，在電極表面產生絕緣覆膜，這類電池即使長期存放不用，表面也會緩慢反應而導致電池性能下降。常用的斷路劑為二草酸硼酸鋰（lithium bis (oxalate) borate，簡稱 LiBOB），之中的草酸會氧化生成 CO_2，以開啓斷路。也有如 $Li_2B_{12}F_{12}$ 的含氟保護劑，其反應可逆，發生在 4.5 V，亦可作為電解液。

為了促進負極表面形成 SEI，且減少氣體生成，還可以添加聚合物單體與電位高於溶劑的還原劑，當負極被 Li^+ 嵌入時，表面將形成不溶性的固態薄膜。這些添加劑的分子中含有雙鍵，可發生電聚合反應，還原後即形成聚合物，並扮演 SEI。在正極處，這類添加劑會發生電氧化聚合，繼而提高正極的阻抗與反應的不可逆性，因此添加量不能過多。對於 SEI，其穩定性受到無機成分的影響，一般以 LiF 的效應最顯著。若加入缺電子的硼烷物質，則可將 LiF 從 SEI 中溶解出來，但也因此產生 PF_5。加入 Na^+ 時，可以改變 SEI 的形貌並降低阻抗。若在電解液中加入冠醚類，可以增強溶劑化而促進鋰鹽溶解，提高導電度，溶劑化之後的 Li^+ 會因為尺寸增大而使遷移數下降，但也降低了溶劑共嵌入的機率，然而冠醚類物質的毒性較高，不適合用於量產。

從電解質來觀察，當過充電發生時，溶劑會與正極產生的 O_2 反應，形成 H_2O 和 CO_2，進而使 $LiPF_6$ 水解，產生會溶解正極的 HF。因此，透過添加劑來捕捉 H_2O 和 HF 可以提升正極材料的循環穩定性，氮矽化合物同時具有這兩項功能，N 的部分可以捕捉 H_2O，Si 可以捕捉 HF。$LiPF_6$ 的不穩定性有兩個來源，一是自分解，二是 PF_5 易與有機溶劑反應，且 PF_5 會和 SEI 反應，所生成的 LiF 將會破壞循環特性，通常加入 Lewis 鹼可以降低 PF_5 的反應性。

添加二甲基四氫呋喃（2-Methyltetrahydrofuran，簡稱 2MeTHF，分子式為 $C_5H_{10}O$），可在 Li 沉積前被還原，以抑制 Li 枝晶，形成平坦的表面，且能降低界面阻抗；其他的界面活性劑也有相同的功用，因為它們會優先吸附在枝晶處，抑制枝晶成長。對於 Al 集流體，在其鈍化膜中可發現鋰鹽的陰離子，故使用二草酸硼酸鋰（LiBOB）等鋰鹽可以兼作 Al 的腐蝕保護劑。對於含有 $LiPF_6$ 的電解液，加入 P_2O_5

可以降低黏度，而加入界面活性劑可以潤溼隔膜。

目前 $LiCoO_2/C$ 體系的鋰離子電池已可達到 500 W·h/L 的體積能量密度，若更替正極材料中的過渡金屬，則其 d 電子數目將與脫嵌 Li^+ 的電位呈線性關係，最高的為 5.0 V 之 Co^{3+}/Co^{4+} 尖晶石材料，層狀材料中最高的為 4.8 V 之 Ni^{2+}/Ni^{3+} 氧化物。負極材料方面，則仍以碳材料為主，Li 金屬或 Li 合金僅能用於全固態鋰離子電池。開發正負極材料時，往往受限於電解液，目前使用的電解液之最低未占據分子軌域（LUMO）皆略低於 Li^+/Li 的能量，但由於 SEI 的形成才得以突破熱力學的限制，而所用的正極材料之能量幾乎都略高於最高已占據分子軌域（HOMO），代表大部分的溶劑都會緩慢氧化，除非在正極的表面也存在保護膜，所以必須再開發能隙範圍更大的電解液，若能形成穩定的界面結構，則在熱力學上難穩定的正負極與電解液仍可構成運作良好的電池系統。

未來的鋰離子電池還有三個方向值得繼續發展，分別是高能量密度型、高功率密度型與全固態型。在能量密度方面，由於從製程能改善的程度有限，目前的研發方向多朝向材料，主要目標是提高儲鋰能力和放電電壓。已商品化的 $LiCoO_2$ 正極可提供 140 mA·h/g 的儲鋰容量，摻入 Ni 後可再提高至 185 mA·h/g 以上；另一種組合了層狀材料與尖晶石材料的正極則可超過 270 mA·h/g，但其循環特性不佳，仍有待改善。放電電壓到達 5 V 的正極材料也已開發出，是具有尖晶石結構的 $LiNi_{0.5}Mn_{1.5}O_4$，還有反尖晶石結構的 $LiM_xV_{2-x}O_4$ 和橄欖石結構的 $LiMPO_4$ 等，其中的 M 為過渡金屬，但電解液也需要配合，不能在高電壓下被分解，因此電極和電解液的搭配也是重要的研究項目。在負極方面，雖然已經廣泛使用超過 370 mA·h/g 的石墨材料，但能和 Li 形成合金的其他材料更令人期待，例如 Si 的理論儲鋰容量高達 4200 mA·h/g，但這些材料在充放電程序中的體積變化卻是急需解決的課題。若儲鋰容量可獲得提升，能量密度必能再增加。

由於液態電解質存在洩漏、分解與揮發等問題，所以基於安全性與使用壽命，全固態鋰離子電池持續列於重要研發目標之一。在當前的研究過程中，已發現幾項關鍵的問題需要解決，包括 Li^+ 在充放電過程中滯留在電極，增加反應的不可逆性；兩層薄膜材料的界面不均勻，使局部的接觸電阻較低，電流容易集中，最終導致電極劣化，發生不可逆的結構改變。因此，全固態電池的發展關鍵在於材料界面，若能有效解決，將使鋰離子電池走入下一個世代。

§6-2-4 鈉離子電池

由於太陽能、風能或潮汐能等再生能源受到日夜、季節與氣候的影響，使發電程序無法連續地或穩定地進行，加上用電需求與發電往往不能同步，所以在電網系統中配置儲能設備是必要的解決方案。因此，再生能源能否成功，儲能技術的進展絕對屬於其中的關鍵因素。目前已經開發的儲能技術可分爲物理性與化學性兩類。物理性技術包括位能與電能間的轉換，例如壓縮空氣或抽水儲能；也包括動能與電能的轉換，例如飛輪儲能；還包括電磁元件之間的能量轉換，例如超導體或超電容儲能。化學性技術則是將電能轉換爲化學能，常用的裝置爲二次電池、燃料電池與液流電池等。在上述技術中，發展最成熟且應用最廣泛的是抽水儲能，但此技術受限於地理因素。因此，其他的儲能技術也必須迎頭趕上，才能更有效率地應用再生能源，而新技術之發展必須涵蓋功率、容量、安全性、價格與環境相容性等重點。在二次電池方面，目前最具前景的是鋰離子電池，在 6-2-3 節已經介紹過；在燃料電池與液流電池方面，將於 6-3-1 節與 6-4 節分別說明，本節則簡介鈉離子電池，因爲鈉離子電池的能量密度高且價格低，在儲能領域可望取代鋰離子電池，以下將先說明鈉硫電池和鈉鎳電池，另有一種鈉－空氣電池則屬於半燃料電池，將在 6-3-2 節中詳述。

1. 鈉硫電池

鈉硫電池是美國福特公司在 1967 年首先提出的高溫型儲能電池，工作溫度約爲 300°C。它的能量密度高，放電功率高，放電電流亦高。正極材料爲硫磺與多硫化鈉的熔融鹽，以碳氈（carbon felt）或多孔碳材爲集流體；而負極爲熔融的金屬鈉（Na）；兩極間的電解質爲固態的氧化鋁（Al_2O_3）陶瓷材料，其中摻雜了 Na^+，因此具有良好的 Na^+ 傳送特性，同時也扮演兩極的隔離膜。放電時，負極的反應爲：

$$Na \rightarrow Na^+ + e^- \tag{6.56}$$

正極的反應爲：

$$xS + 2Na^+ + 2xe^- \rightarrow Na_2S_x \tag{6.57}$$

其中的 x 約介於 3 至 5 之間。放電時，負極生成的 Na^+ 必須穿越 Al_2O_3 而傳送至正極，最後形成多硫化鈉，所以電池中最關鍵的材料即為此固態電解質。然而，多硫化鈉的腐蝕性強，所以正極的集流體會選用不鏽鋼，並同時作為電池的外殼。通常單電池的輸出電壓會依多硫化鈉中的 x 值而變，放電時可從大約 2.07 V 變化至 1.78 V。目前可得的鈉硫電池之能量密度約有 150 W·h/kg，為鉛酸電池的 3 倍多，放電的電流密度可達 200 mA/cm^2 以上，充放電可達 4000 次以上，使用壽命很長，而且 Na 和 S 在自然界都屬於豐富的元素。然而，鈉硫電池仍存在許多問題，例如電池的操作溫度較高，需在 300°C 以上，固態陶瓷電解質較脆弱，受外力撞擊時可能破裂，之後會引起兩極的活性成分接觸，進而產生劇烈的放熱反應，嚴重時將導致火災，火災後生成的二氧化硫（SO_2）具有毒性，將造成環境汙染。若外殼有破損時，金屬 Na 與空氣或水氣接觸也會燃燒爆炸。所以鈉硫電池的安全疑慮影響了商用化的進展，且所需材料的價格偏高，也限制其前景。

鈉硫電池在大規模儲能應用已經發展近 20 年，但其安全問題仍為隱憂。直至近年，有一些研究者借鏡鋰硫電池的概念，開始嘗試常溫鈉硫電池，實驗中使用了有機溶液作為電解質，但其特性也與鋰硫電池類似，例如自放電、容量衰退、Na 枝晶形成，以及 S 利用率低等問題，皆有待克服。

2. 鈉鎳電池

鈉鎳電池的構想來自於鈉硫電池，也使用了 Al_2O_3 陶瓷電解質，但活性成分含有 Na 和 Ni，毒性低且較穩定，安全顧慮低，也常被稱為鈉氯化物電池，甚至被稱為斑馬電池（zero emission battery research activities，簡稱為 ZEBRA），因為 ZEBRA 電池是由 Zebra Power Systems 公司中的 Coetzer 於 1978 年發明。

鈉鎳電池的能量密度也可達到 100 W·h/kg 以上，充放電循環約為 3000 次，所以也吸引了研究者的興趣。鈉鎳電池的正極活性成分為 $NiCl_2$，電解液為熔融狀態的 $NaAlCl_3$，負極則為液態 Na 金屬，兩極間的隔離膜為 β-Al_2O_3 陶瓷管，可讓 Na^+ 通過，在 295°C 時的開路電壓為 3.05 V。放電時，正極的反應為：

$$NiCl_2 + 2Na^+ + 2e^- \rightarrow Ni + 2NaCl \qquad (6.58)$$

負極的反應同於（6.56）式。充電時則發生逆向反應，且充放電的反應都要在大約

300°C 的環境中進行。若電池放電完，已沒有 $NiCl_2$ 存在，此時 $NaAlCl_3$ 會扮演正極活性成分繼續反應：

$$NaAlCl_4 + 3Na^+ + 3e^- \rightarrow Al + 4NaCl \tag{6.59}$$

因此鈉鎳電池不會發生過放電問題。

相較於鈉硫電池，鈉鎳電池在組裝時，不用直接添加液態 Na，只要先加入 Ni 粉、NaCl 和液態 $NaAlCl_3$ 於 β-Al_2O_3 陶瓷管內，進行充電後負極就會產生液態 Na，所以在組裝過程中較爲安全。組裝時，Ni 粉將會過量加入，未反應者可以協助導電；$NaAlCl_3$ 的熔點爲 157°C，所以電池工作時會熔化，有助於 Na^+ 的傳輸。爲了提升效率，有時會添加硫化鐵（FeS）或硫化鈉（Na_2S）以減少 $NiCl_2$ 粒子聚集，因爲在充放電循環期間，$NiCl_2$ 粒子會縮小或長大，粒徑較小者容易聚集在一起。另一方面，放電時 NaCl 在正極結晶，有可能會破壞電極結構，並提高內電阻，若添加 Al，則可發生：

$$Al + 4NaCl \rightarrow NaAlCl_4 + 3Na \tag{6.60}$$

因而能避免 NaCl 的晶體過大。在 β-Al_2O_3 陶瓷管內，會放入鍍 Ni 的 Cu 棒作爲正極的集流體；在陶瓷管外，由鍍 Ni 的鋼板構成外殼，並作爲負極的集流體，陶瓷管和外殼間的縫隙則塡滿液態 Na。

鈉鎳電池在正常的操作下不會生成有毒產物，且 NaCl 和 Ni 粉都可回收，除了金屬 Na 的處理外，其他的安全風險較低。但若陶瓷管破裂時，將發生：

$$NaAlCl_4 + 3Na \rightarrow Al + 4NaCl \tag{6.61}$$

所生成的 Al 將使兩極短路。對於操作環境，只要溫度不超過 450°C，電解質不會揮發。在停止工作時，電池內不會自放電，所以可長期存放。目前鈉鎳電池的能量密度可達到 125 W·h/kg，距離約 800 W·h/kg 的理論值仍非常遠，因爲反應中生成的 NaCl 或 $NiCl_2$ 會增加阻抗，而且爲了維持高溫工作所加入的隔熱材料也會增加許多重量，致使實際值偏低。

總結以上，鈉硫電池具有高功率密度和能量能密、低材料成本、無自放電等優點，但作爲儲能技術，仍需再降低成本，並提高系統的安全性，而且未來還需要發展中溫或常溫的鈉硫電池。相較之下，鈉鎳電池具有較高的安全性，也具有承受過充電和過放電的特質，唯有能量密度和功率密度還需要改善。

§6-3　燃料電池

如前所述，利用化學技術儲能主要透過二次電池、燃料電池與液流電池，其中二次電池屬於封閉系統，反應物在製作時已封存在電池中，燃料電池與液流電池則屬於開放系統，反應物持續輸入電池以進行放電，但液流電池還屬於循環系統，不只能夠放電也可以充電。在燃料電池的運作中，往往會使用 H_2 作爲燃料，所以和氫能技術密切相關，在本節將說明此主題，也將介紹空氣電池，因爲這類電池兼具一次電池與燃料電池的特性。

H_2 是燃料電池中最理想的反應物，且 H 元素在地球中含量豐富，但卻只以化合物的形式存在，必須加以轉化才能得到 H_2。H_2 除了可以作爲燃料電池的反應物，也可直接燃燒產生熱能，而且也不會製造 CO_2，因此氫能被視爲最理想的能源。此外，H_2 還是重要的工業原料，目前已廣泛用在化學工業、石化工業、冶金工業與電子工業中，這些工業需求將與能源需求互相競爭，所以擴大 H_2 的生產規模是最佳解決之道。關於生產 H_2 的方法，可參考 3-3 節。總結以上，H_2 的取得、儲存與運送與燃料電池的發展必須互相配合。

§6-3-1 燃料電池

燃料電池（fuel cell，簡稱爲 FC）是一種將燃料中儲存的化學能轉換成電能的裝置，與一般電池不同之處在於燃料電池本身僅扮演能量轉換的媒介，裝置中沒有儲存化學能的物質，發電所需燃料必須從裝置外部輸入，反應期間電極不發生變化，只提供活性位置以進行能量轉換。

燃料電池的概念早在 19 世紀初即已被提出，但歷經了 170 年以上仍未普及到電池市場中。在 1838 年，瑞士的 Schönbein 教授發現了 Pt 電極上通入 H_2 與 O_2 會產生電流；在 1839 年，英國的 Grove 爵士則建立出燃料電池的雛形，當時稱爲氣體電池，因爲他使用了兩個玻璃瓶，一瓶置入 Pt 片並充滿 O_2，另一瓶也放入 Pt 片但充滿 H_2，當兩個玻璃瓶共同放入 H_2SO_4 溶液後，兩個 Pt 片的連線上會有電流通過；而燃料電池的名稱則是到了 1889 年，才由 Mond 與 Langer 提出，其工作原理則由 Ostwald 在 1893 年建立。在燃料電池的技術發展中，是由 Reid 首先在 1902 年提出鹼性燃料電池（alkaline fuel cell，簡稱 AFC）的構想；在 1923 年，Schmid 提出了沿用至今的氣體擴散電極；1959 年，英國的 Bacon 博士展示一組 5 kW 的電池堆，是第一個鹼性燃料電池，也稱爲 Bacon 電池；1960 年代，美國通用電氣公司（General Electric Company）開發出聚合物電解質燃料電池，普惠公司（Pratt & Whitney）則開發出性能更佳的質子交換膜燃料電池（proton exchange membrane fuel cell，簡稱 PEMFC），甚至成爲阿波羅登月計畫中的太空船電源。

燃料電池的組成中包括陽極、電解質與陰極，電解質必須能夠傳輸離子並阻止燃料和氧化劑直接接觸。當 H_2 作爲燃料時，陽極反應爲：

$$H_2 \to 2H^+ + 2e^- \tag{6.62}$$

而 O_2 作爲氧化劑時，陰極反應爲：

$$\frac{1}{2}O_2 + 2H^+ + 2e^- \to H_2O \tag{6.63}$$

因此，整個燃料電池的總反應可表示爲：

$$H_2 + \frac{1}{2}O_2 \to H_2O \tag{6.64}$$

其標準電位差爲 1.229 V。燃料電池的發電效率可達 40～60%，但若將反應生成的熱量也加以應用，則總能量轉換效率甚至可到達 80% 以上。當燃料爲純 H_2 時，反應後只會產生 H_2O，幾乎沒有汙染。也由於裝置中不需要動力機械，所以幾乎無噪音。透過設計，燃料電池的發電規模可從 1 W 等級擴增到 1 GW 等級，所以應用範圍寬廣。

燃料電池在操作時可視爲一個定溫定壓的系統，從系統輸出的最大功即爲 Gibbs 自由能的減少量（$-\Delta G$），但系統釋放出的全部能量爲焓的減少量（$-\Delta H$），因此可計算出燃料電池的理論效率：

$$\eta = \frac{\Delta G}{\Delta H} \tag{6.65}$$

在 25°C 與 1 atm 的標準狀態下，H_2 燃料電池的理論效率爲：

$$\eta = \frac{\Delta G}{\Delta H} = \frac{-237\ \text{kJ/mol}}{-285\ \text{kJ/mol}} = 0.83 \tag{6.66}$$

即使依據實際操作的溫度與壓力，其理論效率仍可達到 80% 以上。在標準狀態下，若反應中轉移的電子數爲 2，則 H_2 燃料電池的標準電動勢爲：

$$\Delta E^{\circ}_{cell} = \frac{-\Delta G}{nF} = \frac{237\ \text{kJ/mol}}{2 \times 96485\ \text{C/mol}} = 1.229\ \text{V} \tag{6.67}$$

燃料電池的分類方法很多，最常使用的分類指標是電解質型態，由此可分爲鹼性燃料電池（AFC）、質子交換膜燃料電池（PEMFC）、磷酸燃料電池（PAFC）、熔融碳酸鹽燃料電池（MCFC）與固體氧化物燃料電池（SOFC）。上述燃料電池皆以 H_2 爲原料，但仍有一些不使用 H_2 的燃料電池，例如直接醇類燃料電池（DAFC）、直接甲酸燃料電池（DFAFC）、直接碳燃料電池（DCFC）、直接硼氫化物燃料電池（DBFC）、生物燃料電池（BFC）、微生物燃料電池（MFC）與金屬半燃料電池（MSFC）等。這些燃料電池皆整理於表 6-6 中。

表 6-6　燃料電池的分類

陽極燃料	中文名稱	英文名稱	英文縮寫
H_2	鹼性燃料電池	Alkaline Fuel Cell	AFC
	磷酸燃料電池	Phosphoric Acid Fuel Cell	PAFC
	質子交換膜燃料電池	Proton Exchange Membrane Fuel Cell	PEMFC
	熔融碳酸鹽燃料電池	Molten Carbonate Fuel Cell	MCFC
	固體氧化物燃料電池	Solid Oxide Fuel Cell	SOFC

陽極燃料	中文名稱	英文名稱	英文縮寫
非 H_2	直接醇類燃料電池	Direct Alcohol Fuel Cell	DAFC
	直接甲酸燃料電池	Direct Formic Acid Fuel Cell	DFAFC
	直接碳燃料電池	Direct Carbon Fuel Cell	DCFC
	直接硼氫化物燃料電池	Direct Borohydride Fuel Cell	DBFC
	生物燃料電池	Biological Fuel Cell	BioFC
	微生物燃料電池	Microbial Fuel Cell	MFC
	酶燃料電池	Enzymatic Biological Fuel Cell	EBFC
金屬	金屬半燃料電池	Metal Semi-Fuel Cell	MSFC

在 1960 年代，美國已將質子交換膜燃料電池（PEMFC）用於太空飛行，但當時的電池壽命較短，因爲所使用的聚苯乙烯磺酸膜會逐漸分解；到了 1970 年代，Dupont 公司發展出更穩定的 Nafion 膜，可用於人造衛星中，然而軍方卻轉而使用 AFC，PEMFC 的發展因此擱置；直到 1980 年代的後期，材料技術才有所突破，加拿大與美國合作開發，成功地在 1997 年將 PEMFC 應用於公車，促使其他各國紛紛跟進。由於 PEMFC 可用於中大型分散式電源或熱源，以及中小型攜帶式電源，所以發展過程中並不限於電動車，對筆記型電腦、數位相機、電動輪椅、機器人或船艦等都能應用，若能成功開發，將會大幅改變電池的市場。以下將說明幾種較成熟或具潛力的燃料電池技術。

1. 鹼性燃料電池（AFC）

AFC 是早期就被成功開發的一種燃料電池，英國的 Bacon 以 KOH 取代傳統的酸性電解質而製作出 AFC，後稱爲 Bacon 電池。之後，美國 NASA 成功地將 AFC 應用在登月計畫中。相較於 PEMFC，使用低價的 KOH 後，可將 O_2 還原的活化過電位降低；而且在 KOH 中，可使用非貴金屬材料作爲觸媒，使其成本降低；當 KOH 的濃度夠高時，AFC 還可以操作在 0°C 以下，但 PEMFC 卻會結凍而使離子交換膜損壞。然而，鹼性電解質也容易和 CO_2 反應而生成 K_2CO_3 沉澱物，使溶液的導電度下降，或堵塞電極中的孔洞。

AFC 中的陽極反應爲：

$$H_2 + 2OH^- \rightarrow 2H_2O + 2e^- \tag{6.68}$$

在陰極區爲：

$$\frac{1}{2}O_2 + H_2O + 2e^- \rightarrow 2OH^- \tag{6.69}$$

陽極標準電位爲 –0.828 V，陰極標準電位爲 0.401 V，電池的標準電壓爲 1.229 V。

AFC 中使用的燃料雖以 H_2 和 O_2 爲主，但也有人考慮過甲醇（CH_3OH）等液態燃料來取代 H_2，且也常使用空氣來取代 O_2，但空氣中所含有的 CO_2 或 SO_2 會降低電池的效率。在觸媒方面，陽極觸媒仍以屬於貴金屬的 Pt 最佳，但爲了提高抗中毒能力或降低成本，也使用含有 Pt 的複合物觸媒。此外，以 Ni 及其合金作爲觸媒也是新趨勢，例如 1：1 的 Ni 和 Al 製成合金後，再以濃 KOH 溶液侵蝕成多孔結構，可形成 Raney Ni 觸媒，此構想來自於美國工程師 Raney 對植物油氫化的研究，但這些非貴金屬的催化能力與壽命都不及 Pt 基觸媒，而 Pt 基觸媒若以碳載體支撐則可以減少用量，進而降低成本，抗衡非貴金屬類觸媒的成本優勢。使用陽極觸媒時，主要考慮的問題是觸媒毒化，除了燃料中的 CO 會吸附在觸媒表面，一些陰離子也會，吸附作用最強的是Cl^-，其次爲SO_4^{2-}。

對於陰極側，也以 Pt 觸媒的效果最好，但 O_2 在鹼性環境中的反應速率快，使觸媒的影響力減低，所以可用非貴金屬類觸媒來取代 Pt，目前已被探究的材料包括氮化物和 Ag，前者具有磁性和抗 CO 特性，後者的成本比 Pt 低。使用陰極觸媒時，必須顧慮的問題包括空氣中所含 CO_2 可能會被鹼性溶液吸收，並生成碳酸鹽，進而堵塞觸媒的孔洞，導致電池效率降低，此外碳載體在高電位下也可能氧化成 CO_2，導致相同的後果。目前已研究過的保護方法包括使用吸收劑，以化學法吸收 CO_2，但操作不易；或以分子篩降低 CO_2 含量，但需要消耗額外能量；若出現碳酸鹽時，可提高操作電流，以降低 OH^- 濃度，方法較簡單；或增加循環設備，將電解液更新，不但可去除碳酸鹽，也可補充 OH^-。

在電解質方面，KOH 的濃度在高溫下可以再增高，例如 200°C 下，KOH 的濃度可達 85%。另也可用更低價的 NaOH 溶液代替，但溶液中出現 CO_2 時，Na_2CO_3 的溶解度比 K_2CO_3 低，更易堵塞孔洞。在一般的 AFC 中，會使用石棉隔膜來區分陰陽兩極，且透過循環系統更新電解液，在電解液流動過程中，可同時冷卻流體，以控制電池的溫度，並可藉由對流來減少濃度過電位，還可適時補充 OH^- 以避免反應速率降低。

在操作 AFC 時，會選擇比室溫更高的溫度，因爲可以提升反應速率，還能減少濃度極化，故常操作在 70°C。若要操作在 100°C 以上，則需考慮溶液沸騰的問題，此時可加壓避免沸騰。當操作壓力提升時，輸出電壓與電流密度會隨之增高，所以加壓是常用的操作條件，但在高壓下必須注意材料強度與氣體洩漏問題，以免導致危險。對於陽極反應產生的 H_2O，則需加以排出，常用的方法有動態與靜態兩種類型。動態法是外加 H_2 循環泵，利用 H_2 將水蒸氣帶出電池，再使用冷凝器分離，但泵所需的能量會降低發電效率；靜態法則是外加一層浸漬過 KOH 溶液的導水膜，利用導水膜內外的壓差，使 H_2O 離開電池，此法特別適合用於太空中。對於電池反應所生之熱量，可藉由循環電解液時排出，也可藉由氣體的循環排出。

2. 磷酸燃料電池（PAFC）

相較於 AFC，PAFC 更可承受 CO_2 的毒化，所以率先在非太空環境中應用。因爲磷酸（H_3PO_4）的穩定性佳，在高溫時仍然不易揮發，且 PAFC 可使用天然氣或沼氣裂解產生的混合氣體作爲燃料，再加上 PAFC 無需預處理氣體燃料，所以系統簡單且成本低，吸引了美日等國積極投入發展。

PAFC 的反應與 PEMFC 相同，皆爲（6.62）式和（6.63）式，但輸入的燃料爲 80% 的 H_2 和 20% 的 CO_2，反應中消耗的 H_2 約占輸入量的 70～80%；另一方面，O_2 的利用率較低，只占輸入時的 50～60%。PAFC 的工作溫度介於 150～220°C 之間，因爲 H_3PO_4 在此溫度仍然揮發很少，且在此溫度操作可以提高輸出電壓，另因高溫下 CO 毒化觸媒的能力會降低許多，因此氣體燃料中容許含有少量 CO，但當燃料中含有 H_2S 時，即使增溫也不能減少毒化，因爲 H_2S 對 Pt 的吸附力較強，氧化後將形成 S 而蓋住 Pt 表面，嚴重影響 H_2 的反應，所以 PAFC 的燃料必須先脫 S。對於已脫 S 的氣體燃料，雖然可透過升溫來加速反應進行，但也會帶來負面效果，例如腐蝕加劇、Pt 觸媒燒結、H_3PO_4 揮發與分解，因此溫度不宜超過 220°C。高溫發電過程中生成的熱水或熱蒸氣可加以再利用，使總能量效率達到 60% 以上。另一方面，PAFC 的工作壓力爲常壓，但也可以加壓操作，以提升效率，因爲加壓時濃度極化可被減輕。PAFC 需要搭配冷卻系統以排熱，常用的方式爲水、油或空氣冷卻，用水冷卻時，可藉由水的蒸發吸熱，所需水量少於對流式吸熱；用油冷卻時，材料較不易腐蝕；用空氣冷卻時，因爲空氣的比熱小，必須加大流量，因此耗費較多能量。

PAFC 中最特殊的組件爲隔離膜，因爲 H_3PO_4 濃度太高時，質子傳導率將會降低；濃度太低時，H_3PO_4 的腐蝕性將會加劇，因此隔離膜內的 H_3PO_4 必須維持在 98～99% 的適當濃度，如果反應生成的 H_2O 滲透進入隔離膜，則會降低電池特性。傳統的隔離膜是用石棉或玻璃纖維製成，但之中的鹼性氧化物會被 H_3PO_4 腐蝕，目前則是使用 SiC 隔膜，其中添加了 PTFE，可以讓 H_3PO_4 吸附而維持在隔膜中。H_3PO_4 損失的過程包含自身的揮發和石墨電極的吸收，所以必須補充電解質，以免電池特性下降。此外，高濃度的 H_3PO_4 大約會在 42°C 時凝固，對隔離膜產生應力，若經過多次凝固又熔化之後，電池特性必將降低，因此 PAFC 即使處於不運作狀態，也要維持在 45°C 以上。PAFC 特性衰減的原因可以歸納成幾個項目，若發生 H_3PO_4 損失或 H_2 洩漏時，電性會急速地下降，若發生觸媒團聚或脫落，以及 H_3PO_4 滲透至觸媒層的孔洞中，電性也會逐漸地變差。

總結以上，PAFC 具有幾項缺點，例如發電效率不夠高，僅有 45%；H_3PO_4 會腐蝕材料，使得電池壽命不夠長，目前的技術水準僅可維持 5 年，離 15 年的目標尚遠；在 H_3PO_4 中必須使用 Pt 基觸媒，並且需要防止 CO 或 H_2S 毒化；PAFC 的啓動時間太長，常需要數小時，所以無法應用在電動車領域。因此，PAFC 在未來的發展中，可以定位在廢棄物分解發電，例如啤酒工廠廢水分解產氣、汙泥產氣、垃圾燃燒廢氣與半導體工廠廢氣之後，再透過 PAFC 轉換成電能。

3. 質子交換膜燃料電池（PEMFC）

PEMFC 的系統依序由 H_2 氣室、陽極、質子交換膜（PEM）、陰極與 O_2 氣室所組成，其中陽極和陰極內則包含氣體擴散層和觸媒層，最終會將陰陽極和質子交換膜以熱壓方式製成膜電級組（membrane electrode assembly，簡稱 MEA），如圖 6-13 所示。操作期間，H_2 持續注入對應的氣室，再穿過氣體擴散層後到達觸媒層，在此氧化成 H^+ 並輸出電子，如（6.62）式所示，之後 H^+ 穿越 PEM 進入陰極區；另一方面，O_2 則從陰極端注入，與接近陰極的 H^+ 反應成 H_2O，如（6.63）式所示。目前最常用的 PEM 屬於磺酸型固態聚合物，所以不會像 PAFC 中的 H_3PO_4 或 MCFC 中的碳酸鹽般發生漏液問題。此外，PEMFC 不一定要用純 H_2 和純 O_2 作爲燃料，也可使用含碳的燃料和空氣來進行反應。

MEA 中的觸媒層主要進行電催化反應，就單一金屬觸媒而言，以 Pt 的催化能力

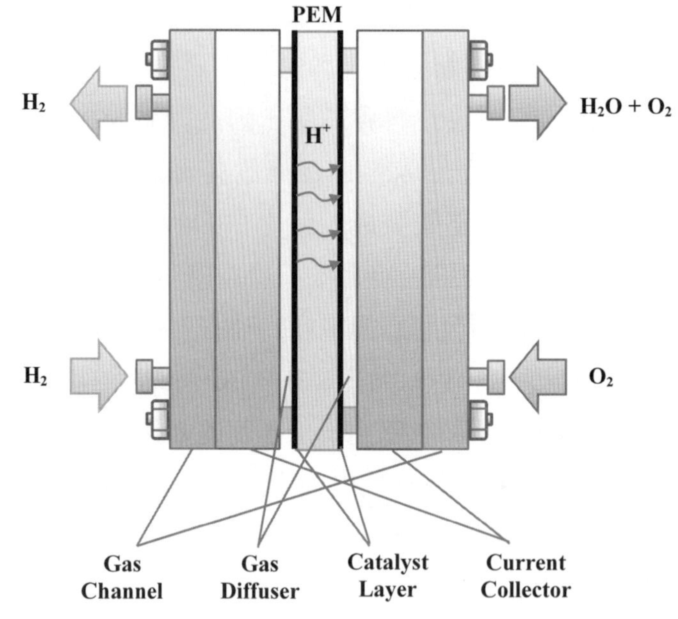

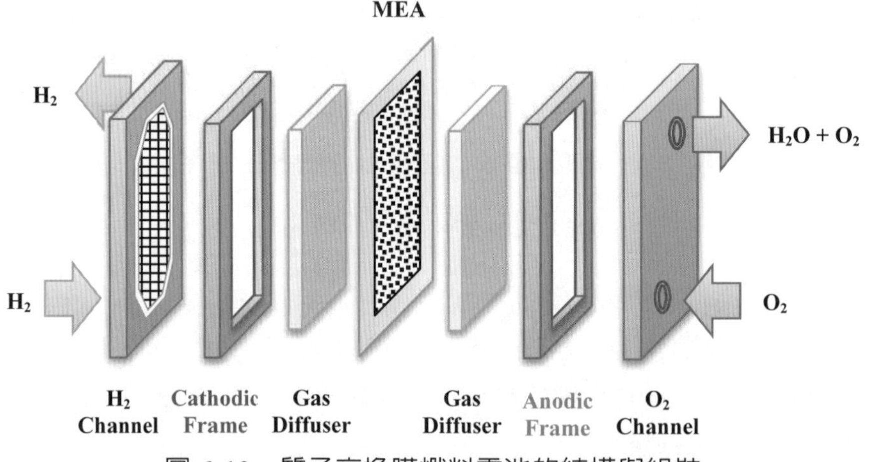

圖 6-13 質子交換膜燃料電池的結構與組裝

最強。但當 H_2 中含有 CO 時，Pt 的表面會優先吸附 CO 而使活性表面減少，此即觸媒中毒現象，通常可加入 Ru 等第二種元素來提高 Pt 觸媒的抗中毒能力。再者，電催化的能力與比表面積有關，當比表面積愈大時，催化效果愈好，電流愈大；但比表面積較大時，觸媒粒子的顆粒往往較小，需要適當的載體支撐，目前可用的載體包括活性碳、碳黑或導電高分子等，而觸媒粒子和載體都需要足夠的導電度，才有利於傳輸電子；再者，在相同的金屬粒子上，不同晶面會呈現不同的催化特性，而且表面

的缺陷處更易使 H_2 吸附，所以低結晶度的粒子反而具有較佳的催化特性。在陽極觸媒層方面，曾經使用過 Ni、Pd 或鉑黑，但為了提高比表面積，目前常用的則是碳載鉑（Pt/C），但卻必須注意 CO 導致的中毒現象。一般要將 H_2 中的 CO 含量降至 10 ppm 以下才能避免觸媒中毒，或在毒化後通入 O_2，促使 CO 氧化而脫附，另可使用 Pt-Ru、Pt-Sn 或 Pt-Mo 等鉑基複合材料，以降低 CO 的吸附力或增強 CO 的氧化力。在陰極觸媒層方面，單一金屬觸媒中仍以 Pt 的效果最好，但加入第二種或第三種元素而形成合金後，催化效果可能超過純 Pt；此外，Pt 與某些過渡金屬氧化物的複合物也可以產生很高的催化效果。目前已知的觸媒層製作方法有許多種，最常使用的是液相還原法，主要是將氯鉑酸（H_2PtCl_6）與碳載體混合，再加入硼氫化鈉（$NaBH_4$）或甲醛（HCHO）等還原劑，即可使 Pt 還原在碳載體上，但此法得到的金屬顆粒較大，且粒徑分布不均。為了得到分散均勻的觸媒，還可採用溶膠－凝膠法，但其過程複雜，不適合量產。當 H_2PtCl_6 中加入銨鹽時，碳載體上會先出現 NH_4PtCl_6 的沉澱物，之後再添加還原劑，則可得到粒徑較小的 Pt 顆粒；也可以先在 H_2PtCl_6 溶液中讓 Pt 還原成膠體，且保持均勻分散，再加入載體使其吸附或沉澱。當觸媒粉體被製成後，將和聚四氟乙烯（PTFE）混合，藉由 PTFE 的黏性，可塗佈在擴散層電極上，經過熱處理後，再噴灑 Nafion 溶液，使其滲入觸媒層以吸附在碳材上，即可得到厚型膜電極組。另外也可將觸媒與 Nafion 溶液混合後塗佈在 PTFE 上，此 PTFE 膜再與 Nafion 膜壓合，之後再剝離 PTFE，使觸媒層得以轉移到 Nafion 膜上，最後再與擴散層壓合，即可製成薄型膜電極組。若透過濺鍍或化學氣相沉積則可製作出更薄的 Pt 觸媒層；若要避免觸媒中毒現象，可先用 Pt/C 層塗佈在 Nafion 膜上，再覆蓋 Pt-Ru/C 層，使 Pt-Ru/C 層較接近擴散層，由於 CO 在 Pt-Ru 表面的吸附力比 H_2 更強，且 CO 的擴散速率小於 H_2，因此操作時，CO 可在 Pt-Ru 表面氧化，而 H_2 則可吸附到不易毒化的 Pt 表面，以進行後續反應。

在 MEA 中，除了觸媒層以外，氣體擴散層的功能也很重要，它必須輔助氣體擴散，且排出反應生成的 H_2O，以及導通電子到外部電路，因此擴散層要具備良好的防水性和化學穩定性，且與觸媒層間的接觸電阻要夠低，因為 H_2O 如果停滯於擴散層的孔洞中，將會降低氣體穿透量，亦即減慢反應速率。常用的擴散層材料包括碳纖紙、碳纖布、不織布與碳黑紙，其中碳纖紙的孔洞均勻、導電性佳且穩定，但易破損，碳纖布雖然可撓曲但不穩定，不織布則可彌補此缺點，碳黑紙的防水性較高，因為製作過程中加入了含氟樹脂。

MEA 中的 PEM 允許 H^+ 通過，但不讓電子導通，所以可防止陰陽極短路，目前廣泛使用的材料爲 Dupont 公司的 Nafion 膜與 Dow 公司的 Dow 膜，後者的抗蝕性與穩定性雖然較佳，但其價格也較貴，而前者的價格也不低，每平方公尺需要 500 美元以上。Nafion 膜是一種全氟磺酸膜，依不同的厚度分爲 Nafion-115、Nafion-117 和 Nafion-119 等型號。在 Nafion 膜內，一個 H^+ 通過時平均會伴隨 0.6 個 H_2O 的移動，因爲 H^+ 主要是以水合物的形式存在，所以薄膜缺水時，導通 H^+ 的能力將會下降。然而，MEA 中的整體含水量卻不宜過高，否則氣體難以進入觸媒層，但含水量太低時，Nafion 膜的特性又會降低，所以含水量存在最適值。若 PEM 中存在其他陽離子時，H^+ 的遷移會被妨礙，而且 Nafion 膜的厚度較大時，遷移較慢，但太薄時，氣體也會穿透。另當 PEMFC 操作在 0°C 以下時，薄膜會因水結凍而劣化，而且在陰極側，O_2 可能會還原成 H_2O_2，繼而分解 Nafion 膜。因此，從結構面至操作面，PEM 皆需經過最適化設計。

燃料電池使用時，常將電池串聯成電池堆，此時會用導電隔板將一個電池的正極與另一個電池的負極相疊，因此又稱爲雙極板，目前常用的材料包括石墨、金屬與複合物。雙極板的功能除了串接電池以外，還可以負責導入反應所需氣體、傳導電流，以及協助電池散熱與排水。雙極板的結構是兩側爲氣室，中間爲冷卻管，氣室內必須有效地導入氣體，以增進反應速率，冷卻管內則通入低溫水，以控制電池的溫度。

搭配 PEMFC 運作的還有儲氫系統、供氧系統、水管理系統與熱管理系統。以 H_2 作爲燃料時，可以使用高壓容器、高溫裂解反應器或儲氫材料作爲氣體的來源，使用高壓法的優點包括加壓技術簡單，成本低，但卻有儲存量不高和安全顧慮等問題；使用高溫裂解法時，必須先填充醇類、汽油或天然氣作爲燃料，但所裂解的氣體中含有 CO，會迫使觸媒中毒，而且所需溫度較高，難以實用；使用儲氫材料則具有良好的安全性，但已開發材料之儲氫密度仍然不足，而且有些材料的 H_2 釋放速率較慢。供氧系統的原料可選擇純 O_2 或空氣，前者如同 H_2 一般，必須使用高壓容器，而後者則爲常壓，雖然發電效果不如高壓的純 O_2，但流量大時可協助排水。然而，PEM 的陰極側易被空氣吹乾，所以還要使用增溼系統來調整水含量，勿使 PEM 內過溼或過乾。此外，操作燃料電池時，會有大約一半的能量轉爲熱，若系統溫度較高時，水分容易蒸發，致使 PEM 的特性衰減，因此常在雙極板內流通冷卻水或沸點更低的醇類，以吸收反應熱，將燃料電池控制在 80°C 左右。

PEMFC 尚未大量商品化的主要因素在於價格，目前只能降低到 800 美元 /kW，還離具競爭力的 100 美元 /kW 很遠，且 H_2 來源和貴金屬觸媒的問題還沒有完全解決，低溫操作限制和觸媒中毒現象也尚待改善，這些疑慮逐一解除後，大量商用的 PEMFC 才會出現。

4. 直接醇類燃料電池（DAFC）

若燃料電池不使用 H_2 作爲燃料，還可使用醇類，此類裝置稱爲直接醇類燃料電池，所用醇類中被研究最頻繁的是甲醇（CH_3OH），其裝置稱爲直接甲醇燃料電池（direct-methanol fuel cell，簡稱 DMFC），因爲 CH_3OH 的來源廣、價格低、易輸送且能量密度也夠高，可達 6.09 W·h/g，可以解決純 H_2 難取得的問題，自 1990 年代後，應用在可攜式產品或電動車的 DMFC 已被開發出，尤其在 2004 年，Toshiba 公司公布了尺寸相當於手指的 DMFC，使用時只需塡入 2 mL 的 CH_3OH，即可供電 2 小時。DMFC 的結構與 PEMFC 相似（如圖 6-14），但在陽極會產生 CO_2，陰極產生 H_2O，對環境的汙染遠低於化石燃料，相比於 PEMFC 也較安全便利，因爲 CH_3OH 是液態燃料，更適於作爲可攜式電源，所以在衆多燃料電池中最有可能大量商品化。

DMFC 的陽極反應爲：

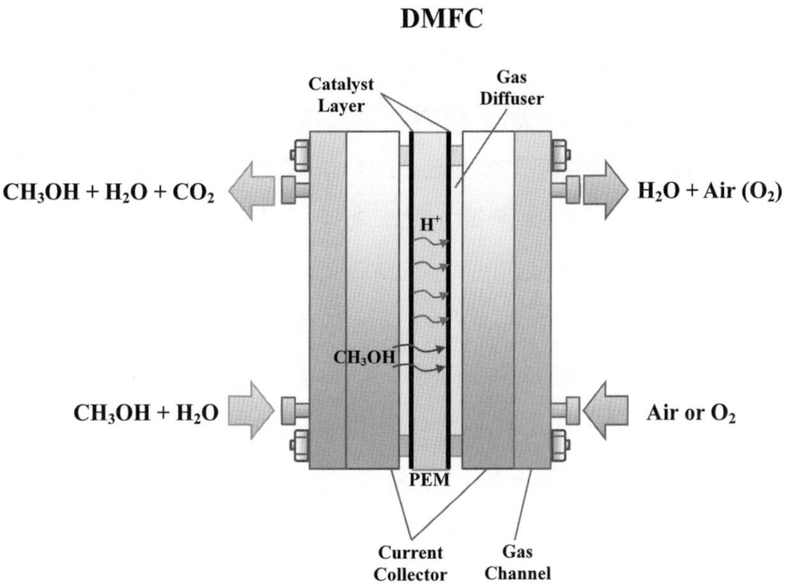

圖 6-14　直接甲醇燃料電池的結構

$$CH_3OH + H_2O \rightarrow CO_2 + 6H^+ + 6e^- \tag{6.70}$$

陰極反應為：

$$\frac{1}{2}O_2 + 2H^+ + 2e^- \rightarrow H_2O \tag{6.71}$$

在標準狀態下的標準電壓為 1.21 V，而理論效率則高達 97%。

在 DMFC 中，常用的陽極觸媒仍是 Pt，但易被反應中間物 CO 毒化，因此有許多複合式觸媒曾被探索，例如 Pt-Ru 或 Pt-TiO_2 等，期望能減少 Pt 的用量。此外，一些稀土族元素的陽離子或氧化物也被用來添加在觸媒中。在陰極觸媒方面，反而需要對 CH_3OH 之催化能力較低的材料，因為 DMFC 操作時，部分 CH_3OH 會穿透 Nafion 膜進入陰極區，此時 CH_3OH 會消耗 O_2，並毒化陰極觸媒。目前已研究出的陰極觸媒是添加 Ni、Cr 或 TiO_2 等 Pt 基材料，也有使用 Pt 與磷鎢酸（phosphotungstic acid，簡稱 PTA，化學式為 $H_3PW_{12}O_{40}$）的複合式觸媒，它擁有更高的 O_2 催化能力和抗 CH_3OH 氧化能力。也有研究者使用了過渡金屬的大環化合物、硫化物或碳基化合物作為觸媒，但都各有缺點。除了 Pt 以外，Pd 基觸媒也對 O_2 有很高的催化能力，尤其在酸性環境中，Pd 對 CH_3OH 沒有催化性，所以可作為 Pt 基觸媒的替代物。

Nafion 膜用於 DMFC 時，大約會有 40% 的 CH_3OH 會穿過薄膜而損失，所以常需改質才能使用。一種改質的方法是在 Nafion 膜的孔洞中沉積奈米粒子，例如 Pd 或 SiO_2 等，以降低 CH_3OH 的穿透率，並維持 H^+ 的通過率，而且 SiO_2 奈米粒子還具有吸水性，可以保持 Nafion 膜的含水量。第二種方法則是在聚四氟乙烯（PTFE）薄膜的孔洞中填入 Nafion，此時的 Nafion 較不易讓 CH_3OH 通過，若改變 PTFE 的孔隙度或孔徑，則可調整 H^+ 的輸送率。除了 Nafion 以外，也有一些新的 PEM 被開發出，這些高分子薄膜的 CH_3OH 穿透率都很低，但必須經過特殊處理才能提升 H^+ 的輸送率，其中一種方法是將薄膜浸入 H_3PO_4 中，促使 H_3PO_4 與高分子鍵結，但 H_3PO_4 脫離後，質子傳輸性又會下降；另一種則是將高分子磺酸化，使其具有質子傳輸性。若將純粹具有導通質子功用的高分子與單純阻擋 CH_3OH 功能的高分子混合製成薄膜，也可以作為 DMFC 的特用 PEM。

除了 DMFC 之外，也有學者研究了直接乙醇燃料電池（direct-ethanol fuel cell，簡稱 DEFC），因為乙醇（C_2H_5OH）可以從農作物中發酵取得，相較其他有機物而言，C_2H_5OH 的來源豐富且價格低廉，但目前 DEFC 的進展有限。因為在 C_2H_5OH 分子中，C－C 斷鍵產生 CO_2 的過程牽涉到 12 個電子，代表反應中間物眾多，這些中間物將會毒化觸媒；且 Nafion 膜在 C_2H_5OH 中會膨脹，導致觸媒剝落，繼而劣化電池特性；此外，C_2H_5OH 也會從陽極區穿透 Nafion 膜到達陰極表面並吸附其上，因而減少陰極的活性面積，這些問題都有待克服。

5. 直接甲酸燃料電池（DFAFC）

由於直接甲醇燃料電池仍存在一些問題，因此有些研究即致力於尋找 CH_3OH 的替代品，例如 C_2H_5OH、$HO(CH_2)_2OH$（乙二醇）等醇類，或 CH_3OCH_3（二甲醚）、HCHO（甲醛）、HCOOH（甲酸）等液態有機物，主要是希望替代物更不易穿透 Nafion 膜，但這些替代物的氧化能力多半比 CH_3OH 弱，而且也會產生中間物 CO 而毒化觸媒。其中最具潛力的是 HCOOH，因此發展出直接甲酸燃料電池（direct formic acid fuel cell，簡稱 DFAFC）。HCOOH 的優點包括無毒、不易燃、便於運送、氧化力優於 CH_3OH、可配製成高濃度因而使 DFAFC 的能量密度高於 DMFC、熔點較低可在低溫下操作、本身可解離故能提升 H^+ 輸送、甲酸根離子（$HCOO^-$）會被 Nafion 膜排斥使其穿透率低。

HCOOH 氧化時有兩種途徑，第一種是直接反應成 CO_2，中途不會形成 CO，另一種是 C=O 反應。若使用 Pd 觸媒，主要進行直接反應，HCOOH 會先在觸媒表面失去電子並形成吸附物：

$$\mathrm{HCOOH} \rightarrow \mathrm{COOH}_{ads} + \mathrm{H}^+ + e^- \qquad (6.72)$$

吸附物再氧化產生 CO_2：

$$\mathrm{COOH}_{ads} \rightarrow \mathrm{CO}_2 + \mathrm{H}^+ + e^- \qquad (6.73)$$

對於 C=O 反應，HCOOH 仍會在觸媒表面失電子並形成吸附物，但此吸附物會與其他 HCOOH 分子反應而產生 CO_2：

$$\mathrm{HCOOH} + \mathrm{COOH}_{ads} \rightarrow 2\mathrm{CO}_2 + 3\mathrm{H}^+ + 3e^- \qquad (6.74)$$

DFAFC 的標準電壓爲 1.45 V，高於 DMFC，但 DFAFC 仍存在一些缺點，例如 Pd 觸媒的穩定性較差，因爲 Pd 會導致 40% 的 HCOOH 分解，分解後產生的 CO 仍會毒化觸媒，所以通常會使用 Pd-Ni 或 Pd-P 等複合觸媒以降低 HCOOH 的分解率，或在電解液中加入有機物來抑制 HCOOH 分解。

6. 直接碳燃料電池（DCFC）

在 19 世紀，燃料電池被發明不久後，已有研究者想到以石墨作爲陽極，Pt/Fe 爲陰極，熔融的 KNO_3 作爲電解質，組成一種直接碳燃料電池（direct carbon fuel cell，簡稱 DCFC）。到了 1896 年，Jacques 博士提出一種使用熔融 NaOH 的 DCFC，在鐵罐製成的陰極中通入 400°C 以上的熱空氣，搭配碳棒製成的陽極，可以輸出 0.9 V 的電壓與 100 mA/cm^2 以上的電流密度。進入 20 世紀後，DCFC 的發展轉趨緩慢，直到 21 世紀，英美兩國才又取得重要的突破。前述的 PEMFC 或 DMFC 都是可以連續輸入燃料的電池，但 DCFC 主要屬於批次輸入原料的電池，但經過修改後也能成爲連續式電池，其中的碳既是燃料也是陽極，反應不需經由觸媒，使電池的成本較低，其總反應可表示爲：

$$C + O_2 \rightarrow CO_2 \tag{6.75}$$

由於固體碳在高溫時較易氧化，所以電解質可採用熔融鹽或固態氧化物，電池的標準電壓爲 1.02 V。當操作溫度愈高時，電池的效率愈高，因爲碳燃料可以完全反應，故理論效率接近 100%，實際效率也高於 80%，而且由於反應物和產物都是純物質，使電壓能夠維持定值，反而其他的氣態燃料電池則會隨著反應物的分壓減少而降低電壓。若以發電量爲基準，DCFC 比燃煤火力發電的效率更高，所生成的 CO_2 也僅爲火力發電的一半，煙氣總量則爲 1/10，對環境較爲友善。

煤在全球的藏量豐富，經過熱解後將成爲碳黑（carbon black），可直接作爲 DCFC 的陽極材料，熱解稻稈或草等生物質也可製成固體碳，而且分解的過程中還會產生 H_2，可用於 H_2 燃料電池。

另有一種熔融碳酸鹽燃料電池（MCFC），其結構雖然接近 DCFC，但前者主要以天然氣或煤氣爲燃料，且需經過重組形成 H_2 與 CO 後，才能用於 MCFC；而 DCFC 的問題則是固體碳與固態電解質的接觸面積有限，因此後來有人提出了結合 DCFC 和

MCFC 的混合型電池，先將碳粉均勻分散在熔融的碳酸鹽中，再送入陽極區，碳酸鹽可扮演電解質因而增加了陽極與電解質的接觸面積，固態電解質則負責傳遞 O_2 所還原成的 O^{2-}，傳送到陽極區後可讓碳直接氧化成 CO_2，而 O^{2-} 與 CO_2 可以再反應成 CO_3^{2-}，當 O^{2-} 不足時，CO_3^{2-} 則取代 O^{2-} 而輸送到陽極，使碳氧化成 CO_2，所得之 CO_2 再移動到陽極觸媒區與 O^{2-} 反應成 CO_3^{2-}，這個反應途徑代表了 CO_3^{2-} 可以間接氧化固體碳。注入陽極區的燃料中，碳作為電子導體，CO_3^{2-} 作為離子導體，兩者相輔相成。當此混合電池使用固態電解質時，可避免 MCFC 中的碳酸鹽滲透到陰極，且 CO_2 不需循環，可使結構簡化。對固體碳而言，碳酸鹽可作為氧化媒介而促進反應發生，提高速率，以利於燃料連續輸入。

截至目前，碳的電化學氧化動力學仍待深入研究，而且還要考慮電解質的影響。另需注意，煤或生質原料中所含的雜質也會影響反應，在輸入 DCFC 之前還需要經過前處理，因此適用於 DCFC 的固體碳材仍待確認，也由於陽極是固體碳，所以目前還無法製成雙極板。再者，DCFC 發電中所生成的熱量不足以維持工作溫度，故需額外提供熱量。待上述問題釐清之後，DCFC 才有機會取代燃煤發電。

7. 熔融碳酸鹽燃料電池（MCFC）

熔融碳酸鹽燃料電池（molten carbonate fuel cell，簡稱 MCFC）出現於 1940 年代，它的能量轉換效率高，至今已經初步商業化。MCFC 可用的燃料包括天然氣、垃圾廢氣或煉油廢氣，也可使用 H_2 和 CH_3OH，所以可用的燃料很廣泛，當燃料需要重組時，可在電池內部進行，重組所需的熱量也由電池提供，因此 MCFC 的效率高且成本低。MCFC 通常操作在高溫下，所排放的熱量可供燃料重組、氣體加壓或鍋爐加熱，且不需要使用水冷卻控溫，可用空氣冷卻，適用於缺水區域。MCFC 的另一特點在於電解質為熔融態的鹼金屬碳酸鹽，所以工作溫度必須達到 600～800°C，典型的電解質為 62% Li_2CO_3 + 38% K_2CO_3，此共熔混合物的熔點為 761 K，若改變比例而成為 43% Li_2CO_3 + 57% K_2CO_3，也可形成熔點為 773 K 的共熔混合物。但操作溫度提高後，電解質將更易揮發，並增大其腐蝕性，所以 MCFC 的操作溫度通常會設定在 650°C。此外，決定電解質的因素還包括導電率、氣體溶解度、協助電催化的能力、熱膨脹效應、蒸氣壓與腐蝕性等。

MCFC 的陽極區必須輸入 H_2 或 CO，陰極輸入 O_2。當 H_2 接觸 CO_3^{2-} 時，將生成 CO_2 和 H_2O：

$$H_2 + CO_3^{2-} \rightarrow CO_2 + H_2O + 2e^- \tag{6.76}$$

MCFC 中需要設置 CO_2 的循環管道，使之輸送到陰極。在陰極側，輸入的 O_2 和循環的 CO_2 會反應成 CO_3^{2-}，以補充陽極區的損失：

$$\frac{1}{2}O_2 + CO_2 + 2e^- \rightarrow CO_3^{2-} \tag{6.77}$$

MCFC 的陽極常用 Ni 合金，觸媒則爲 Ag 或 Pt，後來改用 Ni，但 Ni 在高溫下易燒結，所以後來又改用 Ni 合金；陰極部分則使用多孔的 NiO 或 $Li_xNi_{1-x}O$，NiO 的缺點是會溶於電解質中，如果有 H_2 滲透過來與 Ni^{2+} 反應，則會還原成 Ni 微粒，再連接成 Ni 橋，繼而導致兩極短路。後來有研究者開發出新方法，在陰極與隔離膜之間加一層阻隔膜，是由 $LiFeO_2$ 製成，即可抑制 NiO 溶解。由於 NiO 容易溶進酸性電解質中，所以還可添加鹼土族元素的氧化物以保護 NiO，其中以 MgO 的效果最好。目前陰極的開發已轉向 $LiCoO_2$，因爲它的溶解性低，且可耐高壓，尚待解決的問題則是導電度。

MCFC 的隔離膜有四項任務，第一是隔開陰陽極，第二是作爲電解質的載體，第三是防止氣體滲透到對極，第四是以液封的方式防止氣體外洩。隔離膜的組成包含陶瓷顆粒與纖維，目前所用的顆粒是 $LiAlO_2$，這些顆粒的尺寸、形狀與分布將會影響隔離膜的孔隙特性。

操作 MCFC 時，提高總壓力可增大燃料的分壓，或提升質傳速率，所以能提高電池的電動勢，但某些副反應卻也被促進，例如碳的沉積速率會被提高，使電池中的氣體通道被堵塞，若此時增高水蒸氣的分壓則可避免碳沉積。然而，當氣體燃料被消耗後，其分壓下降，電動勢將出現波動，爲了穩定電池的特性，燃料總利用率也不宜過高，一般會控制在 80% 附近，而 O_2 的利用率則控制在 50% 左右。

氣體燃料中的雜質也會影響 MCFC 的特性，例如存在硫化物時，會吸附在 Ni 觸媒的表面，減少活性面積，且燃燒後形成的 SO_2 還會消耗電解質中的 CO_3^{2-}，因此燃料必須先除 S。若燃料中含有氮化物，燃燒後將形成 NOx，並與電解質反應成硝酸鹽，接著可能堵塞氣體通道，或占據觸媒表面。

MCFC 的工作電流密度不宜過低也不宜過高，因爲高電流密度會導致各種極化現象增大，最終將降低工作電壓。MCFC 特性衰減的可能原因還包括高溫下的材料腐蝕、電解質揮發或消耗、NiO 溶解，以及 Ni 橋引起的短路，其中的主導因素是電解質之歐姆極化。因此，如何延長使用壽命一直是 MCFC 的待解問題。

8. 固態氧化物燃料電池（SOFC）

Nernst 在 19 世紀就已經提出固態氧化物燃料電池（solid oxide fuel cell，簡稱 SOFC）的概念，但直到 1937 年才由 E. Baur 和 H. Preis 首次製作出 SOFC。1970 年後，各國紛紛投入 SOFC 的開發，其中的重大進展包括美國西屋電力公司（Westinghouse Electric Company）研發的氧化鋁（Al_2O_3）和氧化鋯（ZrO_2）所支撐之管狀 SOFC，以及日本與德國公司分別開發出的平板型 SOFC。

管狀 SOFC 是由一端封閉的管子構成，從軸心往外依序爲陰極、電解質與陽極。O_2 由封閉端的軸心送進管中，燃料則由外壁輸入，未反應的 O_2 由開口端離開，與未反應的燃料一起流入燃燒器。由於管狀 SOFC 的軸心是由多孔陶瓷構成，因此非常堅固不易斷裂，對膨脹係數的要求不高；當單電池損壞時，只需切斷該電池的氣體來源，不會影響整組電池堆的運作。然而，所得電流必須經過路徑較長的管壁才能輸出，使其歐姆損失（Ohmic loss）偏高，且支撐用的多孔陶瓷也較長較重，氣體在內部擴散慢，限制整體程序的速率，致使能量密度無法提高。

當 SOFC 製成平板結構時，電解質的厚度可以明顯地減薄，使歐姆損失降低，能量密度提高，唯有連接單電池的方法較複雜，氣密性可能不佳，難以抵抗熱膨脹導致的斷裂。之後於 1993 年，Hibino 和 Iwahara 發展出單室 SOFC（single chamber SOFC），使用釔穩定氧化鋯（yttria-stabilized zirconia，簡稱 YSZ）爲電解質，Ni/YSZ 爲陽極，Au 爲陰極，並將陰陽極共置於同一氣室中，接觸相同的氣體，但在兩極會產生不同的電位而形成電池。由於單室 SOFC 中的燃料與 O_2 皆通入同一氣室，積碳量減低，且無需雙極板與密封材料，不必擔憂熱膨脹問題，電池可快速加熱啓動，在產生電能時甚至可製造合成氣。設計單室電池的結構時，可將陰陽極共同放在電解質的一側，也可分別放在電解質的兩側，但因爲電解質希望被發展成薄膜型，因此多數研究者皆採用雙面式的陽極支撐單室電池。

SOFC 可用的燃料範圍廣，從 H_2、CO 到天然氣、煤氣、醇類、柴油或汽油等皆可，且對燃料的純度要求不高，熱電總效率可超過 85%，而且易於放大規模，故可用來替代大型的火力發電廠。而且陶瓷材料製成的固態電解質在高溫下也不會揮發，反應中的觸媒毒化效應比較輕微，這些都是 SOFC 的優點。

SOFC 的陰極側會注入空氣或純 O_2，還原後將成爲氧離子 O^{2-}：

$$O_2 + 4e^- \rightarrow 2O^{2-} \tag{6.78}$$

在陰極，O_2 的還原過程依序爲氣體分子擴散到陰極表面，再吸附其上並分解成 O 原子，之後 O 原子會沿著氣體與陰極之二相界面移動到三相界面，並在此接收電子而還原成 O^{2-}，接著 O^{2-} 會往電解質的方向擴散。此外，O 原子也可能移動到陰極與電解質的界面處接收電子，以形成 O^{2-}。

若陽極側輸入的燃料爲 H_2 時，則陰極生成的 O^{2-} 將移動到此處與 H_2 反應成 H_2O：

$$O^{2-} + H_2 \rightarrow H_2O + 2e^- \tag{6.79}$$

但當燃料含碳時，陽極將生成 CO_2。對於電解質，除了有輸送氧離子型，還有輸送質子型，兩者可分別視爲氧或氫的的濃度差電池，而兩者的主要差別僅在於前者是在陽極端生成 H_2O，而後者是在陰極端生成 H_2O；但使用輸送質子型電解質時，只能以 H_2 作爲燃料，而使用輸送氧離子型電解質時，則可使用含碳燃料，因此輸送氧離子型電解質較具應用優勢。

目前可供選擇的輸送氧離子型電解質包括 ZrO_2、CeO_2、Bi_2O_3 與 $LaGaO_3$ 等，其中 ZrO_2 的化性穩定，在高溫下具有 O^{2-} 傳導特性。常溫下的 ZrO_2 屬於斜方晶系，但升溫到 1100°C 時會轉變爲四方晶系，並伴隨著大幅度的體積變化，故易產生龜裂。因此，必須在 ZrO_2 中摻雜二價或三價金屬氧化物，以形成穩定的立方螢石結構；二價或三價之金屬離子摻入後，將會取代部分的 Zr^{4+}，以產生氧空缺（oxygen vacancy），輔助 O^{2-} 傳導。在摻雜型 ZrO_2 中，以前述之 YSZ 被研究得最頻繁，因爲此材料易製成薄膜，可滿足多種電池設計。然而，以 YSZ 爲電解質的 SOFC 必須操作在 900～1000°C，因爲溫度較低時，其 O^{2-} 傳導性仍顯不足。在 YSZ 系統中，若欲提升 O^{2-} 之傳導性，則必須添加更多的 Y_2O_3，以增加氧空缺，但氧空缺過多後，每個 O^{2-} 的傳導性又會下降。若欲增強 YSZ 的抗斷裂能力，則可添加少量的 Al_2O_3，當過量摻雜後，強度反而會下降。爲了再提升 O^{2-} 之傳導性，也有研究採用了鈧穩定氧化鋯（scandia-stabilized zirconia，簡稱 SSZ）與鐿穩定氧化鋯（ytterbia-stabilized zirconia，簡稱 YbSZ）。由於 Sc^{3+} 的半徑比 Y^{3+} 更接近 Zr^{4+}，所以摻雜 Sc 引起的晶格變化較輕微，不會嚴重影響 O^{2-} 的傳導，唯有 SSZ 的長期穩定性不如 YSZ。

另一種 CeO_2 電解質從常溫到熔融前都屬於立方螢石結構，當溫度或壓力改變時，會出現氧空缺。因為 Ce^{4+} 的半徑較大，摻雜二價或三價金屬氧化物後，可以形成固溶體，並展現較高的 O^{2-} 傳導性，因此 CeO_2 不需要摻雜穩定劑，工作溫度也可以降低到 500～700°C。但純的 CeO_2 可同時藉由離子與電子導電，因為部分的 Ce^{4+} 可能還原成 Ce^{3+} 而產生電子，使 CeO_2 內的電子導電性強於離子導電性，所以作為電解質時，仍需要摻雜其他低價金屬氧化物，以增加氧空缺，避免 SOFC 內部短路，常使用的摻雜物為稀土族或鹼土族金屬氧化物，前者如氧化釤（Sm_2O_3）或氧化釓（Gd_2O_3），後者如 CaO 或 SrO 等。此外，也可製成奈米粒子型陶瓷薄膜，藉由大量的晶界來抑制電子的傳導，大量缺陷同時還能提供氧空缺。再者，也有研究使用 YSZ 包覆 CeO_2 粒子的方法，以避免 Ce 的還原。目前最具前景的方式是摻雜 Gd_2O_3 的 CeO_2，因為它在中溫範圍比 ZrO_2 的離子傳導性更高，但當溫度提升後，電子傳導也增加，或溫度降低後，反應速率減緩，所以操作溫度必須控制在大約 500°C 附近的範圍。

當 Bi_2O_3 作為電解質時，Bi 與 O 的鍵能較低，且 Bi^{3+} 具有孤對電子，因此增加了氧空缺的形成機率，其離子導電度比 ZrO_2 高 100 倍，但高離子導電性的 Bi_2O_3 只存在於小溫度區間內，且溫度較低時會出現相變化而導致材料斷裂，所以實用性不高。若使用 $LaGaO_3$ 為電解質時，由於其結構屬於 ABO_3 型鈣鈦礦，使電子導電度低且離子導電度高，適合用於中溫範圍的 SOFC 中，但 $LaGaO_3$ 接觸高分壓的 O_2 時會產生電洞，使離子傳導比率降低。若 SOFC 操作在高溫，$LaGaO_3$ 則易與 Ni 發生反應，使電池特性下降，但可將 CeO_2 加在電解質與 Ni 電極之間做為緩衝。製作 $LaGaO_3$ 薄膜時，無論使用化學氣相沉積或和陽極材料共燒結都很困難，且 Ga 的藏量有限，使這類材料的發展受限。此外，離子型電解質尚有六方磷灰石類和鈣鐵石類，前者具有比 YSZ 更高的離子傳導特性，後者是以 $A_2B_2O_5$ 為結構，從鈣鈦礦結構中移除 1/6 的 O 原子可得到，比較有潛力的研究對象包括 $Ba_2In_2O_5$ 和 $Ca_2Cr_2O_5$。

質子型電解質可以傳導帶有質子的基團，例如 H^+、OH^-、H_2O、H_3O^+、NH_4^+ 或 HS^-，若依操作溫度來區分，可分為中低溫型與高溫型，前者主要為固態酸或 Al_2O_3，後者為鈣鈦礦化合物。對於鈣鈦礦化合物，可以是簡單的 ABO_3 型，也可以是經過摻雜的氧化物，這些材料在低溫時以傳導質子為主，但在高溫時將改以傳導氧空缺爲主。

對於 SOFC 的陽極材料，必須具有足夠的孔隙度，才能減低濃度極化現象，並且要能緊密接觸電解質，使界面電阻降低。若使用的燃料爲烴類時，還要有直接氧化烴類的能力，或催化其重組的能力，但需注意積碳現象。早期常被使用的陽極材料爲碳，之後則研究過純金屬，但因爲金屬不能傳導 O^{2-}，迫使反應只能發生在電極表面，不適合用在 SOFC。若將金屬粒子分散在陶瓷電解質中以作爲陽極，則可維持金屬的高電子傳導性和催化活性，也可以附帶 O^{2-} 之傳導性，還可以拉近陽極與電解質的熱膨脹係數，進而提升高溫操作的穩定性。複合物中的陶瓷物質可以使陽極呈現多孔結構，並能阻止 Ni 金屬的團聚現象，外加它可以傳導 O^{2-}，所以能夠形成電解質、金屬陽極與氣體的三相界面，擴大了反應的活性面積。目前常用的多孔複合電極爲 Ni/YSZ，Ni 在其中的比例低於 30% 時，以離子傳導爲主；當比例高於 30% 時，則以電子傳導爲主；但當 Ni 含量提高時，熱膨脹係數將會增大，因此 Ni 的含量常控制在 35%。Ni 與 YSZ 兩者的顆粒尺寸將會影響導電性和三相界面的面積，導電性可因 Ni 顆粒增大而提升，界面面積可由 YSZ 顆粒縮小而擴大。使用烴類燃料時，Ni/YSZ 陽極表面容易積碳，迫使電性衰減，且天然氣中所含的 S，易使 Ni 毒化，降低電催化的能力。雖然可先用水蒸氣將烴類重組成富 H 燃料，但重組反應吸熱多，會導致電池內部出現較大的溫度梯度，並造成材料的形變或斷裂。當 Ni 金屬換爲 Cu 時，可抑制烴類轉爲碳的反應，進而減弱積碳現象，且 Cu 更能承受含 S 燃料，因爲 Cu 的硫化物不穩定，故不易毒化。在 Cu/YSZ 中添加 CeO_2 後，能使電性更穩定，應用潛力非常高。此外，混合電子傳導型氧化物與離子傳導型氧化物也可製成陽極材料，因爲類似 CeO_2 的氧化物不會積碳也不會被 S 毒化，唯有它的電子傳導性太低，但摻雜鈣鈦礦類氧化物後則可改善，可用的材料包括 $LaCrO_3$ 或 $SrTiO_3$ 等。

對於 SOFC 的陰極材料，也需要良好的電子與離子傳導性，以及相容於電解質的熱膨脹特性，還要有足夠的孔隙度以供 O_2 通過。陰極材料發展至今，已採用過貴金屬或鈣鈦礦類氧化物，其中較具前景的是 $LaMnO_3$。$LaMnO_3$ 是一種 p 型半導體，可藉由氧空缺來傳導離子。但製作過程中加入過多 La 後，將會出現第二相 La_2O_3，其水解後將使 $LaMnO_3$ 的結構改變。爲了產生更多氧空缺，還可摻雜鹼土族的二價金屬，並同時調整熱膨脹係數，使結構更穩定，目前最常使用的是 $La_{1-x}Sr_xMnO_3$。但 $LaMnO_3$ 在高溫下 Mn 會溶解，而且可能與電解質 YSZ 反應成 $La_2Zr_2O_7$，使電性衰退。另有一種鈣鈦礦 $LaCoO_3$ 或類鈣鈦礦 K_2NiF_4 也可作爲陰極材料，它們的導電度

都比 $LaMnO_3$ 高數倍，但因機械性質較差，尚待開發。

若欲連接兩個 SOFC 時，必須使用類似雙極板的連接體，連接體除了導電與導熱之外，內部還要提供輸入燃料與 O_2 的管道，其需求包括導電性、化學穩定性、氣密性與相容的熱膨脹性等。目前最常被研究的材料是 $LaCrO_3$，因爲它有良好的導電性，若再添加 Sr 則可擁有相容於其他組件的熱膨脹性。此外，也可使用金屬材料作爲連接體，但在高溫下有些金屬會生成氧化物而導致接觸電阻遽增，因此以耐高溫的合金較適合，例如添加 Ce、Zr、Ti 的 Fe-Cr 合金。連接體內作爲分隔燃料與 O_2 管道的密封材料則不可導電，且不能隨著溫度而變質，目前常用矽酸鹽玻璃來製作。

總結目前應用最廣的 SOFC 之材料，在電解質方面爲 YSZ，在陽極方面爲 Ni/YSZ，在陰極方面爲 $La_{1-x}Sr_xMnO_3$，在連接體方面爲 $LaCrO_3$；而 SOFC 的結構則從管狀演進到平板狀，再發展出單室電池。

9. 生物燃料電池（BioFC）

相比於其他類燃料電池，生物燃料電池（biological fuel cell，簡稱爲 BioFC）的反應可在室溫下進行，且材料與生物體相容，因此可應用於植入人體內的電子裝置。例如在 1984 年，美國發展出一種使用太空飛行員的尿液與細菌來發電的生物電池，儘管效率較低，但此概念已成爲新的應用方向；近年美國的 Bruce Logan 也提出一種廢水處理時同步發電的構想，不但可以解決環境汙染，還能提供能源，使汙水處理成爲有利基的產業。

在 BioFC 中，所用的催化劑是微生物或酶，輸入電池的燃料則爲葡萄糖等有機物或落葉等生物質，這些燃料被氧化後，可將電子直接傳遞到集流體，也可將電子傳遞給中介體（mediator），再從中介體傳給集流體，釋出電子的同時也會產生 H^+，它們將穿越電解液到達陰極側，提供 O_2 進行還原反應。最理想的中介體必須具有良好的可逆反應性，不會吸附在電極或微生物的細胞膜上，而且容易穿透細胞膜以進出細胞，但目前能使用的中介體都有各自的缺點。BioFC 可用的燃料還包括汙水、垃圾或農業廢棄物，因此可以同時兼顧電能生產與環境保護；也因爲 BioFC 操作在常溫、常壓與中性溶液，所以對環境友善。

BioFC 可使用三種標準來分類，包括催化劑、電子轉移和電池構造。對於催化劑，BioFC 可分爲微生物燃料電池（microbial biofuel cell，簡稱爲 MBFC）或酶燃料電池（enzymatic biofuel cell，簡稱爲 EBFC），前者的催化效率高，但微生物的膜會阻礙質量傳送；後者則是將酶從生物體中取出，所以沒有質傳障礙，但酶離開生物體後不易維持活性，致使電池效率和壽命皆較差。

對於電子傳遞，是指氧化還原反應所牽涉的電子是否經由中介體傳遞給集流體，所以分爲直接 BioFC 與間接 BioFC。某些廢水或海底沉積物可作爲直接 BioFC 的原料，例如使用腐敗希瓦氏菌（shewanella putrefaciens）時，可催化乳酸鹽反應，不需要中介體即可發電。目前已有一些直接 BioFC 被用於環境工程，操作時可以去除有機物、淨化水質，以及產生電能；此外，也有一些直接 BioFC 被設計成生物感測器，因爲其放電特性取決於原料的含量。某些使用葡萄糖或蔗糖的間接 BioFC 則需加入中介體，原因是電池中的微生物將電子傳遞給電極的速率太低，透過中介體的協助則可大幅增加電流。然而，中介體的成本較高，甚至帶有毒性，而且需要經常補充，故不適合大規模發電。

對於電池構造，可依陰陽極的安排而分爲單室 BioFC 與雙室 BioFC（如圖 6-15），前者又可分成有隔膜和無隔膜電池，此隔膜必須阻擋細菌與 O_2，Dupont 公司生產的 Nafion 膜可滿足需求；後者則需使用交換膜以分隔出陰極室與陽極室，陽極室中不允許 O_2 進入，屬於厭氧環境，陰極室則需要曝氣或溶解 O_2 於溶液中。有隔膜的單室 MBFC 可省去陰極室，因爲陰極直接與交換膜相連，因而能節省體積，且

Biological Fuel Cell

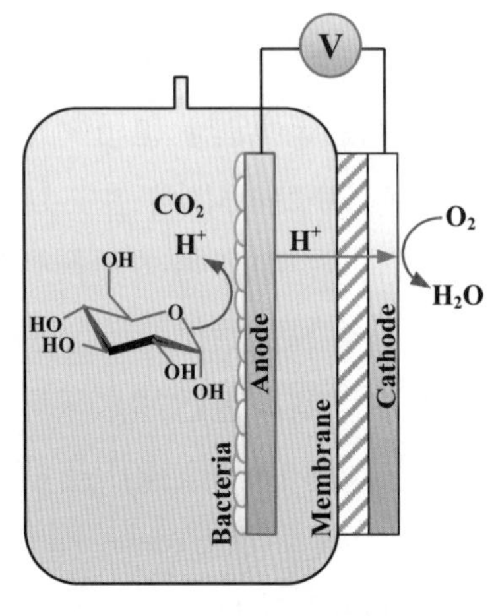

Single-Chamber Type

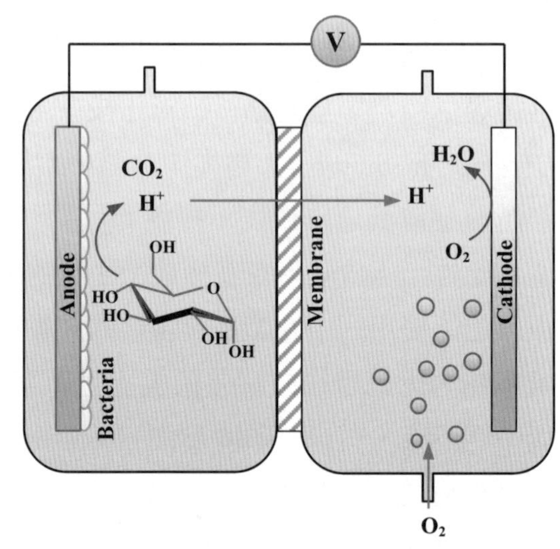

Double-Chamber Type

圖 6-15　生物燃料電池的結構

電解液不必曝氣，空氣中的 O_2 將直接接觸陰極；無隔膜的單室 MBFC 還省去了交換膜，使內部阻抗更低。使用交換膜還有一些缺點，包括規模不易放大，兩極的 pH 值差異會逐漸擴大，使微生物的活性喪失。

在 MBFC 中，若以葡萄糖（$C_6H_{12}O_6$）作爲燃料時，其陽極反應爲：

$$\frac{1}{6}C_6H_{12}O_6 + H_2O \rightarrow CO_2 + 4H^+ + 4e^- \tag{6.80}$$

此反應的標準電位是 0.014 V。MBFC 的陽極常以比表面積大且耐腐蝕的多孔材料製成，例如石墨、活性碳、碳紙、碳氈或鉑黑等，進行陽極表面改質後可提升發電特性，例如奈米碳管的電子傳導性佳，但不適合細菌吸附，若加入聚苯胺（polyaniline，簡稱爲 PAN）後，則可利於細菌生長。另一方面，在陰極發生的反應爲：

$$O_2 + 4H^+ + 4e^- \rightarrow 2H_2O \tag{6.81}$$

標準電位是 1.23 V。常用的陰極材料也是多孔性物質，條件是能吸附 O_2，但 O_2 的反應慢，常需使用貴金屬作爲觸媒。除了 O_2，有時也會使用鐵氰化物、過錳酸鹽或二鉻酸鹽來進行還原反應，但其成本皆比 O_2 高。此外，也可加入一些微生物構成生物陰極，當一些中介體取得陰極的電子而還原後，會再氧化並傳遞電子至好氧微生物（aerobic organism），微生物本身進行氧化後即可將電子傳給 O_2。

MBFC 中的微生物通常都在厭氧（anaerobic）條件下分解有機物而發電，所生電子可以間接地透過中介體而傳遞給電極，也可以直接傳遞給電極。此電子中介體具有循環氧化還原的特性，可以溶於電解液中，也可以固定在電極表面，當電池使用中介體時，可以免除生物膜的阻礙，同時提升反應速率和質傳速率，但中介體氧化還原時的標準電位必須足夠負，才能有效維持電池的工作電壓。常用的中介體包括硫堇（thionine，化學式爲 $C_{14}H_{13}N_3O_2S$）或三價鐵離子（Fe^{3+}），這兩者還可以結合使用，因爲硫堇的還原速率是 Fe^{3+} 的 100 倍，但還原後再氧化的速率卻比二價鐵離子（Fe^{2+}）慢許多，所以共同使用時，硫堇先負責接收電子，再氧化而釋出電子給 Fe^{3+}，所形成的 Fe^{2+} 氧化時則傳遞電子給陽極，因而能提高陽極輸出電子的速率。然而 MBFC 中的電子中介體必須吸附在細胞壁上，才能使微生物體內的電子導出，因此電子傳遞速率受限於細胞壁，另因中介體的使用壽命較短，使此類 MBFC 的效能不彰。有一些特殊細菌，可以吸附在陽極上，在反應中能直接將電子傳遞給電極，不需外加中介體，構成的電池稱爲無介體 MBFC；有些細菌則會自行分泌中介體，以協助電子傳遞，故被稱爲自介體 MBFC。由於無需介體的細菌只能單層吸附在電極上，所以輸出功率有限；具有自介體的細菌則可懸浮於電解液中，即使電極面積有限，仍能輸出較大功率；這兩類細菌還可混合使用，進一步提升電池的發電效率，目前已發現海底汙泥或厭氧汙泥中都含有前述細菌，將其混合輸入 MBFC 中可以提供更好的發電效果。

目前開發出的 MBFC 已可用於人工器官或血糖計，此外也能用於一些特殊的場合，例如某些裝置可利用沉在海底的有機物與微生物來發電，若再結合微機電系統，即可成爲吃食物的機器，或應用在汙水處理時，也能有效降解有機汙染物，並同時提供電力。然而，這些 MBFC 之效率皆明顯低於理論值，其原因多來自於操作狀態，例如微生物與燃料的搭配、燃料的輸入速率、微生物的生長與陽極環境、電解液的酸鹼值等。當微生物吸附在電極表面時，燃料的輸入快慢可能不影響其反應，關鍵因素是微生物的數量，若欲維持足夠的數量，避免微生物的生長被抑制，則要均勻混合電解液與微生物，且要加入緩衝溶液以控制電解液的 pH 值，還要移除陽極溶液中的 O_2，可用的試劑爲半胱胺酸（cysteine，化學式爲 $C_3H_7NO_2S$）。

酶燃料電池（EBFC）的體積小，更相容於生物體。所使用的酶可以溶解在電解液中，也可固定在電極上，前者的活性易喪失，後者則較穩定，通常用來固定酶的材料爲聚苯胺（polyaniline）和聚吡咯（polypyrrole）。酶的活性中心爲 NAD 或 NADP，它們可離開酶而擴散到電極表面，或從酶的邊緣直接觸及電極，或藉由酶內部的電子中介體將活性成分的電子傳遞到酶之外。若 EBFC 中只有一種酶，通常效率不高，但存在多種酶時，有的負責氧化還原反應，有的負責催化，可將複雜的生質燃料分解，並提高輸出電流。

§6-3-2 半燃料電池－金屬空氣電池

金屬－空氣電池（metal-air battery，簡稱爲 MAB）和燃料電池相比，具有更高的能量密度，而且不需要使用催化劑，製作程序簡單，電性更佳。常用的陽極金屬材料包括 Al 和 Mg，其質量能量密度與 CH_3OH 相當，大約是 6 kW·h/kg，但體積能量密度高於 CH_3OH，約爲 5 kW·h/L。MAB 的放電電壓可達 1.4 V，比 H_2 燃料電池高。因此，MAB 適合用在電動車上，且能展現良好的加速和爬坡能力；MAB 也適合作為緊急備用電源，因為它的質量能量密度約為鉛酸電池的 10 倍；MAB 也能作為可攜式產品的電源，例如用於手機時可待機 30 天，其容量超過鋰離子電池許多。此外，對於海洋中的通訊、監測或探勘等用途，還可使用過氧化氫式 MAB 或金屬－海水電池。

如圖 6-16 所示，MAB 的特徵是陽極金屬會持續消耗，但陰極則依靠 O_2 輸入以進行反應，相似於燃料電池，因此被稱為半燃料電池。陰極的反應物除了 O_2 之外，也可通入過氧化氫（H_2O_2）或次氯酸鈉（NaClO）等溶液。由於陽極金屬在酸性環境中傾向溶解，所以一般的 MAB 會採用鹼性電解液。然而，鹼性電解液會吸收空氣中的 CO_2，繼而產生碳酸鹽沉澱，使電池的特性逐漸衰減；而且在鹼性溶液中，Mg 電極的表面易形成鈍化膜，因而增大了歐姆極化。

MAB 可依反應物分類，從負極（陽極）的角度分為鋅－空氣電池、鋁－空氣電池、鎂－空氣電池或鋰－空氣電池等；從正極（陰極）的角度，可分為金屬－空氣電池、金屬－過氧化氫電池或金屬－海水電池。其中，金屬－空氣電池必須暴露在空氣中操作，金屬－過氧化氫電池則可在無 O_2 環境中使用，而金屬－海水電池要利用流動的海水將 O_2 送入陰極。此外，MAB 也可依照操作模式而分類，若金屬被密封在電池內，電力用盡後無法更換，可歸類為一次性電池；若此金屬或電解液可被機械式地更換，則為半連續式，可視為二次電池；若金屬為小顆粒，可被電解液連續式地送入陽極室，則類似燃料電池。對於使用過的金屬負極，可以棄置，也可以進行外部充

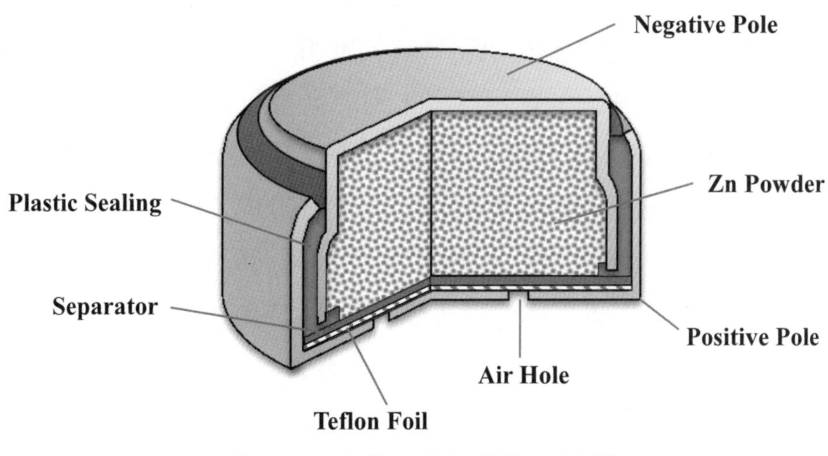

圖 6-16　金屬－空氣電池的結構

電再回填；此外也可以將 MAB 連接至電源而進行充電。

對於機械式充電的 MAB，通常正極在外圍，負極置於內部，並使用 Cu 等金屬集流體支撐，製作成以隔離膜包覆的卡匣，放電後可將卡匣抽出更換。另一種形式則是將金屬顆粒填充在集流體與隔離膜之間，電解液會因爲反應過程中的密度變化而產生自然對流，以攪動金屬顆粒，待放電後，新的金屬顆粒可再從上方加入電池，反應過的電解液與金屬顆粒則自下方排出。對於連續式 MAB，金屬顆粒可隨著注入的電解液送進電池，也可受重力吸引而落入負極區。後者通常會將陽極區設計成漏斗狀，由上方添加金屬顆粒，而電解液則從下方注入，反應的產物會被溢流的電解液帶離電池，並釋放反應熱。

目前已獲得商業應用的是鋅－空氣電池，在 1970 年代後已被用於可攜式電子產品，例如手錶、計算機與助聽器等，主要製作成鈕扣式外型。Zn 陽極在鹼性環境中的標準電位爲 –0.216 V，反應後不會汙染環境，且價格便宜。氧化後的主要產物爲 $ZnOH_4^{2-}$，當濃度較大時還會再分解成固態沉澱物 $Zn(OH)_2$ 或 ZnO，固態產物逐漸緻密後將使電解表面鈍化，繼而阻礙 OH^- 和 $ZnOH_4^{2-}$ 的擴散，解決的方法是增加 $ZnOH_4^{2-}$ 的溶解度，以避免沉澱物太快產生，或使沉澱物較疏鬆，以利於從表面脫落。由於 Zn 電極活性高，會發生自腐蝕現象而產生 H_2（請見 5-2 節），破壞電池結構，因此必須使用添加劑，使 Zn 粉與添加物共熔成合金，或將 Zn 表面置換，以抑制鈍化和析 H_2 現象。添加劑的類型可分爲含汞型與無汞型，前者主要爲 Hg 和 HgO，當 Hg 與 Zn 形成汞齊後，H_2 析出的過電壓將被提高，同時電極的導電性也會增加，但 Hg 對環境的傷害較大，此法在日後將會被替換。無汞類添加劑則包括 Ca、Pb、Bi、Al、Sn、In、Tl、Cd 等金屬及其化合物，當添加劑是金屬時，通常可和 Zn 形成合金，提高析 H_2 過電壓；當添加劑是氧化物時，可和 ZnO 共沉積在電極表面，以提升導電性和極化的均勻性；當添加劑是氫氧化物時，可與 $Zn(OH)_2$ 形成微溶物質。若欲抑制 Zn 的腐蝕，則可加入緩蝕劑，以吸附在電極表面，繼而改變其潤溼性與析 H_2 過電壓。鋅－空氣電池搭配的電解液可分爲微酸性的 NH_4Cl 溶液和鹼性 KOH 溶液，電解液可維持靜止，也可循環流動。對於鋅－空氣電池的結構，可設計爲 Zn 負極包圍正極，稱爲內氧式電池；也可設計爲正極包圍 Zn 負極，稱爲外氧式電池，此時外側電極還兼作電池的外殼。

另有一種鋁－空氣電池也極具發展潛力，因爲 Al 是地球上藏量最多的金屬，且擁有良好的導電性，同時還易於加工。Al 在鹼性環境中的標準電位爲 –2.35 V，負於 Zn 的電位，其體積能量密度約爲 8000 A·h/L，優於 Li 和 Zn。但是 Al 氧化之後會在表面產生緻密的氧化層，使極化現象嚴重，且在氧化層破裂後，也容易發生自腐蝕，這些特性都影響了電極的運作。因此，控制鈍化層的方法將成爲應用 Al 電極的關鍵。通常在 Al 中添加一些元素可構成合金，並改變鈍化層的性質，藉以減緩腐蝕或維持活性。有效的添加金屬包括 Ga、In、Tl、Mg、Sn、Bi 等，它們可降低鈍化層的緻密性；若添加 Sn、Pb、Zn、Mn、Hg、Bi 等金屬時，可提高析出 H_2 的過電壓，降低自腐蝕速率。常用的 Al 合金包括 Al-Ga 系或 Al-In 系，其中的 Ga 可以阻止 Al 鈍化，而 In 則能破壞已生成的鈍化膜，且同時提升析 H_2 過電壓；對於 Al-Sn 系，由於 Sn^{4+} 取代鈍化膜中的 Al^{3+} 後產生電洞，可以降低鈍化膜的電阻，同時 Sn 也有提高析 H_2 過電壓的能力。在電解液方面，Al 在中性環境中會生成凝膠狀的 $Al(OH)_3$，若附著在電極表面後，將會降低質傳速率，並吸收水分，之後於電量用盡時，殘留的 $Al(OH)_3$ 將導致 Al 金屬難以回收。因此，常加入無機添加劑來協助 $Al(OH)_3$ 形成固態結晶，以避免膠狀物附著在電極上，常用者包括 NaF、Na_3PO_4、Na_2SO_4、$NaHCO_3$ 等，其中以 NaF 的效果最佳。在鹼性電解液中，Al 的腐蝕將會增快，故常加入金屬氧化物來抑制腐蝕，例如 Ga_2O_3、In_2O_3、CaO、ZnO 等，它們會改變電極與電解液的界面。

對於鎂－空氣電池，其中的 Mg 金屬也具有高活性，在酸性或鹼性環境中的標準電位分別達到 –2.37 V 和 –2.69 V，理論上很容易氧化，但在鹼性溶液中，Mg 的表面會生成 $Mg(OH)_2$，會抑制後續的氧化程序。Mg 作爲負極時，亦會發生自腐蝕和表面鈍化的問題，所以改質爲合金後即可提升性能。此外，Mg 電極進行陽極極化時，可發現表面析 H_2 之速率會隨著正向電位而提高，使得 Mg 的實際溶解量比 Faraday 定律的理論溶解量更高，此現象被稱爲負差效應（negative difference effect，簡稱爲 NDE）。出現 NDE 的原因包括 Mg 表面的鈍化層破裂，導致了自腐蝕現象，或 Mg 金屬之顆粒從電極塊材上脫落；有時則可能產生含有 Mg^+ 的中間物，此中間物遇水溶解後將產生 H_2，中間物也可能透過其他反應而生成 MgH_2，再遇水產生 H_2。添加 Al、Ga、Zn、Mn、Pb、Li 等金屬後，可以提高析 H_2 過電壓，或改變鈍化層的結構，以解決 Mg 電極的問題。相似地，也可添加氧化物或鹽類至電解液中，改善電極與電解液的界面。

因爲在金屬中，Li 金屬擁有最負的標準電位，亦即最高的放電電壓，所以持續有研究在推動鋰金屬電池，其中也包含了鋰－空氣電池。由於空氣電池的正極反應

物主要是 O_2，可隨時從外界輸入，不需包含在電池中，所以鋰－空氣電池的理論能量密度可達到 11140 W·h/kg，比其他電池高出 10～100 倍，因而極具發展潛力。負極的金屬 Li 放電時將會氧化成 Li^+ 而進入電解液中，但與負極接觸的電解液不能含 H_2O，否則會導致 Li 金屬劇烈反應，因此在負極側的電解液必須採用有機溶劑，其組成與鋰離子電池中所用相同。然而在正極側，則可選擇有機電解液或水溶液，但前者必須使用多孔電極，後者必須用到固態電解質。對於只含有機溶液的鋰－空氣電池，有機溶液會滲入正極的孔洞中，O_2 也會從正極材料的孔洞進入，進行還原反應後，會先形成超氧離子O_2^-，之後再形成過氧離子O_2^{2-}，這兩者與溶液中的 Li^+ 可分別反應成固態產物 LiO_2 與 Li_2O_2，之後還會再還原成 Li_2O，但這些固態產物可能會堵塞電極的孔洞，使電池終止放電，這是有機系統的最大缺點。若正極側使用水溶液，則在負極有機相與正極水相之間必須放置陶瓷材料製成的固態電解質，由於正極側的水相通常為鹼性，所以反應產物 OH^- 會往陶瓷電解質的方向遷移。相對地，負極有機相中含有溶解的 Li^+，也會往陶瓷電解質的方向遷移，最終將在陶瓷薄膜內形成 LiOH，當陶瓷薄膜逐漸被 LiOH 堵塞後，電池的能量密度將會明顯降低。目前用於此系統的陶瓷薄膜稱為鋰超離子導體（lithium super ionic conductor，簡稱為 LISICON），其組成為 $Li_{2+2x}Zn_{1-x}GeO_4$，此材料擁有較高的離子傳導率，約可達到 10^{-6} S/cm 之等級，使 Li^+ 可在其內部移動，但因 LISICON 的價格高昂，難以製作成大面積，而且容易破裂而使 H_2O 接近 Li 金屬，進而發生危險，故仍有待改進。

MAB 的正極（陰極）結構與一般的燃料電池相當，大都使用透氣且防水的多孔電極，此電極可提供穩定的三相界面，促使 O_2 反應，而且無需考慮排水問題。若以 H_2O_2 作為正極反應物時，還可分為兩種反應模式，第一種是先分解成 H_2O 和 O_2，再以 O_2 作為氧化劑進行後續反應，第二種則是 H_2O_2 直接進行還原反應，兩者會同時發生在正極上。直接反應時，H_2O_2 將釋放兩個電子，其活化能比 O_2 的還原更低，所以此模式下可得到的交換電流密度比 O_2 反應大千倍以上。此外，H_2O_2 的還原電位高於 O_2，因此工作電壓會更高。若將 H_2O_2 儲存在 PVC 的袋子中，則可應用於海水電池，即使遇水也能完全互溶。對於此類正極，反應時只需兩相界面，比 O_2 需要的三相界面更單純且更穩定，而且不需輸入空氣，所以不會發生 CO_2 溶進電解液的問題。但當第一種反應途徑發生時，若生成 O_2 之速率大於 O_2 的消耗速率，則需要排氣，且 H_2O_2 反應後，極化現象較嚴重，使實際的 H_2O_2 電池特性明顯偏離理論預測值。解決的方案包括改良催化劑或正極，前者的目標是抑制 H_2O_2 自分解並催化其還原，一般

會使用促進 O_2 還原的催化劑，因爲在 O_2 還原過程的中間物即爲 H_2O_2，所以可同時促進 H_2O_2 還原。常用的催化劑包括貴金屬及其合金、金屬氧化物或有機過渡金屬的大環化合物，雖然 Pt 和 Pd 等貴金屬可以催化 H_2O_2 還原，但也會催化 H_2O_2 自分解，但 Au 只會催化還原反應。使用 Co_3O_4 或 $NiCo_2O_4$ 等氧化物的效果也很好，且價格較低，當 H_2O_2 的濃度不高時，可催化 H_2O_2 進行直接反應，過程中不產生 O_2。典型含有 H_2O_2 的電池包括 Al-H_2O_2 電池和 Mg-H_2O_2 電池，由於 Al 的自腐蝕析 H_2 和 H_2O_2 自分解產 O_2 導致 Al-H_2O_2 電池之特性不如預期，而 Mg-H_2O_2 電池在放電時，Mg 表面出現的鈍化膜也會導致特性衰減，使 Mg 的放電速率低於 Al。

MAB 用於海水環境時，可利用海水中溶解的 O_2 作爲氧化劑，但因海中的溶氧量不高，所以輸出功率較小，只適合小功率的海底儀器。然而，金屬－海水電池具有高能量密度與長壽命，所以仍具應用潛力。當此類電池運作時，海水將連續地穿過兩極，不但可替正極帶來 O_2，也能將負極的固態產物帶離電池，但這種開放式的電池結構也較易發生漏電。

§6-4　液流電池

在 1974 年，美國 NASA 的 Lewis 研究中心之 L. H. Thaller 首先提出液流電池（flow battery）的概念，其活性成分與電解液先儲存在電池外部，再利用泵輸入電池中以進行反應，因而稱爲液流電池。活性成分中通常含有金屬，透過金屬的氧化數變化，可以將化學能轉換爲電能，或將電能轉換爲化學能，所以液流電池具有儲能的功用。在許多新能源技術的發展中，雖然特別著重於再生能源的開發，但風能、太陽能或洋流能等皆具有不連續、不穩定與不可控制的特性，往往難以直接使用這些能源，因而需要大規模的儲能技術，才能有效處理間歇性或波動性的再生能源。在衆多儲能方法中，液流電池是重要的前瞻技術之一，因爲液流電池比鋰離子電池更安全可靠，循環性佳，壽命亦長，且不會破壞環境。相較於一般的二次電池，液流電池的反應可以不牽涉相變化，其功率和容量也非固定，但仍然可以重複充放電，所以是優良的儲能系統，由數個單電池連結而成的電堆架構則類似燃料電池，因此易於放大規模。

液流電池中常用的金屬元素包括 Fe、V、Zn、Cr 或 Ni 等，此外也可應用 Br 等非金屬元素。早期開發的液流電池主要爲 Fe/Cr 系統，但 Cr 的半電池可逆性不佳，

且在反應中會析出 H_2，以及 Fe 或 Cr 的離子容易穿越隔離膜而發生副反應，致使其效率不彰。爲了解決副反應問題，新提出的液流電池技術採用單一金屬的不同價數離子作爲兩極的活性成分，其中包括 Cr 系統或 V 系統等。

發展至今，可達到 100 kW 的液流電池大致有多硫化鈉－溴電池、全釩電池和鋅－溴電池，但其中僅有全釩電池符合兩極都由同種但異價之金屬離子作爲活性成分的條件；而鋅－溴電池也不符合 Thaller 提出的液流電池概念，因爲反應中會有固相 Zn 析出，並非全液流狀態；多硫化鈉－溴電池面臨的問題則在於兩側的電解液容易穿透隔離膜，致使效率衰減。

一個完整的液流電池系統是由單電池組成的電堆、電解液及其儲存槽、液體輸送泵與管路、儀表、輔助設備所構成，輔助設備則包括過濾器、流量計、壓力計與熱交換器。以全釩電池爲例，電解液爲硫酸（H_2SO_4），所以這些組件都需要耐蝕性。一般的電解液儲存槽是由塑膠材料製成，常用 PP、PVC 或 PE，以避免洩漏液體；泵的材質則需採用 PP 或 PTFE。已知液流電池的能量轉換中，約有 20% 以上會變成熱，其餘 70～80% 會轉換成電，在充放電期間產生的熱量可藉由溶液的輸送而帶離電池，所以熱量管理較爲容易，只需透過熱交換器即可將溶液冷卻。以全釩電池爲例，若操作溫度過高，會引起五價釩析出，進而導致管路堵塞；若操作溫度過低，則會引起二價釩沉澱，也會影響電池運作，因此一般的液流電池比較適合操作在 20°C 至 40°C 之間。

一個液流電池的單元包括陽極室、陰極室與離子交換膜，單極室內必須配置集流體、框架、電極和電解液。單電池之間經由壓濾機連結後，可成爲電堆。電堆中也包含了電流輸出系統和電解液循環系統，當液流電池與太陽能或風能等發電系統結合時，所需功率將超過千瓦等級，其可靠度與穩定性都是必要條件。在多種儲能技術中，液流電池的安全性佳，不會引發火災，且因爲系統密閉，反應物不會外洩，所以對環境友善。再者，液流電池的輸出功率由電堆的規模決定，而儲能容量則由電解液中的活性成分總量決定，兩個因素相互獨立，所以易於設計與裝配。液流電池在室溫下操作，能快速啓動，充放電的切換迅速，而且能量效率可達到 80% 以上。在電池特性上，液流電池具有足夠的抗過充電能力，且放電時沒有記憶效應，故也具備抗過放電能力。唯有能量密度較低，且系統中涵蓋了泵和儲液槽，所以不適合用在交通工具和可攜式用品上，只能應用在大規模的儲能電站中。

目前已研發過的液流電池種類衆多，若依據兩極活性成分來分類，可分成液－液型、液－沉積型、固－沉積型和全沉積型電池，其中的術語「液」是指活性成分皆在流動的液體中，「沉積」是指液體中的活性成分經反應產生沉積物，「固」是指活性成分即爲固態電極。液流電池若依據反應產物的特性還可分成無沉積型、半沉積型和全沉積型電池。典型的液－液型電池是指兩極的活性成分皆溶解在電解液中，反應之後不會產生其他新相，但兩極的電解液必須以隔離膜分開，常見者如全釩液流電池、全鉻液流電池、釩－鉻液流電池、鐵－鉻液流電池、釩－溴液流電池與多硫化鈉－溴液流電池。這些活性成分必須能進行可逆的電極反應，且需擁有高溶解度和化學穩定性，因此符合這些要求的氧化還原對並不多見。對於會發生沉積現象的電池，若反應導致的相變化只出現在負極，則屬於液－沉積型，兩極間必須以隔離膜分開，常見的例子包括鋅－溴液流電池、鋅－鈰液流電池、全鐵液流電池或鋅－釩液流電池；若兩極的反應都會出現相變化，則包括固－沉積型和全沉積型。前者例如鋅－鎳單液流電池、鋅－錳單液流電池或金屬－PbO_2 單液流電池；後者的兩極都會發生沉積反應，而且兩極所用的電解液相同，可以不使用隔離膜，例如鉛酸單液流電池。上述各類液流電池的屬性已整理於表 6-7 中。

表 6-7　液流電池的類型與特性

類型	特性	案例
液－液型	活性成分皆溶於電解液中 反應後不會產生新相 必須使用隔離膜	全釩液流電池 全鉻液流電池 釩－鉻液流電池 鐵－鉻液流電池 釩－溴液流電池 多硫化鈉－溴液流電池
液－沉積型	負極反應會出現新相 必須使用隔離膜	鋅－溴液流電池 鋅－鈰液流電池 全鐵液流電池 鋅－釩液流電池
固－沉積型	負極反應會出現新相 正極為固體 兩極的電解液相同（不使用隔離膜）	鋅－鎳單液流電池 鋅－錳單液流電池 金屬－PbO_2 單液流電池
全沉積型	兩極都會發生沉積反應 兩極的電解液相同（不使用隔離膜）	鉛酸單液流電池

§6-4-1 釩液流電池

在上述液流電池中，發展最成熟的是全釩液流電池（vanadium redox flow battery，以下簡稱 VRFB），目前已可達成大規模的應用。此電池的概念是由義大利的 Pellegri 在 1978 年提出，後於 1984 年後，澳洲的 Syllas-Kazacos 團隊陸續改良 VRFB，使其技術日趨成熟。如圖 6-17 所示，在 VRFB 中，兩極的電解液分別含有不同價數的釩離子，在正極側使用VO^{2+}/VO_2^+，兩者中的 V 分別為四價和五價，在負極側使用V^{3+}/V^{2+}，兩者中的 V 分別為三價和二價，支撐電解質為 H_2SO_4，溶劑為 H_2O。進行充電時，正極的反應為：

$$VO^{2+} + H_2O \rightarrow VO_2^+ + 2H^+ + e^- \tag{6.82}$$

標準電位是 1.004 V。負極的反應為：

$$V^{3+} + e^- \rightarrow V^{2+} \tag{6.83}$$

標準電位是 –0.255 V，因此 VRFB 的總標準電動勢為 1.259 V。隨著充放電操作，各種釩離子的濃度產生變化，使 VRFB 的開路電壓落於 1.5 V 左右。

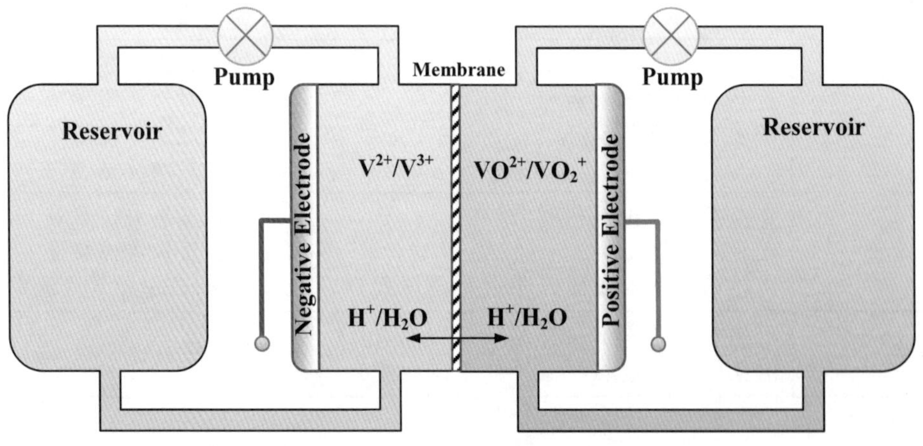

圖 6-17　全釩液流電池的結構

由於四種釩離子的顏色各異，二價時呈現紫色，三價時呈現綠色，四價時呈現藍色，五價時呈現黃色，因此從兩側電解液的顏色變化即可估計電池的荷電狀態（state of charge，簡稱爲 SOC）。SOC 的理論值可藉由正負極中的釩離子濃度來計算：

$$\mathrm{SOC}=\frac{c_{\mathrm{V}^{2+}}}{c_{\mathrm{V}^{2+}}+c_{\mathrm{V}^{3+}}}=\frac{c_{\mathrm{VO}_2^+}}{c_{\mathrm{VO}_2^+}+c_{\mathrm{VO}^{2+}}} \tag{6.84}$$

當 SOC 愈高時，表示 VRFB 中儲存的能量愈多，或代表可釋放的能量愈多；反之，當 SOC 愈低時，表示 VRFB 中儲存的能量愈少，或代表可釋放的能量愈少。但對於實際的 VRFB，會發生極化現象或自放電現象，所以 SOC 被定義爲實際放電容量對額定放電容量的比值，而電池的開路電壓則會隨 SOC 而變：

$$\begin{aligned}\Delta E_{cell} &= \Delta E_{cell}^{\circ}+\frac{RT}{nF}\ln\frac{c_{\mathrm{VO}_2^+}c_{\mathrm{V}^{2+}}c_{\mathrm{H}^+}^2}{c_{\mathrm{VO}^{2+}}c_{\mathrm{V}^{3+}}}\\ &= \Delta E_{cell}^{\circ}+\frac{RT}{nF}\ln c_{\mathrm{H}^+}^2+\frac{RT}{nF}\ln\frac{\mathrm{SOC}^2}{(1-\mathrm{SOC})^2}\end{aligned} \tag{6.85}$$

此式指出 SOC 偏離 100% 或 0 時，開路電壓幾乎與 SOC 呈線性關係。在液流電池系統中，爲了即時監控 SOC，可在管路中連接一個 SOC 電池，此電池不外加電源，所以從兩極得到的電壓可反映 VRFB 的開路電壓，再透過質量均衡與 Faraday 定律即可換算出 SOC。

VRFB 的另一個特點則是兩側的電解液皆由釩離子組成，可避免其他液流電池常發生的活性成分滲透現象，因此 VRFB 的使用壽命更長，且電解液的特性不易衰退，亦即容易再生回用。

VRFB 中的電極材料雖不參與電化學反應，但需要有足夠的孔隙度，才能提供充足的表面積給予活性成分進行反應，而且還需要有較低的活化過電位，才能提高電流密度。當電極與集流體要組裝時，常會加壓以產生良好的電接觸，所以電極本身必須具有足夠的機械強度，以免導致三維結構的塌陷。再者，電極材料也要具有高導電度，以利於電荷傳輸。由於電解液中含有 H_2SO_4 或VO_2^+，兩者都是強氧化劑，另一側的 V^{2+} 則屬於強還原劑，因此電極還必須在電解液中維持穩定而不受腐蝕。VRFB 通常操作在 1.0～1.6 V 的電壓下，電池內的副反應常爲析 H_2 或析 O_2，所以電極材料對這兩個副反應的過電位都要夠高，才能增進電池的效率。因此，符合上述條件的電極爲碳基材料，因爲它們具有高抗蝕性、高導電性與低成本，但碳材結構卻擁有多種變化。例如石墨氈或碳氈的孔隙度較大，允許電解液從中穿越，不會產生顯著的壓降，此類材料稱爲流穿式電極（flow-through electrode），也稱爲三維電極；而碳布、碳紙或石墨板等材料則只能讓電解液從旁流過，所以電極的比表面積較小，此類稱爲流經式電極（flow-by electrode）。理論上，流穿式電極的極化現象較小，但結構比較複雜。

對於 VRFB 的電極種類，目前已測試過 Au、Pb、Ti、Pt 和 IrO_2 等，但其中 Au 和 Pb 電極的可逆性不佳，Pb 和 Ti 則容易在表面生成鈍化膜，Pt 和 IrO_2 的可逆性佳但成本較高，因此碳材電極反而是相對穩定且價格較低的適當選擇，可用的碳電極包括玻璃碳、石墨、碳氈、石墨氈、碳布或碳纖維等。玻璃碳的問題在於可逆性仍不佳，石墨與碳布則屬於流經式電極，比表面積不夠大，且經歷夠長的操作時間後會受到腐蝕，所以這三類較少用於 VRFB。碳氈和石墨氈是由碳纖維編織而成，屬於多孔三維電極，保有碳材料的穩定性與導電性，是最適合 VRFB 的電極材料，目前面臨的問題包括長期使用後會脫落，以及反應可逆性仍不夠高。因此，常用的方法是將石墨氈改質，包括以金屬離子修飾表面，例如使用 Mn^{2+}、Te^{4+}、In^{3+} 或 Ir^{3+} 等，以提高電化學活性；或用氧化處理法將表面的碳缺陷氧化成醇基或酮基，以利於催化釩離子的電化學反應，常用的氧化劑包括氣相類型的 O_2 或 O_3 等，或溶液相類型的 H_2SO_4、HNO_3、$KMnO_4$、H_2O_2 或 NaClO 等。另一方面，電極材料與集流體間的接觸電阻也會影響電池特性，所以常使用較強的力量壓密兩者，但電極材料受力過大時，會破壞孔洞結構，導致質傳阻力增加，因此將電極與集流體一體化的構想有助於解決此問題。一體化的方法包括混合高分子基材與導電碳材，再壓製成電極，或將電極材料熱壓在集流體上，兩種方法都能有效降低接觸電阻。當液流電池組成電堆時，集流體的兩側都要連接電極材料，並且分隔兩側的陽極電解液和陰極電解液，以製成雙極板。雙極板的要求與電極材料相似，必須有良好的導電性和耐蝕性，以及足夠的機械強度，以承受加壓製程，但與電極材料不同之處在於雙極板需要良好的阻氣性與阻液性，以確保液流電池能被密封。可用的雙極板材料包括金屬、石墨和塑膠複合物，但是金屬材料在 H_2SO_4 電解液中易腐蝕，不適合作爲雙極板。相對地，石墨材料製成的雙極板則較穩定，而且已應用於燃料電池電堆中，然而此材料必須緩慢加溫到 2500°C 才能製成無孔石墨板，且所得厚度較大，裝配成電池時也容易脆裂。目前已有新型的軟性石墨板可用，主要是從多孔石墨材料加壓製成，比無孔石墨板更具韌性，但其緻密性仍顯不足，有漏液的疑慮。塑膠複合雙極板則由高分子與導電填料混合後加壓製成，可用的高分子材料包括聚乙烯或聚氯乙烯，其功用為提升機械強度；可用的導電填料包括碳纖維、石墨粉或碳黑。相比於石墨板，塑膠複合雙極板可提供更高的機械強度，且成本更低，製程快速，唯有導電性較差，必須改質才能提升，目前已成為液流電池中應用最廣泛的雙極板材料。

除了電極與雙極板，另一個 VRFB 中的關鍵材料是離子交換膜，因為它必須負責阻擋兩極的活性成分接觸，但又要導通離子，才能構成迴路。在 VRFB 的充放電中，H^+ 將在兩極的電解液間導通，所以交換膜必須允許 H^+ 穿越，並對離子有高選擇性，不能讓四種釩離子穿透，以免引起自放電而降低電池的效率。也由於 VRFB 中充滿強酸、強還原劑和強氧化劑，離子交換膜的化學穩定性格外重要。通常隔離膜是以烴類樹脂為主體，再將其中的 C－H 基置換成 C－F 基，依照取代程度，可分為全氟化膜、部分氟化膜與非氟化膜，依其組成也可分為均質材料和複合材料兩類，前者只含單一樹脂，例如 Dupont 公司的 Nafion 膜。若依據隔離膜內的孔徑來分類，其中奈濾膜因為孔徑小於 10 nm，適合用於液流電池。釩離子穿透隔離膜的主要原因來自於兩側的濃度差，由於四種釩離子都帶有明顯的顏色，所以可用分光光度計來測量某種釩離子的濃度，之後再使用 Fick 定律即可估計該離子穿越隔離膜的擴散速率。

若隔離膜無法阻擋負極側的 V^{2+} 和 V^{3+} 到達正極側，則可能發生下列幾種反應而導致電池自放電：

$$VO_2^+ + V^{3+} \rightarrow 2VO^{2+} \tag{6.86}$$

$$2VO_2^+ + V^{2+} + 2H^+ \rightarrow 3VO^{2+} + H_2O \tag{6.87}$$

這兩種反應將使正極側的VO_2^+減少，且使 VO^{2+} 增多，待VO_2^+完全消耗後，又可能再發生下列反應：

$$VO^{2+} + V^{2+} + 2H^+ \rightarrow 2V^{3+} + H_2O \tag{6.88}$$

若正極電解液中的VO_2^+和 VO^{2+} 穿透隔離膜到達負極側，則可能發生下列幾種反應：

$$V^{2+} + VO^{2+} + 2H^{+} \rightarrow 2V^{3+} + H_2O \quad (6.89)$$

$$2V^{2+} + VO_2^{+} + 4H^{+} \rightarrow 3V^{3+} + 2H_2O \quad (6.90)$$

這將導致負極側的 V^{2+} 減少與 V^{3+} 增多，待 V^{2+} 完全消耗後，又會發生下列反應：

$$V^{3+} + VO_2^{+} \rightarrow 2VO^{2+} \quad (6.91)$$

每當其中一種釩離子消耗殆盡時，開路電壓都會陡降。而且因爲四種釩離子的擴散速率不同，在自放電的初期，主要是負極的 V^{2+} 與 V^{3+} 往正極移動，使得正極側的釩離子總量增加。但持續發生自放電後，正極往負極的擴散速率逐漸加大，最終會出現擴散逆轉的現象，但總體的釩離子擴散方向可由 SOC 決定，且釩離子移動時，會帶動 H^{+} 以平衡左右兩側的電荷，而這些陽離子又都以水合狀態存在，致使水分子共同遷移。此外，兩側的濃度差會導致滲透壓，也會促進水分子遷移，繼而改變兩側的溶液體積。估計在自放電期間，由於滲透壓而移動的水量大約是水合離子移動水量的三倍。

進行充放電的期間，H_2O、H^{+} 和釩離子還會受電場作用而遷移，但釩離子的變化將因電極反應而更爲複雜，H^{+} 必須穿越隔離膜才能構成完成的電流迴路。H_2O 則隨著 H^{+} 在充電時往負極側移動，在放電時往正極側移動，另有一部份 H_2O 則與釩離子水合。經歷長期循環後，H_2O 將從負極側逐漸移向正極側。

不同價數的釩離子穿越隔離膜後，會使 VRFB 的庫倫效率降低；若 O_2 或空氣滲入 VRFB，也可能引發副反應而降低電池容量，此副反應爲：

$$4V^{2+} + O_2 + 4H^{+} \rightarrow 4V^{3+} + 2H_2O \quad (6.92)$$

對於電壓效率，主要受制於電池的內部阻抗，阻抗的來源分別包括歐姆阻抗、電荷轉移阻抗和濃度極化阻抗，其中歐姆阻抗與材料選擇有關，例如電極材料、電解液和隔離膜，以後者所占的比例最大。因此，隔離膜的電阻愈小時，電池的電壓效率將會愈大。此外，隔離膜也會影響電池的能量效率，若膜內的孔徑較大時，阻擋釩離子的能力較弱，易導致自放電現象，當五價與二價的釩離子完全消失時，電池隨即失效。另一方面，若隔離膜對 H^{+} 的傳輸能力不佳時，能量效率也會偏低。爲了提升隔離膜阻擋釩離子的能力，常會將隔離膜改質，改質的方法是摻雜奈米粒子，或將高分子和隔膜材料組合成複合物。摻雜奈米粒子的方法也曾用在直接甲醇燃料電池中，藉以降低 CH_3OH 穿透薄膜的能力，常使用的粒子是 SiO_2，因爲它的價格低且在強酸中足夠穩定。當 SiO_2 摻雜到 Nafion 膜後，阻擋釩離子的能力可提升兩倍以上，因爲摻雜的粒子會堵塞隔離膜內的孔洞，而使釩離子無法通過，但體積較小的 H^+ 仍可藉由氫鍵來傳遞，所以不會受限於縮小的孔洞。使用高分子材料來改質時，可將高分子薄膜覆蓋在 Nafion 膜之上，以提升阻擋釩離子的能力，也可以混合 Nafion 膜以製成緻密的複合薄膜，混合的效果是 Nafion 膜的溶脹情形被抑制，所以能阻擋釩離子穿透。

VRFB 的電解液影響了儲能的容量，也影響整個電池的穩定性，溶液中的主要支撐電解質是 H_2SO_4，但後來也有一些研究採用 HCl。製造電解液的方法可分爲化學法和電化學法，前者是使用 V_2O_5 混合 H_2SO_4，再加熱使其還原成 $VOSO_4$ 溶液，但生產速率很慢；後者則是使用 V_2O_5 或 NH_4VO_3 混合 H_2SO_4 溶液，再通電使其還原，依據電壓可分別製造 VO^{2+}、V^{3+} 和 V^{2+}。當 VRFB 操作時，兩極所需的溶液不同，在正極側和負極側分別含有 VO^{2+}/VO_2^+ 與 V^{3+}/V^{2+}，且兩種溶液必須隔絕使用，不得在管路中共混。依據各種活性成分的濃度變化，可從（6.84）式計算荷電狀態（SOC），從（6.85）式可再得到開路電壓，但因爲加入的 H_2SO_4 通常高於 1 M，所以 VRFB 的實際電壓比標準電壓高一些，可達到 1.4～1.6 V。在負極側，由於 V^{2+} 是強還原劑，極易與空氣中的 O_2 反應而消耗；在陽極側，VO_2^+ 是強氧化劑，也很容易發生反應而減損，尤其在較高溫度下，減少的速率更大，這兩種副反應都會降低電池的容量。此外，四種釩離子在 H_2SO_4 中的溶解度都有限，以 VO_2^+ 最小，高溫時會結晶析出，而 V^{3+} 和 V^{2+} 則是在低溫時較易析出，所以 VRFB 的能量密度不高，除非能增加釩離子的濃度。另一種導致電池特性衰減的原因是四種釩離子對隔離膜的滲透速率不同，因爲他們的水合能力相異，長期操作後，會導致兩側的釩離子數量失衡，進而使電池容量衰減。研究結果顯示，穿透 Nafion 115 膜的擴散係數，依序由大至小爲 V^{2+}、VO^{2+}、VO_2^+、V^{3+}，其原因在於各種釩離子皆以水合狀態存在於溶液中，且所結合的水分子數量不同，當穿透 Nafion 膜的數量不同時，會導致兩側濃度失衡，以及溶液體積失衡，而且體積失衡會因爲水分子藉由滲透壓自低濃度側移動到高濃度側而加劇。此外，在操作過程中，推動兩極溶液的泵流量若有差異時，也會促使釩離子與水分子穿透隔離膜。爲了維持液流電池的性能，通常在一段長時間的操作後，會重新整理電解液，可行的方法包括分批調整法和溢流法，前者是指兩個電極室中液位較高者會被泵抽送至液位較低處；後者則是利用重力將液位較高的電解液排至較低處，以調整兩電極室的液位，兩種方法都有助於穩定電池特性，但缺點是兩極的電解液連通後會導致漏電，所以必須權衡電池特性的變化而設定管理方案。

若要避免釩離子的損失，在負極側的儲液桶中必須先通入 N_2 或 Ar 來去除 O_2，在正極側則需使用添加劑來穩定VO_2^+，研究結果顯示，加入微量的 Mn、Au、Pt、Ru、甘油（glycerin，$C_3H_5(OH)_3$）或 Na_2SO_4 都具有效果。然而，配製電解液時雖可加入高濃度的 $VOSO_4$ 以提升釩離子含量，但也會減低溶液的導電度，因爲 H_2SO_4 的解離將受到限制，而且溶液的黏度會因而增大，影響流動性。H_2SO_4 的濃度也會影響電池的電性，當濃度提高時，導電度上升，可有效降低歐姆阻抗，並提高放電電壓，增大能量效率；但在另一方面，提高濃度也會增大黏度，並減低流量，尤其在放電末期會引起顯著的濃度極化現象，使放電容量降低。因此，最適當的 H_2SO_4 濃度應維持在 2.5～3.0 M 間。若在電解液中加入 HCl，則可提高穩定性，也可增加釩離子的溶解度，所以能量密度可被提高。特別在正極，充電的反應將成爲：

$$VO^{2+} + Cl^- + H_2O \rightarrow VO_2Cl + 2H^+ + e^- \qquad (6.93)$$

然而，HCl 可能在管路內蒸發，繼而腐蝕裝置，且 Cl^- 在過度充電時會氧化成 Cl_2，最終仍將腐蝕系統，因此混合兩種酸的電解液仍在評估與驗證中。

研發液流電池時，因爲牽涉的變數太多，所以爲了減低實驗成本與時間，可先採用數學模型來分析或調整設計，以預測電池特性的變化，並尋找最適化的操作條件。在建模分析的過程中，必須考慮各成分的質量均衡、動量均衡、能量均衡、電荷均衡，和電化學反應速率，並加上適當的起始條件與邊界條件，即可進行模擬。對於多孔電極內的液體流動，可使用 Kozeny-Karman 方程式來描述流速 **v** 和壓力 p 間的關係：

$$\mathbf{v} = -\frac{d_f^2}{\mu K}\frac{\varepsilon^3}{(1-\varepsilon)^2}\nabla p \qquad (6.94)$$

其中 d_f 是電極顆粒或纖維的直徑，ε 是電極的孔隙度，μ 爲電解液的黏度，K 爲常數。假設電解液不可壓縮，則其流速 **v** 將滿足：

$$\nabla \cdot \mathbf{v} = 0 \tag{6.95}$$

對於能量均衡，除了傳導與對流外，還必須考慮化學反應熱與焦耳熱等熱源：

$$\frac{\partial}{\partial t}(\rho c_p T) + \nabla \cdot (\mathbf{v}\rho c_p T) - k\nabla^2 T = \sum_k Q_k \tag{6.96}$$

其中 ρ 爲電解液的密度，c_p 爲其比熱，k 爲熱傳導度，Q_k 代表各項熱源。在電荷均衡方面，需考慮固體中的電流密度 i_s 和液體中的電流密度 i_l：

$$\nabla \cdot i_s + \nabla \cdot i_l = 0 \tag{6.97}$$

$$\nabla \cdot i_s = -\sigma_s \nabla^2 \phi_s \tag{6.98}$$

$$\nabla \cdot i_l = -\kappa_l \nabla^2 \phi_l - F\sum_k z_k D_k \nabla c_k \tag{6.99}$$

其中σ_s與κ_l分別爲電極與電解液的導電度，ϕ_s 與 ϕ_l 分別爲電極與電解液的電位，z_k、D_k 和 c_k 分別爲第 k 種成分的電荷數、擴散係數和濃度。而且各成分在電極孔隙內的質量輸送均需考慮孔隙度 ε：

$$\frac{\partial}{\partial t}(\varepsilon c_k) + \nabla \cdot \left(-\varepsilon^{1.5} D_k \nabla c_k - \frac{F\varepsilon^{1.5} z_k D_k c_k}{RT}\nabla \phi_l + \mathbf{v}c_k\right) = S_k \tag{6.100}$$

其中 S_k 爲化學反應生成第 k 種成分的速率。進行充電時，正極與負極內的電流密度 i_a 和 i_c 皆可用 Butler-Volmer 方程式表示：

$$i_a = i_a^0\left[\frac{c_5^s}{c_5}\exp\left(-\frac{\alpha_a F\eta_a}{RT}\right) - \frac{c_4^s}{c_4}\exp\left(\frac{(1-\alpha_a)F\eta_a}{RT}\right)\right] \tag{6.101}$$

$$i_c = i_c^0\left[\frac{c_3^s}{c_3}\exp\left(-\frac{\alpha_c F\eta_c}{RT}\right) - \frac{c_2^s}{c_2}\exp\left(\frac{(1-\alpha_c)F\eta_c}{RT}\right)\right] \tag{6.102}$$

其中i_a^0和i_c^0分別爲兩極反應的交換電流密度，α_a 和 α_c 爲電荷轉移係數；c_2、c_3、c_4 與 c_5 分別爲二價、三價、四價與五價釩離子的主體濃度，上標 s 則爲表面濃度。上述方程式可加上合理的假設予以簡化，例如採用 Nernst 的擴散層模型，假設電極表面的擴散層內擁有線性的濃度分布，以外的濃度則均勻，即可快速預測電流密度的分布。

在 VRFB 中，因爲VO_2^+的溶解度有限，使正極的電解質濃度不能再提高，致使能量密度較低。若正極側改用鹵化物後，則可有效提高液流電池的能量密度，例如釩－溴液流電池可達到 50 W·h/kg。然而，Br 具有毒性，故有研究者提出以多鹵離子取代 Br^- 的構想，例如正極的電解液含有 Br^- 與 Cl^- 時，會發生以下反應：

$$2Br^- + Cl^- \rightleftharpoons ClBr_2^- + 2e^- \tag{6.103}$$

$$Br^- + 2Cl^- \rightleftharpoons BrCl_2^- + 2e^- \tag{6.104}$$

多鹵離子與釩離子組成的系統被稱爲第二代釩液流電池，目前遭遇的困難在於鹵化物的腐蝕性，以及對環境的汙染性。

鐵－鉻系統是更早被提出的一種液流電池，電解液多用 HCl，充電時的正極反應爲：

$$Fe^{2+} \rightleftharpoons Fe^{3+} + e^- \tag{6.105}$$

負極反應爲：

$$Cr^{3+} + e^- \rightleftharpoons Cr^{2+} \tag{6.106}$$

正極的標準電位是 0.77 V，負極則爲 –0.41 V，所以全電池的開路電壓可達 1.18 V。此電池雖然曾經列爲美國太空計畫的研發項目之一，但隨著 VRFB 成熟之後，已逐漸退出研究的平台，主要原因在於 Cr 的可逆性較差，即使提高操作溫度或加入催化劑仍然無法有效增進電池性能；此外充電過程會析出 H_2，易導致危險，又因爲兩極的活性成分會交混（crosslink），易降低電池效率與容量。

§6-4-2 鋅液流電池

沉積型液流電池與液－液型液流電池不同，在充放電過程中，其中一個電極或兩個電極的產物將會沉積在電極上。只有單一電極發生沉積反應的例子如鋅－溴電池，兩個電極都發生沉積反應的如鉛酸液流電池，而後者甚至可以不需要隔離膜，因為兩極可以共用同一種電解液。沉積型液流電池的儲存容量同時取決於活性成分的含量和可沉積的總量，兩者可以獨立設計，所以儲存的規模容易調節，應用較為靈活。基於一次電池或二次電池的經驗，Zn 電極被廣泛用於沉積型液流電池中，因為它的開路電壓高，析 H_2 過電壓亦高，對環境較友善。Zn 在微酸性或鹼性溶液中皆可發生沉積反應，但後者中的反應較複雜，可能出現可溶性的錯合物或使表面鈍化的氧化物。以下將依序介紹三種發展中的鋅液流電池。

1. 鋅－溴電池

除了全釩電池之外，另一種受到注目的液流電池為鋅－溴電池，在 1885 年由 Bradley 首先提出，但到了 1970 年代才轉變成液流型式，以解決 Zn 的枝晶問題。雖然 Zn 與 Br 的電化學當量比 V 低，但成本也比 V 低，故能構成能量密度較大或價格較低的儲能系統。目前可得的電池開路電壓約為 1.6 V，實際能量密度為 60 W·h/kg，約為鉛酸電池的 2 倍多。如圖 6-18 所示，在電池的正極側，充電時會發生以下反應：

$$2Br^- \rightarrow Br_2 + e^- \quad (6.107)$$

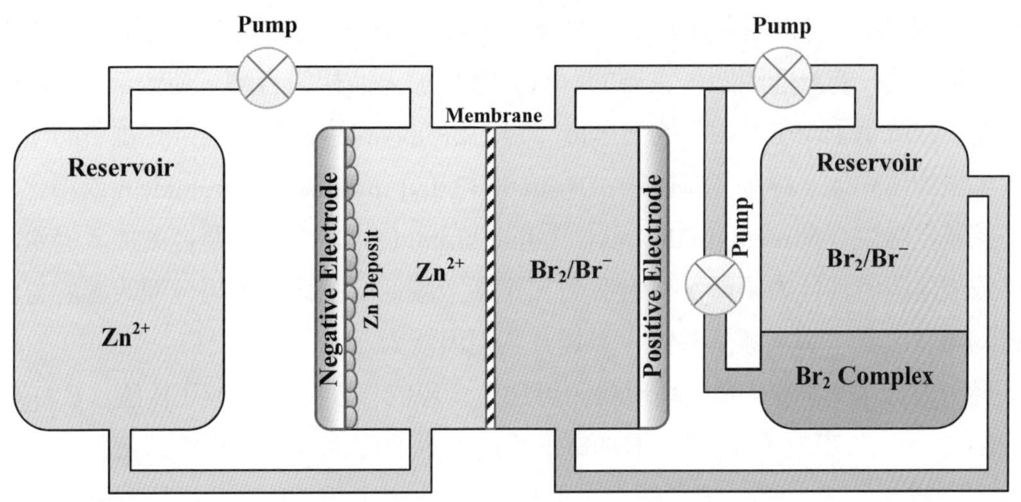

圖 6-18　鋅－溴液流電池的結構

標準電位是 1.076 V。充電時，電解液中的 Br^- 會反應成 Br_2，這些 Br_2 再被油相的錯合劑捕捉，並沉在水相溶液的下方，暫存於儲液桶中。待放電時，開啓泵來抽取油相，使油相與水相混合再共同送入電池中，以進行放電反應，使 Br_2 轉變成 Br^-。

在負極側，充電的反應爲：

$$Zn^{2+} + 2e^- \rightarrow Zn \quad (6.108)$$

負極的表面在充電後會逐漸覆蓋上金屬 Zn，其標準電位是 –0.76 V，因此電池的標準開路電壓爲 1.836 V。鋅－溴電池的操作溫度可從 –30°C 至 50°C，範圍比 VRFB 更大，但此電池的問題主要來自於 Br_2 的腐蝕性、揮發性與薄膜滲透性，三者分別會導致管路損壞、活性成分損失與自放電；而且 Zn 在沉積時容易形成枝晶，若結晶物刺穿隔離膜將導致短路，若脫落則會導致活性成分損失，所以枝晶問題會嚴重地影響電池的容量與壽命。Zn 電極出現枝晶的主要原因是電流密度較大、過電位較高或濃度極化嚴重，通常會發生在充電後期。從枝晶的結構來觀察，Zn^{2+} 比較容易擴散到突出物的表面，致使突出的區域擁有更快的沉積速率，進而驅使枝晶擴大，其原理在 4-2-1 節中曾提及。當枝晶擴大之後，晶體尖端的電流密度會大於晶體根部，因爲尖端處可進行球形擴散，根部則僅有線性擴散，前者的擴散長度約爲尖端的曲率半徑，後者則爲擴散層厚度，而曲率半徑通常會小於擴散層厚度，致使尖端的電流密度較大。

若能解決 Zn 的結晶問題和 Br_2 的滲透問題，即能大幅縮短鋅－溴電池的實用化進程。對於 Br_2 的滲透問題，主要的解決方案是加入油相錯合劑，使大部分 Br_2 能溶進油相，以降低 Br_2 在水相中的溶解度。目前研究過的錯合劑包括帶有雜環的溴化季銨鹽，例如溴化 N－甲基乙基嗎啉（N-methyl ethyl morpholine bromide）或溴化 N－甲基乙基吡咯烷（N-methyl ethyl pyrrolidine bromide）等，但當錯合劑加入過量時，會導致隔離膜阻溴能力下降，且會吸附在電極上減低反應活性。另一種改善的方法則是對隔離膜改質，導入離子基團，以提升其阻溴能力。

另一方面，對於 Zn 的枝晶現象，可加入含氟的界面活性劑或丁內酯（$C_4H_6O_2$）等抑制劑，以改善 Zn 的沉積。增加電解液的流動速度或改變工作電流密度，也可以有效抑制枝晶生成。研究結果顯示，電極上的極限電流密度約正比於電解液流速的 0.6～0.7 次方，所以兩者可歸類爲相同的因素。

在正極上，Br_2 與 Br^- 的轉換爲兩步驟反應，第一步驟只進行單電子轉移，且同時生成吸附狀態的中間物，此步驟會控制整體程序的速率。但對於石墨類電極，Br_2 有可能會嵌入其層間，或是在表面形成溴化物，使電極活性逐漸喪失。其他相關研究顯示，以 RuO_2-TiO_2 的複合物或奈米碳管作爲正極，都能展現出優於石墨電極的特性。一般組裝鋅－溴電池時，會將活性層塗佈在碳塑複合板上作爲正極，而在負極也會使用相同的碳塑複合板作爲 Zn 的沉積底材，因此碳塑複合板可作爲電堆中的雙極板。此複合板主要將導電碳材、熱塑性樹脂與其他添加劑混合後，以射出成型（injection molding）或壓模的方法製成平板，導電碳材包括石墨粉、碳黑或碳纖維，其中以碳黑的導電性最好，因爲碳黑的顆粒可以縮小到奈米等級，故其顆粒接觸性較佳，但碳黑的複合板較難加工，反而碳纖維的複合板較容易加工成型。此外，也可將碳黑與碳纖維並用，以兼具碳黑的高導電性和碳纖維的網絡導電性，進而提升複合板的功能。

對於覆蓋在碳塑複合板上的活性層，通常會採用碳氈，因爲它是一種三維多孔材料，可以提供較大的反應面積，有利於 Zn 的沉積。在目前的應用中，還會進行電極的表面處理，以增加比表面積或潤溼性，常用的方法包括氣相氧化、液相氧化、電化學氧化、電漿或高溫處裡。例如石墨氈表面經歷熱酸處理後，可增加 OH 基和 COOH 基，以協助傳輸電子。

2. 鋅－鎳液流電池

此系統的特點是只使用一個儲液桶，而且無需離子交換膜，因爲正負兩極的電解液可以共用鹼性的含 Zn 溶液。當鋅－鎳液流電池充電時，其正極反應爲：

$$2Ni(OH)_2 + 2OH^- \rightleftharpoons 2NiOOH + 2H_2O + 2e^- \quad (6.109)$$

負極反應則爲：

$$Zn(OH)_4^{2-} + 2e^- \rightleftharpoons Zn + 4OH^- \quad (6.110)$$

其中，正極使用了相同於鎳氫電池的含 Ni 電極，雖然鎳氫電池已從燒結式電極發展成泡沫式電極，但鋅－鎳液流電池中仍使用燒結式電極。充放電過程中，Zn^{2+} 會嵌入 $Ni(OH)_2$ 中，反而有利於抑制電極的過充電現象或 γ-NiOOH 的產生，提高了正極的穩定性。目前鋅－鎳液流電池的性能已和全釩液流電池相當，可達到大約 80 mA/cm^2 的電流密度。

3. 鋅－鈰液流電池

此系統的正負兩極分別由含鈰（Ce）與含鋅（Zn）的成分組成，正極的活性成分皆為離子，其反應為：

$$Ce^{3+} \rightleftharpoons Ce^{4+} + e^- \quad (6.111)$$

稀土元素 Ce 的價電子為 $4f^1 5d^1 6s^2$，故存在三價與四價的離子，其中三價離子無色，而四價離子帶有黃色，兩離子間轉換的標準電位足夠高，可達到 1.72 V，且 Ce 在地球中的含量與 Zn 或 Cu 相當，不算稀有金屬，但各種稀土元素的性質相似，較難以從礦物中分離出純元素。當 Ce^{4+} 處於酸性溶液中，會與 H_2O 反應而還原成 Ce^{3+}；在中鹼性溶液中，則傾向於從 Ce^{3+} 氧化成 Ce^{4+}。

在負極則為 Zn 金屬與其離子間的反應：

$$Zn^{2+} + 2e^- \rightleftharpoons Zn \quad (6.112)$$

已知鋅－鈰電池的正極標準電位為 1.72 V，負極為 –0.76 V，代表起始的放電電壓可達 2.4 V，而且還具有高能量密度，電流密度超過 300 mA/cm^2。

鋅－鈰液流電池的結構與全釩液流電池相同，但正極多使用碳塑板，負極多使用鍍鉑鎳網（Pt on Ni），電解液為甲基磺酸（CH_3SO_3H）溶液，但 Ce^{3+} 和 Ce^{4+} 在甲基磺酸溶液中的溶解度較 HNO_3 或 H_2SO_4 低。

鋅－鈰液流電池中，兩極的電解液若發生混合時，Ce^{4+} 會和已沉積的 Zn 反應，降低庫倫效率；充電時 Zn^{2+} 若進入正極側，也無法再氧化，Ce^{3+} 若進入負極側也不會再還原，因為 Zn^{2+} 會率先還原；同理在放電時，Zn^{2+} 若進入正極側也不會再還原，因為 Ce^{4+} 會率先還原，代表電池中即使出現 Zn^{2+} 的滲透現象，電極反應也不會受到太大的影響，只需注意 Ce^{4+} 的滲透。此電池目前尚待解決的問題包括防止 Zn 枝晶、取代 Pt 正極、抑制 H_2 產生，以及增加循環壽命等。

§6-4-3 鉛液流電池

由於傳統的鉛酸電池無法繼續放大規模，所以有研究者提出以溶解在甲基磺酸（CH_3SO_3H）中的 Pb^{2+} 作爲正極之活性成分，搭配 Pb 和 PbO_2 電極以構成單液流電池。在甲基磺酸中，Pb^{2+} 的濃度可到達 2 M，而且 Pb 和 PbO_2 電極都不溶於甲基磺酸。充電時的正極反應爲：

$$Pb^{2+} + 2H_2O \rightleftharpoons PbO_2 + 4H^+ + e^- \qquad (6.113)$$

此反應的速率中等，會有顯著的過電位，且可能伴隨 H_2 的析出，充電時則容易產生 O_2，使電池能量損失。另一方面，在負極發生的反應爲：

$$Pb^{2+} + 2e^- \rightleftharpoons Pb \qquad (6.114)$$

此反應的速率快，沒有明顯的過電位。

因爲兩極都會發生沉積反應，因此被稱爲全沉積型液流電池。此系統的另一個特點是兩極間無需隔離膜，而且只使用一個儲液桶，裝置成本較低。然而，形成固相的反應比較複雜，例如在放電時，PbO_2 可能還原成不溶性的 PbO，但充電時，此 PbO 又會比 Pb^{2+} 更容易氧化成 PbO_2。

Pletcher 等人研究了鉛酸單液流電池的阻抗，發現甲基磺酸的濃度愈高，可使導電性增加，所以能降低阻抗；另一方面，Pb^{2+} 的濃度提高時卻會增加溶液的黏度，並與甲基磺酸根形成錯離子，所以會提高阻抗。另在電池操作期間，酸性會不斷改變，當 pH 值降低到一個程度後，甲基磺酸鉛的溶解度會陡然降低，使電池特性明顯地衰減。

在全沉積電池中，產物的枝晶問題常會發生，且經歷多次循環後，負極的 Pb 將可能脫落並堵塞流道，使系統的可靠度與壽命都降低，而且甲基磺酸的成本較高，這些都是有待改善的缺點。再者，此系統的能量效率較低，在 40 mA/cm^2 下操作僅達 65%，也是需要改進的問題。

§6-4-4 有機液流電池

雖然液流電池的發展集中在全釩電池，但其高成本與 V 的有限藏量將成爲應用上的隱憂，因此有許多新研究轉向低價的材料或新型的電池結構，例如整合液流電池和非液流電池，其中一種具有潛力的研究對象是有機液流電池（organic redox flow battery，簡稱 ORFB），因爲活性成分的反應性易於調整。ORFB 可分爲水溶性與非水溶性兩類，另也可依據活性成分的特性分爲全有機系統和混合系統，後者是指電極材料爲無機性而活性成分爲有機性。水溶性 ORFB 比非水溶性更有應用潛力，其原因不只在於成本和電性，也在於安全性。目前正在研發的水溶性 ORFB 中以醌－溴電池（quinone-bromide flow battery，簡稱 QBFB）最受矚目。醌是含有共軛環己二烯二酮結構的有機化合物，最常見的例子是苯醌，包括對苯醌（1,4- 苯醌）和鄰苯醌（1,2- 苯醌）。對苯醌與氫醌（hydroquinone，也稱爲對苯二酚）可組成可逆的氧化還原半反應，其標準還原電位爲 0.699 V。在 2009 年首次出現的有機液流電池中，即採用 1,2 鄰氫醌 -3,5 雙磺酸（簡稱 BQDS）和 1,4 對氫醌 -2 磺酸（簡稱 BQS）作爲正極活性成分，其反應爲：

$$\mathrm{BQDS} + 2\mathrm{H}^+ + 2e^- \rightleftharpoons \mathrm{H_2BQDS} \qquad (6.115)$$

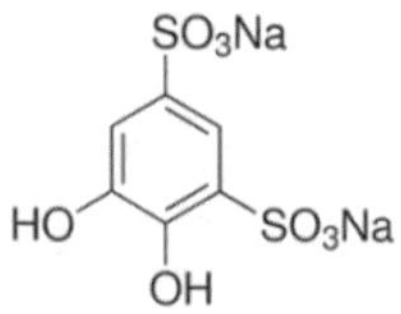

SO_3Na

HO　　SO_3Na

OH

負極部分則採用傳統鉛酸電池中的 $Pb/PbSO_4$；之後由哈佛大學的 M. L. Wald 團隊於 2014 年開發出 9,10- 蒽醌 -2,7- 雙磺酸（簡稱 AQDS）的系統，其可逆性更佳，充放電時可交換兩個電子與兩個 H^+：

$$\mathrm{AQDS} + 2\mathrm{H}^+ + 2e^- \rightleftharpoons \mathrm{H_2AQDS} \qquad (6.116)$$

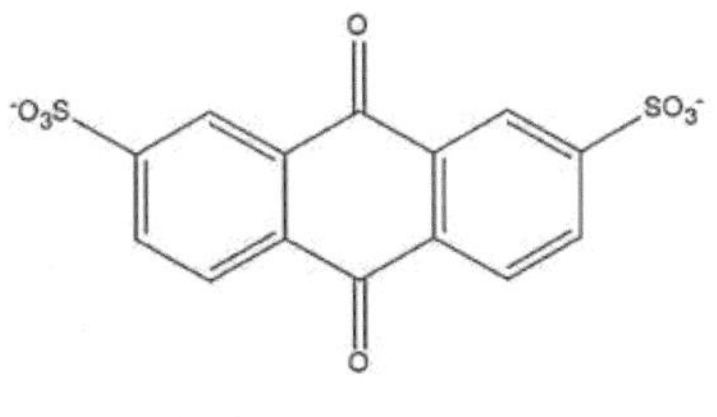

AQDS 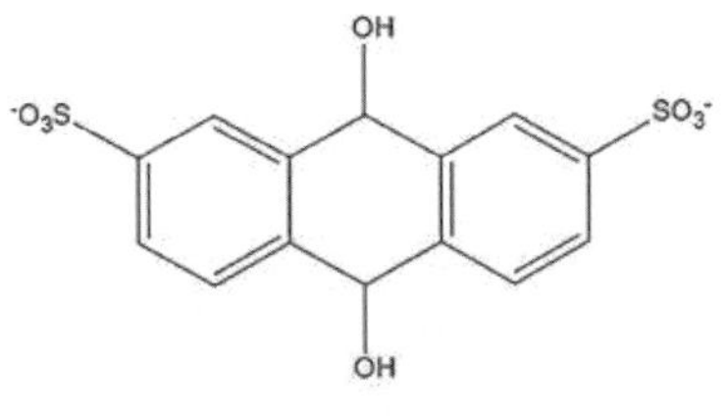　　　　H_2AQDS

所用的電極與電解液分別為玻璃碳和 H_2SO_4 溶液，對應電極的活性成分為 Br_2/Br^-，所得到的體積能量密度約為 20 W·h/L。後續的研究則採用 BQDS 和 BQS 作為負極活性成分，以取代具有毒性與腐蝕性的含 Br 系統，但其開路電壓僅有 0.55 V，能量密度低於 4 W·h/L。

另一種取代含 Br 系統的方案是採用 KOH 和亞鐵氰化物（ferrocyanide）系統，可使電解液的腐蝕性降低，也可使電池的開路電壓提升至 1.2 V，體積能量密度回復到大約 19 W·h/L。

也有研究者欲製作無金屬的液流電池，採用前述的 BQDS/H_2BQDS 作為正極活性成分，AQDS/H_2AQDS 作為負極活性成分，所得到的液流電池不只成本低，也沒有毒性，唯有開路電壓較低，僅達 0.5 V，但類似的系統仍值得繼續開發。目前有機液流電池還有幾項缺點有待解決，包括兩極的溶劑交混（crosslink）、活性成分交混、活性成分洩漏、活性成分分解、析出 H_2 之副反應，或 O_2 滲入電池導致副反應等，這些情形均會造成電池容量和電流效率的損失。

§6-5　熱電池

熱電池（thermal battery）技術起源於二次大戰期間，德國科學家 Georg Otto Erb 首先開發了熔融鹽作為電解質的電池，以應用於軍事中，但後來並沒有實現，而且 Erb 的構想還流傳至美國。後於 1946 年，美國軍方研究單位發展出可以取代液態電池的熱電池，以 Mg 為負極，用於彈藥的引爆裝置。到了 1961 年，美國的 Sandia 國家實驗室開發出鈣系熱電池，以 Ca 為負極，後來成為核彈中的電源。在 1970 年，英國軍方則研究出鋰系熱電池，以 Li 為負極，S 為正極，但其特性不穩定；後來美國的 Sandia 國家實驗室改用 Li 合金和二硫化鐵（FeS_2）作為兩極的材料，有效改善了電壓穩定性、功率密度和能量密度，大幅提升了熱電池的性能，成爲武器中使用最多的電池。至 1990 年代，新的鋰硼合金（Li-B）和二硫化鈷（CoS_2）被發展出，使熱電池的壽命與功率密度皆更提升。

熱電池的名稱來自於系統內具有加熱組件，約在 1.5 秒內可將固態電解質的溫度提升至熔點上以形成熔融鹽，使兩極之間得以導通，再透過電化學反應而對外供電。因此，熱電池具有長儲存壽命的特點，通常放置 10 年以上也不會損失放電容量，存在期間無需擔憂自放電，而且熱電池內的熔融鹽具有高於水溶液多個數量級的導電度，可使電池內的歐姆電壓降至非常小，有利於大電流密度放電，且功率密度可達 10 kW/kg。雖然電解質受熱熔化時，電池內部的溫度可達 400～500°C，但外界環境即使處於 – 45°C 也不會影響電池工作，所以熱電池能夠使用於嚴苛的場合。

如圖 6-19 所示，在典型的熱電池結構中，包含電堆、電極柱、保溫層、點火裝置與外殼。常用的外殼材料爲不鏽鋼；點火裝置內含引燃材料，功能是啓動熱電池；保溫層內含低熱傳導度的材料，可以維持電池啓動後的溫度；兩根電極柱分別連接了電堆中每一個單元電池的正極集流體和負極集流體，以提供外部接線；電堆中則有數個單元電池。單元電池有兩種型態，早期多使用杯狀結構，現多採用片狀結構。

以下分別說明兩種結構中的組件：

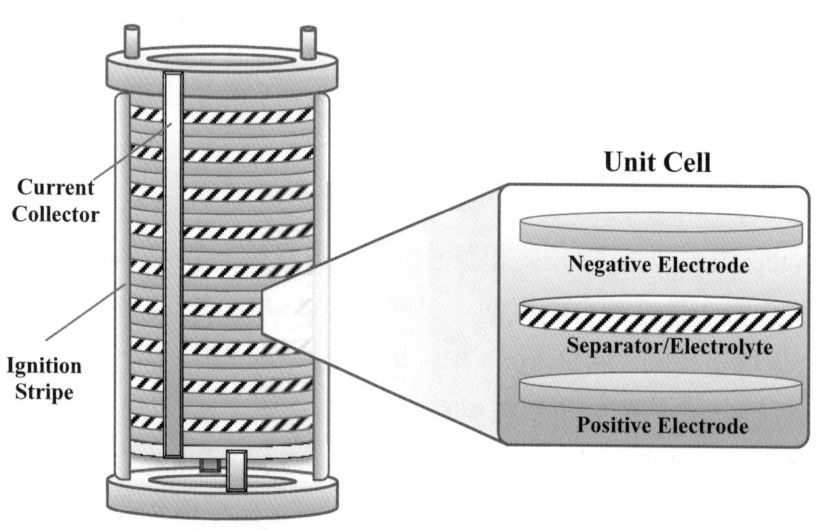

圖 6-19　熱電池的結構

1. 杯狀結構

鎂系和鈣系熱電池主要採用此類結構，通常以 Ni 製的杯狀外殼包圍內部的電極與電解質。鎂系和鈣系熱電池的負極即為 Mg 片和 Ca 片，上下兩面皆被固態電解質覆蓋，電解質的另一側為正極，正極材料通常使用承載了 $CaCrO_4$ 的玻璃纖維布所製成。由於杯狀結構的組件較多，製作程序複雜，且放電時間僅有 5 分鐘，所以之後被片狀結構取代。

2. 片狀結構

此結構所需組件較少（如圖 6-19），製程簡易，而且各組件緊密結合，可將外殼減薄，因此能量密度與功率密度皆高於杯狀結構，加上放電時間能達到 60 分鐘，使其特性遠超過杯狀結構。片狀結構可依製作方法分成三種類型，第一種稱為 DEB 型，是由去極化劑（depolarizer）、電解質（electrolyte）和黏合劑（binder）複合而成，其中的去極化劑即為正極材料。DEB 片常製成圓環型，與相同形狀的鈣片相疊後即可組成單元電池。第二種稱為三層型，是由正極片、隔離片和負極片壓制而成，兩極外側再放置集流片即可組成單元電池。第三種稱為四合一型，是由前述的三層型和加熱片共同壓製而成。

若依據熱電池的負極材料，可分為鎂系、鈣系和鋰系三類，如表 6-8 所示，但發展最初的 30 年內，皆以鈣系電池為主流，1970 年代後則改以鋰系電池為主，因此以下僅介紹這兩類熱電池。

表 6-8　曾開發的熱電池

系統	負極	電解質	正極	工作電壓
鎂系	Mg	LiCl-KCl	V_2O_5	2.2～2.7 V
鈣系	Ca	LiCl-KCl	$PbSO_4$	1.9～2.2 V
	Ca	LiCl-KCl	$CaCrO_4$	2.2～2.6 V
	Ca	LiCl-KCl	WO_3	2.4～2.6 V
鋰系	LiAl	LiCl-KCl	FeS_2	1.8～2.1 V
	LiSi	LiCl-KCl	FeS_2	1.7～2.1 V
	LiB	LiCl-KCl	FeS_2	2.0～2.2 V
	LiSi	LiCl-KCl	$NiCl_2$	2.0～2.4 V
	LiSi	LiF-LiCl-LiBr	$NiCl_2$	2.0～2.4 V

1. 鈣系熱電池

此類熱電池的負極材料為金屬 Ca，但因為它的活性高，平時必須存放於煤油中，以避免氧化，甚至也不能接觸水，以免反應成 $Ca(OH)_2$。當 Ca 與熔融的 LiCl-KCl 電解質接觸時，會先形成 $CaLi_2$ 合金，再發生以下反應：

$$CaLi_2 \rightleftharpoons Ca^{2+} + 2Li^+ + 4e^- \tag{6.117}$$

由此反應可計算出 Ca 的理論容量為 1.338 A·h/g。然而，$CaLi_2$ 合金的熔點為 230°C，在 400°C 以上的工作溫度下會熔化成液態，有可能導致電池短路，因此必須在負極片的周圍放置抑制流動劑，在片狀電池中即為黏合劑，主要成分為 SiO_2，在杯狀電池中則用玻璃纖維布，這些抑制劑的比表面積大，可吸附熔融的電解質。另有一種方法是降低負極側電解質中的 LiCl 含量，製造時比較複雜，而且運作時還會產生 $CaCl_2$ 結晶物，並與 KCl 再結合成固態的 $KCaCl_3$，使負極區的阻抗大幅增加。

鈣系熱電池的正極通常為 $CaCrO_4$ 和 $PbSO_4$，兩者都難溶於水，且都難以導電，但可以溶在 LiCl-KCl 電解質中，提升正極的導電性。放電時，兩者的反應分別為：

$$CrO_4^{2-} + Li^+ + 3e^- \rightleftharpoons LiCrO_2 + 2O^{2-} \tag{6.118}$$

$$PbSO_4 + 2e^- \rightleftharpoons Pb + SO_4^{2-} \tag{6.119}$$

$CaCrO_4$ 的理論容量為 0.515 A·h/g，約為 $PbSO_4$ 的三倍。

2. 鋰系熱電池

由於鈣系熱電池中容易形成會流動的 $CaLi_2$，也會形成增加電阻的 $KCaCl_3$，且正負極材料還可能分解而大量放熱，導致電池熱失控，因此促使研究者轉而發展鋰系熱電池。但因金屬 Li 的熔點只有 181°C，會在電池工作時熔化，繼而導致短路，所以必須製成具有熱穩定性的 Li 合金，目前已發展的包括 Li-Al、Li-Si 和 Li-B 合金，前兩者是由美國開發，Li-B 合金則由俄羅斯首先提出，合金中的 Li 含量可達到 80 wt% 以上，且其活性幾乎與金屬 Li 相同，電位只相差 20 mV。這些 Li 合金在放電時擁有多個電壓平台，但對於必須操作在精準電壓下的裝置，只有其中一個電壓可運用，致使 Li 的利用率不能達到 100%。

常用於鋰系熱電池中的正極材料爲 FeS_2 和 CoS_2，前者主要來自於黃鐵礦，在地殼中的藏量很多，於 550°C 時會分解成 FeS 和 S 蒸氣。用於熱電池時，此分解現象會導致 S 蒸氣與 Li 合金接觸，並產生大量的熱，繼而導致電池失控，所以必須避免 FeS_2 分解。在放電反應時，FeS_2 會依序發生下列反應：

$$2FeS_2 + 3Li^+ + 3e^- \rightleftharpoons Li_3Fe_2S_4 \quad (6.120)$$

$$Li_3Fe_2S_4 + Li^+ + e^- \rightleftharpoons Li_2FeS_2 + FeS + Li_2S \quad (6.121)$$

$$Li_2FeS_2 + 2e^- \rightleftharpoons S^{2-} + Fe + Li_2S \quad (6.122)$$

在 400°C 時，這三個反應的電位依序爲 1.750 V、1.645 V 和 1.261 V。但 $Li_3Fe_2S_4$ 的電阻很大，所以這類熱電池只能利用（6.120）式放電。另在高溫下，FeS_2 接觸電解質後會溶解成 Fe^{2+}、S 或S_2^{2-}，接觸 Li 時將導致自放電，損失部分容量。

CoS_2 則有別於 FeS_2，必須透過人工合成，所以價格較高。CoS_2 呈現黑色，導電性比 FeS_2 更高，分解溫度爲 650°C，故可使熱電池的工作溫度提升。放電時，Li^+ 不會嵌入，反應時會產生中間物 Co_3S_4 和 Co_9S_8，所以也擁有三個電壓平台，但只有前兩個電壓可以應用，因爲正極的電阻會逐漸增大。雖然 CoS_2 也會溶解在電解質中，但產生的自放電只有 FeS_2 電池的一半，所以更適合長期存放。總結以上，相對於鈣系熱電池，鋰系熱電池的自放電非常小，且 Li 合金的副反應少，能量密度亦較高，成本也較低，因而成爲主流的熱電池。

上述兩種電池系統，大都採用 LiCl-KCl 作爲電解質，因爲它在 475°C 下的導電度爲 1.69 S/cm，比水溶液高 10 倍，分解電壓亦高達 3.4 V。純 LiCl 和 KCl 的熔點分別爲 610°C 和 770°C，所以必須配成質量比 45：55 的共熔物，使熔點降至 352°C。此外，LiCl 易吸收水分，所以製造時必須處於露點爲 –28°C 的乾燥空氣中。由於放電時，Li^+ 和 K^+ 的遷移不夠快，內部會出現較大的濃度梯度，致使電解質凝固，因此有研究者又開發出三元鋰電解質，包含 LiF、LiCl 和 LBr，在 475°C 下的導電度爲 3.21 S/cm，放電時不易出現電解質的凝固現象，唯有 LiBr 的吸水能力更強，製造時必須處於更乾燥的環境。此外，三元鋰電解質還會發生更多的自放電，比較不適合長期存放。

電解質受熱熔融後，若出現強烈的流動，將使兩極短路，所以常會添加流動抑制劑，在鈣系電池中以 SiO_2 爲主，但 SiO_2 會與 Li 合金反應，所以鋰系電池中改用疏鬆的 MgO 粉。這些流動抑制劑的用量必須適宜，否則會導致電池的內電阻升高。另一方面，引發熱電池工作的加熱材料包括 Zr-$BaCrO_4$ 紙和 Fe-$KClO_4$ 粉，前者用於杯狀電池，後者經過壓片後用於片狀電池，兩者皆很容易點燃，但 Zr-$BaCrO_4$ 紙對靜電現象很敏感，比較不安全，而 Fe-$KClO_4$ 粉燃燒後釋放的氣體較少，不會導致電池的內壓上升。兩者燃燒時的反應可表示為：

$$3Zr + 4BaCrO_4 \rightleftharpoons 4BaO + 2Cr_2O_3 + 3ZrO_2 \quad (6.123)$$

$$4Fe + KClO_4 \rightleftharpoons 4FeO + KCl \quad (6.124)$$

當電解質熔融後，電池內外的溫差將達到數百度，所以熱能會自發性地往外界傳遞，為了維持電池的工作溫度，避免電解質凝固，電池內必須安排低熱傳導度的保溫材料，而且還要降低熱對流和熱輻射效應。較佳的方案是採用填充了氣體的細孔物質作為隔熱材料，除了因為氣體的熱傳導度很小，可以減少熱散失，又因為孔洞的尺寸小於氣體分子的平均自由徑，還可以抑制熱對流。目前常用的隔熱材料為 SiO_2 氣膠，其孔洞尺寸介於 1～100 nm，比表面積可達 1000 m^2/g；若欲維持溫度 1 小時以上，則可使用類似保溫壺的真空雙殼結構，並在真空區放入鋁箔，藉由反光減少熱輻射。除了防止熱散失以外，維持溫度時還需要熱緩衝材料，以儲存多餘的熱量，此材料通常會放置在電池的中央與兩端，因為中央處溫度最高，兩端溫度最低，故其溫度最需要調節；至放電後期，熱緩衝材料將釋放熱量，使熱電池的工作時間得以延長。二元熔融鹽常被選為熱緩衝材料，因為單一鹽類的熔點通常偏高，但兩種鹽類組成共熔物後，可以降低熔點。已知可用的二元熔融鹽包括 LiCl-Li_2SO_4、KCl-Na_2SO_4 與 NaCl-Li_2SO_4，其中以後者最常被使用，因為它的熔點適合熱電池的工作溫度範圍，且熔化熱較高，對電池的能量密度影響較小。但需注意，熱緩衝材料熔化後將成為液態，也需要抑制其流動，以免導致電池短路。

除了應用熔融鹽的熱電池，另有一類將熱能轉成電能的物理電池也被稱為熱電池，其操作原理是基於 T. J. Seeback 在 1821 年所發現的熱電效應，或稱為 Seeback 效應。當兩種金屬相連時，一端溫度比另一端高，就能產生電流，此系統稱為熱電偶。然而，一個金屬熱電偶對 1 K 溫差產生的電壓僅有 1～10 μV，若改以半導體材料作為熱電偶，則可達到數百 μV，但此電壓與其他化學電池相比仍顯得太小。此外，亦有一種藉由放射性元素的輻射線來生熱的原子能電池，目前已應用在太空科技中；而利用動物的體溫亦可發電，使用時只需維持電池與皮膚的接觸，即可不斷生電，未來可用在手錶或醫療用途的穿戴裝置上。

§6-6　染料敏化太陽電池

自從 Alexandre-Edmond Becquerel 於 1839 年發現置於鹵化物溶液中的白金片經過光照後即可產生電壓，引發研究者深入探究類似的光伏（photovoltaic）現象。然而，到了 20 世紀，光伏現象的研究轉往固態元件，例如藉由 p-n 接面製成的太陽電池可以成功地將光能轉換成電能，因爲 p-n 接面處會形成空乏區，並產生內建電場，待光子入射後，將激發出電子－電洞對，兩者在內建電場中朝相反的方向遷移，因而產生直流電。對於電力需求遽增且化石燃料過度使用的現今社會，這種可以直接轉換太陽能成爲電能的元件極具吸引力。目前已成功商品化的太陽電池中，所使用的半導體材料以 Si 爲最大宗，且依照 Si 的結晶狀態還可分爲非晶矽、多晶矽與單晶矽太陽電池，其他可用的材料還包括 III-V 族半導體、II-VI 族半導體、硒化銅銦鎵（copper indium gallium diselenide，簡稱爲 CIGS）與有機半導體，這些半導體材料皆可製成全固態太陽電池。

然而，也有另一派光伏研究仍著重於溶液系統，並且聚焦於氧化物半導體。雖然 Si 太陽電池之製作可以沿襲已成熟的積體電路製程（IC process），但所需的 Si 材料必須具有高純度，且本身的能隙僅有 1.1 eV，容易發生光腐蝕現象，因此在成本與穩定性上仍有缺點。相對地，TiO_2、SnO_2 或 ZnO 等氧化物半導體擁有較高的耐熱性與化學穩定性，惟其缺點在於能隙較寬，只能吸收紫外線。太陽輻射到地表的能量中，紫外光僅占 4%，可見光則占 43%，其餘爲紅外光，因此氧化物半導體的光伏元件只能轉換少許的太陽能。爲了解決此缺陷，大約從 1950 年代起，出現了許多氧化物半導體吸附有機染料的研究，這些染料對可見光的吸收較強，可將光生電子導入半導體中，發生光敏作用（sensitization），使整個系統仍然得以利用可見光，這類電極即稱爲染料敏化（dye-sensitized）半導體電極。此電極的缺點在於染料主要以單分子層的方式吸附，且吸收光子的效率太低，電子從染料轉移到半導體的能力也有限，致使能量效率始終低於 1% 以下，完全無法和 Si 半導體相比。然而，到了 1985 年，瑞士學者 Grätzel 首次使用氧化物半導體的奈米粒子來取代傳統的半導體薄膜，大幅增加了染料吸附的面積，進而使光子捕獲率提升至近乎 100%。在 1991 年，Grätzel 的研究團隊使用了含有釕（II）離子的 N-3 染料（如圖 6-20）與沉積在摻氟氧化錫薄膜（fluoride-doped tin dioxide，簡稱 FTO）上的 TiO_2 奈米粒子組成染料敏化電極，並以 Pt 作爲對應電極，兩極之間再加入含有I_3^-/I^-的電解液，因而構成一種光電轉換效率可達到大約 7% 之染料敏化奈米晶體太陽電池（dye-sensitized nano-crystalline solar cell），或稱爲 Grätzel 電池（如圖 6-20），之後符合此電池架構者皆通稱爲料敏化太陽電池（dye-sensitized solar cell，簡稱爲 DSSC 或 DSC）。依據太陽電池的演進歷史，在矽晶圓上製作的全固態電池稱爲第一代太陽電池，而沉積在玻璃基板上的非晶或多晶薄膜所構成的全固態電池稱爲第二代太陽電池，使用了電解質的 DSC 則稱爲第三代太陽電池。

在 Grätzel 電池中，使用到含 Ru 的染料，是初代 DSC 中值得再改進的部分，因爲 Ru 具有毒性且在地球中的藏量不多，不適合大量生產，因此後續出現許多新型染料的研究工作，以純有機染料的開發爲主，預期可使 DSC 的材料成本更低。改進染料後，目前已出現效率超過 10% 的 DSC，且能吸收可見光與近紅外光。雖然目前 DSC 的效率只達到 Si 基太陽電池的一半，但 DSC 仍然擁有下列優點：

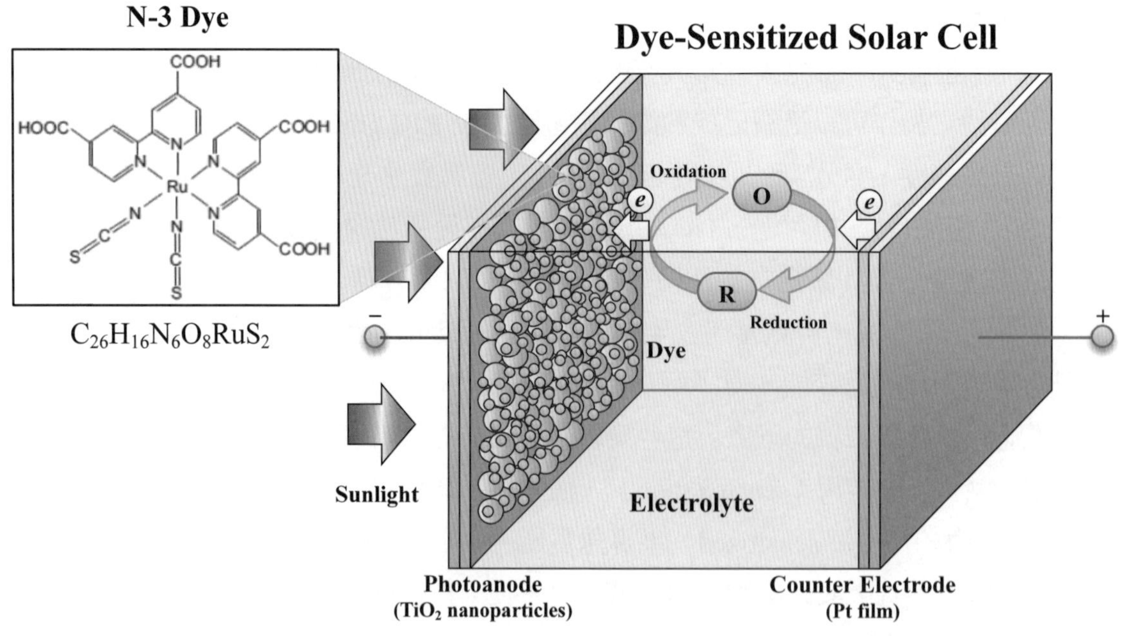

圖 6-20　染料敏化太陽電池的結構

1. DSC 的基板可選用透光玻璃或可撓塑膠，所以能製成透明、多彩或彎曲的產品，因此能融入建築物的窗戶和屋頂，也能鑲嵌在交通工具的車窗與車頂。
2. DSC 所用的染料可在較低的光能量下達到飽和吸收狀態，所以能在各種光照條件下操作，且染料對光線的角度不敏感，故可充分利用折射光、反射光與入射光，因此 DSC 無需搭配追日系統等輔助裝置即可擁有穩定的光利用效率。
3. DSC 可在 0～70°C 的範圍內正常工作，且電池特性不受溫度影響，比 Si 基太陽電池更穩定。

由此可知，雖然目前主要的太陽電池產品仍以矽基爲主，但對於部分的利基市場，主流產品將轉向低成本、簡易製作、可大面積化與外型多樣性的 DSC。

如圖 6-21 所示，DSC 運作時，主要利用染料分子 D 吸收太陽光，使其成爲激發態分子 D^*，不穩定的 D^* 易氧化成 D^+ 而失去電子，此電子將會注入 TiO_2 奈米粒子之導帶中，再從 TiO_2 流入透明導電氧化物中，之後由外部導線送至負載元件，再經由外部線路到達對應的 Pt 電極，Pt 電極與電解液的界面附近有I_3^-可接收電子，反應後將還原成 I^-，I^- 再遷移到 TiO_2 光陽極的表面與 D^+ 反應，將電子轉移給 D^+ 後又回復成I_3^-，如此即完成一個週期的電子循環。因此，完整的 DSC 運作程序可表示爲下列步驟：

$$D + h\nu \rightarrow D^* \qquad (6.125)$$

$$D^* \rightarrow D^+ + e^-_{(D)} \qquad (6.126)$$

$$e^-_{(D)} \rightarrow e^-_{(TiO_2)} \qquad (6.127)$$

$$e^-_{(TiO_2)} \rightarrow e^-_{(Pt)} \qquad (6.128)$$

$$\frac{1}{2}I_3^- + e^-_{(Pt)} \rightarrow \frac{3}{2}I^- \qquad (6.129)$$

$$\frac{3}{2}I^- + D^+ \rightarrow \frac{1}{2}I_3^- + D \qquad (6.130)$$

其中爲 v 入射光的頻率，h 爲 Planck 常數，$h\nu$ 代表一個光子。

在製作組裝 DSC 時，必須先在玻璃或塑膠基板上沉積透明導電薄膜，可用的透明導電膜包含兩類，一類是厚度低於 15 nm 之金屬薄膜，例如 Au、Ag 或 Cu 等；另一類是氧化物透明導電薄膜（transparent conducting oxide，簡稱 TCO），常用的有 In_2O_3、ZnO 及 SnO_2 等，它們可經由摻雜而提升導電度，目前已廣泛應用且具有

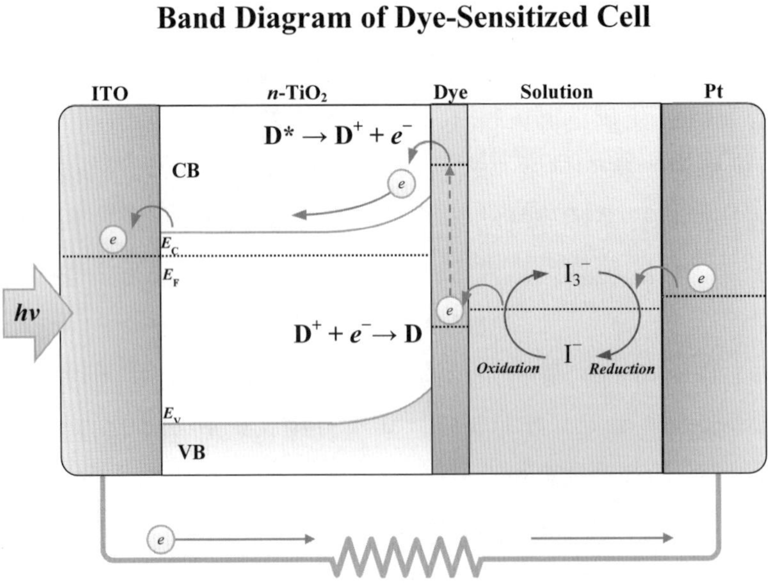

Band Diagram of Dye-Sensitized Cell

圖 6-21　染料敏化太陽電池內的能帶圖

高度穩定性的包括摻錫氧化銦（indium tin oxide，簡稱 ITO）和摻氟氧化錫（簡稱 FTO）。雖然金屬膜擁有優異的導電性，但可見光卻不易穿透，且機械強度及化學穩定性亦不佳；相對地，TCO 允許可見光穿透，並具有良好的化學鈍性，故已廣泛應用在各類光電元件或感測器中。

接下來的步驟是將 TiO_2 奈米粒子負載於 TCO 上，主要透過塗佈或沉積製程將含有奈米粉體的漿料均勻分散在基板上，旋轉塗佈、刮刀塗佈或電泳沉積等方法皆可使用。之後還要經過加熱烘烤，以去除溶劑或界面活性劑，進而成為 TiO_2 奈米粒子堆疊的多孔薄層。下一步則將基板與染料溶液充分接觸，使染料分子逐步深入孔洞並吸附在 TiO_2 表面，以完成 DSC 光陽極之製作。

對於 DSC 的結構，近年來也發展出無 TCO 之 DSC，例如先將 TiO_2 直接製作於基板上，再於 TiO_2 上沉積多孔金屬電極以取代既有的 TCO，金屬層的孔洞允許電解質與染料接觸，因為多孔金屬層位於 TiO_2 粒子之上，因此這類結構被稱為背接觸式 DSC。此外，亦有棒狀 DSC 被開發出，從軸心到柱面分別是玻璃棒、吸附染料之 TiO_2、多孔 Ti 陽極、碘類電解質和 Pt 陰極，光線從玻璃棒的軸向進入，被染料吸收後，再將電子傳遞出去，雖然此電池之結構緊密且不需 TCO，然其效率不高，僅有 1% 左右，仍有待改進。

對於染料分子，Grätzel 團隊在 1991 年首先使用 N-3 染料，其中含有 Ru^{2+} 離子，被光激發後成爲中間物 Ru^{2+*}，接著將電子傳遞給 TiO_2 而氧化成 Ru^{3+}，之後再從 I^- 取得電子而回復成 Ru^{2+}。在 1993 年，Grätzel 團隊再使用 Red-dye 取代 N-3 染料，使 DSC 的效率超越 10%。1998 年，他們改以 Black-dye 爲染料，使效率到達 10.4%；2003 年，他們轉用 N-719 爲染料，使效率到達 10.5%，可見染料的改進對元件效率有明顯的影響。這些含有 Ru 的染料在酸性中都有足夠高的酸解離常數（Ka），故可緊密吸附在 TiO_2 上。開發新型染料必須達到以下數項條件：

1. 染料能在 TiO_2 表面上產生足夠的吸附力，分子中必須含有 $-COOH$、$-SO_3H$ 或 $-PO_3H_2$ 等官能基，才容易接合 TiO_2 而不會脫落。以 $-COOH$ 爲例，它可與 TiO_2 上的 OH 基組合成酯，進而增強 Ti-3d 軌域和染料 π 軌域間的耦合。
2. 染料要具有足夠高的激發態能階，才能促使電子從染料注入半導體，以避免電子轉移給溶液中的活性成分。
3. 染料的吸收光譜要能匹配太陽光，才能有效吸收大部分的入射光。
4. 染料的激發態要有高活性，而且激發態的壽命要夠長，才能避免電子與染料的氧化態再結合。

因爲含 Ru 的染料成本較高，且 Ru 的取得相對困難，因此純有機染料已成爲 DSC 的開發目標。自 2001 年起，日本產業技術綜合研究所與林原生物化學研究所已成功開發出數種有機物染料，包含香豆素（coumarine）等，對應之 DSC 約可達到 7.5% 的效率。

DSC 中的電解液通常爲溶有四級銨碘鹽或鋰碘鹽的有機溶液，其中的溶劑包括乙腈（acetonitrile，CH_3CN）、3- 甲氧基丙腈（3-methoxypropionitrile）、碳酸乙烯酯（EC）或碳酸丙烯酯（PC）等。所用的溶劑不能與電極材料或染料反應，必須具有足夠寬的電化學穩定範圍，較低的凝固點，高介電常數，低黏度，且能溶解活性成分或鹽類，以利於提高電導度。活性成分的需求是氧化還原能階必須匹配染料的最高占據分子軌域（highest occupied molecular orbital，簡稱 HOMO），以便於轉移電子給 D^+，且活性成分在溶液中的擴散速率必須夠快，才能降低 DSC 的歐姆電壓。基於這些要求，目前最常採用的活性成分爲 I_3^-/I^-。此外，在電解液中加入 LiI 後，解離的 Li^+ 將吸附在 TiO_2 表面，並捕捉 TiO_2 的導帶電子，造成導帶邊緣能階往下（正向）移動，進而促進激發態的染料注入電子到 TiO_2 中，而且這些電子還可以在 TiO_2 表面或粒子間遷移，因而能促進電子輸送，提升電流密度。

然而，若要更大量地應用 DSC，則有必要製成全固態元件（如圖 6-22），因爲電解液中的有機溶劑易揮發，會改變導電度而使電性衰減，電池的封裝若受損，則會漏液而破壞電器或汙染環境，所以從應用面思考，延長電池壽命與改善封裝應爲主要的發展目標，製成全固態元件則可同時滿足這兩項需求。因此，Tennakone 團隊在 1998 年提出了 CuI 固態電解質構成的 DSC，其中的 CuI 可以傳導電洞，故可取代傳統的液態電解質，類似的電洞傳導材料還包括 CuBr 和 CuSCN 等。由於固態電解質不易深入 TiO_2 的孔洞中，使 Tennakone 團隊首次發表的 DSC 僅擁有 2.4% 之效率，但因爲固態元件的加工性比包含溶液的元件更便利，只要能改善固態電解質與 TiO_2 的界面，DSC 的效率將會顯著提高。固態的 CuI 材料屬於 p 型半導體，可與 TiO_2 的能帶匹配，但進行高溫沉積時，可能會破壞染料分子，而且沉積速率太快時，CuI 將無法深入 TiO_2 的粒子間，導致兩層材料接觸不佳。若添加結晶抑制劑後，接觸效果將能改善，或使用螯合劑連結 CuI 與 TiO_2，也可提高電池效率。目前全固態 DSC 的最高能量轉換效率僅約 6%，然而電解液 DSC 之最高效率已經超過 14%。

在朝向全固態元件的方向中，也有部分階段性的漸進目標，例如改善電解液的導電性與流動性，以避免電性衰減或漏液問題，解決方案包括使用離子液體（ionic liquid）或膠態電解質（gel electrolyte）。在 1914 年，Walden 首先發表了一種乙基

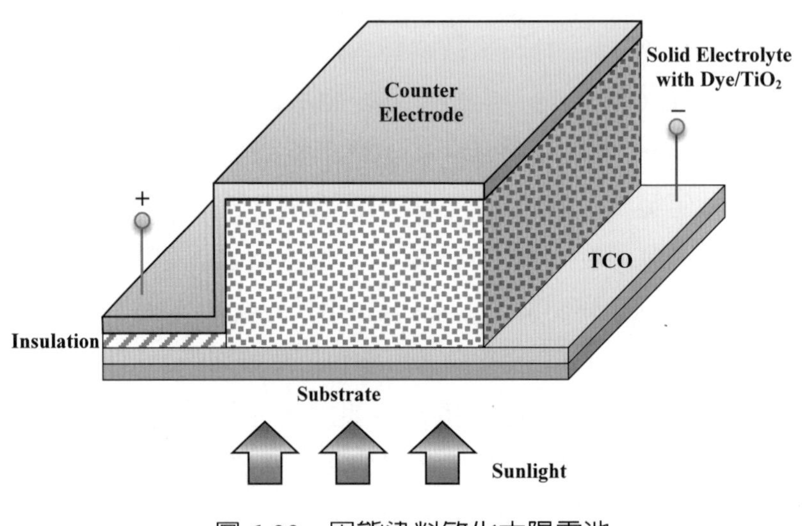

圖 6-22　固態染料敏化太陽電池

硝酸銨（ethylammonium nitrate，簡稱 EAN）的低溫離子液體；於 1951 年 Hurley 發表室溫離子液體 N-ethylpyridinium bromide-aluminium chloride，其熔點低於 100°C；到了 1970 年代，Osteryong 和 Willkers 成功製備氯鋁酸鹽離子液體，使離子液體開始大量應用。1992 年，Wilkes 等人發展出咪唑（imidazolium）陽離子和 BF^{4-}、PF^{6-} 等陰離子組成的離子液體，可穩定地接觸空氣相及水相，具有更寬廣的用途。離子液體是由陰陽離子所組成的有機鹽，離子的組合方式非常多，其熔點範圍約介於 –90～400°C，普遍具有蒸氣壓低、極性高、不可燃、耐強酸、熱穩定性佳與導電度高等特性，而且對環境友善，所以也被稱爲綠色溶劑（green solvent）。由於高導電性、黏度與非揮發性這幾項特性皆可透過陰陽離子的組合或烷基的碳鏈長度來調整，使離子液體得以符合化學電池的需求。目前已用在 DSC 中的離子液體主要包含咪唑陽離子，此陽離子可以吸附在 TiO_2 的表面，且能有效阻擋I_3^-接觸 TiO_2 表面，所以可抑制光電子的再結合，進而提高 DSC 的效率。相較於乙腈等有機溶劑，離子液體的黏度較高，迫使I_3^-/I^-的遷移變慢。在 2004 年，Grätzel 團隊曾使用過兩種離子液體 PMII 與 EMINCS，可得到效率超過 7% 的 DSC。

改用離子液體後，雖然可以克服溶劑揮發的缺點，但漏液的問題仍然存在，因此有研究者試圖使用膠態電解質，此亦稱爲準固態電解質。膠態是指物質介於液態與固態之間，通常是在聚合物電解質中加入活性成分，使其形成難以流動的凝膠。在 1995 年，Cao 等人將 NaI 和 I_2 加入聚丙烯腈（PAN）、碳酸乙烯酯（EC）和碳酸丙烯酯（PC）的混合物中，可在三天後形成凝膠，之後再用於製作 DSC，效率可超過 3%。膠態電解質的 DSC 與固態電解質者相似，若 TiO_2 表面沒有完全與電解質接觸時，部分氧化的染料分子將無法還原，因而減低了電流密度。爲了提升此類 DSC 的效能，可在聚合物中加入奈米粒子，例如在聚氧化乙烯（PEO）中加入 TiO_2，可有效改善導電度，也可降低材料的結晶度，並提高I_3^-/I^-的遷移率，目前可依此製作出效率超過 4% 的 DSC。

用來評價 DSC 的指標除了前述的光電轉換效率（incident photon-to-current conversion efficiency，簡稱 IPCE）以外，尚有短路電流密度 i_{SC}（short circuit current density）、開路電壓 V_{OC}（open circuit voltage）與 DSC 的總能量效率。短路電流密度 i_{SC} 是指 DSC 照光但不加偏壓時所能產生的最大電流，陰陽兩極間只連接安培計，理論上沒有外部電阻；開路電壓 V_{OC} 是指 DSC 照光時，陰陽兩極之間接上伏特計，理論上是在無窮大的外部電阻下所測得的電壓，可使用兩極電子能階之差來表示：

$$V_{OC}=\frac{1}{e}(E_{F,\mathrm{TiO_2}}-E_{O/R}) \tag{6.131}$$

其中 e 爲單電子電量，$E_{F,\mathrm{TiO_2}}$ 爲 TiO_2 的 Fermi 能階，$E_{O/R}$ 爲電解液中活性成分的氧化還原能階。再定義 DSC 照光下可輸出的最大功率爲 $P_{\max}$，入射光的功率爲 P_{in}，所以總能量效率 μ_E 可表示爲：

$$\mu_E=\frac{P_{\max}}{P_{in}} \tag{6.132}$$

因爲輸出功率等於輸出電流與輸出電壓的乘積，所以最大輸出功率可從電流－電壓曲線內所包含的最大矩形來求得，而此最大矩形對短路電流 I_{SC} 和開路電壓 V_{OC} 所構成的矩形之面積比稱爲填充因數 f_F（fill factor）：

$$f_F=\frac{P_{\max}}{I_{SC}V_{OC}} \tag{6.133}$$

因此總效率 μ_E 可成爲：

$$\mu_E=\frac{I_{SC}V_{OC}}{P_{in}}f_F \tag{6.134}$$

但需注意，上述的光照條件都要固定在 25°C 與 AM 1.5 的光譜下。

過去 20 年來，DSC 的效率陸續提升，從美國國家再生能源實驗室（National Renewable Energy Laboratory，簡稱 NREL）所整理的趨勢（如圖 6-23）可發現，DSC 發展至 2014 年，全球最高效率已達到 14.1%，是由 Grätzel 團隊所完成。若 DSC 的能量轉換效率能夠超過 15%，必將在光伏產品市場中占有一席之地，因爲它的成本低且對環境友善等特質皆能抵銷效率稍低的劣勢。

未來還能繼續提升效率的策略包含材料改善與結構創新，前者主要在於拓寬吸收光譜，因爲染料分子的單波長 IPCE 無法與單晶矽或薄膜半導體相比，但透過混合多種染料的雞尾酒法（cocktail method），有可能吸收全頻範圍的太陽光，但所遭遇的困難則是不同染料間的交互作用會降低元件效率。主要的解決方案是採用堆疊式

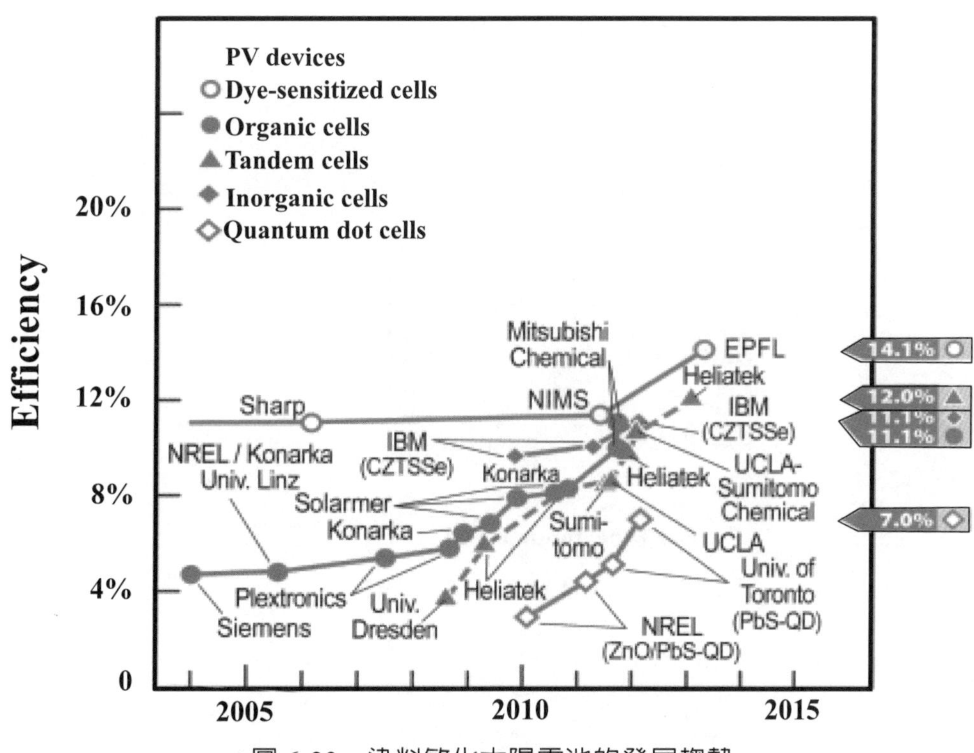

圖 6-23　染料敏化太陽電池的發展趨勢

資料來源：美國國家再生能源實驗室（National Renewable Energy Laboratory）

（tandem）結構，亦即連接兩個以上的 DSC，使各染料不會直接接觸，但是相連的電極必須可以透光。目前已提出的堆疊結構有三種，如圖 6-24 所示，第一種是兩個內含 n 型半導體的 DSC 相連，故稱為 n-n 型堆疊 DSC，此元件的短路電流密度會明顯提高；第二種是一個內含 n 型半導體的 DSC 與一個內含 p 型半導體的 DSC 相連，稱為 p-n 型堆疊 DSC，此元件的開路電壓會增大；第三種則是一個 DSC 與其他類型的太陽能轉換裝置相連，例如光分解水元件或太陽能熱電元件。

在 2004 年，Nelles 等人提出一種並聯堆疊式 DSC，兩個 DSC 分別使用了 Red-dye 和 Black-dye，兩者分別用來吸收短波長和長波長的光線，總能量效率可達 10.5%。Yanagida 等人在 2010 年比較了串聯式與並聯式堆疊 DSC 的差異，發現並聯式的效率比較高，可達到 11%。他們所用的染料由上層到下層分別是 D-719 和 Black-dye，由於上層先照到光，且兩種染料的吸收光譜有重疊，使上層 DSC 的效率較高，因此該研究認為上層 DSC 的電極厚度若能最適化，效率將能再提升。

對於使用 p 型半導體的 DSC，其操作過程恰相反於含有 n 型半導體的 DSC。當

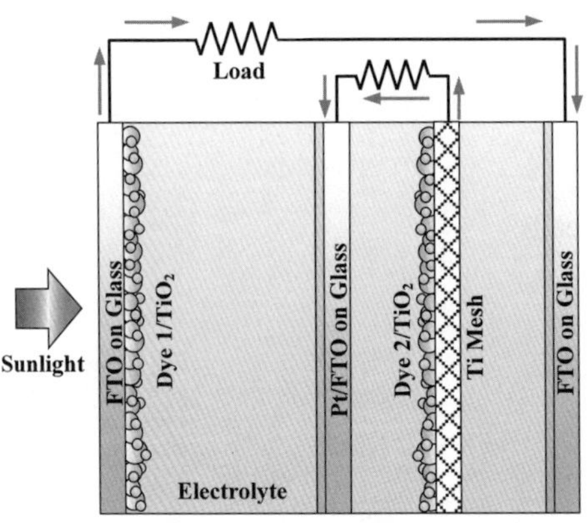

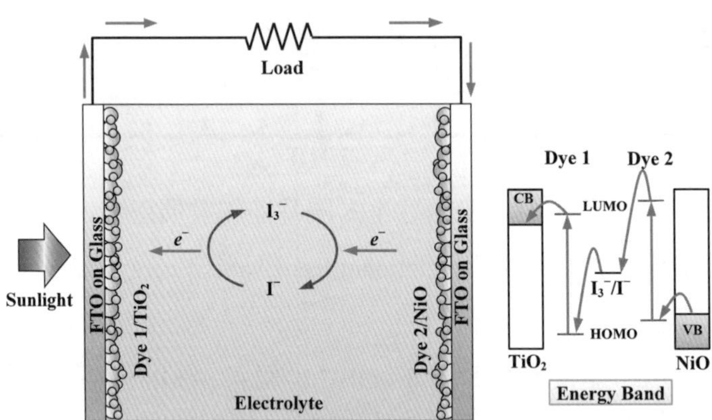

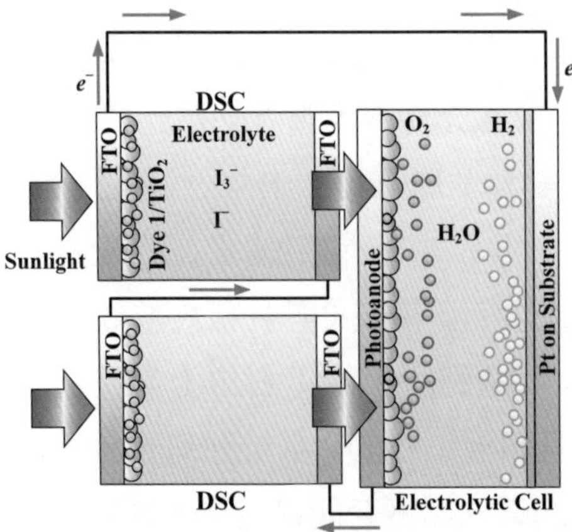

圖 6-24　三種堆疊型染料敏化太陽電池

光線被染料吸收後，激發態的染料分子處於 LUMO 能階，可將電子傳給電解液中的氧化態物質，同時也接收來自 p 型半導體的價帶電洞而回到 HOMO 能階。此類 DSC 中的半導體材料扮演光陰極，而傳統 DSC 中的半導體材料扮演光陽極，當光陰極與光陽極分別吸附不同染料而組成一個 DSC 時，即稱為 p-n 型堆疊 DSC。然而，欲組成此種 DSC，陰極吸附的染料能階必須匹配陽極吸附的染料能階，亦即陰極染料的 LUMO 必須高於電解液中活性成分的氧化還原能階 $E_{O/R}$，且 $E_{O/R}$ 又高於陽極染料的 HOMO，才能在光激發後產生光電流迴路。在 1999 年，He 研究團隊使用了 NiO 光陰極吸附 erythrosin B 製成 DSC，但 IPCE 只有 3.4%，外部量子效率僅有 0.0076%。到了 2000 年，Lindquist 團隊提出第一個 p-n 型堆疊 DSC，其光陽極由 TiO_2 吸附 N-719 構成，光陰極由 NiO 吸附 erythrosin B 構成，電解液中含有 I_3^-/I^-，所得到的總效率只有 0.39%，但堆疊式 DSC 的開路電壓高於它們未合併之前的開路電壓，而且堆疊式 DSC 的短路電流則是純 n 型 DSC 的 1/3 或純 p 型 DSC 的 10 倍，所以由此發現兩電極的特性必須接近才能提高堆疊後的效率。藉由光陰極染料的更換，之後發表的 p-n 型堆疊 DSC 進步到最大效率 1.9%。

第三種堆疊結構是由 DSC 與其他太陽能轉換裝置相連而成，但因太陽能直接轉換為電能的效率有限，而且轉換為化學能亦有限，因此有許多研究者並非追求最大效率，而是思考如何在光電化學槽簡化與能量轉換效率最大化之間取得平衡。對於符合 AM 1.5 的入射光，假設可被能隙為 1.23 eV 的半導體材料完全吸收，且假定沒有其他能量損失，則可得到的最大太陽能產氫效率（STH，見 3-3-2 節）為 47.4%。然而，一些無法免除的能量損失必定會出現在光電化學槽中，例如基於熱力學的限制，光激發電子電洞對時，大約會有 1/4 能隙的光能無法作功；又基於動力學的限制，分解水的陰陽兩極反應都存在過電位，尤其當電流密度增大時。因此，實際能用於光分解水的半導體必須具有明顯大於 1.23 eV 的能隙，而輸出的能量最多也只有 1.23 eV，這是 STH 較低的原因。當能隙為 2.0 eV 的半導體被使用時，理論 STH 只有 17%，而實際 STH 將會更低，其中一個原因是半導體的自分解；當能隙為 3.0 eV 的半導體被使用時，儘管材料的化性穩定，但最大 STH 會低於 2%。研究者想到的解決方案是利用堆疊式光吸收劑，以捕捉太陽光譜中更大比例的能量，以增加激發的電子電洞對。堆疊的方法中，最被廣泛討論的是光分解水元件連接光伏元件。以一般的矽基太陽電池而言，可輸出 0.5 V 左右的電壓，所以三個太陽電池連接一個光分解水元件，即可構成一個光伏電解系統。目前使用單晶矽太陽電池組成的電解水系統具有 9% 的

STH 效率，使用 CIGS 太陽電池組成的系統則有 8% 的 STH 效率，但實用時陽光強度的不穩定性會導致電解水有時無法進行。若使用不同能隙的半導體製成光伏電池後再堆疊，也可以增大能量轉換效率，因為首先照光者可以吸收高頻光子，後照光者則吸收低頻光子，使更多的能量被轉換。在 AM 1.5 的太陽光照射下，單一光伏電池的效率上限是 34%，兩個堆疊的效率是 42%，三者堆疊的效率為 49%，無限多層電池堆疊後將到達 68%。由此結果可發現，堆疊三個電池所增加的效率並不經濟，因此一般堆疊結構多採用兩個光伏元件堆疊。基於成本考量，低價且能吸收更寬頻光線的 DSC 和光分解水元件堆疊也深具吸引力，Grätzel 團隊於 1996 年首先使用了 WO_3 作為光陽極，將 DSC 和光分解水元件組合成一個系統，可達到 4.5% 的 STH 效率，其中用到兩個並聯的 DSC 和 Pt 陰極，之後被認為更有潛力的光陽極材料是 Fe_2O_3。對於兩個 DSC 與光分解水元件的排列方式，一般可分為三類，第一種是 DSC 置後並排型，第二種是 DSC 置後堆疊型，第三種是 DSC 置前並排型。第一種即為 Grätzel 團隊於 1996 年使用的類型；而第二種結構則需將吸收高頻光子的 DSC 排在光分解水元件後，再於其後放置吸收低頻光子的 DSC；第三種結構中，由於光陽極位於光路徑的終站，所以不需要沉積在透明基板上，可用較低價的金屬箔來支撐光陽極材料，並額外獲得反射光線的益處。然而，無論如何架構堆疊式元件，光的散射或反射問題都會嚴重影響效率，尤其對後側的元件影響最大。

總結以上，若光電化學系統中只用到單一種半導體材料，當產生 1 個 H_2 分子時，此半導體材料必須吸收兩個光子來激發出兩個光電子，以提供陰極還原出 1 個 H_2 分子，故稱之為單一材料吸收雙光子方案（single-absorber, two-photon scheme），常簡稱為 S2 方案；若光電化學系統中包含兩種半導體材料，要產生 1 個分子的 H_2，每個半導體材料需要吸收兩個光子，所以整個系統共吸收 4 個光子，故稱之為雙材料吸收四光子方案（double-absorber, four-photon scheme），常簡稱為 D4 方案。當 S2 方案被採用時，希望能達到 10% 以上的 STH 效率，但目前這種理想材料尚未開發成功。而採用 D4 方案時，則希望能達到 20% 以上的 STH 效率，因此必須透過組合光伏元件與光陽極水分解元件的方式來達成。但在成本與效率的平衡考量下，DSC 與光分解水元件堆疊後，儘管目前的 STH 效率僅達 1%，但仍有發展前景，並可展望 10% 的 STH 效率。

§6-7　電化學電容

除了電池外，電容器也是一種儲存電能的裝置，而且發展的歷史比電池更悠久。約於 1745 年，荷蘭的 Pieter van Musschenbroek 發明一種驗電瓶，是由玻璃容器構成，瓶內外皆包覆了金屬箔，且瓶口上端放置一個金屬球，球的下端則以金屬鏈連接至內側的金屬箔（如圖 6-25）。進行充電時，金屬球與靜電產生器相連而帶電，但外部金屬箔接地，使內外金屬箔攜帶大小相等且極性相反的電荷。由於 van Musschenbroek 的工作是在 Leyden 地區進行，所以這種裝置被稱爲萊頓瓶（Leyden jar）。然而，以今日的術語來看，萊頓瓶實爲一種電容器（capacitor），意指兩片金屬夾住一層介電材料。萊頓瓶的出現先於科學史上的第一個電池，因爲直到 1799 年，Alessandro Volta 才成功製作出伏打電堆（Voltaic pile）。

透過雙金屬平板雖可將電能儲存其中，但 18 至 19 世紀的科學家仍無法完整解釋電容器的運作原理，主要原因是原子、分子和電子的概念在當時尚不明朗，直到 Michael Faraday 和 Hermann von Helmholtz 的研究發表後才有較大突破，之後 Helmholtz 還建立了初步的電雙層理論，但電能儲存原理需待原子物理與量子力學成熟之後才能完整地闡述。今日已知，一個電容器的電容量 C（capacitance）是指單位電壓變化下所儲存的電量，因此可表示爲：

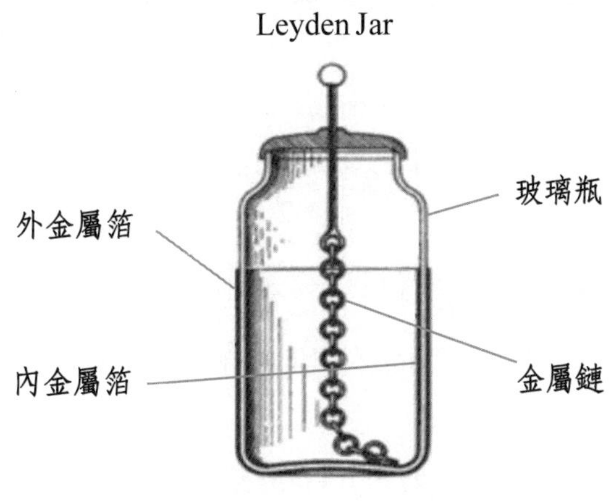

圖 6-25　萊頓瓶

資料來源：https://en.wikipedia.org/wiki/Leyden_jar

$$C=\frac{dQ}{dV} \tag{6.135}$$

若電容器操作在定電流 I 之下，則可在一段時間 t 內求取電容的平均值：

$$C=\frac{It}{\Delta V} \tag{6.136}$$

其中 ΔV 是金屬板在這段時間內的電位變化。若從材料的觀點來觀察，當電容器中兩金屬板的面積皆爲 A，相隔距離爲 d，且兩板之間夾有一層介電常數爲 ε 的材料時，則其電容爲：

$$C=\varepsilon\varepsilon_0\frac{A}{d} \tag{6.137}$$

其中 ε_0 爲眞空電容率（permittivity），其值爲 8.85×10^{-12} F/m；介電常數 ε 則爲材料電容率對眞空狀態的比值，不具單位。由（6.137）式可知，電容量與金屬板的面積成正比，但爲了探討材料的電容特性，可定義比電容 C_s 爲：

$$C_s=\frac{\varepsilon\varepsilon_0}{d} \tag{6.138}$$

即能在相同面積下比較其電容量。當電容器充電至兩極間的電位差到達 V 時，所儲存的電能可表示爲：

$$E=\frac{1}{2}CV^2=\frac{1}{2}C_sAV^2 \tag{6.139}$$

由此可知，電容器的面積愈大，或材料的比電容愈大，皆可存入較多的電能。從（6.138）式還可發現，比電容與正負電荷相隔的距離 d 成反比，因此介電材料的厚度愈薄，所能儲存的電能愈多。

之後到了 1950 年代，通用電子公司（General Electric）的研究者嘗試使用燃料電池與二次電池中包含的多孔碳作爲電容器電極，以提供更大的表面積。在 1957 年，H. Becker 申請一項電容器的專利，指出電解質與多孔碳電極可組成電容器，在低電壓操作下可以儲能，但他當時還不清楚電雙層的原理，只知道這種電容器擁有極高的電容量。後來通用電子公司沒有持續這項研究，反而由 SOHIO 公司（Standard Oil of Ohio）的研究者在 1966 年發展出另一種儲存電能的電容器，但仍然未提及操作的原理。這些由電解液取代固態介電材料的電容器可以稱爲電化學電容器（electrochemical capacitor），使用活性碳作爲電極後，其比電容可達到 16～50 μF/cm^2。然而，SOHIO 公司也沒有將其商品化，而是授權給 NEC 公司。直到 1971 年，NEC 公司才成功地以超電容（supercapacitor）的名稱推出產品，其功能爲電腦的備用電源，但其內阻較大，影響了放電的特性。這類藉由電雙層來操作的電容可採用 Helmholtz 模型來理解，當電極的電位被改變後，電極與電解液的界面兩側將會累積電性相反的電荷，類似傳統電容器的兩片金屬板，但電雙層中相反電荷的間距僅有分子等級，小於 1 nm，因而能得到極大的比電容。若再配合比表面積很大的電極，即可製作出非常大的電容，以儲存更多的電能。以電雙層電容爲例，充電時約可使碳電極的電位到達 1 V，若其比表面積可至 1000 m^2/g，且已知電雙層的比電容約爲 30 μF/cm^2，則從（6.139）式可計算出電雙層電容的理論能量密度爲 42 W·h/kg，雖然實際的電雙層電容量只有理論值的 20%，但其能量密度也遠遠超過傳統的電容器。

相比於傳統電容，電化學電容其實是由兩個電容組成，亦即由兩個電極組成（如圖 6-26），在充放電過程中，電流進入一個電極，再從另一個流出。充電時，電解液中的陽離子會趨向連接電源負極的電極，陰離子則會移向連接電源正極的電極；放

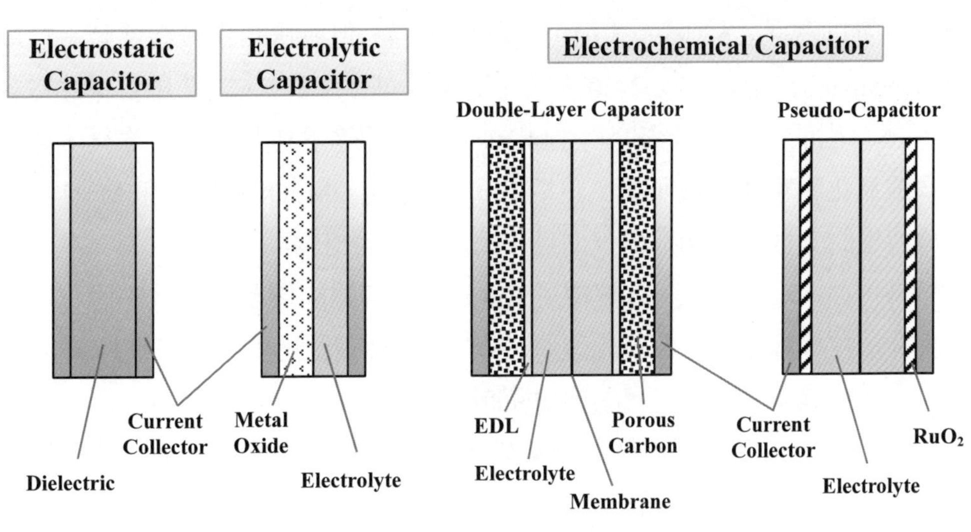

圖 6-26　電化學電容的結構

電時，兩種離子逐漸從界面脫離。

若使用碳材料 C 和某種酸性電解液 HA，則正負極充放電的過程可分別表示為：

$$C + HA \rightleftharpoons C^+ \| A^- + H^+ + e^- \quad (6.140)$$

$$C + HA + e^- \rightleftharpoons C^- \| H^+ + A^- \quad (6.141)$$

兩式向右的變化為充電，向左為放電，變化的速率快且可逆性高，其中的 $\|$ 代表形成電雙層，而且充放電過程中並未發生電子轉移，屬於非法拉第程序。

在 1971 年，義大利化學家 S. Trasatti 利用熱分解法，在 Ti 片上塗佈 $RuCl_3$ 溶液，並送入 350～500°C 的熱空氣中反應，隨即得到 RuO_2 電極，測試後發現 RuO_2 可作為優良的電容器活性材料。1975 年，加拿大的 Brian Evans Conway 教授提出另一種製備 RuO_2 電極的方法，他首先需將 Ru 片置於 H_2SO_4 溶液中，再施加 0.05～1.40 V 的線性變化電位，經過反覆掃描後，即可得到氧化物薄膜。這類電容在充放電時，正負極的變化可表示為：

$$HRuO_2 \rightleftharpoons RuO_2 + H^+ + e^- \quad (6.142)$$

$$HRuO_2 + H^+ + e^- \rightleftharpoons H_2RuO_2 \quad (6.143)$$

從中可發現法拉第程序，故有別於電雙層電容，其電容特性來自於電荷存入時會伴隨電位變化，所以透過（6.135）式仍可估計出電容，但所得結果被稱為贗電容或偽電容（pseudocapacitance）。RuO_2 電極的充電電壓可達 1.2 V，其單位質量比電容約為 720 F/g，換算出的理論能量密度為 144 W·h/kg，是多孔碳的三倍。之後，類似的金屬氧化物或氮化物也陸續被測試，包括 IrO_2、Co_3O_4、MoO_3、WO_3 和 MoN 等，但可展現電容特性的其他材料卻不多，而且可用材料的價格偏高，因此只有某些特殊的用途才會選擇。Conway 教授完整解釋了 RuO_2 贗電容器的機制，充放電過程同時包含法拉第與非法拉第程序，亦即氧化還原、嵌入脫出和吸附脫附，牽涉的載子包含電子與質子，因而拓展了電化學電容的理論範圍。

在電化學電容內，除了兩個電極以外，還需要加入電解液和隔離膜，最終再以外殼封裝，可製成圓柱形或鈕扣型，結構類似電池。通常電容器內擁有多組電容單元，以並聯或串聯的方式組合。在每一個單元電容內，兩個電極若使用相同材料，則稱爲對稱型電容；若使用不同材料，則稱爲不對稱型，例如碳電極搭配 NiOOH 電極。這兩個電極會透過集流體向外連至接線柱，以利於充放電，向內則以隔離膜分開，隔離膜內則充滿電解液。可用的電解液分爲無機型與有機型，前者常用 KOH 或 H_2SO_4 溶液，最高工作電壓爲 0.8～1.0 V，後者則常用溶於乙腈或碳酸丙烯酯（PC）的季銨鹽溶液，最高工作電壓可達 2.3～2.7 V。當 n 個單元電容並聯時，相當於電極面積擴增，所以總電容 C_T 爲所有單元電容之和，亦即：

$$C_T = nC \tag{6.144}$$

當 n 個單元電容串聯時，施加總電壓爲所有單元電容之電壓和，致使總電容 C_T 縮小而成爲：

$$C_T = \frac{C}{n} \tag{6.145}$$

但無論串聯或並聯，所儲存的總電能皆爲所有單元電容之儲能總和。然而，每個單元電容的材料與製程必有差異，使其電容與阻抗相異於其他單元，當整體電容被充電時，電容量最小者會首先升高至最大工作電壓，若此時停止充電，則其他單元尚未充滿，若繼續充電，則電容量最小者可能會發生電解液的分解，甚至產生危險。因此，控制單元電容擁有一致的特性非常重要，除了從製程著手，也可以加入控制電路。此外，影響電化學電容充放電特性的另一項因素是等效串聯電阻（equivalent series resistance），也可簡稱爲內阻，降低內阻的主要方法是提升電極與電解液的導電度。

再者，提高電極或電解液的分解電壓也可以增加電容量，故在 1994 年 D. A. Evans 提出一種可承受 200 V 的電容，其陽極是由電解電容中的 Ta 或 Al 電極製成，陰極則採用了贋電容中的 RuO_2 電極，由於此陰極的體積小，可節省空間而用於增大陽極，可使儲存的能量成爲傳統電容的五倍，後稱爲 Evans 混合式電容（Evans hybrid capacitor），但其成本仍然偏高，不利於商品化。爲了降低成本，必須發展出價格低於 RuO_2 且比電容高於多孔碳的電極材料，滿足此條件的例子爲導電高分子，但以此材料製作的電容還需要改善其循環壽命。在 1991 年，鋰離子電容（lithium-ion capacitor，簡稱 LIC）的專利獲證，它也屬於混合式電容。如圖 6-27 所示，LIC 中使

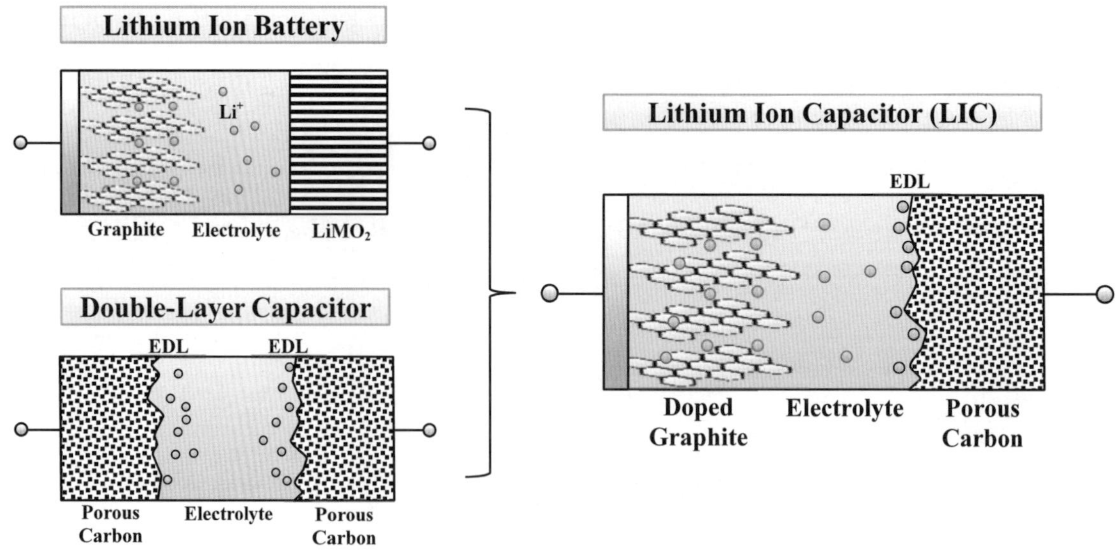

圖 6-27　鋰離子電容的結構

用了活性碳作爲電極，而且在陽極內預先摻雜了 Li^+，因此在操作時可擁有更高的工作電壓，也代表具有更大的能量密度，成爲電化學電容的競爭者。

總結以上，電化學電容是一種有效的儲能裝置，相比於傳統電容，它可提供 10～100 倍的能量密度，相比於化學電池，它可更快速的充放電，所以具有更大的功率密度，而且可以全額充放電，充放電效率高達 0.9 以上，轉成熱能的比例低，致使循環壽命可達 10 萬次以上，明顯優於 2000 次的電池，表 6-9 中列出這三種儲能裝置的特性。目前電化學電容仍存有幾項缺點，包括放電快速而可能發生火花，工作電壓不夠高，放電電壓不穩定，以及自放電趨勢較大，皆有待改善。

表 6-9　電池、電化學電容與傳統電容之特性比較

特性	電池	電化學電容	傳統電容
放電時間（s）	360～36000	1～30	10^{-6}～10^{-3}
能量密度（W·h/kg）	20～200	1～10	小於 0.1
功率密度（W/kg）	50～5000	100～15000	大於 10000
充放電效率	0.70～0.99	0.90～0.95	1.0
循環壽命（次）	2000	100000	無限

§6-8　總結

全球在 21 世紀首當其衝的挑戰是能源議題，在目前的應用中主要仰賴化石燃料、水力與核能等一次能源，但這些能源導致的環境破壞愈來愈嚴重，因而促使各國積極投入再生能源的研究。普遍獲得重視的再生能源包括太陽能、風能、生質能與氫能，這些能源進行轉換時不會製造汙染，但往往分布不均勻，常常無法連續取得，轉換效率也不足，致使轉換技術的成本偏高，繼而出現發展瓶頸，但若結合電化學方法後，上述再生能源則有機會突破限制，例如透過電化學技術將太陽能轉換爲氫能，再藉由燃料電池輸出電能；而透過二次電池、液流電池或電化學電容也可以儲存間歇性的再生能源，之後再直接放電輸出。因此，相關的電池或電容技術若能順利開發，必有助於緩解新世紀的能源危機。

電化學的起源可追溯至伏打電池，但時至今日，最新的進展仍聚焦於二次電池、燃料電池、液流電池和電化學電容，在其研發工作中，除了應該著重電化學反應工程，對應的輸送現象與材料科學也極爲關鍵。因此，未來的電池技術若欲推陳出新，則必須在電化學原理的基礎上開創新結構和開發新材料。

參考文獻

[1] A. Franco, M. L. Doublet and W. G. Bessler, *Physical Multiscale Modeling and Numerical Simulation of Electrochemical Devices for Energy Conversion and Storage*, Springer-Verlag London, 2016.

[2] J. Bard, G. Inzelt and F. Scholz, *Electrochemical Dictionary*, 2nd ed., Springer-Verlag, Berlin Heidelberg, 2012.

[3] E. Conway, *Electrochemical Supercapacitors*, Kluwer Academic/Plenum Publishers, 1999.

[4] Scrosati, K. M. Abraham, W. Van Schalkwijk and J. Hassoun, *Lithium Batteries- Advanced Technologies and Applications*, John Wiley & Sons, Inc., 2013.

[5] Glaize and S. Geniès, *Lithium Batteries and Other Electrochemical Storage Systems*, ISTE Ltd and John Wiley & Sons, Inc., 2013.

[6] Julien, A. Mauger, A. Vijh and K. Zaghib, *Lithium Batteries- Science and Technology*, Springer Inter-

national Publishing Switzerland, 2016.

[7] Linden and T. B. Reddy, *Handbook of Batteries*, 3rd ed., The McGraw-Hill Companies, Inc., 2002.

[8] G. Pistoia, *Lithium Batteries-Science and Technology*, Springer Science+Business Media, LLC, 2003.

[9] H. Hamann, A. Hamnett and W. Vielstich, *Electrochemistry*, 2nd ed., Wiley-VCH, Weinheim, Germany, 2007.

[10] H. Wendt and G. Kreysa, *Electrochemical Engineering*, Springer-Verlag, Berlin Heidelberg GmbH, 1999.

[11] H.-J. Lewerenz and L. Peter, *Photoelectrochemical Water Splitting: Materials, Processes and Architectures*, The Royal Society of Chemistry, 2013.

[12] J. Fricke, *The World of Batteries-Function, Systems, Disposal*, Gemeinsames Rücknahmesystem, 2007. (www.grs-batterien.de)

[13] J.-K. Park, *Principles and Applications of Lithium Secondary Batteries*, Wiley-VCH Verlag & Co., 2012.

[14] J.-M. Tarascon and P. Simon, *Electrochemical Energy Storage*, ISTE Ltd. and John Wiley & Sons, Inc., 2015.

[15] K. B. Oldham, J. C. Myland and A. M. Bond, *Electrochemical Science and Technology: Fundamentals and Applications*, John Wiley & Sons, Ltd., 2012.

[16] K. Izutsu, *Electrochemistry in Nonaqueous Solutions*, Wiley-VCH Verlag GmbH, 2002.

[17] K.-Y. Chan and C.-Y. Li, *Electrochemically Enabled Sustainability Devices, Materials and Mechanismsfor Energy Conversion*, Taylor & Francis Group, LLC, 2014.

[18] M.-C. Péra, D. Hissel, H. Gualous and C. Turpin, *Electrochemical Components*, ISTE Ltd. and John Wiley & Sons, Inc., 2013.

[19] N. Kularatna, *Energy Storage Devices for Electronic Systems*, Elsevier Inc., 2015.

[20] N. Yabuuchi, K. Kubota, M. Dahbi and S. Komaba, Research Development on Sodium-Ion Batteries, *Chemical Review*, *114(23)*, 11636–11682, 2014.

[21] R. Zito, *Energy Storage- A New Approach*, Scrivener Publishing LLC, 2010.

[22] S. R. Morrison, *Electrochemistry at Semiconductor and Oxidized Metal Electrodes*, Plenum Press, 1988.

[23] S.-I. Pyun, H.-C. Shin, J.-W. Lee and J.-Y. Go, *Electrochemistry of Insertion Materials for Hydrogen and Lithium*, Springer-Verlag Berlin Heidelberg, 2012.

[24] V. S. Bagotsky, A. M. Skundin and Y. M. Volfkovich, *Electrochemical Power Sources*, John Wiley & Sons, Inc, 2015.

[25] X. Yuan, H. Liu and J. Zhang, *Lithium-Ion Batteries- Advanced Materials and Technologies*, Taylor & Francis Group, LLC, 2012.

[26] Y. Wang, Y. Song and Y. Xia, Electrochemical capacitors: mechanism, materials, systems, characterization and applications, *Chemical Review*, *45*, 5925-5950, 2016.

[27] Z. Chen, H. N. Dinh and E. Miller, *Photoelectrochemical Water Splitting: Standards, Experimental Methods, and Protocols*, Springer, 2013.

[28] Z. Zhang and S.-S. Zhang, *Rechargeable Batteries Materials, Technologies and New Trends*, Springer International Publishing Switzerland, 2015.

[29] 上海空間電源研究所，**化學電源技術**，科學出版社，2015。

[30] 田福助，**電化學－理論與應用**，高立出版社，2004。

[31] 吳輝煌，**電化學工程基礎**，化學工業出版社，2008。

[32] 李為民、王龍耀、許娟，**新能源與化工概論**，五南出版社，2012。

[33] 郁仁貽，**實用理論電化學**，徐氏文教基金會，1996。

[34] 袁國輝，**電化學電容器**，化學工業出版社，2006。

[35] 張華民，**液流電池技術**，化學工業出版社，2015。

[36] 陸天虹，**能源電化學**，化學工業出版社，2014。

[37] 楊綺琴、方北龍、童葉翔，**應用電化學**，第二版，中山大學出版社，2004。

第七章
電化學應用於電子工業

§7-1　薄膜蝕刻製程

§7-2　積體電路內連線製程

§7-3　電路板導孔電鍍製程

§7-4　矽穿孔填充製程

§7-5　總結

電化學理論的奠基者 Michael Faraday 也是首先注意到半導體材料的研究者，他在 1833 年發現 Ag_2S 的電阻會隨溫度上升而下降，與金屬的特性不同，但卻無法解釋。後續 40 年，半導體的主要物性陸續被發現，包括電阻下降效應、整流效應、光伏效應與光電導效應，並且開啓了半導體材料的應用，初期主要包括整流器、光伏電池與紅外光偵測器，多半用於軍事活動。直至 1936 年，美國電話電報公司（AT&T）的研究單位貝爾實驗室（Bell Labs）認爲半導體製成的電子元件可以取代電話中的機械開關，所以在組織內成立一個由 Stanley Morgan 和 William Shockley 負責的固態物理部門。雖然初期有許多固態元件的構想被提出，但因製程技術無法克服，所以缺乏實際的成果。到了 1947 年 11 月，Walter Brattain 發現在 Ge 半導體與金屬間塡入電解液後，再施加正電壓於金屬，電解液中的陽離子即能移動到 Ge 的表面，同時也吸引 Ge 內部的電子來到表面，使得半導體導電率增大。同年 12 月，John Bardeen 用刀片在金箔上切出細縫，形成了兩個極爲接近的電極，再接觸 Ge 晶體後，即構成一個點接觸電晶體（transistor）。當金的一端加上正電位，另一端加上負電位後，可觀察到電壓放大和功率放大的效果。幾天後，他再用此電晶體製成語音放大器，以確認放大功用，於是成功地實現了電晶體的構想。

1952 年起，貝爾實驗室開始舉行公聽會，公布電晶體的技術，以收取授權費，希望其他公司能參與改進電晶體的製作技術。早期的電晶體噪音高、頻率範圍小、耐熱性差、再現性不佳且價格高，難以全面取代眞空管，且有人爲因素在阻礙電晶體的發展。到了 1954 年，德州儀器公司（TI）的 Gordon Teal 成功使用提拉法提煉出高純度的 Si，進而製作出 Si 電晶體。由於 Si 的能隙値爲 1.1 eV，高於 Ge 的 0.66 eV，所以在高溫下操作更可靠，再加上 Si 擁有很好的絕緣氧化物，導熱性也不差，可以協助元件散熱，使 Si 最終能取代 Ge。在 1959 年，TI 公司的 Jack Kilby 申請一個積體電路（integrated circuit，簡稱 IC）的專利，將許多分立的元件共同製作在一個半導體晶片上而形成電路，大幅推動了電晶體技術的發展。後續的幾十年中，各種 IC 製程技術不斷被開發，使 IC 的良率（yield）持續提升，終而成爲最重要的產業之一。時至今日，人類生活中使用的電腦、電視、通訊與網路，全都基於電晶體技術，使人類行爲與文明全然改變。

在本章中，將會陸續介紹印刷電路板（printed circuit board，簡稱 PCB）、積體電路（IC）、平面顯示器（flat panel display，簡稱 FPD）、微機電系統（microelectromechanical systems，簡稱 MEMS）中所需使用的電化學技術，並說明電化學方法具有的優勢。

§7-1　薄膜蝕刻製程

在 IC 製程中，有一些材料不必持續保留在晶圓上，所以需要移除製程，而蝕刻（etch）是移除材料的一種方法，若用於去除特定區域內的材料，則可完成圖案轉移（pattern transfer），亦即將光罩中已設計的線路或區塊移轉至晶圓的薄膜上，而且此程序常會搭配光阻材料。

在半導體製程的發展歷史中，約於 1950 年代開始採用微影（photolithorgaphy）與蝕刻技術來製作線路，由於成效顯著，之後逐漸成為固定的圖案成形方法。微影技術是指晶圓被某種薄膜全面覆蓋後，隨即在薄膜上方塗佈正型光阻，再利用曝光程序使照光區的光阻材料發生化學反應，接著浸入顯影劑中即可溶解曝光區的光阻，並露出底下的薄膜材料，使光罩上的圖案初步轉移到光阻層，之後必須送入蝕刻機台，透過物理性或化學性作用，將暴露的薄膜材料移除，而有覆蓋光阻的區域則會保留薄膜材料，最終再洗去光阻，留下所需線路，此即微影蝕刻製程。另有一種負型光阻，曝光後將會發生交聯反應，所以浸入顯影劑中將會溶解未曝光區，但因所得圖案之解析度不高，在 IC 製程中較少使用。

對於蝕刻程序，可分為溼式與乾式兩類，前者是透過水溶液中的化學反應移除材料，後者則是將晶圓置於電漿中，同時透過離子轟擊與可能發生的化學反應以移除材料。由於 IC 技術不斷朝著更精密的方向發展，所以自 1980 年代起，線寬進入次微米階段，乾式蝕刻已被全面採用，因為溼式蝕刻具有等向性（isotropic），往底部與側面的移除速率相當，難以精準地控制圖案尺寸。2000 年後，電晶體更進一步縮小至奈米等級，溼式蝕刻法已不再用於圖案化製程，只能施行於全區覆蓋材料之移除。然而，除了 IC 技術之外，1990 年起平面顯示器（flat panel display，簡稱 FPD）也成為電子工業中的重要產品，加上 2000 年後全球皆轉型成資訊化社會，顯示器的應用遍及娛樂、通訊、服務、生產和醫療，因此成為中央處理器（central processing unit，簡稱 CPU）和記憶體（random access memory，簡稱 RAM）之外的一項重要電子產品。在 FPD 的設計中，由於人眼所能辨識的尺寸有限，不需要精細到奈米等級，而且有一些顯示器的目標是將畫面尺寸大型化，例如 50 吋以上的螢幕，所以內部的線路只需要 1～10 μm 的寬度，而且所用基板可能超過 2 公尺的邊長，若每一道蝕刻皆使用電漿，將導致更高的製作成本，因此在 FPD 中常用的蝕刻仍屬於溼式，除了多層材料連續蝕刻時必須使用乾式。

由於溼式蝕刻實際上屬於溶解或斷鍵的化學反應，其中牽涉電化學工程，因此在以下小節中，將不區別蝕刻應用的產品，只探討數種材料進行溼式蝕刻時的電化學原理。

溼式蝕刻製程中最關鍵的條件是薄膜與蝕刻劑（etchant）的搭配，若能適當的配對，即可獲得揮發性或可溶性產物，因而能移除薄膜材料，而且溼式蝕刻所用的蝕刻劑擁有高選擇性，幾乎不會與光阻反應，若底部曝露出其他材料，有時也可因爲反應性的差異而選擇性地移除某一種材料。除了蝕刻劑的種類，其濃度、添加劑、pH 值與溫度等條件，也會影響蝕刻的效果。一般評估蝕刻效果的指標包括蝕刻速率、選擇性、輪廓和殘餘物，若再考慮大範圍的圖案轉移，還需要評估蝕刻的均勻性和負載效應，後者是指圖案疏密不同時，局部蝕刻的速率可能會有差異，因爲整體蝕刻程序除了化學反應之外，還包含反應物與生成物的擴散，不同的疏密度會導致相異的擴散速率。溼式蝕刻與乾式蝕刻最大的差別在於輪廓控制，執行後者可以得到陡峭的側壁，因此能夠精準控制線寬；但執行前者後，通常會得到圖 7-1 所示之結果，由於化學反應具有等向性，致使光阻邊緣覆蓋的底材也被移除，最終形成曲線狀或斜坡狀的側壁，這類輪廓在製作 FPD 的薄膜電晶體陣列（TFT array）時反而具有益處，因爲在薄膜電晶體陣列中更重視薄膜的階梯覆蓋（step coverage），若側壁非常陡峭時，執行後續薄膜沉積後容易留下空洞，繼而導致電路缺陷。

在大部分的溼式蝕刻中，會採用含有蝕刻劑的水溶液，所以產物的水溶性會影響蝕刻的效果。最基本的金屬蝕刻方式是轉移電子以形成離子，之後再被水分子圍繞而成爲水合物。對於金屬材料的移除，溶液中的蝕刻劑將扮演氧化劑，促使金屬氧化成

圖 7-1 溼式蝕刻與乾式蝕刻之輪廓

可溶性陽離子，再藉由擴散或對流離開晶圓表面並排出蝕刻槽。然而，也有一些材料發生電子轉移後只傾向於進行相轉移（phase transformation）或沉澱，依然維持固態，使蝕刻的效果不彰，例如形成氧化物或氫氧化物的顆粒或薄層，此時可利用添加劑或 pH 緩衝劑加以改善。除了主反應物外，蝕刻溶液中還常加入錯合劑，尤其在金屬蝕刻時，可以有效形成可溶性的金屬錯合物，提升反應的選擇性，有時錯合劑也會協助固態薄膜發生斷鍵而移除材料。添加 pH 緩衝劑或強酸時，主要的任務是避免反應產物成為固態，因為每種金屬在不同的 pH 值下都存在某種熱力學穩定的型態，常見情形是弱鹼性溶液中易產生固態氧化物或氫氧化物，所以將反應環境控制在低 pH 值下有助於移除材料，但使用強酸蝕刻具有風險，因為其他材料容易被腐蝕。

基於溼式蝕刻的電化學原理，執行導體或半導體的蝕刻時，可以純粹依靠化學反應，也可以選擇其他外力來輔助程序，所以可分類為開路蝕刻（open circuit etching）、電化學蝕刻（electrochemical etching）和光電化學蝕刻（photoelectrochemical etching），其中開路蝕刻也稱為化學蝕刻，是在無外加電流下進行的程序，而電化學蝕刻則需改變被蝕刻材料的電位，光電化學蝕刻則需配合光照。

§7-1-1 開路蝕刻

開路蝕刻是移除金屬的基本方法，進行蝕刻時，必須藉由蝕刻劑 A 來輔助金屬 M 的溶解反應：

$$M \rightarrow M^{n+} + ne^- \tag{7.1}$$

$$A + ne^- \rightarrow A^{n-} \tag{7.2}$$

因此蝕刻反應與腐蝕反應類似，可拆解成兩個半反應。類比腐蝕微電池理論，金屬進行（7.1）式反應的區域將扮演陽極，此區域的周圍則扮演陰極，使蝕刻劑得以進行（7.2）式所述之還原反應，所以蝕刻劑通常也是氧化劑。由於氧化區與還原區同在金屬薄膜上，所以兩極之間將以此薄膜相連，使蝕刻反應構成的微電池等同於短路的原電池。若溶解反應能持續發生，由熱力學可知，蝕刻系統的$\Delta G < 0$，只要蝕刻劑的含量足夠，金屬薄膜在完全移除前都不會達到平衡，但蝕刻溶液連續使用後，內部的反應物將會消耗到某種程度，迫使$\Delta G \rightarrow 0$，引導系統趨近平衡。

在蝕刻製程中，材料移除的速率是重要指標，可以透過電化學理論來估計，也可以直接用儀器測量。由於電子製程中的薄膜厚度僅有微米等級，以重量損失法通常無法得到蝕刻速率，必須藉由電子顯微鏡觀察晶圓的斷面，分析蝕刻前後薄膜的高度變化，以計算出蝕刻速率，但這類測量具有破壞性，無法再進行下一步驟的製程。目前的生產線上，也擁有一些非破壞性的分析儀器，可藉由光學干涉或反射現象來估計薄膜厚度。若透過電化學理論，則必須事先測量金屬溶解反應的電流－電位曲線，以求得（7.1）式的反應速率，再藉由法拉第定律換算成蝕刻速率。

從熱力學的角度，可先評估（7.1）式的平衡電位$E_{eq,1}$和（7.2）式的平衡電位$E_{eq,2}$，只有$E_{eq,1} < E_{eq,2}$時，金屬 M 的反應才會以氧化爲主，且蝕刻劑 A 的反應以還原爲主。但是因爲陰陽極都在金屬薄膜上，兩區具有相同的電位 E，所以此電位必定會滿足$E_{eq,1} < E < E_{eq,2}$，且可稱爲混合電位E_{mix}（mixed potential）。這時金屬 M 的氧化電流爲I_1，蝕刻劑 A 的還原電流爲I_2，兩者將會抵銷，不會對外輸出電流，亦即$I_1 = I_2$。

從動力學理論可知，金屬 M 的氧化電流 I_1 隱含了蝕刻速率$\mathbf{v}_{etch}$，可藉由法拉第定律將其換算出：

$$\mathbf{v}_{etch} = \frac{\Delta h}{\Delta t} = \frac{MI_1}{\rho A_1 nF} = \frac{M|i_1|}{\rho nF} \quad (7.3)$$

其中 Δh 爲薄膜的厚度變化，Δt 爲蝕刻時間，M 與 ρ 爲金屬的原子量與密度，A_1 爲被蝕刻的面積，i_1 爲氧化電流密度，依慣例定爲負值。由此可知，只要測量出 i_1，即可估計蝕刻速率。由於 i_1 屬於無淨電流輸出下的半反應電流密度，所以不能直接測量，只能延伸動態電流－電位曲線來求取，其特性類似交換電流密度。根據 Butler-Volmer 動力學，蝕刻系統中的電流 I 對電位 E 的曲線可表示爲：

$$I = I_{etch}\left[\exp\left(-\frac{E-E_{mix}}{\beta_c}\right) - \exp\left(\frac{E-E_{mix}}{\beta_a}\right)\right] \quad (7.4)$$

其中β_c和β_a爲還原與氧化半反應的 Tafel 斜率。由電流之對數和電位之關係可知，兩個半反應在偏離E_{mix}時將呈現線性關係，此結果稱爲 Tafel 圖，而且兩直線具有的斜率稱爲 Tafel 斜率，亦即β_c和β_a。因此，透過電位變化來測試薄膜蝕刻後，可先繪成圖 7-2，接著透過（7.4）式的擬合，即能求得蝕刻電流I_{etch}，再使用（7.3）式可再換算出蝕刻速率$\mathbf{v}_{etch}$。

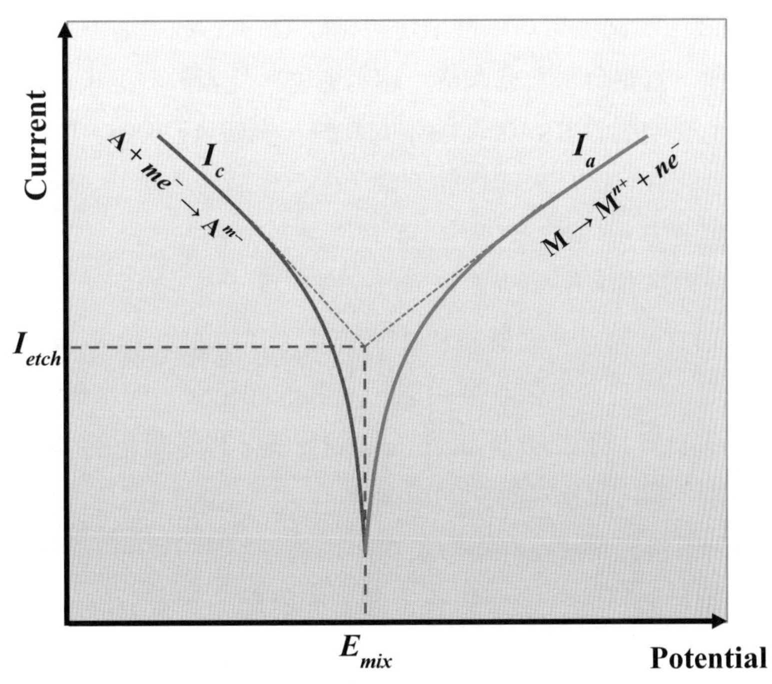

圖 7-2　溼式蝕刻金屬之電流密度對電位關係

金屬 M 氧化後產生的陽離子除了可被水分子包圍而成爲水合離子，也可能被錯合劑 L 鉗合而成爲錯離子，L 也可稱爲配位基（ligand），例如 Cl^-、EDTA（ethylenediaminetetraacetic acid，乙二胺四乙酸）和 CN^- 都容易與金屬離子形成更穩定的錯離子，使之難以回復成固態金屬，故其平衡電位$E_{eq,1}$將往負向偏移，而且錯合劑的濃度增高時，電位負移的情形更顯著。$E_{eq,1}$負移後，E_{mix}也會負移，再根據（7.4）式，可推得蝕刻速率$\mathbf{v}_{etch}$增大。在蝕刻溶液中，錯合劑必須與 H_2O 或 OH^- 競爭，而且 H_2O 或 OH^- 容易和金屬形成難溶的氧化物或氫氧化物，並覆蓋於薄膜表面，阻礙後續的材料蝕刻，例如蝕刻 Si、Cr、Ti、Ni 或 Al 時，氧化後會產生較高價的離子，屬於 HSAB 理論（hard-soft-acid-base theory）中的硬酸，容易與屬於硬鹼的 O^{2-} 或 OH^- 結合，所以蝕刻後通常會形成覆膜；但這些金屬氧化成更高價後，也可能形成含氧酸根（oxoanion），例如CrO_4^{2-}等，因而能溶於水中。蝕刻這類薄膜時，調整 pH 值的效果有限，必須使用錯合劑來取代 O^{2-} 或 OH^-，但因爲 OH^- 的化學硬度（chemical hardness）達到 5.6 eV，所以很少有硬度更高的錯合劑能取代 OH^- 和金屬的結合物，除了化學硬度爲 7.0 eV 的 F^- 和 6.8 eV 的 NH_3 等。因此，欲蝕刻這些易產生氧化層的材料時，常在蝕刻液中添加 F^- 或 NH_3，以協助形成可溶性錯合物，例如蝕刻 Cu 時，

添加 NH_3 於蝕刻液中，甚至可在中性環境中移除 Cu。形成可溶性錯合物的趨勢可用錯合常數作爲指標，當錯合常數愈大時，趨勢愈強，代表蝕刻速率愈大。一些可以形成低價陽離子的金屬則屬於 HSAB 理論中的軟酸，例如 Ag、Au、Pt 和某些重金屬，可採用化學硬度低的 Br^- 或 I^- 來作爲蝕刻劑，CN^- 也屬於此類型，但因爲毒性較高，較少被添加在蝕刻液中。

另有一類錯合劑具有多個配位基，可以同時與單一原子鍵結，例如一些有機酸或多元醇。常用的 EDTA 擁有 4 個酸基和 2 個胺基，其中的 O 和 N 皆可作爲配體，所以屬於六牙錯合劑，能鉗合多數金屬陽離子。其他如醋酸、檸檬酸（citric acid）、酒石酸（tartaric acid）、丁二酸（succinic acid）等，也是常用的多牙錯合劑。總結以上，適當選擇錯合劑可以提高蝕刻的選擇性。

蝕刻速率有時不會完全決定在溶解反應，因爲蝕刻產物滯留在薄膜表面後，將會阻礙反應進行，繼而使移除程序受到質傳速率的限制。若留滯的陽離子太多，可能會促使固態鹽類沉澱。發生沉澱時，陽離子與陰離子的濃度乘積會超過溶度積常數 K_{sp}（solubility product），且此乘積超過 K_{sp} 愈多，愈容易產生沉澱物。當溶解反應很慢時，薄膜表面的陽離子並不多，所以蝕刻程序是被反應控制（reaction control），但溶解反應夠快時，表面陽離子的離開速率將會控制蝕刻程序，此時稱爲質傳控制（mass transport control），基於製程的時間成本，蝕刻程序通常會被設定在質傳控制下。在添加錯合劑的例子中，若由質傳控制蝕刻程序，有時降低錯合劑的含量反而可以加速蝕刻，因爲錯離子的移動通常較慢，減量後可使質傳加快。由此可知，依蝕刻程序之狀態，錯合劑的含量可能存在最適值。

在蝕刻製程中，降低 pH 值不一定能抑制表面覆膜的形成。理論上，雖然升高 pH 值會促使氫氧化物或氧化物的形成，但有些金屬卻可以形成氫氧根錯合物（hydroxo complex），例如 $Al(OH)_4^-$、$Zn(OH)_4^{2-}$ 或 $Sn(OH)_4^{2-}$ 等，若此時加酸降低 pH 值，反而會導致固態的氫氧化物。

總結以上，蝕刻製程通常會設定在質傳控制下，而且要避免出現表面鈍化層。但若發生以下情形，則可能促使鈍化層生成：

1. 降低蝕刻溶液中的錯合劑含量時，氧化物或氫氧化物更容易生成。
2. 升高蝕刻溶液中的錯合劑含量時，蝕刻產物的質傳速率將會降低。
3. 減緩蝕刻溶液的流速。
4. 降低溫度。

5. 蝕刻不會形成氫氧根錯合物的金屬時，提高 pH 值。

6. 蝕刻會形成氫氧根錯合物的金屬時，降低 pH 值。

針對擁有多種價數的金屬，其溶解將分成數個步驟進行，而低價數的金屬離子可能與蝕刻劑發生勻相反應，使之成爲高價數離子，例如金屬 M 首先氧化成 M^+ 再成爲 M^{2+} 的情形：

$$M \rightarrow M^+ + e^- \tag{7.5}$$

$$M^+ + A \rightleftharpoons M^{2+} + A^- \tag{7.6}$$

若錯合劑 L 可以同時鉗合 M^+ 和 M^{2+}，則此蝕刻程序的速率將會增快。根據 HSAB 理論，M^+ 所具有的化學硬度小於 M^{2+}，若添加屬於軟鹼的錯合劑 L，則可能只鉗合 M^+ 而不鉗合 M^{2+}，使反應步驟改爲：

$$M + L \rightarrow ML^+ + e^- \tag{7.7}$$

$$ML^+ + A \rightleftharpoons M^{2+} + L + A^- \tag{7.8}$$

在此情形下的蝕刻速率將比同時鉗合 M^+ 和 M^{2+} 者更快，因爲錯合劑 L 在反應中扮演了催化劑的角色。

相對於乾式蝕刻，溼式蝕刻通常具有更高的選擇性，因爲適當的蝕刻劑可以避免必須保留的材料被移除。以兩種同時暴露在光阻之外的金屬 M_1 和 M_2 爲例，假設 M_1 的標準電位 E_1 比較偏正，代表其活性較低，而 M_2 的標準電位 E_2 比較偏負，代表其活性較高，當蝕刻劑 A 的標準電位 $E_A > E_1$ 時，兩種金屬都會溶解（如圖 7-3(a)），但當蝕刻劑 A 的標準電位介於兩金屬之間，亦即 $E_2 < E_A < E_1$ 時，將只有 M_2 會溶解，而 M_1 不會溶解，此時幾乎能達到 100% 的選擇率（如圖 7-3(c)），而蝕刻劑 A 的標準電位 E_A 通常可藉由物種與濃度來調整。然而，蝕刻劑 A 的還原程序必須由反應控制，若處於質傳控制時，即使 M_1 和 M_2 的標準電位有差異，兩者的移除速率仍然相當，選擇率只有 50%（如圖 7-3(b)）。有時在 $E_2 < E_1$ 的情形中，活性低的 M_1 卻比活性高的 M_2 更易溶解，原因是 M_2 的表面發生鈍化，一段時間後 M_2 的蝕刻被抑制，此時也能提高選擇率（如圖 7-3(d)），但 M_2 發生鈍化是否對製程良率有益，還需要另行評估。引發 M_2 表面鈍化的原因是 M_2 的溶解速率受到限制，通常是錯合劑 L 在表

(a)

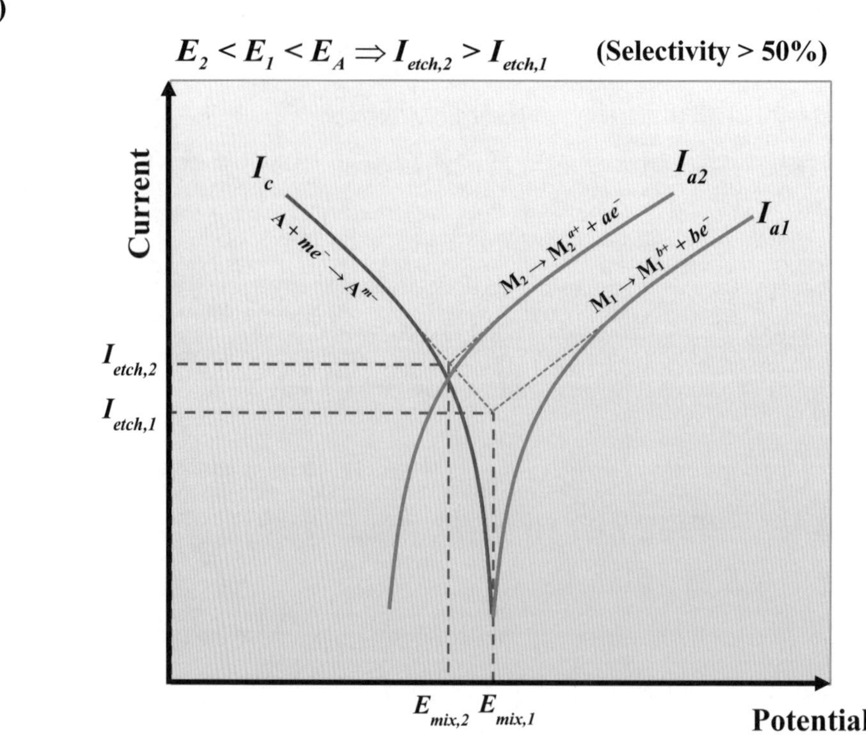

(b)

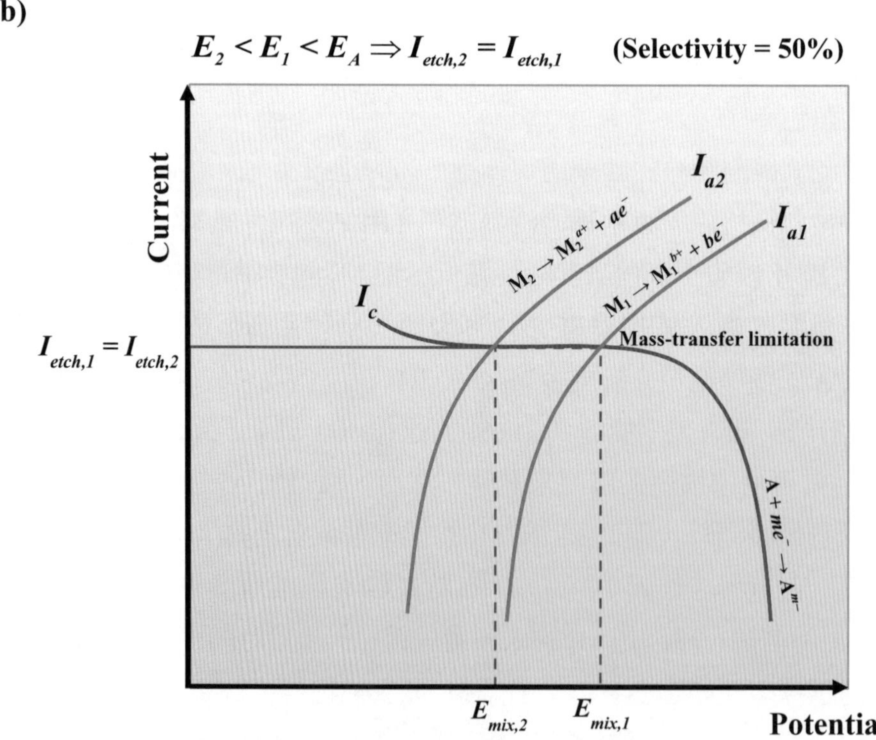

圖 7-3　溼式蝕刻兩種金屬之選擇性

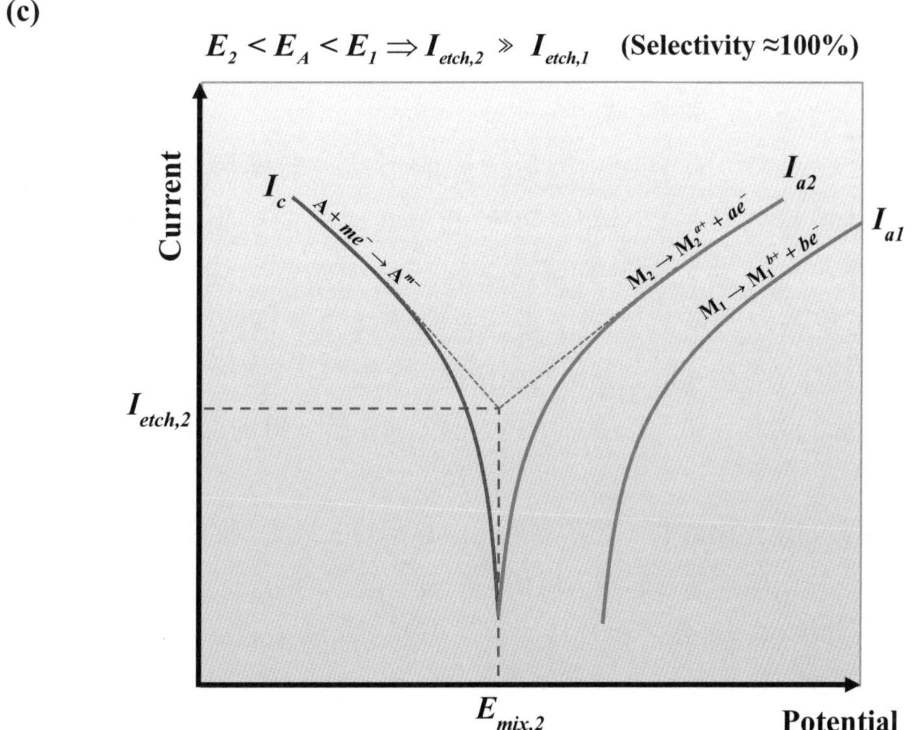

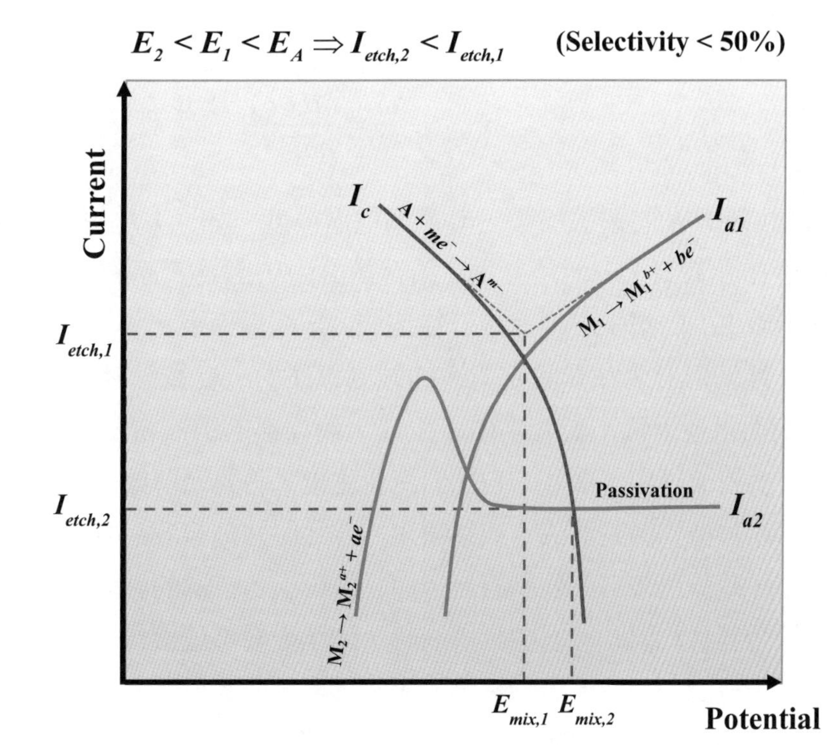

圖 7-3　溼式蝕刻兩種金屬之選擇性（續）

面減少到某個特定濃度後，溶解速率會被鈍化速率超過，此時的錯合劑 L 在表面會形成厚度爲 δ_L 的擴散層，不同於厚度爲 δ_A 的蝕刻劑擴散層。當 $\delta_L > \delta_A$ 時，M_2 的表面鈍化不會發生，反之則得以發生。

對於蝕刻速率，有時還相關於薄膜的形狀。若薄膜中的被蝕刻區域面積夠大，則其邊緣效應足以忽略；若被蝕刻區域的面積很小，則其邊緣將出現特殊的效應，尤其蝕刻屬於質傳控制程序時。如前所述，質傳控制下的程序速率快於反應控制，所以量產工廠通常會選擇質傳控制，而且 FPD 或 MEMs 等製程已達到微米等級，蝕刻圖案的面積很小，因而必須細究圖案邊緣的質傳效應。例如圖案邊緣的蝕刻速率大於圖案中央的蝕刻速率時，特別會發生光罩下的底切現象（undercut）。

若從薄膜的單點來觀察，蝕刻屬於反應控制時，蝕刻劑的濃度在薄膜表面與溶液內部（bulk）無明顯差異，但進入質傳控制後，蝕刻劑的表面濃度 c_A^s 將會降至極低的數值，但溶液內部的濃度 c_A^b 仍維持原值，代表從薄膜表面至溶液內部會呈現濃度梯度。Nernst 曾對此情形提出一個簡單模型，定義薄膜表面至溶液內部的區域爲擴散層（diffusion layer），而且假定擴散層內的濃度呈線性分布，所以從濃度分布能迅速求出蝕刻劑的擴散速率，並可換算成蝕刻速率：

$$\mathbf{v}_{etch} = \frac{\Delta h}{\Delta t} = \frac{MD_A c_A^b}{\rho n F \delta_A} \tag{7.9}$$

其中 D_A 爲蝕刻劑 A 的擴散係數，δ_A 爲擴散層厚度。如（7.7）式所示，有時質傳控制不是發生在蝕刻劑上，而是發生在錯合劑 L 上，因爲表面的 L 已經完全和陽離子錯合，後續產生的陽離子必須等待 L 從溶液內部擴散而來。

另有一種情形發生在無設定對流的蝕刻程序中，當被蝕刻的材料具有較大的原子量時，表面附近因爲不斷有陽離子生成，使局部的溶液密度上升，因而趨向於下沉，此即自然對流現象。顯著的自然對流發生後，將會減薄擴散層的厚度，使蝕刻被加速。但若直接攪拌蝕刻溶液，或以噴灑的方式使蝕刻溶液接觸基板，可以得到更快的蝕刻速率，此效應來自於強制對流，而且薄膜上各位置的蝕刻差異性也將被縮小。

當兩種金屬材料同時接觸蝕刻溶液時，除了金屬電位影響其蝕刻速率，兩金屬的面積比也將造成蝕刻加速。若蝕刻劑能適當選擇，使其標準電位介於兩金屬之間，亦即$E_2 < E_A < E_1$時，將只有 M_2 溶解，而 M_1 不溶解。換言之，在 M_1 上可視爲混合反

應的陰極區，對應的暴露面積爲 A_1，持續溶解的 M_2 則爲陽極區，對應的暴露面積爲 A_2。已知陰極半反應的電流必須等於陽極半反應的電流，故當 $A_1 \approx A_2$ 時，兩個半反應的電流密度亦相當；但當 A_1 明顯大於 A_2 時，則電流密度 i_1 將明顯小於 i_2，根據法拉第定律，i_2 正比於蝕刻速率 $\mathbf{v}_{etch}$，由此可發現金屬 M_2 持續溶解後，其 $\mathbf{v}_{etch}$ 將會隨時間增高，這也是光阻邊緣下方被蝕刻液滲入而導致底切現象的原因。解決光阻下方底切現象的方案是改變 M_2 溶解程序的控制變因，由前述的反應控制調整成質傳控制後，溶解速率到達上限，將不會出現面積縮小而導致加速的結果。

當蝕刻製程屬於質傳控制程序時，因爲溶解反應的速率遠超過蝕刻劑 A 傳送至薄膜表面的速率，所以 A 抵達表面的速率將會決定蝕刻速率。考慮無光阻覆蓋的全區蝕刻，可視 A 在表面附近只進行一維擴散，故由 A 的質量均衡可得到：

$$\frac{\partial c_A}{\partial t} = D_A \frac{\partial^2 c_A}{\partial z^2} \tag{7.10}$$

其中 c_A 和 D_A 分別爲 A 的濃度與擴散係數，而 $z = 0$ 是薄膜的原始表面。在蝕刻前，已知 A 的初濃度爲 c_{A0}；蝕刻後，在 $z \to \infty$ 處，A 的濃度不降低，仍爲 c_{A0}。此外，蝕刻進行後，薄膜表面 $z = -h(t)$ 將會持續下降，但因爲溶解速率非常快，可假設此處 A 的濃度將會降爲 0。若定義：

$$\zeta = \frac{z}{2\sqrt{D_A t}} \tag{7.11}$$

則（7.10）式可轉變爲常微分方程式，因而能解得：

$$c_A = c_{A0} \frac{\int_{-\beta}^{\zeta} e^{-x^2} dx}{\int_{-\beta}^{\infty} e^{-x^2} dx} \tag{7.12}$$

其中的參數 β 表示爲：

$$\beta = \frac{h(t)}{2\sqrt{D_A t}} \tag{7.13}$$

而蝕刻速率 $\mathbf{v}_{etch}$ 則可從表面位置 $z = -h(t)$ 下降的速率來估計：

$$\mathbf{v}_{etch}=\frac{dh}{dt}=\frac{MD_A}{\rho nF}\frac{\partial c_A}{\partial z}\bigg|_{z=-\delta} \quad (7.14)$$

將解出的（7.12）式代入（7.14）式後，即可得到蝕刻速率$\mathbf{v}_{etch}$。由上述理論可得到蝕刻速率$\mathbf{v}_{etch}\propto t^{-1/2}$，代表$\mathbf{v}_{etch}$會隨著時間 t 而遞減。

§7-1-2 電化學蝕刻

使用外加電源也可以促進薄膜蝕刻，但此時的基板必須連接至電源的正極，而且還需要一個參考電極和一個對應電極共同放進蝕刻槽中。對應電極必須連接至電源的負極，以構成完整的迴路，而參考電極的功用則是輔助控制被蝕刻薄膜的電位，因為此電位必須落於金屬或半導體的活化區，通電後才能持續溶解。由於每一種薄膜與蝕刻液的搭配都擁有特定的電流－電位曲線，所以外加電位於導電薄膜上，即可確立其電流密度，亦即可由電位來控制蝕刻速率，此構想常用於電化學機械加工中，其細節可參考 4-7 節。相對地，開路蝕刻的移除速率無法單獨控制，有時會取決於蝕刻溶液中的成分種類或濃度，以及溶液的流動狀態。

圖 7-4 顯示了典型的電流－電位曲線，從中可發現薄膜電位往正向增大時，電流密度亦增大，但在某一個電位 E_p 下，電流將到達最大值 I_p，之後則會發生大幅度的衰減，主要的原因是薄膜表面產生了鈍化層。在電化學加工中，有一種策略是先將金屬表面鈍化，再透過化學反應溶解鈍化層；但在電子製程中，這種概念常用於化學機械研磨（請見 7-2-2 節），而非薄膜蝕刻。

若已知外加電位於薄膜可產生電流 I，被蝕刻的薄膜面積為 A，則根據法拉第定律，可以換算成蝕刻速率：

$$\mathbf{v}_{etch}=\frac{\Delta h}{\Delta t}=\frac{MI}{\rho nFA} \quad (7.15)$$

相比於開路蝕刻，此電流 I 可被外部電錶測得，所以透過（7.15）式即可迅速得到$\mathbf{v}_{etch}$，不需要進行電位掃描，此為電化學蝕刻的優點之一。

然而，電化學蝕刻也存在一些缺點，所以無法在生產線上大量使用。前述的電位控制蝕刻速率之優點，必須建立在薄膜電阻極小的假設上，但實際應用在微電子製程

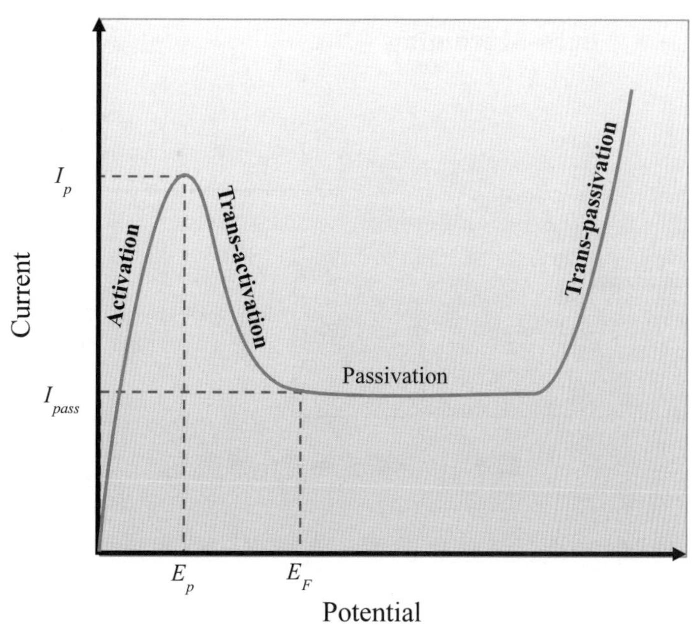

圖 7-4　金屬氧化的電流－電位曲線

中的金屬皆擁有無法忽略的電阻，半導體的電阻效應則更顯著，所以從電源接點至基板中心之間，皆存在電位差，因此基板各處的蝕刻速率皆不同，若薄膜的電阻較大，甚至有可能出現局部區域不溶解的現象。第二種情形則是發生在預設爲孤立區的金屬圖案，當蝕刻進行到某個時刻後，此區與導線接點之間將形成斷路，後續只能依靠開路蝕刻來移除材料，其速率勢必與電化學蝕刻的區域相異。除非在製程中設計一些輔助線路，以免於斷路出現，製程後再予以去除，才能維持所有區域皆能受控於電化學蝕刻。第三種缺點是電化學蝕刻必須屬於反應控制，所以不只外加於薄膜的電位會影響反應速率，薄膜表面之特性更與反應速率相關，若表面存在晶界、微小凹洞或其他缺陷，都會導致不均勻的蝕刻。

針對上述問題，目前已發展出的解決方案包括遮罩式微電化學加工（through-mask electrochemical micro-machining）等，如圖 7-5 所示，先利用光阻定義出圖案以作爲遮罩，再將陰極靠近遮罩，即可減輕電位分布的不均勻性，再輔以電解液的流動，可以有效製作出半球狀微孔或圓柱狀的微溝槽。目前已經成功應用電化學蝕刻製程之對象包括 Al、Pt、Ti 和 Rh（銠），例如 Al 可在 85 % H_3PO_4 中進行，Pt 可在 3 M 的 HCl 中進行，Ti 則可在 0ºC 的 3 M H_2SO_4 中進行。

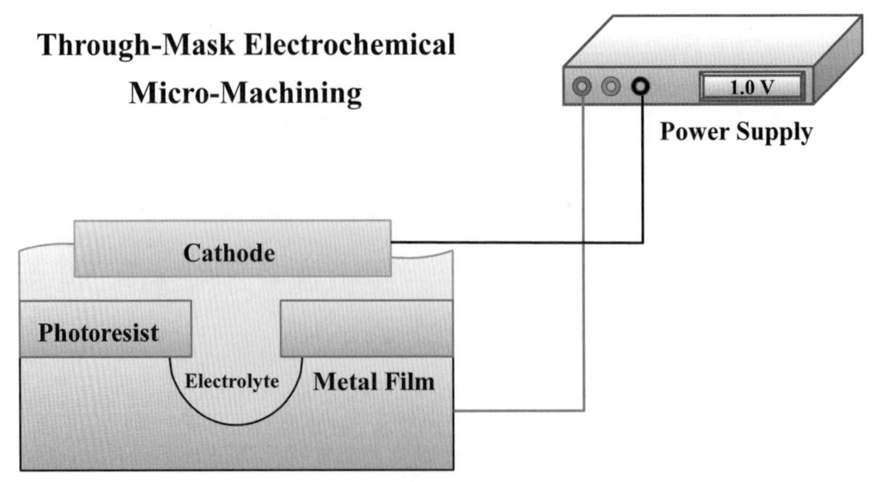

圖 7-5　遮罩式微電化學加工

若調整陰極的形狀，而且不使用遮罩，將轉為一般型態的電化學加工，此時的陰極也稱為工具電極，其細節可參考 4-7-2 節。此技術用於微電子製程時，如果整個基板必須浸入電解液中，則需要準備工具電極的陣列，以便同時加工出數個孔洞或溝渠，但是工具陣列的製作將會提升成本；如果採用噴灑方式使電解液流入兩電極之間，則可一次只加工單一圖案，但之後必須逐步移動基板或工具電極，才能完成整個加工製程，因而產率較低。

總結以上，電化學蝕刻技術難以用在 IC 或 FPD 製程中，但對於某些小量或特製的 MEMs 產品，則可發揮其製程優點。

§ 7-1-3 光輔助蝕刻

對於可以吸收光線的半導體材料，其蝕刻製程可藉由照光來輔助進行。當光子被半導體吸收後，價帶的電子將會躍遷至導帶，使薄膜表面的載子濃度發生改變，因而促進了電子轉移反應。由於蝕刻劑還原時需要接收電子，所以導帶的邊緣能階符合蝕刻劑的還原能階時，即可發生還原反應，而留在價帶的電洞將會協助半導體斷鍵或產生可溶性離子，例如蝕刻 Si 時使用 HF 溶液可生成SiF_6^{2-}。然而，照光輔助蝕刻必須滿足半導體吸收條件，亦即入射的光子能量必須超過半導體的能隙，才能被材料吸收。另一方面，入射光的強度會影響激發的載子濃度，繼而影響蝕刻速率。在同一層薄膜上，比較有照光與無照光的兩區，可以明顯發現蝕刻速率的差異，例如 GaAs 薄膜置於 KOH 中，受到雷射光照的區域擁有 600 倍以上的蝕刻速率。在此差異下，光輔助蝕刻甚至可以不用光阻和光罩，即可直接圖案化，目前已可使用聚焦雷射製作出深寬比（aspect ratio）爲 100 的孔洞，另也發展出投影技術，直接形成線路。

再者，光輔助蝕刻也可用於金屬，包括 Ti、Fe、Cr、Co 或 Cu 等皆適合，雖然金屬溶解並非光化學程序，但局部照射的區域能獲得更多熱量，仍有利於溶解反應。若使用聚焦雷射，曝光區和非曝光區的蝕刻速率將差距 1000 倍，對於表面易鈍化的金屬，曝光區對非曝光區的蝕刻速率比還可提升至更高的倍率，因爲在曝光區內，金屬維持活化，但非曝光區屬於鈍化。

當半導體薄膜的導電性足夠高時，也可以對薄膜材料通電，給予適當的電位，並輔以光照，即使溶液中不加入蝕刻劑，仍可促進材料溶解，此方法稱爲光電化學蝕刻（photoelectrochemical etching），此方法也適合金屬，例如 Al、Cu、Ag 與鋼鐵等硬質金屬都有應用實例。此方法在早期主要用於製作金屬工件，進入電子製程後則改用於 Si、Ge 或化合物半導體的蝕刻。實際上，金屬接觸大氣或水溶液後，表面會生成覆膜，這些覆膜通常是氧化物，具有半導體的特性，所以進行溶解反應時，也必須從半導體的角度考量。n 型半導體和水溶液接觸後，表面能帶會上彎，p 型半導體的表面能帶則會下彎，但施加電位於半導體則可改變彎曲程度與方向。通常光電化學蝕刻會應用於 n 型半導體中，因爲電洞在材料內屬於少數載子，缺乏電洞時材料不會自發性地溶解，但光照後可產生電子和電洞，再透過通電加大能帶上彎的程度，可促使光生電洞遷移到薄膜表面，進而增加材料溶解。

由於 IC 製程的基板爲矽晶圓，而且蝕刻程序發生在薄膜表面，所以一般照光的方向會從蝕刻槽外穿越電解液到達薄膜，因此電解液的吸收必須夠小，才不會干擾半導體的吸收。

§7-2　積體電路內連線製程

在晶圓上製作電晶體，必須從晶圓表面以下開始加工，包含井區（well）和絕緣區（isolation），之後才會陸續沉積與定義電晶體的源極（source）、汲極（drain）、閘極氧化層（gate oxide）與閘極（gate），至此稱爲前段製程（front end process）。但在現今生產的晶片中，電晶體的密度極高，必須透過拉線才能有效供電操作，所以後段製程（back end process）皆致力於建立導線與導線間的絕緣層，稱爲內連線結構（interconnection）。在內連線結構中，還可區分爲電晶體之間的局部連線與局部連線之上的多層連線。局部連線中的金屬會與矽接觸，所以特別重視該金屬與矽之間的反應性；多層連線的長度大，且任兩條連線的間距小，所以格外需要使用低電阻率的金屬，以避免發生時間延遲現象（RC delay）。

局部連線中使用的金屬包括 Ti 和 W，兩者皆可和 Si 形成矽化物（salicide），其電阻低於摻雜的 Si，可使電極與導線間形成良好的歐姆接觸。電晶體完成後，會先覆蓋一層介電薄膜，之後於電極的上方蝕刻出接觸洞（contact hole），並以物理氣相沉積法（physical vapor deposition，簡稱 PVD）製作 Ti 膜和 TiN 膜，再以化學氣相沉積法（chemical vapor deposition，簡稱 CVD）填入 W，這些薄膜的高度必會超出接觸洞口，所以接下來會採用乾式回蝕刻法或化學機械研磨法（chemical mechanical polishing，簡稱 CMP）來移除洞口以外的金屬，最終留下鎢栓塞（tungsten plug），作爲電晶體與後續線路間的導電橋梁。

在多層連線方面，於 1990 年代之前，主要使用 Al-Cu 合金，但連接 W 時還需要 Ti 作爲焊接層（welding layer），Al-Cu 導線的上方還需要覆蓋 TiN 膜作爲抗反射層（anti-reflective coating），以提升後續微影製程的解析度。TiN 膜還可以提供附著與阻擋的功能，因爲其他金屬接觸 Si 或 SiO_2 時，會擴散進 Si 或 SiO_2 之中，破壞其半導體或介電特性；有些金屬無法良好地附著在 SiO_2 上，也需要透過 TiN 連接彼此。若使用純 Al 作爲導線材料，流通的電子會持續撞擊 Al 的晶粒，使之產生遷移，嚴重時將導致斷路，此現象稱爲電遷移（electromigration）；若使用純 Cu，進行乾式蝕刻後將會產生低揮發性的銅化合物，所以較適合採取溼式蝕刻，但此法不能精確地控制線寬。因此，直至 1990 年代前，內連線的製作皆使用 Al-Cu 合金，當合金中的 Cu 含量愈高時，電阻率愈低，抵抗電遷移（electromigration）的能力愈強，但也愈難蝕刻。然而，進入 1990 年代後，由於 Cu 的 CMP 技術和雙鑲嵌製程（dual damascene process）陸續成熟，多層連線的材料隨即改成 Cu，這兩種技術搭配 Cu 的電鍍後，合稱爲 Cu 製程。由於 Cu 具有足夠低的電阻率，再加上低介電常數材料（簡稱爲 low k 材料）的使用，有效解決了時間延遲的問題，也避免了電遷移現象，使 IC 製程邁入嶄新的階段。但 Cu 容易擴散至 SiO_2 中，所以還會使用 Ta 或 TaN 作爲阻障層（barrier layer）。使用銅製程後，最終可在電晶體上方構築十多層連線，如同立體道路一般，完成封裝前的晶片製程。在內連線的製作過程中，最相關於電化學工程者包括銅電鍍與化學機械研磨，因此以下兩小節將分別描述其細節。

§7-2-1 銅電鍍製程

雙鑲嵌製程是指製作導線時使用溝渠和導孔同時鑲嵌的技術。如圖 7-6 所示，在鎢栓塞完成後，會將晶圓覆蓋氮化矽（SiN_x），之後沉積未摻雜的矽玻璃（undoped silicate glass，簡稱 USG）作爲介電層，其本質爲氧化矽，接著再重複鍍上 SiN_x 和 USG。接下來以微影蝕刻法在上層的 USG 先挖開渠道，並以上層的 SiN_x 作爲蝕刻阻擋層，之後再對下層的 USG 挖出導孔（via hole），相同地再以下層的 SiN_x 作爲蝕刻阻擋層。至此，在晶圓表面已經製作出介電層包圍的溝渠和導孔，待金屬塡入後，即可同時完成底層接點與上層導線，因而稱爲雙鑲嵌結構。此處的導孔是指兩層金屬間的連接口，前述的接觸孔則是指電晶體電極與第一層金屬的接口。導孔的深寬比通常較大，因此製作出無空洞（void-free）的金屬栓塞是晶片良率與可靠度的關鍵因素。在 IC 製程的發展中，曾使用過 PVD 和 CVD 製作金屬層，前者包含蒸鍍和濺鍍（sputterung），藉由此法可得到高純度的金屬層，但其階梯覆蓋（step coverage）不一定理想，在側壁高度大的結構上鍍膜容易出現缺陷；後者可利用反應前驅物在固體表面的擴散能力，而達到良好的階梯覆蓋，目前已廣泛用於 W 的沉積。對於 Cu 層的製作，採取 CVD 時必須使用含 Cu 的有機化合物作爲反應物，再通入 H_2 使 Cu 還原，但所需溫度必須達到 350ºC 以上，與其他材料不相容，之後開發的有機銅化合物雖然可在較低溫下進行反應，但 CVD 製得的 Cu 膜中通常含有些許雜質，不適合用於製作導線。

上述兩種乾式 Cu 膜製作技術各有缺點，用於製作 IC 導線皆面臨極大挑戰，但在電路板（PCB）的製程中，卻是採用水溶液電鍍的傳統技術來製作 Cu 膜。在水溶液中進行電鍍，可以不需要高溫與眞空環境，所以成本較低且可相容於其他材料，因此在 1990 年代後期，IC 生產線已開始採用電鍍 Cu 的技術。在 IC 製程中的鍍 Cu，主要使用 $CuSO_4$ 鍍液，並加入 H_2SO_4 作爲支撐電解質，晶圓以夾具連接電源的負極，另會放置一片純 Cu 作爲陽極，以組成電鍍系統。操作時，作爲陰極的晶圓會持續旋轉，電解液亦維持流動，Cu^{2+} 從陽極產生，並在陰極上消耗，理論上 Cu^{2+} 的濃度可維持穩定，無論採用定電壓或定電流操作，皆可簡易地控制鍍膜速率。

然而，欲在晶圓上電鍍 Cu，其表面必須具有導電性，但如前所述，此時的雙鑲

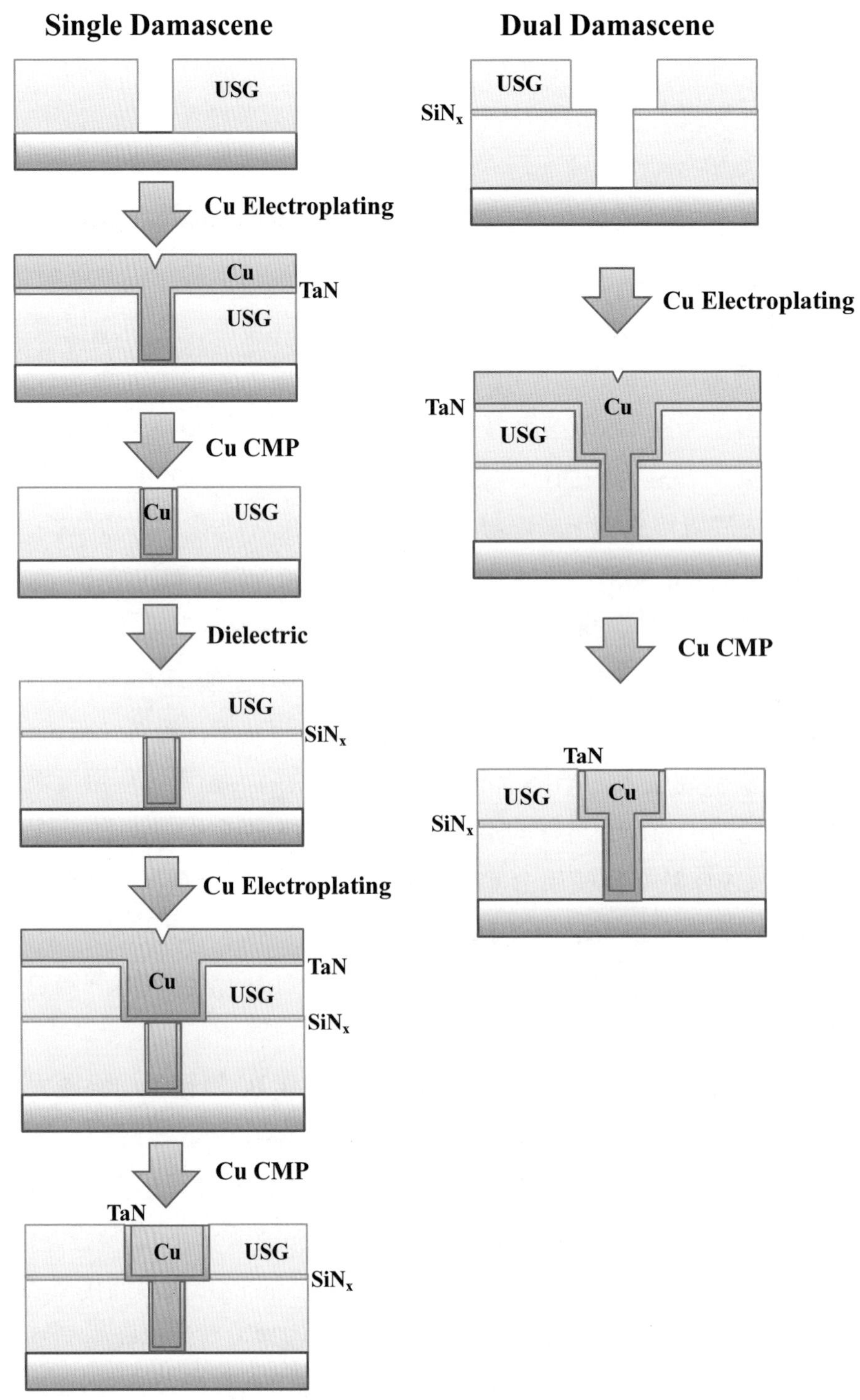

圖 7-6　單鑲嵌與雙鑲嵌製程

嵌結構的表面爲介電層，因此還要執行前處理才能電鍍 Cu。常用的方法是透過離子化金屬電漿系統（ionized metal plasma system），以濺鍍的方式沉積出階梯覆蓋度較好的薄層，其厚度約爲 50～200 nm，作爲電鍍 Cu 的晶種層（seed layer），之後將陰極的夾具接觸晶種層，即可進行填孔與填溝製程，所電鍍的 Cu 層必會超過介電層溝渠的高度，之後再藉由化學機械研磨移除多餘的 Cu，以完成本層導線製作。

如圖 7-7 所示，電鍍填孔的特別要求是不殘留空洞，必須由下至上（bottom-up）填充導孔，完成無空隙的超填充（superfilling）。若採用傳統的鍍 Cu 方法，在導孔開口處的沉積速率可能較快，電鍍後將形成懸凸（overhang）的狀態，使洞口快速封閉並留下內部空洞（void）；若使用似形性的電鍍方法（conformal plating），洞內

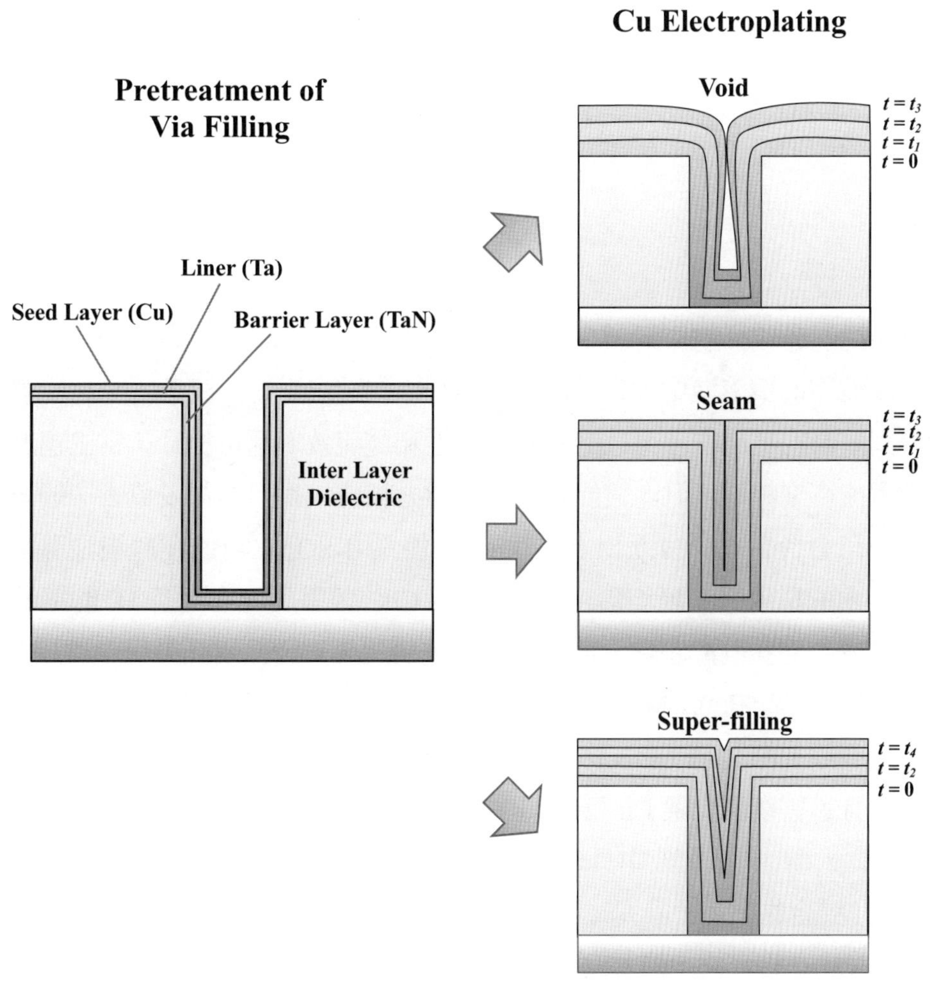

圖 7-7　電鍍 Cu 的填孔過程

的側壁與底部都以相同速率增厚銅膜，但最終仍可能留下隙縫（seam）。導致 Cu 沉積後形成空洞或隙縫的原因總計有以下幾項：

1. 當晶種層擁有缺陷時，Cu 膜成長勢必不均勻。
2. 孔洞內殘存空氣，在電鍍前並未去除。
3. 晶圓的表面呈現疏水性，使鍍液無法完全溼潤孔壁與孔底。
4. 孔口的沉積速度明顯快於孔底，使孔洞提前被鍍物封閉。
5. 電鍍時存在副反應，使孔內產生 H_2，並且被鍍物包覆。

因此，唯有預先潤溼表面，並從底部向上成長 Cu 膜，期間內避免副反應，才可以有效防止空洞和隙縫形成，目前已知的主要對策在於調整鍍液配方。一般的鍍液配方會包含以下幾類成分：

1. 主鹽 $CuSO_4$。
2. 支撐電解質 H_2SO_4。
3. 抑制劑。
4. 加速劑。
5. 平整劑。
6. Cl^-。

以下將分項說明各成分的作用。

用於超填充的電鍍液中，以 $CuSO_4$ 和 H_2SO_4 爲基底。當主鹽 $CuSO_4$ 的濃度提高時，會得到較高的電流密度，且溶液的導電性和電流效率都可提升；當主鹽濃度較低時，雖然電流密度較低，但均鍍能力和覆蓋能力較佳。爲了取得妥協，一般填孔時常用的鍍液中只會含有 0.5～1.0 M 的 $CuSO_4$。加入 H_2SO_4 之目的在於提升導電度，以協助電鍍槽內的電流分布更均勻，但 H^+ 會與 Cu^{2+} 競爭反應，而且 H^+ 的擴散能力比 Cu^{2+} 強，當填充的孔洞愈深時，愈容易劣化電鍍效果，因此填孔製程中添加的 H_2SO_4 比傳統電鍍低，必須在 0.1 M 以下。

此外還要添加抑制劑（suppressor）以降低鍍 Cu 速率，並加入 Cl^- 以促進抑制劑的吸附，而且還需要催化鍍 Cu 反應的加速劑（accelerator）和提升 Cu 膜品質的平整劑（leveler）。Cl^- 在電鍍液中具有三種作用，第一種是穩定 Cu^+，因爲 Cl^- 會與 Cu^+ 形成的 CuCl 錯合物，而 Cu^+ 是 Cu^{2+} 還原成 Cu 的重要中間物；第二種是協助抑制劑吸附，因爲 CuCl 錯合物中的 Cl 會吸附在銅層表面，Cu 則連接抑制劑，使抑制劑能緊密覆蓋於固體表面，進而阻擋 Cu 還原；第三種則是 CuCl 錯合物中的 Cu 也可以連接加速劑，促使加速劑取代覆蓋在表面的抑制劑，以協助 Cu 層形成。雖然 Cl^- 在電鍍過程中扮演重要角色，但其濃度不宜過高，否則鍍層中容易夾雜針狀的氯化物，降低金屬的純度；而且在適當的陽極電位下，Cl^- 還會導致 Cu 層的溶解，其反應步驟爲：

$$Cu + Cl^- \rightleftharpoons CuCl_{ads} + e^- \quad (7.16)$$

$$CuCl_{ads} + Cl^- \rightleftharpoons CuCl_2^- \quad (7.17)$$

其中$CuCl_{ads}$是指吸附在表面的一價錯合物，$CuCl_2^-$則是溶解狀態的一價錯合物，（7.16）式的反應較快，（7.17）式較慢。若施加適當的陰極電位時，也會形成吸附狀態的一價錯合物，但此反應進行得很慢：

$$Cu^{2+} + Cl^- + e^- \rightleftharpoons CuCl_{ads} \quad (7.18)$$

至此可發現 Cl^- 在電鍍過程中扮演多重角色，必須視環境與其他成分才能判斷其作用。

此外，鍍液中雖然同時存在抑制劑和加速劑，但兩者的分子尺寸有顯著差異，前者較大而不易進入導孔的深處，後者較小則易於擴散至底部，所以導致孔底的沉積速率高，孔口的沉積速率低，進而使整體電鍍成爲由下而上的程序，達成超塡充的效果。典型的抑制劑爲聚烷基二醇類高分子，常用的是聚乙二醇（polyethylene glycol，簡稱 PEG）。當 PEG 靠近表面時，會與已吸附的 Cl^- 連結，因爲 PEG 的分子較大而使質傳能力受限，通常只能附著在渠道的側壁與底部，以及導孔的洞口附近，迫使 Cu^{2+} 不易在此還原。

常用的加速劑則屬於磺酸鹽（sulfonate），例如 3-mercaptopropylsulfonate（簡稱 MPS）和其二聚體 bis-(3-sulfopropyl)disulfide（簡稱 SPS），這類分子相對較小，所以能更快速地擴散至孔底，使該處的鍍 Cu 速率增加，對照傳統電鍍技術，加速劑的作用與光澤劑（brightener）相同。

平整劑通常屬於含 N 的有機雜環化合物，分子中的 N 爲拉電子基（electron-withdrawing group），因此特別容易吸附在陰極 Cu 膜表面的凸起處，並會搶奪電子而還原，故可避免表面凸點成長，進而使薄膜平坦化，常用者爲聚乙烯亞胺（polyethylenimine，簡稱 PEI）或 Janus Green B，後者是一種活體染料，必須聯合 PEG 和 Cl^- 才能展現明顯的抑制效果。上述的抑制劑、加速劑和平整劑會互相競爭可吸附位置，其中以平整劑的吸附力最強，加速劑次之，抑制劑較弱，所以原本已吸附抑制劑的位置可能被加速劑取代，使表面成為鍍 Cu 的活化位置。

電鍍 Cu 的反應步驟中，從 Cu^{2+} 還原至 Cu 之前會先形成中間物 Cu^+：

$$Cu^{2+} + e^- \rightleftharpoons Cu^+ \tag{7.19}$$

$$Cu^+ + e^- \rightleftharpoons Cu \tag{7.20}$$

其中（7.19）式的正逆反應速率常數分別為 2×10^{-4} 和 8×10^{-3} mol/m^{2}s，（7.20）式的正逆反應速率常數分別為 130 和 4×10^{-7} mol/m^{2}s，所以可發現 Cu^+ 非常不穩定，變成 Cu 的趨勢比回復成 Cu^{2+} 更強。

通常在超填充鍍液中添加的加速劑只需要達到 ppm 等級的含量，而 Cl^- 則需要數十個 ppm 的濃度，因為 Cl^- 不只負責協助抑制劑附著，也要促進鍍 Cu，具有雙重功用。在鍍 Cu 的期間，MPS 會協助 Cu^{2+} 產生 Cu^+，而自身則氧化成 SPS，之後 SPS 又會還原成 MPS（如圖 7-8）。過程中生成的 Cu^+ 會與 MPS 或 SPS 形成硫醇化合物，也會被溶解的 O_2 氧化成 Cu^{2+}，但 Cl^- 的存在可以穩定 Cu^+，能使 Cu^+ 轉變成 CuCl 或 $CuCl_2^-$ 錯合物。若 Cu^+ 能在鍍液中維持穩定，MPS 或 SPS 即可與之形成磺酸鹽－氯化銅錯合物，此錯合物可以取代覆蓋在表面的 PEG，促進後續的 Cu 還原反應。

PEG 抑制劑在溶液中會抓住 Cu^+ 或 Cu^{2+} 而形成帶正電的冠醚錯合物，再與已吸附在 Cu 膜表面的 Cl^- 互相吸引，兩者相吸時 Cu^+ 和 Cl^- 會直接相連，並在足夠的負電位下還原成 Cu，若 PEG 抓住的是 Cu^{2+}，此時會先還原成 Cu^+，再進一步還原成 Cu。因此，在濃度足夠的 Cl^- 溶液中，PEG 如同漂浮般覆蓋在 Cl^- 吸附層上（如圖 7-8），而使 Cu^{2+} 難以接近電極表面，而且會抑制 Cu 膜的側向成長。此外，PEG 的分子量也會影響填孔效果，當分子量增大時，所形成的吸附物也較大，抑制電鍍的效果較強，較易發生底部向上的超填充機制；但分子量太大時，反而會阻礙加速劑的運作，降低超填充的機率，所以一般會使用分子量介於 6000～8000 的 PEG 作為電鍍抑制劑。

對於前述的電鍍填孔程序，目前有兩種機制被提出，分別為表面縮減模型（surface-contraction model）和輸送限制模型（transport limitation model），兩者都牽涉

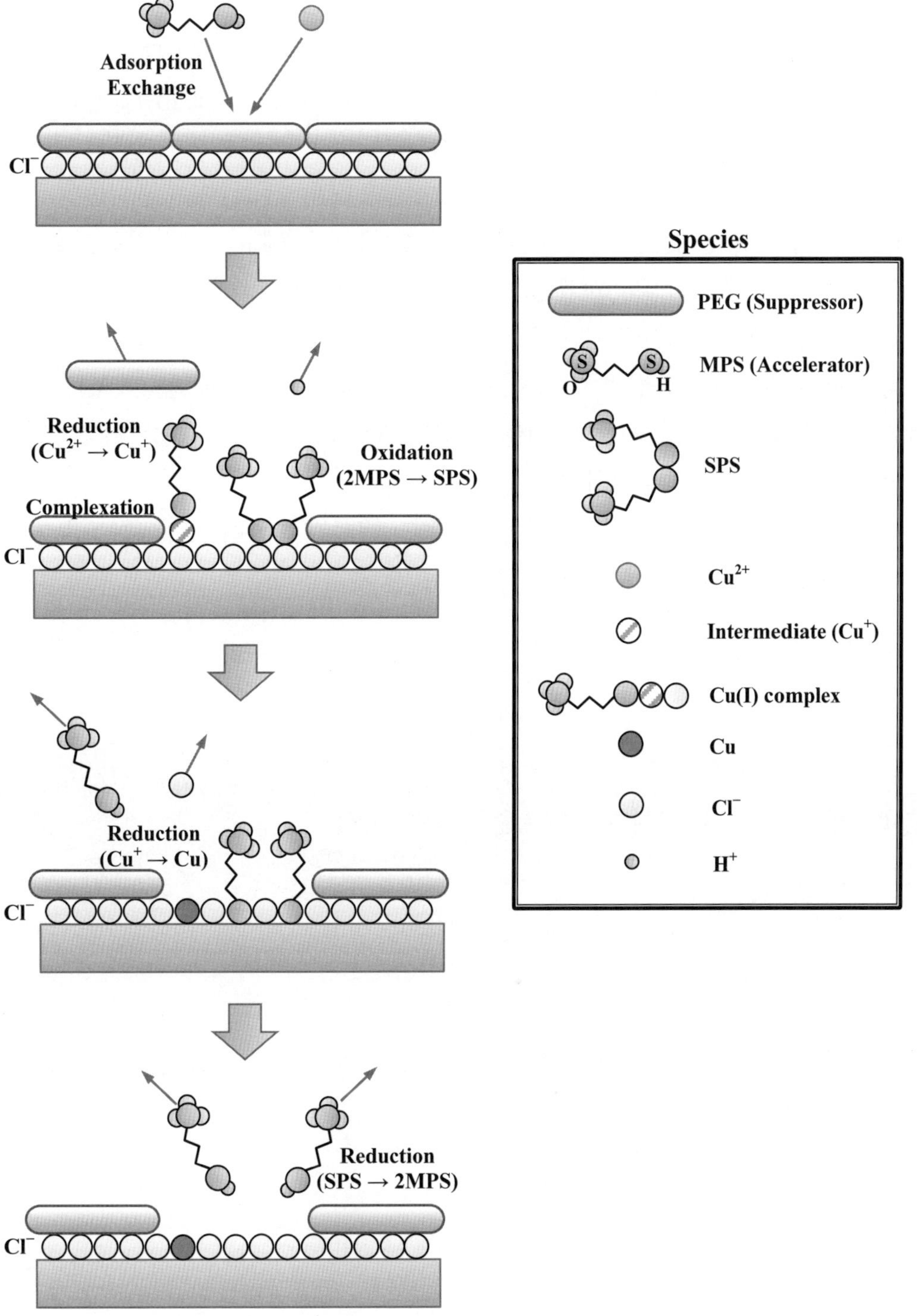

圖 7-8　電鍍 Cu 中抑制劑與 Cl^- 的相互作用

到加速劑與抑制劑的吸附競爭，尤其當一個凹陷的表面逐漸析出鍍膜後，其表面積將會縮小，可吸附量亦隨之降低。對於表面縮減模型，由於加速劑的吸附力強於抑制劑，所以表面積變小後，加速劑占據的機率增大，在表面曲率較大處更明顯，因而使此區的沉積速率較大；對於輸送限制模型，大分子的抑制劑比加速劑更慢進入導孔或溝渠的底部，一方面的原因是抑制劑的擴散係數較小，一方面則因爲導孔側壁的吸附會阻礙其他抑制劑往內擴散，所以底部的沉積速率較大，而且在底部的角落處，抑制劑更難到達，因此角落的沉積速率最大。無論採用何種機制，一個方形溝渠的底部角落具有最大曲率，所以此處的沉積速率最快，隨著鍍層成長，曲率最大的位置將轉移到溝底的中央，終而形成由下往上的填充效果。

當鍍液中加入強氧化劑後，MPS 或 Cu^{+} 都會被氧化，加速劑的效果因而衰減。可用的氧化劑包括 O_2 或 O_3，它們到達溝渠的頂部即被消耗，所以此處的加速劑無法生效，也代表只有底部的沉積能被促進。

抑制劑的質傳限制可使用擴散模型來解釋，假設在擴散層內沒有對流現象，則在穩定態下，Cu^{2+} 的濃度 c 和抑制劑 S 的濃度 c_S 皆滿足：

$$\nabla^2 c = 0 \tag{7.21}$$

$$\nabla^2 c_S = 0 \tag{7.22}$$

在電極表面上，Cu^{2+} 和抑制劑 S 的濃度還必須滿足：

$$i = 2FD\nabla c \tag{7.23}$$

$$c_S = 0 \tag{7.24}$$

其中 D 是 Cu^{2+} 的擴散係數，i 是電鍍反應的電流密度，可用 Tafel 方程式描述，而（7.24）式代表抑制劑在表面被消耗殆盡。若擴散層的厚度爲 δ，則在擴散層與主體溶液（bulk）交接處，

$$c = c^b \tag{7.25}$$

$$c_S = c_S^b \tag{7.26}$$

其中 c^b 和c_S^b爲兩者的主體濃度。之後可用數值方法求解上述方程式，得到塡孔過程中的濃度分布。若欲探討暫態的變化，可先假設抑制劑 S 的吸附速率遠大於擴散速率，但加速劑 A 的擴散速率遠大於吸附速率，且 S 和 A 交換吸附的速率慢於 A 的吸附速率。對於一個高深寬比的導孔，還可假設塡洞的過程中徑向的變化遠小於深度的變化，所以原本的二維分布可簡化成一維分布。因此，抑制劑 S 的質量均衡可表示爲：

$$\frac{\partial c_S}{\partial t}=D_S\frac{\partial^2 c_S}{\partial z^2}-\frac{2}{R}[k_S c_S(1-\theta_S-\theta_A)-k_{ex}c_A\theta_S] \tag{7.27}$$

其中 D_S 和 k_S 是 S 的擴散係數和吸附速率常數，k_{ex} 是 S 和 A 交換吸附的速率常數，R 是導孔的半徑，θ_S和θ_A是 S 和 A 的吸附覆蓋率。因爲加速劑 A 的擴散速率很快，爲了簡化模型，可直接假設導孔內外的濃度 c_A 皆相同，得以視爲定値，所以（7.27）式中只剩下 c_S、θ_S和θ_A是待解變數，因此還需考慮吸附均衡：

$$\Gamma_S\frac{\partial \theta_S}{\partial t}=k_S c_S(1-\theta_S-\theta_A)-k_{ex}c_A\theta_S \tag{7.28}$$

$$\Gamma_A\frac{\partial \theta_A}{\partial t}=k_A c_A(1-\theta_S-\theta_A)+\frac{\Gamma_A}{\Gamma_S}k_{ex}c_A\theta_S \tag{7.29}$$

其中Γ_S和Γ_A是指 S 和 A 的吸附當量，因爲 S 的分子大於 A，故$\Gamma_S>\Gamma_A$，而 k_A 是 A 的吸附速率常數。上述三個微分方程式必須滿足總電流密度 i_T 的邊界條件：

$$i_T=i_{0S}\theta_S\exp(\frac{\alpha_S F\eta}{RT})+i_{0A}\theta_A\exp(\frac{\alpha_A F\eta}{RT})$$
$$+i_{0M}(1-\theta_S-\theta_A)\exp(\frac{\alpha_M F\eta}{RT}) \tag{7.30}$$

其中 i_0 與 α 分別代表交換電流密度與轉移係數，下標 M 表示 Cu。此外，隨著塡孔程序的進行，孔內的總表面積 $A(t)$ 將會逐漸縮減，此效應也需考慮，最終再利用數値方法，即可求得暫態的塡孔變化。

除了考慮鍍液中各成分的質傳與反應，鍍液本身的流動也會影響沉積的效果。尤其晶圓中超過數十萬個導孔皆需均勻地完成塡充，所以需要控制流動才能達成，但流動模式相關於電鍍槽的型態。一般用於孔洞塡充的電鍍槽包括槳式槽（paddle cell）和噴流槽（fountain cell），前者的晶圓垂直液面放入槽中，兩極之間設置一片槳板（如圖 7-9(a)），操作時會往復運動使電鍍液流向陰極，以得到可控制的層流（laminar flow）狀態；後者的晶圓則會水平放置並連接旋轉馬達，電鍍液從軸心注入電鍍槽（如圖 7-9(b)），因此在陰極表面的流動模式類似旋轉盤電極（rotating disc electrode），此類系統經常使用於電化

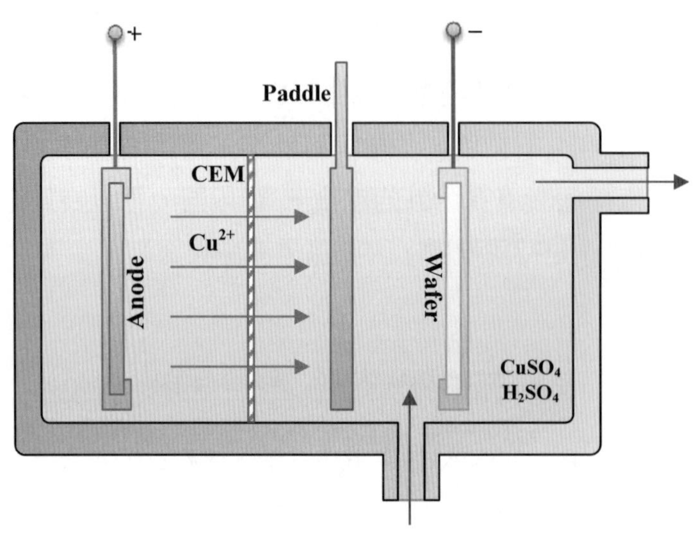

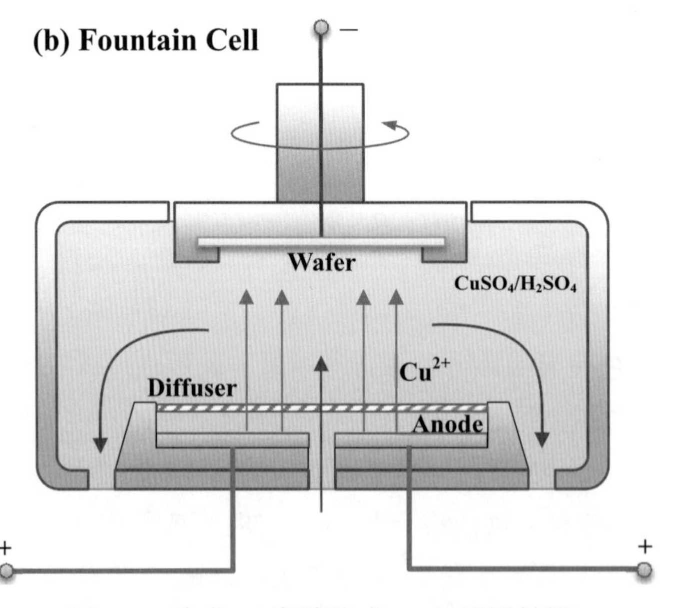

圖 7-9 槳式 (a) 與噴流式 (b) 晶圓電鍍槽

學分析中，也屬於可控制的流動模式。有時爲了配合電鍍填孔的圖案分布，還會在兩極之間安置擴散板（diffuser），板上擁有特殊的開孔，藉以調整 Cu^{2+} 之局部濃度梯度，提升極限電流密度，並改善晶圓表面鍍層的均勻性。由前述已知，欲完成超填充，需要添加特殊的試劑，但這些試劑不能與陽極接觸，否則會被分解，因此兩極之間還需要放置隔離膜，允許陽極產生的 Cu^{2+} 通過，但其他添加劑不能穿越，常用的材料爲 DuPont 公司開發的 Nafion 全氟磺酸聚合物薄膜，也稱爲陽離子交換膜（cation exchange membrane，簡稱 CEM）。

在電性控制方面，從（7.30）式可得知電流密度對吸附與反應的影響，所以可採用控制電位或電流的操作模式進行電鍍。在已開發的超填充方法中，常使用週期性的脈衝電位法（如圖 7-10），在每個週期內，有一段時間進行陰極極化，亦即施以負電位，有另一段時間進行陽極極化，亦即施以正電位，可使鍍物沉積又溶解，以提升鍍層的品質，有時還會加一段關閉時間，不施加電位，以等待反應物擴散，三段時間的比例亦爲操作的參數。此外，還需考慮整片晶圓的均鍍性，所以有時會放置檔板，消除邊緣原本出現的電流集中現象，使各區的電流能平均分布。其他關於電鍍的操作條件可參考 4-2 節。

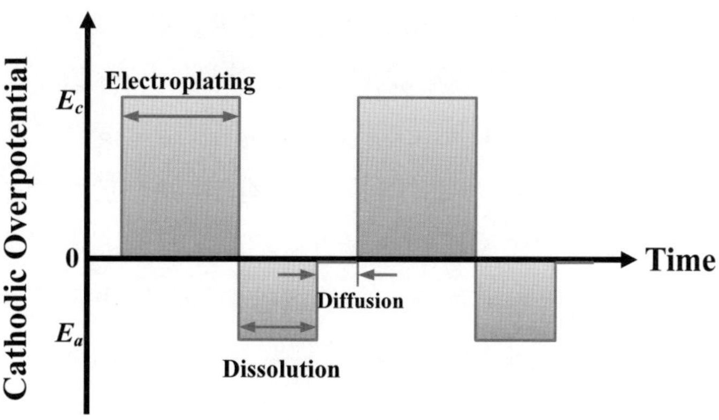

圖 7-10　電鍍中的電位控制模式

§ 7-2-2 化學機械研磨

半導體晶片在微縮的發展過程中，所需的內連線層數逐步增加，若以精度不高的製程進行生產，晶圓表面的起伏將會很大，使後續堆疊的薄膜產生不佳的階梯覆蓋。尤其對於金屬薄膜，當結構中的側壁無法完整覆蓋或沉積厚度不足時，將會導致直接斷線，或由電遷移造成的間接斷線，致使元件失效。以往爲了解決表面起伏的問題，曾經開發出熱流動或回蝕刻等方法，但都只能達到局部性平坦化。對於閘極線寬縮小到 0.35 μm 以下的元件，每一層連線皆需要全面性的平坦化，才能使下一層的薄膜沉積與微影得以維持良率，因此必須對每一層連線進行化學機械研磨（CMP）。因爲在局部平坦化的表面上仍然存在階梯，經過下一層的金屬沉積後，階梯側壁處通常較薄，將會產生較大的局部電阻；之後塗佈光阻並進行曝光顯影時，爲了避免低處的光阻無法曝光顯影，反而會導致高處的光阻過度去除，產生關鍵尺寸損失（CD loss）；而且進行蝕刻時，階梯側壁容易出現殘留物，所以常需要更長時間的過蝕刻，其缺點是導致底層薄膜的厚度損失。但採用 CMP 後，可以達到全面性平坦而不留下階梯，故能避免後續的製程困難。約於 1990 年代中期，CMP 製程已經獲得廣泛使用，當時已可用於磨除介電層和鎢（W）；但進入 1990 年代的後期，更重要的應用出現在 Cu 製程，因爲雙鑲嵌製程被引進生產線，除了填充製程以外，過度覆蓋的 Cu 材料（overburden Cu）必須被移除，移除後還需要產生平坦性，因此採用了 Cu CMP 製程。2014 年後，電晶體的閘極寬度逐步微縮到 14 nm 以下，除了製程問題需要解決，材料問題亦需要突破，但預計縮小到 5～7 nm 時，元件的散熱能力與載子穿隧效應將會形成障礙。此外，另一項阻礙晶片微縮的來源在於內連線，因爲元件密度增加時，導線的數量增加，相鄰導線的間隔也將縮小，且介電層的厚度需要增厚，所以導線的電阻和導線間的電容必將增大，最終導致可觀的時間延遲現象。因此，即使在 Cu 製程實行了 20 年後，未來的 Cu CMP 仍將面臨很大的挑戰。

執行 CMP 的系統如圖 7-11 所示，底座是一個可旋轉的大平台，平台上必須安置研磨墊（pad），待加工的晶圓則被另一個較小的旋轉載具夾住，將晶圓的表面正對研磨墊並由上往下施壓；但也有一種系統的底座是線性移動的輪帶，輪帶上亦安置了研磨墊。兩種系統操作時，都會注入研磨漿料（slurry），有的裝置是從平台上方滴入漿料，在平台旋轉時滲入晶圓與研磨墊之間隙；另有裝置則從研磨墊的下方流入，再穿透研磨墊中的微孔，到達晶圓與研磨墊間的空隙，但無論採用何種注入模式，使

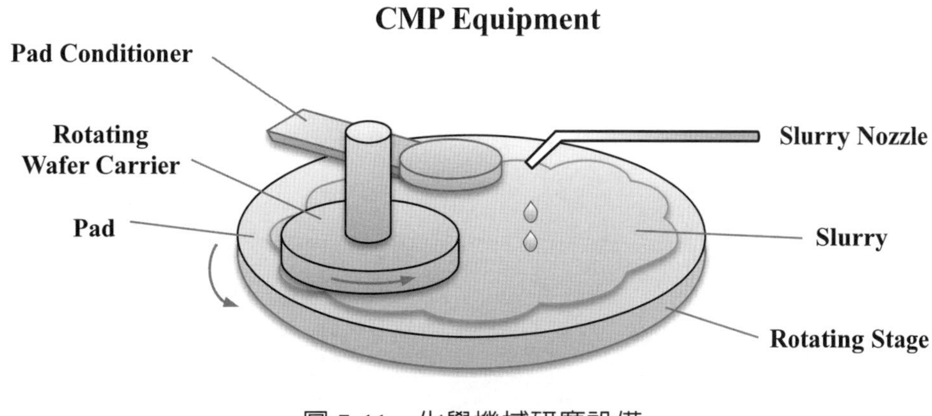

圖 7-11　化學機械研磨設備

用過的漿料皆需排出。研磨墊對 CMP 的良率具有關鍵性的影響，通常是由多孔的彈性高分子材料構成；晶圓載具上也需要使用橡膠材料，以避免晶圓加壓時變形，研磨墊與晶圓載具間的壓力 p 將會決定 CMP 中的一部分機械作用。另一部分機械作用則來自於晶圓載具相對於研磨墊的移動，兩者的相對速度 $\Delta\mathbf{v}$ 將會影響摩擦力的大小。總結其機械作用，可以簡化地使用 Preston 方程式來描述材料移除速率 R：

$$R = K_P p \Delta\mathbf{v} \tag{7.31}$$

其中的 K_P 稱為 Preston 常數。然而，Preston 方程式過於簡略，無法有效描述 CMP 的效果，尤其是化學作用的影響。

CMP 中的化學作用主要來自於研磨漿料對移除材料的反應，漿料中除了溶劑還包含研磨粒子（abrasive）、氧化劑、錯合劑、緩衝劑、腐蝕抑制劑、粒子穩定劑、界面活性劑和其他添加劑，依據欲去除的材料種類，研磨漿料可分為金屬 CMP 型與非金屬 CMP 型，前者主要針對 W 和 Cu，後者則針對介電層。

前述的機械作用中，有一部分來自於研磨墊與晶圓載具間的加壓，而在漿料中的研磨粒子在加壓時會輔助材料移除，因為這些研磨粒子具有高硬度，可刮除突起的材料或特定的材質，常用者包括 SiO_2 和 Al_2O_3。金屬 CMP 的化學作用主要由氧化劑和緩衝劑控制，目前已廣泛接受的機制包含兩個步驟（如圖 7-12），第一步是由氧化劑和金屬反應，且在緩衝劑調節 pH 值的情形下，金屬表面會形成氧化物而非產生陽離子，因為產生陽離子的過程充滿隨機性與等向性，可能使表面變得更粗糙，但形

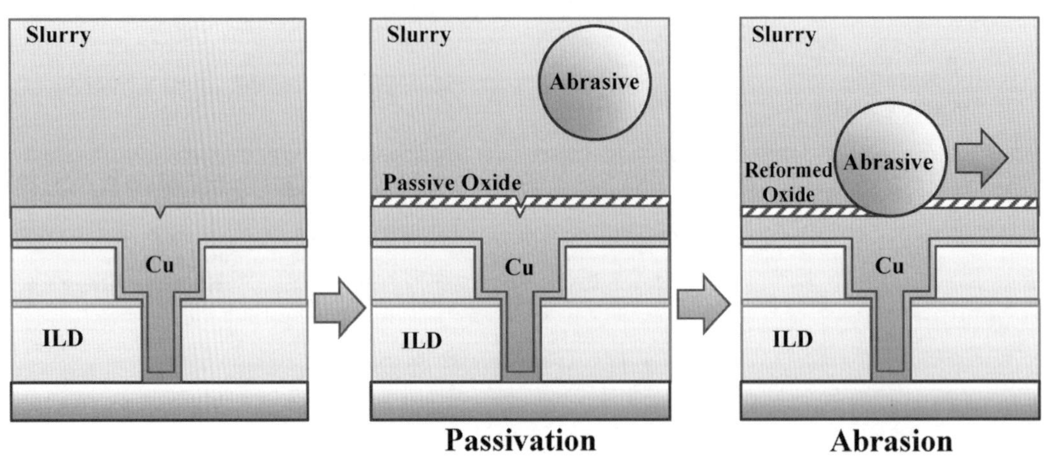

圖 7-12 化學機械研磨的機制

成氧化物卻可以均勻覆蓋在金屬的所有表面；第二步則由外部壓力與研磨粒子共同作用，以刮除表面的軟質氧化層，直至金屬重新暴露於漿料中，之後又會回到第一步。如此反覆進行後，金屬層將逐漸變薄，而且留下的表面具有更平坦的形貌。

基於上述 CMP 原理，氧化劑將扮演重要的角色，其標準電位必須正於金屬形成氧化物的電位，才能自發性地進行反應，故其原理相當於金屬腐蝕，但在 CMP 中，傾向以氧化物作爲反應產物。爲了控制反應產物，從熱力學關係建立的 Poubaix 圖將成爲有用的工具。在 Cu CMP 中，可參考圖 7-13 所示的 $E-$pH 圖，從中可發現沒有外加電位下，約於 pH = 8～12 之間，可形成氧化物 Cu_2O。

早期開發的 Cu CMP 漿料中，加入了 HNO_3 作爲氧化劑，其中的 H^+ 和NO_3^-都可以促進 Cu 氧化，但在酸性環境中，氧化產物傾向成爲 Cu^{2+}，無法形成固態氧化膜，所以主要透過溶解反應移除 Cu。相關研究顯示，對晶圓加壓產生機械作用時，不會促進 HNO_3 的溶解反應，反而會導致產物質傳速率受限。使用此配方可以提高 CMP 移除速率，因爲 HNO_3 能夠快速溶解 Cu，但卻不會產生良好的平坦性，而且在 CMP 的後期會導致嚴重的碟形化（dishing）現象，亦即洞口的金屬表面凹陷，低於洞口的側壁位置，因而破壞原本的超填充狀態，所以近期的 CMP 製程中已不再使用 HNO_3 作爲氧化劑。

CMP 的表面化學反應與腐蝕類似，可將全反應分解成金屬氧化和氧化劑還原兩

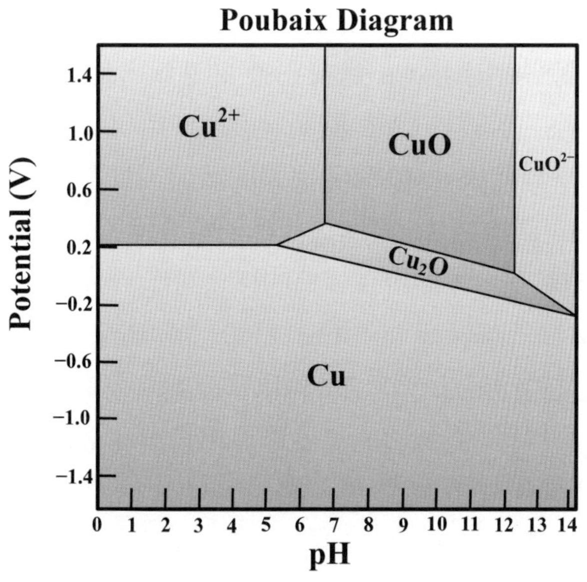

圖 7-13　Cu 的 E－pH 圖

個半反應，以 Cu 在 H_2O_2 中的反應爲例，其全反應、陽極反應和陰極反應分別爲：

$$Cu + H_2O_2 \rightarrow CuO + H_2O \tag{7.32}$$

$$Cu + 2OH^- \rightarrow CuO + H_2O + 2e^- \tag{7.33}$$

$$H_2O_2 + 2e^- \rightarrow 2OH^- \tag{7.34}$$

其中（7.33）式的標準電位爲$E_a^\circ = -0.262$ V，（7.34）式爲$E_c^\circ = 0.878$ V，即使再從 pH 值修正兩者的電位後，仍能發現 H_2O_2 的電位正於 Cu，所以可推論（7.32）式屬於自發反應。若欲改成其他的氧化劑，也可依據此標準來判斷氧化劑的適用性。表面反應進行時，兩個半反應皆發生在混合電位 E_{mix}（mixed potential）下，這時（7.33）式的氧化電流爲 I_a，（7.34）式的還原電流爲 I_c，兩者將會抵銷，亦即 $I_a = I_c = I_{chem}$，不會對外輸出電流。再藉由法拉第定律，可從 Cu 的氧化電流 I_a 估計出化學移除速率 $\mathbf{v}_{chem}$：

$$\mathbf{v}_{chem} = \frac{\Delta h}{\Delta t} = \frac{MI_{chem}}{\rho AnF} \tag{7.35}$$

其中Δh為金屬薄膜的厚度變化，Δt 為反應時間，M 與 ρ 為金屬的原子量與密度。在此需注意，化學移除速率僅指 Cu 轉成 CuO 的速率，而 CuO 仍覆蓋在 Cu 膜的表面，尚需機械力量移除，若假設 CMP 期間，機械作用只會刮除氧化物，且能全部移除，則此速率可以粗略地代表 CMP 移除速率。然而，實際的情形仍需藉由聚焦離子束（focused ion beam，簡稱 FIB）與穿透式電子顯微鏡（transmission electron microscope，簡稱 TEM）來觀測，才能得到確切的移除速率。

但因 FIB 和 TEM 屬於離線型（off-line）的破壞性測量，為了能在線上（in-line）分析，還可採用線性電位掃描法，以求得輸出電流對輸入電位的變化關係。假設混合電位 E_{mix} 與（7.33）式和（7.34）式的反應電位相差 100 mV 以上，則可依據 Butler-Volmer 動力學分別得到兩式的電流對電位關係：

$$\frac{I_a}{A_a} = i_{0a} \exp\left(\frac{E - E_a}{\beta_a}\right) \tag{7.36}$$

$$\frac{I_c}{A_a} = i_{0c} \exp\left(-\frac{E - E_c}{\beta_c}\right) \tag{7.37}$$

其中 A_a、i_{0a}、E_a 和 β_a 分別對應（7.33）式的反應面積、交換電流密度、反應電位和 Tafel 斜率，A_c、i_{0c}、E_c 和 β_c 則對應（7.34）式，Tafel 斜率的定義可參考（5.47）式和（5.48）式。已知在 $E = E_{mix}$ 時，$I_a = I_c = I_{chem}$，所以有淨電流輸出時，所測得的電流 I 將為：

$$I = I_{chem}\left[\exp -\left(\frac{E - E_{mix}}{\beta_c}\right) - \exp\left(\frac{E - E_{mix}}{\beta_a}\right)\right] \tag{7.38}$$

此式的電流與電位關係可繪製於 Evans 圖中，簡單地表示成 V 形的折線，折點的電流即為 Cu 膜消耗電流 I_{chem}，電位即為混合電位 E_{mix}。在上述理論中，還沒有考慮到添加劑的效應，但加入抑制劑或加速劑後，仍可快速地從 Evans 圖中觀察到變化，代表 CMP 的研發工作可以借助腐蝕理論來深入探討，其餘的腐蝕原理與現象可參考第 5 章。

由（7.32）式可知，鹼性的 H_2O_2 溶液可以協助 Cu 形成鈍化層，因此 H_2O_2 取代 HNO_3 而成為 Cu CMP 漿料中的主要成分。若將 pH 值適當控制，Cu 表面的鈍化層應為 Cu_2O；此時若再加入甘胺酸（glycine，$H_2N\text{-}CH_2COOH$）作為錯合劑，則可使鈍化層的結構鬆散，更易被機械力量刮除。鈍化層的結構密度還與 H_2O_2 的濃度有關，當 H_2O_2 的濃度愈高時，鈍化層愈厚且愈緻密，反而會降低 Cu 層的移除速率。在防蝕工程中，對 Cu 常會使用一種緩蝕劑 BTA（benzotriazole，苯並三唑），當溶液中存在 O_2 時，附著於 Cu 層的 BTA 會反應成一價 Cu 的錯合物（CuBTA），且 BTA 中的 N 原子會與表面的 Cu 配位，垂直且緊密地覆蓋在 Cu 層上，因而減緩 Cu 層的溶解速率，一般的 Cu CMP 漿料中也會加入 BTA 以調節移除速率。此外，鹼性的 H_2O_2 溶液對於 W 的移除速率比 Cu 慢，因為 W 的表面會先形成 WO_3，再進一步氧化成硬質的 WO_2，使後續的移除變慢。

另需注意，（7.34）式的反應還可分解成數個步驟，特別當漿料中含有 Fe^{2+} 或其他過渡金屬離子時，容易透過 Fenton 效應而生成 ·OH 自由基。此自由基的氧化力比 H_2O_2 分子更強，除了會與 Cu 反應以外，也會與漿料中的有機雜質反應。由於 H_2O_2 會持續自分解，含有 H_2O_2 的漿料將無法擁有足夠長的存放壽命。目前已知的解決方案是添加穩定劑，以隔離漿料中的金屬離子和 H_2O_2，但這些穩定劑也會減緩 Cu 的反應速率；另一種方案則是提高 H_2O_2 的濃度，事先預估分解速率，在濃度低於標準前隨即進行更換。漿料中含有金屬離子雖然會分解 H_2O_2，但也會明顯催化 Cu 層的溶解，因為過程中產生了 ·OH 自由基。即使漿料經過純化，假設在操作前不含金屬離子，但一經使用後，Cu 層表面的擴散層必會充斥 Cu^{2+}，這些陽離子將扮演催化劑，協助分解 H_2O_2 以產生 ·OH 自由基，並再進一步加速 Cu 層溶解。因此，有些漿料的配方中會刻意加入 $Cu(NO_3)_2$，以控制移除速率，而不是防止 H_2O_2 分解，這些成分可分別注入研磨墊與晶圓間，在反應的當下才混合。另一種防止 H_2O_2 分解的方式是加入尿素（urea，H_2NCONH_2），其胺基上的 H 與 H_2O_2 分子中的 O 可以建立氫鍵，因而能結合成更穩固的分子，目前已用於牙醫中的漂白與消毒，在 CMP 製程中也能展現比 H_2O_2 溶液更好的效果。

另有一種氧化劑 $Fe(NO_3)_3$ 也可以和 Cu 反應：

$$Fe^{3+} + Cu \rightarrow Fe^{2+} + Cu^{+} \quad (7.39)$$

因為 Fe^{3+} 在酸性溶液中比較穩定，所以也有一些漿料配方中使用了 pH 值低於 4 的 $Fe(NO_3)_3$ 溶液，而非鹼性的 H_2O_2 溶液。然而，酸性環境無法使 Cu 產生表面鈍化層，為了達到平坦化的目標，還必須加入腐蝕抑制劑，例如 BTA，以減緩等向性的溶解反應。此外，$Fe(NO_3)_3$ 漿料還可以提供良好的選擇性，尤其當 CMP 進行到阻障層或介電層露出時，Cu 和 Ta 或 SiO_2 必須同時被研磨，選擇率良好的配方才不會導致孔口碟形化。酸性的 $Fe(NO_3)_3$ 漿料也可用於 W CMP，由於 W 比 Cu 容易形成鈍化層，所以酸性環境中仍可生成 WO_3 或 $FeWO_4$，故可呈現良好的平坦性。有一些漿料會同時添加 $Fe(NO_3)_3$ 和 H_2O_2，因為其中的 Fe^{3+} 除了作為氧化劑，還可扮演催化劑，以提供更高的移除速率。然而，IC 製程中愈來愈重視金屬的汙染，故使這類含 Fe 的原料受到使用限制，其他常用的強氧化劑如 $KMnO_4$ 或 $K_2Cr_2O_7$ 也有類似的顧慮，而且這些強氧化劑會直接將 Cu 溶解成 Cu^{2+}，不傾向形成鈍化層，使用時必須搭配 BTA。

在 CMP 的期間，化學溶解與機械磨除會同時作用，使表面充斥破碎的材料或溶解的陽離子，這些碎屑與離子可能會沉澱，必須加以排出。為了促進 CMP 產物之移除，添加錯合劑是一種簡易的方法。以 Cu CMP 為例，有多種錯合劑可以使用，但需注意漿料中的 pH 與操作溫度，以確保錯合作用能夠發生。有一些錯合劑甚至會改變表面鈍化層的結構或組成，也會影響表面吸附特性。事實上，水分子本身也屬於一種錯合劑，或稱為配體，所以陽離子在水溶液中必會出現水合現象（hydration），亦即離子被多個水分子包覆。水合現象是溶劑化現象（solvation）的一個特例，若漿料中不含水而採用有機溶劑，陽離子的溶解則稱為溶劑化。當添加的錯合劑具有更強的鉗合力時，這些錯合劑將會取代水分子而包圍住陽離子，以組成錯合物（complex）。也由於錯合劑具有強鉗合力，可使陽離子穩定地溶解在溶液中，因而難以沉澱。以 Cu^{2+} 為例，當溶液中存在 NH_3 時，則易與六個 NH_3 分子配位，而形成$Cu(NH_3)_6^{2+}$的正八面體型錯合物；當溶液中存在乙二胺（ethylenediamine，$H_2N(CH_2)_2NH_2$）時，則易被三個乙二胺分子鉗合，而形成$Cu(H_2NCH_2CH_2NH_2)_3^{2+}$的正八面體型錯合物。

當水溶液中加入 NH_3 後，還會產生NH_4^+和 OH^-，使溶液偏向鹼性。在 Cu CMP 期間，表面會形成氧化物，而 NH_3 分子會接近氧化物，並與 Cu 配位鍵結，促使 Cu 與 O 斷鍵，最終形成$Cu(NH_3)_6^{2+}$錯離子和 OH^-，所以 NH_3 可溶解 CuO。若改用胺基酸（amino acid）作為錯合劑，與 Cu 產生錯合物的生成常數（formation constant）比 NH_3 更大。由於胺基酸的基本形式為 $RCH(NH_2)COOH$，其中 R 為烷基，所以兩個胺基酸根可以和 Cu 形成錯合物，錯合物中是由胺基中的 N 和羧酸中的 O 與 Cu 配位，但在偏酸性的環境中不易配位。前述的甘胺酸（glycine）即為一種常用於 CMP 漿料的錯合劑，尤其當漿料中的氧化劑為 H_2O_2 時，甘胺酸會協助 H_2O_2 分解而產生 ·OH 自由基，因而能大幅提升移除速率，而且甘胺酸的生成常數很大，即使 pH 降至 2，仍能展現錯合能力，但前述的乙二胺在 pH = 2 時將會氫化，繼而失去錯合能力。

除了胺基酸以外，其他的有機酸也被嘗試用於 CMP 漿料中，因爲某些有機酸也會與 Cu 形成錯合物，其原理與胺基酸相似，負責配位鍵結 Cu 的是羧酸基中的 O 和鄰近的拉電子基，例如胺基中的 N 或羥基中的 O。然而，這類有機酸在強酸與強鹼的環境中不具錯合能力，因爲無法形成酸根，或無法與氫氧化物的生成競爭，所以通常的適用範圍介於 pH = 4～7。若繪製出包含有機酸的 Cu-H_2O 之 E-pH 圖，則可清楚發現可溶性的區域擴大，鈍化的區域縮小，因此添加錯合劑有利於移除鈍化物。

上述說明主要解釋 CMP 中的化學作用，但加入機械作用之後，也會導致化學特性的改變，因爲施加應力後，會促進金屬腐蝕。對於金屬薄膜，可透過開環電位（open circuit potential，簡稱 OCP）的測量來分析 CMP 的機械效應，測量中有一段期間施加應力，有一段時間不施加應力，透過兩者的 OCP 差異，即可推測機械效應。以 Cu CMP 爲例，若只使用緩衝溶液控制漿料的 pH 值，則可清楚發現研磨的變化。在強酸中，根據 Cu 的 E-pH 圖，可判斷氧化後會形成 Cu^{2+}，此時加以研磨並不會導致混合電位 E_{mix} 和反應電流 I_{chem} 出現很大的變化；但在鹼性環境中，E-pH 圖顯示出的穩定物種爲 Cu_2O 或 CuO，所以表面經過研磨後，氧化物將被刮除而露出 Cu 金屬，此時若停止研磨，可發現 OCP 開始負移，因爲表面會自發性地生成氧化膜。從電位掃描實驗亦可發現，此時的 E_{mix} 會正移，且 I_{chem} 會明顯減小，其原因也是由於研磨時氧化膜被刮除，停止研磨後表面重新被氧化膜覆蓋。若以 Evans 圖簡單表示強酸與鹼性環境中的電流－電位關係（如圖 7-14），在沒有其他氧化劑之下，還原半反應皆爲：

$$O_2 + 4H^+ + 4e^- \rightleftharpoons 2H_2O \tag{7.40}$$

其平衡電位 E_c 可依 Nernst 方程式而表示爲：

$$E_c(\mathrm{V}) = 1.23 - 0.059pH + 0.0147\log a_{O_2} \tag{7.41}$$

其中a_{O_2}爲 O_2 的活性。由（7.41）式可發現，當 pH 增加時，Evans 圖中代表陰極的直線會下移，但斜率不變。另一方面，在強酸中的氧化反應爲：

$$\mathrm{Cu} \rightleftharpoons \mathrm{Cu}^{2+} + 2e^- \tag{7.42}$$

對應的平衡電位 E_a（單位為 V）可表示為：

$$E_a = 0.337 + 0.0295 \log a_{Cu^{2+}} \tag{7.43}$$

但在鹼性溶液中，無研磨時的氧化反應為：

$$\mathrm{Cu_2O} + \mathrm{H_2O} \rightleftharpoons 2\mathrm{CuO} + 2\mathrm{H}^+ + 2e^- \tag{7.44}$$

對應的平衡電位 E_a（單位為 V）可表示為：

$$E_a = 0.669 - 0.0591pH \tag{7.45}$$

但有研磨時，可露出 Cu 金屬，使氧化反應成為：

$$2\mathrm{Cu} + \mathrm{H_2O} \rightleftharpoons \mathrm{Cu_2O} + 2\mathrm{H}^+ + 2e^- \tag{7.46}$$

對應的平衡電位E_a'（單位為 V）可表示為：

$$E_a' = 0.471 - 0.0591pH \tag{7.47}$$

比較（7.45）式和（7.47）式，可發現無研磨時 Evans 圖中代表陽極的直線偏向正電位，在圖中位於較上方，因此可證明研磨後 E_{mix} 負移且 I_{chem} 增大（如圖 7-14），表示機械作用除了對材料施加應力外，還可以促進材料溶解。

為了更進一步估計 CMP 中的移除速率，必須再探討化學與機械作用的動力學。假設 CMP 的漿料中已包含氧化劑 O、抑制劑 I、錯合劑 L 和研磨粒子 A，則金屬 M 牽涉的化學反應將會包括鈍化、吸附和錯合，但不會直接溶解，也不會被機械力量刮除，只有鈍化層和吸附層能被研磨粒子 A 移除，詳細情形可如圖 7-15 所示。

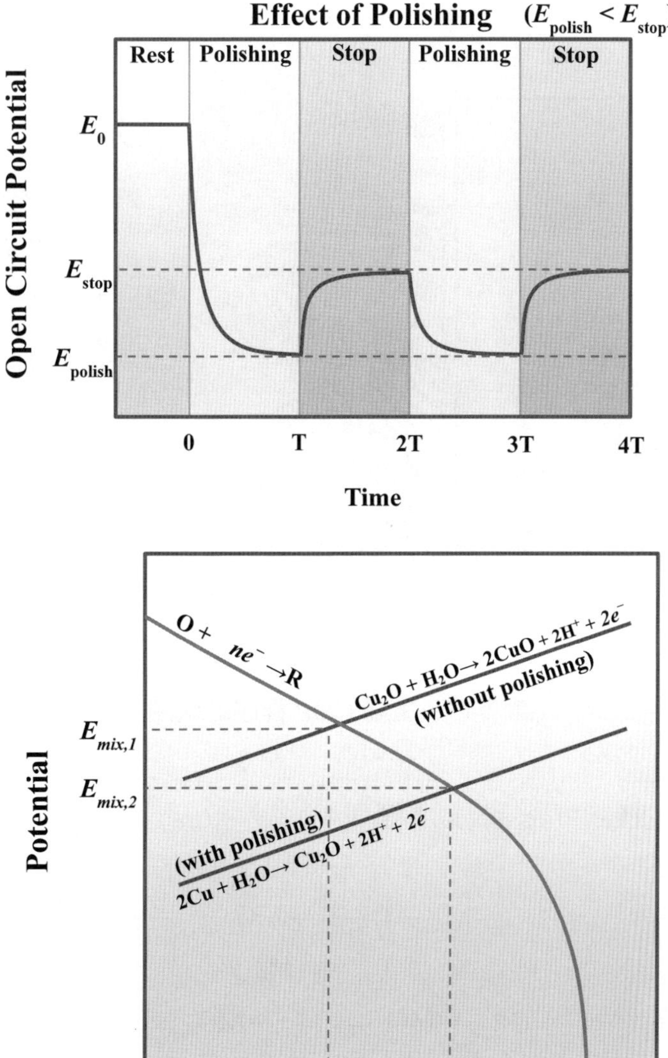

圖 7-14　Cu CMP 中的研磨效應

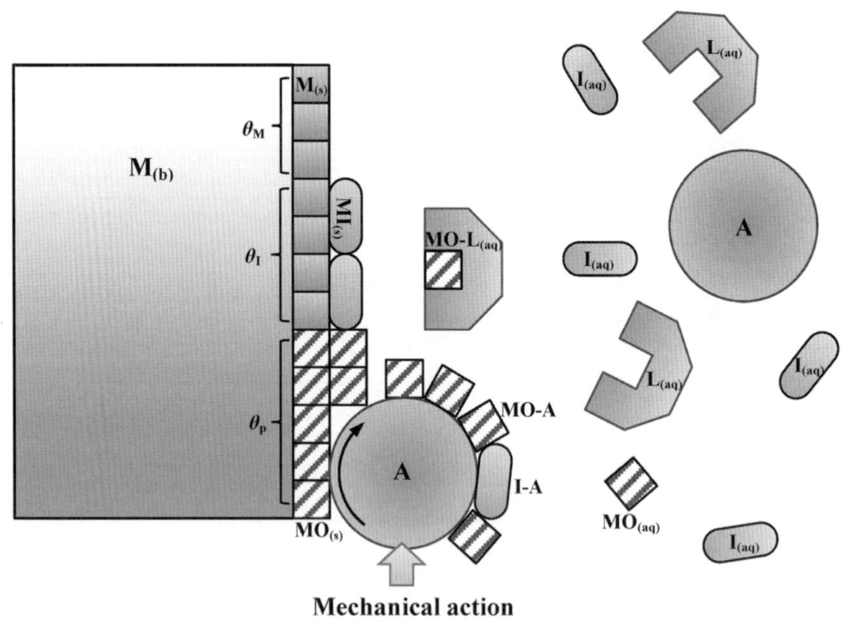

圖 7-15　金屬 CMP 程序的機制

因此，CMP 的機制可表示爲以下序列：

$$M_{(s)} + O_{(aq)} \rightleftharpoons MO_{(s)} \tag{7.48}$$

$$M_{(s)} + I_{(aq)} \rightleftharpoons MI_{(ad)} \tag{7.49}$$

$$M_{(b)} + MO_{(s)} \rightarrow M_{(s)} + MO_{(aq)} \tag{7.50}$$

$$M_{(b)} + MO_{(s)} + L_{(aq)} \rightarrow MO \cdot L_{(aq)} + M_{(s)} \tag{7.51}$$

$$M_{(b)} + MO_{(s)} + A \rightarrow MO \cdot A_{(aq)} + M_{(s)} \tag{7.52}$$

$$MI_{(ad)} + A \rightarrow I \cdot A_{(aq)} + M_{(s)} \tag{7.53}$$

其中的下標 b、s、ad 與 aq 分別代表固體內部、固體表面、表面吸附與溶液。（7.48）式和（7.49）式屬於競爭關係，亦即金屬表面可能形成鈍化物，也可能受到抑制劑保護而不鈍化。（7.50）式說明鈍化物 MO 溶解進入水溶液中，但此步驟通常很慢，視爲不可逆；（7.51）式描述鈍化物 MO 被錯合劑 L 鉗合而溶進入水溶液中，並使底層金屬暴露出來，此步驟的速率常數通常很大，也視爲不可逆。（7.52）式和（7.53）

式分別描述鈍化物 MO 和吸附物 MI 被研磨粒子 A 刮除且使底層金屬露出的過程，兩者也視爲不可逆。總結以上，金屬表面可區分爲鈍化區、吸附區和無鈍化且無吸附區，三者的覆蓋率（coverage）可依序表示爲θ_p、θ_I和θ_M，且滿足$\theta_p+\theta_I+\theta_M=1$。另以 c_O、c_I 和 c_L 表示 O、I 和 L 在溶液中的濃度，以σ_A代表金屬表面被研磨粒子接觸的面密度，則在穩定態下，可透過質量均衡計算出θ_p的變化關係：

$$\frac{d\theta_p}{dt}=k_p\theta_M c_O-k_{-p}\theta_p-k_d\theta_p-k_c\theta_p c_L-k_m\theta_p\sigma_A=0 \tag{7.54}$$

其中速率常數 k_p、k_{-p}、k_d、k_c、k_m 分別對應鈍化正反應、鈍化逆反應、鈍化物溶解反應、鈍化物錯合反應、刮除程序。相似地，也可透過質量均衡計算出θ_I的變化關係：

$$\frac{d\theta_I}{dt}=k_I\theta_M c_I-k_{-I}\theta_I-k_m\theta_I\sigma_A=0 \tag{7.55}$$

其中速率常數 k_I 和k_{-I}分別對應抑制劑吸附正反應和逆反應。假設上述的速率常數皆爲定值，則從（7.54）式可解得$\theta_p=f_1(\theta_M,c_O,c_L,\sigma_A)$，從（7.55）式可解得$\theta_I=f_2(\theta_M,c_I,\sigma_A)$，且因$\theta_p+\theta_I+\theta_M=1$，故三種覆蓋率皆可由成分濃度與研磨粒子面密度求得，應可表示爲：

$$\theta_p=f_3(c_O,c_L,c_I,\sigma_A) \tag{7.56}$$

研磨粒子面密度σ_A相關於粒徑、粒子密度、漿料之固體含量、漿料流速和薄膜總表面積，可以另外求得，在穩定態下也能視爲定值。

至此，金屬表面變化與漿料成分間的關係已建立完成，下一步則可利用這些關聯式來計算 CMP 中的材料移除速率。CMP 的總移除速率 r_T 可切分成三部分，亦即鈍化物的溶解、錯合與機械磨除，對應的移除速率分別表示爲 r_d、r_c 與 r_m，因此：

$$r_T=r_d+r_c+r_m=(k_d+k_c c_L+k_m\sigma_A)\theta_p \tag{7.57}$$

接著將之前解得的（7.56）式代入（7.57）式，即可得到穩定態下的總移除速率 r_T。

CMP 製程雖然可以帶來全面性的平坦，但也無可避免地導致表面被刮傷，因爲漿料中通常含有高硬度的研磨粒子。因此，有研究者轉而開發無研磨粒的製程，但表面材料的移除必須借助非機械式的外部能量。由於電解拋光技術已經發展成熟，加工後可以製作出具有光澤的金屬表面，而且不受工件的外型限制，只需置入電解液中通電，即可達到奈米級的平坦度。因此，電子製程也期望開發出類似傳統電解拋光的技術。

使用電解拋光技術時，必須施加電位於金屬薄膜上，使其進行電化學溶解，晶圓表面連接電源的正極，另一個對應電極則連接負極。以 Cu 層的平坦化爲例，通電後 Cu 層成爲陽極持續溶解，而陰極上會有 Cu^{2+} 還原成 Cu。在進行平坦化之前，Cu 層是藉由超填充電鍍而得，並且填充至溝渠高度以上（如圖 7-6 所示），因此晶圓的表面並不平坦，處理這些起伏的區域即爲電解拋光的目標。

電解拋光導致表面平坦的原因有三種，分別是歐姆平坦化、擴散平坦化與遷移平坦化。當施加電位非常小時，金屬溶解的電流與電位近似線性關係，符合歐姆定律，此時薄膜表面凸起處比凹陷處更接近陰極，所以凸起處的溶液電阻較小，使此處的電流較大，溶解速率亦較大，因而減低了表面粗糙度，此情形稱爲歐姆平坦化，但表面不會因此出現光澤。

當施加電位增大到某個程度後，溶解程序將成爲質傳控制，此時的表面將會覆蓋某種薄層，有時是擴散層，有時是鹽膜，有時是鈍化物。在 4-7-1 節曾提及，Cu 在濃 H_3PO_4 中進行電解拋光時，有兩種模型被提出，其一爲鹽膜模型，另一爲受體模型，前者是磷酸鹽沉澱導致的薄膜限制了溶解，後者則是表面 H_2O 分子消耗使 Cu^{2+} 難以水合。以受體模型爲例，金屬表面將會出現 H_2O 的擴散層，若擴散層的厚度大於表面起伏的高度，則可發現凸起處的 H_2O 分子擴散速率較快，因此溶解速率亦較快，進而減低表面粗糙度，並可得到具有光澤的平坦表面。

另有一種遷移平坦化，是指金屬陽離子在表面產生後，無法迅速地離開陽極，尤其當表面存在鹽膜時。例如拋光 Cu 膜時，在電解液中加入 1-dydroxyethylidene diphosphonic（HEDP）後，會形成 $(Cu\text{-}HEDP)_n$ 鹽膜，因而限制了 Cu^{2+} 的輸送速率。由於 Cu^{2+} 的輸送速率需視鹽膜兩側的電場強度而定，而電場強度又與鹽膜的厚度有關，且已知突起處的厚度小於凹陷處，所以凸起處的溶解較快，致使 Cu 層逐漸平坦，這類機制稱爲遷移平坦化。

模擬顯示，在相同的起伏高度下，藉由擴散機制和遷移機制處理起伏密度高的表面皆比處理密度低的表面更有效。然而，在晶圓上進行雙鑲嵌製程後，有許多區域仍屬於平台，使用電解拋光難以得到全面平坦化，因此有研究者將機械作用加入，發展出電化學機械研磨（electrochemical mechanical polishing，簡稱 ECMP）和隔離膜電化學研磨（membrane-mediated electrochemical polishing）等技術（如圖 7-16）。這些技術的關鍵主要在於縮小兩極間的距離，擴大表面凸起處與凹陷處的質傳差異。例如在隔離膜電化學研磨技術中，陰極和電解液先被只允許 Cu^{2+} 通過的離子交換膜包覆住，再用去離子水作爲潤滑液以接觸待加工的陽極區，通電後 Cu^{2+} 將會穿越離子交換膜，由於表面凸起處的水膜較薄，離子穿越速率較大，故可產生較高的移除速率。

在 ECMP 技術中，所用的研磨墊是由一層多孔性導體與另一層絕緣體組成，操作期間電解液會塡入研磨墊的微孔中，研磨墊的導體側緊貼陰極，絕緣體側則接觸待平坦化的陽極。當陽極開始旋轉並通電後，電化學作用與機械作用將同時影響表面平坦的過程，因爲陽極表面將會形成軟質的鹽膜或鈍化膜，所以可被較小的機械應力移除，同時這層陽極膜將導致質傳控制。在此機制下，電解液的選擇非常關鍵，因爲 ECMP 系統必須具有夠小的極限電流密度 $i_{\lim}$ 和夠低的極化電阻 R_p，而且研磨墊的特性亦非常重要，因爲平坦的效果相關於研磨墊。若欲控制 ECMP 程序得宜，使表

(a) Electrochemical Mechanical Polishing

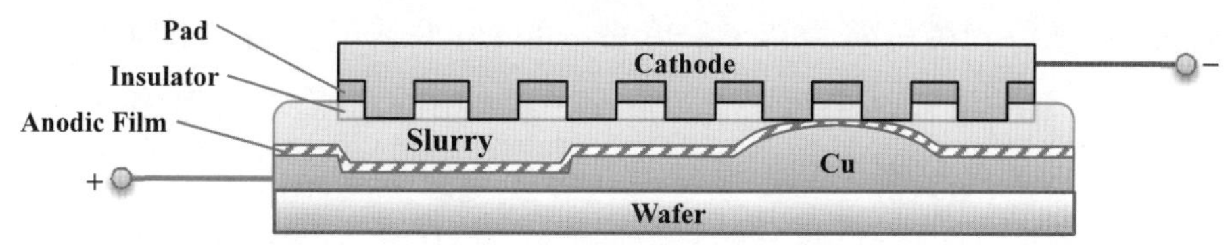

(b) Membrane-Mediated Electrochemical Polishing

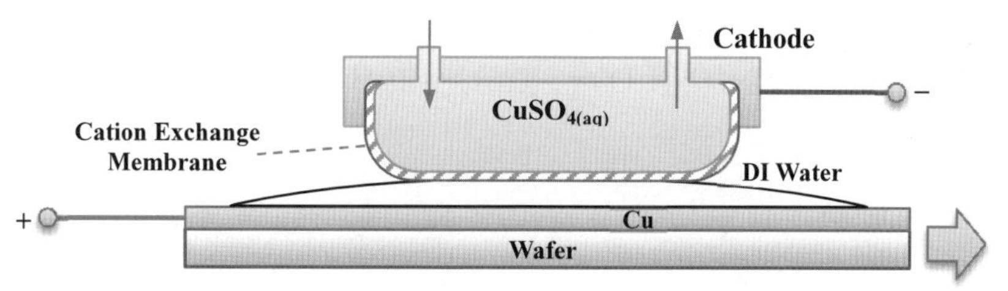

圖 7-16　(a) 電化學機械研磨；(b) 隔離膜電化學研磨

面凸起處能基於歐姆平坦機制而直接發生溶解，則其速率必須反比於極化電阻 R_p，或正比於峰電流密度 i_p，在凹陷處則需覆蓋陽極膜，代表此處的移除速率能正比於極限電流密度 i_{lim}，進而使平坦效果取決於 i_p 對 i_{lim} 之差。爲了增進整片晶圓的移除均勻性，還可將陰極分割成多塊區域，每個區域施加不同的電位，以避免各區出現電阻差異。

採取 ECMP 還有一項優點，其終點判斷比傳統 CMP 容易，因爲透過法拉第定律可以隨時計算移除的 Cu 量，而且測得的訊息可以回饋控制施加的電壓，但傳統 CMP 則需依賴即時的（in-time）馬達電流或原位的（in-situ）反射率測量，才能換算出剩餘的 Cu 層厚度。也有一些研究採用 ECMP 和 CMP 的混合製程，在初期先使用 ECMP 移除大部分的 Cu 膜，並且達到先期的平坦化，之後再轉用小壓力的 CMP 移除剩餘的 Cu 層與阻障層，以降低傳統 CMP 帶來的表面損傷。此外，使用傳統 CMP 的雙鑲嵌製程中，必須過度覆蓋 400 nm 的 Cu 層，以避免後續出現的磨蝕、碟型化或應力空洞（stress-induced void）等現象；但改用 ECMP 後，過度覆蓋的 Cu 層可降至 100 nm。

在 CMP 期間，也必須留意鈍化以外的表面變質，以免形成缺陷。例如 Cu 其實不會自然鈍化，所以研磨 Cu 的漿料會包含氧化劑，繼而可能導致表面缺陷，這些缺陷可略分爲三類，分別是孔蝕（pitting corrosion）、雙金屬腐蝕（galvanic corrosion）和化學蝕刻（chemical etching）。

雙鑲嵌製程進行到最後階段時，過度覆蓋的 Cu 層皆已去除，晶圓表面除了溝渠內部填滿 Cu，其餘的平台區將露出阻障層，一般使用的阻障材料爲 Ta，此時由於漿料、Cu 與 Ta 三者彼此接觸，所以洞口處將會出現雙金屬腐蝕微電池，並溶解成獠牙狀的結構。漿料的 pH 值是導致雙金屬腐蝕的關鍵因素，機械研磨則會加速腐蝕速率。發生腐蝕時，通常是由 Cu 作爲陰極，Ta 或 TaN 作爲陽極，其腐蝕速率必須藉由動態電位掃描才能求得。Ta 接觸漿料後的氧化反應爲：

$$2\text{Ta} + 5\text{H}_2\text{O} \rightleftharpoons \text{Ta}_2\text{O}_5 + 10\text{H}^+ + 10e^- \quad (7.58)$$

溶解時，對應的反應爲：

$$3\text{Ta}_2\text{O}_5 + 8\text{OH}^- \rightleftharpoons \text{Ta}_6\text{O}_{19}^{8-} + 4\text{H}_2\text{O} \quad (7.59)$$

尤其在 H_2O_2 漿料中，其 pH 值會因還原反應而提升：

$$2H_2O_2 + 4e^- \rightleftharpoons 4OH^- \tag{7.60}$$

所以會促進 Ta 的溶解。相對地，鹼性環境反而會促使 Cu 鈍化，所以在雙金屬腐蝕中 Ta 傾向扮演陽極。近年來，爲了考慮銅製程的整合問題，Ru 被認爲是取代 Ta 的最佳選擇，因爲它的電阻率低，僅有 7 μΩ · cm，約爲 Ta 的一半，更遠小於 200 μΩ · cm 的 TaN，因此在填充導孔與溝渠時，可以不用沉積晶種層，直接進行 Cu 電鍍。相似地，Ru 在 CMP 時，因爲 Cu 和 Ru 的標準電位差比 Cu 和 Ta 更大，所以仍會出現雙金屬腐蝕。然而，Cu 在這對組合中扮演陽極，Ru 扮演陰極，使 Cu 導線易於腐蝕，因爲在鹼性環境中，Ru 比 Cu 更容易鈍化，其反應爲：

$$Ru + 3OH^- \rightleftharpoons Ru(OH)_3 + 3e^- \tag{7.61}$$

之後 $Ru(OH)_3$ 會與 H_2O_2 反應而轉化爲 RuO_2，所以 Ru 膜被 RuO_2 覆蓋後只會進行 O_2 或 H_2O_2 的還原反應，而 Cu 的表面卻會出現陽極溶解或鈍化。

進行 Cu CMP 時，因爲漿料中必定存在氧化劑，所以酸性或鹼性的漿料都會導致孔蝕，尤其當鈍化層沒有覆蓋全體表面時，無鈍化區將成爲陽極，鈍化區將成爲陰極。沒有被鈍化的原因可能來自於刮痕、金屬膜的晶界或酸根和鹵素離子的溶解作用，此時需要添加 BTA 等緩蝕劑，以形成保護膜而抑制孔蝕。

當 CMP 進行至 Cu 線和 Ta 阻障層同時露出時，由於 Ta 的硬度高於 Cu，若繼續進行 CMP，Ta 仍將難以磨除或移除速率極慢，反而溝渠內的 Cu 膜將會消耗，使溝渠表面凹陷，呈現出碟形的現象。爲了解決碟形化的問題，可將 CMP 分成兩個階段，第一階段只去除過度覆蓋的 Cu 層，第二階段改用另一種漿料，選擇性地移除 Ta 層。另有一種 CMP 的問題稱爲磨蝕（erosion），相關於圖案的布局密度（layout density），因爲局部圖案密度愈高時，CMP 的選擇率愈小，導致圖案密集的區域出現整體性的凹陷。

傳統的 CMP 製程因爲使用了高硬度的研磨粒子，磨後容易導致刮痕，或有粒子與漿料殘留，而且移除的材料也有可能重新沉澱到表面上而形成枝狀物，例如 $Cu(OH)_2$，這些現象都會使表面更粗糙。雖然殘餘物或沉澱物可以藉由 CMP 後清洗程序（post-CMP cleaning）去除，但在移除過度覆蓋的金屬時，也可以避免殘留物。例如採取 ECMP 時，即可使用較低的壓力研磨，也可以使用對阻障層具有高反應性的漿料，但仍需搭配後清洗程序，才能避免缺陷。

CMP 後清洗中，主要使用超純水沖刷，或藉由超音波震盪，以去除附著力較弱的殘留物。但有些殘留物經乾燥後可能會與晶圓表面產生化學鍵結，所以還需要透過 NH_4OH、HF 和界面活性劑使其脫離。例如使用 NH_4OH 時，晶圓表面與附著的 SiO_2 粒子都會轉爲帶負電，可因靜電排斥而分離；HF 則可清洗含 Fe 的研磨漿料殘餘物，因爲漿料中採用 $Fe(NO_3)_3$ 作爲氧化劑時，可能會形成 $Fe(OH)_3$ 的沉澱顆粒而附著於晶圓表面，即使透過刷洗也不易去除，甚至還會汙染刷具，所以必須在清洗液中加入 HF。清洗的最後步驟是乾燥，通常會旋轉晶圓使水分脫離，並輔以空氣或純 N_2 吹乾，有時也使用異丙醇（isopropanol）蒸氣進行乾燥。雖然 CMP 屬於溼式製程，但仍然會與前後處理步驟組成乾進乾出（dry-in and dry-out）的程序。

§7-3　電路板導孔電鍍製程

印刷電路板（printed circuit board，簡稱 PCB）是由一片絕緣基板與板上的配線所組成，也被稱爲印刷線路板（printed wire board，簡稱 PWB）。PCB 的功用是支撐電子元件，並以金屬導線連接不同的電子元件，以協助其運作。傳統的電路板採用印刷阻劑的製程，再透過蝕刻而得到所需線路，因此被稱爲 PCB 或 PWB，但近年來，由於電子產品微型化，目前已改採壓膜或塗佈光阻的製程，再透過曝光顯影與蝕刻後，才製作出線路。PCB 主要由玻璃纖維不織物和環氧樹脂組成的絕緣材料作爲基板，再將銅箔壓製其上而成爲待加工的銅箔基板。

早期的 PCB 是將線路放在一面，元件安置在另一面，元件的接腳必須穿越基板與另一面的導線連接，此結構稱爲單面板（single-sided board）。但在 1953 年，Motorola 公司開發出雙面板（double-sided board），在基板的兩面都有佈線，解除了單面板中線路不能交錯的限制，但兩面的導線必須透過導孔（via）相連，導孔中的導線則依靠電鍍法製作，此架構到後來還發展成多層電路板（multi-layer board）。當基板中的可利用面積提高後，更複雜的電路都可以製作，使 PCB 的應用更寬廣，例如目前的電腦主機板可以使用 8 層線路。

在多層板 PCB 中，最相關於電化學技術的製程為導孔電鍍填充。如圖 7-17 所示，導孔可分成三類，包括通孔（through via）、埋孔（buried via）與盲孔（blind via），第一類是發展出雙面板的關鍵技術，是指從電路板的一面鑽孔至另一面後，再將此通孔填入導體，以完成兩面線路的連接。後兩者則出現於四層以上的線路中，若頂層與中間層必須相連時，只需鑽孔至中間層，所製成的孔洞存在底部，稱為盲孔；若兩個中間層的線路必須相連時，在貼附上層板前會先完成鑽孔與填孔，貼附後此孔洞的上下都會封閉，因而稱為埋孔。這三類導孔在填充時，埋孔與盲孔屬於相同製程，通孔則屬於另一種製程。

通孔製程的第一步要先鑽孔，所用的工具為 WC（碳化鎢）製成的鑽針，但因 WC 和環氧樹脂基板的導熱性皆不佳，致使局部溫度可能升高到 200ºC，進而導致材料軟化成糊狀物，之後再冷卻成膠渣，有可能阻斷填孔導線和內層導線接通，若能在填孔前除去這些膠渣，可以提升製程的良率。常用的方法是以鹼性的 $KMnO_4$ 溶液處理，即可去除膠渣，也可以採用電漿處理，之後則進入通孔電鍍製程（plating through hole，簡稱 PTH）。

進入通孔電鍍前必須先整孔（hole conditioning），以提升鍍 Cu 的附著力。環氧樹脂基板本身會帶負電，進行鍍膜時所用的活化膠體也帶負電，所以會產生斥力而不易附著，但基板經過鹼性的陽離子型界面活性劑處理過後，其親水端向外，可使表面轉為帶正電，所以可吸引活化膠體粒子。然而，浸泡在整孔液中的基板上已經存在 Cu 層，必須將其表面附著的界面活性劑去除，所以還會進行微蝕程序（micro-

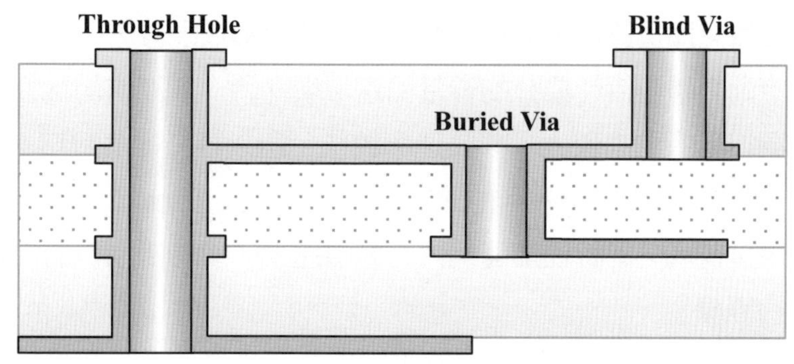

圖 7-17　印刷電路板中的三種導孔結構

etch），主要作用是爲了讓高成本的活化膠體只鍍在留有界面活性劑的孔壁上，而不會附在 Cu 層上。常用的蝕刻劑爲過硫酸鹽溶液（$S_2O_8^{2-}$）或 H_2SO_4-H_2O_2 溶液，兩者都可以溶解 Cu，但卻可能產生 $CuSO_4$ 沉積，所以最後還要使用酸洗去除。

接著進行表面活化，早期使用二階段程序，包含敏化（sensitization）與活化兩個步驟，但 1960 年代後，已合成爲單一程序。敏化處理是指基板浸泡在 $SnCl_2$ 的溶液中，使表面產生吸附層，但 Cu 層上的 $SnCl_2$ 易被水洗沖離，可能導致鍍層附著不佳的情形。敏化處理後，絕緣表面將吸附上含有 Sn^{2+} 的負電錯合物，此時再浸泡於 $PdCl_2$ 的溶液中，Sn^{2+} 將會氧化成可溶性的 Sn^{4+}，Pd^{2+} 則還原成固態的 Pd，表面因而被活化。時至今日，敏化槽和活化槽已經合而爲一，並且添加$SnCl_3^-$作爲穩定劑，使 $SnCl_2$ 和 $PdCl_2$ 轉變成$SnCl_3^-$包覆 $SnPd_7Cl_{16}$ 的膠體粒子，不會在溶液中自發性地形成 Pd 微粒。之後，也有一些新的活化製程被開發出來，包括不含 Sn 的鹼性 Pd 活化製程、不含 Sn 的 Cu 膠體活化製程和碳粉塗佈製程，甚至還出現有機催化直接電鍍製程，可以省去後續的無電鍍程序。

在無電鍍 Cu 之前，原本吸附的膠體粒子仍被$SnCl_3^-$包覆，所以需要剝殼程序，使其中的 Pd 能露出，此步驟稱爲加速製程（acceleration）或後活化製程（post activation）。在加速製程中，基板必須浸泡在含有H_2SO_4或HF的溶液中，以溶解膠體的外殼，內部的 Pd 核露出後將吸附 H^+，有利於加速無電鍍。無電鍍 Cu 之目的是提供電鍍填孔的晶種層，有了晶種層後，即可接上電源進行電鍍。關於無電鍍 Cu 程序，可參考 4-4 節。

早期的通孔電鍍只需要在孔壁上製作鍍層，以導通基板兩面的線路，但今日的 PCB 則要求導線更細且電阻更低，因而需要將通孔全部填滿。電鍍填孔有別於平板上電鍍金屬，其概念即爲鑲嵌，而鑲嵌的效果取決於鍍液配方，因爲適宜的配方可以調整電鍍的反應動力學和活性成分的質量輸送。填孔時，鍍液的均鍍性雖然會決定鍍層品質，但在洞口處的曲率較大，成長速率較快，所以容易提前封口（pinch-off），使孔中留下空洞。在鍍液中加入其他試劑後，這些成分在洞口與洞內的濃度將有差異，因此可利用這些成分的特性加速洞內的電鍍速率，或抑制洞口的沉積速率，最終製作出無空洞的導線。

在 7-2-1 節曾提及，半導體製程中的電鍍填孔至少使用了三種添加劑，分別爲加速劑、抑制劑和平整劑，即可完成由下往上的超填充製程。因此在 PCB 的盲孔填充中，也可以使用這類鍍液。但對於通孔填充，其電鍍液通常只需要一種平整劑即可達到完整填充的目標。完整填充的評估指標通常爲均鍍性（throwing power），在通孔電鍍中可視爲基板表面沉積厚度對孔壁沉積厚度之比值，若兩區的 Cu 膜厚度相同，則均鍍性爲 100%。但通常在孔口處擁有較高的電流密度，使孔口周圍的沉積較厚，進而形成懸突的外型，最終導致提前封口。

通孔填充電鍍液中常用的平整劑屬於季銨鹽，它是NH_4^+的四個 H 皆被烴基取代後形成的陽離子，例如前述的 Janus Green B。電鍍時，平整劑會吸附在陰極的凸起區，尤其是電流密度較高的位置，因此在局部產生抑制作用，使凹陷處的 Cu 成長速率快於凸起區，最終導致表面更平整。由於平整劑本身也會還原，所以在凸起區會與還原 Cu 競爭電子，使此區的 Cu 沉積速率較低，但平整劑將因此減少。另一方面，在通孔內部，由於質傳因素，孔壁中點的平整劑濃度會比孔口低，所以會抑制孔口的鍍膜，因而能避免懸突現象，同時還會在孔壁中點產生較厚的 Cu 膜。電鍍時間足夠後，孔壁中點四周的 Cu 膜將會相連，使通孔轉爲兩個盲孔，由於此時孔中的鍍物截面類似蝴蝶的外型（如圖 7-18），因此這種填孔法被稱爲蝴蝶技術（butterfly technology）。蝴蝶技術中所用的鍍液除了平整劑之外，其 Cu^{2+} 濃度比傳統電鍍液更高，但 H_2SO_4 濃度則較低，因爲 Cu^{2+} 在孔洞中的擴散非常關鍵，而對流效應則必須降低，以避免孔口的沉積速率提高。

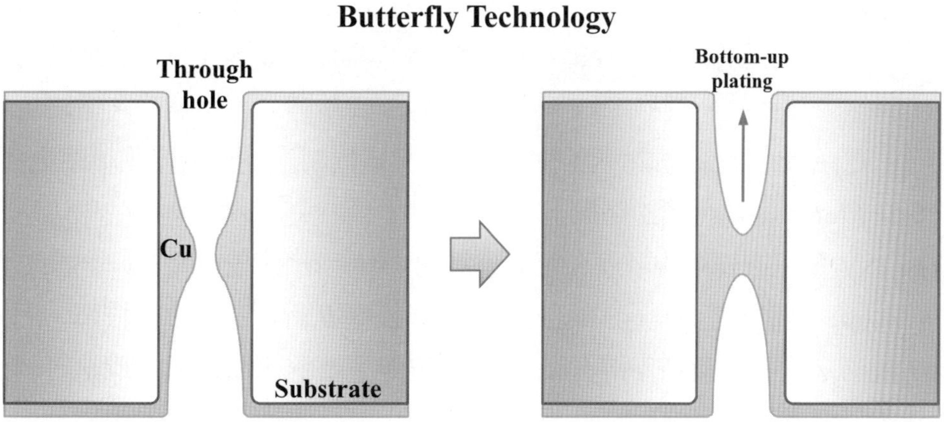

圖 7-18　蝴蝶技術填孔

§7-4 矽穿孔填充製程

IC 技術主要朝著增加元件密度的方向發展，所製造的電路愈趨複雜，而且隨著導線增長與截面縮小，電路的時間延遲效應持續擴大，產業為了因應這些挑戰，因而產生了三維積體電路（3D IC）的構想。簡言之，3D IC 期望拓展出利用垂直晶圓表面空間的技術，亦即透過堆疊的方法，解決導線過長或晶片面積過大的困境。目前已出現的 3D IC 構想可分為晶圓級技術和構裝級技術，前者是將已製作電路的不同晶圓接合，難度較高；後者則是從系統整合的角度，在構裝階段組合不同晶片。然而，無論採取何種組裝方法，不同晶圓或晶片之間的電路連結都要藉由矽穿孔技術（through silicon via，簡稱 TSV）來實現。TSV 是一種在垂直方向上穿透矽晶圓或晶片使其電路互連的技術，故可有效利用空間使線路縮短並使晶片微縮，其設計概念主要來自印刷電路板（PCB）。

IC 技術在 20 世紀中葉開始穩定發展後，Intel 公司創辦人 Gordon Moore 曾於 1965 年至 1975 年間陸續提出預測，他認為每個晶片包含的電晶體數目會在 18 個月後加倍。在之後的數十年間，IC 產業的發展果然依循此法則，故此趨勢被後人稱為 Moore 定律。進入 21 世紀後，Moore 定律似乎仍能支配 IC 產業的發展，但元件微縮的技術卻愈趨困難，新材料的開發僅能勉為追趕，產業界預測 Moore 定律可能會於 2020 年前失效，因為屆時的晶片即使仍能縮小，其製造成本卻會高於負荷，因而使 3D IC 的構想應運而生。透過 TSV 技術連接晶片或晶圓，可使導線路徑縮短、傳輸速度提升、雜訊減小，整體晶片除了效能提升，還同時達到高密度化，使 IC 的發展仍可維持在 Moore 定律預測的路線上。

依據 TSV 製程被安排的順序，可區分為圖 7-19 所示的先鑽孔（via-first）、中鑽孔（via-middle）與後鑽孔（via-last），其中以後鑽孔為目前的主流技術，因為製程較容易，故已率先用於量產。導孔（via）的製作主要透過微影蝕刻或雷射剝蝕，之後再以導電材料填充，最常用的導體為 Cu，因為其電阻率低、導熱性高且殘留應力小，填孔時可採取電鍍法，成本低於 PVD 或 CVD 製作的材料。CVD 製作的 W 雖然擁有較佳的階梯覆蓋性，有利於高深寬比的填孔，但其殘留應力較大，故仍以 Cu 的總體效果較佳，另有少部分製程則採用多晶矽。

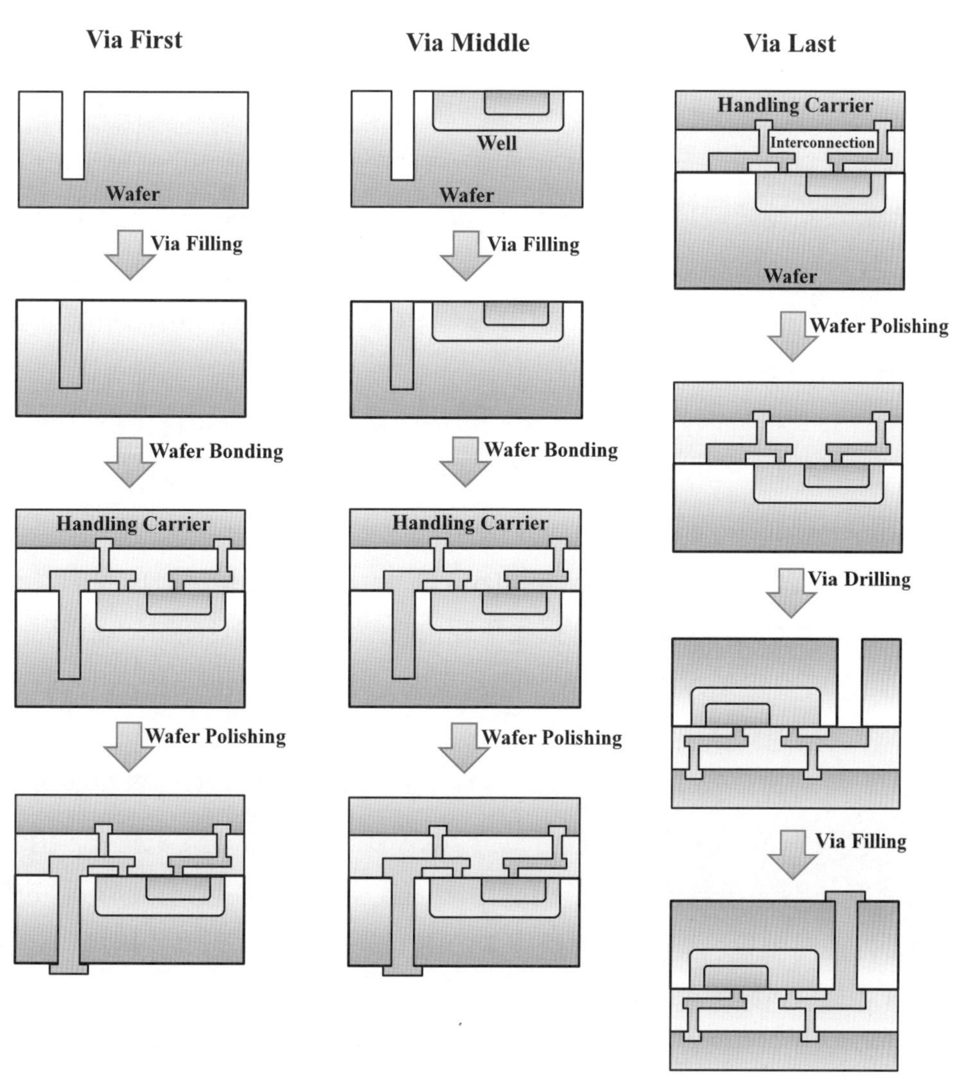

圖 7-19　三種 TSV 技術

先鑽孔製程是指尚未製作電晶體元件前，先以蝕刻技術鑽孔，完成後才進行 CMOS 製程，其孔洞內通常會填入多晶矽，TSV 的深度約為 10～50 μm，深寬比為 3～10，在技術上的挑戰包括蝕刻深度、蝕刻均勻性、介電材料與導電金屬選擇等，製程具有高難度。

中鑽孔製程是指 CMOS 元件完成後，才進入 TSV 製程，此時能夠製作出直徑較小的導孔，所以導孔的密度可以提高，且孔洞內通常要填入 Cu 金屬，以利於應用在大量傳載資料之系統。

後鑽孔製程則是在已完成的晶圓上利用雷射或深反應式離子蝕刻（deep reactive-ion etching）進行 TSV 製程，故屬於晶圓廠中的後段製程，但可分成接合前（before bonding）與接合後（after bonding）兩類，前者是在單片晶圓上製作，後者則在多片晶圓上製作，兩類的填充物皆爲 Cu 金屬，TSV 的深度約爲 50～250 μm，深寬比爲 3～10。雖然此技術成爲目前的主流，但其缺點是導孔之直徑較大，使導孔密度難以提升，故只適合用於不需大量傳載資料的系統，例如發光二極體（light-emitting diode，簡稱 LED）、微機電系統（MEMs）、CMOS 感測器、射頻系統構裝（RF system in package）與記憶體晶片等。

TSV 製程非常接近內連線製程，第一步先用微影技術定義出孔洞圖形，之後再使用深離子蝕刻技術製作出深孔，接著進行填孔。填孔時首先使用次大氣壓化學氣相沉積法（sub-atmospheric chemical vapor deposition，簡稱 SA-CVD）覆蓋介電層於孔壁，再以 PVD 或原子層沉積法（atomic layer deposition，簡稱 ALD）製作阻障層與晶種層，接著電鍍 Cu 以填滿孔洞，最後再藉由化學機械研磨（CMP）去除高出孔洞的 Cu 層，即完成整個 TSV 製程。在整體過程中，電鍍與 CMP 屬於電化學工程的範疇，故以下僅討論這兩種製程。

如 7-2-1 節所述，1990 年代後期，爲了提升內連線的導電性與可靠性，已從 Al-Cu 合金更換爲 Cu。Cu 金屬製程可以透過 CVD、PVD 或電鍍來完成，但是 TSV 中要求高純度、階梯覆蓋佳且無空洞縫隙，因此至今皆以電鍍作爲填孔的主要方法。相對於內連線製程，在 TSV 製程中進行電鍍略有不同，因爲其結構具有高深寬比，使其難度高於內連線製程。

在填孔製程中，因爲孔洞的深寬比非常大，使用傳統電鍍技術常會出現懸突現象而導致孔內殘留空洞，若側壁能以似形性的方式成長銅膜，也可能在孔洞之中心軸留下隙縫，因此目前生產線上採用的是由下往上的填充模式，其關鍵在於電鍍液的配方調整，而且在高深寬比的 TSV 填孔製程中，電鍍液無法只依靠毛細現象浸潤整個孔洞，所以在電鍍前必須先將深孔內的空氣去除，並使其潤溼，否則填孔後孔底會留下空洞；接著還要將電鍍添加劑預先滲入孔內，以吸附在孔壁，之後才能進入電鍍步驟。電鍍液中必須添加至少三種特殊試劑才能達成由下往上的填充，在 7-2-1 節已提及，這三種添加劑分別爲加速劑（accelerator）、抑制劑（suppressor）和平整劑（leveler）。加速劑的功用是促進 Cu 還原的速率，而且可使 Cu 膜具有光澤，對應傳統電鍍，加速劑即為光澤劑（brightener）。抑制劑通常屬於大分子，易於吸附在表面，所以在孔內的質傳速率有限，其濃度會沿著孔口往內的方向減少，因而導致孔口和孔底的抑制效應差異，使底部的沉積速率大於孔口附近的速率，以利於形成由下往上的填充。平整劑也會吸附在固體表面，而且易於吸附在凸起處，繼而降低凸起區的沉積速率，使凹陷區的沉積相對較快，可促成鍍膜平坦化。在孔口邊緣，側壁與平台近乎垂直，其曲率明顯大於其他區域，所以最容易被平整劑覆蓋，使銅沉積受阻。藉由這些添加劑的協同作用，由下往上的填充即可實現，而且能夠避免空洞與隙縫。

1999 年起，大阪府立大學化工系的 Kondo 教授曾針對 TSV 填孔製程進行過一系列研究，嘗試開發出無空洞且無隙縫的盲孔電鍍程序。當時測試的盲孔具有 10 μm 的直徑與 70 μm 的深度，亦即深徑比為 7，所使用的鍍液中以 $CuSO_4$ 和 H_2SO_4 溶液為主，其他的添加劑包括 Cl^-、抑制劑 PEG、加速劑 SPS 與平整劑 Janus green B（簡稱 JGB）。在研究中，晶圓作為陰極，並連接馬達以維持定速旋轉，陽極則平行於晶圓靜置於鍍液中。操作時，以控制電流法進行電鍍，每一週期的電流施加分成三部分，依序為 10 ms 的陰極電鍍、0.5 ms 的陽極電解和 10 ms 的零電流。從實驗結果發現，施加 1 mA/cm^2 的小電流密度時，可以完成超填充（superfilling），亦即沒有空洞與隙縫，但所需時間長達 12 小時，明顯不合乎實際量產的需求。若提高電鍍的電流確實可縮短填充時間，但當電流密度超過 3 mA/cm^2 後，導孔中將會出現空洞；若不使用定電流，而採取多階段漸升電流，則不會出現空洞且能縮短填充時間。此外，對鍍液通入 O_2 也可以提升填充的品質，有助於去除填充時出現的隙縫，而且填充過程中，Cu 的鍍物表面能夠呈現 V 形上升，是典型的由下往上的填充模式。通入鍍液中的 O_2 會在洞口處被消耗，可將一價 Cu 的硫醇鹽氧化成 Cu^{2+}，減緩 Cu 的還原。透過洞口與洞底的電位測量即可證實此現象，因為通入 O_2 後洞口的還原電位會明顯往負向偏移，但在洞底的還原電位沒有顯著差異，一方面代表 O_2 沒有擴散進入洞底，另一方面也表示洞底的還原反應沒有被抑制，因而能產生由下往上的填充模式。

當 TSV 製程應用於通孔時，將有別於傳統 PCB 的通孔電鍍，因為後者在填孔時只需要在孔壁鍍上 Cu 層，不需要填滿，中空的部分再以高分子補滿，而開口處會留下環墊（ring pad），作為此導線的端點。由於環墊的面積較大，勢必會限制線路佈局的密度。若此層基板的上方還要再堆疊，則需要在環墊中央的高分子上方再電鍍 Cu 層，以提供後續接線，此時鍍 Cu 的難度將會更高。因此，在 TSV 製程中，為了達到高密度的佈線，必須將通孔填滿，最終再用微影蝕刻法留下凸塊（bump）以作爲端點，成爲無墊結構；或使用 CMP 技術，得到全面平坦的表面，以利後續的內連線製程。

相較於傳統的通孔電鍍，TSV 製程所用鍍液的添加劑將會不同，主要包含 Cl^- 和平整劑，常用的平整劑屬於四唑鹽（tetrazolium salt），例如 nitrotetrazolium blue chloride（NTBC）和 tetranitroblue tetrazolium chloride（TNBT）。四唑（tetrazole）是一種雜環化合物，分子中含有四個氮組成的五元環，可吸附在 Cu 層上，在酸中具有還原性。使用含有 NTBC 或 TNBT 的電鍍液時，在 NTBC 或 TNBT 吸附區的 Cu 沉積會被抑制，此抑制作用將受到 pH 值、陰極電位和 Cl^- 濃度的影響。能填滿通孔的主要關鍵是添加劑在孔內的濃度分布與 Cl^- 的吸附濃度，因此在電鍍時孔壁各位置的過電位不同，若能將孔口維持較高的過電位，孔壁中點維持較低，則可達到完全填充的目標。當鍍液中不添加平整劑，只加入 Cl^- 時，孔口的沉積速率必定較大，因爲 Cl^- 會促進 Cu 的還原，因而提前封口，而且鍍膜表面非常粗糙。相反地，當鍍液中不添加 Cl^-，只加入平整劑時，孔壁中點的平整劑濃度較低，使此處的沉積速率相對較大。由於局部鍍膜速率不只相關於平整劑沿著孔壁的分布情形，所以填孔模式仍不確定。另一方面，若提高電流密度而使電鍍進入質傳控制狀態後，Cu^{2+} 的濃度分布更將成爲關鍵因素，此時即使添加了平整劑和 Cl^-，仍因孔壁中點的 Cu^{2+} 濃度較低，而使鍍膜最厚的位置出現在孔壁中點與孔口之間，繼而在孔內留下空洞。因此，除了要求鍍液配方之外，在操作方面也要設定在反應控制狀態，以避免空洞產

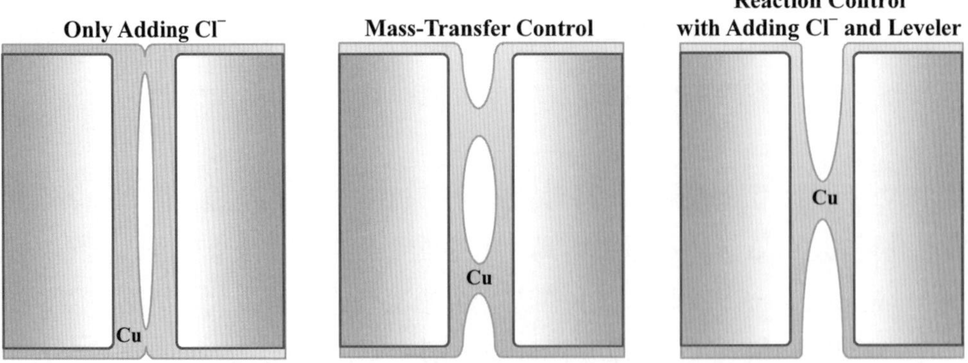

圖 7-20　通孔填充的配方與操作條件

生，進而完整填充通孔。

完成填孔後，填充物高度不可能正好等於孔洞的深度，為了確保完整填充，填充製程停止時 Cu 膜必定超出孔口，而且平台區也無法完全抑制 Cu 層生長。因此，後續必須移除孔口以外過度覆蓋的 Cu 層，通常採取的方法是化學機械研磨（CMP），其基本原理已在 7-2-2 節中敘述。目前在內連線製程中，W 和 Cu 的 CMP 技術皆已成熟，若 TSV 中採用多晶矽或其他材料填孔，則需要開發這些材料的研磨漿料，其目標也是要對介電層具有高選擇性，才有利於掌控製程終點，以避免洞口凹陷或磨蝕。

§7-5　總結

本章概略介紹了印刷電路板、積體電路和平面顯示器製程中的幾種電化學技術，例如薄膜蝕刻、化學機械研磨與導孔填充，這些技術皆從傳統的腐蝕和電鍍原理改良而來。推陳出新之後，這些製程已成為今日電子工業中不可或缺的方法。在電子與光電工業中強調製程的良率，並且注重成本的控制，電化學方法雖然由來已久，但卻能兼顧良率與成本，因而能與許多真空薄膜技術抗衡。雖然未來的電晶體會繼續微縮，但三維 IC 和平面顯示器的產業規模卻會擴大，再搭配微機電產業的興起，將使電化學方法持續擁有發揮的空間。

參考文獻

[1] A. J. Bard, G. Inzelt and F. Scholz, *Electrochemical Dictionary*, 2nd ed., Springer-Verlag, Berlin Heidelberg, 2012.

[2] A. Keigler, Z. Liu, J. Chiu and J. Drexler (2008) Sematech 3D Equipment Challenges: 300mm Copper Plating, *Equipment Challenges for 3D Interconnect*.

[3] A. Ruszaj (2017) Electrochemical machining–state of the art and direction of development, *Mechanik*, *12*, 188.

[4] D. Pletcher and F. C. Walsh, *Industrial Electrochemistry*, 2nd ed., Blackie Academic & Professional, 1993.

[5] F. Klocke, M. Zeis, S. Harst, A. Klink, D. Veselovac, M. Baumgärtner (2013) Modeling and simulation of the electrochemical machining (ECM) material removal process for the manufacture of aero engine components, *Procedia CIRP*, *8*, 265-270.

[6] G. Kreysa, K.-I. Ota and R. F. Savinell, *Encyclopedia of Applied Electrochemistry*, Springer Science+Business Media, New York, 2014.

[7] H. Hamann, A. Hamnett and W. Vielstich, *Electrochemistry*, 2nd ed., Wiley-VCH, Weinheim, Germany, 2007.

[8] H. Wendt and G. Kreysa, *Electrochemical Engineering*, Springer-Verlag, Berlin Heidelberg GmbH, 1999.

[9] H. Xiao, *Introduction to Semiconductor Manufacturing Technology*, 2nd ed., Society of Photo Optical, 2012.

[10] J. Newman and K. E. Thomas-Alyea, *Electrochemical Systems*, 3rd ed., John Wiley & Sons, Inc., 2004.

[11] K. Kondo, R. N. Akolkar, D. P. Barkey and M. Yokoi, *Copper Electrodeposition for Nanofabrication of Electronics Devices*, Springer Science+Business Media, New York, 2014.

[12] M. Schlesinger and M. Paunovic, *Modern Electroplating*, 5th ed., John Wiley & Sons, Inc., New Jersey, 2010.

[13] S. Babu, *Advances in Chemical Mechanical Planarization (CMP)*, Elsevier Ltd., 2016.

[14] S. N. Lvov, *Introduction to Electrochemical Science and Engineering*, Taylor & Francis Group, LLC, 2015.

[15] S. S. Djokic, *Electrodeposition and Surface Finishing: Fundamentals and Applications*, Springer Science+Business Media, New York, 2014.

[16] V. S. Bagotsky, *Fundamentals of Electrochemistry*, 2nd ed., John Wiley & Sons, Inc., Hoboken, NJ, 2006.

[17] W. Plieth, *Electrochemistry for Materials Science*, Elsevier, 2008.

[18] Y. Li, *Microelectronic Applications of Chemical Mechanical Planarization*, John Wiley & Sons, Inc., New Jersey, 2008.

[19] 吳輝煌，電化學工程基礎，化學工業出版社，2008。

[20] 郁仁貽，實用理論電化學，徐氏文教基金會，1996。

[21] 徐家文，電化學加工技術：原理、工藝及應用，國防工業出版社，2008。

[22] 曹鳳國，電化學加工，化學工業出版社，2014。

[23] 陳治良，電鍍合金技術及應用，化學工業出版社，2016。

[24] 黃瑞雄、陳裕華，銅電鍍製程於矽導通孔技術之應用，化工技術，18 卷，114-130，2010。

[25] 楊綺琴、方北龍、童葉翔，應用電化學，第二版，中山大學出版社，2004。

[26] 蔡子萱，化學機械研磨銅之研磨液與研磨模式研究，國立臺灣大學化學工程學研究所博士論文，2002。

[27] 蔡子萱、顏溪成，電化學技術在半導體銅製程中的應用，化工技術，15 卷，95-111，2007。

[28] 顏銘瑤、竇唯平，IC 系統封裝之銅金屬化技術的現況與未來，化工技術，14 卷，100-113，2006。

第八章
電化學應用於環境工程

§ 8-1　廢水處理與資源回收

§ 8-2　土壤處理

§ 8-3　電透析分離

§ 8-4　總結

全球的工業規模不斷擴大，隨之而來的環境汙染自然增加，因此環境保護和永續發展的議題已成爲人類未來必須面對的挑戰。在各類環境工程的技術中，採用電化學方法深具潛力，因爲電化學處理的主要試劑爲電子，不會對環境造成傷害，可視爲潔淨試劑（clean reagent）。目前使用電化學方法保護環境的概念分爲兩類，其一是廢棄物的電化學處理，另一則是環境保護的程序整合，前者包括廢氣、廢水和廢棄固體中的有毒物質去除，所以通常會附加在工業程序的最後階段；後者則是在工業程序的中間附加有價物質回收或廢棄物減少的步驟。

透過氧化或還原程序，毒物會在電化學池中被分解或改質，而且在操作期間不需要添加反應試劑，還可藉由電位控制來提高反應選擇率，所以能盡量避免副產物生成。以下總結使用電化學方法的優點：

1. 適用性廣：對於多種包含於氣體、液體和固體中的汙染物皆適用，可處理的總量從少到多皆可行，而且最終可將汙染物分解、分離或濃縮。
2. 能量效率：電化學程序通常在常溫下即可進行，而且透過良好的裝置設計與操作條件最適化，還能提升反應選擇率，並節約用電。
3. 自動化操作：電化學程序的主要控制變因爲施加電位或施加電流，這些參數皆可預先設定，甚至可使用程序控制法加以調整。
4. 成本：電化學池的材料與周邊設備通常簡單與低價，而且在適當的設計下，皆可控制其操作成本。

然而，電化學程序也存在一些待解決的問題。因爲電化學反應必須發生在電極與電解液的界面上，所以處理程序必定受限於電極材料的種類與尺寸，若電極長期使用後，表面出現鈍化層或吸附物，將會影響後續處理的效能，所以電極與槽體的抗蝕性或耐用性也必須考量。另一方面，處理後的產物必須有效移除，並使新的反應物送至電極表面，所以系統內的輸送現象也是關鍵因素。

在本章中，將依序介紹電化學方法應用於移除廢水與土壤中的汙染物，接著再敘述電透析技術應用於分離程序的方法。

§8-1　廢水處理與資源回收

廢水的來源包括工廠、醫療單位和家庭，所含有的汙染物包括以下類型：

1. 重金屬：冶金工業、能源工業或電子工業排放的廢水中常會含有 Cr、Ni、Hg、Pb、Cu 等重金屬。
2. 急性無機毒物：電鍍廠或鋼鐵廠排出的氰化物廢水，紡織廠或木材廠排出的砷化物廢水。
3. 耗氧物：微生物分解汙染物時會消耗水中溶解的 O_2，常見於硫化物或氨（NH_3）等無機物廢水，以及家庭、石化工廠、食品工廠或染整工廠排出的有機物廢水。化學需氧量（chemical oxygen demand，簡稱 COD）是評估水中有機物含量多寡的指標，主要透過化學方法測量有機物被氧化時所消耗之 O_2 當量，常用的氧化劑爲 $KMnO_4$ 或 K_2CrO_7，所測得的 COD 將會反映水被汙染的程度。生化需氧量（bio-chemical oxygen demand，簡稱 BOD）則是指水中的好氧微生物在定溫下將有機物分解所需要的 O_2 總量，BOD 對 COD 的比值將反映此汙水的生物降解能力，通常此比值必須大於 0.3 時，才適合使用生化處理。
4. 微生物：醫院廢水中常含有病毒、細菌或寄生蟲等致病成分。
5. 營養物：家庭或農業廢水中常含有廚餘、飼料或肥料等含 N 或 P 的廢水。
6. 放射性物質：研究單位、核能電廠或醫院廢水中可能含有放射性成分。

欲利用電化學方法處理上述汙染物時，可先分類成直接處理與綜合處理，前者是指直接送入電化學池中進行氧化還原反應，常用於處理重金屬或急性無機毒物廢水；後者除了透過電解處理外，還需要搭配沉澱、混凝、過濾或吸附等單元操作，常用於營養物或放射物廢水。在電解的過程中，還可分爲陽極處理與陰極處理，前者是將汙染物氧化，使其分解或改質，後者則是將汙染物還原成固態物質，以便從溶液分離，兩者都可以達到淨化水質的目標。以下將分成四部分逐一說明電解回收、電化學浮除、電混凝和電氧化降解。

§8-1-1 電解回收

陰極處理廢水的主要對象是水中所含重金屬，這些廢水常來自電鍍、顯影和蝕刻等電子工業，尤其當印刷電路板（PCB）、積體電路（IC）與金屬工業的規模持續擴大後，重金屬廢液的回收及處理已成爲非常重要的環境議題。

傳統的處理技術是以混凝沉澱法爲主，但此法會產生大量的有害汙泥，將造成二次汙染；若使用鹼金屬或鹼土金屬的離子來交換，雖然可以去除這些重金屬，但處理後的水仍然含有高量鹽分，使其回用（reuse）能力有限。因此，改採電化學處理技術，將金屬回收並純化，才能有效解決廢水汙染的問題，並達成淨水回用的目標。

電化學處理方法中所用的主要試劑是電子，只會將汙染物氧化、還原、相分離或稀釋，所以屬於乾淨的藥劑。相較於熱處理技術，電化學方法所需溫度較低，因此更具能量效率，電化學方法甚至可以在產線中直接處理排出液（effluent），以分解汙染物或回收有價物。再者，電化學方法特別適合處理 1000 ppm 以下的金屬廢水，因爲在此濃度下，其他化學方法的反應速率太慢，以致效率低落，但電化學方法的驅動力主要來自電源，因此可以更快速地處理稀薄溶液。此外，利用電化學方法處理金屬廢水時，最大優點是將金屬離子轉變成具有價值的固體，此特點尤其適用於貴金屬。

進行電解回收時，主要藉由電源供應器施加直流電場於回收槽，使陰極發生還原反應，陽極發生氧化反應，然後藉由電解液中的離子輸送與外部線路的電子傳導，構成完整迴路。若欲處理金屬濃度較高的電鍍廢液，可用平板式電解槽；若欲處理濃度較低的清洗廢液，則可使用流體化床電解槽。在回收過程中，陽極所發生的反應依廢水的酸鹼性可分爲：

$$2H_2O \rightarrow O_2 + 4H^+ + e^- \qquad (8.1)$$

$$4OH^- \rightarrow O_2 + 2H_2O + 4e^- \qquad (8.2)$$

但兩者都會產生 O_2。在陰極，可能的反應則爲：

$$M^{n+} + ne^- \rightarrow M \qquad (8.3)$$

$$2H^+ + 2e^- \rightarrow H_2 \qquad (8.4)$$

$$2H_2O + 2e^- \rightarrow H_2 + 2OH^- \qquad (8.5)$$

其中 M 代表回收的金屬，M^{n+} 是廢水中的金屬離子；（8.4）式和（8.5）式是金屬回收的主要競爭反應，依酸鹼性擇一發生，但皆會產生 H_2。因此，施加到陰極的電位除了考慮金屬離子的還原以外，是否會促使 H_2 生成，也成爲影響回收效率的關鍵因素。

由上述可知，電解回收金屬與電解冶金類似，但其主要差異在於前者的電解液中通常僅含有低濃度的金屬，所以回收程序比提煉程序更困難，一般的解決對策是增加電極的比表面積與提升電解槽的質傳速率，兩者的目的都是爲了提高極限電流，進而增加回收效率。

金屬離子從本體溶液（bulk）到達陰極的質傳現象包含擴散、遷移與對流。溶液與陰極表面間的濃度梯度會使金屬離子朝向陰極擴散，此梯度與溶液的流動、電解槽的幾何形狀，電解液的性質有關。本體溶液中的金屬離子則無濃度梯度，只能被電場牽引而遷移，若溶液中存在其他支撐電解質，金屬離子的遷移效應則可忽略，但廢水中常只存在少量溶質，此時的離子遷移將成爲質傳的瓶頸。另在靜止溶液中，僅會發生自然對流，但加以攪拌或使用幫浦抽送時，將產生強制對流而促進質傳。

巨觀而言，電解回收的速率可從法拉第定律來估計，已知欲回收金屬的分子量爲 M，所帶電價爲 n，則其瞬時回收速率將正比於總電流 I：

$$\frac{dW}{dt} = \mu_{CE}\frac{MI}{nF} \tag{8.6}$$

其中 W 爲回收金屬的重量，μ_{CE} 爲電流效率，通常會隨時間而變。在第一章中曾提及，電化學程序可依操作條件而分成反應控制、混合控制和質傳控制。當電極上的電流密度較小時，程序屬於反應控制；當電流密度較大時，程序將轉爲質傳控制。因此，爲了提高回收速率，操作時必須盡量增大總電流 I，所以大部分的電解回收皆操作在質傳控制下。

到達質傳控制狀態時，電流密度將達飽和，稱爲極限電流密度 $i_{\lim}$（limiting current density），所以回收速率將取決於金屬離子移動到電極表面之速率，而質傳速率又與離子之濃度成正比，故可得：

$$\frac{dW}{dt} = \mu_{CE}\frac{Mi_{\lim}A}{nF} = \mu_{CE}MAk_m c_b \tag{8.7}$$

其中 A 是陰極的面積，k_m 是質傳係數，c_b 是廢液中的金屬離子濃度。因此，金屬離子濃度常成爲回收之關鍵變因，起始濃度較低時，回收速率較慢。另一方面，增加電極面積可以提升回收速率，例如採用多孔電極或碳纖維網狀電極，皆可使反應表面積超過同尺寸的平板電極，但此類電極在操作時，陰極的孔洞易被析出的金屬堵塞，需要特別維護保養。

此外，亦可採用玻璃珠流體化床電解槽，以降低擴散層的厚度來增加質傳效應。流體化之玻璃珠會衝擊電極表面，將覆蓋在電極上妨礙金屬析出之 H_2 氣泡刮除，以免回收金屬之品質不良，且可減少極化作用並增大極限電流密度，進而加速金屬析出速率。

總結以上，電解回收槽的設計重點主要在於大比表面積與高質傳速率，目前已在應用的類型包括：

1. 固定電極式

可用平板電極或圓柱電極，且在槽中還可加入填料形成固定床，廢水則從其孔隙中流過。例如英國的 Bewt Water Engineers 公司曾提出一種 Chemelec 回收槽（如圖 8-1），其中採用了網狀電極與玻璃珠流體化床來製造紊流，以提升質傳速率。但爲了達到最小流體化速度，電解液之滯留時間不能太長，所以此設計較適合進行前處理或循環操作。固定電極回收槽中還可設置一種打擊棒（beat rod），可不斷慢速敲擊陰極，使沉積之金屬脫落，待其沉澱至槽底後再加以收集，但此設計僅適合批次操作，且產量不大。

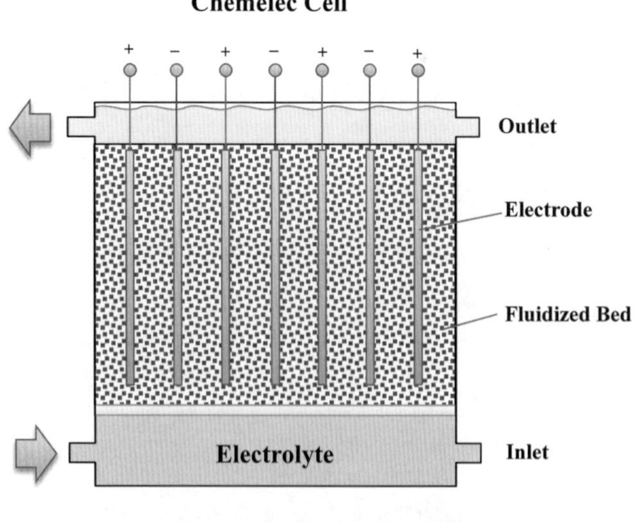

圖 8-1　Chemelec 回收槽

2. 旋轉電極式

可於槽體中心安裝可旋轉的圓盤形或圓柱形陰極，於槽體外圍安置陽極，廢水則從兩極的間隙中流過。在過往研究中，幫浦槽（pump cell）和旋轉圓柱電極槽（rotating cylinder electrodes，簡稱 RCE）曾被提出。如圖 8-2(a) 所示，幫浦槽中安置了兩個固定的圓盤電極和一個可旋轉的圓盤電極，通電後將形成雙極式（bipolar）操作，廢液從上方注入至系統的軸心，再沿著固定圓盤和旋轉圓盤的間隙往外圍旋出，此裝置的優點是其質傳係數獨立於流體之流動速率和滯留時間。如圖 8-2(b) 所示之旋轉圓柱電極槽也擁有高質傳係數，此槽的陰陽極間距通常很小，且流體操作在紊流狀態，因此適於回收廢水中的金屬，常用的電極轉速為 100～1500 rpm。英國研究者曾設計一種串級 ECO 槽（cascade ECO cell），使所有的反應室使用同一根陰極棒，可達到很高的回收率。

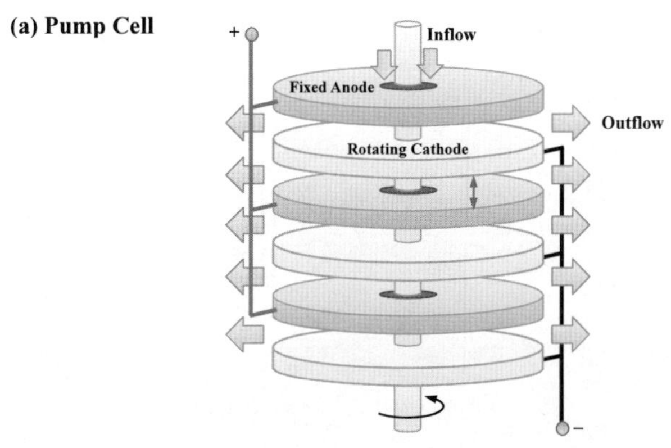

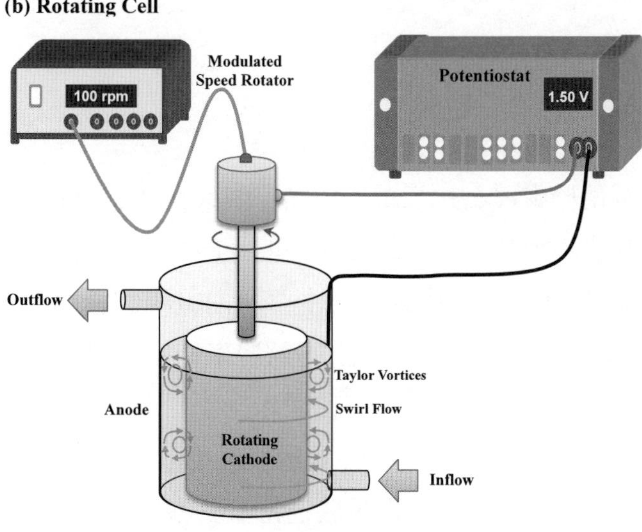

圖 8-2　旋轉式電解回收槽

3. 流體化床式

此類裝置中必須使用三維式填料電極，廢水則從槽底注入，並控制在紊流狀態，使其衝擊填料而形成流體化床。如圖 8-3 所示，裝載三維電極的填充床（packed bed）回收槽有兩種操作型態，一爲流穿（flow-through）模式，另一爲流經（flow-by）模式。後者的應用較爲廣泛，因爲它的歐姆電壓較小。形成流體化床時，填料粒子將會懸浮，流體不會堵塞，故適合進行連續式操作。移位的填料顆粒可以重新收集，並以新的粒子補充。但維持流體化床的速度較大，電解液滯留時間短，致使回收率較低，所以此種設計需要透過循環或串級排列才適合應用。

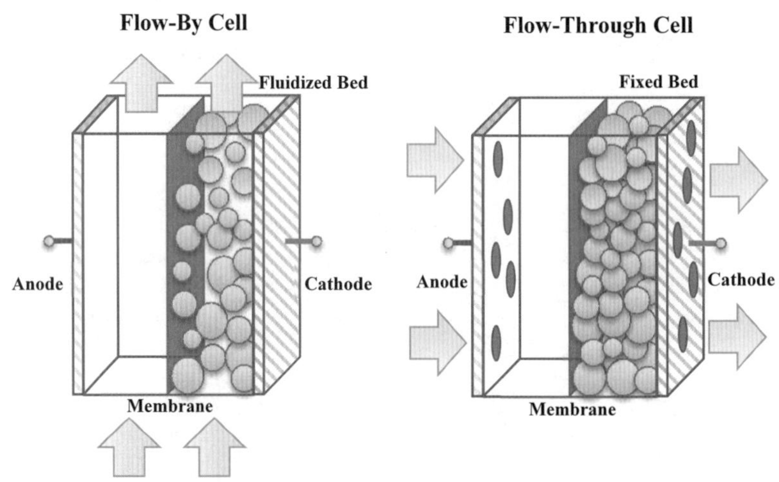

圖 8-3　流體化床電解回收槽

§8-1-2 電浮除

電化學浮除法常用於處理石化工廠、機械工廠或食品工廠產生的含油汙水或懸浮物廢液，可去除的汙染物種類多，且最終形成的汙泥較少，因此深具應用潛力。此技術融合了電學、流體力學和電化學原理，主要藉由電場的誘導使粒子產生偶極化，且在不通入空氣的情況下，利用電解產生的氣泡來結合汙染物，帶領汙染物浮至液面，再加以刮除，同時在處理槽的底部排出淨水。

電浮除法的裝置如圖 8-4 所示，陰陽兩極被水平放置在槽底，兩者約相距 0.5～2.0 cm，但因爲廢水的導電度較低，兩極間通常需要施加 5 V 以上的電壓，所使用的金屬電極只提供電解水和電場施加，和 8-1-3 節要介紹的電混凝法相比，從電極板溶出的金屬量非常少。從反應機制的觀點，電浮除法還可概分爲電解浮除（electroflotation）與電聚浮除（electroaggregation and floatation），以下將分項說明。

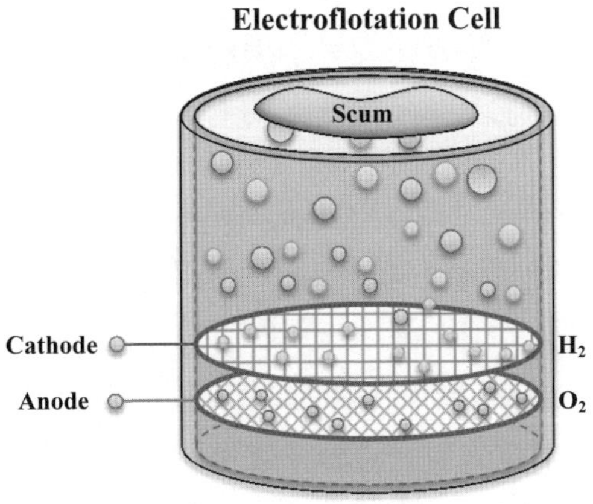

Electroflotation Cell

Scum

Cathode

Anode

H_2

O_2

圖 8-4　電浮除裝置

1. 電解浮除法

電解浮除法主要利用通電時電極板所發生的氧化還原反應，產生出 O_2 和 H_2，使廢水中汙染物被這些氣泡包覆而上浮至水面，以達到去汙效果。一般電解生成的 O_2 和 H_2 氣泡皆非常微小，故與雜質的接觸面積大。透過改變電流、電極材料、pH 值和溫度即可變化產氣量及氣泡尺寸，一般氣泡上升速度介於 1.5～4.0 cm/s 之間。

電解產氣的過程包括氣泡的形成、成長和脫離三個階段。氣泡的生成屬於新相形成，相關於電極表面的粗糙度，也相關於氣體的溶解、過飽和與擴散等因素，其過程十分複雜。氣泡成長時，會以中等氣泡爲核心來兼併周圍小氣泡，或透過氣泡的滑移而聚合。氣泡的脫離發生在浮力大於附著力時，脫離的臨界尺寸與電解條件或電極表面狀態有關。當電流密度愈高時，所產生的氣泡愈小，其尺寸有極限值；當電極表面愈粗糙時，所產生的氣泡愈大。但在處理某些廢水時，陰極附近的 pH 會逐漸增高，可能導致 $Ca(OH)_2$ 或 $Mg(OH)_2$ 沉澱，繼而擴大了 H_2 氣泡的尺寸，並降低去除效率。

電解浮除法中常用的陰極材料是不鏽鋼網，電解水後只會產生 H_2，所得氣泡尺寸約爲 10～30 μm；陽極材料必須爲不溶性，常用者包括石墨、鈦鍍白金網（Pt on Ti）或鈦鍍二氧化鉛網（PbO_2 on Ti），期望只電解水產生 O_2，所得氣泡尺寸約爲

20～60 μm，純 Pt 或不溶性陽極（DSA）的效果更好，但因價格高而較少使用。當電解產生的氣泡愈小時，能吸附汙染物的面積愈多，可使浮除的效果愈佳。此外，兩極反應產氣的過電壓還必須夠低，才能提高氣體析出速率，並降低電能消耗。使用網狀電極有兩項優點，其一爲比表面積高，能生成更多氣泡，另一爲網狀結構可允許下部電極生成的氣泡穿越其孔洞。此方法的另一項優點是藉由電流或電位的調整，即可簡單地控制氣泡數量與尺寸，並促進後續氣泡的上浮。

2. 電聚浮除法

透過電場的施加，可促進電荷凝聚，使汙染物絮凝（flocculation）而得以去除，此即電聚浮除法的操作原理。電聚浮除法可區分成五階段，依序爲電場建立、粒子偶極化、粒子聚合、膠羽（floc）形成，和膠羽浮除。電聚浮除法與電解浮除法相似，但不同之處在於隔板的使用與流道的設計。當流體進入電場後，其中的汙染物即可被偶極化，而且電場還可以促進相反電性之粒子互相接近，並於碰撞後結合成聚合顆粒，此即絮凝。同時，藉流道之設計，流體將產生劇烈擾流，使汙染物與其他流層之物質發生更多碰撞，經反覆結合後，汙染物的粒徑將不斷成長而得以去除。

由於異性電荷作用會產生放熱效應，使膠羽周圍的水溫上升，水分子蒸發形成氣泡後會附著在膠羽上。此外，水分子受到電解作用，在陽極產生 O_2，陰極產生 H_2，使溶液中出現大量氣泡。因此，無需通入空氣也可使膠羽與氣泡結合爲海綿狀複合物，加速上浮與分離。

電聚浮除法不需添加藥劑，只依賴粒子聚合與氣泡上浮的作用來去除汙染物，故汙泥的產量少，且氣泡也只是暫時存在。由於粒子能快速碰撞結合，所需電解時間很短，一般的處理不會超過 20 分鐘。除了浮除時需要接觸大氣外，其餘過程均在密閉系統內操作，既沒有臭味，亦無噪音。電聚浮除設備已經模組化，能彈性組合，且占地面積小，應用時可置於室內，使維護工作相當方便。

§8-1-3 電混凝

電混凝法（electrocoagulation）在 19 世紀時已被實際應用在水處理工程中，但其成本較高，到了 1930 年代化學混凝法出現，使電混凝技術逐漸沒落。然而，近年來研究者發現電混凝技術可以達到更高的效率與可靠度，因而重啓了相關研究。

電混凝程序是在待處理的溶液中置入 Al 或 Fe 電極，以施加電壓形成電場，並配合電極溶出的陽離子，使細微粒子發生凝聚而沉澱，達成分離顆粒的效果。研究者期望實施電混凝法時不添加其他藥劑，只透過屬於乾淨試劑的電子，即可移除廢水中之微粒，並避免發生二次汙染。

若電混凝槽中使用 Al 爲陽極，初步會產生陽離子：

$$Al \rightarrow Al^{3+} + 3e^- \tag{8.8}$$

但用於酸性或鹼性廢液處理時，陽離子皆會轉變成 $Al(OH)_3$ 膠體：

$$Al^{3+} + 3H_2O \rightarrow Al(OH)_3 + 3H^+ \tag{8.9}$$

$$Al^{3+} + 3OH^- \rightarrow Al(OH)_3 \tag{8.10}$$

這些 $Al(OH)_3$ 膠體會與水中的雜質凝聚，最後沉澱於槽底成爲汙泥。此外，水也可能被電解而在陽極產生 O_2，陰極產生 H_2，這些氣泡將會擾動廢液，促使不穩定的顆粒發生混凝而沉澱。

使用 Fe 爲陽極時，初步也會產生陽離子：

$$Fe \rightarrow Fe^{2+} + 2e^- \tag{8.11}$$

依據 Fe-H_2O 的 E-pH 圖，在鹼性廢液中，Fe^{2+} 會轉變成 $Fe(OH)_2$ 膠體：

$$Fe^{2+} + 2OH^- \rightarrow Fe(OH)_2 \tag{8.12}$$

但在偏酸性的廢液中，Fe^{2+} 還會再氧化成 Fe^{3+}，或形成 $Fe(OH)_3$ 膠體：

$$Fe^{2+} \rightarrow Fe^{3+} + e^- \tag{8.13}$$

$$Fe^{3+} + 3H_2O \rightarrow Fe(OH)_3 + 3H^+ \tag{8.14}$$

若水中含有 O_2，也會促使 Fe^{2+} 氧化成 Fe^{3+}：

$$4Fe^{2+} + O_2 + 4H^+ \rightarrow 4Fe^{3+} + 2H_2O \quad (8.15)$$

上述的陽離子和膠體還會發生水合現象，並以靜電力或凡得瓦引力吸引雜質，進而聚集成可沉澱的複合物。另需注意，若廢液中含有 Cl^-，陽極還有可能產生 Cl_2，之後還會轉變成 HClO，成爲氧化劑，繼而分解水中的有機物。在陰極處，一般只會產生 H_2，若廢液中有金屬離子，則可能在陰極析出。

一般而言，電混凝過程包括三個連續階段，其流程如圖 8-5 所示：

1. 通電後，作爲犧牲電極的 Al 或 Fe 將溶解成離子，再產生膠體混凝劑。
2. 陽極產生的陽離子會降低懸浮顆粒間的靜電斥力，進而導致粒子凝聚。
3. 混凝之物質可藉由吸附作用繼續捕捉其他膠體顆粒而形成膠羽。各膠羽之間架橋結合後，最終將沉澱至槽底。

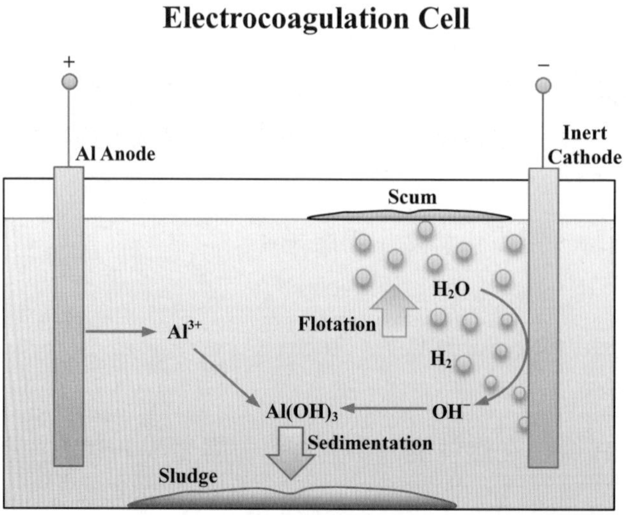

圖 8-5　電混凝程序

此外，由於電極通電後產生的電場，也會影響帶電膠體微粒的運動，此即電泳現象（electrophoresis），所以陽極會吸引帶負電的膠體，其速率 v 爲：

$$\mathbf{v} = -\frac{\varepsilon_0 \varepsilon \zeta}{\mu} E \quad (8.16)$$

其中 ε_0 是眞空磁導率，ε 是微粒的介電常數，ζ 是微粒的界面電位（zeta potential），

相關於溶液的 pH 值，μ 是廢液的黏度，E 是電場強度，式中的負號代表正電膠體的速度與電場方向相反。

總結以上，電混凝法的優點包含：

1. 設備簡單，儀器操作方便。
2. 廢水處理過後通常可呈現清澈無色的外觀。
3. 處理完的沉降物多為氫氧化物，所以汙泥量較少。
4. 所形成的凝聚物可經由過濾而快速分離。
5. 相比於化學混凝，無需添加藥劑，故不會衍生二次汙染。
6. 電解產生的氣泡具有浮除作用，能促進汙染物之移除。

§8-1-4 電氧化降解

含有金屬、無機毒物或有機物之廢水會對環境造成嚴重的衝擊，所以必須透過化學、物理或生物降解方式來處理，其中以化學方法的效果最佳。在化學方法中，通電導致電化學氧化降解是最具潛力的方法，其中還可細分為直接氧化與間接氧化。

直接氧化法是指廢水中的汙染物可被氧化而分解，此類汙染物包括無機型和有機型，前者如 CN^-、鉻化物和硫化物等，後者如染料、苯或酚等。間接氧化法則是先在陽極生成具有強氧化性的成分，再利用它們來分解汙染物，例如 Cl_2 和 HClO 均可有效分解有機物。

處理鹼性的 CN^- 廢水時，陽極反應為：

$$CN^- + 2OH^- \rightarrow OCN^- + H_2O + 2e^- \tag{8.17}$$

所生成的氰酸根（OCN^-）之後可能會再氧化或發生水解：

$$2OCN^- + 4OH^- \rightarrow 2CO_2 + N_2 + 2H_2O + 6e^- \tag{8.18}$$

$$OCN^- + 2H_2O \rightarrow NH_4^+ + CO_3^{2-} \tag{8.19}$$

另需注意，氰酸根（OCN^-）與雷酸根（CNO^-）不同。有時在陽極上，還可能存在析出 O_2 之競爭反應。若欲提高分解 CN^- 的電流效率，必須使用耐鹼性且 O_2 過電壓較高的陽極材料，同時也要考慮價格，故常用石墨或二氧化鉛（PbO_2）；陰極則常採用石墨或不鏽鋼。操作時，兩極的電壓介於 3～7 V，間距約爲 3～10 cm。電解過程中，若添加 Cl^-，則可產生 ClO^-，有助於分解 CN^-。

處理含酚的廢水時，必須先加入 NaCl，使陽極產生 Cl_2：

$$2Cl^- \rightarrow Cl_2 + 2e^- \tag{8.20}$$

Cl_2 水解後將轉成 HClO，由於 HClO 具有強氧化力，可進一步分解酚，因此本程序屬於間接氧化法。但在陽極上，會存在產生 O_2 的競爭反應。爲了評估通電導致有機物分解的程度，可定義電化學氧化指數（electrochemical oxidation index，簡稱 EOI）：

$$\text{EOI} = \frac{1}{T}\int_0^T (1 - \frac{I_{ox}}{I_{org}})dt \tag{8.21}$$

其中 T 爲總處理時間，I_{ox} 爲陽極產生 O_2 的電流，I_{org} 爲分解有機物的電流。若 I_{ox} = 0，代表所有電量皆用於分解有機物，亦即電流效率爲 100%。若分解有機物的電量換算爲電解水產生 O_2 的電量，則可再定義電化學需氧量（electrochemical oxygen demand，簡稱 EOD）：

$$\text{EOD} = \left(\frac{8IT}{FW_{org}}\right)\text{EOI} \tag{8.22}$$

其中 I 爲總電流，W_{org} 爲分解的有機物重量。此值和 COD 相比，愈接近 1 代表分解得愈徹底。

有一種間接氧化法稱爲高級氧化程序（advanced oxidation process，簡稱 AOP）或進階氧化程序，此法是對廢水輸入電能或輻射能，使水中產生 ·OH 等自由基，然後再透過自由基分解有機汙染物。AOP 依能量來源的差異可分爲電解法、震波法（shockwave）、臭氧氧化法（ozonation）、光催化法（photocatalysis）、紫外線照射法、Fenton 法與電漿法（plasma）。

AOP 技術主要利用氧化劑與觸媒將 OH^- 反應成 ·OH，且 ·OH 具有很強的氧化力，在鹼性或酸性環境下分別會發生下列反應：

$$\cdot OH + e^- \rightleftharpoons OH^- \tag{8.23}$$

$$\cdot OH + H^+ + e^- \rightleftharpoons H_2O \tag{8.24}$$

已知（8.23）式的標準電位為 1.90 V，而（8.24）式的標準電位為 2.73 V，其氧化力高於標準電位為 2.07 V 的 O_3，也遠高於其他常用的 H_2O_2 或 HClO 等氧化劑，在水溶液中僅次於 F_2。然而，F_2 較難用在水中，所以 ·OH 幾乎成為水溶液程序中的最強氧化劑，而且它分解有機物的反應速率極快，常成為擴散控制的程序。

目前已被研究過的 ·OH 產生法可分為光化學法和非光化學法，前者包含 O_3 混合 pH 值大於 8.5 的鹼性溶液、O_3 混合 H_2O_2 溶液、O_3 混合觸媒，與 Fe^{2+} 混合 H_2O_2 溶液，後者亦稱為芬頓試劑（Fenton reagent）。非光化學法則主要使用紫外光（UV）照射含有 O_3 或 H_2O_2 的溶液，也可以照射芬頓試劑而發生光芬頓反應（photo-Fenton reaction），或照射 TiO_2 等光觸媒。

在 1894 年，H. J. H. Fenton 發表了含 Fe^{2+} 溶液中的酒石酸氧化研究，發現 Fe^{2+} 加進 H_2O_2 中可生成兩種自由基而加強其氧化力：

$$Fe^{2+} + H_2O_2 \rightarrow Fe^{3+} + OH^- + \cdot OH \tag{8.25}$$

$$Fe^{2+} + H_2O_2 \rightarrow Fe^{3+} + H^+ + \cdot OOH \tag{8.26}$$

接著這些自由基可快速地分解有機物，放熱性地產生 CO_2 和 H_2O，後人將 Fe^{2+} 與 H_2O_2 的混合物稱為芬頓試劑，但至 1960 年代後，才出現芬頓試劑用於降解有機物的研究。使用芬頓試劑的優點在於生物難分解或具生物抑制性的有機物皆可被降解成無毒或可被生物分解的物質，缺點則是反應後有大量鐵汙泥生成，且操作成本高於傳統處理法，目前已應用在處理生物毒性物質、農藥、染料或其他難以破壞的有機物。

新的芬頓反應則已結合了電解技術，被稱為電芬頓程序（electro-Fenton process），主要的差異是其中一種成分直接來自於電解反應，操作前不需添加，或操作前先添加，接著利用電解反覆再生。電芬頓程序依操作方式可再區分成下列幾種類型：

1. Fe^{2+} 再生法

在此類方法中，Fe^{2+} 和 H_2O_2 皆需在操作前加入廢水，但反應後生成的 Fe^{3+} 會在陰極重新還原回 Fe^{2+}，理論上不會產生汙泥。

2. Fe 電極氧化法

此類方法是以 Fe 作爲犧牲陽極，通電後產生 Fe^{2+}，再與添加的 H_2O_2 反應。陰極則放置在另一容器中，兩極以鹽橋相連，可使陽極區維持較低的 pH 值，避免 $Fe(OH)_3$ 沉澱。

3. O_2 注入法

此類方法必須在陰極注入空氣或純 O_2，以產生 H_2O_2：

$$O_2 + 2H_2O + 2e^- \rightarrow 2OH^- + H_2O_2 \tag{8.27}$$

再使之與 Fe^{2+} 反應，而且在陰極可以再生 Fe^{2+}。注入氣體時，可產生攪拌作用，有助於提高移除效率。然而，藉由還原法產生 H_2O_2 的電流效率低，反應速率慢，是最大的缺點。

4. 電芬頓—電混凝法

此類方法結合了電芬頓法和電混凝法，因此必須使用 Fe 作爲陽極，通電後才能溶出 Fe^{2+}。在陰極則注入 O_2 以還原成 H_2O_2，兩者再進行芬頓反應來降解有機物。此外，還會發生 $Fe(OH)_2$ 和 $Fe(OH)_3$ 的混凝作用，導致汙染物沉澱。

5. 光電芬頓法

此類方法結合了光芬頓法和電芬頓法，透過波長小於 380 nm 的 UV 光輔助，可加速分解 H_2O_2 而產生 $\cdot OH$，使汙染物的移除率提高：

$$H_2O_2 + h\nu \rightarrow 2\cdot OH \tag{8.28}$$

而且也能協助三價鐵錯合物分解而產生 $\cdot OH$：

$$Fe(OH)^{2+} + h\nu \rightarrow Fe^{2+} + \cdot OH \tag{8.29}$$

上述幾種方法都有優缺點，例如有些方法操作在酸性條件時，酸的用量大，而且隨著還原進行，Fe^{2+} 濃度逐漸升高，副反應的可能性亦隨之增加，致使電流效率下降。有一些則仍有汙泥產生，尤其用於處理高濃度廢水時，因所需 Fe^{2+} 濃度亦較高，反應後將會產生較多汙泥，造成分離上的困難。再者，某些有機物和 ·OH 反應成中間物後，這些中間物可能會與 Fe^{2+} 錯合，不利於後續 ·OH 的生成，此時可透過 UV 光照射，協助錯合物分解。

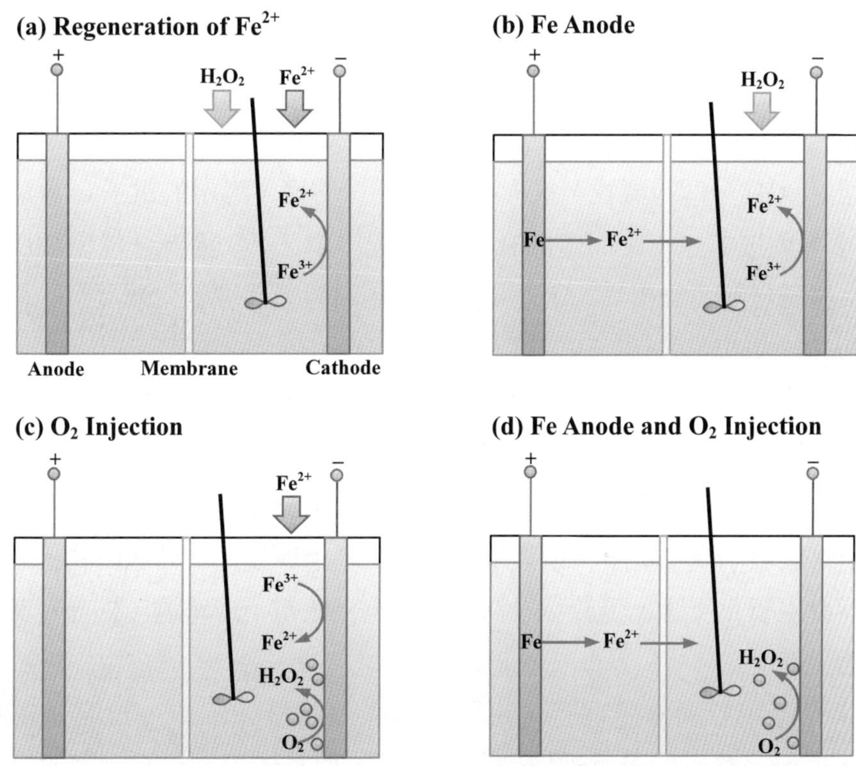

圖 8-6　電芬頓程序

另一方面，使用光觸媒材料進行光電化學分解也是處理汙水的新技術。光電化學起源於 A. Becquerel 的研究，他在 1839 年發現置入稀酸溶液的其中一個電極受到光照後，可產生電流而傳導至另一個電極，後稱為 Becquerel 效應。到了 1972 年，光電化學再度出現新突破，日本東京大學的藤嶋昭與本多健一在 Nature 期刊上發表了光分解水之研究，後稱為本多－藤嶋效應（Honda-Fujishima effect）。藤嶋昭以水銀燈照射 n 型 TiO_2 薄膜後，偶然發現表面會有氣泡產生，而對應的 Pt 電極也能觀察到氣泡，類似水被電解。經分析後證實，在 TiO_2 電極上生成的是 O_2，在 Pt 電極上是 H_2。對於 TiO_2 電極，其反應可表示為：

$$TiO_2 + h\nu \rightleftharpoons TiO_2^* + h^+ + e^- \quad (8.30)$$

其中 h 爲 Planck 常數，v 爲入射光的頻率，而 $h\nu$ 可代表光子的能量，因此 TiO_2 接受此光照射後，本身會被激發成TiO_2^*，亦即價帶的電子躍遷至導帶，而在價帶留下電洞 h^+。若此時的 TiO_2 表面有水分附著，則此電洞 h^+ 會分解水而生成 ·OH 自由基：

$$H_2O + h^+ \rightleftharpoons \cdot OH + H^+ \quad (8.31)$$

接著即可利用 ·OH 分解有機物，或形成 O_2。另一方面，導帶的電子 e^- 會沿外部導線到達 Pt 電極，促成還原反應而產生 H_2。在此程序中，必須照光才能驅動反應，而且反應前後半導體材料並無損失，因此這類可以藉由照光而驅動化學反應的材料被稱爲光觸媒（photo-catalyst）。

由於半導體的能帶結構中存在能隙，分隔了價帶與導帶，當能量足夠的光線照射在材料上，可使價帶電子吸收光能而躍遷到導帶上，同時在價帶留下電洞。這一組光生電子與電洞，具有很強的反應性，可以傳遞到吸附於半導體表面的物質中促使其分解。若吸附物接收了光生電子，則吸附物可能出現還原反應；若吸附物接收了光生電洞，則可能發生氧化反應，至於吸附物是否能夠接收電子或電洞，則需視其氧化態能階與還原態能階而定。

這些半導體用於廢水處理時，可將光觸媒微粒投入水中，再照光驅動分解反應。然而，一般光觸媒的光電轉換效率並不高，而且使用後也難以回收，致使處理效率不佳。若使用鍛燒或塗佈的方法將光觸媒固定於透明基板上，雖然可以重複使用，但其活性面積將會大幅縮減，使分解汙染物的速率無法加快。

§8-1-5 微生物燃料電池

由於微生物燃料電池（MFC）可以使用廢水或汙泥作爲燃料，故可在發電的同時，還能分解有機物，使廢棄物轉換爲能源，而且 MFC 的維護成本低，無危害性，故極具應用前景。關於燃料電池的細節，可參考 6-3-1 節，本章只探討廢水處理的應用。廢水處理的原始程序包括一系列的步驟，必須進行多次的沉澱與曝氣，其中的核心是一個生物反應器，常使用的技術包含活性汙泥法（activated sludge）和滴濾池

（trickling filter）。

活性汙泥法目前已成爲城市汙水處理中使用最廣的方法，它能去除膠狀或可溶性的有機物、能被活性汙泥吸附的懸浮物，以及一部分的含磷和含氮物質。活性汙泥是指汙水長期曝氣後內部產生的汙泥，其中含有大量無機物和吸附其上的微生物，因而組成微型的生態系統。當汙水中摻入活性汙泥後，再從池底通入細小的空氣氣泡，增加汙水中的溶 O_2 量，即可促使有機汙染物吸附在活性汙泥顆粒上，顆粒中的細菌會降解這些汙染物，產生 CO_2 和 H_2O，反應生成的能量還可供給自身繁殖。降解後，混合液將被導入二次沉澱池，以分離活性汙泥和清水，沉澱濃縮的汙泥將從池底排出，再回流至曝氣池繼續使用。

滴濾池具有塔狀結構，其中塡入塑料或礫石以作爲微生物的附著媒介，欲處理的廢水會從塔頂間歇性灑入，以夾帶空氣進入，流經孔洞時微生物會吸附廢水中的可溶性或膠體有機物，並逐漸形成生物膜，同時 O_2 會穿透生物膜與內部的微生物共同降解水中的有機物，所生成的 CO_2 亦將穿透生物膜被水流帶走。

然而，MFC 可用來取代傳統廢水處理中的活性汙泥和滴濾池，因爲使用 MFC 輔助廢水處理具有四項優點：

1. 能產生電能或產生 H_2。
2. 不需要曝氣，所以能節省 50% 的用電量。
3. 可以減少汙泥產生，因而降低了處理固體的成本。
4. 接觸空氣的面積很小，可避免釋放異味。

目前以 MFC 取代生物反應器的構想可分成三類，分別是：

1. MFC 取代滴濾池：以 MFC 處理汙水時，不需要暴露在空氣中，可以避免異味釋出。
2. MFC 作爲膜生物反應器（membrane bioreactors，簡稱 MBR）的前處理單元：MBR 中有過濾膜，可將固體顆粒和生物質濾除，但仍需曝氣，而 MFC 生成的電能可以彌補 MBR 中的能量消耗。
3. MFC 取代 MBR：將 MFC 的陰極設計成過濾管，則可取代 MBR，而且所用細菌屬於厭氧微生物，可以不需要曝氣，但此法容易導致膜阻塞。

總結以上，透過 MFC 輔助處理汙水可以減少汙泥產生，也可以協助脫氮除磷，並回收廢水中大約一半的能量，但目前面臨的困難是規模放大與經濟效益提升。

§8-2　土壤處理

土壤是一種介於岩石與其風化殘餘物之間的一種物質，而且是一種多成分（multi-component）與多相（multi-phase）的系統。整個土壤系統大致可分爲固、液、氣三相。在固相方面，大部分由土壤基質組成，其中也包含了些許無機礦物鹽與有機成分，而這些無機鹽類以矽酸鹽爲主，且多半是溶解度較低的物質，有機成分則是指任何活的生物體與其腐敗後所形成的化合物。土壤的液相通常是含有 Ca、Mg 與 Na 等鹽類溶解而成的稀薄水溶液，土壤的氣相通常包含生物體所需消耗的 O_2 或生化反應形成的 CO_2，而且氣相與液相會共同占有整個土壤的孔隙體積，故可合稱爲土壤的流動相。在此三相系統中，固相與流動相的接觸面積非常大，所以土壤固液相之間的交互作用非常頻繁，尤其土壤的表面具有離子特性，接觸水溶液後，土壤表面離子會解離，而且溶液相中的離子會吸附，導致了土壤固液界面的變化。

土壤、水和空氣是生物生存之必須要素，發生水汙染與空氣汙染時，生活環境與民眾健康會立即受到危害，所以相關管制措施與防治手段已廣泛建立，反觀土壤汙染卻具有隱晦性、延遲性及複雜性，相關問題要累積一段長時間才能被發現，而且可見的危害情形已十分嚴重或甚至難以回復。雖然土壤本身具有物理或化學吸附能力，可緩衝汙染物所造成的危害，而且土壤還能進行氧化還原與微生物分解作用，使土壤自淨，理論上應能降低被汙染的風險。然而，當土壤的汙染源超過自淨作用的負荷時，土壤汙染隨即形成。導致土壤汙染的來源包括工業廢棄物、農藥和肥料、畜殖業廢棄物、都市廢氣、汙水和垃圾，以及落塵和酸雨。尤其當電鍍工業排放的重金屬廢水進入土壤後，汙染物將會沉積在作物上，並經由食物鏈轉入動物體，待動物體內累積某一定量後，就會引發中毒。此外，食品工廠的廢水會造成土壤缺氧，影響作物產量；鋼鐵、砂石、煤礦廠廢水皆含有大量懸浮物，過量排放時會降低土壤對水和空氣的通透性，使作物生長受阻。

在傳統的土壤整治技術中，依其特性大致可分爲物理、化學與生物三類方法，依其效果又可分爲去除汙染與降低含量兩種類型。物理性方法包含了稀釋、土壤沖刷、淋洗與高溫揮發等方法；化學性處理包括加熱或添加藥劑使汙染物反應爲可處理物質；生物方法主要透過植物或微生物來吸收汙染物質。去除類型是指可藉由處理而使汙染物排出土壤的程序，因此前述的土壤沖刷、淋洗、高溫揮發等方法都屬於此類；在降低含量的程序中，僅能稀釋或減低土壤溶液相中的濃度，無法使汙染物質排出土壤，目前已發展的方法包含了固化、加入錯合劑或加入黏合劑。一般而言，處理方法的選擇要依汙染場址而定，所要考慮的因素包含裝置、汙染範圍或土壤性質等，且所需處理的程度也會隨著未來的使用需求而改變。

近年來發展出一種以電動力學（electrokinetics）爲主，電解反應（electrolysis）爲輔的電化學土壤整治技術（electrochemical remediation），在許多研究中將其稱爲電動力學法，或是電滲透法（electroosmosis）。然而在其處理機制中，電解反應居於不可或缺的地位，是故在名稱上單以物理性質爲主的電動力學法並不能完全表現此技術的特性，因此在本章中將採用兼具物理性與化學性的電化學整治法來命名。

電動力學現象包括電滲透（electroosmosis）、電泳（electrophoresis）、流動電位（streaming potential）與沉降電位（sedimentation potential），主要探討兩帶電固體表面間的流體輸送。若沿著帶電固體表面的方向施加電場，則此表面或電雙層結構中的離子將會受到電力牽引，使固體朝著特定方向移動，吸附其上的離子則朝反方向運動，並且牽動溶劑分子，進而導致整體溶液的流動。相反地，當外力施加在帶電固體或整體溶液時，也會導致固體表面與電雙層離子出現相對運動，並且形成感應電場。因此可知，帶電物體運動與電場互爲因果，共同構成電動力學現象，以下將細分成四種類型（如圖 8-7）加以說明：

1. 電泳

在電場作用下，帶電固體與其吸附物將會相對於靜止的流體運動，帶負電的固體粒子將會移向陽極，正電粒子則前往陰極。

2. 電滲透

在電場作用下，電解質溶液將會沿著靜止的帶電表面流動。例如在一根表面帶有負電的毛細管內，管壁會吸附一些陽離子，若於此時施加電場，這些陽離子將會移向陰極，同時還會拖曳整個電解質溶液，因而造成一股朝向陰極的對流。相反地，毛細管表面若帶正電，則溶液的對流將會朝向陽極。

3. 流動電位

當電解質溶液因爲外部壓力而相對於靜止的帶電表面運動時，將會形成感應電場。例如流體從一個帶有正電的毛細管中抽出，即可在管內測得流動電位，而且上游

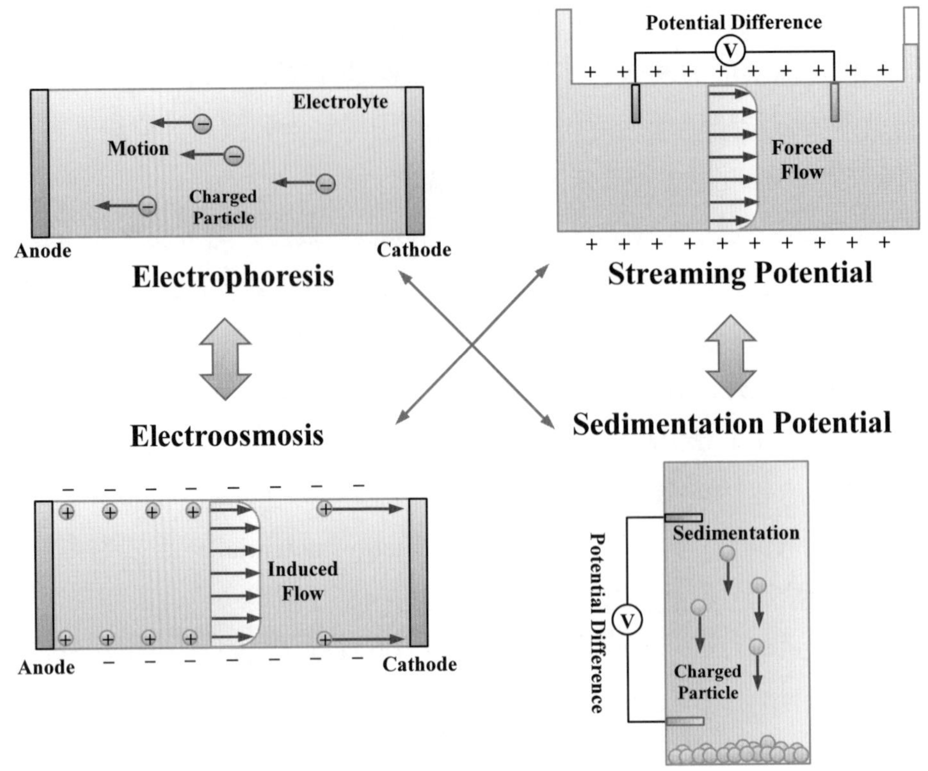

圖 8-7 電動力學現象

處的電位高於下游處。

4. 沉降電位

帶電固體受到外力而在靜止流體中運動時，也會形成感應電場。例如帶正電的懸浮粒子在重力場下沉降，或在離心機中旋轉時，會在起始位置測量到較高的電位，在終點測得較低的電位。

由以上四種現象的定義可知，電滲透與電泳現象互爲固液間的相對運動，流動電位與沉降電位亦爲固液間的相對運動，然而流動電位與電滲透可視爲因果相反的現象，電泳與沉降電位亦然。

電動力學所引發的輸送現象將間接影響帶電粒子的電雙層結構，因此電動力學原理已廣泛應用在某些工業程序、廢水處理或生物醫學研究中。在土壤的應用方面，雖然早在 1959 年 Jacobs 和 Mortland 就曾測試其電動力學現象，但他們並非執行汙染整治之工作，而是探討土壤去水（dewatering）與壓密（consolidation）等土木工程議題。土壤經過壓密後，可增加其穩定度，也能強化其支撐力，故常用於坑道或隧道中。

由於施加電場於土壤會引發電滲透現象，進而造成離子移動，故可將此概念應用於土壤整治中。在 1987 年，Renaud 和 Probstein 發表一種藉由電滲透現象穩定汙染區的想法，如圖 8-8 所示。他們以陰陽極包圍汙染區，陽極排列在內圈，陰極排列在外圈，以引導電滲透流朝向汙染區之外，進而降低局部水位且壓密土壤，以防止汙染區內的重金屬離子往外擴散。若在電極區加入化學密封劑（sealant），還可阻擋地下水的流動，使汙染區維持在穩定的狀態。但此方式僅能避免地下水受到影響，原已汙染的土壤仍需另行處理。回溯至 1959 年，Jacobs 和 Mortland 當時研究土壤時，曾將其挖出並移至他處通電，從中發現陰極流出液的金屬含量漸增；後於 1980 年，Hamnet 曾對農田測試，發現電動力學現象可去除田中的鹽分，因爲在通電的過程中，Na^{+} 會往陰極移動，而 Cl^{-} 與 SO_4^{2-} 會朝陽極移動，因而能去除鹽分。另一方面，在 1985 年，前蘇聯的 Shmakin 也曾運用電動力學法來探勘或收集土壤中的金屬，例如 Cu、Ni、Co 與 Au 等，他在陰極處加上一根探針藉以萃取這些金屬，並由所收集的金屬含量來判斷此礦區的礦藏量或礦藏區的位置。這些研究都指出，電動力學現象可以移動土壤中含有的金屬。

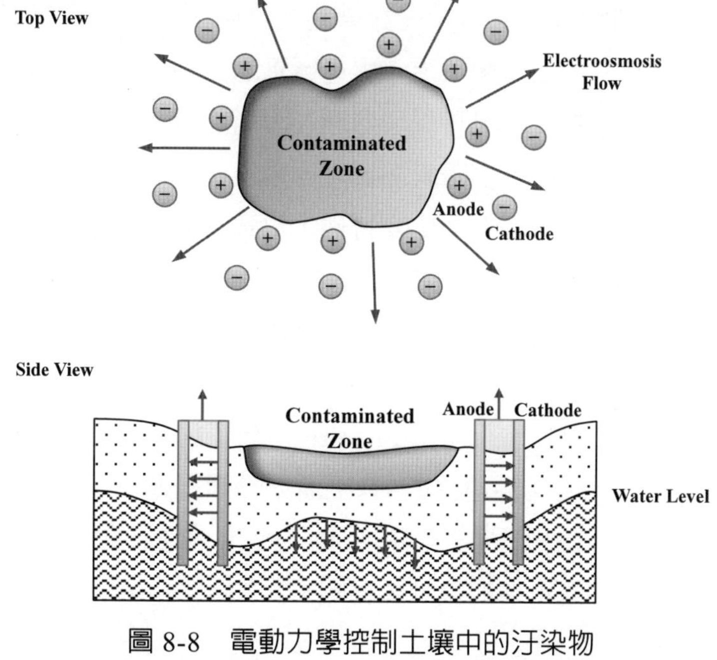

圖 8-8　電動力學控制土壤中的汙染物

自從 Renaud 和 Probstein 提出以電滲透現象控制含廢棄物的場址之後，陸續有研究者著手使用電化學技術去除土壤中的汙染物，包括 Acar 和 Shapiro 等人即深入探討過電滲透造成的效應。到了 1990 年代，隨著相關成果被發表，電化學技術移除多種重金屬或有機汙染物的可行性已被證實。在重金屬方面，Pb 和 Cd 的去除被特別研究過，其去除率均可達到 90% 以上，其他如 Cu、Cr、Hg、Ni 和 Zn 等汙染物也都曾被探討過。在有機汙染物方面，可分爲水溶性和非水溶性兩類，當土壤被施以電場後，屬於可溶性有機物的醋酸與酚皆能在溶解後帶電，因此去除的原理類似重金屬，研究結果顯示其去除率可達 85% 以上；至於不溶性有機汙染物，僅能藉由水流來推動，所以必須以界面活性劑協助其溶解，才能提升移除成效。

相較於傳統的土壤處理方法，電化學技術更能展現其整治潛力。在前述方法中，無論土壤清洗法、高溫加熱法或固化法，皆不適於現地處理（in-situ），而且挖掘移位必須耗費成本，並且在整治後還需另行處置這些土壤。此外，對高溫玻璃化或揮發法而言，所需能量過於龐大，因而費用極高；若採用化學方法，所加入的化學物質可能滯留於土壤中，形成二次汙染。而覆蓋掩埋的作法過於消極，雖然可暫時隔絕汙染物，實際上並未分離，隨著上層土壤逐漸風化，汙染物終究會再次暴露。再者，固化法亦顯露相同的問題，包覆材質的劣化或掩埋地點的爭議也都間接影響此法的可行性。就生物方法而言，雖可現地栽種植物吸收汙染物，且不必消耗額外能源，似乎可以避免上述缺點，但植物的根部無法進一步深入土壤，所以能處理的範圍有限，而且並非任何植物皆能生長在受汙染的土壤中，對汙染物也不一定能有效吸收。綜合以上比較，可顯示電化學整治土壤是極具潛力的方法，它雖然需要消耗一些電能，但不需要添加化學物質，且可現地處理，因而能避免二次汙染與挖掘掩埋的缺點，此外還能克服各地土壤的性質差異而展現通用性。

過往的研究除了針對欲處理的汙染物特性，也致力於討論移除程序的機制或探究提高效率的方法。此程序的機制首先由 Acar 提出，他認爲整治過程中除了電化學反應之外，亦包含土壤中的輸送現象。在他們的研究中提到，由於陽極電解水生成 O_2 和 H^+，陰極生成 H_2 和 OH^-，使土壤內部出現 pH 值的分布，故在後續的研究中轉而探討 pH 值對移除程序的影響，最後由 Shapiro 總結了這些研究，提出完整的整治機制。在土壤通電的過程中，陽極產生的 H^+ 不斷往陰極推進，並與被吸附的重金屬進行離子交換，最終即可從陰極區收集到重金屬。此外，Acar 和 Gale 在去除酚的研究中也證實，去除汙染物中最重要的機制即爲離子交換。

總結以上，電化學整治方法結合了電化學反應與電動力學以去除土壤中的汙染物，其中所發生的電化學反應是指陰陽極表面的氧化還原，而電動力學則是以電滲透爲主，除了物質輸送與孔隙內的流動外，在土壤孔壁的離子交換亦是整治程序中不可或缺的步驟。因此，完整的電化學整治程序可如圖 8-9 所示。以下將逐一說明總體程序中的主要現象：

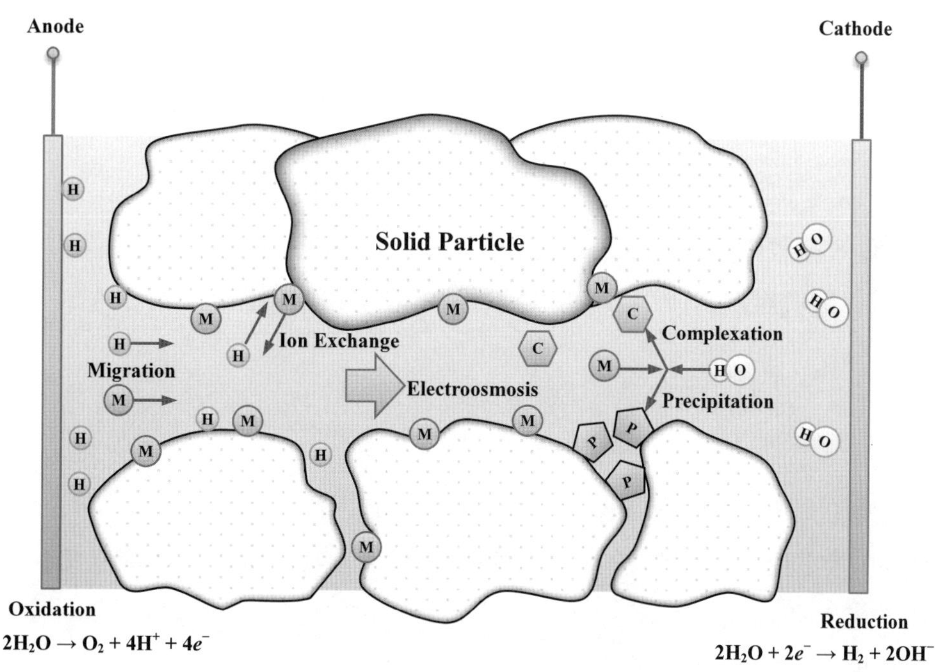

圖 8-9　電化學整治土壤之機制

1. 電化學反應

施加電位可促使陽極發生氧化反應，陰極進行還原反應，但溶液的組成可能導致數種氧化還原反應在競爭。在土壤整治程序中，首要步驟是要產生 H^+，所以陽極必須進行電解水，並同時生成 O_2；在陰極則可能電解水而生成 H_2，或發生金屬還原：

$$H_2O \rightarrow 2H^+ + \frac{1}{2}O_2 + 2e^- \tag{8.32}$$

$$2H_2O + 2e^- \rightarrow H_2 + 2OH^- \tag{8.33}$$

$$M^{n+} + ne^- \rightarrow M \tag{8.34}$$

2. 物質輸送

多孔性土壤中所含成分會受到電壓差、水壓差與濃度差的驅動，故其輸送現象可包含電遷移（electromigration）、擴散（diffusion）與對流（convection）。由於此程序中的對流主要來自於外加電場，所以屬於強制對流，另依其流動原理，又可歸類為電動力學中的電滲透現象。以下列將逐項說明這三種輸送機制：

(a) 擴散：不論施加電場與否，只要成分 i 的濃度 c_i 分布不均，擴散現象隨即發生，其擴散通量 $N_{d,i}$ 可用 Fick 第一定律來描述：

$$N_{d,i} = -D_i \nabla c_i \tag{8.35}$$

其中 D_i 為有效擴散係數（effective diffusion coefficient）。在多孔性介質中，各成分的有效擴散係數與無限稀薄溶液中的擴散係數 D_i^o 有以下關係：

$$D_i = \frac{\varepsilon}{\tau} D_i^o \tag{8.36}$$

其中 ε 為土壤的孔隙度（porosity），而 τ 為土壤的迂迴度（tortuosity）。

(b) 電遷移：帶電成分 i 在電力的作用下將會遷移，且其通量 $N_{m,i}$ 與電位梯度 $\nabla\phi$ 成正比：

$$N_{m,i} = -z_i u_i F c_i \nabla\phi \tag{8.37}$$

其中 F 為法拉第常數，z_i 與 u_i 分別為成分 i 的電荷數與有效遷移率（effective mobility）。有效遷移率與無限稀薄溶液中的離子遷移率 u_i^o、土壤的孔隙度 ε 和迂迴度 τ 有關：

$$u_i = \frac{\varepsilon}{\tau} u_i^o \tag{8.38}$$

(c) 對流（convection）：整體溶液流動所造成的輸送皆屬於對流，而成分 i 的對流通量 $N_{c,i}$ 與流體速度 $\mathbf{v}$ 有關：

$$N_{c,i} = c_i \mathbf{v} \tag{8.39}$$

在本程序中，驅動整體流動的因素可能包括水壓和電壓，由電壓導致的流動即爲電滲透現象，因此流體速度可表示爲：

$$\mathbf{v} = k_h(-\nabla p) + k_e(-\nabla \phi) \tag{8.40}$$

其中 k_h 爲 Darcy 係數，k_e 爲電滲透係數。將（8.40）式代入（8.39）式可得：

$$N_{c,i} = k_h c_i(-\nabla p) + k_e c_i(-\nabla \phi) \tag{8.41}$$

因此，綜合上述三種輸送機制，成分 i 的總通量 N_i 可表示爲：

$$N_i = -D_i \nabla c_i + [k_h(-\nabla p) + (z_i u_i F + k_e)(-\nabla \phi)]c_i \tag{8.42}$$

3. 流體力學

由於土壤中的孔隙溶液可視爲不可壓縮，故其連續方程式（equation of continuity）可簡化爲：

$$\nabla \cdot \mathbf{v} = 0 \tag{8.43}$$

接著可將（8.40）式代入（8.43）式，即可發現土壤內的壓力與電位之間的關係：

$$\nabla^2 p = -\frac{k_e}{k_h} \nabla^2 \phi \tag{8.44}$$

此式代表兩者之一得知後，另一個參數的分布亦可求得。

4. 化學反應

金屬汙染物隨著各種化學反應的發生而可能存在不同的狀態，例如在孔隙溶液相中有離子和錯合物，在孔壁則有吸附物與沉澱物。它們參與的化學反應可分爲勻相（homogeneous）與非勻相（heterogeneous）兩類，前者包括離子錯合與酸鹼中和，後者則包含吸附離子交換與沉澱。由於這些反應的時間規模（time scale）遠小於質量傳送，所以在模擬的過程中可視其處於平衡。以含 Pb 的土壤爲例，牽涉在上述反應中的成分包括 H^+、OH^-、Pb^{2+}、$Pb(OH)^+$、$Pb(OH)_3^-$、$Pb(OH)_4^{2-}$、H_{ad}、Pb_{ad}、$Pb(OH)_2$，和 H_2O，其中前三者是簡單離子，濃度分別表示爲 c_1、c_2 和 c_3；中間三者是錯離子，濃度分別表示爲 c_4、c_5 和 c_6；下標爲 ad 的兩者是吸附物，其吸附當量分別表示爲 s_1 和 s_3；最後的 $Pb(OH)_2$ 是固態沉澱物，H_2O 是溶劑。因此，從這些成分間的反應平衡可得到：

$$c_1c_2 = k_w = 10^{-14} \tag{8.45}$$

$$\frac{c_4}{c_2c_3} = k_4 = 10^{7.82} \tag{8.46}$$

$$\frac{c_5}{c_2^3c_3} = k_5 = 10^{13.94} \tag{8.47}$$

$$\frac{c_6}{c_2^4c_3} = k_6 = 10^{16.30} \tag{8.48}$$

$$c_2c_3 = k_{sp} = 10^{-10.88} \tag{8.49}$$

其中 k_w 是水的解離常數，k_{sp} 是 $Pb(OH)_2$ 的溶度積常數，k_4、k_5 與 k_6 分別是 $Pb(OH)^+$、$Pb(OH)_3^-$ 與 $Pb(OH)_4^{2-}$ 的錯合常數。此外，關於 H 與 Pb 的吸附平衡可簡單表示爲：

$$s_1 = \frac{k_1c_1s_T}{1+k_1c_1+k_3c_3} \tag{8.50}$$

$$s_3 = \frac{k_3c_3s_T}{1+k_1c_1+k_3c_3} \tag{8.51}$$

其中 k_1 與 k_3 分別是 H 與 Pb 的吸附常數，s_T 是孔壁的總吸附當量。

5. 質量均衡

接著可針對成分 i 進行質量均衡：

$$\frac{\partial(\varepsilon c_i)}{\partial t} = -\nabla \cdot N_i + \varepsilon R_i \tag{8.52}$$

其中 R_i 爲成分 i 在土壤中所有化學反應的總產生速率，這些化學反應包含了之前提及的離子錯合、酸鹼中和、吸附與沉澱。對於含 Pb 的土壤，共有 10 種成分需要考慮，使整體質量均衡成爲複雜且難解的問題。因此，爲了簡化分析過程，可先選擇 H^+、OH^- 和 Pb 作爲整治程序中的三種基本成分，再定義基本成分之總濃度 w_H、w_{OH} 與 w_{Pb}，以及基本成分之總可溶濃度 y_H、y_{OH} 與 y_{Pb}，但因爲溶劑 H_2O 之濃度變化無法得知，故 H_2O 不列入 w_H 和 w_{OH} 之中。因此，Pb 的兩種濃度可分別表示爲：

$$w_{Pb} = c_3 + c_4 + c_5 + c_6 + c_p + s_3 \tag{8.53}$$

$$y_{Pb} = c_3 + c_4 + c_5 + c_6 \tag{8.54}$$

其中 c_p 是代表沉澱物 $Pb(OH)_2$ 的虛擬濃度。接著將（8.54）式代入（8.42）式，再定義一個總可溶濃度 y_k 的算符 $L(y_k)$：

$$L(y_k) = \nabla \cdot [-D_k \nabla y_k - (k_h \nabla p + z_k u_k F \nabla \phi + k_e \nabla \phi) y_k] \tag{8.55}$$

即可將基本成分總濃度 w_H、w_{OH} 與 w_{Pb} 的均衡方程式列出：

$$\varepsilon \frac{\partial w_{Pb}}{\partial t} + L(y_{Pb}) = 0 \tag{8.56}$$

$$\varepsilon \frac{\partial w_H}{\partial t} + L(y_H) = \varepsilon \frac{\partial w_{OH}}{\partial t} + L(y_{OH}) \tag{8.57}$$

因爲 Pb 只會在各種型態中變化，各種牽涉 Pb 的反應速率總和爲 0；另因 H_2O 的濃度不列入 w_H 和 w_{OH} 之中，所以牽涉 H^+ 與 OH^- 的淨反應速率皆等於兩者結合成 H_2O 的反應速率，因而得到（8.57）式。

6. 電荷均衡

除了質量均衡以外，電荷均衡與電位分布也必須考慮。電荷均衡是指土壤孔隙溶液中各處皆需符合電中性條件，亦即：

$$\sum_i z_i c_i = 0 \tag{8.58}$$

若假設土壤中固相的導電度為 σ，通過土壤的總電流密度 i_T 則可表示為：

$$i_T = \sum_i z_i F N_i + \sigma \nabla \phi \tag{8.59}$$

此外，總電流密度 i_T 也可視為總電荷 Q_T 的通量，故其均衡方程式為：

$$\frac{\partial Q_T}{\partial t} = -\nabla \cdot i_T \tag{8.60}$$

已知系統必須遵守電中性條件，亦即 $Q_T = 0$，所以（8.60）式可簡化為 $\nabla \cdot i_T = 0$，並得到：

$$\sum_i z_i F(\nabla \cdot N_i) = -\sigma \nabla^2 \phi \tag{8.61}$$

因此，濃度分布求得後，由此式即可再求出電位分布，進而得到電流分布。

綜言之，整個土壤整治程序牽涉了質量均衡、化學反應、電位分布與壓力分布，所涵蓋的變數包括各成分的濃度與土壤內的電位與壓力。

此外，在陽極表面，因為會發生電解水產生 H^+ 的反應，所以 H^+ 的質傳通量除了對流以外，還有一部分來自陽極表面的生成通量。已知陽極的面積為 A_a，通過陽極的電流 I 可使用 Butler-Volmer 方程式來表示：

$$I = i_{0a} A \left[\exp(-\frac{\alpha_a F \eta_a}{RT}) - \exp(\frac{(1-\alpha_a) F \eta_a}{RT}) \right] \tag{8.62}$$

其中 i_{0a} 和 α_a 分別是陽極半反應的交換電流密度和轉移係數，η_a 是陽極過電位。因此，在陽極表面的 H^+ 質傳通量可表示為：

$$N_H = c_H^s \mathbf{v} + \frac{I}{FA_a} \tag{8.63}$$

其中 c_H^s 是 H^+ 在陽極表面的濃度。相似地，在陰極表面會生成 OH^-，若已知陰極的面

積為 A_c，則在陰極表面的 OH^- 質傳通量可表示為：

$$N_{OH} = c_{OH}^s \mathbf{v} + \frac{I}{FA_c} \tag{8.64}$$

假設其他成分不參與陰陽極的電化學反應，則其質傳通量將只有對流項的貢獻。

至此，只要聯立求解（8.45）式至（8.51）式、（8.56）式、（8.57）式、（8.61）式和（8.44）式，再搭配（8.63）式和（8.64）式作為邊界條件，理論上應能求得到各成分隨著時間與空間所發生的變化。

然而，陰極大幅度的 pH 值升高容易導致沉澱反應發生，而沉澱物會堵塞土壤中的孔洞，進而減少流量，迫使移除程序中斷。因此，為了避免沉澱物的形成，各種改良方法陸續被提出。例如 Probstein 和 Hicks 在 1993 年曾提出以適當 pH 值的緩衝溶液來清洗土壤；Hamed 和 Bhadra 在 1997 年的研究中將緩衝液使用在陽極室；Li 等人在 1997 年的研究則加入一段緩衝液空間來間隔陰極電極與土壤試體，此舉可避免沉澱反應發生在土壤內部；Hansen 等人在 1997 年的研究曾結合電透析法來去除汙染物，亦即在陽極處加入陰離子交換膜，在陰極處加入陽離子交換膜，故電解質溶液中的陰陽離子在電場的作用下將會被分別帶往陽極與陰極而分離。此外，也有使用 EDTA 等錯合劑來增加去除效率的研究，但添加緩衝液或錯合劑都偏離了電化學處理法不加入化學藥劑的原則，不適合現地使用。

截至目前，電化學技術已用於移除地下水或土壤中的重金屬，同時也用於去除有機物和輻射物。傳統的生物整治法（bioremediation）常因為無法有效輸送 O_2 和養分至微生物，所以分解有機物的效果不足，但在未來可以搭配電化學法，以解決養分輸送的問題，並且藉由電流通過被處理試體時產生的熱量，還可以加速生化反應的進行，提升移除效率。

§8-3　電透析分離

電透析技術（electrodialysis）已在工業中應用，是結合電場驅動與薄膜分離的有效技術。當電透析槽被施加了直流電場後，溶液中的陰陽離子將分別朝相反方向遷移，若在溶液中安置離子交換膜，只允許特定離子通過，即可達到分離溶質或濃縮溶液的目的。目前電透析技術主要用於淡化海水、處理廢水、濃縮鹽類溶液、去除食品中的鹽分或有機酸，以及萃取中草藥。操作時，只需要用電，藥劑用量少，操作方便，不會排出汙染物，因此極具應用潛力。

電透析槽是由陰陽極、數片離子交換膜和數個板框所組成，兩個電極通常會放置於兩側，並連接電源，以提供電場，每兩個板框之間會緊密夾住一片離子交換膜，板框內則爲溶液的流道。離子交換膜是一種具有網絡結構的薄膜，可分爲陽離子交換膜（CEM）與陰離子交換膜（AEM），前者帶有陰離子基，所以只能讓陽離子穿透，而排斥陰離子；後者則帶有陽離子基，所以只能讓陰離子穿透，而排斥陰離子。如圖 8-10 所示，組裝電透析槽時，最接近陰極的板框必須安置陽離子交換膜，而最接近陽極的板框必須安置陰離子交換膜，中間的區域則將兩種交換膜交替排列。當鹽水溶液被輸入電透析槽時，Na^+ 將會受到陰極吸引而往陽離子交換膜的方向接近，並穿透至隔壁的板框中，Cl^- 則受到陽極吸引而往陰離子交換膜的方向接近，亦穿透至隔壁的板框中，最終將使輸入的溶液獲得稀釋，而被稀釋溶液的兩側因爲接收了兩種離子而增濃。若以鹽水淡化爲目標，則被稀釋的溶液是主產品；若以濃縮製鹽爲目標，則被增濃的溶液是主產品。通常經過電透析操作，鹽分含量可從 1000～3000 ppm 降低至 500 ppm，其稀釋效應取決於交換膜的特性和操作電壓或電流。

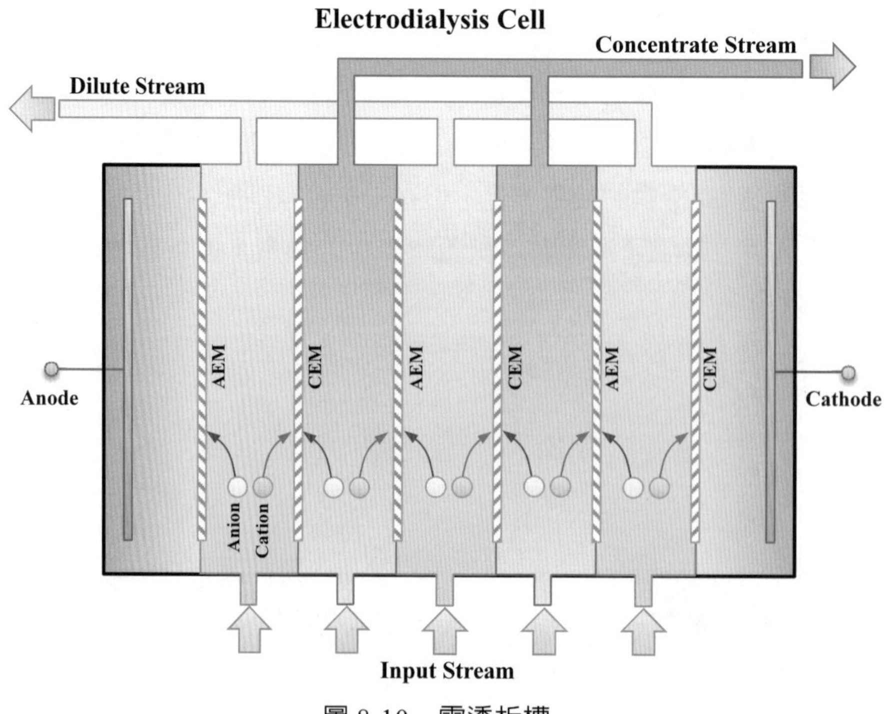

圖 8-10　電透析槽

對於一個使用了 N 組陰陽離子交換膜的電透析槽，其施加電壓ΔE_{app}可表示爲：

$$\Delta E_{app} = \Delta E_{eq} + \eta_a - \eta_c + NI(R_{AE} + R_{CE}) + NIR_D + (N-1)IR_C \tag{8.65}$$

其中ΔE_{eq}是溶液電解的平衡電壓，η_a和η_c分別是兩極的總過電壓，I爲總電流，R_{AE}和R_{CE}分別是陽離子交換膜和陰離子交換膜的電阻，R_D和R_C分別是稀釋溶液和增濃溶液的電阻。在陰極上，主要的反應是電解水產生 H_2 和 OH^-；在陽極上，通常會使用不參與反應的鈍性電極，所以可能的反應是電解水產生 O_2 和 H^+，或 Cl^- 被氧化成 Cl_2，兩種反應類型會產生不同的ΔE_{eq}，但其差額明顯小於溶液的歐姆電壓。在溶液方面，R_D 顯然大於 R_C，所以板框通常不能太厚，當 $N > 100$ 時，溶液的歐姆電壓將會主導槽電壓ΔE_{app}。此外，爲了降低交換膜的電阻，通常會使用較高的流速沖刷交換膜的兩側，以避免溶液滯留，但流速過大時，陰陽離子分離的效果會降低。對於交換膜，當厚度愈薄或交換容量愈高時，其電阻愈低，且離子穿透能力愈高，但離子對交換膜的穿透率也並非 100%，通常介於 90～95%。

經過長期操作後，交換膜的外側易結垢，其組成可能是無機物或有機物，此時需要添加 HCl 或 H_2O_2 等藥劑來清除。另有一種方案稱爲倒極式電滲透操作（electrodialysis reversal，簡稱 EDR），亦即定時切換陰陽極，可避免發生結垢，進而增長電滲透槽的使用壽命。

除了溶液除鹽或濃縮以外，電滲透法也用於廢水處理，例如電鍍廠的含 Ni 廢水或含 Cu 廢水透過電滲透處理後，可使金屬陽離子脫離溶液，且能再度應用於原本的製程中。對於一些含有鈍性鹽份的廢水，例如 Na_2SO_4 溶液，經過電滲透處理後，可以分別在陽極室和陰極室取得 H_2SO_4 和 NaOH，並使廢液中的 Na_2SO_4 含量被稀釋。

§8-4　總結

在新世紀中，人類必須面對工業規模擴增與生活模式變革所導致的環境汙染，所以需要致力環境保護和永續發展。目前存在的汙染處理技術中，以電化學方法獨具潛力，因爲電化學技術主要以電子作爲試劑，不會對環境造成二次傷害，在廢棄物資源化和工業減廢方面都能發揮功用。在本章提及的電化學處理技術中，有一類可以分解汙染物，另一類則能回收有價物質，無論何者都能增加可回用的淨水或金屬，而且在操作期間還能藉由電位控制來避免副產物生成。

自工業革命以後，從環境開採而來的原料透過工業程序製造成產品，再經過販售與使用，最終被掩埋或焚燒，構成一種線性的經濟模式。但在 1966 年，Kenneth Boulding 提出一種地球飛船經濟學的構想，認為地球如同一艘太空船，資源有限，無法對外開採，也無法承受汙染，所以人類必須進行物質再造，回到生態循環系統中，後人則發揚此概念而成為循環經濟（circular economy）。循環經濟必須建立在物質能重複利用的模式中，線性經濟則會導致資源耗竭和生態浩劫，因此在 21 世紀，科學家應該致力發展符合循環經濟的生產程序，而電化學技術將成為促進永續循環的重要動力。

參考文獻

[1] A. C. West, *Electrochemistry and Electrochemical Engineering: An Introduction*, Columbia University, New York, 2012.

[2] A. J. Bard, G. Inzelt and F. Scholz, *Electrochemical Dictionary*, 2nd ed., Springer-Verlag, Berlin Heidelberg, 2012.

[3] C. Comninellis and G. Chen, *Electrochemistry for the Environment*, Springer Science+Business Media, LLC, 2010.

[4] D. Pletcher and F. C. Walsh, *Industrial Electrochemistry*, 2nd ed., Blackie Academic & Professiona1, 1993.

[5] D. Pletcher, *A First Course in Electrode Processes*, RSC Publishing, Cambridge, United Kingdom, 2009.

[6] D. Pletcher, Z.-Q. Tian and D. E. Williams, *Developments in Electrochemistry*, John Wiley & Sons, Ltd., 2014.

[7] G. Kreysa, K.-I. Ota and R. F. Savinell, *Encyclopedia of Applied Electrochemistry*, Springer Science+Business Media, New York, 2014.

[8] G. Z. Kyzas and K. A. Matis (2016) Electroflotation process: A review, Journal of Molecular Liquids,

220, 657-664.

[9] H. M. Jacob, *Electrokinetic Transport Phenomena*, AOSTRA, Canada, 1994.

[10] H. Wendt and G. Kreysa, *Electrochemical Engineering*, Springer-Verlag, Berlin Heidelberg GmbH, 1999.

[11] J. Newman and K. E. Thomas-Alyea, *Electrochemical Systems*, 3rd ed., John Wiley & Sons, Inc., 2004.

[12] 田福助，電化學－理論與應用，高立出版社，2004。

[13] 曲久輝、劉會娟，水處理電化學原理與技術，科學出版社，2007。

[14] 吳輝煌，電化學工程基礎，化學工業出版社，2008。

[15] 郁仁貽，實用理論電化學，徐氏文教基金會，1996。

[16] 馮玉杰、李曉岩、尤宏、丁凡，電化學技術在環境工程中的應用，化學工業出版社，2002。

[17] 楊綺琴、方北龍、童葉翔，應用電化學，第二版，中山大學出版社，2004。

[18] 謝靜怡、李永峰、鄭陽，環境生物電化學原理與應用，哈爾濱工業大學出版社，2014。

第九章
電化學應用於生醫工程

生理現象可以歸因於電荷的遷移，從微觀的角度，生物體內必定具有電子予體（electron donor）和電子受體（electron acceptor），透過呼吸作用和發酵作用即可轉移電子。若電子予體和受體被細胞膜分隔，則電子將會傳遞到細胞外，稱為胞外電子轉移（extracellular electron transfer）或胞外呼吸，其電子受體通常為無法穿越細胞膜的大分子有機物。當電子穿越細胞膜後，若能直接轉移給受體，則稱為直接電子轉移；但有一些情形需要透過可溶性的中介體（mediator）攜帶電子，再轉移給距離較遠的受體分子。上述的細胞代謝作用實際上與燃料電池的操作相當，因此許多生理現象皆能採用電化學原理解釋。約於 1970 年代起，生物物理學和生物化學互相結合後，逐漸形成一門稱為生物電化學的獨立學術，可分別從分子等級與細胞等級探討電子轉移或離子轉移如何參與生物現象。生物電化學目前的研究方向很廣，涵蓋生物體內牽涉的所有氧化還原熱力學和動力學、生物膜的電荷轉移與物質輸送、生物電現象、生物電化學感測與仿生電化學等。

在本章中，將著重介紹電化學應用於生醫工程的技術，例如生物電化學感測器和電化學法應用於疾病治療。生物電化學感測是生化感測器（biosensor）中的一種類型，可用以偵測蛋白質、葡萄糖、抗體（antibody）、抗原（antigen）或去氧核醣核酸（deoxyribonucleic acid，簡稱 DNA），在現代生醫工程中已存在廣泛的應用。

§9-1　電化學感測

感測器（sensor）是一種相當於人體感官的測量裝置，可將欲求取的非電性參數轉換成電性或光學參數，再供給數據分析系統使用，而生物感測器（biosensor）是指使用酶、抗原、抗體、激素等生物體成分或細胞、組織等生物體作為感測元件的裝置。感測器的基本組成包括感測元件、轉換元件和電路。感測元件必須具有分子識別能力，所以常使用生物體及其成分；轉換元件必須進行訊號轉換，例如將濃度轉換成電位，因此測得電位後即可反推濃度。

若生物感測器的感測原理應用到電化學方法，則可稱為電化學生物感測器，依訊號轉換的結果還可分為電位、電流、電導、電容與阻抗感測器。在電化學生物感測器中，其轉換元件即為電極，可用的類型包括固體電極、離子選擇性電極或氣敏電極，透過電化學方法能展現直接迅速的特點，而且具有高選擇率，目前已能應用於生物技術、食品工業、醫學檢測、醫藥工業和環境分析等領域，能偵測的對象包含離子濃度、尿素和血糖、氣體含量、溼度或煙霧。

依據結構的差異，電化學感測器可以略分爲二電極式、三電極式和四電極式，三者依序可量測電位差、電流回應和電位改變電流的趨勢。三電極感測系統與三電極的電化學分析系統相同，皆包含工作電極（working electrode）、對應電極（counter electrode）與參考電極（reference electrode），電流會從工作電極和對應電極之間通過。二電極系統則是指對應電極與參考電極合併，且工作電極和對應電極之間僅有極微小的電流通過，所以通常只測量其電位差，尤其在參考電極的特性被固定後，即可求得工作電極的電位。四電極感測系統是指電子工程中的場效電晶體（field-effect transistor，簡稱 FET）與參考電極並用以進行測量，而電晶體中包含三個電極，可藉由外加電壓來開關電荷通道，但進行測量時，待測物會改變外加電壓，因而能產生電流回應，其原理將在 9-1-3 節詳述。

§9-1-1 電位與電流感測器

目前使用最廣的電化學感測器屬於測量電位式，透過此類感測器可以求得系統濃度等特性，常用者包括離子選擇電極（ion-selective electrode，簡稱 ISE）和固態電解質感測器（solid-state electrolyte based sensor）。測量一個電極的電位時，需要一台伏特計和一支參考電極，藉由參考電極的穩定特性，可從伏特計測得的電壓推算出工作電極的電位，而此電位又常與待測物的物化性質相關，因而能從工作電極電位再推算出該性質，目前最常應用的對象是推測溶液或氣體中的特定成分含量。

在已經商品化的電位感測器中，以離子選擇電極（ISE）的應用最廣，它是一種基於濃度差電池而測得電位的感測器。如圖 9-1 所示，ISE 通常會製成管狀結構，管底包覆一片與待測物接觸的薄膜（membrane），管內盛裝電解液和一支參考電極，測量時此參考電極必須與伏特計相接，但爲了區別伏特計上另一端所接的參考電極，不接觸待測溶液者稱爲內部參考電極，會接觸待測溶液者稱爲外部參考電極。上述的薄膜是 ISE 中最關鍵的材料，必須允許目標離子吸附其上，所以 ISE 又稱爲薄膜指示電極，依選用的薄膜材料又可分爲三類：

1. 固態薄膜：常用的材料爲玻璃或難溶鹽類，例如可以測量 H^+ 活性的 pH 玻璃電極。
2. 液體－高分子膜：通常由疏水材料製成，膜內會吸入液態離子交換試劑，爲了維持膜中的濃度，此薄膜還需接觸溶於有機溶劑的離子交換試劑。此類電極可感測 NO_3^-、Cu^{2+}、BF_4^- 或 K^+ 等離子。

3. 氣敏電極：有一些透氣膜可以感測溶於水中的氣體，例如聚四氟乙烯（polytetrafluoroethylene，簡稱 PTFE，商標名為 Teflon®）允許 NH_3、CO_2 和 SO_2 穿透，內部電解液的 pH 值因而改變，再透過玻璃電極測量內部的 pH 值即可推算外部的氣體含量。

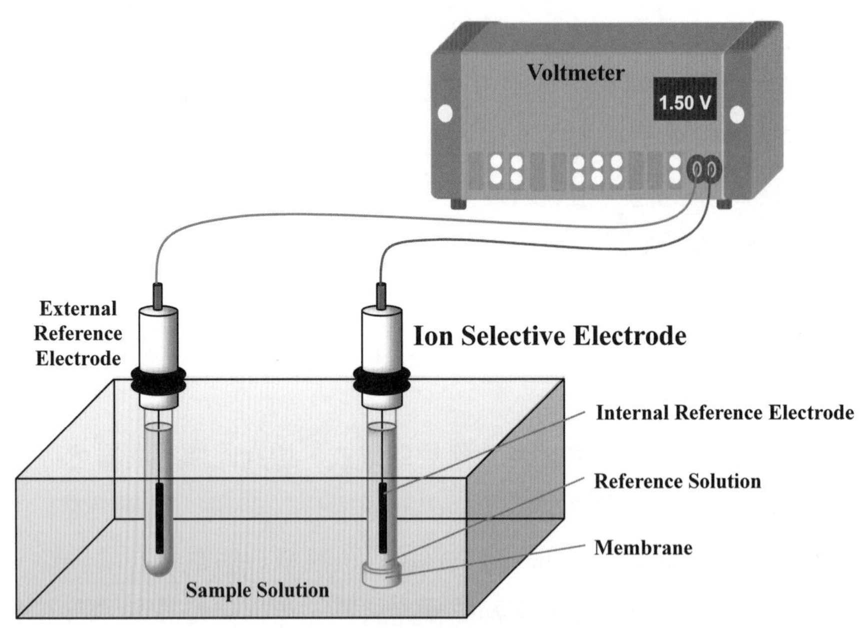

圖 9-1　離子選擇電極測量示意圖

操作 ISE 時，如圖 9-2 所示，目標離子會先吸附在薄膜的外表面，例如陽離子吸附後，會排斥薄膜另一側表面的陽離子，並且提升內部參考電極周圍的陽離子含量，因而出現電位變化，此時 ISE 相對於外部參考電極的電壓改變，可用以反映待測溶液的離子活性。

對於理想的 ISE，其電位能迅速平衡，且只受到欲感測離子的影響，並能在半對數圖中呈現線性關係，亦即符合 Nernst 方程式，但實際的離子選擇電極仍會面臨其他離子的干擾，使測量結果些微偏離理論值。若待測離子的活性為 a_i，價數為 n_i，干擾離子的活性為 a_j，價數為 n_j，則在定溫 T 下，所測的電位 E 可表示為：

$$E = C + \frac{RT}{n_i F}\ln(a_i + \sum_j K_j a_j^{n_i/n_j}) \qquad (9.1)$$

其中 C 為常數，K_j 為干擾離子的選擇性係數。然需注意，（9.1）式指出 ISE 測量的電位只能推算出活性，而非濃度。欲求得濃度，還需要知道活性係數，但活性係數會隨著濃度而變，唯有提高溶液的離子強度才能使活性係數的變化縮小。因此，在待測溶液中添加干擾係數 K_j 極小的電解質，即可趨近濃度對數和測得電位間的線性關係。

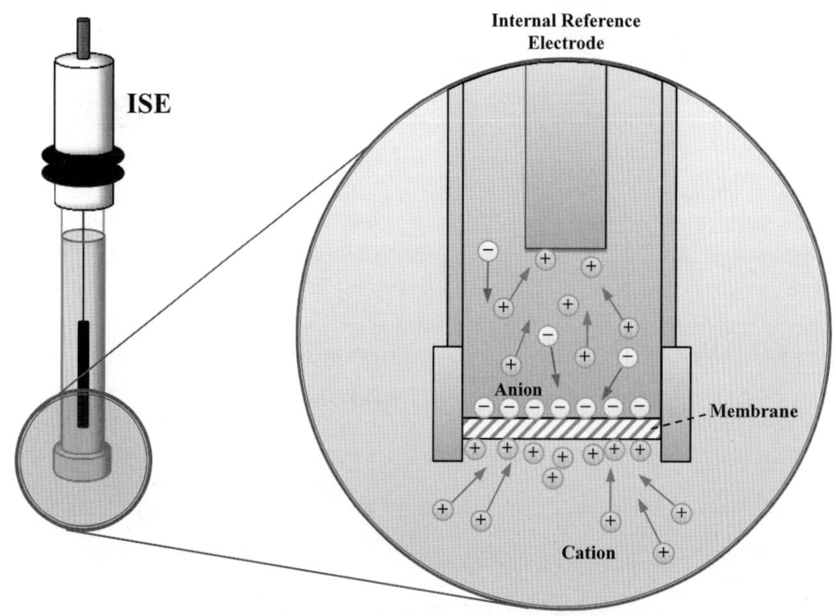

圖 9-2　離子選擇電極之感測原理

ISE 除了常用於感測陽離子外，也適用於陰離子，例如使用單晶的 LaF_3 薄膜可偵測 F^-，使用多晶的 Ag_2S 薄膜可偵測 S^{2-}。此外，若採用透氣膜，ISE 還可用於感測氣體。如圖 9-3 所示，CO_2 感測器中使用 PTFE 疏水性薄膜，可允許 CO_2 穿透，但不會使管內的溶液滲漏，當 CO_2 穿透 PTFE 而進入管內後，將會發生水解：

$$CO_2 + H_2O \rightarrow H^+ + HCO_3^- \qquad (9.2)$$

若管內溶液已含有過量的 HCO_3^-，則 H^+ 和 CO_2 的活性將成正比，此時只需在管內放置一支 pH 感測電極和一支 Ag/AgCl 參考電極，透過兩極的電位差，即可換算出 pH 值變化，以及 CO_2 的活性。運用類似的方法還可以偵測 NH_3、H_2S、SO_2 和 HF 等氣體，因為這些氣體都會發生水解而改變特定離子的濃度，只要在感測管內放置對應的 ISE 即可偵測此離子，並換算出目標氣體的濃度。

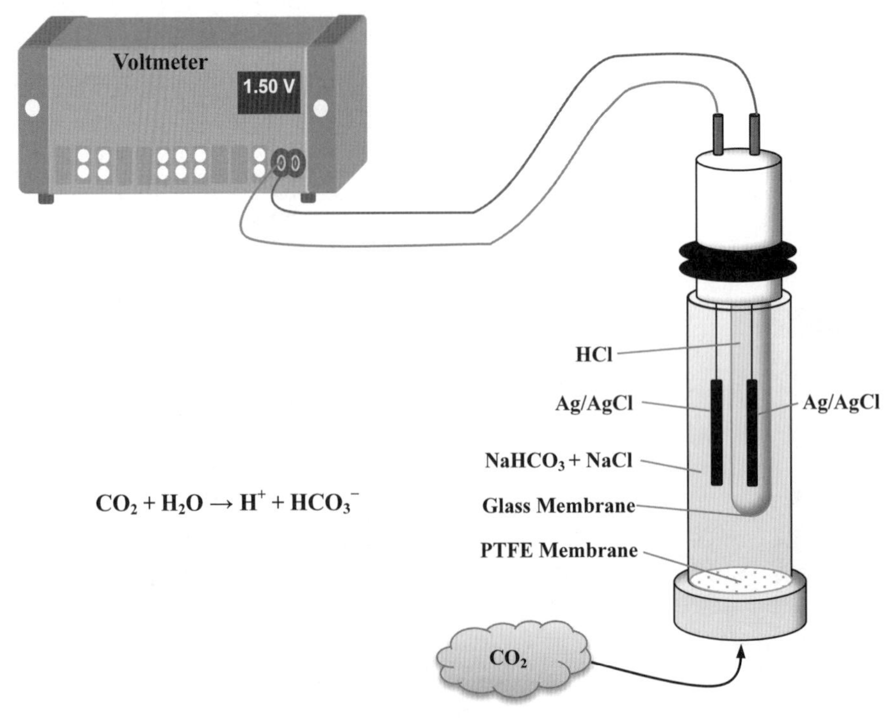

圖 9-3　二氧化碳感測器

由前述已知，電化學感測器依訊號轉換的結果可分為電位、電流和電導感測器，其中使用最廣的是電位感測器，而此類感測器中除了包含離子選擇電極，還包括固態電解質電極，因為在某些高溫環境中，不適合使用水溶液電解質。目前已開發的感測用固態電解質包括對 CO_2 敏感的碳酸鹽膜、對 NO_x 敏感的硝酸鹽膜和對 O_2 敏感的氧化物膜，這些感測器都可以製成小型或微型裝置。其他用於偵測 F_2、O_3、CO、NH_3、HCl、H_2O 的氣體感測器也都被開發出，其偵測原理依然基於濃度差電池。以烴類化合物感測器為例，在固態電解質的兩側都接上電極，而電極 A 可催化烴類化合物發生燃燒而形成 CO_2 和 H_2O，但電極 B 不會引發燃燒，故當烴類化合物混合了空氣流入感測區，兩電極的 O_2 分壓接近，但 H_2O 的分壓卻會因燃燒反應而產生差異，進而導致兩電極出現電壓 ΔE：

$$\Delta E = \frac{RT}{2F}\ln\left(\frac{p_A}{p_B}\right) \tag{9.3}$$

其中和 p_A 和 p_B 分別是 H_2O 在電極 A 和 B 表面的分壓。藉由（9.3）式，從測量出的 ΔE 可推得 H_2O 的分壓，再透過化學計量關係，即可求出氣體中的烴類化合物含量。

另一方面，在電流感測器中，除了工作電極和參考電極外，還必須放入對應電極，再以安培計測量電流的變化，最常見的電流感測器用於偵測空氣中的 CO。CO 偵測器中使用的薄膜材料爲 PTFE，可允許 CO 穿透，膜內爲強酸溶液，當 CO 接近工作電極時會發生氧化反應：

$$CO + H_2O \rightarrow CO_2 + 2H^+ + 2e^- \tag{9.4}$$

所釋出的電子將會流向安培計，再藉由法拉第定律換算出 CO 的含量。另有一種 Clark 感測器用於偵測水中溶解的 O_2，其組成包含 Ag 陽極、Pt 陰極和可透氣的 Teflon 薄膜，感測器內裝有 HCl 溶液。檢測時，O_2 從待測溶液端穿透薄膜，此時在兩極間會施加 1.5 V 的電壓，驅使 O_2 在陰極還原成 H_2O，在陽極則是 Ag 氧化成 AgCl。當操作電壓比較高時，O_2 還原的程序將會落於質傳控制區，使反應產生的電流正比於 O_2 含量，因而便於推算。再者，電流感測器常與高效液相層析儀（high performance liquid chromatography，簡稱 HPLC）連用，也可以和流動注入分析系統（flow injection analysis，簡稱 FIA）並用，當水溶液連續流動時，樣品經由注入閥進入載流溶液，期間將發生混合與反應，最後流經感測器以取得訊號，目前已可使用電流感測器分析樣品中的 CO_3^{2-} 或 NO_3^- 等離子濃度。

至於阻抗或電容感測器，其偵測對象常爲空氣溼度，當感測薄膜吸收水分時，其電阻或電容將會變化，故可藉以反映空氣中的相對溼度，常用的薄膜包括聚苯乙烯（polystyrene）和聚亞醯胺（polyimide）。

§9-1-2 電化學生物感測器

依據感測元件所使用的材料，電化學生物感測器可區分爲酶電極感測器、微生物電極感測器、電化學免疫感測器、組織與胞器電極感測器、電化學 DNA 感測器等，以下將逐一介紹。

1. 酶電極感測器

酶（enzyme）也稱爲酵素，是生化反應的催化劑，對其受質（substrate）具有高度反應選擇性。製成感測器時，酶必須被固定在電極上，以避免操作時脫落，常用的方法是封存在聚合物凝膠中，或用有機試劑與酶分子交聯，也可透過物理吸附或化學吸附將酶固定在基板表面。在 1962 年，Clark 和 Lyon 提出一種葡萄糖氧化酶（glucose oxidase，簡稱 GOD）電極，可用於測量其受質 β-D- 葡萄糖（β-D-glucopyranose，$C_6H_{12}O_6$）的濃度。經由 GOD 的催化，β-D 葡萄糖將被氧化成 D- 葡萄糖酸 δ- 內酯（glucono δ-lactone，$C_6H_{10}O_6$）和 H_2O_2：

$$C_6H_{12}O_6 + O_2 \rightarrow C_6H_{10}O_6 + H_2O_2 \qquad (9.5)$$

之後 D- 葡萄糖酸 δ- 內酯會再水解，繼而成爲 D- 葡萄糖酸（$C_6H_{12}O_7$）。由（9.5）式還可發現，此反應牽涉 O_2 的減少和 H_2O_2 的增加，故可藉由測量 O_2 和 H_2O_2 的變化量來推測葡萄糖的含量。

如圖 9-4 所示，葡萄糖感測器中包含了允許葡萄醣分子通過的聚碳酸酯薄膜，內部還有固定 GOD 的感測元件，發生酵素催化反應後，產生的 H_2O_2 將會穿透乙酸纖維素薄膜而接近 Pt 工作電極，另依電極的配置方式可測量電位變化或電流變化，之後再反推出葡萄糖的含量，此類結構被稱爲第一代酶電極感測器。由於第一代感測器使用了間接測定法，常會出現干擾現象，所以後續的改良方法是在酶與電極之間加入中介體，以協助電子傳遞，拓寬測量範圍，並降低干擾，成爲第二代酶電極感測器。常使用的中介體是赤血鹽離子和黃血鹽離子，亦即 $Fe(CN)_6^{3-}$ 和 $Fe(CN)_6^{4-}$，它們可以協助傳遞 H_2O_2 反應的電子。

目前已經商品化的酶電極感測器包括 GOD 電極感測器、L- 乳酸單氧化酶電極感測器與尿酸酶電極感測器，其中最具代表性的商品用於偵測血糖。第一代血糖感測器是由 Yellow Springs Instruments 公司在 1979 年開發出，約於 8 年後，Medisense 公司則發展出使用中介體的第二代血糖感測器。今日則已研發出微侵入性的連續式偵測裝置，其外型類似手錶，操作時會施加微小的電流，以形成電滲透現象，將汗液導流至表皮再加以測量，由於這類產品可與智慧型手錶結合，所以極具發展潛力。若欲得到更準確的感測結果，還可使用生物相容材料製成探針，再將探針侵入皮下組織內以進行偵測。

另一種常用的酶生化感測器用於檢測尿素（H_2NCONH_2），酶的主要作用是促使尿素分子分解成銨根離子（NH_4^+）：

$$H_2NCONH_2 + 3H_2O \rightarrow 2NH_4^+ + HCO_3^- + OH^- \tag{9.6}$$

能催化尿素分解的尿素酶（urease）必須固定在聚丙烯醯胺（polyacrylamide）膜上，當待測溶液接觸此薄膜後，將會產生 NH_4^+，此時在感測管內還放置了 NH_4^+ 離子選擇電極，可藉以測量 NH_4^+ 的活性變化，再進一步推算尿素的含量。

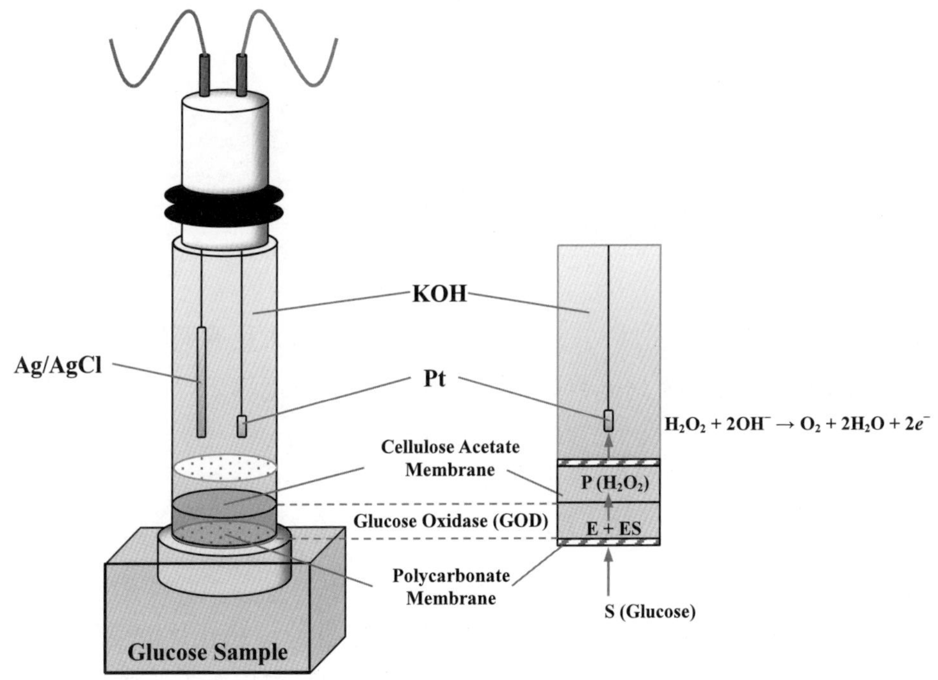

圖 9-4　酶電極感測器

酶電極的操作原理可使用 Michaelis-Menten 動力學來說明，當溶液中的受質 S 輸送至酶電極 E 之表面後，將有部分 S 會進入酶層內而形成複合物 ES，接著才會轉化爲產物 P（如圖 9-4），其流程可表示爲：

$$\mathrm{E}+\mathrm{S} \underset{k_{-1}}{\overset{k_1}{\rightleftharpoons}} \mathrm{ES} \xrightarrow{k_2} \mathrm{E}+\mathrm{P} \tag{9.7}$$

若速率常數 $k_2 < k_{-1}$，第一步驟幾乎成爲平衡反應，使 ES 的濃度 c_{ES} 趨於穩定，亦即：

$$\frac{dc_{ES}}{dt} = k_1 c_E c_S - (k_{-1}+k_2)c_{ES} = 0 \tag{9.8}$$

由此可求得 ES 的濃度 c_{ES}：

$$c_{ES} = \frac{k_1 c_E c_S}{k_{-1}+k_2} \tag{9.9}$$

因此，酶催化反應的速率 r_E 應爲：

$$r_E = -\frac{dc_S}{dt} = \frac{k_1 k_2 c_E^{\circ} c_S}{k_{-1}+k_2+k_1 c_S} \tag{9.10}$$

其中 c_E° 是酶的起始濃度，而且 $c_E^{\circ} = c_E + c_{ES}$。若再定義最大反應速率爲 $r_{\max} = k_2 c_E^{\circ}$，且定義 Michaelis 常數 $K_M = (k_{-1}+k_2)/k_1$，則（9.10）式可化簡爲：

$$r_E = \frac{r_{\max} c_S}{K_M + c_S} \tag{9.11}$$

從（9.11）式可以發現，當 $c_S \ll K_M$ 時，酶催化反應速率 r_E 將正比於受質濃度 c_S；當 $c_S \gg K_M$ 時，反應速率 r_E 將達飽和。由於受質濃度 c_S 的變化量正比於產物濃度 c_P 的變化量，所以相關於產物濃度 c_P 的電極電位 E 將會反映出受質濃度 c_S。

2. 微生物電極感測器

細菌或酵母菌等微生物也可作爲感測材料，將其固定在電極表面即可構成微生物電極感測器。此類感測器的價格低廉、使用壽命長，故具有良好的發展潛力，但目前仍需改善選擇性和穩定性等問題。微生物電極感測器的工作原理可分爲三類，第一種是利用微生物體內的酶系統來感測，相似於酶電極感測器；第二種是利用微生物對有機物的同化作用（assimilation），藉由 O_2 感測電極來測量 O_2 的減少量，以間接推測有機物的濃度；第三種是利用厭氧微生物來同化有機物，以感測器偵測其代謝產物，再間接推測此有機物的濃度。

目前微生物電極感測器已應用在食品發酵或醫療檢驗等領域，例如在食品發酵時測定葡萄糖的螢光假單胞菌（pseudomonas fluorescens）電極和檢驗抗生素頭孢菌素（cephalosporin）的弗氏檸檬酸桿菌（citrobacter freundii）電極等。

3. 免疫感測器

由於抗體與對應的抗原是具有唯一識別性（recognition）的組合，所以可利用此種識別關係設計感測裝置，進而成爲電化學免疫感測器，目前已經發展出的免疫感測器包括診斷早期妊娠的人絨毛膜促性腺激素感測器、診斷肝癌的甲胎蛋白感測器、測量血清蛋白感測器、免疫球蛋白 G 感測器和胰島素感測器等。若抗體與抗原結合時，其免疫反應訊息可直接轉變成電信號，即可製成直接型免疫感測器。製作時，可將抗體或抗原直接固定在電極表面上，反應後，電位將會變化；也可使用薄膜分離電極與抗體（或抗原），反應後再測量膜電位的變化。另有一種裝置利用酶或其他活性化合物來放大抗體或抗原的變化訊號，稱爲間接型免疫感測器，可展現更高的靈敏度。

4. 組織與胞器電極感測器

生物感測器的感測元件也可使用動植物組織的切片，此類裝置稱爲組織感測器。因爲動植物組織中存在活性與穩定性更高的酶，比經過分離的酶更有效，而且組織容易取得，製作方法簡單。典型的例子是兔肌肉切片被固定在 NH_3 氣敏電極上，可用以測定三磷酸腺苷（adenosine triphosphate，簡稱 ATP）。目前已開發出的動物組織感測器包括腎組織電極、肝組織電極、腸組織電極和肌肉組織電極等。另一方面，植物組織感測器比動物組織感測器更易製備，且成本更低，保存更久。植物的根、莖、葉、花、果都可作爲感測元件，故可設計成多樣化的裝置。

胞器是指細胞內被膜包圍的微小器官，包括線粒體、微粒體、溶酶體、過氧化氫體、葉綠體、氫化酶顆粒與磁粒體等，各項胞器都含有酶系統，所以這些酶皆能用於感測。

5. DNA 感測器

DNA 感測器是近期才迅速發展的一種新生物感測器，可用於檢測基因或與 DNA 發生作用的物質。DNA 感測器主要透過固定在電極表面的單鏈 DNA 或基因探針作爲感測元件，當待測溶液中出現同源的 DNA，兩者將會組合成雙鏈 DNA，此分子雜交作用將使電極表面性質改變，此時再藉由可以識別雜交作用的指示劑來檢測，即可轉成電流訊號。

§9-1-3 電晶體感測器

感測器除了可透過三電極結構來測量，也可採用四電極法，亦即組成場效電晶體（field-effect transistor，簡稱 FET），而此類經由化學特性轉換成電特性的元件又可稱爲化學感測場效電晶體（chemically-sensitive field-effect transistor，簡稱 ChemFET）。如圖 9-5 所示，典型的 FET 中擁有三個電極，分別爲閘極（gate）、源極（source）和汲極（drain），操作時需對閘極施加偏壓，所產生的電場將透過閘極下方的介電層（gate insulator），使介電層的另一側感應出相反電荷，此電荷通道恰可連接源極與汲極，若此時也存在源極對汲極的電位差，則可從這兩極之間產生電流。在 IC 製程中，源極、汲極與兩極間的通道皆由矽晶構成，差別只在於前兩者被摻雜成較高的導電區，通道的導電能力則取決於閘極。此概念應用於化學感測時，FET 的結構將略作修改，如圖 9-5 所示，在閘極的正上方會覆蓋一層感測用薄膜，而且薄膜的上方要注入待測溶液，並置入參考電極，因而構成四電極系統。當感測溶液改變時，感測薄膜中的受體分子（receptor）會結合溶液中的特定成分，改變薄膜兩側的電位差，致使流向汲極的電流也隨之變化。若特定成分屬於離子，則此裝置是由 Piet Bergveld 在 1970 年代所發明，稱爲離子感測場效電晶體（ion-sensitive field-effect transistor，簡稱 ISFET）。

(a) MOSFET

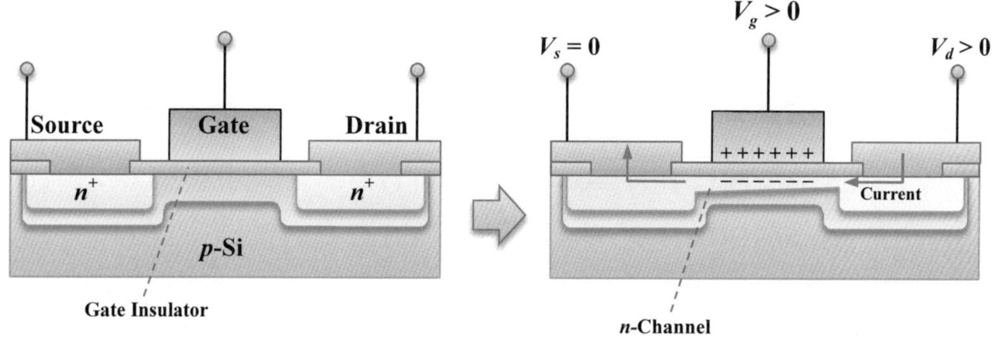

(b) ChemFET

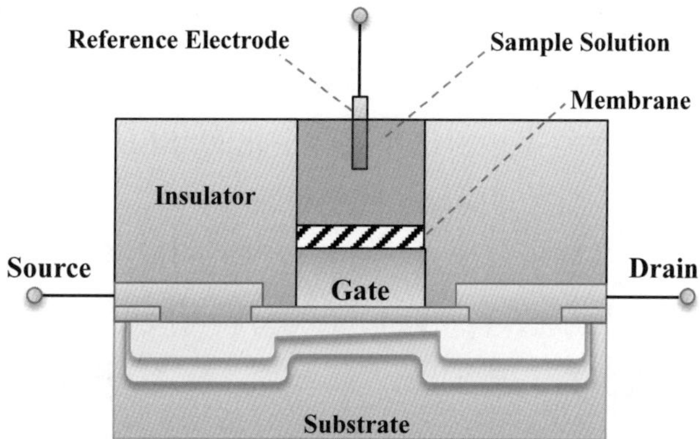

(c) ISFET

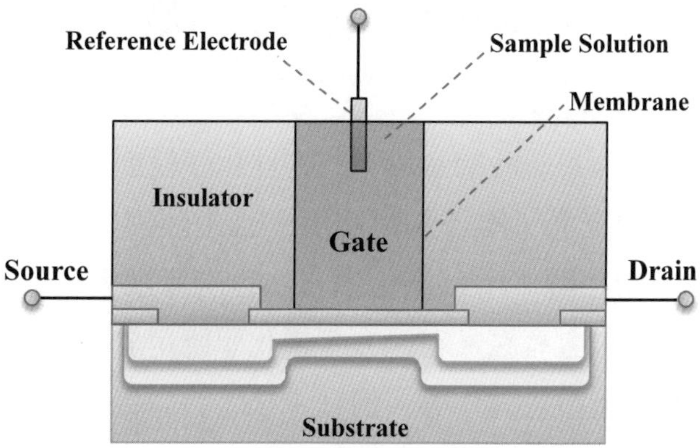

圖 9-5　(a) 場效電晶體、(b) 化學感測電晶體與 (c) 離子感測場效電晶體

以測量 pH 值的 ISFET 爲例，其感測薄膜可與閘極介電層合併，由待測溶液作爲閘極，在介電層與溶液接觸的界面上將會吸附一層離子。常用的閘極介電層包括 SiO_2、SiN_x、Al_2O_3、Ta_2O_5，例如使用 SiO_2 時，表面的 OH 基將會發生水解或 H^+ 吸附：

$$-Si-OH+H_2O \rightleftharpoons -Si-O^-+H_3O^+ \tag{9.12}$$

$$-Si-OH+H_3O^+ \rightleftharpoons -Si-OH_2^++H_2O \tag{9.13}$$

因而改變了閘極介電層的表面電荷。操作 ISFET 時，其臨界電壓（threshold voltage）將隨著介電層的表面電荷而變，此電荷密度又受到溶液 pH 值的影響，經過標定後，即可使用 ISFET 的電性推測溶液的 pH 值。ISFET 的最大優點是便於微小化，故可製成微米級的感測器，但其關鍵技術並非在於 FET 的製作，反而是參考電極的微型化，因爲傳統的管狀參考電極無法用於微小化的 ISFET 中。目前開發出的 ISFET 已可用於偵測多種離子，而且以陽離子的應用較多。

此外，只要採用的薄膜材料適當，且對目標物的反應具有可逆性，ChemFET 也能用於感測氣體，例如聚苯胺（polyaniline）薄膜可吸附並感測 NH_3。若 ChemFET 的閘級上塗佈一層免疫抗體，還可用於感測抗原；反之，閘級上塗佈一層抗原，則可用於感測抗體。

§9-2 電化學治療

醫藥技術一直以來都希望能結合最新的物理化學發展，以求得疾病預防與治療方面的突破。由於人體中充滿了離子和電解液，且生理程序中多半牽涉電子轉移，使生理現象與電化學密切相關，所以電化學方法也一直被列於醫療技術發展的考量之中，而且發揮的空間愈來愈寬廣。在過去，電化學應用於生醫工程的技術主要涵蓋金屬植入、體液分析和免疫系統運作等，但在未來，將會更深入地擴及治療方面。

在體液的醫療研究中，曾發現一些電化學影響生理現象的方法，例如疫苗或靜脈相關的治療。以血液的現象爲例，研究發現血管的管壁通常會帶負電，但當管壁轉成帶正電時，就容易出現血栓（thrombosis），因此有研究者提出直流電止血（DC hemostasis）的治療方法，而且血栓的形成尺寸與施加的電量有關。

對於植入人體的金屬材料，因為會接觸體液，所以可能發生腐蝕。例如植入 Fe 製材料後，其表面應該會逐漸形成氧化鐵（FeO）或氫氧化鐵（$Fe(OH)_2$）；但若植入黃金（Au），則可穩定維持原始狀態，這兩種金屬主要的差別在於是否能與體液組成原電池（primary cell or Galvanic cell）。使用 Fe 材時，因為 Fe 的標準電位偏負，易與生物體中的 O_2 組成原電池的反應物，繼而自發性地進行反應；使用 Au 時，則因 Au 的標準電位偏正，無法與多數體內成分組成原電池，所以傾向於不反應。然而，另有一些材料初期會自發反應，但反應後形成的產物卻可保護底材，例如 Ti 或 Al，使表面趨向鈍性，所以一段時間後仍能維持穩定。因此，在人工植入的醫療中，除了必須注意生物功能性（biofunctionality），也常會從電化學的角度考慮其生物相容性（biocompatibility），其中以生物功能性比較容易達成。若採用不適當的材料植入體內，植入區域的組織將會纖維化（fibrosis）。總結體內（*in vivo*）的醫療措施，有許多方面牽涉到電化學，包括材料的前處理、植入後的變化和運作時需要的能量等，皆需使用生物相容性和生物功能性兩方面來評估。

雖然人體對於一般的外來物具有排斥性，但在 1990 年代仍然發展出多種生物相容的植入材料，而且此類研究至今仍是熱門的議題。這些可行的材料包括 316 型不鏽鋼、鉭（Ta）與鈦（Ti）合金等，它們的表面都會生成穩定的氧化物，足以在人體內防止腐蝕。以 316 型不鏽鋼為例，因為表面含有 12% 以上的 Cr，所以可形成穩定的 Cr_2O_3 鈍化層，以避免底部的 Fe 腐蝕，故常用於短期植入的材料。當植入材料用於體內的關節時，還必須注意其抗磨損性，欲提升此特性，可添加碳（C）元素至合金中。若在 316 型不鏽鋼的外表面覆蓋一層 Ta，所形成的氧化膜將具有更高的抗蝕性。至於常用的 Ti 合金中，會添加 Al 和 Nb 以提高抗蝕性；或製成 Ni-Ti 合金，以展現擬彈性（pseudo-elastic），亦即形狀可隨溫度而變，成為形狀記憶合金（shape memory alloy）。然而，含 Ti 的材料無法抗磨損，比較不適合用在人工關節。

研究生醫材料時可使用模擬體液，例如 Hank 溶液或 Ringer 溶液（林格氏液），Hank 溶液內含 NaCl、KCl、$MgSO_4$、$CaCl_2$、$MgCl_2$、KH_2PO_4、Na_2HPO_4 和葡萄糖，有特定的配製方法，常用於生醫實驗中；Ringer 溶液則是一種等張靜脈注射液，也含有特定比例的 Na^+、Cl^-、K^+ 和 Ca^{2+}，可用於外傷治療。當植入用的金屬材料置入模擬體液後，可記錄其電位隨時間的變化，典型的結果如圖 9-6 所示，若發現電位迅速下降，則代表此材料已經溶解；若發現電位緩慢上升，則表示有鈍化層逐漸在表面形成；但有一些材料的表面雖會出現鈍化物，但卻沒有完整覆蓋，或其鈍化物被溶液中的離子溶解，因而導致孔蝕現象（pitting corrosion），其電位將會先升後降，之後則不斷出現波動。事實上，被鈍化層覆蓋的金屬仍會溶解，只是陽離子穿越鈍化層的速率很慢，當陽離子脫離鈍化層後，將會累積在附近，使周圍的組織纖維化，繼而分隔了植入物與周圍組織，但此現象可能有利於移出植入物，並非全然的缺點。

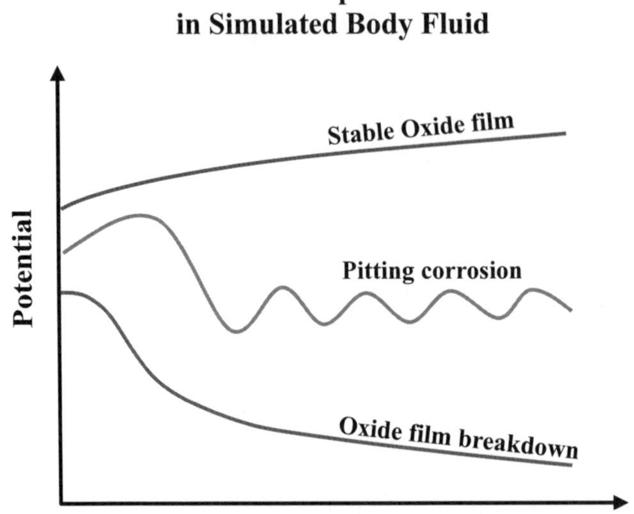

圖 9-6　植入用金屬在模擬體液中的電位變化

除了組織纖維化的問題需被考量，植入材料還可能成爲潛在的突變原或致癌物，會破壞細胞內遺傳物質之完整性。例如植入純 Ni 材料至人體中，會引起嚴重的免疫反應，但植入純 Ti 材料的反應則很輕微。此外，外部材料植入人體後，動態的變化也值得注意，例如金屬材料接觸血液時，其表面會出現一層蛋白質或細胞組成的薄膜，並且吸附水溶性的纖維蛋白原（fibrinogen），但當血小板破裂時，所釋出的凝血酶會將血漿中的纖維蛋白原轉變成難溶的纖維蛋白，再凝固成血塊，進而導致發炎。

對於植入金屬造成的血栓現象，當金屬種類不同時，所導致的效應將有差異。如前所述，在帶負電的情形中不易產生血栓，所以金屬本身的電負度愈高，抗血栓性將愈強。然而，常用金屬的抗蝕性卻會隨著電負度而降低，因爲電負度低的金屬較易形成鈍化層，因此植入金屬的種類必須在抗蝕與抗血栓之間取得平衡。為了能兼顧生物相容性與血液相容性，在金屬上鍍膜是一種可行的方案。

除了血液與軟組織的問題必須注意相容性，作為骨骼植入物時，也有類似的議題，而且更要注重材料的機械性質。當植入物與其他成分相異時，兩者是否會組成原電池，將會影響植入物的耐用性，若能控制植入物為陰極，則可避免植入物分解劣化。在骨骼的修復過程中，從循環系統滲出的體液會進入損傷區，產生凝塊，並在成骨細胞（osteoblast）的協助下，使骨頭生長，若植入物的表面型態與材料種類適當，則可促進成骨作用。目前植入物的功用有兩類，其一是支撐斷裂的兩部分骨頭，協助修復損傷區；另一則是插入骨骼中，促進周圍的組織重建，例如牙醫中常使用此法。一般用於重建組織的植入物常為 Ti 合金，因為此金屬不會導致周圍組織的纖維化，也不至於引起嚴重的發炎反應。但在植入 Ti 合金後，仍需留意表面的氧化層是否會破裂，否則內部成分溶出後，仍會引發醫療風險，例如 Al 溶出後將會抑制骨骼細胞的增殖，釩（V）溶出後具有細胞毒性。因此，對植入物進行表面處理，已成為輔助治療骨骼的重要步驟，進行陽極化或電漿鍍膜都能有效強化材料的表面。對於承重的骨骼治療，目前開發的植入材料多屬於含 Ca 的化合物，但其機械強度仍顯不足；使用 Ti 材料時，雖然強度足夠，但其彈性係數低，緩衝應力的效果不佳。

除了長期留於體內的植入物，也有一些治療過程會採用可分解、可吸收或可同化的植入材料。最常用的可吸收材料屬於高分子，會隨時間逐漸水解，例如聚乙醇酸（polyglycolic acid）、聚乳酸（polylactic acid）或聚對二氧環己酮（polydioxanone）製成的縫線。可分解材料則是經過反應後被人體同化或被排出，金屬多為此類模式。Fe 和 Mg 是符合可分解特性的生醫材料，因為它們都是人體內已存在的元素。Fe 被氧化後無論形成 Fe^{2+} 或 Fe^{3+}，都可以進入生理系統中，Mg 反應後則會形成 $Mg(OH)_2$ 或 $MgCl_2$。使用 Fe 作為植入物時，可以只添加 1% 以下的其他成分，但使用 Mg 時，則需製成合金，例如含有 3% Al 和 1% Zn 的 AZ31 Mg 合金，兩種材料相比，以 Fe 材的彈性係數較高，且 Mg 合金的耐用性較差，所以 Mg 合金不適合作為血管支架，但可用於骨骼治療。雖然可分解材料在體內會逐漸消耗，但其反應速率也不宜過大，以免治療失效，且釋放的 H_2 不會過多，以免造成氣囊。進行陽極化可以增加表面氧化層的厚度，減緩 Mg 合金的分解速率，也避免過快釋放氣體產物。

對 Ti 進行陽極化程序時，可控制其操作條件而在表面成長出奈米管陣列（nanotube array），且使管軸的方向垂直於表面，這些奈米管將會改善成骨細胞的附著，進而增進 Ca 的沉積，致使骨骼融合得更快速。在金屬表面覆蓋一層多孔性的氫氧磷灰石（hydroxyapatite）也有相似的效果。

總結以上，以電化學法修飾植入金屬材料的表面在生醫工程中深具應用潛力，而且使用電化學法還可分析植入材料的抗蝕性或耐用性，提供材料改質的訊息。

在現代醫學中，治療心臟疾病時可使用電極刺激法。早在 1958 年，心律調節器就已經被採用，而且隨著技術進步，裝置的尺寸已縮小，還能輸入可程式化的電訊號。近年來，這種電擊刺激法還被用在腦部治療中，以處理退化性或精神性問題，因而發展出腦深層電刺激（deep brain stimulation）外科手術。過程中導線被植入腦中的特定位置，透過腦部調節器（brain pacemaker）發出的電刺激來調節腦內不正常的活動訊息，控制如帕金森氏症（Parkinson's disease）等運動障礙疾病，以達成治療目的。電極被置入患者的丘腦下核（subthalamic nucleus），以調節神經傳遞物質多巴胺（dopamine）的釋放，刺激後將可減輕其症狀，此電極在腦中將扮演陰極，以誘導對應的生化反應。而在生醫工程的領域中，必須處理電極與組織接觸的界面問題，以確保電極的功能性與耐用性，其要求與前述的植入型生醫材料相似，目前常用於刺激電極的金屬材料包括 Pt、Pt-Ir 和 Au，皆具有高度的生物相容性。藉由半導體製程和電鍍技術，電極可以製成微型探針，並且在針尖覆蓋生物相容的材料，以利於減少插入處的組織損傷。

電化學方法除了可以輔助生醫材料的製作，還可以透過電流來治療疾病。其實早在 1776 年，就有學者認為通電可以治療腫瘤，但有一些研究指出通電產生的熱量才是治療的主因。進入 19 世紀後，更多關於使用直流電對抗腫瘤的研究，然而其原理與效果仍不明，致使研究熱潮消退，但至 1959 年起，電化學治療法又重新吸引研究者的注意，而且有許多動物實驗開始被執行，其效應才逐漸明朗。

使用電化學法治療癌症時，會有多支電極插入癌組織內，再通以直流電，癌組織則扮演電解質，連接陰陽極，陰陽極導致的電場會驅動組織內的帶電物，或引發電滲透流，繼而影響細胞的生存與增殖。依據施加電壓的大小，會出現不同的組織反應，在高電壓下，組織會被加熱而燒傷；在低電壓下，則由電解反應主導，例如從陽極到陰極的 pH 值會因水的電解而發生變化，在陽極處酸性非常強，而在陰極處鹼性極強，致使兩極附近的細胞出現凝固性壞死（coagulative necrosis），壞死的程度則取決於通入的電量。此外，除了水被電解之外，陽極附近的 Cl^- 則可能被反應成

Cl_2，並開始攻擊周圍的組織，其他如 H_2 或 O_2 也會參與生化反應，進而導致組織壞死。

基於上述機制，仍有許多研究者致力探討電化學治療法，但至今仍未建立標準的流程或裝置，未來還必須仰賴基礎研究的突破，才能展望電化學技術成功對抗癌症。

§9-3　總結

由於生理現象中牽涉許多電荷轉移的現象，再加上生物體中必定存在體液，故使生物體之運作密切相關於電化學原理。在本章中，主要介紹了電化學感測器和電化學治療法，兩者皆屬於生醫工程中的電化學技術。在電化學治療方面，植入生物體內的金屬材料將扮演關鍵角色，必須符合生物功能性和生物相容性才能發揮作用。在電化學感測方面，則可運用於蛋白質、葡萄糖、尿素、抗體、抗原或 DNA 的偵測，未來必將成爲生醫研究中不可或缺的工具，而且此議題已步入電化學分析的領域。

自從 1922 年，捷克科學家 Jaroslav Heyrovský 發明極譜法（polarography）以來，電化學分析技術至今已擴及循環伏安法、交流阻抗法和原位光譜偵測法。電化學分析理論涵蓋熱力學、動力學與輸送現象，這些環節都影響著電化學感測器的設計與使用，若欲認識更深入的內容，則可參考叢書的第三部－電化學分析方法與原理。

本書的各章節陸續介紹了冶金工業、化學工業、表面加工業、防蝕工程、電子工程、環境工程和生醫工程中牽涉的電化學技術，因而逐步驗證電化學原理在實務中的功用。然而，在更進階的研發工作中，必將使用日臻成熟的儀器分析方法，因此在叢書中的第三部分會闡述當前廣泛使用的電化學分析技術，再結合第一部分的基礎原理和第二部分的工程實務，即可知曉電化學議題的解決途徑，進而拓展電化學方法的應用前景。

參考文獻

[1] A.C.West, *Electrochemistry and Electrochemical Engineering: An Introduction*, Columbia University, New York, 2012.

[2] A.J.Bard, G.Inzelt and F.Scholz, *Electrochemical Dictionary*, 2nd ed., Springer-Verlag, Berlin Heidelberg, 2012.

[3] B.R.Eggins, *Chemical Sensors and Biosensors*, John Wiley & Sons, Ltd., 2002.

[4] D.Pletcher and F.C.Walsh, *Industrial Electrochemistry*, 2nd ed., Blackie Academic & Professional, 1993.

[5] D.Pletcher, *A First Course in Electrode Processes*, RSC Publishing, Cambridge, United Kingdom, 2009.

[6] D.Pletcher, Z.-Q.Tian and D.E.Williams, *Developments in Electrochemistry*, John Wiley & Sons, Ltd., 2014.

[7] H.Wendt and G.Kreysa, *Electrochemical Engineering*, Springer-Verlag, Berlin Heidelberg GmbH, 1999.

[8] J.Newman and K.E.Thomas-Alyea, *Electrochemical Systems*, 3rd ed., John Wiley & Sons, Inc., 2004.

[9] M.Schlesinger, *Applications of Electrochemistry in Medicine*, Springer Science+Business Media, New York, 2013.

[10] 吳輝煌，**電化學工程基礎**，化學工業出版社，2008。

[11] 謝靜怡、李永峰、鄭陽，**環境生物電化學原理與應用**，哈爾濱工業大學出版社，2014。

[12] 施正雄，**化學感測器**，五南出版社，2015。

[13] 楊綺琴、方北龍、童葉翔，**應用電化學**，第二版，中山大學出版社，2004。

索引

第一章

第二章

第三章

第四章

第五章

第六章

第七章

第八章

第九章

國家圖書館出版品預行編目資料

電化學工程應用／吳永富著. -- 初版. -- 臺北市：五南, 2019.05
面； 公分
ISBN 978-957-763-387-3（平裝）

1.電化學

460.35 108005353

5B44

電化學工程應用

作　者 — 吳永富（57.5）
發 行 人 — 楊榮川
總 經 理 — 楊士清
主　編 — 王正華
責任編輯 — 金明芬
封面設計 — 王麗娟
出 版 者 — 五南圖書出版股份有限公司
地　址：106台北市大安區和平東路二段339號4樓
電　話：(02)2705-5066　傳　真：(02)2706-6100
網　址：http://www.wunan.com.tw
電子郵件：wunan@wunan.com.tw
劃撥帳號：01068953
戶　名：五南圖書出版股份有限公司
法律顧問　林勝安律師事務所　林勝安律師
出版日期　2019年5月初版一刷
定　價　新臺幣750元

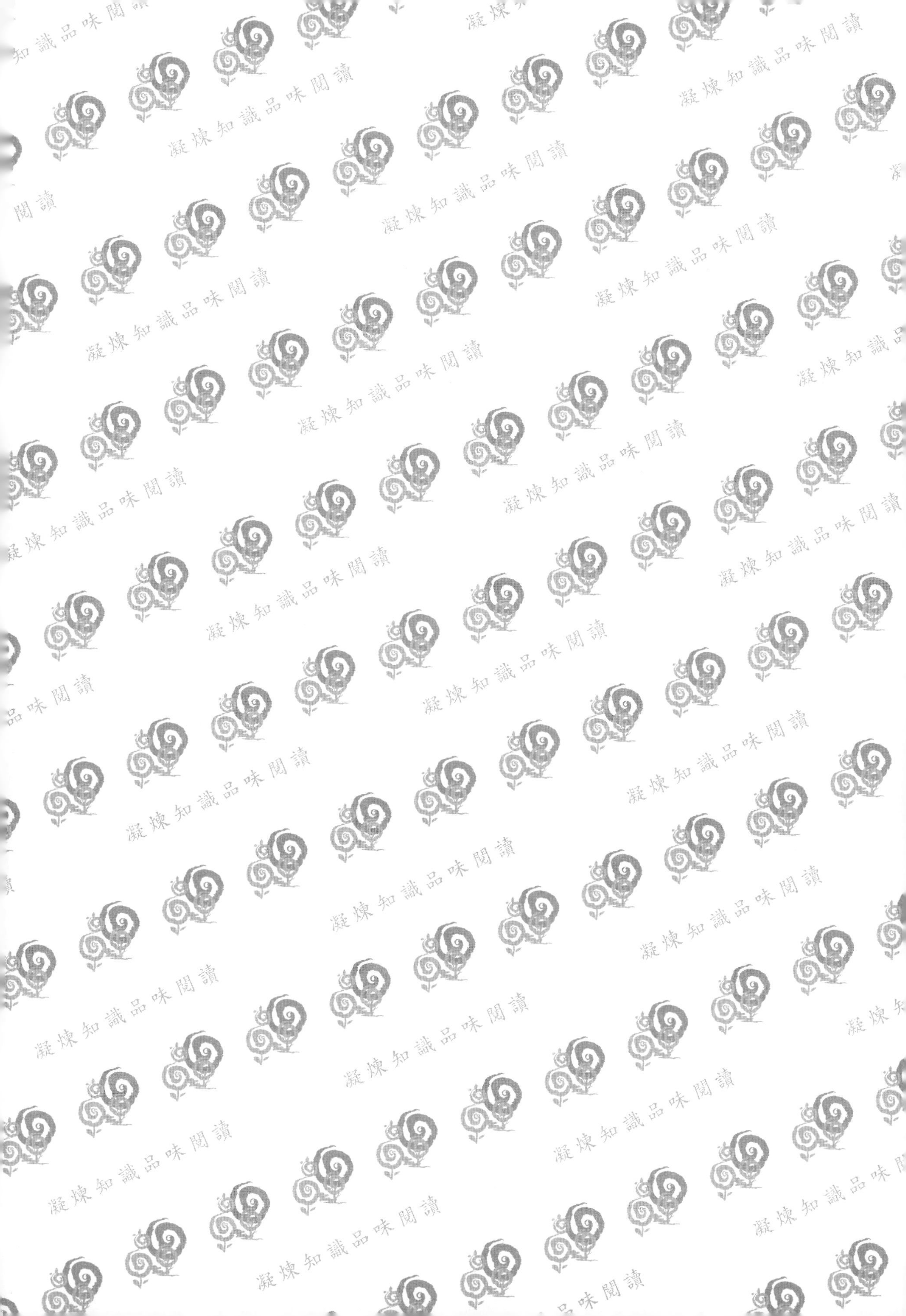